BMW
R 1200 R

ab Modelljahr 2011
(DOHC Radialventiler)

DOHC = zwei oben liegende Nockenwellen pro Zylinder

Radialventiler = vier radial angeordnete Ventile pro Zylinder

In diesem Buch werden die BMW R 1200 R-Modelle ab Modelljahr 2011 für die Märkte Deutschland, Österreich und Schweiz behandelt.*

Bild oben zeigt BMW R 1200 R des Modelljahres 2013. Bild unten bietet einen tiefen Blick in den Ventiltrieb des linken Zylinders. In dieser Schnittzeichnung sind sehr gut zu sehen die vier radial angeordneten Ventile und ihre Betätigung über zwei obenliegende Nockenwellen und Schlepphebel.

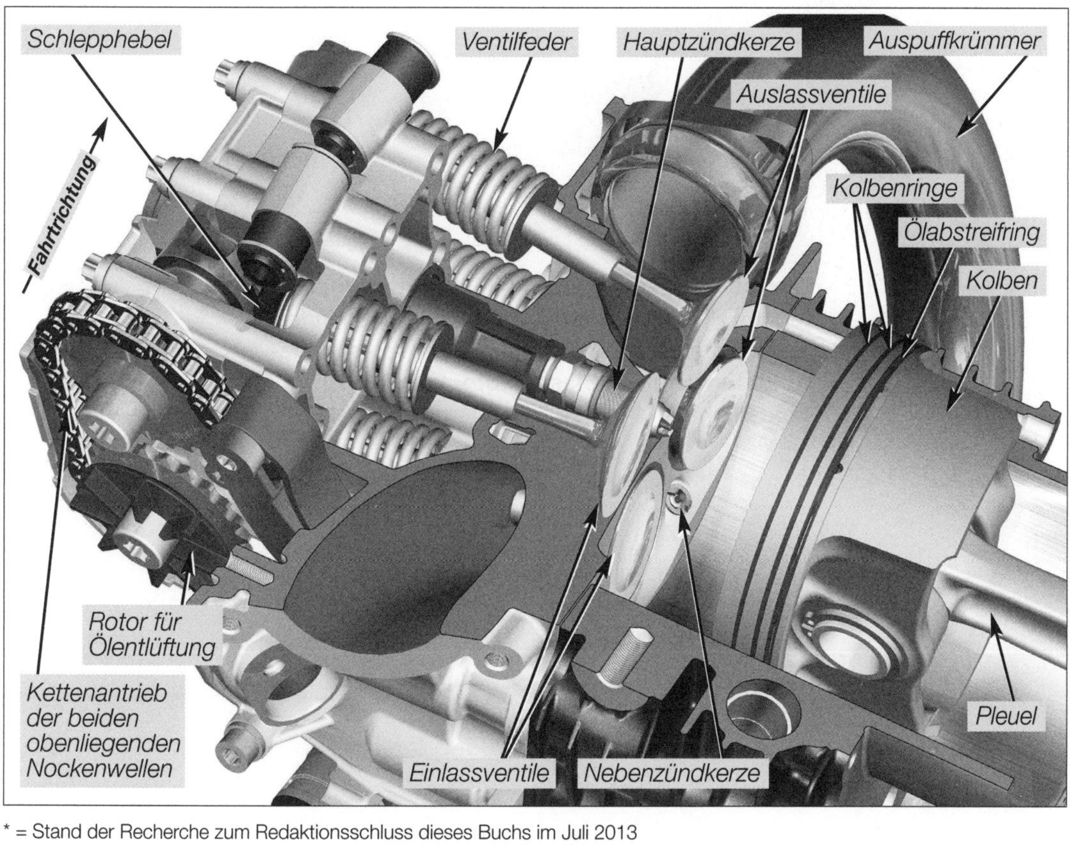

bucheli verlag

* = Stand der Recherche zum Redaktionsschluss dieses Buchs im Juli 2013

Impressum

Impressum

ISBN 978-3-7168-2167-1

Motorrad-Reparaturanleitung
Band 5299

Redaktion und Gestaltung: Schermer Verlag GmbH, D-70563 Stuttgart

Mitarbeiter dieser Ausgabe: Bernd Burbulla (Daten- und Technikrecherche), Horst Liebermann (Technik), Helmut Mader (Technik-Beratung), Axel Schermer, Franz Josef Schermer (Fotos und Texte), Dipl. Ing. (FH) Helmut Städele (Elektrik und Elektronik), Helmut Strauß (Daten und Texte)

Zeichnungen: Daniel Horvat, Stefanie Schenk, Wolf Kurz, Tomoko Wakayama

Für diese Motorrad-Reparaturanleitung wurden unter anderem Bilder und Texte aus den Archiven der Zeitschrift MOTORRAD, des Motorbuch-Verlags und dem BMW-Pressearchiv verwendet.

Ein ganz besonderer Dank geht an die BMW-Niederlassung Stuttgart und dort speziell an den Verkaufschef Claus Mühlbronner sowie die Werkstattmeister Fleige, Surmund und Zeiner für ihre Hilfe bei der aufwändigen Fotoaktion der BMW R 1200 R und vielen Tipps zur Vermeidung kleiner und großer Probleme im täglichen Umgang mit der Maschine.

Satz und Layout: Stefanie Schenk
Lektorat: Myrta Baumberger
Druck: Druck- und Medienzentrum Gerlingen GmbH D-70839 Gerlingen
Bindung: K. Dieringer D-70839 Gerlingen

Sie finden uns im Internet unter www.motorbuch.de. und www.bucheli-verlag.de

1. Auflage 2013

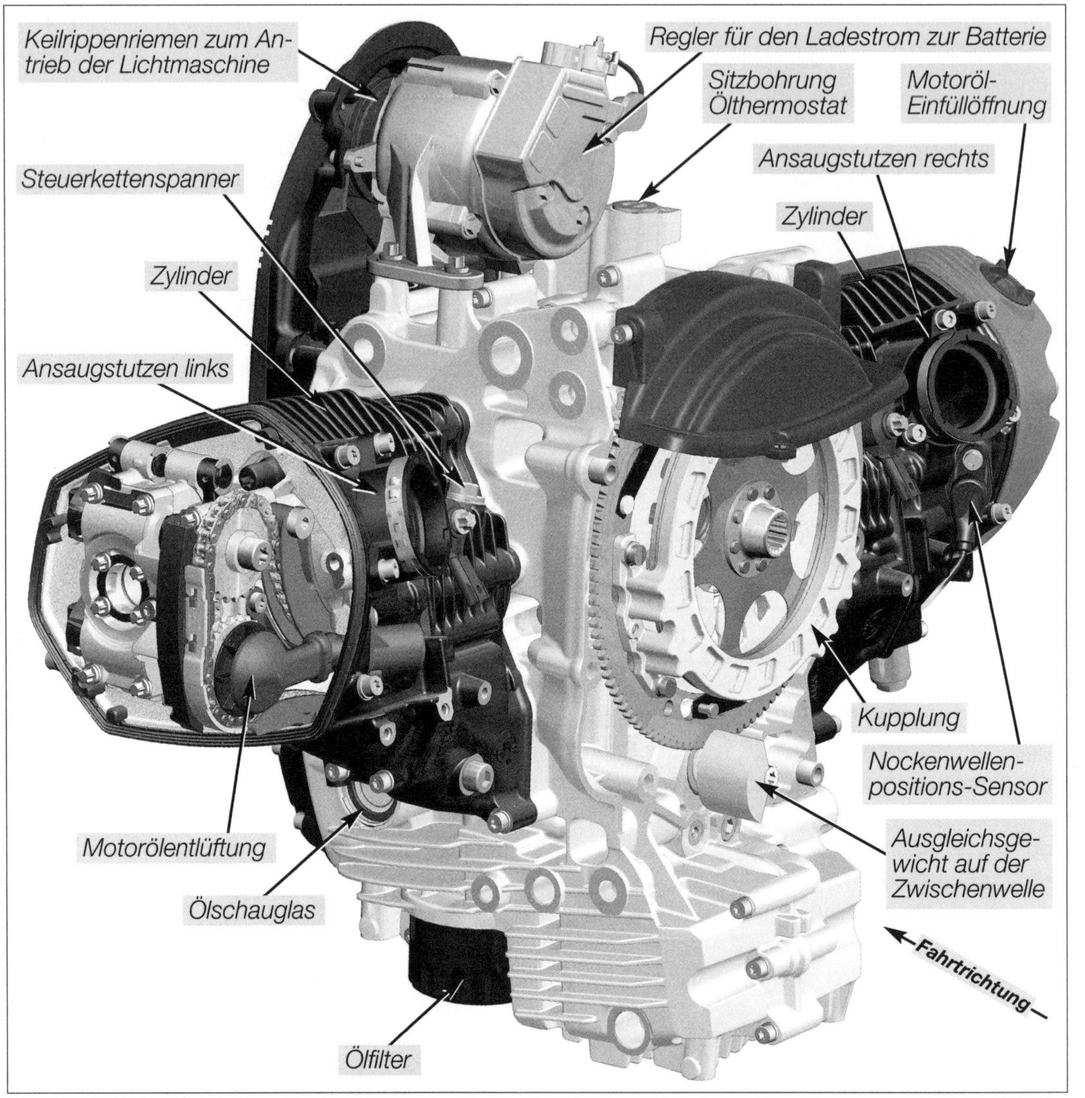

Der luft-/ölgekühlte Vierventil-Boxermotor in der letzten Evolutionsstufe mit zwei oben liegenden Nockenwellen pro Zylinder und vier radial angeordneten Ventilen. Dieser Motor kam ab dem Modelljahr 2011 in der R 1200 R zum Einsatz.

Warum dieses Buch wichtig ist

Die BMW R 1200 R mit zwei oben liegenden Nockenwellen pro Zylinder und vier radial angeordneten Ventilen wurde nach den Werksferien 2010 präsentiert. Damit hatte sie rechtzeitig zum Saisonstart 2011 viele Trümpfe in der Hand, um die Erfolgsgeschichte der »nackten« BMW-Boxer fortzuschreiben. Wenn auch die R 1200 R etwas im Schatten steht des Enduro-Erfolgsmodells R 1200 GS, gilt sie unter Kennern als Straßenfeger erster Güte, weil sie auf engen und weitläufigen Straßen gut zu fahren, sicher zu beherrschen und somit für Solofahrten oder Reisen mit Sozius und Gepäck bestens geeignet ist.

Wenn Sie sich dieses Buch gekauft haben, um Ihre BMW R 1200 R besser kennen zu lernen, haben Sie bewiesen, dass Sie ein umsichtiger Mensch sind. Einer, der vorsorgt, indem er sich vorher informiert, anstatt nachher möglicherweise hilflos dazustehen, wenn mit seinem Motorrad irgendein Problem auftaucht, das vielleicht gar keines ist.

Wenn Sie dieses Buch gekauft haben, damit Sie Ihr Motorrad fachgerecht selbst warten können, hoffen wir, dass es Ihnen genügend Einblicke vermittelt in die komplexe Mechanik der Maschine und Sie damit arbeiten können.

Wir haben uns größte Mühe gegeben, diese Motorrad-Reparaturanleitung so verständlich wie möglich und nur so tiefgreifend technisch wie nötig zu gestalten. Dieses Buch soll in erster Linie ein erklärender Ratgeber und Lesestoff sein, der die Technik der R 1200 R verständlich macht.

Wir sind der festen Meinung, dass ein Fahrer, der sein Motorrad versteht, sorgsamer damit umgeht. Was wiederum hilft, Probleme entweder schon im Ansatz zu erkennen oder sie gar nicht erst auftreten zu lassen. Denn durch das Verständnis der Technik wird die Grundlage dafür geschaffen, dass man begreift, warum sich dieses Zahnrad so rum drehen muss, damit sich das andere eben andersrum dreht und das Motorrad vorwärts fährt. Reparaturen an Motor, Getriebe und Hinterradantrieb

Die BMW R 1200 R macht auf kurvenreichen Straßen eine besonders gute Figur.

sowie tiefgreifende Arbeiten am ABS-Bremssystem finden Sie nicht in diesem Buch, denn solche Arbeiten müssen ausgebildeten BMW-Motorradmechanikern vorbehalten bleiben. Weiterhin sind alle Probleme mit der vollelektronischen Zünd-Einspritzanlage Sache der Fachleute in der BMW-Fachwerkstatt.

Der Inhalt dieser Motorrad-Reparaturanleitung kann kein Grundkurs in allgemeiner Motorradtechnik sein, denn sie ist zu sehr auf die BMW R 1200 R ausgerichtet. In diesem Sinne wünschen wir Ihnen viel Spaß bei der Lektüre. Wir hoffen, dass Sie keine Probleme mit Ihrer Maschine haben – und wenn, dann soll Ihnen dieses Buch helfen, diese rasch, effektiv und kostengünstig zu beseitigen. Der Spagat zwischen allgemein verständlicher Technik und stimmiger Anleitung zum Selbstschrauben bestimmt also den Inhalt dieses Buches.

Einige Grundsätze zu diesem Buch:

- Die Lektüre dieses Buches kann weder eine dreijährige Lehre zum Motorradmechaniker noch eine mehrjährige Praxis im Kraftfahrzeughandwerk ersetzen. Interessierte Laien sollten sich die Pflegetipps zu Herzen nehmen, denn bei guter Pflege lernt man auch seine Maschine besser kennen.
- Die Umsetzung der im Buch gezeigten Arbeitsschritte setzt einen gewissen Grundstock an Werkzeug voraus. Weil das Bordwerkzeug der R 1200 R nur wenige Teile umfasst, muss man sich für Wartungs- und Reparaturarbeiten weiteres Werkzeug anschaffen.
- Für einige Arbeiten sind Spezialwerkzeuge nötig, die den Umfang einer Hobby-Werkzeugausstattung bei Weitem sprengen. Selbst wer die grundsätzliche Bereitschaft hat, sich diese Spezialwerkzeuge zuzulegen, sollte sich reiflich überlegen, ob es sich wirklich rentiert. Spezialwerkzeuge sind erstens sehr teuer, und zweitens erfordert es Erfahrung und Fingerfertigkeit, um damit richtig umzugehen.

Damit sind wir beim kritischsten Punkt dieses Buchs, nämlich bei anspruchsvollen Inhalten wie z. B. Radlager erneuern oder Ventile einstellen: Wir erklären, aus welchen Teilen diese Baugruppen bestehen, wie sie funktionieren, wie man sie warten, zerlegen und wieder zusammenbauen kann. Fachleute werden Texte, Zeichnungen und Bilder begreifen, Laien sollten sie verstehen lernen – und beim BMW-Händler reparieren lassen, denn dort arbeiten speziell ausgebildete und vom BMW-Werk geschulte Fachleute.

In diesem Sinne wünsche ich Ihnen allzeit eine pannenfreie Fahrt mit der BMW R 1200 R!

Herzlichst, Ihr
F. J. Schermer
(Redaktionsleiter)

Wenn in diesem Buch von »Fahrern« die Rede ist, meinen wir natürlich auch die weiblichen Leser. Der leichteren Lesbarkeit halber beschränken wir uns jedoch auf die allgemeine (männliche) Form.

Inhalt

Folgende Symbole verdienen während der Arbeiten besondere Beachtung:

Sichtprüfung:
Teil genau ansehen, besonders beachten

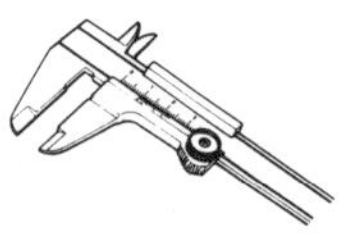

Messen:
Messschieber oder anderes Messwerkzeug nötig

Achtung:
Besondere Vorsicht geboten, Sicherheitshinweise beachten

Tipp:
Wertvoller Hinweis für einfacheres Schrauben

Hörprüfung:
Bei Prüfung genau hinhören

Folgende Symbole verdeutlichen den Schwierigkeitsgrad der Arbeiten:

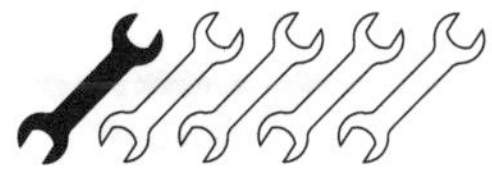

Ein Schlüssel:
Einfache Arbeit, erweitertes Bordwerkzeug reicht aus

Zwei Schlüssel:
Anspruchsvolle Arbeit, extra Werkzeug notwendig

Drei Schlüssel:
Gutes Werkzeug und Spezialkenntnisse erforderlich

Vier Schlüssel:
Spezialwerkzeug und sehr gute handwerkliche Fertigkeit gefragt

Fünf Schlüssel:
Spezialwerkzeug und meisterliche Fertigkeiten notwendig: Fachwerkstatt!

Wartung · Pflege

In diesem Kapitel: Inspektionen · Tabelle der Wartungs- und Inspektionsintervalle · Regelmäßige Kontrollen · Pre-Ride-Check · Seitenständerschalter prüfen · Seitenständerlagerung und Federn · Mittelständer · Waschen · Überwintern · Inbetriebnahme nach der Winterpause · Lackpflege und Politur · Öl- und Graphitspray · drei Text-Tabellen mit zugehörigen Bildern aller von BMW empfohlenen Schmier-, Pflege- und Werkstatthilfsmittel · Schaubild Schmierstellen.

Inspektionen

In der unten stehenden Tabelle sind die von BMW vorgegebenen Inspektionsintervalle mit den zugehörigen Arbeitspunkten aufgelistet. Wenn 10 000 km als Fahrleistung im Jahr nicht erreicht werden, sollte man das Motorrad dennoch einmal im Jahr in der Werkstatt inspizieren und die nötigen Arbeiten durchführen lassen (bzw. selbst machen). Dies gilt besonders für den Motorölwechsel, weil Öl schon alleine durch den Kontakt mit Luft altert, es »oxydiert«. Dieser jährliche Ölwechsel ist übrigens auch von BMW empfohlen bzw. vorgeschrieben.

Für alle Wartungsarbeiten gilt: Nur mit gutem Werkzeug mit dem Schrauben anfangen (siehe dazu auch Kapitel 2 »Werkstatt«). Lesen Sie vor Beginn einer Wartungsarbeit das betreffende Kapitel in aller Ruhe durch, damit Sie die benötigten Werkzeuge und den Zeitaufwand ungefähr abschätzen können.

In der Tabelle unten stehen die von BMW vorgeschriebenen Wartungs- und Inspektionsar-

Wartungs- und Inspektionsintervalle BMW R 1200 R

Intervall 1) / Bauteil	bei 1000 km	bei 10 000 km	bei 20 000 km	bei 30 000 km	bei 40 000 km	jedes Jahr	alle 2 Jahre	siehe Kapitel
Fehlerspeicher auslesen 2)	Bei jeder Inspektion in der BMW-Werkstatt 2)							–
Motor								
Motoröl, Ölfilter 3)	Erneuern	Erneuern	Erneuern	Erneuern	Erneuern	Erneuern	Erneuern	21
Ventilspiel	–	Prüfen/Einstellen	Prüfen/Einstellen	Prüfen/Einstellen	Prüfen/Einstellen	–	–	24
Zündkerzen	–	Prüfen/Reinigen 4)	Erneuern	Prüfen/Reinigen 4)	Erneuern	–	–	16
Gasseilzüge 5), Gaszugverteiler	Prüfen	Prüfen	Prüfen	Prüfen	Prüfen	Prüfen	Prüfen	19
Synchronisation 6)	Prüfen/Einstellen	Prüfen/Einstellen	Prüfen/Einstellen	Prüfen/Einstellen	Prüfen/Einstellen	–	–	17
Luftfilter 1)	–	Reinigen*	Erneuern	Reinigen*	Erneuern	Reinigen*	Reinigen*	18
Batterie 7)	–	Prüfen	Prüfen	Prüfen	Prüfen	Prüfen	Prüfen	13
Antriebsriemen für Stromgenerator (Lichtmaschine)	BMW-Vorschrift: Alle 40 000 km oder alle 6 Jahre erneuern. Empfehlung von BMW-Spezialisten: Alle 10 000 km auf Sicht und Spannung prüfen.							14
Antrieb								
Öl im Schaltgetriebe 8)	–	–	–	–	Erneuern	–	Erneuern	21
Öl im Hinterradantrieb	Erneuern	–	Erneuern	–	Erneuern	–	Erneuern	21
Kupplungssystem/-flüssigkeit	–	Prüfen	Prüfen	Prüfen	Prüfen	Prüfen	Prüfen	22
Rahmen und Fahrwerk								
Lenkung 9)	Prüfen	Prüfen	Prüfen	Prüfen	Prüfen	Prüfen	Prüfen	8
Bremsbeläge und Bremsscheiben	–	Prüfen	Prüfen	Prüfen	Prüfen	Prüfen	Prüfen	6
Bremse: Funktion, Dichtheit	Prüfen	Prüfen	Prüfen	Prüfen	Prüfen	Prüfen	Prüfen	6
Bremsflüssigkeit 2)	Stand prüfen	Stand prüfen	Stand prüfen	Stand prüfen	Stand prüfen	Stand prüfen	Erneuern 2) 10)	6
Spannung der Speichen	Prüfen	Prüfen	Prüfen	Prüfen	Prüfen	Prüfen	Prüfen	5
Mittel- und Seitenständer, -Schalter 11)	Prüfen	Prüfen	Prüfen	Prüfen	Prüfen	Prüfen	Prüfen	1

1) Bei häufigen Fahrten unter Extrembedingungen wie Staub, Schmutz, viel Kurzstrecke, Wintereinsatz etc. ist eine häufigere Wartung ratsam. Die Intervalle können dann je nach Einsatzbedingungen auf 5000 oder 3000 km sinken. * = Reinigen des Luftfilters bei den 10 000-km-Inspektionen ist keine BMW-Vorschrift, sondern eine Empfehlung von BMW-Spezialisten (siehe dazu auch Kapitel 18 »Luftfilter«).
2) Auch wenn alle Wartungsarbeiten selbst gemacht werden, wird empfohlen, einmal im Jahr die Maschine zur BMW-Motorradwerkstatt zu bringen zum Auslesen des Fehlerspeichers, Überprüfung der ABS-Bremsanlage und zum Wechseln der Bremsflüssigkeit nach BMW-Vorschrift. Denn zu allen Prüf- und Einstellarbeiten am ABS-System sind spezielle Prüf- und Einstellgeräte erforderlich, die es nur in der BMW-Motorradwerkstatt gibt. Noch einmal der Hinweis: An der ABS-Bremsanlage sollen ausschließlich von BMW geschulte Mechaniker arbeiten.
3) Ölwechsel bei ausschließlichem Kurzstreckenbetrieb oder Außentemperaturen unter 0 °C alle 3 Monate oder spätestens alle 3000 km durchführen.
4) Prüfen ggf. Reinigen der Zündkerzen bei den Inspektionen 10 000/30 000 km ist keine BMW-Vorschrift, sondern eine Empfehlung von BMW-Spezialisten.
5) Gasseilzug auf Leichtgängigkeit, Scheuer- und Knickstellen prüfen. Gasseilzugspiel prüfen, ggf. einstellen auf 0,5 mm oberer Zug und 1 – 2 mm untere Züge.
6) Von BMW vorgeschrieben »Prüfen/Einstellen« bei jeder km-Inspektion; Empfehlung von BMW-Spezialisten: Auch bei Jahresinspektion durchführen.
7) Ladezustand/Spannung der Batterie prüfen, ggf. laden, dazu aus Maschine ausbauen.
8) Erstmals nach einem Jahr, dann alle 40 000 km oder alle 2 Jahre.
9) Prüfung der Lenkung auch im Rahmen der Probefahrt nach Abschluss aller Wartungs- und Inspektionsarbeiten.
10) Erstmals nach einem Jahr, dann alle 2 Jahre.
11) Lagerung, Leichtgängigkeit, Federn und Federspannung kontrollieren.

beiten. In der letzten Spalte »siehe Kapitel« sind Verweise zu den entsprechenden Kapiteln.

- Bei »Erneuern«, wie z. B. beim »Ölwechsel«, kommt bei allen 10 000 km (oder jährlich) neues Öl in den Motor; weiterhin muss ein neuer Ölfilter angebaut werden.
- »Prüfen/Einstellen« bedeutet zum Beispiel beim Punkt »Ventilspiel« alle 10 000 km neben der Prüfung des vorgeschriebenen Ventilspiels auch gegebenenfalls eine Neueinstellung.

Über die Betrachtung und Einhaltung der vorgeschriebenen Wartungspunkte hinaus sollten Hand- und Fußhebelgelenke regelmäßig mit einigen Tropfen Öl oder einem Schuss Ölspray aus der Dose bedacht werden. Im Absatz »Schmierstellen« und in Bild 22 am Ende dieses Kapitels sind die Schmierstellen beschrieben und gezeigt.

Regelmäßige Kontrollen

In der zur Maschine gehörenden, von BMW herausgegebenen »Betriebsanleitung« sind zum Thema »regelmäßige Kontrollen« folgende Punkte aufgeführt:

- Bremsfunktion
- Stand der Bremsflüssigkeit vorne und hinten
- Kupplungsfunktion
- Stand der Kupplungsflüssigkeit
- Dämpfungseinstellung und Federvorspannung
- Profiltiefe und Reifenluftdruck
- Sicherer Halt der Koffer und des Gepäcks
- Motorölstand (bei jedem Tankstopp)
- Bremsbelagverschleiß (bei jedem dritten Tankstopp)

In den Kapiteln dieses Buchs gehen wir auch auf diese Prüfpunkte detailliert ein. Bitte werfen Sie zu den Stichpunkten einen Blick auf die Tabelle links und dort auch auf die letzte Spalte »siehe Kapitel«.

Was einmal am Tag (bzw. bevor man losfährt), während der Fahrt, beim Tanken und mindestens einmal die Woche geprüft werden sollte, damit die Maschine fit ist in Sachen Fahrsicherheit und Maschinentechnik, haben wir unten auf dieser Seite in einer weiteren Tabelle zusammengefasst.

Beleuchtung: Werfen Sie vor jeder Fahrt einen Blick auf die Beleuchtung und betätigen Sie dabei auch beide Bremsen: Leuchtet das Bremslicht auf, brennen alle Kontrolllampen, hupt die Hupe (»Signalhorn«), geht die Lenkung nach beiden Seiten bis zum Anschlag gleichmäßig leicht, federn Vorder- und Hinterrad leicht ein und gedämpft aus? Bei einem gut gepflegten Motorrad ist meistens alles in Ordnung; bei schlechter Wartung quietscht möglicherweise etwas – gehen Sie der Sache auf den Grund, bevor sich daraus möglicherweise ein größerer Schaden entwickelt!

Reifen: Einmal die Woche, mindestens aber alle 500 Kilometer, einen Blick auf die Reifen werfen: Profil ok? Klemmt ein Stein im Profil? Ventilkappe vorhanden, sitzt sie fest?

Reifenluftdruck: bei kalten Reifen prüfen (Bild 1). Die Pneus dürfen von der Kurzstreckenfahrt zur Tankstelle nur handwarm (30 °C) sein:

- **Reifenluftdruck vorne:** 2,5 bar bei Solofahrt, mit Sozius und/oder Beladung
- **Reifenluftdruck hinten:** 2,9 bar bei Solofahrt, mit Sozius und/oder Beladung

Bremsen: Den beiden Vorratsbehältern für die Bremsflüssigkeit (Bilder 4 und 5) täglich einen Blick schenken: Sinkt der Pegelstand

Bild 1: Luftdruck bei kaltem Reifen prüfen.

Bild 2: Auf das Reifenventil gehört eine Schraubkappe mit einwandfreier Dichtung.

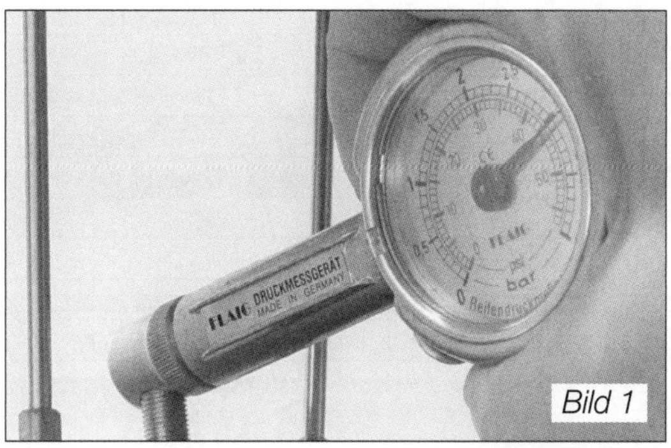

Bild 1

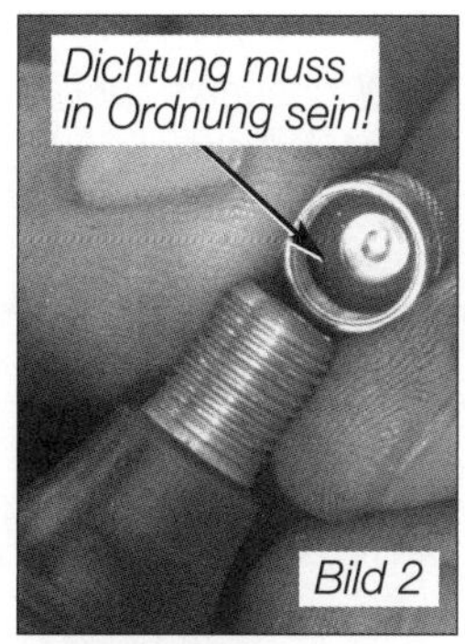

Bild 2

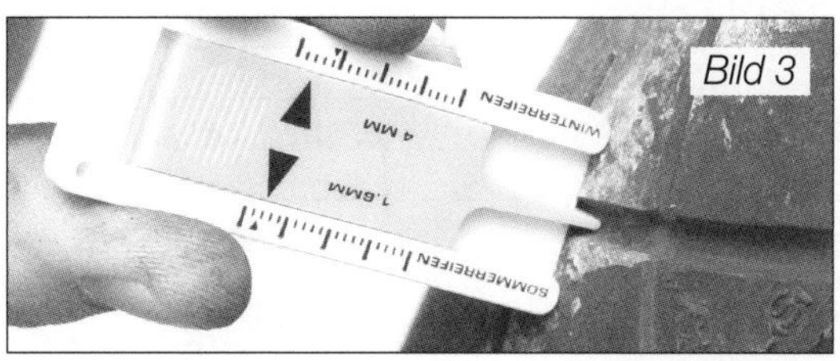

Bild 3

Bild 3: Zwar kein Präzisionsmessgerät, aber besser als zu schätzen. Dieser Reifen hat noch 2 mm Profiltiefe und sollte bald erneuert werden.

Regelmäßige Prüfpunkte der Fahrsicherheit und Maschinentechnik

Beleuchtungs- und Signalanlage	vor jeder Fahrt	siehe Kapitel 11
Reifenprofil, Luftdruck	vor jeder Fahrt, bei jedem Tanken	siehe Kapitel 4
Hand- und Fußbremse	vor jeder Fahrt und während der Fahrt	siehe Kapitel 6
Warn-/Kontrollleuchten, Instrumente	Prüfung vor und während der Fahrt	
Lenkung, Federung und Dämpfung	mindestens einmal wöchentlich und nach Gefühl beim Fahren	
Bremsflüssigkeit	vor jeder Fahrt und während der Fahrt	siehe Kapitel 1, 6
Schaltung	vor jeder Fahrt und während der Fahrt	siehe Kapitel 23
Motoröl	Ölstand prüfen beim Tanken	siehe Kapitel 21
Batterie	Wartung/Laden wichtig nach Winterpause	siehe Kapitel 13
Seitenständerschalter	mindestens einmal wöchentlich	siehe Kapitel 1

im Behälter unter die Mitte zur unteren Markierung ab, wird es höchste Zeit, nach der Dicke und dem Verschleißzustand der Bremsbeläge zu sehen (Bilder 6a bis 7b).

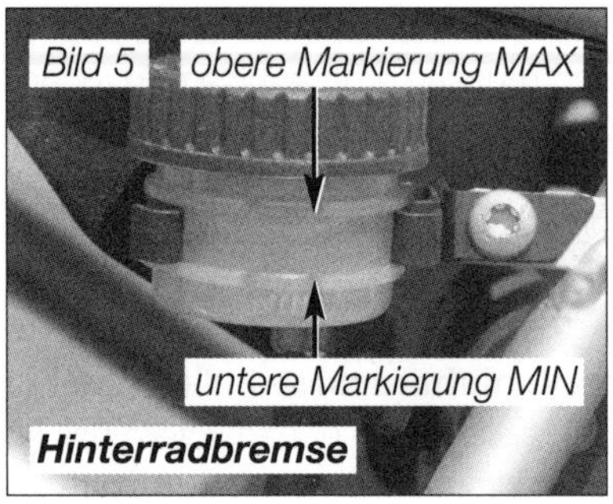

Bilder 4 und 5: Stand der Bremsflüssigkeit regelmäßig prüfen.

Bilder 6a bis 7b: Sichtkontrolle Bremsbelagverschleiß.

Bilder 8 und 9: Ölschauglas zur Ölstandkontrolle und Öleinfüllöffnung.

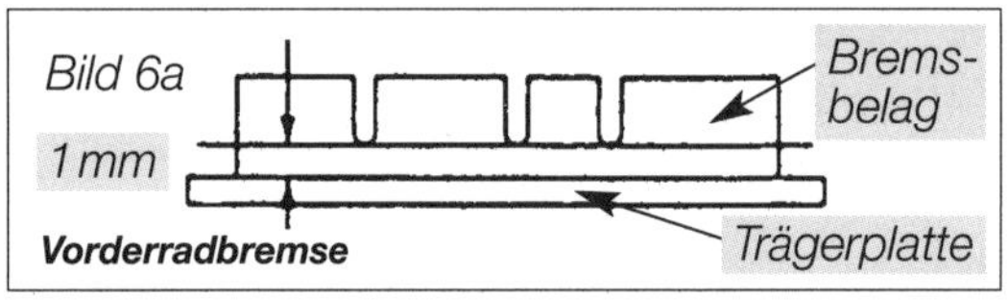

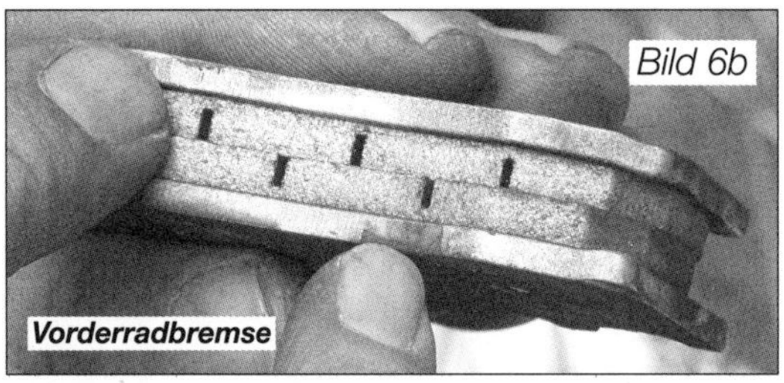

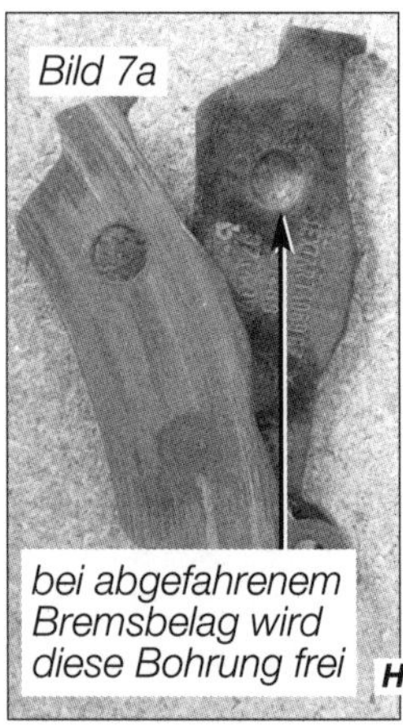

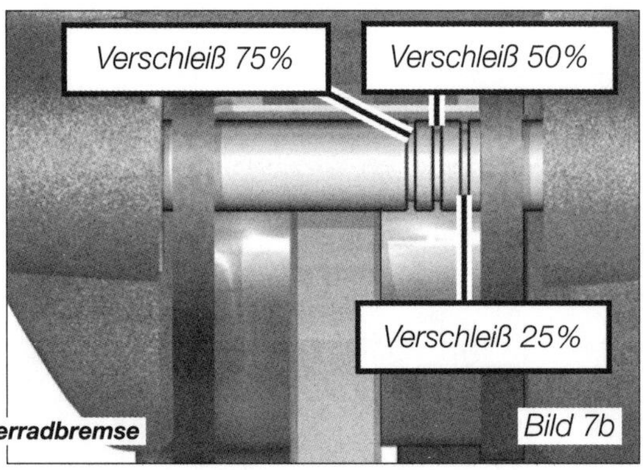

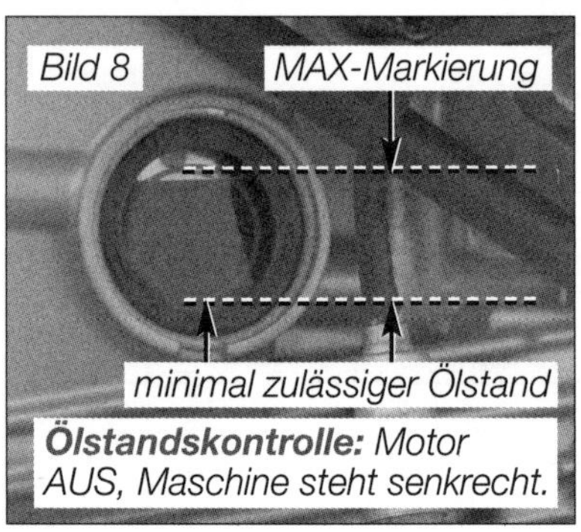

***Ölstandskontrolle:** Motor AUS, Maschine steht senkrecht.*

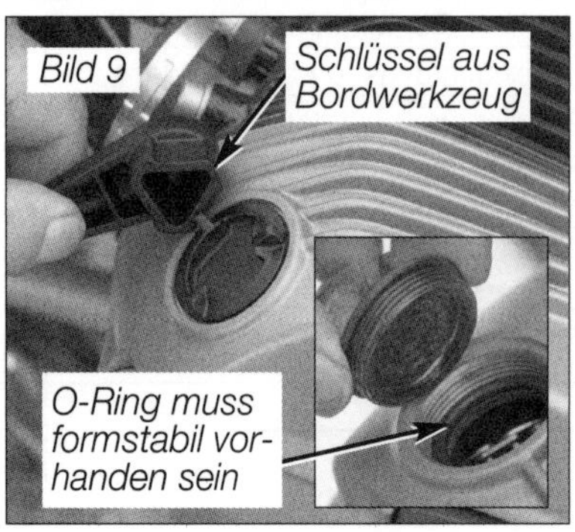

Wichtig: Dunkle Bremsflüssigkeit in den Behältern ist alt und muss erneuert werden. Mehr zum Thema Bremsflüssigkeit und Bremsbelagverschleiß im Kapitel 6 »Bremsen«.

Motorölstand: Ölstand nicht vor dem Start des Motors bei kaltem Motor kontrollieren, sondern erst dann, wenn der Motor mindestens 10 Minuten gelaufen und warm ist.
■ Zum korrekten Prüfen des Ölstands den Motor abschalten, das Motorrad in die Senkrechte bringen (auf Mittelständer aufbocken), ungefähr zwei Minuten warten, bis das Öl von oben im Motor nach unten in die Ölwanne abgelaufen ist.
■ Motorölstand kontrollieren: Der Ölstand sollte sich etwas oberhalb der Mitte des Schauglases (Bild 8) befinden.

Öl wird aufgefüllt über die Bohrung im rechten Ventildeckel (Bid 9). Mehr zum Motoröl im Kapitel 21 »Ölwechsel«.

Pre-Ride-Check

Nach dem Einschalten der Zündung führt die Bordelektronik einen »Pre-Ride-Check« durch (»vor-der-Fahrt-Kontrolle«). Dabei werden Tachometer, Drehzahlmesser, alle Warnleuchten und Warnsymbole auf ihre Funktion überprüft.

Phase 1: Die Zeiger von Tacho und Drehzahlmesser bewegen sich über die Skala bis zum Endanschlag und gleichzeitig werden alle Warn- und Kontrollleuchten nacheinander eingeschaltet.
Phase 2: Warnleuchte »Allgemein« wechselt von Gelb auf Rot.
Phase 3: Die Zeiger von Tacho und Drehzahlmesser bewegen sich zurück auf Anschlag Null, gleichzeitig werden alle Warn- und Kontrollleuchten in umgekehrter Reihenfolge ausgeschaltet.

Zusätzlich bei »ABS«: Die ABS-Warnleuchte blinkt, weil der »Pre-Ride-Check« erst abgeschlossen werden kann, wenn sich das ABS-System nach einigen Metern Fahrt mit mindestens 5 km/h selbst überprüft hat und diese Überprüfung abgeschlossen ist. Dann erlischt die ABS-Warnleuchte, das ABS-System ist in Ordnung.
Wichtig 1: Wenn die ABS-Warnleuchte weiter leuchtet und nicht ausgeht, funktioniert das ABS nicht. Dann ist umgehend ein Besuch in der BMW-Werkstatt nötig.
Wichtig 2: Bei einem Ausfall des ABS bleibt die Bremswirkung selbst erhalten.

Zusätzlich bei Sonderausstattung »ASC«: Das ASC-Symbol blinkt langsam, weil der »Pre-Ride-Check« erst abgeschlossen werden kann, wenn sich das ASC-System nach einigen Metern Fahrt selbst überprüft hat. Dann erlischt das ASC-Symbol, das ASC-System ist in Ordnung.
Wichtig: Wenn das ASC-Symbol weiter leuchtet und nicht ausgeht, funktioniert ASC nicht. Man solte dann unverzüglich eine BMW-Motorrad-werkstatt aufsuchen.

Wenn alles in Ordnung ist, verläuft der »Pre-Ride-Check« positiv, es wird nichts weiter angezeigt. Ist jedoch ein Defekt an einem Bauteil der Bordelektronik, Front- oder Rücklicht oder Blinker, wird dies im Display entsprechend dargestellt.

Tipp: Doch trotz aller Elektronik und elektronischer Helferlein sollte man sich immer wieder auf seine Augen (und Ohren) verlassen und alle Lampen ringsum sowie die Hupe auf Sicht und Gehör prüfen: Auch das Stopplicht nicht vergessen!

Seitenständerschalter prüfen

Bilder 10 und 11: Der Seitenständer ist mit einem Schalter kombiniert, der ein Losfahren mit ausgeklapptem Seitenständer verhindert. Einwandfreie Funktion wird folgendermaßen geprüft:
1. Motorrad steht auf dem Mittelständer oder auf den Rädern, Seitenständer ist eingeklappt, Leerlauf eingelegt.
2. Motor starten.
3. Seitenständer ausklappen, Motor läuft weiter.
3.1. Kupplung ziehen und einen Gang einlegen, der Motor muss ausgehen.
Wichtig 1: Wenn der Motor bei ausgeklapptem Seitenständer und eingelegtem Gang weiterläuft, ist der Schalter defekt; dieser muss dann unbedingt erneuert werden.
Wichtig 2: Sollte die Maschine auch bei eingeklapptem Seitenständer nicht anspringen oder ab und zu aus unerfindlichem Grund während der Fahrt einfach ausgehen, obwohl alles in Ordnung erscheint, Benzin im Tank ist und die Batterie genügend Strom liefert, kann der Seitenständerschalter der Übeltäter sein. Zum Erneuern des Seitenständerschalters nehmen Sie sich bitte Bilder 10, 11 und Kapitel 3 »Spiegel · Tank · Rahmen« zu Hilfe. Vor Ausbau des Schalters Verlegung des Kabels checken, Stecker trennen. Nach dem Anbau des neuen Schalters das Kabel exakt verlegen und befestigen. Stecker zusammenstecken. Danach Funktion prüfen wie oben beschrieben.

Seitenständerlagerung, Federn

Bild 10: Der Seitenständer muss alleine durch die Kraft der beiden Federn in der Waagerechten gehalten werden. Tut er dies nicht, sind entweder die Federn erlahmt oder gebrochen und müssen erneuert werden, oder die Lagerung ist trocken, verdreckt oder korrodiert.

Wir empfehlen, dem Gelenk des Seitenständers in regelmäßigen Abständen (z. B. nach dem Waschen) einen Schuss Fett- oder Ölspray zu geben (Bilder 11 und 21). BMW empfiehlt zur Schmierung dieser Lagerstelle das Hochleistungsschmierfett Unirex S2; man kann auch ein anderes dickes Kfz-Fett verwenden. Weil kein Schmiernippel am Seitenständergelenk angebracht ist, muss das Gelenk zerlegt werden, was allerdings nur bei einem alten und/oder

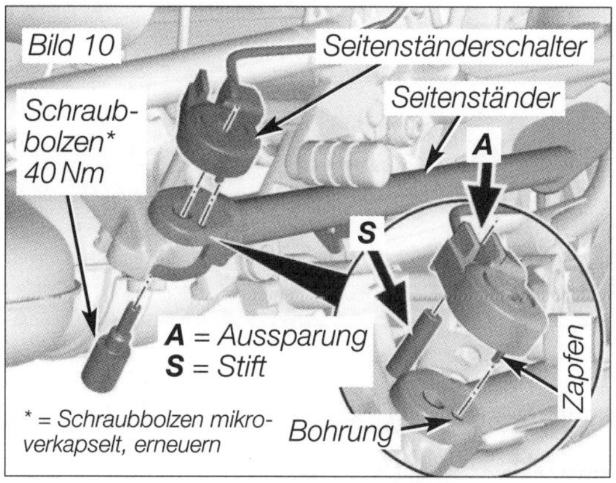

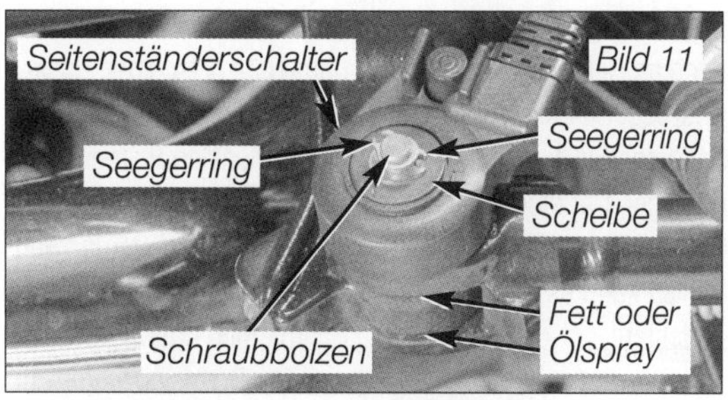

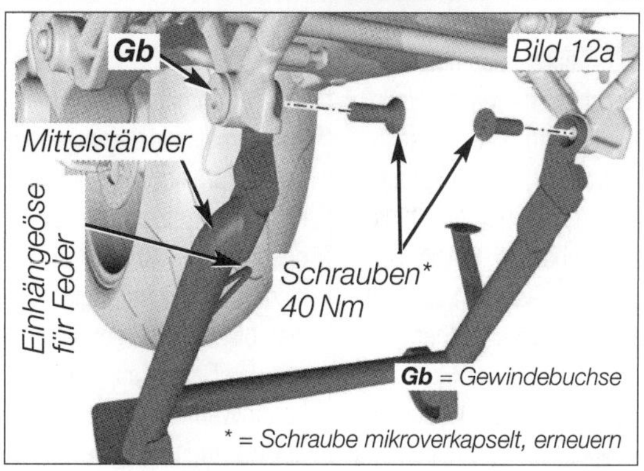

Reparaturauftrag geben

Wenn Ihre Maschine eine Störung hat und Sie zum Auffinden und Beheben des Fehlers weder technische Fertigkeiten noch Messgeräte haben, dann ist es zu empfehlen, die Fehlersuche und Behebung beim BMW-Händler gezielt in Auftrag zu geben.

Ein »gezielter Auftrag« beim Händler sollte schriftlich erfolgen, das Problem sollte möglichst klar geschildert und eine finanzielle Obergrenze genannt werden.

Beispiel: »Motor stottert beim Beschleunigen und geht bei Kolonnenfahrt öfter aus. Wenn die Reparatur 150 Euro übersteigen sollte, rufen Sie mich bitte an«.

Bilder 10 und 11: Seitenständerlagerung. Zentrisch zum Seitenständergelenk ist der Seitenständerschalter angebracht.

Bilder 12a und 12b: Lagerung des Mittelständers mit Fett- oder Ölspray schmieren.
*■ * = Wenn kein neuer vorhanden ist, kann man den demontierten Schraubbolzen reinigen und mit Loctite »mittelfest« montieren.*

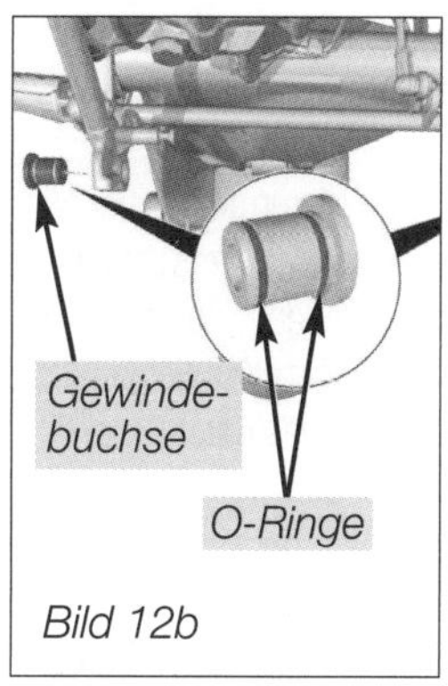

Bild 13

Bilder 13 und 14: Weiche Bürsten, Pflege- und Poliermittel.

sehr schlecht gepflegten Motorrad nötig ist bzw. wenn das Seitenständergelenk trocken oder schwergängig (»festgefressen«) ist.

Mittelständer

Bilder 12a und 12b: Die Lagerung des Mittelständers, auch »Hauptständer« genannt, soll ab und zu geschmiert werden, auch dazu eignet sich Fettspray bestens. Vor dem Schmieren beide Gelenkstellen mit Bremsenreiniger reinigen, den Dreck auslaufen und die Reinigungsstelle gut austrocknen lassen – sonst zersetzt der Reiniger das frisch aufgesprühte Schmierspray. Mittelständer ab- und anbauen siehe Kapitel 3 »Spiegel · Tank · Rahmen«.

Bild 14

Waschen

Wichtig: Motorrad in kaltem Zustand an einem schattigen Platz waschen. Bei warmem Motor oder in direkter Sonneneinstrahlung verdunstet das Waschwasser schnell, und die rückständigen Waschmittelzusätze brennen sich in die heißen Oberflächen von Motor, Auspuffkrümmer und Auspufftopf regelrecht ein.

Bilder 13 und 14: Die R 1200 R nur mit milden Waschmitteln und weichen Schwämmen oder Lappen waschen. Wenn aggressive Reinigungsmittel und harte Bürsten verwendet werden, zerkratzen Lack-, Alu- und Kunststoffteile, sie werden dann matt und damit hässlich.

Zwei große Eimer lauwarmes Wasser, Reinigungsmittel und ein großer, weicher Schwamm genügen für die Wäsche. Die in Motorrad- und Zubehör-Fachgeschäften angebotenen speziellen Motorradreiniger sind sehr zu empfehlen, sie lösen Dreck und Fettrückstände gut ab. **Nicht zu viel Reiniger verwenden!** In der Not kann man auch Mutters Geschirrspülmittel verwenden.

Wichtig: Den schmutzigen Waschschwamm immer nur im zweiten Wassereimer ausdrücken!

Sicherheitshinweise ⚠ **Achtung** und ☞ **Tipps** für diesen Kapitelabsatz

⚠ Das Waschen von Kraftfahrzeugen im »öffentlichen Verkehrsraum« (Straßen, Wege, Plätze) ist grundsätzlich dann nicht erlaubt, wenn zusätzliche Waschmittel benutzt werden – nur mit klarem Wasser darf gewaschen werden. Waschen mit Mitteln ist nur auf speziellen Waschplätzen erlaubt.

⚠ Motorrad nur bei extremer Verschmutzung mit dem Dampfstrahler reinigen! Auf Folgendes achten: Das unter Druck stehende heiße Waschwasser (bzw. der Wasserdampf) enthält aggressive Reinigungsmittel, es darf weder an die Dichtungen in der Bremsanlage kommen noch an Hebelgelenke, Gaszüge, Steckkontakte und Schalter der Elektrik, Radlager, Gabelbeine und Federbein; an diesen Stellen kann es Schäden anrichten!

☞ Motorrad immer von oben nach unten waschen, die weniger verschmutzten Teile zuerst. Waschwasser fern halten von elektrischen Anschlüssen, Schaltern, Steckern und den Gaszügen, speziell an den Drosselklappen.

⚠ Nach dem Waschen besonders Reifen und Bremsscheiben mit reichlich klarem Wasser abspülen, damit alle glitschigen Rückstände abgespült werden – denn rutschige Reifen können in der ersten Kurve für Überraschungen sorgen und die Bremsen mit einem Schmierfilm überzogen sein, was der Bremsleistung nicht förderlich ist.

⚠ Schmieren Sie niemals die Gaszüge mit Kettenspray oder Motoröl. Ein mit ungeeignetem Öl geschmierter Gaszug ist nicht mehr leichtgängig, was bis zum völligen Festsitz des Gaszuges führen kann! Wenn ein Schmieren der Gaszüge nötig sein sollte, verwenden Sie entweder dünnflüssiges, harzfreies Nähmaschinenöl oder Ölspray WD-40.

⚠ Schmieren Sie keinesfalls die Gelenkstellen der Drosselklappen mit Fett, Öl oder Kettenspray, denn das Schmiermittel kann durch die Hitze festbacken und die Beweglichkeit der Drosselklappen beeinträchtigen, was bis zum Festgehen führt!

☞ Wenn Sie eine Abdeckhaube kaufen, um die Maschine darunter überwintern zu lassen, dann nehmen Sie eine, die unten Ösen hat, in welche die Haken von Gepäckgummis eingehängt werden können, damit die Plane gesichert ist und nicht beim ersten Windstoß abhebt.

☞ »Richtig überwintern« heißt vor allem, dass die Maschine über die Wintermonate so abgestellt werden soll, dass beide Räder keinen Bodenkontakt haben: Auf dem Mittelständer mit Holzklotz unter dem Motor. Wenn eine R 1200 R monatelang auf dem Seitenständer steht und die Reifen schleichend Luft verlieren, bekommen sie einen »schrägen Standplatten«, also eine abgeflachte Stelle.

Alle Dreckpartikel müssen zuverlässig aus dem Schwamm rausgedrückt werden, sonst geraten sie ins warme Waschwasser, werden dort vom Waschschwamm wieder aufgenommen und produzieren Kratzer auf dem Lack! Nach der warmen Wäsche mit reichlich klarem, kaltem Wasser nachspülen. Nach der Klarwasser-Nachwäsche sofort alle Verkleidungs- und Lackteile mit Waschleder oder weichem Tuch abtrocknen.

■ Angetrocknete Insektenreste vorne auf Tank, Lampen- und Blinkergläser, Rückspiegel, Gabelbeinen sowie vorderem Schutzblech mit reichlich Wasser einweichen (z. B. nasses Tuch auflegen) und abwaschen. Nicht mit harten Gegenständen versuchen, den Schmodder abzukratzen!

■ Wenn mit heißem Wasser, Reiniger und Putzlappen nichts mehr geht, hilft nur noch Insektenentferner aus dem Fachhandel. Glasreiniger ist die preisgünstigere Lösung! Betroffene Stellen triefend nass einsprühen und mit einem Massagewaschlappen (Handschuh mit unterschiedlich rauen Seiten, zu finden in gut sortierten Drogerien) feste rubbeln, so wird auch die hartnäckigste Fliegenleiche im Nu verschwinden.

Zur unten stehenden Tabelle: Auf dieser Seite haben wir von BMW vorgeschriebene sowie empfehlenswerte Reinigungs- und Pflegemittel aufgelistet, zeigen diese in den Bildern 1 bis 7 und beschreiben stichwortartig ihre Eigenschaften. Weil man das Meiste beim BMW-Händler kaufen kann, sind die BMW-Bestellnummern mit aufgeführt.

Waschen im Winter

Nach jeder Winterfahrt das Motorrad mit kaltem Wasser abspülen und mit weichem Lappen trocknen. Kein heißes Wasser verwenden, denn dieses verstärkt die korrodierende Wirkung des Streusalzes. Lauwarm darf das Waschwasser im Winter sein. In den Bildern 16 und 17 sind ein korrodierter Schraubenkopf und ein Brems-

Tabelle mit zugehörigen Bildern 1 bis 7: Reinigungs- und Pflegemittel vom BMW-Partner Castrol.

1

Castrol Greentec Bike Cleaner Motorradreiniger

2

Castrol Bike Polish für leichte Verschmutzungen

3

BMW-Metal Polish (vom Hersteller Autosol)

4
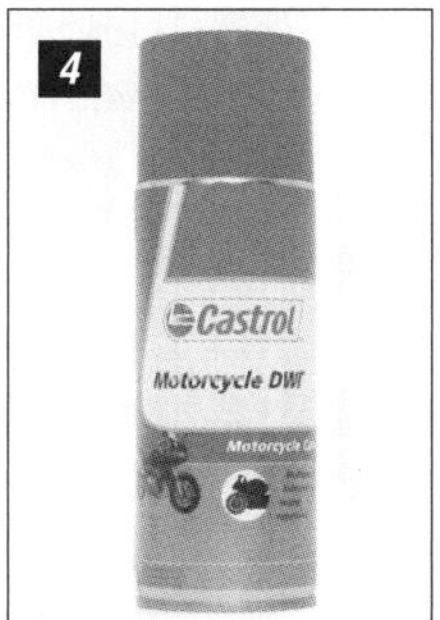

Castrol Motorcycle DWF oder BMW-Kontaktspray

5

Castrol Silikonspray Gummi-/Kunststoffpflege

6
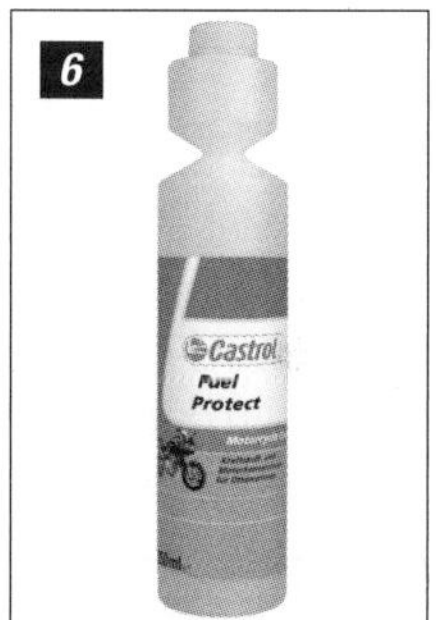

Castrol Fuel Protect (Benzinzusatz)

7
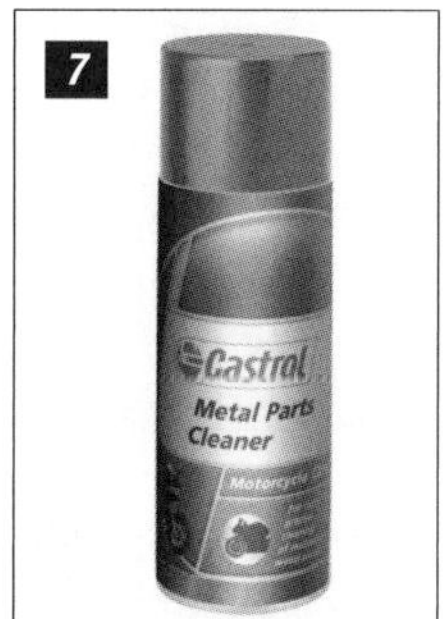

Metall-/Bremsenreiniger von Castrol oder BMW

Reinigungs- und Pflegemittel für die BMW R 1200 R*

Produktname	Bild ...	BMW-Bestell-Nr.	Kurzbeschreibung	Eigenschaften
Castrol Greentec Bike Cleaner	1		Motorradreiniger, wird vor der Nassreinigung aufgesprüht	Schnelle und effektive Reinigung auch von besonders hartnäckigen Verschmutzungen. Kompatibilität mit über 30 Materialien geprüft (Metalle, Legierungen, Kunststoff, Gummi und Lack), biologisch abbaubar (Bild 14 in diesem Kapitel).
Castrol Bike Polish	2		Reinigungs- und Polierspray	Zum Reinigen ohne Wasser von leichten Verschmutzungen auf Lackoberflächen, Chrom, Kunststoff und Windschild und Entfernen von Insekten, Aufbereiten, Konservieren und Polieren von Oberflächen (Bild 14 in diesem Kapitel).
BMW-Metal Polish	3	82 14 9 400 890	Politurmittel für Chromteile	Verleiht Chromteilen brillanten Hochglanz. Schutz vor Korrosion. Verschmutzungen und Rost lassen sich in einem Arbeitsgang beseitigen (Kapitel 1 »Wartung · Pflege«).
Castrol Motorcycle DWF oder BMW-Kontaktspray	4	81 22 9 400 208	Wasserverdrängendes Spray für elektrische Kontakte	Verdrängt Feuchtigkeit aus Motor, Zündsystem und aus elektrischen Kontakten und Steckern, schützt vor Korrosion, wasserabweisende Eigenschaften (Kapitel 1 »Wartung · Pflege« und Kapitel 12 »Elektrik · Elektronik«).
Castrol Silicon Spray oder BMW-Silikonspray	5	83 12 9 407 847	Silikonspray, auch zur Anti-Statik-Lackbehandlung	Frischt Gummi und Kunststoffe auf. Erleichtert Reinigung bei starker Verschmutzung bei vorheriger Anwendung und konserviert sie. Bietet UV-Schutz gegen Ausbleichen (Bild 14 in diesem Kapitel).
Castrol Fuel Protect	6		Kraftstoffzusatz	Verhindert Ablagerungen im Tank und in den Einspritzdüsen. Verhindert, dass bei längerer Standzeit Wasser aus der Umgebungsluft aufgenommen wird, sich dann wieder trennt und sich absetzt. Tipp: Vor dem »Überwintern« der letzten Tankfüllung zugeben (Bild 15 in diesem Kapitel).
Castrol Metal Parts Cleaner oder BMW-Bremsenreiniger	7	83 19 2 154 708	Reinigungsmittel, für Dichtflächen sehr zu empfehlen	Entfernt Öl und Fett. Zum Reinigen von Motorteilen, Bremsscheiben, elektrischen Schaltern und metallischen Oberflächen. Nicht korrosiv, greift Gummi und Kunststoffteile nicht an, verflüchtigt sich schnell und rückstandslos (Kapitel 1 »Wartung · Pflege« und Kapitel 6 »Bremsen«).

* = Stand der Recherche zum Redaktionsschluss dieses Buchs im Juli 2013

Bild 15

Bild 15: »Fuel Protect« verhindert Ablagerungen in Tank und Einspritzanlage.

Bilder 16 und 17: Wegen schlechter Pflege korrodierter Schraubenkopf und Bremsleitungsanschluss.

Bild 18: Verschiedene Pflege- und Poliermittel.

Bilder 19 und 20: Fleckige Auspuffrohre mit rauem Schwamm vorsichtig putzen.

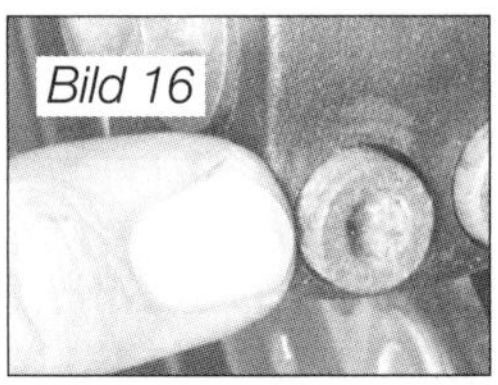
Bild 16

Bild 17

leitungsanschluss einer Maschine zu sehen, die nach einer Winterfahrt auf trockenen (!) Straßen nicht gewaschen, sondern für einige Tage abgestellt wurde. **Putztipp aus der Praxis:** Oberflächenkorrosion dieser Art lässt sich mit Topfreiniger (»Akopads«) wieder einigermaßen entfernen.

Überwintern

Mit einem Saisonkennzeichen braucht man die Maschine über Winter nicht abzumelden, darf aber in bestimmten Monaten nicht am öffentlichen Straßenverkehr teilnehmen.

Wichtig: Eine Maschine mit Saisonkennzeichen darf ebenso wenig wie ein abgemeldetes Motorrad während der Stilllegemonate auf der Straße im öffentlichen Verkehrsraum abgestellt werden. Deswegen: Ab mit der Maschine in eine gut gelüftete Garage oder in einen trockenen Hofraum, wo sie abgedeckt überwintern kann.

Zum Einmotten in die Winterpause folgende Vorbereitungen treffen:
1. Maschine ordentlich heiß fahren.
2. Tank randvoll machen, einen Schuss Castrol »Fuel Protect« (Bild 15) dazugeben.
3. An der Tankstelle gleich die Reifen auf vorne 3 bar und hinten 3,5 bar aufpumpen.
4. Zügig zum Winterabstellplatz fahren und Motor abstellen.
5. Batterie ausbauen (Kapitel 13 »Batterie«).
6. Gelenkstellen von Brems- und Kupplungshebel, Fußrasten und Mittel- und Seitenständer mit Schmierspray einsprühen (Bilder 21 und 22).
7. Blanke und verchromte Teile mit säurefreiem Fett (Vaseline) dünn einreiben.
Wichtig: Auspuff vorher kalt werden lassen.
8. Maschine auf Mittelständer abstellen, Lenkschloss sperren.

Ganz penible Menschen wechseln vor der Überwinterung das Motoröl. Folgende Vorgehensweise hat sich bewährt: Wenn der Ölwechsel vor der Überwinterung länger als drei Monate oder mehr als 3000 km zurückliegt, machen Sie einen Öl- samt Filterwechsel.

Sollten Sie Ihr Motorrad vor der Winterpause zum Ölwechsel in die BMW-Werkstatt geben, lassen Sie gleich eine komplette Inspektion machen. Dann können Sie im Frühjahr gleich durchstarten (zum Saisonstart sind sämtliche Werkstätten grundsätzlich überlastet!).

Was Sie noch tun können: Alle paar Tage Vorder- und Hinterrad einige Male durchdrehen und in eine andere Ruheposition bringen. Das verhindert das Festkleben der Bremsbeläge an den Bremsscheiben und somit hässliche Flecken an der Bremsscheibe.

Inbetriebnahme nach der Winterpause
1. Motorrad abdecken, Fettschicht von den blanken und verchromten Teilen mit weichem Lappen abwischen, kein Benzin oder ähnliche Lösungsmittel verwenden!
2. Betriebsbereite, gut geladene Batterie einbauen, Polanschlüsse mit säurefreiem Fett (»Polfett«) dick einschmieren (Kapitel 13 »Batterie«).
3. Reifenluftdruck prüfen und ggf. korrigieren

Bild 18

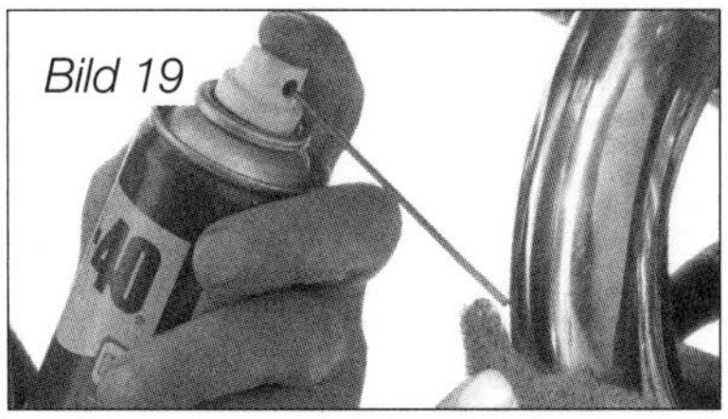
Bild 19

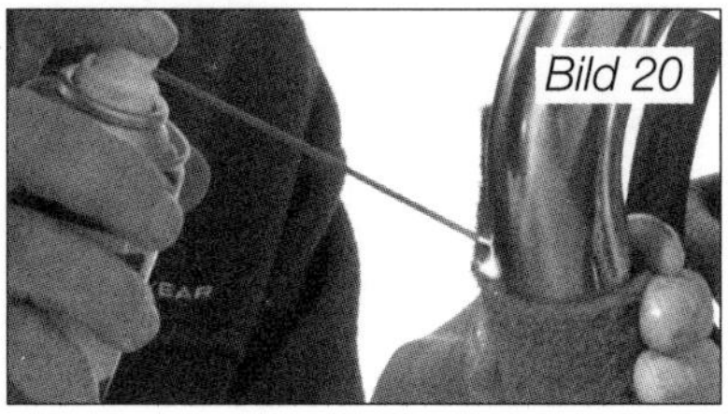
Bild 20

Fit in die neue Saison
Nicht nur die im Frühjahr aus der Winterpause entmottete Maschine, sondern auch der Fahrer müssen sich wieder langsam an das Motorradfahren mit all seinen Eigenheiten gewöhnen. Üben Sie vor allem das Bremsen, am besten auf einem großen, leeren Parkplatz (sonntags beim Supermarkt). Besser noch: Nehmen Sie an einem Frühjahrs-Sicherheitstraining teil.

(Luftdrücke siehe Kapitelabsatz »Regelmäßige Kontrollen« weiter vorne).

4. Sicherheitskontrollen: Fern-Abblendlicht, Rücklicht, Bremslicht, Blinker, Warnblinker und Hupe prüfen.

4.1. Uhr auf aktuelle Zeit einstellen.

5. Motor starten: Zündung einschalten und VOR dem Betätigen des Starterknopfes zwei- bis dreimal Gas geben, damit das Motorsteuergerät Signale vom Drosselklappen-Potentiometer empfangen und sich einstellen kann.

6. Wenn die Batterie abgeklemmt war, muss sich das Motorsteuergerät erst wieder neu einjustieren. Deswegen läuft der Motor direkt nach dem Anspringen nicht gleich rund und braucht einige Sekunden, bis er seinen Rhythmus gefunden hat.

7. Motor nicht zu lange im Standgas laufen lassen, sondern nach spätestens drei Minuten losfahren.

8. Motor sanft warm fahren. Darauf achten, dass alle Funktionen in Ordnung sind: Öldruck, Bremsleistung, Federung und Dämpfung.

■ Gute Fahrt in die neue Saison!

Zur unten stehenden Tabelle: Auf dieser Seite haben wir von BMW vorgeschriebene sowie empfehlenswerte Motoröle, Getriebeöl, Brems- und Kupplungsflüssigkeit aufgelistet, in Bildern 8 bis 12 gezeigt und stichwortartig ihre Eigenschaften beschrieben. Weil man alles beim BMW-Händler kaufen kann, haben wir die BMW-Bestellnummer mit aufgeführt.

Lackpflege und Politur

Jeder BMW-Händler hat Politurmittel im Angebot, welche auf die Farben der Maschine abgestimmt sind. Mit diesen sind Sie auf der sicheren Seite.

■ Wenn Sie sich bei einem Lackpflegemittel nicht sicher sind, ob es geeignet ist, prüfen Sie es erst an einer wenig sichtbaren Stelle auf Tauglichkeit!

■ Lack- und Kunststoffteile sowie Metalloberflächen nicht mit Benzin oder anderen Lösungsmitteln bearbeiten: Erstens ist das Zeug giftig und zweitens brennen sich solche Mittel in die Oberflächen ein und hinterlassen dort Flecken, die nicht mehr entfernt werden können.

■ Silikonspray und andere silikonhaltige Pflegemittel immer fein dosiert verwenden, also nie zu viel auftragen (!), sonst können Lack- und Verkleidungsoberflächen »blind« werden!

Motoröl
BMW empfiehlt als Motoröl das hauseigene »BMW Motorrad High Performance Öl«. SAE 15W-50 (API SJ / JASO MA2). Das Öl mit der Bestell-Nr. 83 21 2 213 684 kostet im 1-Liter-Gebinde 15,40 Euro (Stand Juli 2013).

Motoröle, Getriebeöl, Brems- und Kupplungsflüssigkeit für die BMW R 1200 R*

Produktname	Bild ...	BMW-Bestell-Nr.	Kurzbeschreibung	Eigenschaften
Castrol Power 1 Racing 4T (SAE10W-50)	8		Motoröl vollsynthetisch	Aufbau eines enorm belastbaren Schmierfilms und Reduzierung interner Reibungsverluste für mehr Leistung und bessere Beschleunigung auch unter extremen Bedingungen (Bilder 8 und 9 in diesem Kapitel und Kapitel 21 »Ölwechsel«).
Castrol Power 1 4T (SAE15W-50)	9		Motoröl teilsynthetisch	Bietet einen schnellen Aufbau der Schmierung und schützt vor Leistungsverlusten. Schützt Brennräume und Abgassystem vor Verbrennungsrückständen (Bilder 8 und 9 in diesem Kapitel und Kapitel 21 »Ölwechsel«).
Castrol Syntrax Longlife 75W-90 ersetzt Castrol SAF-XO	10	33 11 7 695 240	Getriebeöl vollsynthetisch	Hervorragendes Kältefließverhalten, optimaler Verschleißschutz, höchste thermische und oxidative Stabilität, niedrige Öltemperatur dank reduzierter Reibung, exzellente Scherstabilität, geringe Schaumneigung (Kapitel 21 »Ölwechsel«).
Castrol Motorcycle Brakefluid	11		Bremsflüssigkeit (DOT 4)	Vollsynthetische, hochleistungsfähige Bremsflüssigkeit in Qualität DOT 4. Beste Sicherheitsreserve durch hohen Nass-/Trockensiedepunkt (Kapitel 6 »Bremsen«).
Vitamol V10	12	21 52 0 392 546	Hydraulikflüssigkeit	Wird als Kupplungsflüssigkeit verwendet. Biologisch abbaubare Hydraulikflüssigkeit auf Basis synthetischer Kohlenwasserstoffe. Nimmt kein Wasser auf. Gewährleistet genaue Steuerung auch bei großen Temperaturschwankungen. Altert nicht, muss nicht gewechselt werden (Kapitel 22 »Kupplung«).

8

Castrol Power 1 Racing 4T in SAE 10W-50 (Motoröl vollsynthetisch)

9
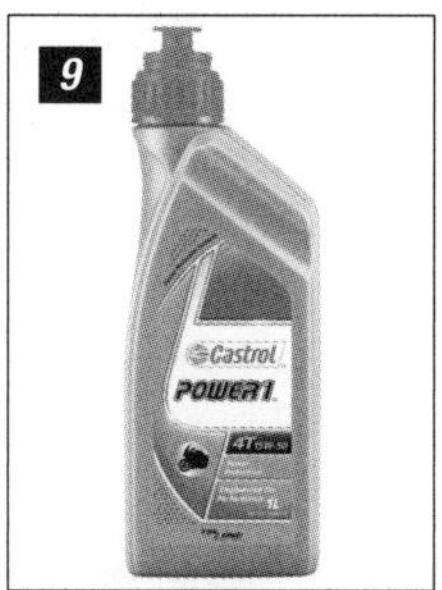

Castrol Power 1 4T in SAE 15W-50 (Motoröl teilsynthetisch)

10

Castrol Syntrax Longlife 75W-90 (Getriebeöl)

11
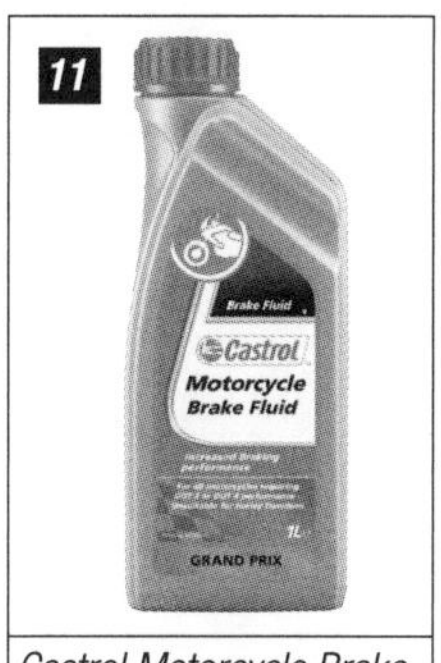

Castrol Motorcycle Brake-fluid (Bremsflüssigkeit)

12
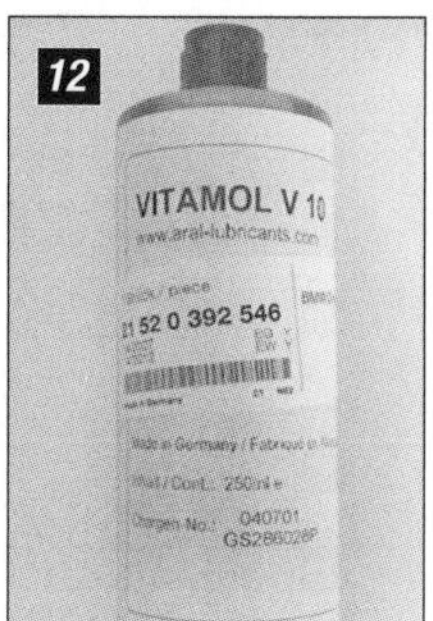

Vitamol V10 (Kupplungs-flüssigkeit)

Tabelle mit zugehörigen Bildern 8 bis 12: Nützliche, von BMW empfohlene und vorgeschriebene Motoröle, Getriebeöl, Brems- und Kupplungsflüssigkeit.

* = Stand der Recherche zum Redaktionsschluss dieses Buchs im Juli 2013

Zu unten stehender Tabelle: Nachstehend haben wir von BMW vorgeschriebene sowie empfehlenswerte Schmier- und Werkstattmittel aufgelistet, zeigen sie in Bildern 13 bis 28 und beschreiben stichwortartig ihre Eigenschaften. Weil man alles beim BMW-Händler kaufen kann, haben wir die BMW-Bestellnummer mit aufgeführt. Einige Produkte, wie z. B. Loctite Schrau-

Schmier- und Werkstatthilfsmittel für die BMW R 1200 R*

Produktname	Bild ...	BMW-Bestell-Nr.	Kurzbeschreibung	Eigenschaften
Castrol LMX LI-Komplexfett 2	13		Komplexfett auf Lithiumbasis	Speziell entwickelt für den Einsatz in Gleit-, Wälz- und Kugellagern, wie z. B. Radlager. Sehr gute Druckaufnahmefähigkeit, hohe Alterungsbeständigkeit, exzellenter Korrosionsschutz, gute Wasserbeständigkeit, thermisch hoch belastbar, verschleißschützend, für Lebensdauerschmierung geeignet (Kapitel 5 »Räder«).
Molykote 111	14	11 00 7 660 832	Silikonfett	Gute Beständigkeit gegen Chemikalien, weiter Gebrauchstemperaturbereich von –40 °C bis +200 °C. Geringe Flüchtigkeit, ausgezeichnete Wasserbeständigkeit. Wird verwendet bei Schnellkupplung Benzinschläuche (Kapitel 3 »Spiegel · Tank · Rahmen«).
Staburags NBU 30 PTM	15	07 55 9 056 992	Hochleistungs-Schmierfett	Festschmierstoffhaltiges, wasserbeständiges Montagefett gegen Passungs- und Reibrostbildung. Wird verwendet bei Auflageflächen Faltenbalg an Getriebe und Schwinge, Auflageflächen Faltenbalg am Hinterradantrieb, Kugelkopf des Schalthebels und Kugelpfanne der Schaltstange, Buchse Fußbremshebel, Dichtlippe Simmerringe Radlager vorne (Kapitel 10 »Schwinge · Kardan«, Kapitel 23 »Schaltung«, Kapitel 6 »Bremsen« und Kapitel 5 »Räder«).
Unirex S2	16	83 23 9 416 138	Hoch- und Tieftemperaturfett	Schmierfett zum Schmieren von Wälz- und Gleitlagern. Gebrauchstemperaturbereich –50 °C bis + 200 °C. Wird verwendet bei Buchsen Mittelständer, Bundbuchsen Seitenständer (Bilder 11, 12a, 12b, 21 und 22 in diesem Kapitel).
Paste MP3	17	07 55 9 062 476	Hochleistungs-Schmierfett	Besonders hohe Druckstabilität, hitze- und wasserbeständig. Wird auch »Keramikfett« genannt. Wird verwendet bei Verzahnung der Kupplungsnabe und Getriebeantriebswelle (Kapitel 22 »Kupplung« und Kapitel 23 «Schaltung«).
Optimoly TA	18	18 21 9 062 599	Hochtemperatur-Montagefett	Hochtemperaturbeständig (Einsatzbereich bis 1100 °C) bei gleichzeitig guter Druckstabilität. Verwendung bei korrosionsgefährdeten, temperatur- und umweltbelasteten Schraubverbindungen. Wird verwendet bei Längslenkerachse, Schraube Federbein vorne, obere Schraube Federbein hinten, Loslagerzapfen Schwinge, Verzahnung der Getriebeabtriebswelle, Schelle Krümmer an Zylinderkopf, Lambdasonden, Schelle Endtopf an Sammler, Schelle auf Endtopf (Kapitel 7 »Federung · Dämpfung«, Kapitel 8 »Lenkung«, Kapitel 23 »Schaltung«, Kapitel 10 »Schwinge · Kardan«, Kapitel 20 »Auspuffanlage«).
Teflonspray	19	83 23 0 154 884	Flüssigschmiermittel	Anwendung auf mechanisch stark belasteten Elementen aus Metall, Kunststoff und Gummi. Sehr niedriger Reibungskoeffizient, hervorragende Haftfähigkeit. Wird verwendet bei Schraube und Hülse Brems- und Kupplungshebel (Kapitel 8 »Lenkung«).
BMW-Schließzylinderfett	20	81 22 9 407 421	Schmierfett	Exzellente Kriecheigenschaften, sehr gute Feuchtigkeitsverdrängung. Frei von Harz, Säure und Silikon. Enthält Korrosionsschutzadditive. Für alle Schlösser geeignet (siehe auch Bild 22 in diesem Kapitel).
Dow Corning 3-0115	21	07 58 0 397 777	Dichtmasse aus Silikonkautschuk	Hochtemperatur-Silikonkautschuk zum Kleben und Dichten am Motor, dauerelastisch. Wird verwendet bei Dichtflächen von Zylinderfuß, Räderkastendeckel, Motorgehäusehälften, Lagerfläche des Lagerbolzens Steuerkettenspannerschiene.
Loctite 648	22	07 58 9 067 732	Fügeklebstoff	Zum Kleben zylindrischer Fügeteile, härtet unter Luftabschluss zwischen enganliegenden Metallflächen (Spaltmaß bis 0,15 mm) aus und verhindert selbstständiges Losdrehen. Wird verwendet bei lockerem Woodruffkeil des Zahnrads Ausgleichswelle.
Loctite 5203	23	83 19 0 422 969	Flächendichtmittel	Flüssigdichtmittel zum Abdichten von Gehäusetrennflächen. Rasch aushärtend, kann leicht wieder entfernt werden. Für Kunststoffe nicht geeignet. Wird verwendet bei Dichtfläche Getriebegehäuse (Kapitel 23 »Schaltung«).
Loctite 243	24	07 58 9 056 031	Schraubensicherung »mittelfest«	Mit normalem Werkzeug noch demontierbar. Losbrechmoment Schrauben M10: 26 Nm, handfest auf Stahl nach 10 Minuten. Wird verwendet bei Verschraubungen von Federbein vorne an Rahmen, Federbein hinten an Schwinge, Ölstand-Sensor an Motorgehäuse (Kapitel 7 »Federung · Dämpfung«, Kapitel 12 »Elektrik · Elektronik«).
Loctite 2701	25	33 17 2 331 095	Schraubensicherung »hochfest«	Zum dauerhaften Sichern von stark vibrations- und schlagbeanspruchten Gewindeverbindungen. Losbrechmoment Schrauben M10: 38 Nm, handfest auf Stahl nach 10 Minuten. Wird verwendet bei Mutter Antriebskegelrad (Kapitel 10 »Schwinge · Kardan«).
BMW-Bremsklotzpaste	26	83 19 2 158 851	Paste gegen Bremsenquietschen	Wird auf die Rückseite und auf die Stirnflächen der hinteren Bremsklötze aufgetragen. Verhindert Bremsengeräusche, schützt vor Korrosion, erleichtert Montage und Demontage (Kapitel 6 »Bremsen«).
Talkum	27		Pulverförmiges Trennmittel	Trenn- und Gleitmittel mit isolierenden und wasserabweisenden Eigenschaften. Wird verwendet bei der Montage der Nebenzündspulen (Kapitel 16 »Zündkerzen«).
Reifenmontagepaste	28	81 22 0 433 046	Montagepaste	Erleichtert die Montagearbeit und unterstützt die spätere Demontage, da der Reifen nicht an der Felge anklebt. Geringer Kraft- und Zeitaufwand durch hohe Gleitfähigkeit. Wird verwendet zur Reifenmontage und am Dichtring der Benzinpumpeneinheit (Kapitel 4 »Reifen« und Kapitel 3 »Spiegel · Tank · Rahmen«).

* = Stand der Recherche zum Redaktionsschluss dieses Buchs im Juli 2013

bensicherung oder Reifenmontagepaste, kann man auch im Kfz-Werkzeughandel kaufen. Für Fernreisende gibt es beim BMW-Händler die Reifenmontagepasten auch in kleinen Gebinden.

Eingebrannte Flecken im Auspuff
Wenn sich z. B. ein Stück Schuhsohle in den Auspuff eingebrannt hat oder die Krümmer durch Straßenschmutz fleckig geworden sind, kann man ihre Oberflächen mit WD-40 und der rauen Seite eines Haushaltsschwammes oder einem extrem feinen Schleifkissen bearbeiten (Bilder 19 und 20 auf Seite 12). Selbst hartnäckige Teerflecken lassen sich damit entfernen, die Oberflächen der Auspuffkrümmer und des Auspufftopfs werden wieder metallisch rein und glänzen wieder.

Öl- und Graphitspray

Nach dem Waschen an Gelenkstellen von Fußrasten, Bremshebel, Bremsgestänge, Mittel- und Seitenständer einen guten Schuss Allzweck-Ölspray geben. Vor allem, wenn das Motorrad durch Regen gefahren wird, schützt das Öl vor Nässe, die in jede Ritze kriecht.

Verwenden Sie bei der regelmäßigen Pflege ein gutes Allzweck-Ölspray. Wenn man einer Schmierstelle gleich nach einer Regenfahrt zu Hause einen Schuss Öl spendiert, sieht man deutlich, wie das Wasser vom aufgesprühten Öl verdrängt wird. Leichter Lauf und Gelenkstellen ohne Korrosion werden es Ihnen danken.

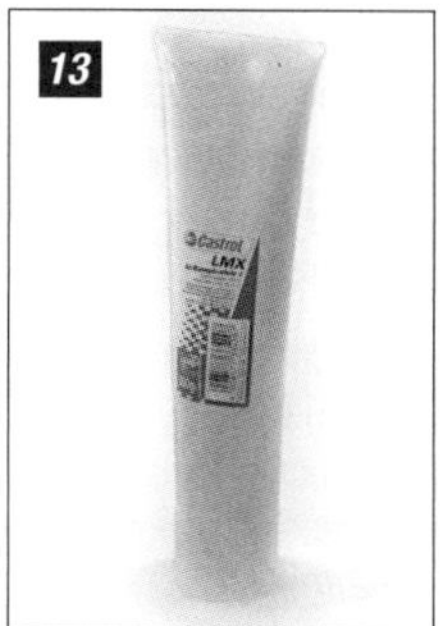
13
Castrol LMX Komplexfett auf Lithiumbasis

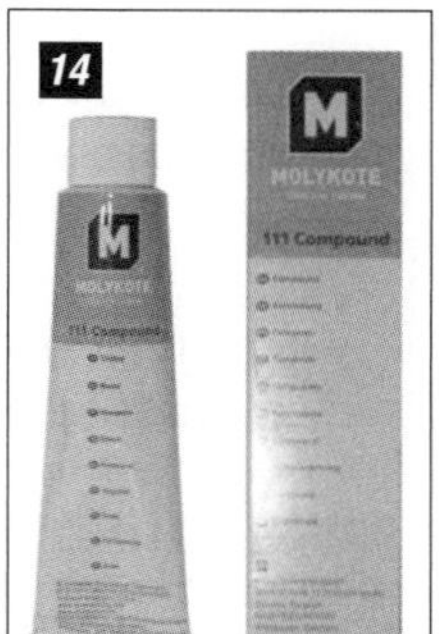

14
Molykote 111 Silikonfett

15
Staburags NBU 30 PTM Hochleistungs-Schmierfett

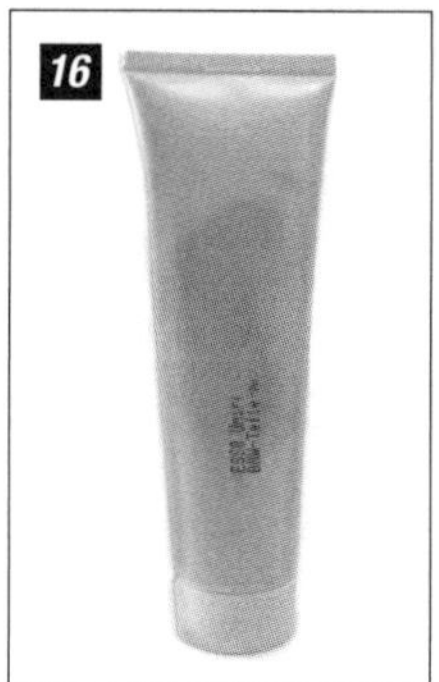
16
Unirex S2

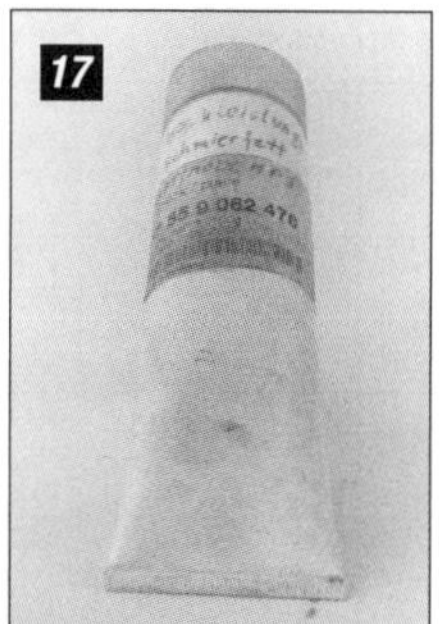
17
Paste MP3 Hochleistungs-Schmierfett

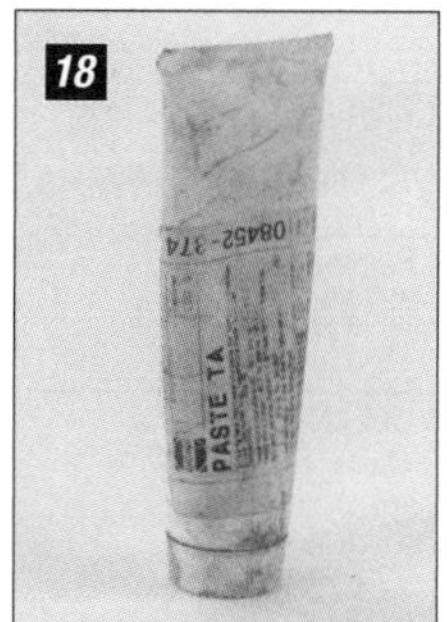

18
Optimoly TA Paste, Hochtemperatur-Montagefett

19
Teflonspray

20
BMW-Schließzylinderfett

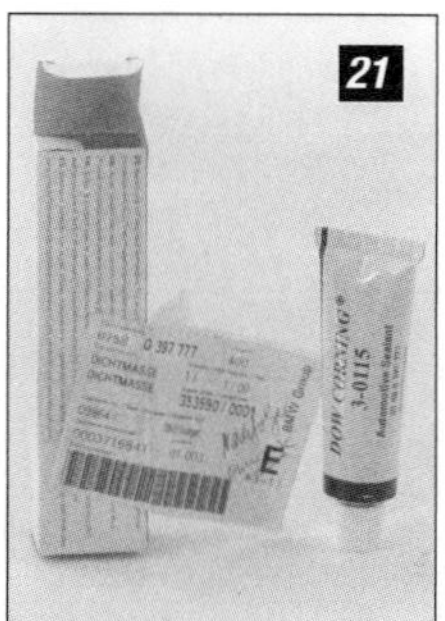

21
Dow Corning 3-0115 Dichtmasse

22
Loctite 648 Fügeklebstoff

23
Loctite 5203 Flächendichtmittel

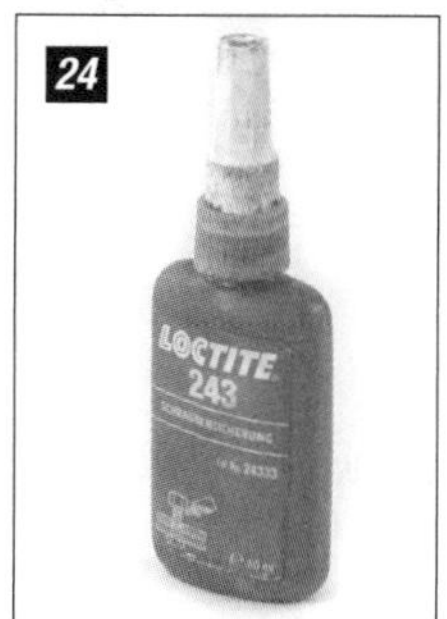

24
Loctite 243 Schraubensicherung »mittelfest«

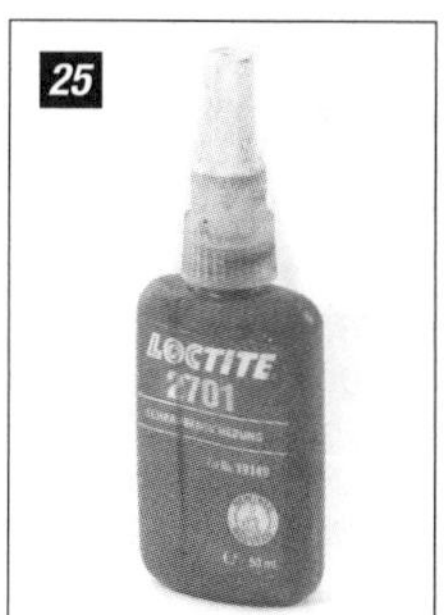

25
Loctite 2701 Schraubensicherung »hochfest«

26
BMW-Bremsklotzpaste

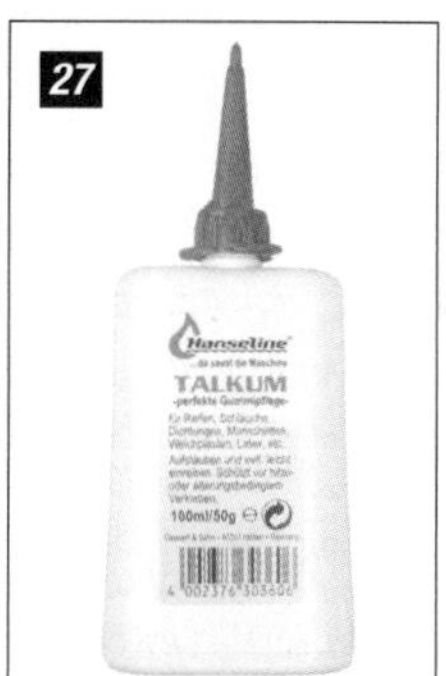

27
Talkum (Trennmittel)

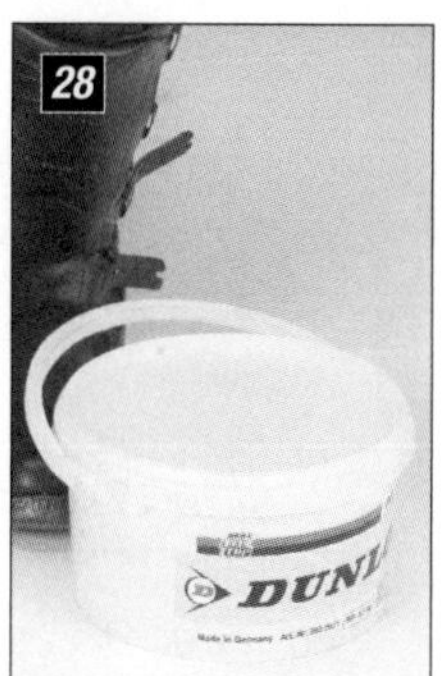
28
Reifenmontagepaste

Tabelle mit zugehörigen Bildern 13 bis 28: Nützliche, von BMW empfohlene und vorgeschriebene Schmier- und Werkstatthilfsmittel.

■ *Im Bild 28 ist ein großer Eimer Reifenmontagepaste zu sehen. Für Fernreisende empfiehlt sich eine Handvoll davon extra in ein dichtes Gefäß abzupacken. Beim BMW-Händler gibt es auch handliche Gebinde, die ins Bordwerkzeug passen. Reifenmontierhebel nicht vergessen!*

Bild 21: Nach der großen Wäsche speziell den Schmierstellen an den Federenden und den Ständergelenken einen guten Schuss Ölspray geben verhindert Korrosion.

Wichtig 1: Zünd-Lenkschloss, Schloss im Tankdeckel und Sitzbankschloss NICHT mit Ölspray oder gar Kettenspray schmieren. Zum Schmieren der Schlösser nur BMW-Schließzylinderfett oder ein anderes spezielles Schlossspray auf Graphitbasis verwenden.
Wichtig 2: Halten Sie jede Art von Schmiermittel fern von Sensoren und elektrischen Steckern.

Schmierstellen

Abschmieren beweglicher Teile dient in erster Linie dazu, Schmutz und Wasser von ihren Gelenkstellen fern zu halten und Rost vorzubeugen, damit Leichtgängigkeit und lange Lebensdauer gewährleistet werden. Auch die zueinander beweglichen Aluminiumteile korrodieren, wie z. B. die Gelenke von Kupplungs- und Bremshebel. Wenn diese Gelenk- und Kontaktstellen nicht regelmäßig gepflegt werden, gibt es im Laufe der Zeit Schwergängigkeit. Denn wenn das Motorrad im Freien abgestellt ist, lagert sich Umgebungsdreck aus der Luft darauf ab und kriecht in die Gelenkstellen hinein.

Gasdrehgriff: Wenn er schwer geht, muss er mit leichtem Molybdänfett geschmiert und dazu geöffnet werden. Das Öffnen des Gasgriffs ist in Kapitel 19 »Gasgriff · Gaszüge« beschrieben.

Kontaktadressen von Castrol und Loctite

- **Deutsche Castrol-Vertriebsgesellschaft mbH**
  Max-Born-Straße 2, D-22761 Hamburg
  www.castrolmoto.com
- **Castrol Austria GmbH**
  Industriezentrum Niederösterreich Süd
  Straße 6, Objekt 7, A-2355 Wiener Neudorf
  www.castrol.at
- **Castrol (Switzerland) AG**
  Baarerstrasse 139, CH-6302 Zug
  www.castrol.ch
- **Henkel Loctite Deutschland GmbH**
  Gutenbergstraße 3, D-85748 Garching
  www.loctite.de
- **Henkel Central Eastern Europe GmbH**
  Erdbergstraße 29, A-1030 Wien
  www.loctite.at
- **Henkel & Cie AG**
  Salinenstrasse 61, CH-4133 Pratteln 1
  www.loctite.ch

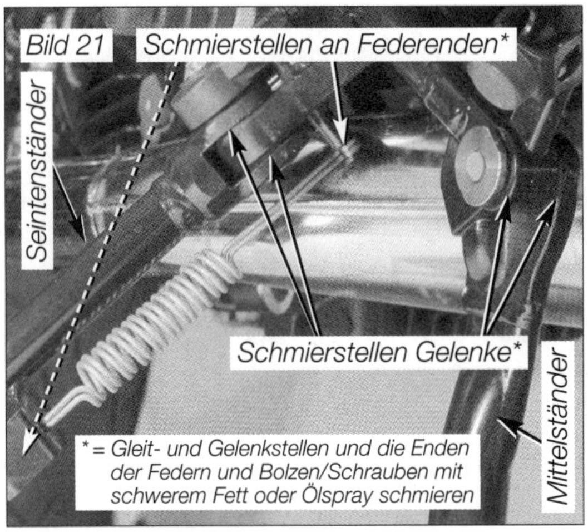

Bild 22: Schmier- und Pflegestellen an der R 1200 R.

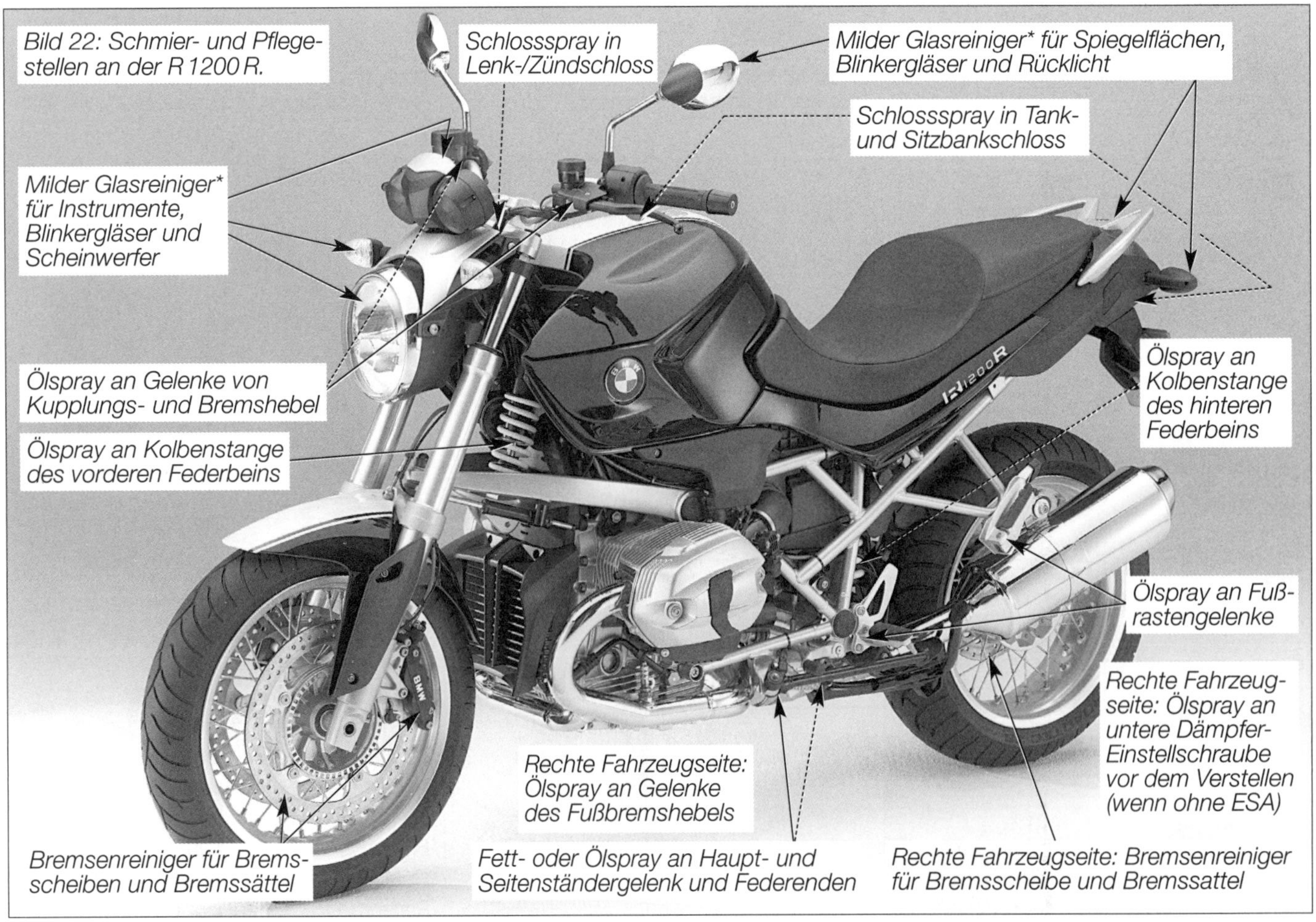

* = Bei »Glasreiniger« bitte nur milde Reinigungsmittel verwenden.

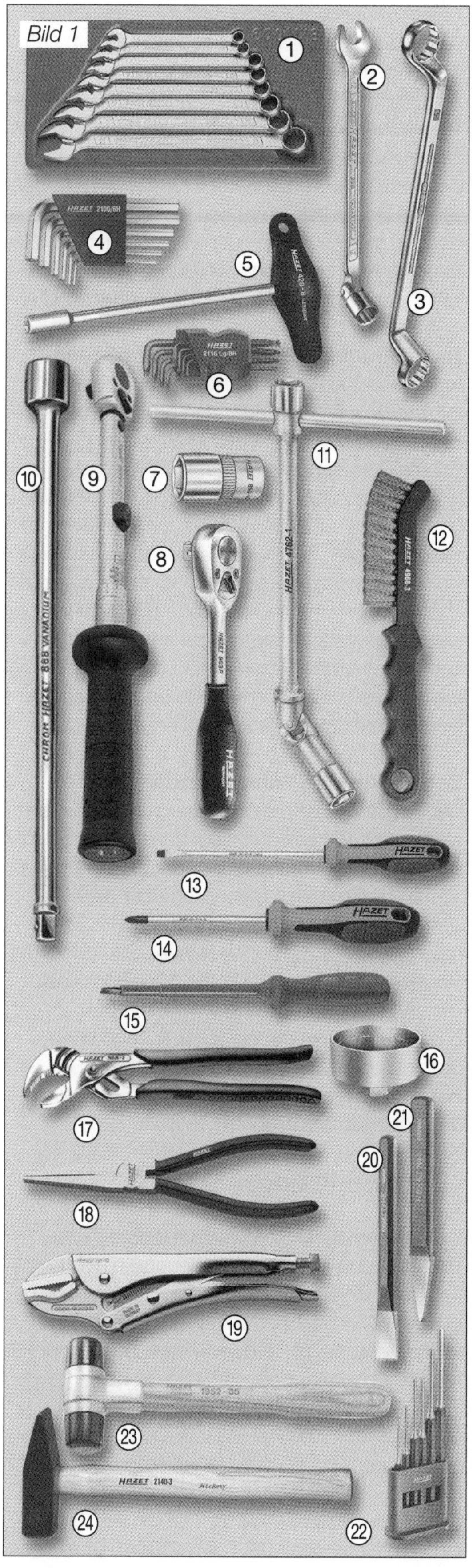

Bild 1

Werkstatt

In diesem Kapitel: Werkzeug · Bordwerkzeug · Aufbockhilfen · Werkzeug für die Hobbywerkstatt · Werkzeugwagen, Hebebühne · Werkstatthilfsmittel · Spezialwerkzeug · Richtig schrauben · Schrauben, Scheiben, Muttern · Fetten, Ölen, Kleben, Sichern · Anziehdrehmomente · Seegerringe · Simmerringe · Flächendichtmittel · Gewindereparatur mit HeliCoil · Technikbücher · Adressen.

Bild 1: Sinnvolles Basis-Werkzeugsortiment für die Hobbywerkstatt. Teilebezeichnungen siehe unten auf dieser Seite.

Bild 2: Besteckkasten als Werkzeug- und Teileablage.

Werkzeug

Für jede Wartungsarbeit und Reparatur braucht man gutes Werkzeug. Die Idee, kleinere Servicearbeiten oder größere Reparaturen mit dem Bordwerkzeug durchführen zu wollen, ist und bleibt eine Illusion.

Sicherheitshinweise Achtung und Tipps

Werkzeug nicht im Baumarkt kaufen, auch wenn dessen Sonderangebot noch so verlockend ist! Das in Baumärkten angebotene Werkzeug ist generell eher schlecht als recht, in vielen Fällen sogar gefährlich, weil es aus minderwertigem Material besteht und deswegen bruchgefährdet ist.

Ein Blick ins Internet rentiert sich bei der Werkzeugrecherche. Echtes Qualitätswerkzeug ist im Internet unter *www.hazet.de* zu finden. Hazet ist einer der bekanntesten deutschen Hersteller von Kraftfahrzeug-Qualitätswerkzeugen.

Im Haushaltswarengeschäft (z. B. bei IKEA) gibt es für kleines Geld Besteckablagen für Schubladenkästen in verschiedenen Unterteilungen. Diese eignen sich ganz hervorragend als Schrauben- und Kleinteileablage (Bild 2).

Wenn teure Spezialwerkzeuge benötigt werden, bei der Werkstatt um die Ecke nachfragen, ob man gegen ein hinterlegtes Pfand und einen Obolus in die Trinkgeldkasse das Werkzeug geliehen bekommt.

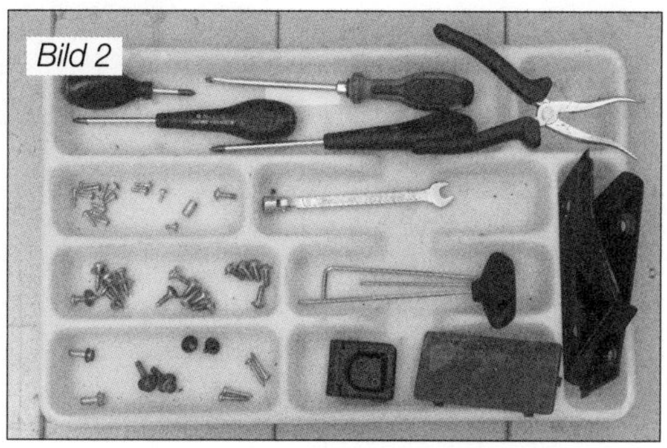

Bild 2

Teilebezeichnungen Bild 1: Satz Ring-Maulschlüssel (1), Maul-Steckschlüssel (2), Doppelringschlüssel (3), Satz Inbusschlüssel (4), Sechskant-Steckschlüssel mit Querknauf (5), Satz Torx-Schlüssel (6), Steckschlüsselnuss mit Innensechskant (7), Umschaltknarre (8), Drehmomentschlüssel (9), Verlängerung (10), Zündkerzenschlüssel (11), Bremssattelbürste mit Messingborsten (12), Schlitz-Schraubenzieher (13), Kreuzschlitz-Schraubenzieher (14), Elektriker-Schraubenzieher (15), Ölfilterschlüssel (16), Universalzange (17), Flachzange (18), Gripzange (19), Flachmeißel (20), Kreuzmeißel (21), Satz Splinttreiber (22), Kunststoffhammer (23), Schlosserhammer (24).

Sowohl für die kleine Notreparatur unterwegs wie für alle Wartungs- und Pflegearbeiten zu Hause in der Garage oder (Hobby-)Werkstatt gilt: Mit schlechtem Werkzeug kann man keine guten Arbeiten machen! Beispielhaft für »schlechtes Werkzeug« sind die geplatzte Nuss (Bild 4) und die ausgefranste Bürste (Bild 5).

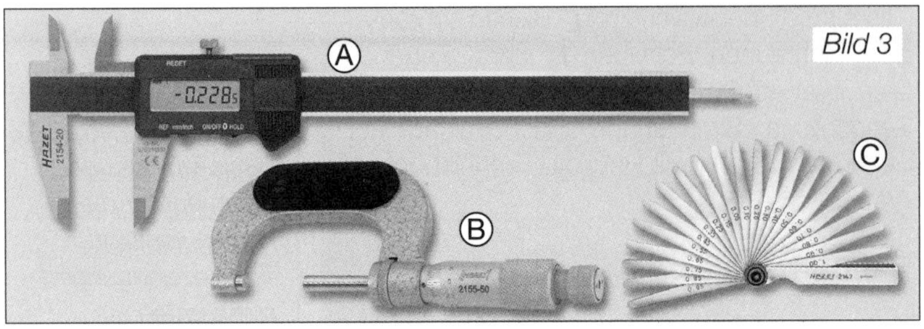

Bild 3: Digitaler Messschieber (A), Bügelmessschraube (B), Fühlerlehren (C).

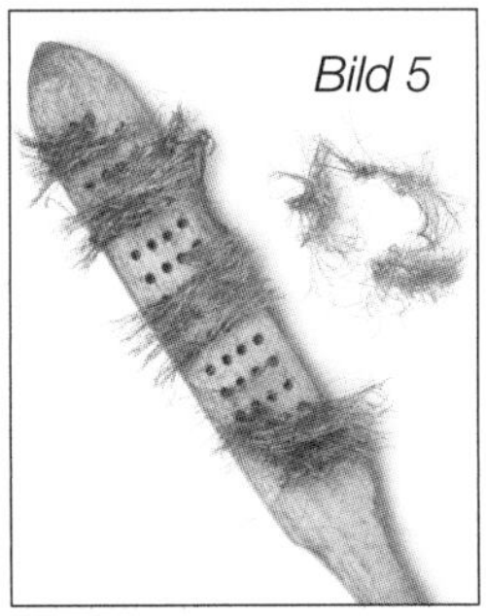

Bilder 4 und 5: Schlechtes Werkzeug aus dem Baumarkt.

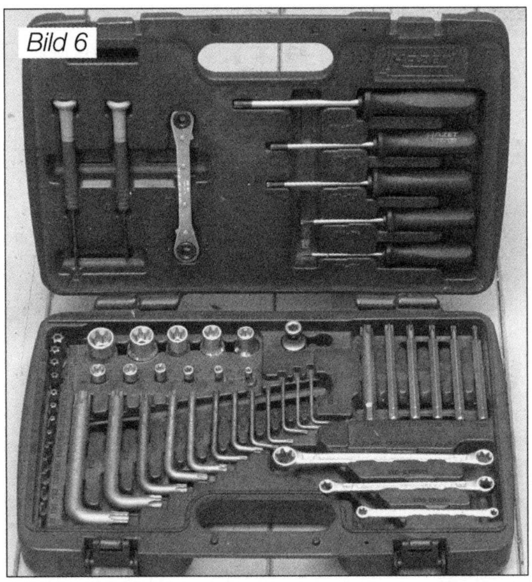

Bilder 6 bis 6b: Zum intensiven Schrauben an der R 1200 R sind einige Torx-werkzeuge nötig.

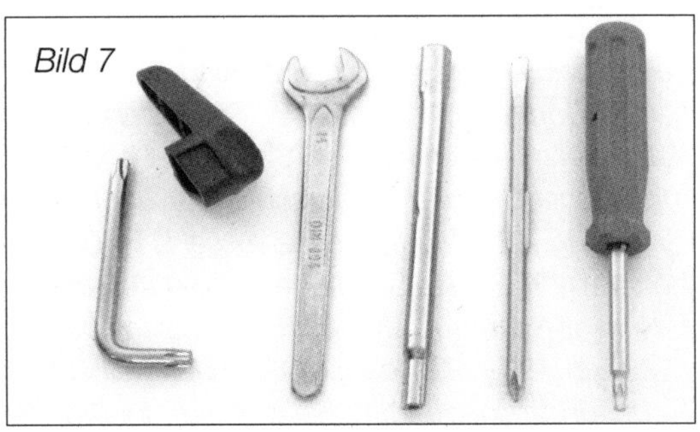

Bild 7: Das serienmäßige Bordwerkzeug ist sehr dürftig.

Merke: Vermurkste Schrauben und Muttern oder gar hässliche Kratzer im Umfeld von Schraubverbindungen, die von abgerutschten, weil nicht passenden Schlüsseln herrühren, sehen schlimm aus. Ganz zu schweigen von den Verletzungen, die ein »Mechaniker« sich beim Schrauben zuziehen kann, wenn er mit schlechtem Werkzeug arbeitet.

Torxschrauben brauchen Torxwerkzeug

An der R 1200 R sind überwiegend Schrauben mit Torx-Köpfen verbaut, man braucht also Torx-Schlüssel bzw. Torx-Nüsse in gängigen Größen. Kaufen Sie am besten einen kompletten Kasten mit Torxwerkzeug und Nüssen (Bilder 6, 6a und 6b) mit passendem Anschluss für den Drehmomentschlüssel. Für Sechskant-Muttern empfehlen wir Sechskantnüsse, die eng am Schraubenkopf anliegen. Auch Gabel- und Ringschlüssel werden gebraucht, denn nicht an alle Muttern kommt man mit Nüssen ran. In den Kapiteln dieses Buchs gehen wir in Bild und Text auf die jeweils benötigten Werkzeuge ein.

Schlüsselweite, Schraubenzieher

Der Begriff SW ist die Abkürzung für »Schlüsselweite«. SW 12 bedeutet also, dass dieser Schlüssel für einen Schraubenkopf oder eine Mutter mit 12 mm bestimmt ist, gemessen über die Mitte an zwei zueinander parallelen Flächen. M8-Schrauben oder Muttern brauchen einen 12er- oder 13er-Schlüssel; M6 einen 8er- oder 10er-Schlüssel.

Zu dem normgerecht als »Schraubendreher« bezeichneten Werkzeug sagen wir hier in dieser Reparaturanleitung »Schraubenzieher«, weil das unter Motorradfahrern üblich ist.

Bordwerkzeug

Das serienmäßige Bordwerkzeug (Bild 7) der R 1200 R enthält keine Werkzeugteile, mit denen man z. B. die Räder aus- und wieder einbauen oder die Zündkerzen aus-/einschrauben kann. Im Text »Besseres Bordwerkzeug« auf der nächsten Seite nennen wir Ergänzungswerkzeuge.

Ob Sie Geld für besseres Bordwerkzeug ausgeben können und auch wollen, wissen wir nicht. Doch zwei Dinge sollten Sie unbedingt haben: **Flickzeug:** Reifen-Flickzeug für Schlauchlosreifen vom Hersteller »TIP TOP« (Bild 8). Damit lässt sich ein Loch im Schlauchlosreifen bis ca. 4 mm Durchmesser unterwegs zur Not reparieren.

Reifendruckprüfer: Bitte verwenden Sie KEIN Plastikteil aus dem Baumarkt, sondern ein Präzisionsmessgerät (Bild 9). Das beste Druckmessgerät, das wir kennen und in unserer Werkstatt täglich verwenden, stammt vom deutschen Hersteller Flaig und hat ein stabiles Alu-Gehäuse. Erhältlich ist es in gut sortierten Zubehörläden und bei Motorradhändlern.

Besseres Bordwerkzeug

Damit man unterwegs die Räder aus- und einbauen kann, werden folgende Teile benötigt:

Vorderrad

- Torxnuss T45 für die Achsklemmschraube und Bremssattelschrauben
- Inbusnuss SW 22 für Achskopf
- Torxnuss T25 für Raddrehzahl-Sensor (ABS)
- Knebel (Querknauf) für die Nüsse

Hinterrad

- Torxnuss T45 für die Auspuffschrauben
- Torxnuss T50 für die Radschrauben
- Knebel (Querknauf) für die Nuss

Bordwerkzeug für die Reise

Entsprechend dem Alter einer R 1200 R und ihrem technischen Pflegezustand braucht man mehr oder weniger Werkzeug, damit eine Panne auch in einem dünn besiedelten Gebiet ordentlich beschraubt werden kann.

- Maul-Steckschlüssel SW 8, 10, 12, 13 und 17
- Torxschlüssel T25, T30, T40, T45 und T50
- BMW-Spezialwerkzeug »Abzieher« für die Zündkerzenstecker
- Zündkerzenschlüssel 14 mm
- Schraubenzieher mit Flach- und Kreuzschlitzklinge 5 mm und Elektriker-Schraubenzieher
- einige mitteldicke Kabelbinder
- Kombizange
- Rolle Gewebe-Klebeband, damit können z. B. gerissene Plastikteile geflickt werden.

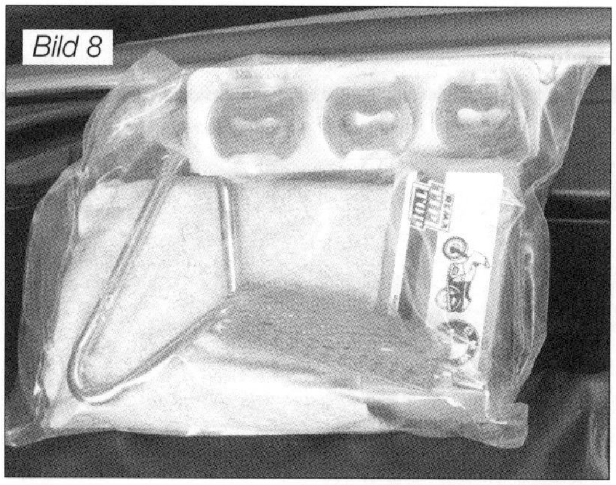

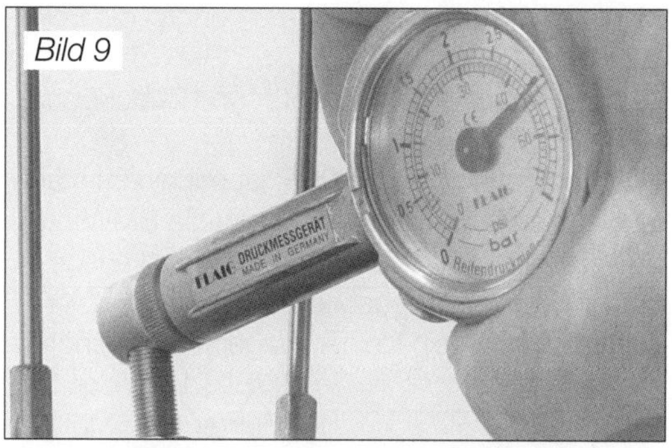

Bild 8: Reifen-Pannenhilfeset zur notdürftigen Reparatur eines Plattfußes bei einem Schlauchlosreifen.

Bild 9: Flaig-Reifendruckprüfer.

Bild 10: Unterbauen des Rades mit Holzstücken beim Aus- und Einbau.

Bild 11: Der »X5 Hydraulischer Hubtisch« von Kern kostet ca. 350 Euro. Dank der Rollen lässt sich das aufgebockte Motorrad gut rangieren.

Im Bild 12a steht die Maschine auf dem BMW-Spezialwerkzeug-Hebebock »Motorheber«. In Bild 12b auf dem Mittelständer und einem kleinen Wagenheber mit zwischengelegtem Holzklotz.

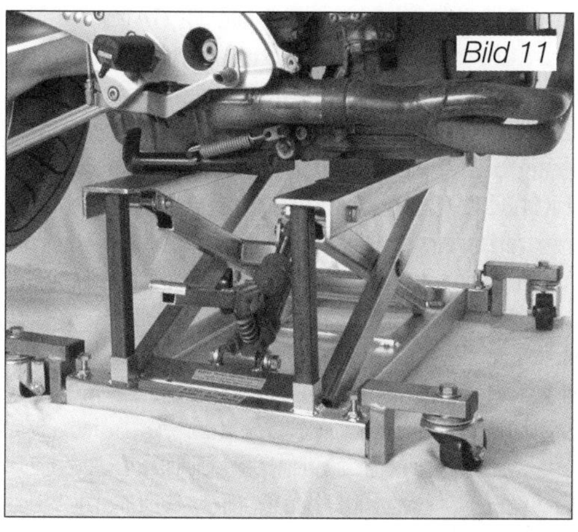

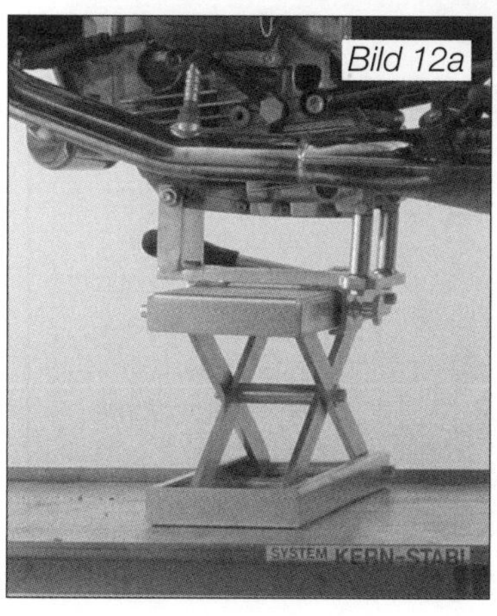

Wichtig: Unbedingt Qualitäts-Gewebeband nehmen, KEIN durchsichtiger Büro-Tesafilm oder das ekelige, braune Karton-Packband!

- Prüflampe oder kleines Multimeter
- kleiner Schlosserhammer (100 Gramm)
- mittelgroße Wasserpumpenzange
- eine Tube benzin-/ölfestes Silikondichtmittel
- Messingdrahtbürste, Dose Ölspray (WD-40), Schmutzlappen, ein paar Arbeitshandschuhe

Aufbockhilfen

Perfekt ist eine Motorradhebebühne. Wer dazu weder Platz noch Geld hat, für den empfiehlt sich das praktische, preiswerte Gerät von Kern-Stabi, es nennt sich »X5 Hydraulischer Hubtisch« (Bild 11) und wird direkt unten an der Ölwanne angesetzt.

Mit Rollen versehen kann man das aufgebockte Motorrad prima herumrangieren und in die Ecke schieben. X5 kostet um die 350 Euro, dazu gibt es noch verschiedene Adapter und Zubehörteile.

Mittelständer: Die R 1200 R ist mit einem stabilen Mittelständer versehen. Wenn die BMW darauf aufgebockt ist, kann das Hinterrad ausgebaut werden. Zum Ausbau des Vorderrads wird zusätzlich noch ein kleiner Wagenheber benötigt (Bild 12b), der unter dem Motor angesetzt wird, damit das Vorderrad frei kommt.

Heckmontageständer, Motorheber: Man kann zur Radmontage auch einen »Heckmontageständer« verwenden und den Motor mit dem BMW-Spezialwerkzeug »Motorheber« unterbauen (zusammengesetzt aus den BMW-Spezialwerkzeugen »Scherenheber« Nr. 00 1 571, »Motoraufnahme« Nr. 00 1 572 und »Verbreiterung« Nr. 00 1 575); zu sehen in Bild 12a.

Bild 13: Druckluft-Kompressor mit Luftpistole, Reifenfüller und langem Schlauch.

Werkzeug für die Hobbywerkstatt

Hier unsere Werkzeugempfehlungen für eine Hobby-Motorradwerkstatt, in der Arbeiten und Reparaturen durchgeführt werden, die über die Behebung einer Panne am Straßenrand hinausgehen.

- **Zwei Drehmomentschlüssel**: Einen großen mit Einstellbereich 40 bis 200 Nm und einen kleinen mit 5 bis 40 Nm. Diese werden zwingend beim Aus- und Einbau der Räder und Bremse benötigt sowie bei Arbeiten an Rahmen, Telelever, Federbein und Schwinge.
- **Ölauffangwanne** mit integriertem Öltank für den Ölwechsel.
- **Fächer-Fühlerlehre** von 0,05 bis 1,0 mm zum Prüfen des Ventilspiels.
- **Batterieladegerät** 12 Volt, elektronisch geregelt.
- **Kupferpaste** (oder Keramikfett) für Dichtungen, Schraub- und Klemmstellen am Auspuff.
- **Silikondichtpaste** für Gehäusedichtflächen.
- **Flachspitzzange** klein und **Seitenschneider**.
- **Messing**- und **Stahldrahtbürsten** in verschiedenen Größen.
- **Schlosserhammer** mit 250 Gramm sowie ein rückschlagfreier **Kunststoffhammer**.
- Satz **Durchschläge** (»Splint-Austreiber«).
- Isolierter **Seitenschneider** (»Elektro-Knipser«).
- **Kasten Torx-Schlüssel und -Nüsse** (Bild 6), aus denen man sich für's Bordwerkzeug einen entsprechenden Satz zusammenstellt.

Und wenn Sie jetzt noch Geld übrig haben:

- **Schlagschrauber**, mit dem lassen sich z. B. große, sehr fest angezogene Schrauben und Muttern relativ einfach öffnen. Es gibt Druckluft- oder Akku-Schlagschrauber.
- **Akkubohrmaschine** mit einem Satz bester Qualitätsbohrer von 2 bis 12,5 mm.
- **Druckluft-Kompressor**, Druck bis 8 bar, mit Druckluftpistole, Reifenfüllmanometer (Bild 13).
- **HeliCoil**-Gewindereparaturkits M5, M6, M8 und M10 sowie für das Zündkerzengewinde. Weiter hinten in diesem Kapitel zeigen wir die richtige Anwendung von HeliCoil.
- **Lötkolben** mit 150 Watt Leistung.
- **Heizplatte** mit 25 cm Durchmesser oder einen starken Werkstatt-**Heißluftföhn**.
- **Schleifbock:** Er ist immer nützlich, und wenn man daran nur ab und zu Bohrer scharf schleift und sich am Funkenflug freut.

Werkzeugwagen, Hebebühne

Als Ablage beim Schrauben direkt am Motorrad benutzen wir einen Besteckkasten (Bild 2). Darin lassen sich momentan benötigte Werkzeuge und abgebaute Kleinteile wunderbar ablegen. Für kleines Geld gibt es diese Besteckkästen in jedem Haushaltswarenladen (z. B. bei IKEA, dort sind sie besonders billig!). Man kann auch (ausgespülte!) Joghurt-Becher nehmen und darin Muttern, Schrauben und Kleinteile nach Baugruppen geordnet ablegen.

Werkzeug muss nicht nur vorhanden, sondern auch auffindbar sein. Und weil es mit der Ordnung immer so eine Sache ist, empfehlen wir, das am meisten benötigte Werkzeug im fahr- und faltbaren Hazet-Werkzeugwagen »Assistent« aufzubewahren. Dieser ist innen größer, als er von außen aussieht. Das Grundmaß des »Assistent« beträgt 725 mm x 398 mm, aufgezogen ist er etwas mehr als einen Meter hoch, zusammengeschoben kaum noch die Hälfte (Bild 14).

Perfekt ist eine Hebebühne. Sie erleichtert alle Schraubarbeiten am Motorrad, denn man kann die Maschine in die gewünschte Arbeitshöhe bringen, muss sich also nicht bücken. Preiswerte Hebebühnen gibt es in den Shops der Motorrad-Zubehörketten.

Werkstatthilfsmittel

BMW bietet alle nötigen Montagehilfsmittel, Dichtmaterialien, Fette und Schraubensicherungen als Ersatzteile an, man kann sie also bei jedem BMW-Motorradhändler kaufen. Diese Mittel haben wir in Kapitel 1 »Wartung · Pflege« tabellarisch aufgelistet.

Spezialwerkzeug

Spezialwerkzeug: Für tiefer gehende Arbeiten werden spezielle Werkzeuge benötigt. Man kann diese beim BMW-Händler kaufen, aber sie sind teuer. Auf einige der originalen BMW-Spezialwerkzeuge und preiswerte, weil selbst herzustellende Alternativwerkzeuge gehen wir in den entsprechenden Kapiteln ein.

Gewindeschneider, HeliCoil: Unter die Rubrik »Spezialwerkzeug« fällt auch ein kompletter Satz Gewinde-Schneid- und Bohrwerkzeuge. Damit lassen sich Außen- wie Innengewinde anfertigen, nachschneiden und auch reinigen, wenn z. B. Reste von Loctite daran hängen, Farbe oder Rost. Weiter hinten im Kapitelabsatz »Gewinde reparieren« zeigen wir den Umgang mit Gewinde-Reparaturmittel »HeliCoil«.

Nachstehend eine Auflistung wichtiger Spezialwerkzeuge für die R 1200 R; ihr Einsatz wird aber nur bei »Hardcore-Schrauben« nötig:
- **Riemenaufziehwerkzeug** (Nr. 12 3 591, Bild 16): Wird beim Wechsel des Lichtmaschinen-Antriebs-Keilrippenriemens benötigt.
- **Zentrierdorn** (Nr. 21 2 673) für die Kupplungsscheibe.
- **Zange** (Nr. 13 1 512, Bild 15) zum Aus- und Einbau der Oetiker-Schellen.
- **OT-Absteckdorn** (Nr. 11 2 650), es passt auch ein Rundeisen mit Ø 8 mm.
- **Ventilfederspanner,** bestehend aus Gegenstütze (Nr. 11 2 521), Spindel mit Griff (Nr. 11 5 692) und Druckstück (Nr. 11 2 522) zum Ausbau der Ventile und Ventilfedern.
- **Abziehzange** (Nr. 11 1 250) für Ventilschaftabdichtungen.
- **Arretiervorrichtung** für das Schwungrad (Nr. 11 5 640), wird zum Blockieren des Motors beim Zerlegen und Zusammenbau benötigt.
- **Drehwinkelanzeigegerät** (Nr. 11 2 501), zum Festziehen der Pleuelschrauben und sonstiger Schrauben wie z. B. der Zylinderkopfmuttern.
- **Haltevorrichtung** (Nr. 31 5 741) mit **Aufnahmen** (Nr. 31 5 742) und **Adapterringen** (Nr. 31 5 673), sowie **Stecknuss** (Nr. 31 5 631) SW 46 lange Ausführung – ist nötig, weil der Zapfen lang ist, beim Anziehen und Lösen des Kugelgelenks an der Gleitrohrbrücke am unteren Längslenker.

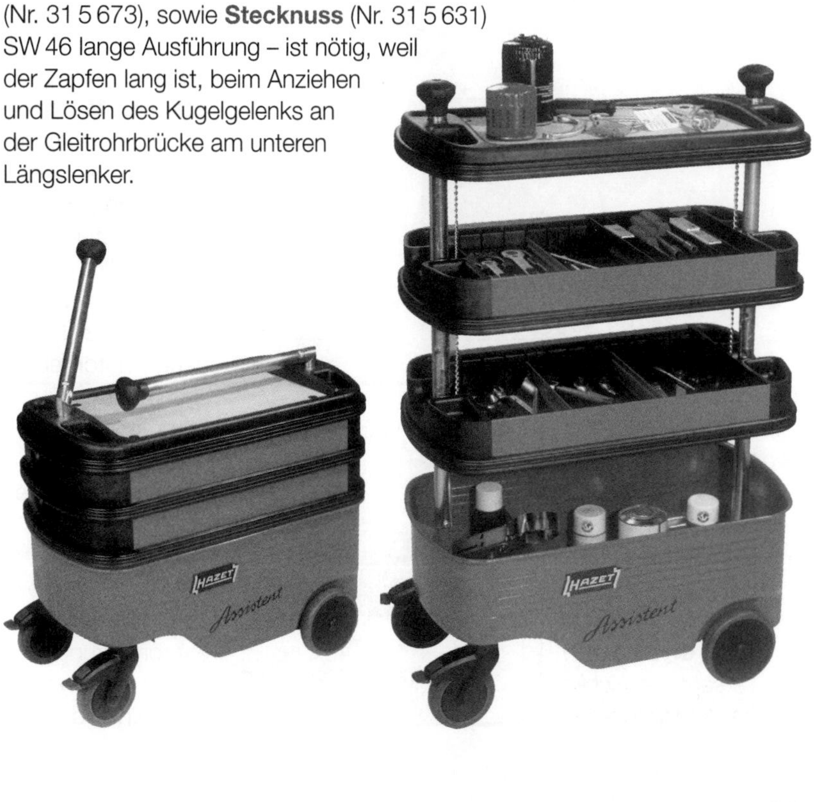

Bild 14: Der fahr- und faltbare Werkstattwagen »Assistent« ist seit vielen Jahren ein Klassiker in Werkstätten von Hobby- und Profischraubern.

Bilder 15 bis 17: Verschiedene Spezialwerkzeuge.

Bild 18: Federspanner für Ständerfedern.

■ **Zugstange** (Nr. 00 8 581) **mit Schlaggewicht** (Nr. 00 8 582), wird z. B. zum Herausziehen der Schwingenlager benötigt.

Folgende Spezialwerkzeuge kann man im Motorrad-Zubehörhandel und im Kraftfahrzeug-Werkstatthandel preiswert kaufen:

- Ölfilterschlüssel (Bild 17)
- Multistromkreistester, auch Multimeter genannt
- Kompressionsdruck-Prüfgerät mit Adapter
- Kraftstoffdruckmesser mit Adapter

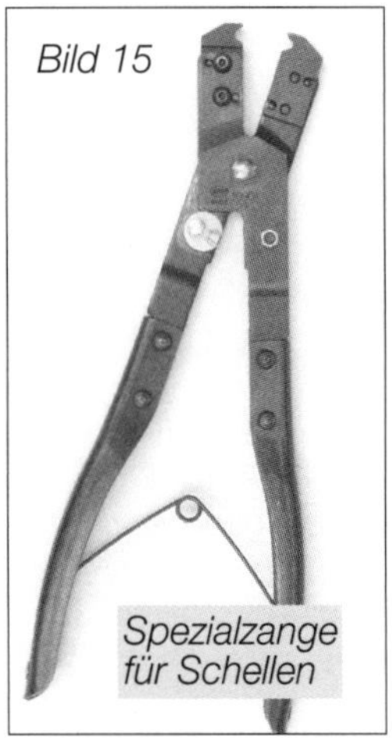
Bild 15
Spezialzange für Schellen

Bild 16
Riemenaufziehwerkzeug

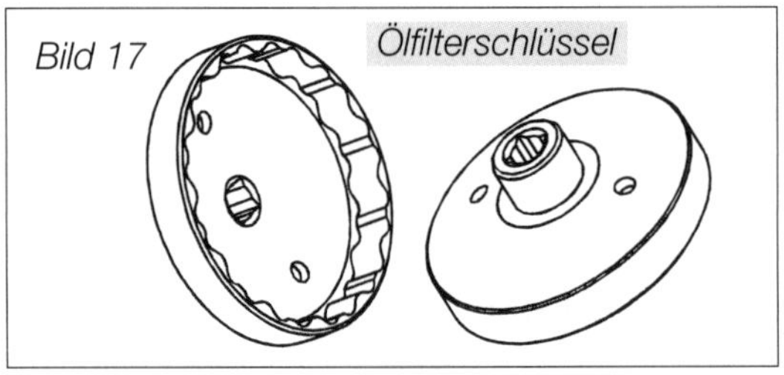
Bild 17
Ölfilterschlüssel

Bild 18
Federspanner

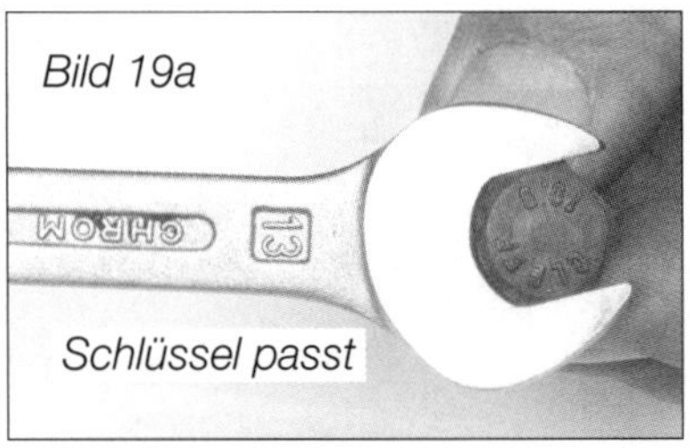

Bild 19a
Schlüssel passt

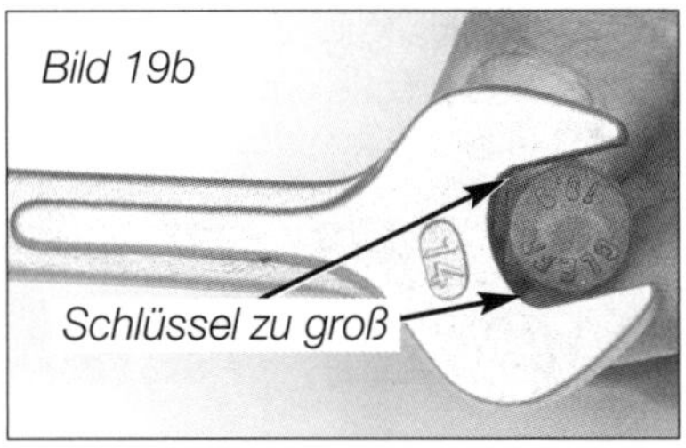

Bild 19b
Schlüssel zu groß

Bilder 19a bis 21: Passendes Werkzeug verwenden. Ein zu großer Schlüssel vermurkst beim ersten Ansatz den Schraubenkopf, ein zu kleiner Schraubenzieher rutscht durch, ein zu großer versaut den Schlitz im Schraubenkopf.

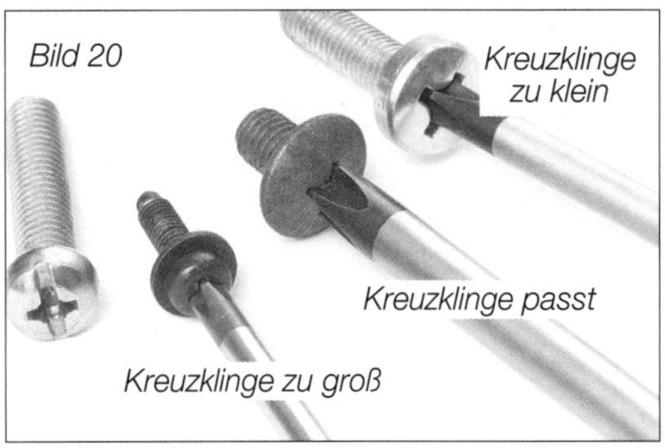
Bild 20
Kreuzklinge zu klein
Kreuzklinge passt
Kreuzklinge zu groß

Richtig schrauben

Gut schrauben zu können ist keine angeborene Gottesgabe, sondern eine Sache der realen Einschätzung: Was habe ich bisher gelernt, kann ich schon, traue ich mir zu, kann ich noch lernen? Und: Von was lasse ich die Finger weg, weil Wissens- und Könnenstand sowie der Werkzeugbestand nicht ausreichend genug sind? Zum Thema »Richtig schrauben« gehören z. B. ein Federspanner (Bild 18); man kann natürlich auch mit der Zange den Federhaken aushängen, rutscht dabei aber oft ab. Das Wissen um die eigenen Fähigkeiten ist beste Voraussetzung, um ein guter Schrauber zu sein – oder zu werden.

Ordnung halten in der Bude! Wer Ordnung hält, ist nur zu faul zum Suchen. Eine blödere Ausrede als diese gibt es nicht, wenn man in eine Garage oder Hobbywerkstatt kommt, wo alte Dichtungen und Ölfilter auf gebrauchten Reifen gestapelt sind, leere Bierflaschen und Pizzapappen vor sich hin stinken. Ähnlich der Ordnung in der Werkstatt verhält es sich mit der Sauberkeit der Maschine: Bevor man anfängt an irgendeiner Baugruppe zu schrauben, sollte man die Maschine gründlich waschen, denn an verdreckten Bauteilen und verschmutzten Schrauben lässt sich Werkzeug nur unsicher ansetzen.

Sicherer Werkzeuggebrauch

Am Anfang dieses Kapitels haben wir es schon gesagt, hier wiederholen wir es: Mit schlechtem Werkzeug kann man keine gute Arbeit machen! Hier ergänzen wir thematisch: Mit gutem Werkzeug muss man auch umgehen können.

Die Bilder 19a bis 21 zeigen, was wir meinen:

- Wenn ein Schraubenkopf oder eine Mutter einen 13er-Schlüssel braucht (Bild 19a), dann ist der 14er (Bild 19b) das falsche Werkzeug.
- Ein Kreuz- bzw. Schlitz-Schraubenkopf braucht einen passenden Kreuz- oder Schlitz-

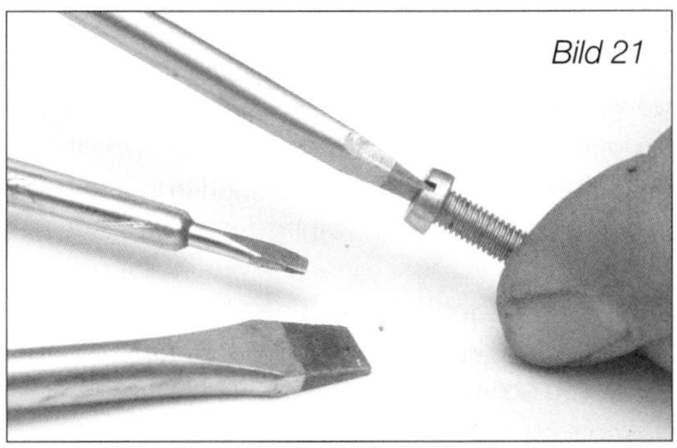
Bild 21

Schraubenzieher (Bilder 20 und 21). Bitte versuchen Sie NICHT, eine Kreuzschlitzschraube mit einem Flachklingen-Schraubenzieher zu öffnen!

Schrauben, Scheiben, Muttern

Stahlschrauben, die in Aluminium wie z. B. Motorgehäuse gedreht werden, müssen mindestens mit der Länge des 1,5-fachen Schraubendurchmessers in das Innengewinde eingeschraubt werden (M6 also 9 mm). In Bild 22 sieht man eine zu kurze Schraube, in Bild 23 eine in der richtigen Länge und zwei zu kurze. Natürlich ist die serienmäßige Schraube immer die beste Schraube, aber manchmal geht halt eine verloren – deswegen nachstehend einige Grundlagen für die Verwendung von nicht serienmäßigen Schrauben.

■ Wenn man keine Schrauben in der passenden Länge bekommt und nur solche, die 5 mm zu kurz oder 20 mm zu lang sind, dann lieber die zu langen kaufen und auf Länge absägen.
■ Wenn Schmutz oder Reste von Schraubenkleber an der Schraube haften, diese mit einer Messingbürste reinigen (Bild 24). KEINE Stahlbürste verwenden, denn die scharfen Stahldrähte reißen die Oberflächen des Gewindes auf!
■ Bei jeder ausgedrehten Schraube und abgedrehten Mutter vor der Montage das Gewinde begutachten: Bei den in Bild 25 gezeigten Schrauben sind die Gewinde defekt (»überdreht«), und damit sind sie reif für die Mülltonne. Die Begutachtung der Gewinde VOR der Montage (oder gleich nach der Demontage, also dem Ausschrauben!) ist besonders wichtig bei sicherheitsrelevanten Baugruppen wie Fahrwerk mit Rahmen, Federung, Rädern und Bremsen.

Bild 26 zeigt spezielle Scheiben und Muttern:
■ **Unterlag- oder Wellenscheiben** sollen zwischen Stahlmuttern und Aluminium gelegt werden, das verbessert die Flächenpressung und schont das Alu.
■ Eine **Federscheibe**, auch »Sprengring« genannt, hat zwei »Zacken«, die bis zu einem gewissen Maße das Lösen der Schraube/Mutter verhindern. Nur bei Stahl auf Stahl verbauen!
■ In eine **Stoppmutter** ist ein Sicherungsring aus Kunststoff (oder ein mehrteiliges Stahlsegment) eingesetzt, der (das) die Mutter auf dem Gewinde der Schraube »verklemmt« und damit sichert. Eine Stoppmutter mit Kunststoff-Sicherungsring soll nur einmal (zulässige Ausnahme: höchstens zweimal) verwendet werden; eine Stoppmutter mit mehrteiligem Stahlsegment kann mehrmals verbaut werden.
■ Eine **Stahlmutter** mit fest angefügter Feinzahnscheibe wird ohne zusätzliche Unterlegscheibe auf Alu oder Stahl verschraubt. Nach zwei- oder dreimaliger Verwendung ist die Verzahnung »flach« und sichert nicht mehr richtig. Für die Befestigung einer Nummernschildschraube ist eine solche Mutter aber immer noch gut genug!

Fetten, Ölen, Kleben, Sichern

■ Wenn blanke Bauteile miteinander verschraubt werden, die Kontaktflächen beider Teile mit Fett einschmieren, dann rosten (bzw. korrodieren) sie nicht zueinander fest, weil Fett zwischen Passflächen das Eindringen von Feuchtigkeit verhindert. Dies gilt auch für Alu auf Alu oder Alu auf Stahl, denn ohne schützende Fettschicht dazwischen bildet sich mit der Zeit böse Korrosion!
■ Wenn Schrauben und Muttern verarbeitet werden, immer einen Tropfen Öl auf/in ihre

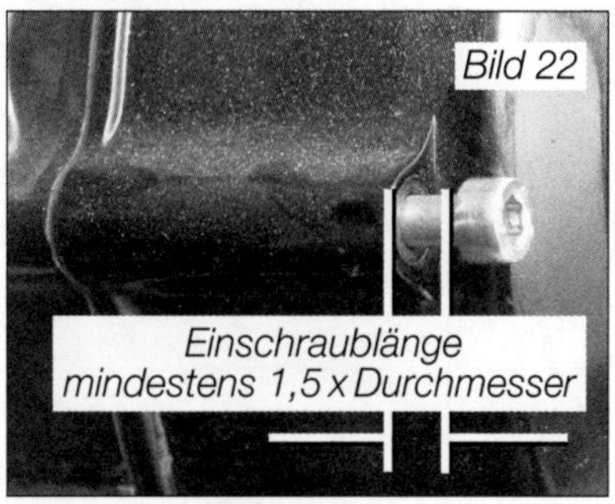

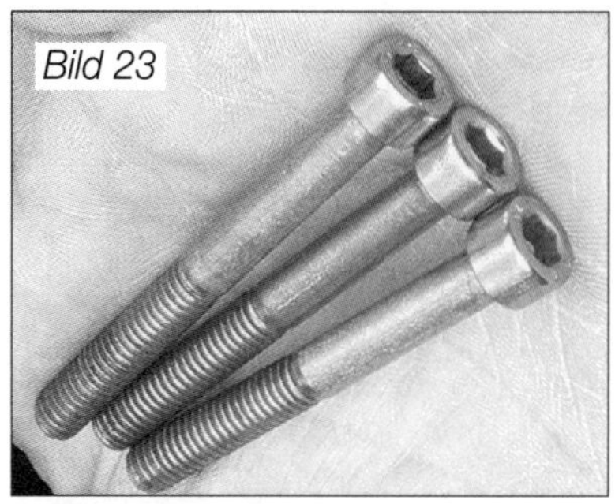

Bilder 22 und 23: Bei Stahlschrauben in Alu auf genügend Einschraublänge achten.

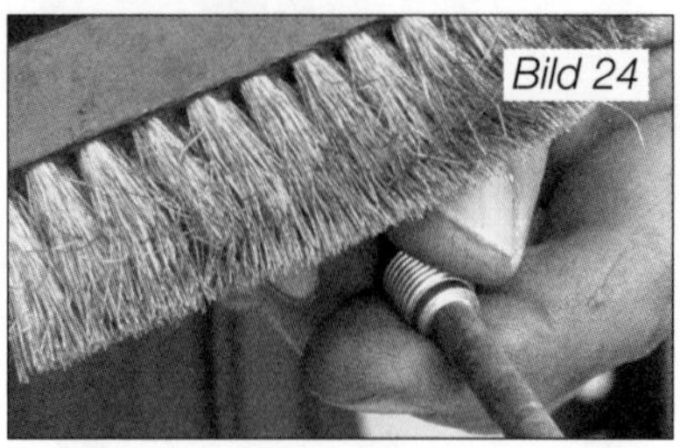

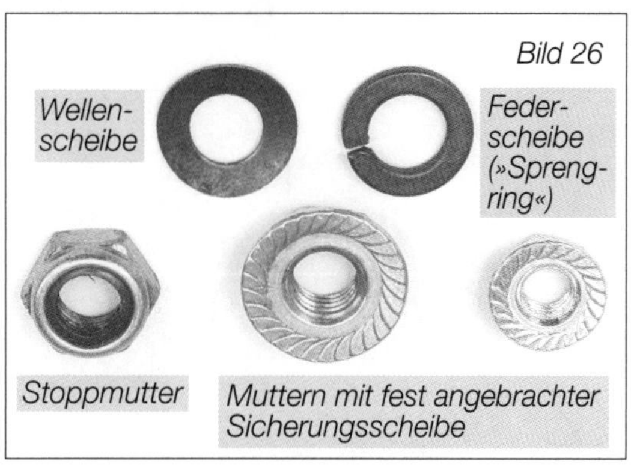

Bild 24: Gewinde immer nur mit einer Messingbürste reinigen.

Bild 25: Schrauben mit defekten Gewinden.

Bild 26: Verschiedene Scheiben und Muttern.

Bilder 27 und 28: Zur Gewindesicherung einen Tropfen Loctite auf die Schraube bzw. in die Mutter geben.

(gereinigten!) Gewinde und Anlageflächen geben.
■ Loctite »mittelfest« hält jede Schraubverbindung zuverlässig zusammen. Bei extrem belasteten Schraubverbindungen, wie z. B. den Zugankern der Zylinderköpfe, schreibt BMW Loctite 2701 »hochfest« vor. Bei Schrauben einen Tropfen Loctite auf (Bild 27), bei Muttern in das Gewinde (Bild 28) geben.

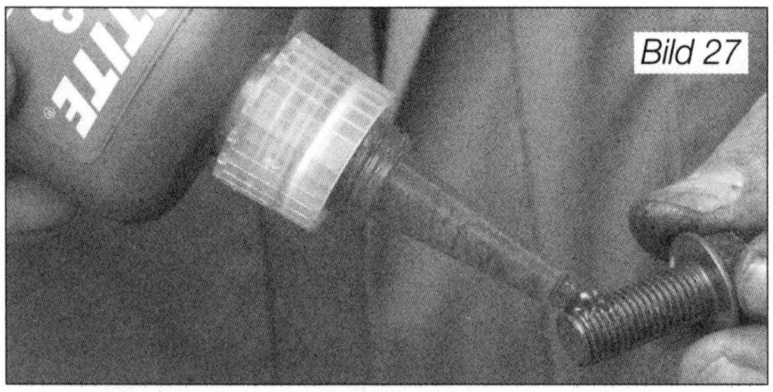
Bild 27

Wichtig: Wenn Loctite verwendet wird, beide Gewinde sorgfältig von Öl und Fett mit Bremsenreiniger reinigen und trocknen lassen.

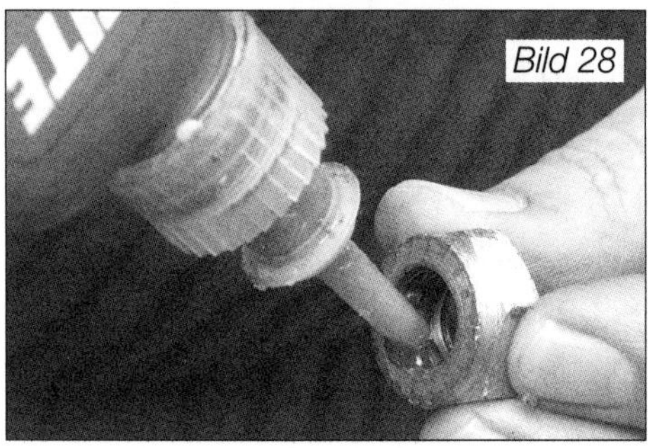
Bild 28

Bild 29

Bild 29: Farbmarkierung zur Sichtprüfung.

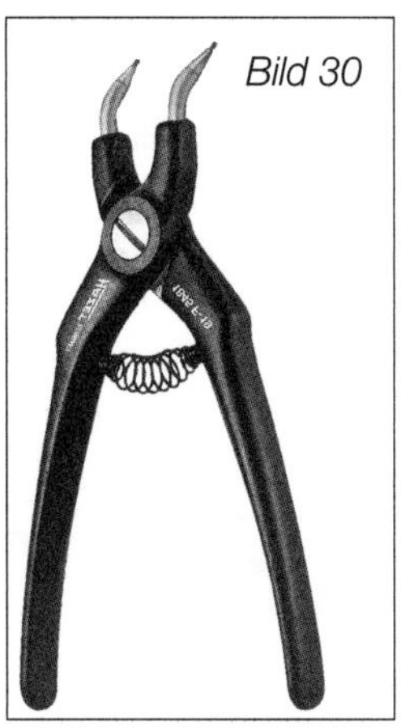
Bild 30

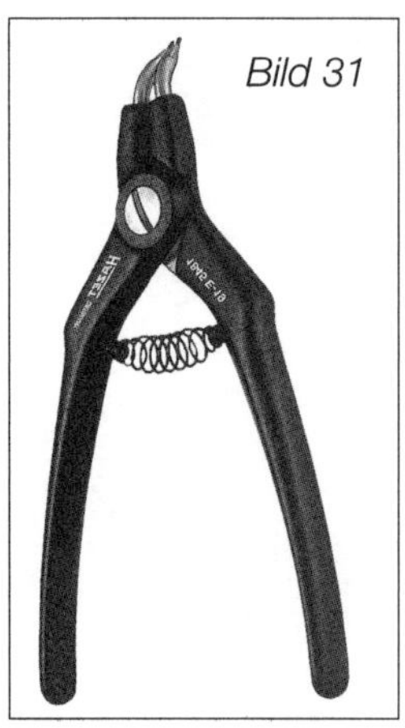
Bild 31

Bilder 30 bis 33: Im Lauftext sind die zu den Bildern gehörenden Arbeitsschritte nummeriert beschrieben.

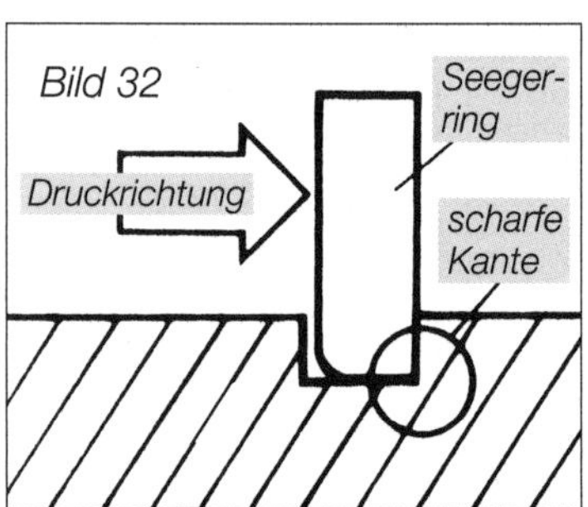
Bild 32

Bild 33

Farbmarkierung: Profis zeichnen jede Schraube (Mutter), die sie mit dem vorgeschriebenen Anziehdrehmoment angezogen haben, mit einer Farbmarkierung (Bild 29). Sollte sich eine Schraubverbindung wider Erwarten öffnen, sieht man das an den zueinander verdrehten Farbstrich-Markierungen!

Anziehdrehmomente

Um eine notwendige Verbindungs-Haltekraft ausüben zu können, muss eine Schraube (Mutter) in dem ihr zugeordneten Innengewinde (Außengewinde) mit einem bestimmten Anziehdrehmoment festgezogen werden. Nur damit ist garantiert, dass die durch die Schraube (Mutter) zueinander verspannten Bauteile ausreichend fest sind und sich die Schraubverbindung nicht von alleine löst (z. B. durch Vibrationen).

Wichtig zu wissen:
■ Werden Schrauben/Muttern zu leicht angezogen, besteht die Gefahr, dass sich die Schraubverbindung lockert.
■ Werden Schrauben/Muttern zu fest angezogen, werden ihre Gegengewinde »weich«, reißen bzw. brechen dabei aber (noch) nicht, die Schraubverbindung erscheint »gefühlt fest«. Später lockert sie sich und fällt ab.

In den Kapiteln nennen wir die benötigten Anziehdrehmomente. Im Kapitel 27 »Anziehdrehmomente« sind die von BMW vorgeschriebenen Anziehdrehmomente aufgelistet.

Seegerringe

Zum Aus- und Einbau von Seegerringen werden spezielle Zangen benötigt: Innenseegerringe werden zusammengedrückt (Zange Bild 30) und aus der Bohrung gezogen, Außenseegerringe auseinandergezogen (Zange Bild 31) und von der Welle abgezogen. Ausgebaute Seegerringe sollen durch Neuteile ersetzt werden. Ausnahme: Wenn man den Seegerring ganz vorsichtig ausbaut, damit er dabei nicht bleibend verformt wird, kann man ihn noch einmal verwenden.

Beim Einbau muss die scharfe Kante des Seegerrings in Druckrichtung (also quasi »nach außen«) eingebaut werden (Bilder 32 und 33). Auch muss der Seegerring richtig satt in seiner Nut sitzen – deswegen lieber zwei- als nur einmal nachsehen, ob er wirklich richtig sitzt!

Simmerringe

Simmerringe, auch »Wellendichtring« genannt, dichten drehende (Radlager) oder zueinander gleitende Bauteile (Gabelbeine) zu den stehenden Teilen nach außen und/oder innen ab. Simmerringe müssen mit der Aufschrift nach außen eingebaut werden, egal wie der Simmerring geformt ist!

Wichtig beim Einbau (Bild 34)

- Einmal ausgebaute Simmerringe nicht mehr einbauen, also immer Neuteile verwenden.
- Simmerring mit leichtem Wälzlagerfett einfetten (Bilder 34a und 34c), niemals »trocken« über die Welle schieben oder in seinen Sitz einpressen!
- Die dünne Spannfeder (Bild 34b) im Simmerring muss vorhanden sein – sie keinesfalls entfernen in dem Glauben, dass dann die Welle (oder das Rad) leichter läuft!

Flächendichtmittel

Spezielle Kraftfahrzeug-Silikondichtmasse ist öl- und fettverträglich und hat eine Temperaturbeständigkeit von –40 °C bis 250 °C. Sie wird benötigt, wenn Bauteil auf Bauteil ohne zwischengelegte Papierdichtung verbaut wird. Damit kann man eine normalerweise eingebaute (und vorgeschriebene!) Papierdichtung ersetzen, wenn keine neue zur Hand ist (z. B. bei Nachtarbeit, wie das bei Hobby-Motorradschraubern so üblich ist).

Bei Silikondichtmasse beachten:

- Bei einer *neuen* Papierdichtung keine zusätzliche Silikondichtmasse verwenden.
- Wenn eine *gebrauchte*, ausgehärtete Papierdichtung verwendet werden muss, dann beide Seiten dieser Dichtung leicht und gleichmäßig mit Silikondichtmasse einschmieren (Bild 35).
- Silikondichtmasse vor dem Zusammenfügen der Bauteile ca. 10 Minuten »ablüften« lassen.

Gewindereparatur mit HeliCoil

An älteren Motorrädern sind oft Gewinde beschädigt oder zerstört, weil häufiges Lösen und Anziehen zu Verschleiß oder Zerstörung des Gewindes geführt haben. Es kann auch sein, dass Schrauben oder Muttern mit zu großen Anziehdrehmomenten angezogen wurden und deswegen das Gewinde »ausgerissen« ist. Es kann auch durch Korrosion (»Rost«) zwischen Schraube und Bauteilwerkstoff zum »Festbacken« gekommen sein, und beim Versuch die Schraube zu lösen wird das Mutterngewinde zerstört.

Zerstörte Gewinde können mit geringem Aufwand und Kosten einfach und zuverlässig repariert werden, indem das defekte Innengewinde ausgebohrt und ein aus gewickeltem Draht bestehender Gewindeeinsatz eingedreht wird: »HeliCoil« nennt sich dieses Reparaturverfahren, das von der Firma Böllhoff Verbindungstechnik GmbH in Bielefeld hergestellt und weltweit vertrieben wird (*www.helicoil.de*).

HeliCoil bietet so genannte »Repairkits« in den Abmessungen von M2 bis M36 an. Ein HeliCoil-Repairkit (Bild 36) kostet ca. 40 Euro, ist im Fachhandel erhältlich und enthält:

- Kernlochbohrer mit dem Kernloch-Gewindedurchmesser für das neue Gewinde.
- HeliCoil-Gewindebohrer.
- HeliCoil-Einbauwerkzeug, das ist eine Einbau-Gewindespindel mit einem kleinen Ansatz vorne.
- 20 HeliCoil-Drahtgewindeeinsätze aus hoch

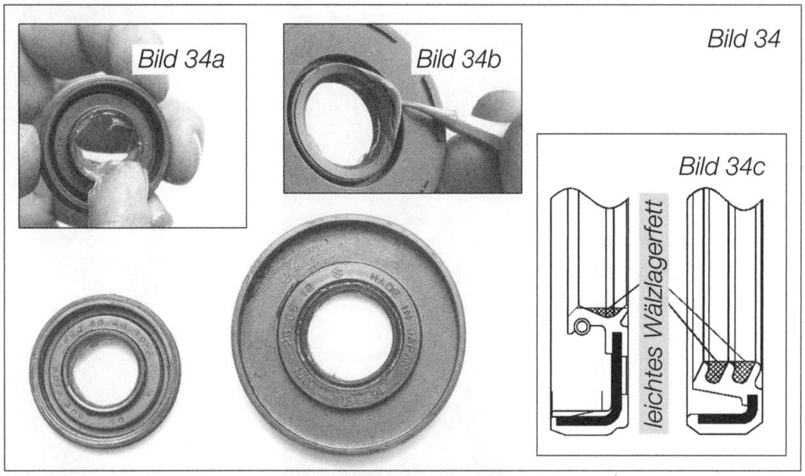

Bild 34

Bild 34: Simmerringe mit der Aufschrift nach außen einbauen. Vor Zusammenbau mit leichtem Wälzlagerfett einschmieren (Bilder 34a und 34c).

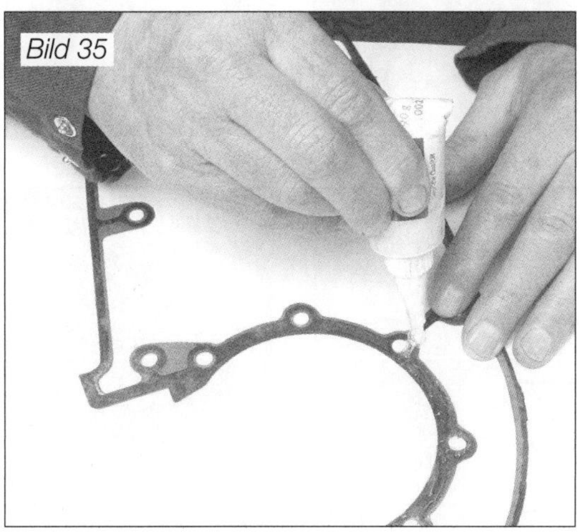

Bild 35: Silikondichtmittel verwenden, wenn eine Papierdichtung ein weiteres Mal eingebaut wird.

korrosionsbeständigem Stahl der Legierung 1.4301 (Festigkeit mehr als 1.400 N/mm²).

Gewinde reparieren

Am Beispiel eines ausgerissenen M6-Gewindes in einem Motorblock (Bilder 36 bis 44) erklären wir die Gewindereparatur mit HeliCoil:

1. Schritt: Wenn der Rest einer abgebrochenen Schraube (Bild 37) im alten Gewinde steckt: Den sichtbaren Schraubenrest exakt mittig ankörnen und mit scharf geschliffenem Bohrer, der 0,5 mm kleiner ist als der alte Gewinde-Nenndurchmesser (Beispiel M6: Bohrer 5,5 mm), das abgebrochene Gewindestück vorsichtig ausbohren.

2. Schritt: Mit dem im HeliCoil-Repairkit befindlichen Bohrer das beschädigte Gewinde komplett ausbohren (Bild 38). Der Bohrerdurchmesser entspricht dem Kerndurchmesser des neuen Aufnahmegewindes für den HeliCoil plus-Drahtgewindeeinsatz.

3. Schritt: Aufnahmegewinde für den HeliCoil-Drahtgewindeeinsatz mit dem beiliegenden Gewindebohrer schneiden (Bild 39).

Wichtig: Damit keine Späne in Gewindebohrungen hineinfallen, den Gewindebohrer vor dem Gewindeschneiden in Fett eintauchen, dann bleiben die Späne am Gewindebohrer haften.

4. Schritt: Gewinde reinigen, z. B. mit Druckluft ausblasen. ALLE Späne entfernen!

5. Schritt: HeliCoil-Drahtgewindeeinsatz mit der Einbauspindel montieren. Dieses ist sehr einfach, der Drahtgewindeeinsatz wird mit der Spindel wie eine Schraube in das vorbereitete Aufnahmegewinde eingedreht (Bilder 40 und 41).

6. Schritt: Nach der Montage des Drahtgewindeeinsatzes dessen Mitnehmerzapfen abbrechen (Bild 42).

■ Zapfenwerkzeug zuvor in etwas Fett tauchen, ganz in den Drahtgewindeeinsatz einführen, mit einem kleinen Hammer einen leichten Schlag auf das Zapfenwerkzeug geben und den abgebrochenen Mitnehmerzapfen aus dem Drahtgewindeeinsatz entfernen.

Wichtig: Bei der Reparatur von Durchgangsbohrungen muss Obacht gegeben werden, dass der abgebrochene Mitnehmerzapfen nicht in den Motor zwischen empfindliche Mechaniken gerät! Eine solche Gewindereparatur ist innerhalb von zehn Minuten ohne Schweißaufwand erledigt. Nach der Reparatur mit HeliCoil ist das Gewinde um ein Vielfaches belastbarer als das Originalgewinde. Das Gewinde wurde nicht etwa »geflickt«, sondern seine Qualität wurde deutlich verbessert: Der HeliCoil-Drahtgewindeeinsatz

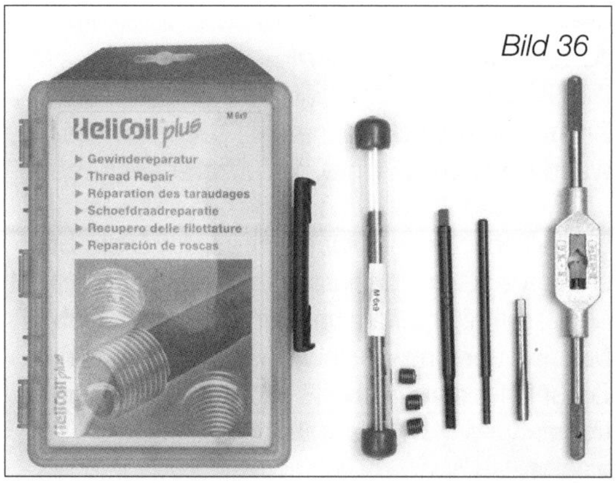

Bild 36

Bilder 36 bis 44:
■ 36: Kompletter HeliCoil-Reparaturkit.

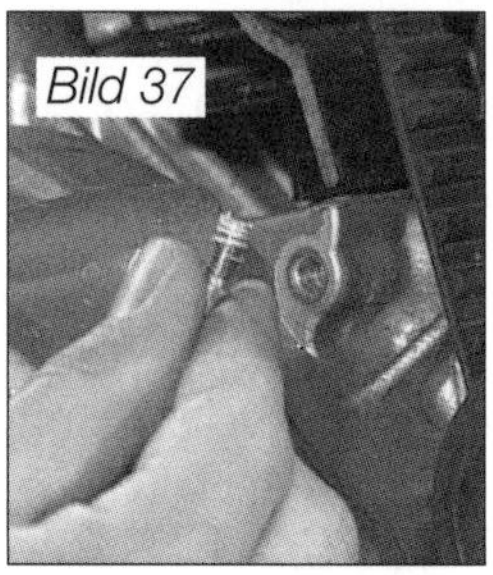
Bild 37

■ 37: Defektes Gewinde, überdrehte Schraube.

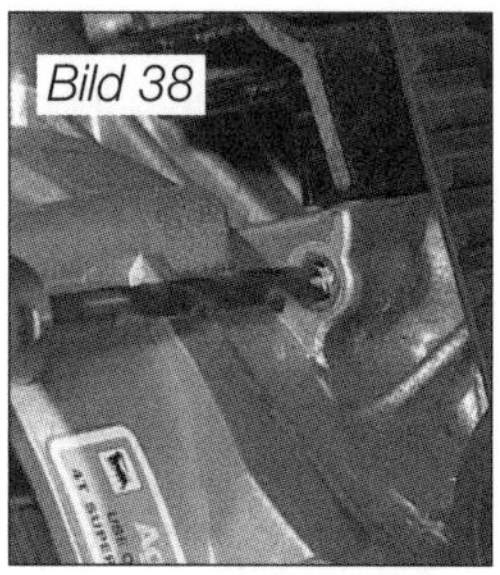
Bild 38

■ 38: Schraubenreste ausbohren, sauberes Kernloch erzeugen.

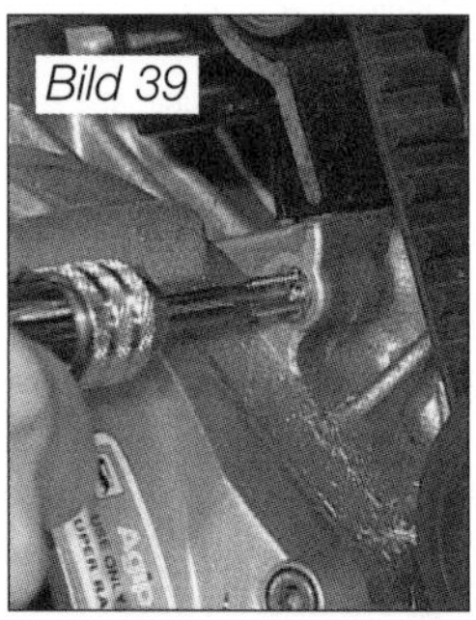
Bild 39

■ 39: Neues Aufnahmegewinde für den HeliCoil-Gewindeeinsatz schneiden.

Bild 40

Bild 41

■ 40 und 41: HeliCoil-Gewindeeinsatz mit der Einbauspindel montieren.

Bild 42

■ 42: Zapfen brechen und entfernen.

Bild 43

■ 43: Perfekt ist das neue Gewinde mit HeliCoil-Gewindeeinsatz.

Bild 44

■ 44: Schraube eindrehen und anziehen, fertig!

aus Edelstahl macht das Gewinde verschleißfester und korrosionsbeständiger. Zukünftige Wartungsarbeiten können diesem Gewinde nichts mehr anhaben (Bilder 43 und 44).

Bücher

Titel: Fachkunde Kraftfahrzeugtechnik
ISBN-Nummer: 978-3-8085-2239-4
Preis: 39,50 Euro
www.europa-lehrmittel.de

Wer seine Technikkenntnisse erweitern und vervollständigen möchte, dem sei das Buch »Fachkunde Kraftfahrzeugtechnik« aus dem Europa-Lehrmittel-Verlag ans Herz gelegt. Bei dem 688 Seiten starken Werk handelt es sich zwar um ein Übungsbuch und Nachschlagewerk für Auszubildende des Kfz-Handwerks, wozu Motorrad- und Automechaniker gehören, dennoch werden auch Laien mit geringen Vorkenntnissen nicht überfordert.

Die Themen reichen von Werkstoffkunde über Elektrotechnik bis hin zur genauen Beschreibung der Baugruppen eines Kraftfahrzeugs. Fotos und Zeichnungen sind farbig, außerdem liegt dem Buch eine CD mit über 2000 Prüfungsfragen bei. »Fachkunde Kraftfahrzeugtechnik« legt zwar den Schwerpunkt auf Automobile, doch die Zweiradtechnik kommt nicht zu kurz.

Titel: Motorradtechnik
Autor: Jürgen Stoffregen
ISBN-Nummer: 978-3-8348-1716-7
Preis: 29,95 Euro
www.vieweg.de

Ein Stück tiefer und (vor allem!) motorradspezifischer als das zuvor beschriebene Buch behandelt der langjährige Versuchsingenieur, späterer BMW-Motorrad-Pressesprecher und heutiger Antriebs-Zukunftsforscher Jürgen Stoffregen die Materie. Das mittlerweile schon in achter Auflage im Vieweg-Verlag erschienene Werk »Motorradtechnik – Grundlagen und Konzepte von Motor, Antrieb und Fahrwerk« hat 460 Seiten und bietet neben 357 Fotos und Zeichnungen auch 21 Tabellen.

Trotz Stoffregens beruflicher BMW-Lastigkeit kommen nicht nur weiß-blaue Motorräder darin vor, sondern auch Zweitakter, japanische, italienische, amerikanische und englische Motorräder.

Berechnungsformeln bei vielen Kapiteln vervollständigen das Buch, das unter Spezialisten als Referenzwerk gilt. Aber: Ein gewisser Grundstock technischer Kenntnisse sollte bei der Lektüre vorhanden sein.

Bilder 45 und 46: Für spannende und gleichzeitig lehrreiche Leseabende empfehlen wir diese beiden Technikfachbücher ganz besonders.

Wichtige Adressen:

- **Gedore** (Werkzeuge)
Gedore Tool Center KG
Remscheider Straße 149
D-42899 Remscheid
www.gedore.de
www.gedore.at
www.omnitool.ch
- **GL Motorradtechnik** (Beta-Werkzeug, Montageständer, Messwerkzeuge)
Truchtelfinger Straße 110
D-72458 Albstadt
www.gl-motorradtechnik.de
- **Hazet** (Spezialwerkzeuge für Kraftfahrzeuge)
Hazet Werk, Postfach 10 04 61
D-42804 Remscheid
www.hazet.de
www.karlernstag.ch
- **HeliCoil Gewindeeinsätze Böllhoff GmbH & Co. KG**
Archimedesstraße 1–4
D-33649 Bielefeld
www.boellhoff.de
www.boellhoff.at
- **Kern Montagetechnik** (Montageständer, Hebebühnen)
Gewerbestraße 13–16
D-79364 Malterdingen
www.kern-stabi.de
- **Loctite Deutschland GmbH** (Schraubenkleber, Dichtmittel)
Gutenbergstraße 3
D-85748 Garching
www.loctite.de
www.loctite.at
www.loctite.ch
- **Profi Products** (Kettenfluchttester, Spurprüfsysteme)
Flörsheimer Ring 6
D-67705 Trippstadt
www.profi-products.de
www.faie.at
www.gcg-gering.ch

Spiegel · Tank · Rahmen

Bilder 1 bis 6: Wenn die Kontermutter den Rückspiegelarm nicht mehr richtig sichert, alles auseinanderbauen, reinigen und gut eingefettet wieder zusammenbauen.

In diesem Kapitel: Spiegel · Tank ab- und aufbauen · Rahmenanbauteile · Nummern und Aufkleber.

Spiegel

Bilder 1 bis 6: Der runde Arm eines jeden Rückspiegels hat unten ein Links(!)gewinde, mit dem er in eine Gewindebuchse eingedreht und mit einer Kontermutter gegen Verdrehen gesichert ist. Die Gewindebuchse wiederum ist mit einem Rechtgewinde in die Lenkerarmatur eingedreht.

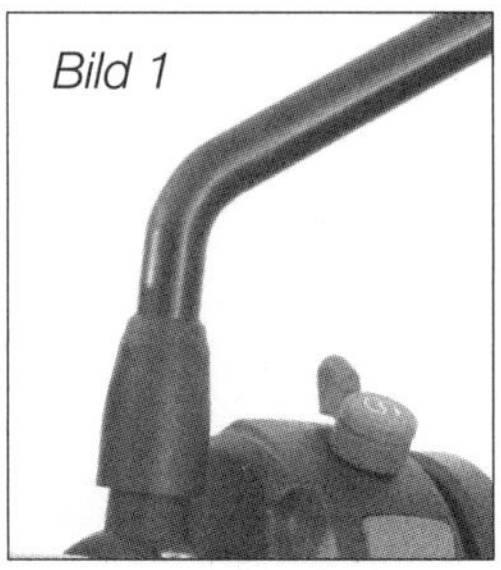

Bild 1

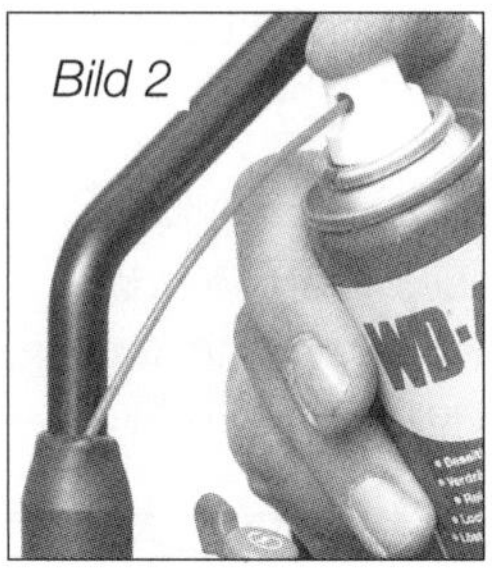

Bild 2

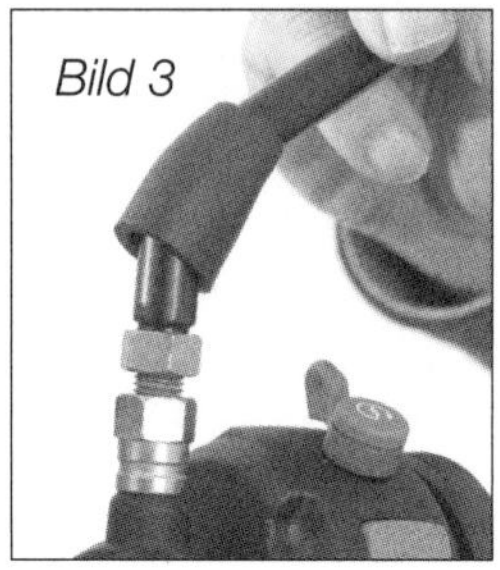

Bild 3

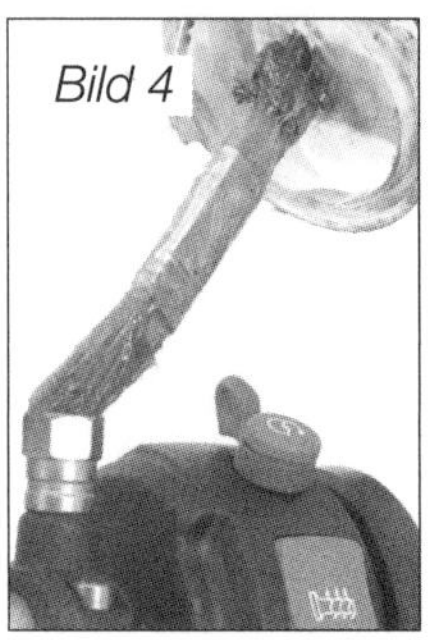

Bild 4

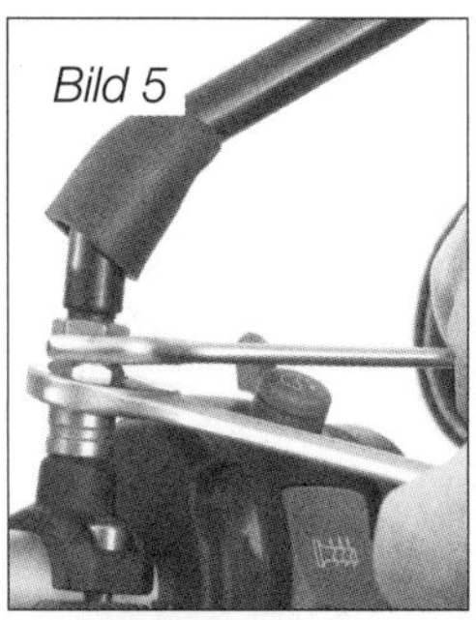

Bild 5

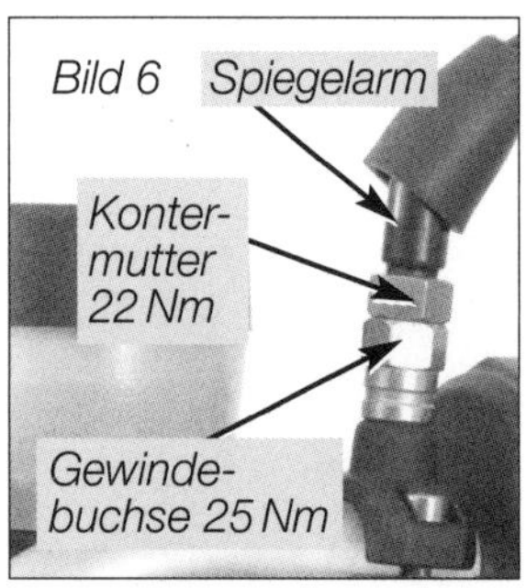

Bild 6

Wichtig: Gewindebuchse und Kontermutter müssen gut festgezogen sein (Bild 6), damit sich der Spiegel unter dem Druck des Fahrtwindes nicht nach hinten verdreht. Bitte denken Sie beim Festziehen der Kontermutter daran, dass diese ein LINKSgewinde hat!

Wenn der Spiegel nicht richtig fest ist bzw. sich immer wieder löst:

1. Gummitülle nach oben abschieben (Bild 3): Wenn sie verklebt ist, vorher etwas WD-40 einsprühen (Bild 2).

2. Kontermutter lösen (Bild 5), Spiegelarm ausdrehen (LINKSgewinde!).

3. Außen- und Innengewinde reinigen, etwas schweres Fett daran geben (Bild 4), Kontermutter auf Gewinde des Spiegelarms drehen, Spiegelarm in Gewindebuchse eindrehen, Kontermutter mit 22 Nm (»gut handfest«) gegen die Gewindebuchse festziehen.

4. Wenn die Gewindebuchse im (RECHTS-) Gewinde der Lenkerklemmschelle lose ist: Ausschrauben, Außen- und Innengewinde reinigen, einen Tropfen Loctite »mittelfest« daran geben, einschrauben und mit 25 Nm festziehen.

Bilder 7a und 7b: Für die Schrauben der Seitenverkleidungen wird ein Torx T25 benötigt.

Bild 7a

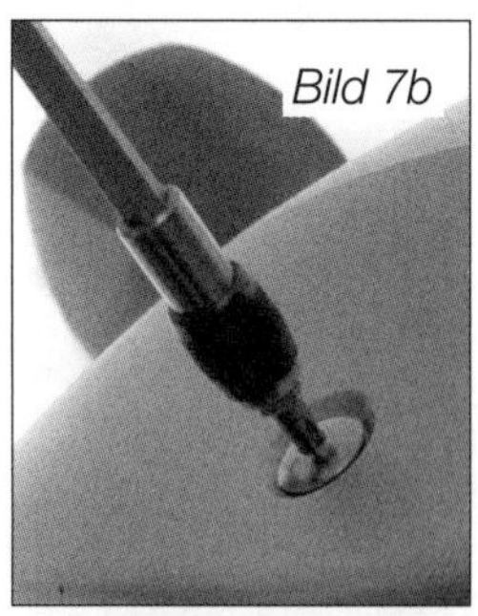

Bild 7b

Bilder 8a und 8b: Klemmenmuttern für die Verschraubungen der langen Seitenverkleidungen unter Tank und Sitzbank an den Rahmen.

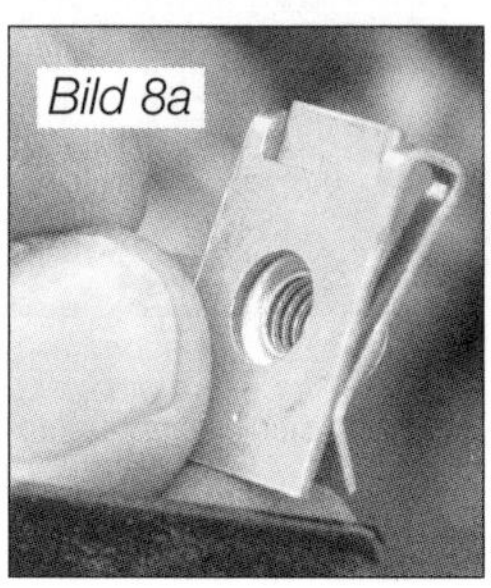

Bild 8a

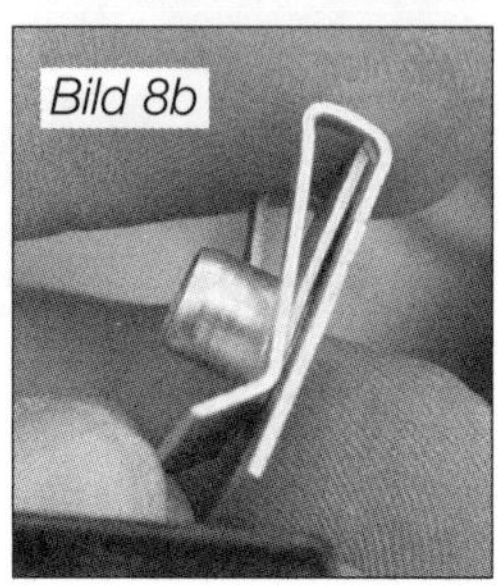

Bild 8b

Tank ab- und aufbauen

Tank abbauen

1. Sitzbank abnehmen. Bilder 9 bis 10a: Seitenblenden rechts und links abschrauben, Schrauben sind vorne und hinten unten. Schrauben ausdrehen, Seitenblende langsam nach unten abziehen, Gummibolzen oben kommt aus Bohrung heraus (Bild 9).

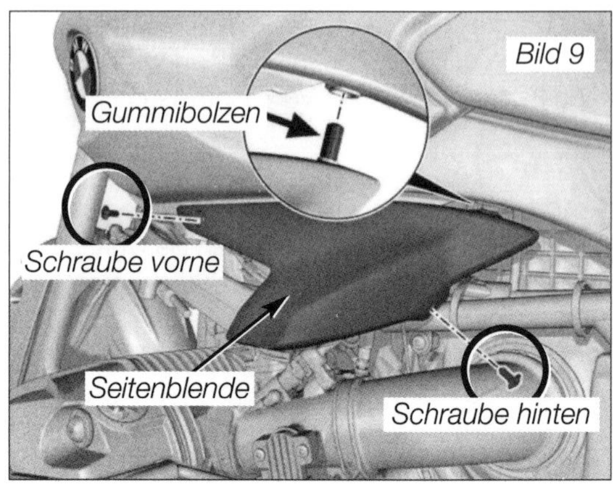

Bild 9

Bild 9: Verschraubung von Seitenblende und Tank.

2. Bild 11: Die langen Seitenverkleidungen rechts und links abschrauben. Zwei Schrauben vorne am Tank, je eine Schraube von unten und von oben zum Rahmen hin.
3. Bild 10b: Tankhalteschraube ausschrauben, Tank dabei mit der Hand leicht anheben.
4. Bilder 12 und 13: Tank vorsichtig anheben, ein Stück Holz hinten unterlegen.
5. Bild 14: Das lange Kabel für Benzinpumpe und Benzinstandanzeige abbauen:
5.1. Kabelbinder am Rahmen aufzwicken.
5.2. Bild 14: Stecker unten am Rahmen trennen.
6. Bilder 15 und 16: Schnellkupplungen der Benzinleitungen trennen. Verriegelung seitlich eindrücken, Kupplungsstück abziehen.
7. Bilder 17a, 17b und 20: Rechts vorne im Tanktunnel sind Überlauf- und Entlüftungsschlauch, diese mit einem breiten Schraubenzieher vorsichtig abschieben.
8. Bild 19: Tank unten mit den Händen packen, langsam nach hinten von seinen Halterungen abziehen, nach oben abnehmen.

Tank aufbauen
Aufbau des Tanks in umgekehrter Reihenfolge:
1. Bild 18: O-Ringe der Schnellkupplungen auf einwandfreie Form kontrollieren, sie dürfen weder ausgerissen, eingedrückt oder gequetscht sein. Wenn defekt, unbedingt erneuern.
■ Einen Hauch Silikonfett an den O-Ring geben, dann rutscht die Schnellkupplung leichter zusammen.
2. Tank von oben ansetzen, vorne auf seine Haltegummis schieben, Holzklotz auf dem Luftfilterkasten platzieren (Bild 12) und den Tank darauf aufsetzen.
3. Schläuche und Kabel exakt verlegen, sie dürfen sich nicht zwischen Tank und Rahmen verklemmen.
3.1. Überlauf- und Entlüftungsschlauch auf ihre Stutzen schieben.
3.2. Schnellkupplungen zusammenstecken, es

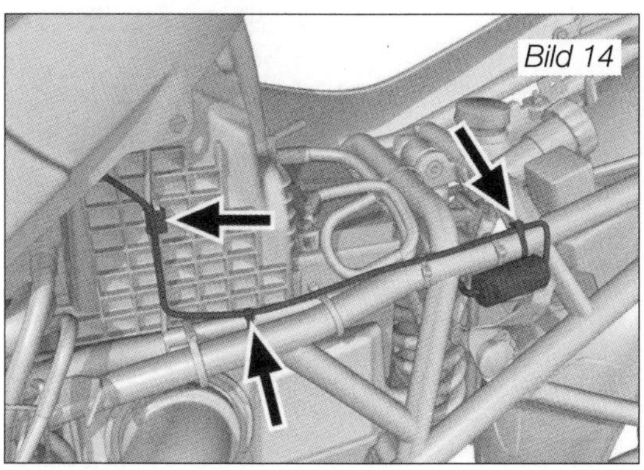

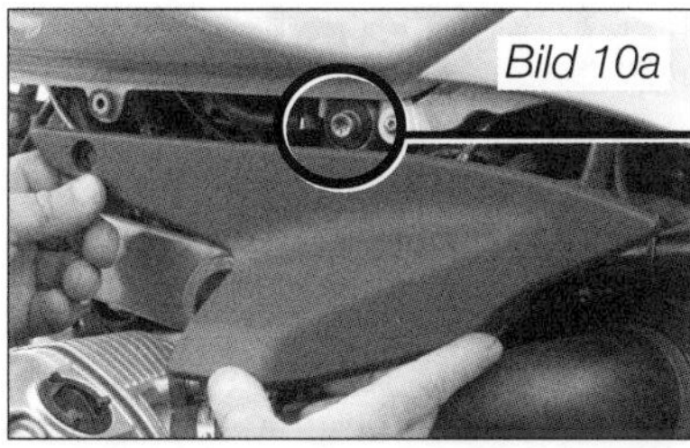

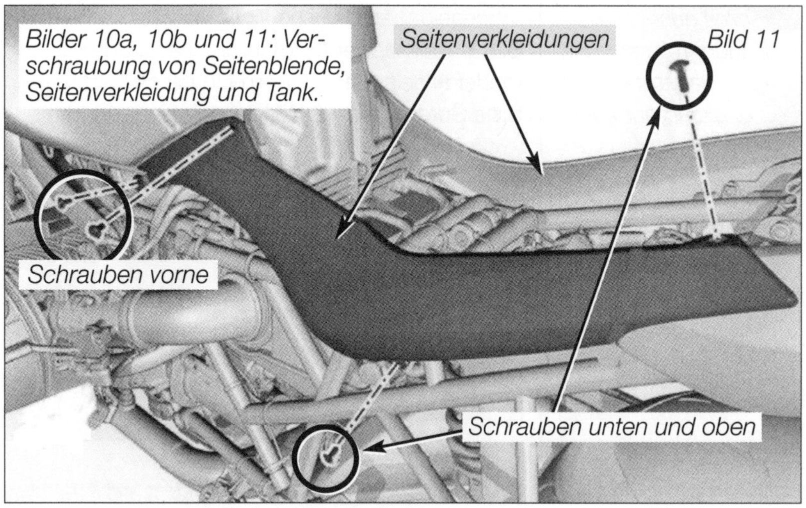

Bilder 10a, 10b und 11: Verschraubung von Seitenblende, Seitenverkleidung und Tank.

Bilder 12 und 13: Zum Tank auf- und abbauen Holzstücke hinten unterlegen.

Bild 14: Verlegung von Kabel für Benzinpumpen- und Benzinstandanzeige.

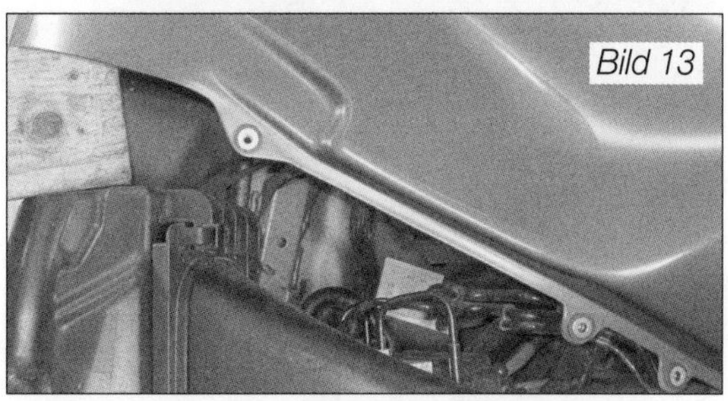

Bilder 15 und 16: Entriegelung der Schnellkupplung. Zum Ausziehen der Stecker ihre Verriegelung vorsichtig lösen.

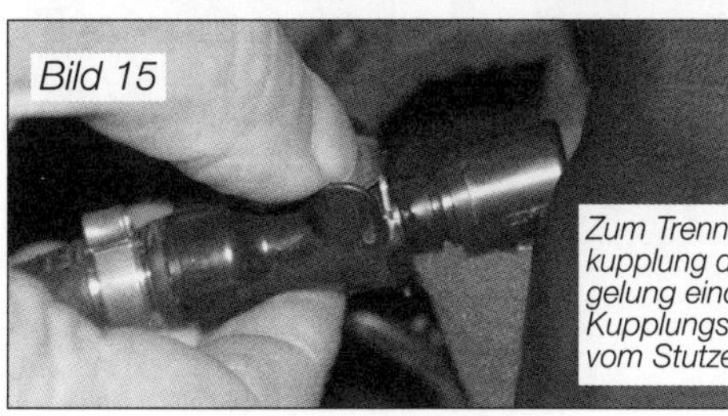

Zum Trennen der Schnellkupplung die Metallverriegelung eindrücken und das Kupplungsstück vorsichtig vom Stutzen abziehen.

Bilder 17a und 17b: Entlüftungs- und Überlaufschlauch trennen.

Bild 18: O-Ring der Schnellkupplung.

Bilder 19 und 20: Tank abnehmen und Ansicht von unten.

muss fühl- und hörbar klicken als Zeichen, dass die Verriegelung einrastet.

3.3. Das von der Tankinnennseite kommende lange Kabel nach links unten verlegen.

4. Tank hinten hochheben, Holzklotz herausnehmen, Tank ablassen, Tankhalteschraube eindrehen und mit 22 Nm festziehen.

5. Doppelstecker für Benzinpumpe und Benzinstandgeber (Bild 14) zusammenstecken, Verriegelungen müssen sicher einrasten.

5.1. Kabel sauber am Rahmen verlegen. Kabelbinder anbringen – oder gleich bei BMW ordentliche Gummibänder (Bild 21) kaufen.

Wichtig: Bilder 22 und 23: Überlauf- und Entlüftungsschlauch ragen unten ins Freie, sie dürfen auf ihrer ganzen Länge von oben bis unten nicht geknickt sein: Unten wo sie ins Freie ragen, ganz leicht daran ziehen, damit sie sich straffen. Bitte darauf achten, dass sie nicht am Auspuff anliegen oder anstehen (Bild 23).

Rahmen

Lenkanschlag: Als »Lenkanschlag« wird der vordere Rahmenvorsprung am Lenkkopf bezeichnet, er begrenzt den Lenkeinschlag nach

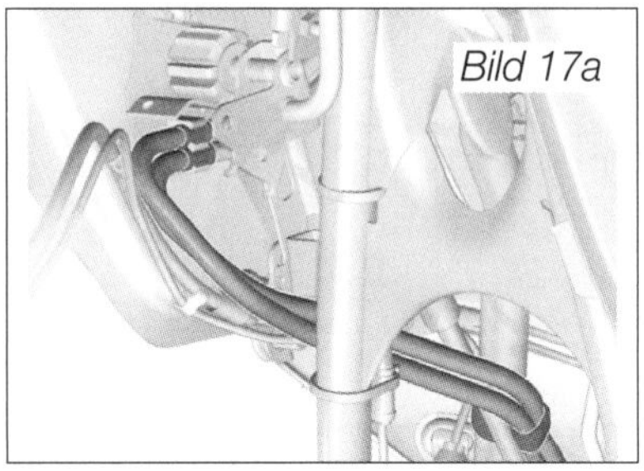

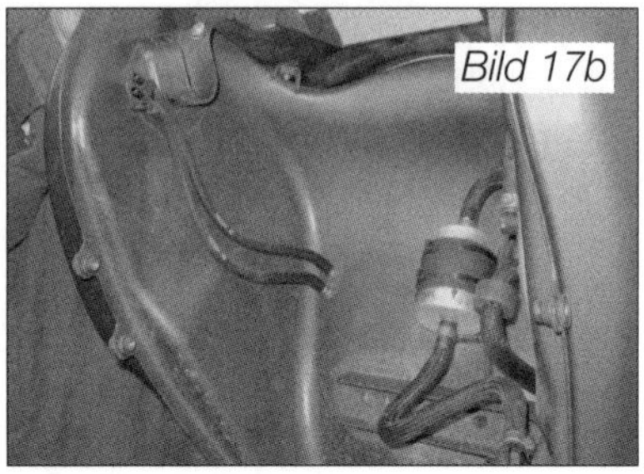

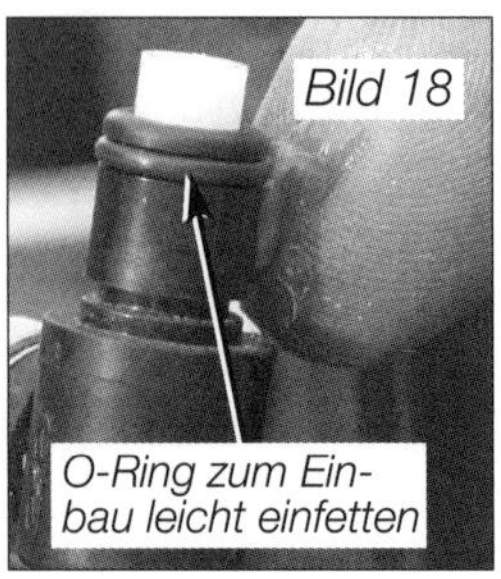

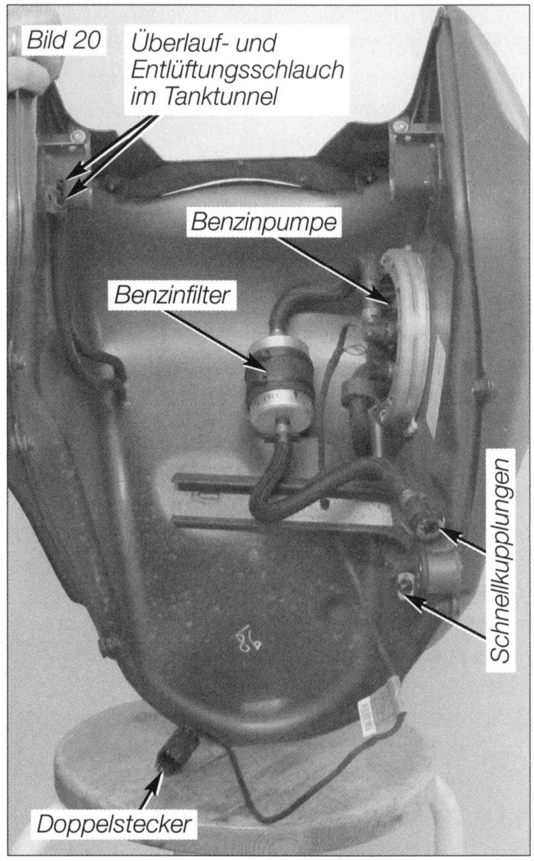

Bild 21: Gummibänder zur Schlauch-/Kabelsicherung von BMW.

Bilder 22 und 23: Überlauf- und Entlüftungsschlauch.

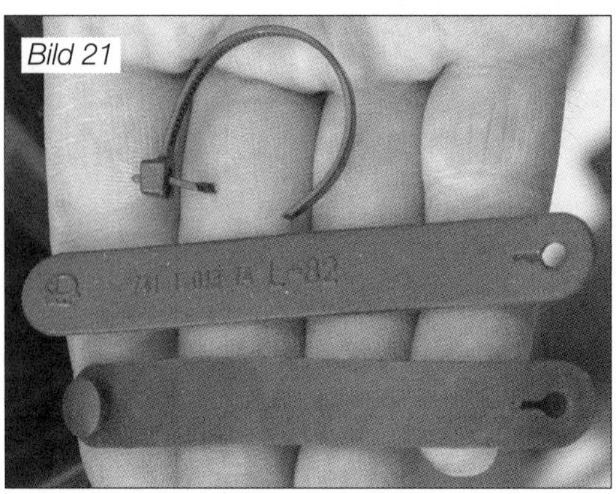

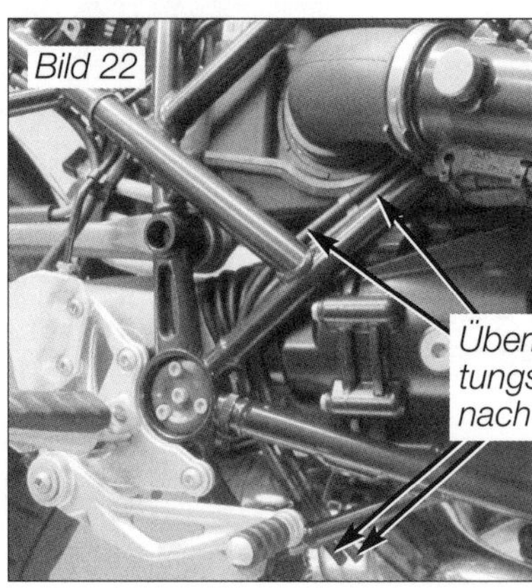

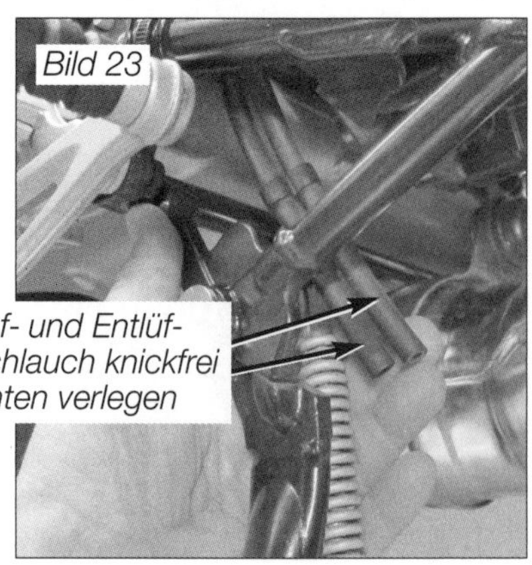

rechts und links. Die Gabelbrücke ist unten hohl und schlägt bei vollem Lenkeinschlag an diesen Vorsprung an. Weder Rahmenvorsprung noch Gabelbrücke dürfen Risse haben oder tiefe Druckstellen; wenn doch sind dies Hinweise auf einen Unfall der Maschine (wichtig beim Gebrauchtkauf).

Wasser im Tank?
Wenn der Motor stottert, nicht rund läuft oder sogar oft ausgeht und man denkt, dass die Drosselklappen sychronisiert werden müssen, kann Wasser im Tank sein.

Es kann auf zwei Wegen in den Tank gekommen sein:
1. Bilder 22 und 23: Wenn Be- und Entlüftungsschlauch nicht richtig verlegt sind, wird bei einer Regenfahrt Spritzwasser durch den Belüftungsschlauch in den Tank angesaugt. Zur richtigen Verlegung der beiden Schläuche sehen Sie sich bitte die Bilder 22 und 23 genau an.
2. Motorrad steht lange Zeit im Regen. Regenwasser sickert am Rand des Tankverschlusses hinein und steht dann unten neben dem inneren Rand des Tankeinfüllstutzens: In dem Moment, wo der Tankverschluss geöffnet wird, läuft dieses Wasser in den Tank.

Lösung des Problems:
■ Wenn Wasser im Tank ist, zuerst »Fuel Guard« in den Tank kippen, und eine Zeit lang fahren.
■ Wenn das nichts hilft, zuerst das Benzin-Wasser-Gemisch aus dem Tank abpumpen und fünf Liter frisches Benzin tanken.
■ Wenn auch das nichts hilft, muss man den Tank abbauen, die Benzinpumpe ausbauen und alles sorgfältig reinigen.

Vorderradkotflügel: Der Anbau ist in der Explosionszeichnung in Bild 24 gut zu sehen. Wenn die Schrauben ausgedreht sind, wird der Kotflügel nach vorne abgenommen.

Fußrasten: In den Explosionszeichnungen der Bilder 25 und 26 sind die Einzelteile der Fahrer- und Soziusfußrasten gut zu sehen. Wenn die Fußrasten gewechselt werden, Bilder 27a und 27b: Seegerring bzw. Sicherungsclip abbauen, Bolzen ausziehen. Bilder 25 und 26: Beim Zusammenbau etwas Fett auf den Bolzen geben und bei den Soziusrasten die Kugel einsetzen.

Seitenständer

Der Seitenständer ist hohen Belastungen ausgesetzt, er hat eine große Last zu tragen,

Bild 24

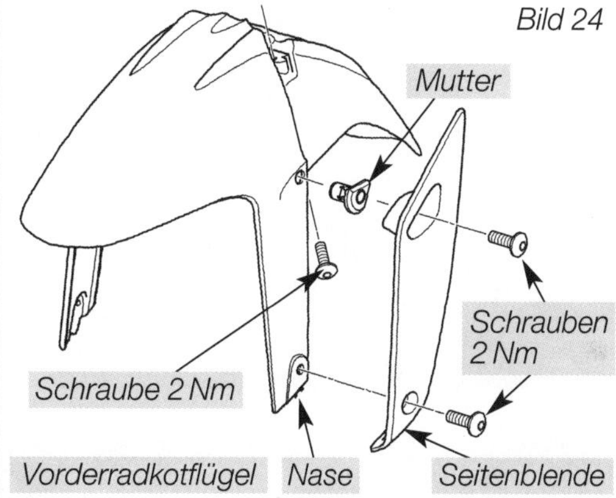

Bild 24: Befestigung vorderer Kotflügel.

Bilder 25 und 26: Explosionszeichnungen Fahrer- und Beifahrerfußrasten.

Bild 25

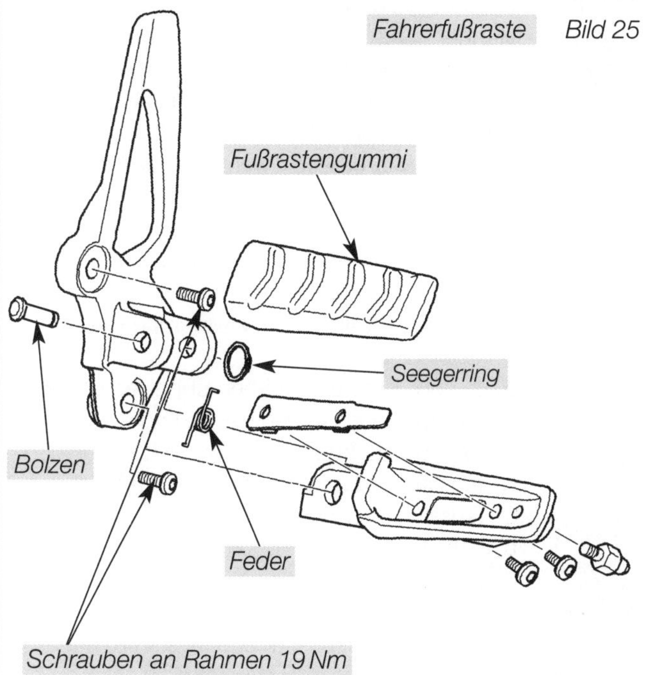

Bild 26

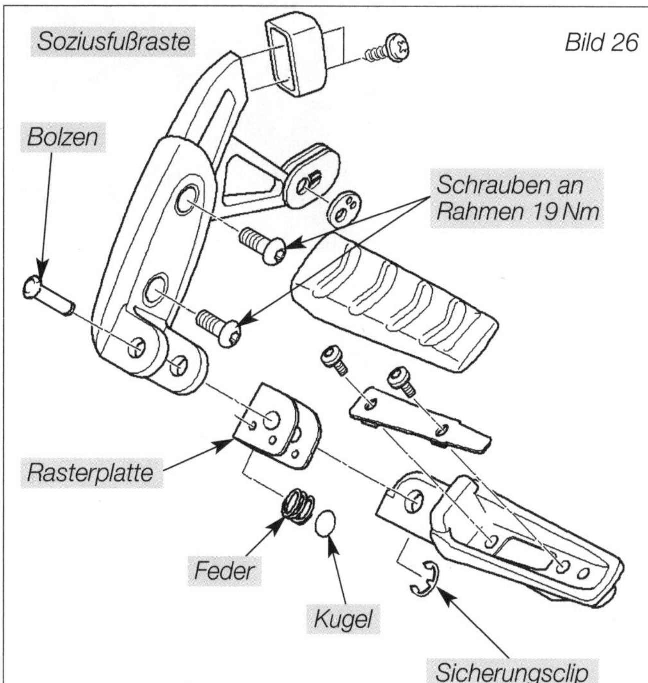

Bilder 27a und 27b: Bolzen und Sicherungsscheibe der Fußrasten.

Bilder 28 bis 29b: Seitenständerlagerung und Seitenständerfedern.

wenn das Motorrad darauf abgestellt wird. Beim Aus- und Einklappen muss er sich leicht bewegen lassen und zuverlässig nach oben an den Anschlag in die Waagerechte schnappen. Die Gelenkstellen müssen regelmäßig abgeschmiert werden. Man kann Ölspray dazu nehmen.

Bild 28: Die beiden Ständer-Rückholfedern sind so ineinander gewickelt, dass sie wie eine Feder aussehen. Gelegentlich kontrollieren, sie dürfen weder gerissen, noch an ihren umgebogenen Enden verschlissen sein. Wenn doch, unbedingt ersetzen.

Wenn der Seitenständer lange Zeit trocken (also ungeschmiert) betätigt wird, dann verschleißen seine Lagerstellen. Dann müssen neue Gelenkbauteile eingebaut werden, denn die alten Teile sind eingelaufen und durch Fress- und Kerbstellen stark bruchgefährdet.

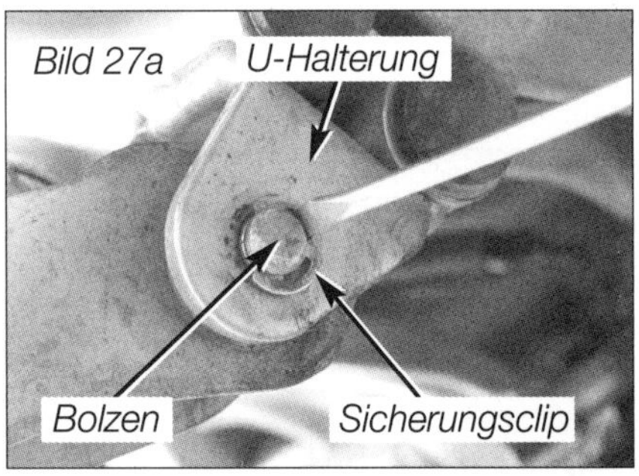

Bild 27a

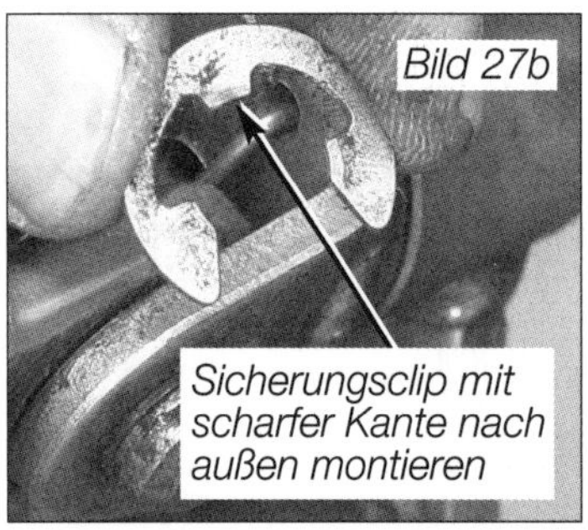

Bild 27b

■ Nach dem Waschen den Gelenkstellen einen guten Schuss Öl- oder Fettspray geben, das verhindert Korrosion.

■ Federn zuerst an Haken des Ständers aushängen, danach Halteblech mit Federn aus Bolzen am Rahmen aushängen.

Bild 28

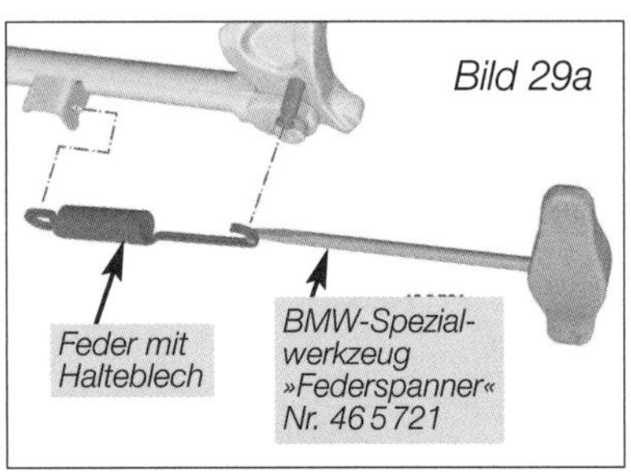

Bild 29a

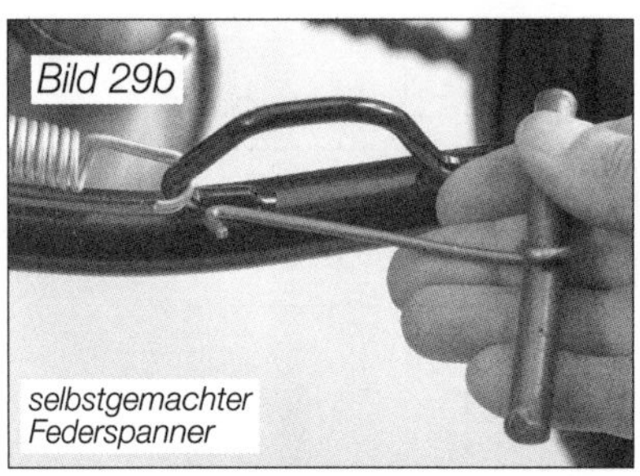

Bild 29b

Seitenständer abbauen

1. Motorrad auf Mittelständer aufbocken, Seitenständer muss hochgeklappt sein.
2. Bilder 29a und 29b: Federn mit Federspanner (oder BMW-Spezialwerkzeug) am Scharnier aushängen.
3. Bilder 30: Seegerringe mit Zange ausbauen.
4. Bild 30: Scheibe und Seitenständerschalter abnehmen.
5. Bild 32: Schraubbolzen lösen und ausschrauben, Seitenständer abnehmen.

Wichtig: Wenn das Gewinde der Schraube nicht mehr einwandfrei in Ordnung ist, eine neue Originalschraube kaufen. Keine billige Eisenschraube aus dem Baumarkt oder unbekannter Herkunft aus einer typischen Werkstatt-Schraubenkiste verwenden!

Seitenständer anbauen

1. Bilder 28, 31 und 32: Schraube, Lagerstelle von Seitenständer und am Rahmen sowie die beiden Bundbuchsen mit hochwertigem, druckstabilem Wälzlagerfett satt einschmieren.
■ BMW empfiehlt Unirex S2.
2. Seitenständerfedern am Seitenständer einhängen. Parallel zum Seitenständer halten und den Seitenständer in ungefährer Montageposition am Gelenk ansetzen.
3. Bild 31: Bundbuchsen einsetzen, Seitenständer durch Ziehen in Monategeposition bringen, Schraubbolzen in Lagerstelle einschieben, eindrehen und mit 40 Nm festziehen.
■ Die Schraubbolzen ist mikroverkapselt und soll laut BMW erneuert werden. Man kann den Schraubbolzen ein zweites Mal benutzen: Loctite »mittelfest« auf das gereinigte Gewinde tragen.
4. Bild 32: Seitenständerschalter so aufsetzen, dass der Zapfen in die Bohrung greift und der Stift in der Aussparung des Schalters sitzt.
5. Bild 30: Scheibe auf Schraubbolzen schieben.
6. Bild 30: Neuen ersten Seegerring mit Zange auf den Schraubbolzen aufsetzen und ganz an Seitenständerschalter andrücken. Er fixiert den Seitenständerschalter.
6.1. Neuen zweiten Seegerring mit Zange auf den Schraubbolzen aufsetzen und hörbar in seine Nut einrasten lassen.
■ Seitenständerschalter prüfen ist in Kapitel 1 »Wartung · Pflege« beschrieben.

Mittelständer: Auch die Lagerung des Mittelständers, auch »Hauptständer« genannt, soll ab und zu geschmiert werden, wozu sich ein gutes Öl- oder Fettspray bestens eignet. Vor dem Schmieren beide Gelenkstellen mit Bremsenreiniger reinigen, Dreck auslaufen und Reinigungsstelle gut austrocknen lassen (sonst zersetzt der Reiniger das aufgesprühte Fett).

Mittelständer abbauen

1. Motorrad auf Heckmontageständer stellen.
2. Mittelständer ist nach oben geklappt.
3. Federn mit Federspanner an der Einhängeöse des Mittelständers aushängen (Bild 33), dann vom Bolzen am Rahmen (Bild 34a) abnehmen.
4. Bild 33: Halteschrauben rechts und links ausschrauben, Mittelständer abnehmen.
5. Bild 34a: Gewindebuchsen aus dem Rahmen herausdrücken und reinigen.
5.1. Bild 34a: O-Ringe der Gewindebuchsen auf Verschleiß prüfen. Bei Bedarf erneuern.
6. Bild 34b: Lagerbuchsen auf Verschleiß und Korrosionsschäden prüfen, ggf. auswechseln.

Mittelständer anbauen

1. Bild 34a: Gewindebuchsen schmieren und in den Rahmen einschieben.
2. Bild 33: Mittelständer an Lagerstelle ansetzen, Schrauben einschrauben, mit 40 Nm festziehen.
■ Schrauben sind mikroverkapselt und sollen laut BMW erneuert werden. Man kann sie auch reinigen und etwas Loctite »mittelfest« auftragen.
3. Mittelständer ganz nach oben klappen, Federn am Bolzen am Rahmen einhängen, mit Federspanner spannen und an Einhängeöse am Mittelständer einhängen.

Heckverkleidungen ab- und anbauen

1. Bilder 35a und 35b: Mittlere Heckverkleidung abbauen.
2. Soziushaltegriffe bzw. Gepäckbrücke abbauen.
3. Bild 35c: Blenden der seitlichen Heckverkleidungen herausdrücken.

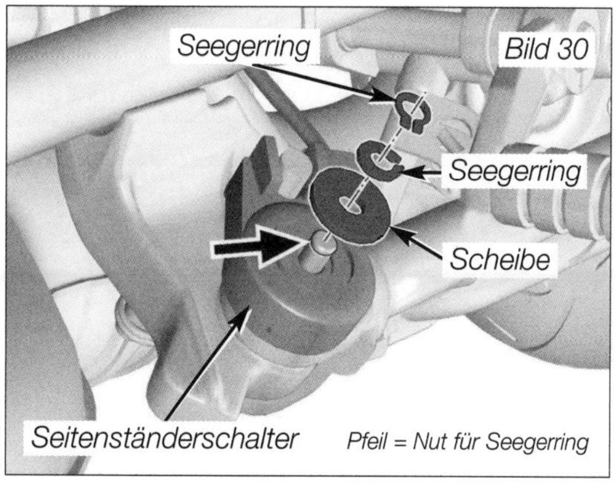

Bilder 30 bis 32: Seitenständerlagerung und Seitenständerschalter.

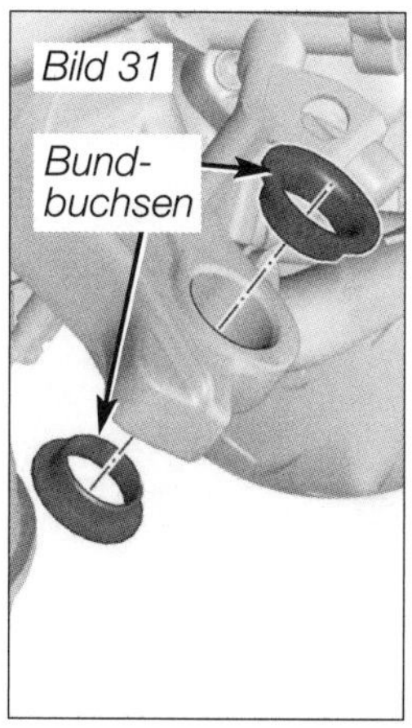

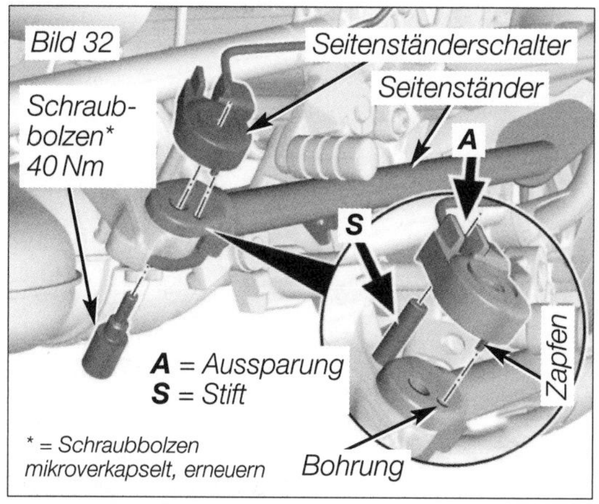

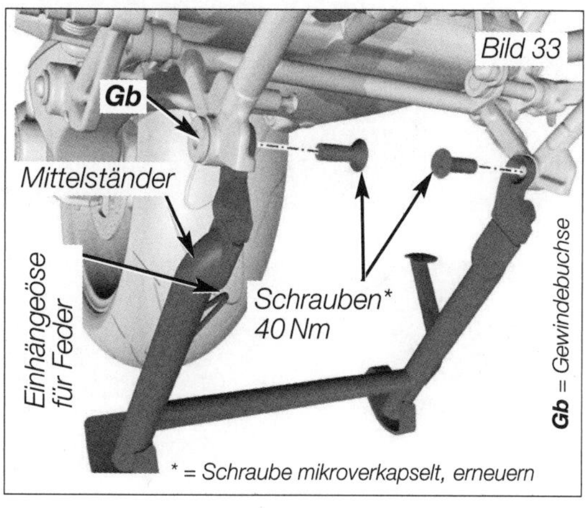

Bilder 33 bis 34b: Befestigung, Lagerung und Federenden des Mittelständers ab und zu mit Öl- oder Fettspray schmieren.

■ Bei grober Verschmutzung die Lagerstellen vor dem Schmieren mit Bremsenreiniger reinigen und austrocknen lassen.

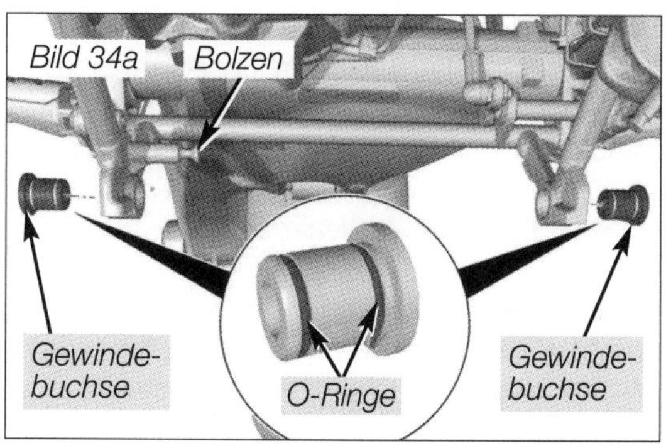

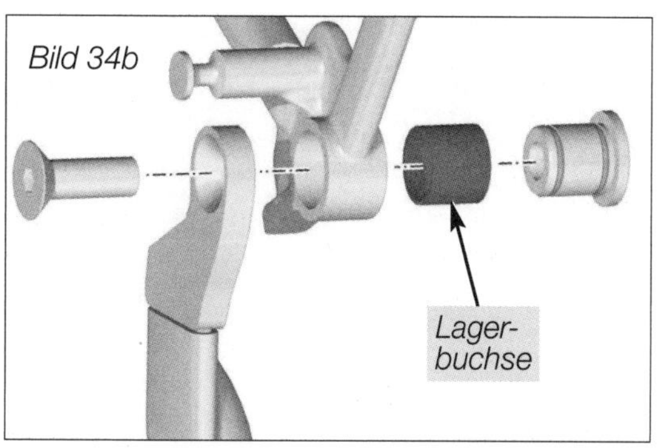

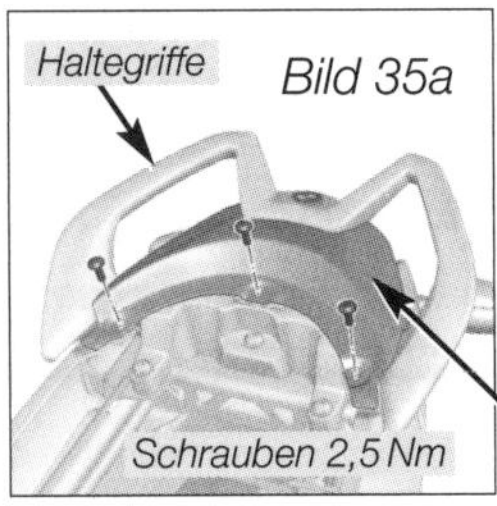

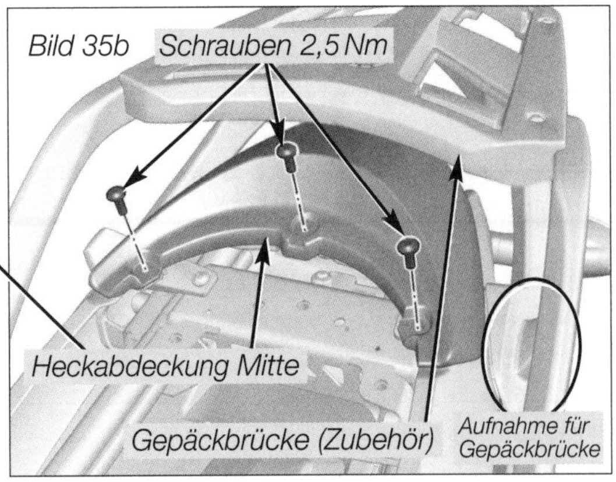

Bilder 35a bis 35c: Befestigung der mittleren und seitlichen Heckverkleidung.

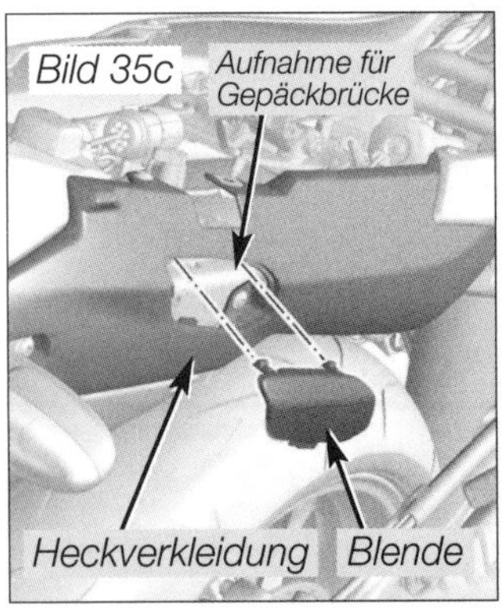

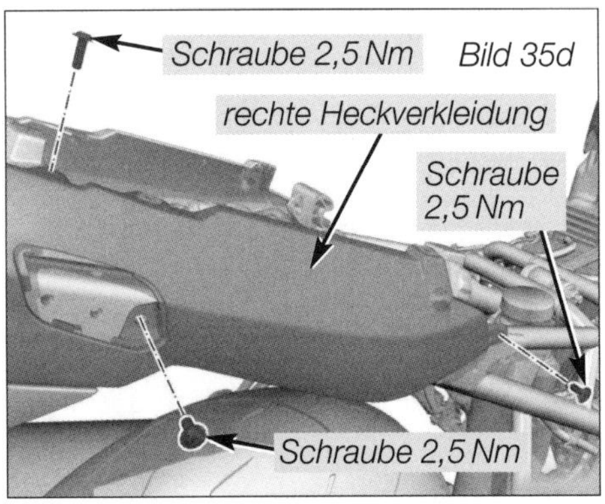

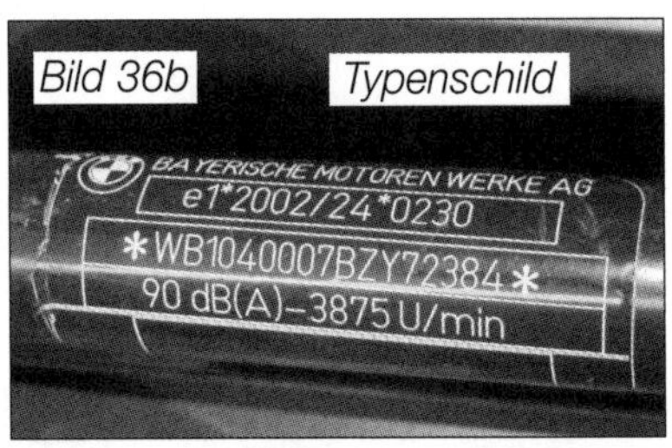

Bilder 36a und 36b: Fahrgestellnummer und Typenschild.

Bild 37: Lage der Motornummer auf dem Motorgehäuse.

Bild 38: Warn-, Zuladungs- und Reifenkleber.

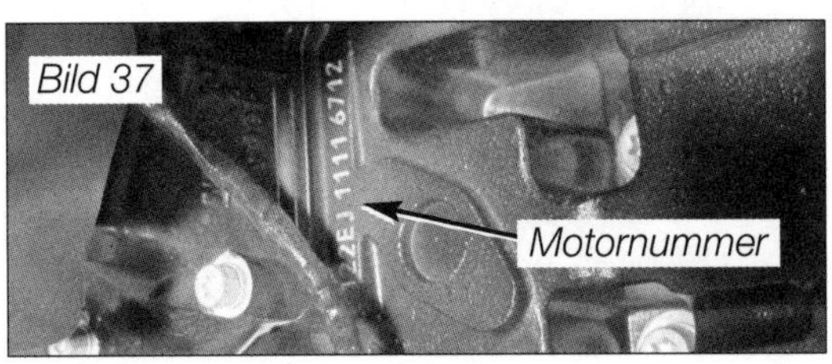

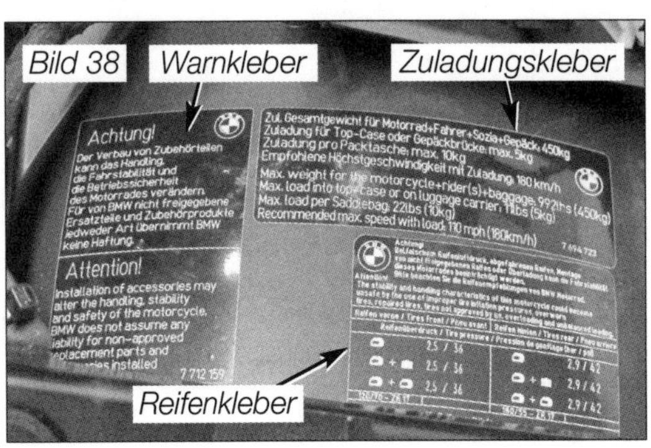

■ Wenn Gepäckbrücke montiert ist, entfallen die Blenden, da die Gepäckbrücke an diesen Stellen mit dem Rahmen verschraubt ist.

4. Hintere Blinker abbauen (siehe Kapitel 11 »Licht · Blinker · Hupe«).

5. Bild 35d: Seitliche Heckverkleidungen abbauen.

Anbau in umgekehrter Reihenfolge.

Nummern, Aufkleber, Ersatzteile

Fahrgestellnummer: Die wichtigste Nummer zur Identifikation der Maschine ist die Fahrgestellnummer (Bild 36a). Sie ist in die Querstrebe hinter dem Lenkkopf eingeschlagen und ein zweites Mal im **Typenschild** (Bild 36b) zu finden, das auf dem rechten Rahmenoberzugsrohr aufgeklebt ist. Beide Nummern müssen gleich sein und mit der Nummer in der Zulassungsbescheinigung Teil II (früher Fahrzeugbrief) und in der Zulassungsbescheinigung Teil I (früher Fahrzeugschein) übereinstimmen.

Motornummer: Auf dem Motorgehäuse unter dem rechten Zylinder eingeschlagen (Bild 37). Sie ist nicht identisch mit Fahrgestellnummer, hat keine zulassungsrechtliche Bedeutung und ist auch weder im Kraftfahrzeugbrief noch Fahrzeugschein bzw. Zulassungsbescheinigung Teil I oder II vermerkt. Dennoch ist zu empfehlen, sie für eigene Zwecke zu notieren. Ebenfalls sollte die Motornummer bei Verkauf des Fahrzeugs oder Gebrauchtkauf im Kaufvertrag festgehalten werden.

Aufkleber: Unter der Sitzbank am Rahmen sind wichtige Aufkleber:

■ Bild 38: Der große schwarze Aufkleber rechts unten enthält Hinweise über die zum Zeitpunkt der Fahrzeugmontage zugelassenen Reifenmarken und -typen sowie Reifenluftdruck und Profiltiefe.

■ Bild 38: Ein weiterer Aufkleber enthält eine Zuladungstabelle.

■ Bild 38: Auf dem dritten Aufkleber verdeutlicht BMW den Haftungsausschluss, wenn an der Maschine »nicht von BMW freigegebene Ersatzteile und Zubehörprodukte« verwendet werden.

■ Auf einem kleinen Aufkleber ist der Farbcode zu finden. Dieser wird benötigt, wenn man lackierte Ersatzteile kaufen möchte.

Ersatzteile kaufen: Bei einem Ersatzteilkauf immer den Kfz-Schein vorlegen oder, wenn die Maschine abgemeldet ist, die Fahrgestellnummer notieren und dem Ersatzteilverkäufer vorlegen!

Reifen

In diesem Kapitel: Felgen- und Reifengrößen · Reifenluftdruck · Luftdruckkontrolle · Reifendruckprüfer · RDC · Reifenverschleiß · Profiltiefe · Was auf dem Reifen steht · Nachrüstreifen · Reifenlebensdauer, Reifenalter · Auswuchtung · Adressen der Reifenhersteller und Importeure · Aktuelle Reifenübersicht.

Räder und Reifen

Basisausstattung: Leichtmetall-Gussräder MT H2 mit fünf Doppelspeichen. Es sind schlauchlose TL-Reifen montiert.
Sonderausstattung: Speichenräder MT H2 mit 40 Speichen. Es sind zwar schlauchlose TL-Reifen montiert, welche jedoch mit einem Schlauch bestückt sind, weil die Speichenfelgen nicht luftdicht sind.

Vorderrad:
Felge .... 3,50 x 17
Reifengröße 120/70 ZR17
Hinterrad:
Felge .... 5,50 x 17
Reifengröße 180/55 ZR17

Reifenluftdruck: Achten Sie immer auf korrekten Reifenluftdruck. Dieser soll bei kalten Reifen (20 °C) gemessen werden; die maximal zulässige Reifentemperatur beträgt 30 °C (= »handwarm«).

Vorgeschriebene Reifenluftdrücke
gilt für Solo, mit Sozius und/oder Beladung
Vorderradreifen .... 2,5 bar
Hinterradreifen .... 2,9 bar

Luftdruckkontrolle: Der Reifenluftdruck sollte mindestens alle zwei Wochen geprüft (Bild 1) und ggf. korrigiert werden. Immer gut schließende Ventilkappen mit einwandfreier Gummidichtung verwenden (Bild 2). Wenn keine Kappe aufgeschraubt ist, kann Schmutz in das Ventil hinein kommen. Weiterhin kann sich der Ventileinsatz bei hohen Geschwindigkeiten öffnen, dann entweicht Luft – und das ist lebensgefährlich!

Reifendruckprüfer: Verlassen Sie sich bei der Kontrolle des Reifenluftdrucks nicht unbedingt auf die Angabe auf der Skala des Tankstellengeräts, sondern besorgen Sie sich einen ordentlichen Reifendruckprüfer und führen diesen im Motorrad mit.

Achtung: Kaufen Sie KEIN billiges Plastikteil im Baumarkt, sondern ein Präzisionsmessgerät. Sehr gut ist das Druckmessgerät mit stabilem Alugehäuse vom deutschen Hersteller Flaig (Bild 1). Erhältlich ist es in gut sortierten Motorrad- und Zubehörläden.

Neue Radventile: Wenn neue Ventileinsätze verwendet werden, achten Sie darauf, dass ihr Prüfdruck mindestens 4 bar (oder mehr) betragen hat. Die entsprechenden Angaben finden Sie im Kleingedruckten auf der Verpackung des Ventils.

RDC (**R**eifen**d**ruck-**C**ontrol) ist als Sonderausstattung erhältlich (ca. 210 Euro). Es gilt allgemein als sehr sinnvolles Sicherheits-Zubehör. Man kann RDC auch nachrüsten.

Funktion des RDC: In Vorder- und Hinterrad bzw. der Felge sind Luftdruck-Sensoren

Bild 1: Luftdruck bei kaltem Reifen prüfen: Vorgeschriebene Werte beachten!

Bild 2: Auf das Reifenventil gehört eine Schraubkappe mit einwandfreier Dichtung.

Bild 3: So wirken sich verschiedene Luftdrücke auf den Reifenquerschnitt aus.

Bilder 4a und 4b: RDC-Sensor und RDC-Steuergerät.

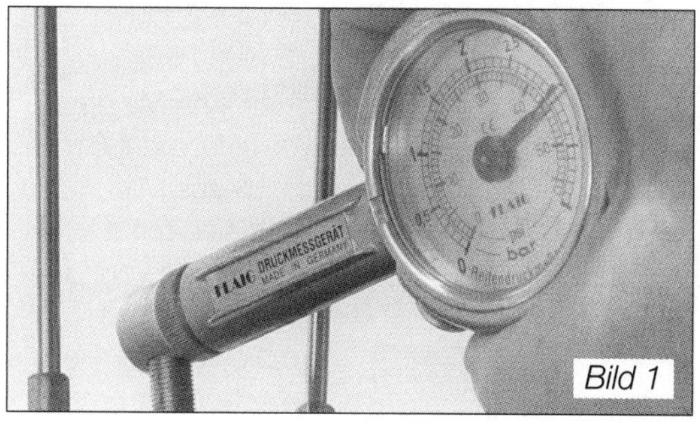

Bild 1

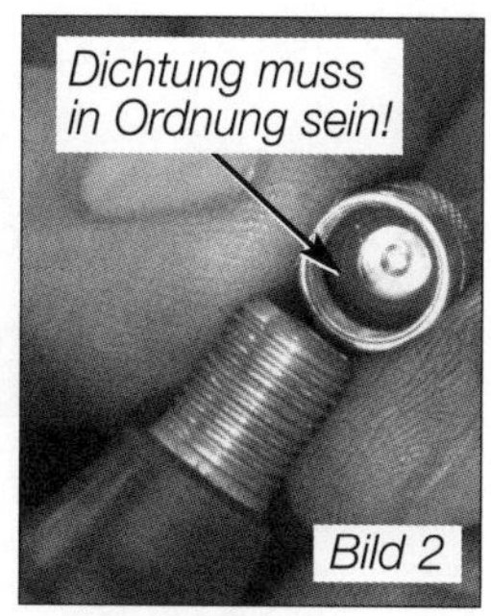

Bild 2

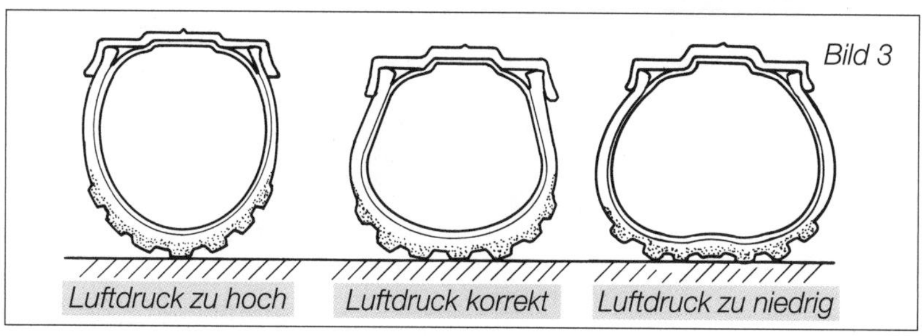

Bild 3

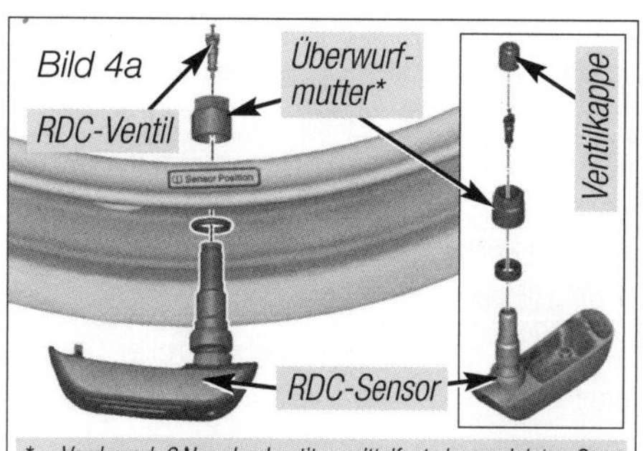

Bild 4a

* = Vorderrad: 9 Nm plus Loctite »mittelfest« in gereinigtes Gewinde; Hinterrad: 12 Nm, mikroverkapselt, Überwurfmutter erneuern, Voranzug mit 12 Nm, Mutter lösen, Endanzug mit 12 Nm

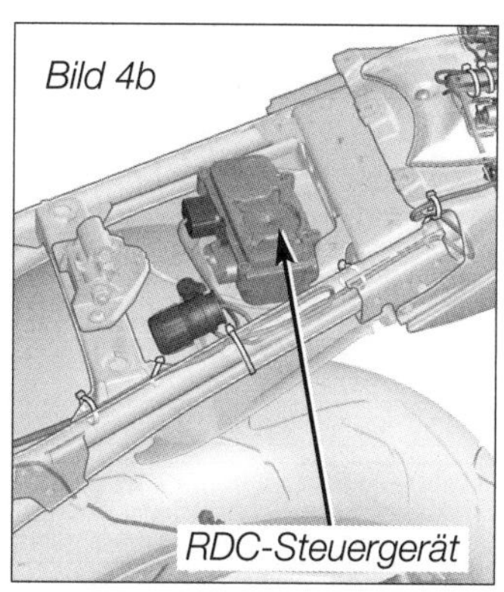

Bild 4b

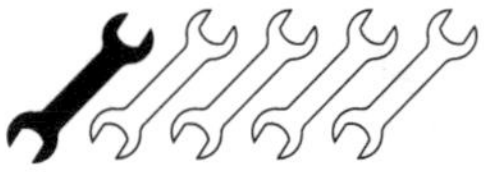

Bild 5: Verschleißanzeiger in der Profilrille, TWI-Kennzeichnung am Rand des Profils.

Bild 6: Dies ist zwar kein Präzisionsmessgerät, aber es ist besser als zu schätzen: Dieser Reifen hat noch 2 mm Profiltiefe und sollte bald erneuert werden.

Bild 7: Beispielhafte Reifenbezeichnungen.

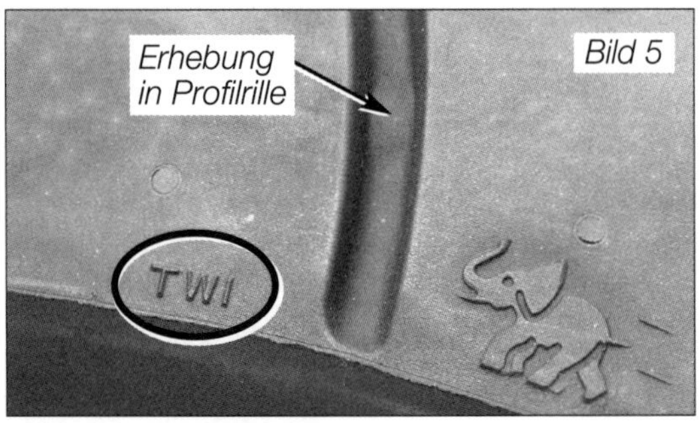

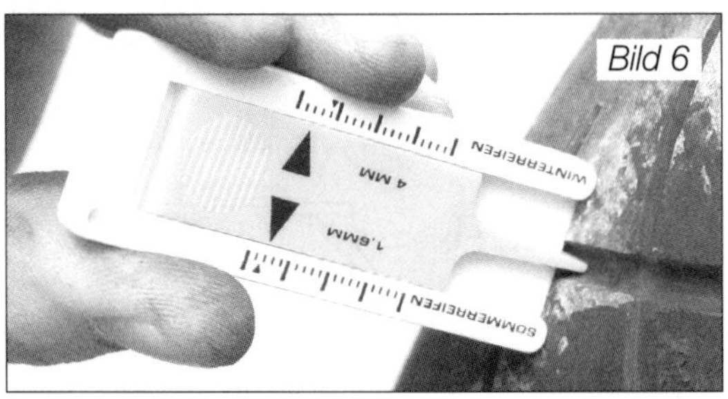

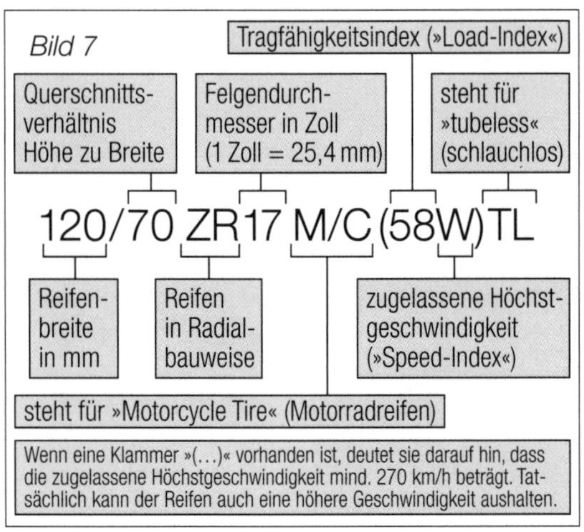

(RDC-Sensor, Bild 4a) eingebaut. Diese messen permanent den Reifenluftdruck und geben die gemessenen Werte über Funk an das RDC-Steuergerät (Bild 4b) und von dort an das Cockpit weiter. Im RDC-Sensor ist eine Batterie eingebaut, sie kann nicht gewechselt werden. Bei einem Reifenwechsel in der BMW-Motorradwerkstatt wird ihre Spannung mit einem berührungslosen Messgerät (BMW-Spezialwerkzeug) gemessen und je nach Bedarf ein neuer RDC-Sensor eingebaut. DIe Lebensdauer der Batterie beträgt 2 bis 7 Jahre.

Reifenverschleiß

Reifen sind Verschleißteile: Die Oberfläche (»Lauffläche«) des Reifens wird mit fortschreitender km-Leistung immer dünner, die Rillen (»Profilrillen«) immer niedriger.

Mindestprofiltiefe: Der Gesetzgeber schreibt vorne und hinten eine Mindestprofiltiefe von 1,6 mm vor; dieses Maß deckt sich mit der Empfehlung von BMW. Allerdings empfiehlt BMW Reifen schon vor Erreichen der gesetzlich vorgeschriebenen Mindestprofiltiefe erneuern zu lassen, weil sich das Fahrverhalten schon vor Erreichen der Mindestprofiltiefe verschlechtern kann.

Profiltiefe: In die Profilrillen sind Verschleißanzeiger eingearbeitet; ihre Lage ist außen am Profilrand mit TWI bezeichnet (Bild 5). »TWI« ist die Abkürzung von »Tread Wear Indicator«. Einige Hersteller haben auch nur ein kleines Dreieck angebracht; bei Metzeler ist es ein Elefant (Bild 5).

Ein TWI markiert an der Seitenwand eine Hauptprofilrille, in der diese Erhebungen eingearbeitet sind. **Wichtig:** Die TWI-Erhebungen sind entweder 0,8 mm oder 1,6 mm hoch:

- 0,8 mm entspricht der in Amerika vorgeschriebenen Mindestprofiltiefe.
- 1,6 mm ist die europaweit gesetzlich vorgeschriebene Mindestprofiltiefe.

Gemessen wird die tatsächliche Profiltiefe _neben_ einer TWI-Erhebung (Bild 6). Noch einmal: Europaweit gesetzlich vorgeschrieben ist eine Mindestprofiltiefe von 1,6 mm.

Wichtig 1: Wenn bei einer Polizeikontrolle die Profiltiefe weniger als 1,6 mm an einer Stelle des Reifens beträgt (die anderen Messstellen können noch mehr Profiltiefe haben!), wird es ungemütlich, denn neben 50 Euro Bußgeld gibt es für den Fahrer auch drei Punkte in Flensburg auf's Konto. Im Zweifelsfall kann das Motorrad sogar am Ort der Kontrolle stillgelegt werden!

Wichtig 2: Weiterhin informiert die Polizei das zuständige Landratsamt und dieses verlangt eine Beseitigung der Mängel innerhalb von zwei Wochen. Wird der Nachweis der »Mängelbeseitigung« nicht erbracht, wird das Motorrad von der Behörde zwangsweise stillgelegt.

Was auf dem Reifen steht

Beispielhafte Reifenbezeichnungen (Bild 7)

- Vorderreifen: 120/70 ZR17 M/C (58W) TL
- Hinterreifen: 180/55 ZR17 M/C (73W) TL

Zahlen und Buchstaben bedeuten:

- **120** bzw. **180** = Reifenbreite in mm
- **/70** bzw. **/55** = Querschnittsverhältnis Höhe zu Breite = 70 : 120 Vorderreifen 84 mm hoch (= 70% von 120), Hinterreifen 99 mm hoch (= 55% von 180)
- **ZR** bzw. **R** = Reifen in Radialbauweise. **ZR** ist die alte Reifenbezeichnung, **R** die neuere, Es kann also anstatt **ZR** auch nur **R** auf dem Reifen stehen.
- **17** = Felgendurchmesser in Zoll (1 Zoll = 25,4 mm; 17 Zoll = 431,8 mm)
- **M/C** = steht für »Motorcycle Tire« (Motorradreifen)
- **58** bzw. **73** = Tragfähigkeitsindex (Loadindex): Der 58er-Vorderreifen darf max. mit 236 kg belastet werden, der 73er-Hinterreifen mit 365 kg
- **W** = Symbol für zugelassene Höchstgeschwindigkeit, auch Speed-Index genannt, das »W«

steht für »bis 270 km/h«. Der Speed-Index muss in jedem Fall höher sein als das Motorrad schnell ist (damit ist gemeint: »Was an Höchstgeschwindigkeit im Kraftfahrzeugbrief eingetragen ist«).
- **TL** = tubeless = schlauchloser Reifen
- **TT** = Tube Type = Reifen mit Schlauch

Achtung: Es dürfen ausschließlich Reifen mit der Bezeichnung »TL« (tubeless) verwendet werden, sowohl bei Guss- wie auch bei Speichenrädern. Im Umkehrschluss bedeutet dies, dass ein Reifen mit der Bezeichung »TT« (= Tube Type, Schlauchreifen) nicht montiert werden darf.

Nachrüstreifen

Zum Redaktionsschluss dieses Buchs* wurden nur Reifen in den serienmäßigen Größen und Tragfähigkeiten für die Nachrüstung empfohlen:
- vorne 120/70 ZR17 M/C (58W) TL
- hinten 180/55 ZR17 M/C (73W) TL

Die empfohlenen Reifen der großen Reifenmarken Bridgestone, Continental, Metzeler und Pirelli haben wir auf den nächsten Seiten aufgelistet. Wenn Sie nach diesen Informationen neue Reifen auswählen, dann schauen Sie zu Ihrer eigenen Sicherheit auf der Internetseite des Reifenherstellers nach (siehe Adressenkasten auf der nächsten Seite), ob die Reifen im aktuellen Angebot sind oder ob es schon Nachfolgeprofile gibt. Immer gut über Bereifungsmöglichkeiten informiert sind die BMW-Motorradhändler. Verfolgen Sie zum Thema »neue Reifen« auch die aktuelle Motorrad-Fachpresse.

Bei Nachrüstreifen unbedingt beachten:
- Andere Reifenmarken und -typen als die in diesem Kapitel können im Laufe der Zeit von BMW und/oder den Reifenherstellern empfohlen werden, sie müssen aber in jedem Fall die entsprechende Größe haben.
- Auch die Bezeichnungen für Tragkraft und Geschwindigkeitsklasse müssen passen: 58W vorne und 73W hinten.
- Vorder- und Hinterradreifen müssen von einem Hersteller sein und vom Profil her zusammenpassen.

Achtung: Ein Reifen mit der Bezeichnung »TT« (= Tube Type) darf bei der R 1200 R weder mit noch ohne Schlauch montiert werden weder auf Guss- noch auf Speichenräder.

Produktionsdatum: An einer Stelle auf der Seitenwand ist die DOT-Buchstabenkombination einvulkanisiert, danach eine vierstellige Zahl ohne Punkt und Komma (Oval in Bild 8), diese steht für die Produktionswoche und das Produktionsjahr (»1809« bedeutet 18. Kalenderwoche 2009).

Herstellergarantie: Für neue Reifen garantiert jeder Reifenhersteller die von ihm zugesagten Qualitätseigenschaften für den Zeitraum von mindestens fünf Jahren. Ein neuer Reifen, der laut Produktionscode vor drei Jahren produziert wurde, gilt als »frisch«. Dazu gibt es folgende offizielle Erklärung aller namhaften Hersteller von Motorradreifen: *»Ein bis zu maximal 5 Jahren sachgemäß gelagerter Reifen entspricht der Spezifikation eines Neureifens und ist in seiner Verwendungstauglichkeit und Qualität nicht beeinträchtigt und damit neuwertig. Daraus ergibt sich jedoch nicht zwangsläufig, dass Reifen, welche älter als 5 Jahre sind und immer sachgemäß gelagert wurden, nicht mehr verkehrssicher sind oder irgendwelchen qualitativen Einschränkungen unterliegen«.*

Reifen länger als fünf Jahre fahren?
Wenn ein neuer Reifen montiert wird, der vor vier Jahren und elf Monaten produziert wurde, ist er in einem Monat fünf Jahre alt (logisch!). Wenn dieser Reifen regelmäßig gefahren wird, bleibt er »frisch«, denn durch die Walkarbeit des Reifens während des Fahrens laufen in seinem Inneren chemische Prozesse ab, die dem Reifen seine zugesicherten Eigenschaften erhalten.

Gebrauchte Reifen: Wenn ein montierter Reifen auf einer Maschine, die regelmäßig gefahren wird, zwar noch genügend Profil hat, aber langsam »blank« wird und älter als fünf Jahre ist, sollte er baldmöglichst erneuert werden (besonders wichtig beim Kauf einer gebrauchten Maschine).

Fazit: Weil Reifen so ziemlich die wichtigsten Fahrwerksbauteile sind, empfehlen wir, auf sie sehr zu achten – und im Zweifelsfall lieber neue Reifen aufzuziehen, als mit alten zu fahren!

Bild 8: Die letzten vier Ziffern nach der DOT-Bezeichnung nennen das Produktionsdatum. Dieser Reifen wurde in der 18. Kalenderwoche 2009 gefertigt.

Reifenschäden: Es kann selbst auf gut ausgebauten Straßen zu Reifenschäden (»Plattfuß«) kommen. In Kapitel 2 zeigen wir ein »Reifen-Flickzeug« für schlauchlose Reifen, das man bei einer Gussrad-R 1200 R immer dabei haben sollte. Bitte beachten Sie:
- Ein »geflickter« Reifen ist immer nur ein Notbehelf, er muss umgehend erneuert werden.
- Fahren Sie mit einem geflickten Reifen äußerst vorsichtig.
- Niemals mit Vollgas fahren und auch nicht mit maximaler Zuladung.

Reifenschäden bei Speichenrädern: Der Reifen auf einem Speichenrad ist mit einem Schlauch bestückt. Bei einem Reifenschaden muss ein neuer Schlauch montiert werden. Weil die Montage eines Schlauchs im vorgeschriebenen Schlauchlosreifen nicht mit Hand-Montiereisen durchgeführt werden kann, sondern mit einer professionellen Reifenmontiermaschine, gilt für Speichen- und Gussräder die Vorschrift: Reifenmontage nur mit Profigeräten in der Fachwerkstatt.

* = Stand der Recherche zum Redaktionsschluss dieses Buchs im Juli 2013

Auswuchten

Ein neu montierter Reifen muss ausgewuchtet werden, damit das Rad auch wirklich rund läuft. Wenn es nicht (oder nicht gut) ausgewuchtet ist, beginnt es ab 60 bis 80 km/h zu »hüpfen«. Ein unwuchtiges Rad stört das Fahrverhalten, Telegabel und Stoßdämpfer verschleißen rasch. Weiterhin kann schlechte Wuchtung dazu führen, dass das Rad während der Fahrt den Bodenkontakt verliert!

Die leichteste Stelle des Reifens wurde im Werk mit einem Farbpunkt markiert, dieser muss beim Ventil stehen (Bild 10). Beim Auswuchten werden gegenüber der schwersten Stelle des Reifens entsprechende Gewichte auf der Felge aufgeklebt. Pro Rad sind maximal 80 Gramm an Wuchtgewichten zulässig, anzubringen je zur Hälfte rechts und links auf der Felge. Diese Gewichte kann man beim BMW-, Motorrad- oder Reifenhändler kaufen. Die Restunwucht (also die verbleibende Unwucht nach dem Auswuchten) darf maximal 5 Gramm vorne und 45 Gramm hinten betragen.

Ein Rad wird statisch ausgewuchtet, indem man es in leichte Drehung bringt und auspendeln lässt – die schwerste Stelle bleibt unten stehen. Auf der gegenüberliegenden Seite der Felge werden entsprechende Auswuchtgewichte aufgeklebt. Es ist aber das Beste, das Rad beim Händler auf einer Auswuchtmaschine dynamisch wuchten zu lassen. Reifenmontage und auch Auswuchtung machen BMW-, Motorrad- oder Reifenhändler zu moderaten Preisen.

Bild 9: Reifen mit Laufrichtungspfeil sind grundsätzlich in der auf den Reifen angegebenen Drehrichtung zu montieren, da sich sonst das Abrieb- und Fahrverhalten verschlechtert oder unter extremen Einsatzbedingungen die Reifen beschädigt werden.

Bild 10: Die leichteste Stelle des Reifens wurde im Werk mit einem Farbpunkt markiert.

Adressen der Reifenhersteller und Importeure in D, A, CH*

Avon
- **Cooper Tire & Rubber Company Deutschland GmbH**
  Breitefeld 13, D-64839 Münster
  www.avonreifen.com
- **Autoplus GmbH**
  Richard-Strauss-Str. 14, A-1230 Wien
  www.avonmotorcycle.com
- **Cooper Tire & Rubber Company Suisse SA,** Urs Gohl
  Ribistrasse 26, CH-4466 Ormalingen
  www.avontyres.com

Bridgestone
- **Bridgestone Deutschland GmbH**
  Bridgestone Deutschland GmbH
  Justus-von-Liebig-Straße 1
  D-61352 Bad Homburg v.d.H.
  www.bridgestone-mc.de
- **Bridgestone Austria GmbH**
  Laxenburgerstraße 252, A-1230 Wien
  www.bridgestone.at
- **Bridgestone Schweiz**
  Limmatpark
  Pfadackerstrasse 6
  CH-8957 Spreitenbach
  www.bridgestone.ch

Continental
- **Continental Reifen Deutschland GmbH**
  GB Motorradreifen
  Continentalstr. 3–5, D-34497 Korbach
  www.conti-moto.de
- **SEMPERIT REIFEN Ges.m.b.H.**
  Triester Straße 14, A-2351 Wiener Neudorf
  www.conti-moto.de
- **Arthur Rüegg Fahrzeug-Zubehör AG**
  Lerzenstrasse 21, CH-8953 Dietikon
  www.motopneu.ch

Dunlop
- **Goodyear Dunlop Tires Germany GmbH**
  Abteilung PM-M
  Dunlopstraße 2
  D-63450 Hanau
  www.dunlopmotorcycle.de
- **Goodyear Dunlop Tires Austria GmbH**
  Pottendorfer Straße 25
  A-1120 Wien
  www.dunlop.at
- **Goodyear Dunlop Tires Suisse SA**
  Industriestrasse 21
  CH-8604 Hegnau
  www.dunlop.ch

Metzeler
- **Pirelli Deutschland AG Metzeler Motorradreifen**
  Brabanter Straße 4
  D-80805 München
  www.metzeler.de
- **Metzeler Motorradreifen**
  Salzburger Straße 196
  A-4600 Wels
  www.metzelermoto.at
- **Hostettler AG Pneuservice**
  Haldenmattstrasse 3
  CH-6210 Sursee
  www.pneu-service.ch

Heidenau
- **Reifenwerk Heidenau GmbH & Co. KG**
  Hauptstraße 44, D-01809 Heidenau
  www.reifenwerk-heidenau.de
- **Reifen Brawenec GmbH, point-S**
  Goethegasse 61, A-2340 Mödling
  www.reifen-brawenec.at
- **Josef Faber GmbH**
  Carlbergergasse 66 A, A-1230 Wien
  www.faber.at

- **RSD-Jelinek Motorradreifen**
  Huberg 14
  A-1160 Wien
  www.jelinek.at
- **Ofrag Vertriebsgesellschaft**
  Hübelacherstrasse 1
  CH-5242 Lupfig
  www.ofrag.ch

Weitere Kooperationspartner:
- **RH Reifen Service AG**
  Amriswilerstrasse 41
  CH-8589 Sitterdorf
  www.rh-reifen.ch
- **Hostettler AG**
  Haldenmattstrasse 3
  CH-6210 Sursee
  www.hostettler.com

IRC und Vee Rubber
- **IXS Germany Hostettler GmbH**
  Neuenburger Straße 33
  D-79379 Müllheim
  www.hostettler.com
- **Hostettler AG Pneuservice**
  Haldenmattstrasse 3
  CH-6210 Sursee
  www.pneu-service.ch

Maxxis
- **Maxxis International GmbH**
  Kaddenbusch 31
  D-25578 Dägeling
  www.maxxis.de
- **Profi Pneu AG,** Industrie Nord
  Gewerbestrasse 3
  CH-4553 Subingen
  www.profipneu.ch

Michelin
- **Michelin Reifenwerke AG & Co. KGaA**
  Michelinstraße 4
  D-76185 Karlsruhe
  www.michelin-motorrad.de
- **Michelin Verkaufsgesellschaft**
  Wiegelestraße 10
  A-1230 Wien
  www.michelin.at
- **SA des Pneumatiques Michelin**
  Route Jo Siffert 36
  CH-1762 Givisiez
  www.michelin.ch

Pirelli
- **Pirelli Deutschland AG Pirelli Motorradreifen**
  Brabanter Straße 4
  D-80805 München
  www.pirellimoto.de
- **Pirelli Austria**
  Salzburger Str. 196
  A-4600 Wels
  www.pirelli.at
- **Hostettler AG Pneuservice**
  Haldenmattstrasse 3
  CH-6210 Sursee
  www.pneu-service.ch

Reifenfreigaben
- **Alpha Technik GmbH & Co. KG**
  Reifenfreigaben, TÜV-Gutachten
  Äußere Salzburger Str. 201
  D-83071 Stephanskirchen
  www.alphatechnik.de
- **D. Theobald M & A Reifenhandel**
  Reifen-Großhändler
  Lindenstraße 4
  D-97892 Kreuzwertheim
  www.dtheobald.de

Reifen für die R 1200 R*

Bridgestone
vorne: BT 016 F und BT 016 F Pro
hinten: BT 016 R und BT 016 R Pro

Bridgestone
vorne: S 20 F
hinten: S 20 R

Bridgestone
vorne: BT 021 F
hinten: BT 021 R

Bridgestone
vorne: BT 023 F
hinten: BT 023 R

Bridgestone
vorne: T 30 F
hinten: T 30 R

Continental
vorne: ContiRoadAttack 2 C und GT
hinten: ContiRoadAttack 2 C und GT

Continental
vorne: ContiSportAttack 2 K
hinten: ContiSportAttack 2 C

Metzeler
vorne: Roadtec Z8 Interact M
hinten: Roadtec Z8 Interact C/O

Pirelli
vorne: Angel ST
hinten: Angel ST E

Pirelli
vorne: Angel GT
hinten: Angel GT A

Bridgestone	
vorne:	BT 016 F 120/70 ZR 17 (58W) TL
hinten:	BT 016 R 180/55 ZR 17 (73W) TL
vorne:	BT 016 F Pro 120/70 ZR 17 (58W) TL
hinten:	BT 016 R Pro 180/55 ZR 17 (73W) TL
vorne:	S 20 F 120/70 ZR 17 (58W) TL
hinten:	S 20 R 180/55 ZR 17 (73W) TL
vorne:	BT 021 F 120/70 ZR 17 (58W) TL
hinten:	BT 021 R 180/55 ZR 17 (73W) TL
vorne:	BT 023 F 120/70 ZR 17 (58W) TL
hinten:	BT 023 R 180/55 ZR 17 (73W) TL
vorne:	T 30 F 120/70 ZR 17 (58W) TL
hinten:	T 30 R 180/55 ZR 17 (73W) TL

Continental	
vorne:	ContiRoadAttack 2 C 120/70 ZR 17 M/C (58W) TL
hinten:	ContiRoadAttack 2 C 180/55 ZR 17 M/C (73W) TL
vorne:	ContiRoadAttack 2 GT 120/70 ZR 17 M/C (58W) TL
hinten:	ContiRoadAttack 2 GT 180/55 ZR 17 M/C (73W) TL
vorne:	ContiRoadAttack 2 C 120/70 ZR 17 M/C (58W) TL
hinten:	ContiRoadAttack 2 GT 180/55 ZR 17 M/C (73W) TL
vorne:	ContiRoadAttack 2 GT 120/70 ZR 17 M/C (58W) TL
hinten:	ContiRoadAttack 2 C 180/55 ZR 17 M/C (73W) TL
vorne:	ContiSportAttack 2 K 120/70 ZR 17 M/C (58W) TL
hinten:	ContiSportAttack 2 C 180/55 ZR 17 M/C (73W) TL

Metzeler	
vorne:	Roadtec Z8 Interact M 120/70 ZR 17 M/C (58W) TL
hinten:	Roadtec Z8 Interact O 180/55 ZR 17 M/C (73W) TL
vorne:	Roadtec Z8 Interact* 120/70 ZR 17 M/C (58W) TL
hinten:	Roadtec Z8 Interact O 180/55 ZR 17 M/C (73W) TL
vorne:	Roadtec Z8 Interact M 120/70 ZR 17 M/C (58W) TL
hinten:	Roadtec Z8 Interact C* 180/55 ZR 17 M/C (73W) TL
vorne:	Roadtec Z8 Interact* 120/70 ZR 17 M/C (58W) TL
hinten:	Roadtec Z8 Interact C* 180/55 ZR 17 M/C (73W) TL

* = Produktion dieses Reifens läuft aus.

Pirelli	
vorne:	Angel GT 120/70 ZR 17 M/C (58W) TL
hinten:	Angel GT A 180/55 ZR 17 M/C (73W) TL
vorne:	Angel GT 120/70 ZR 17 M/C (58W) TL
hinten:	Angel ST E 180/55 ZR 17 M/C (73W) TL
vorne:	Angel ST 120/70 ZR 17 M/C (58W) TL
hinten:	Angel GT A 180/55 ZR 17 M/C (73W) TL
vorne:	Angel ST 120/70 ZR 17 M/C (58W) TL
hinten:	Angel ST E 180/55 ZR 17 M/C (73W) TL

Zur dieser Reifenliste: Auf dieser Seite sind alle zum Redaktionsschluss* von BMW die für die R 1200 R mit Guss- oder Speichräder freigegebenen Reifen aufgelistet. **Bitte beachten:** Alle Vorder- und Hinterradreifen haben die serienmäßigen Größen:

vorne: 120/70 ZR 17 M/C (58W) TL
hinten: 180/55 ZR 17 M/C (73W) TL

* = Stand der Recherche zum Redaktionsschluss dieses Buchs im Juli 2013

Korrespondenzkapitel:
- 4 »Reifen«
- 6 »Bremsen«

Räder

In diesem Kapitel: Räder aus- und einbauen · Vorderrad aus- und einbauen · Hinterrad aus- und einbauen · Vorderachse und Räder prüfen · Räder auf Rundlauf prüfen · Radlager prüfen, erneuern · Speichen prüfen, spannen, ersetzen.

Räder aus- und einbauen

Wenn Sie die Räder ausbauen wollen, um diese zum Reifenwechsel zum BMW-Händler oder zum Reifendienst zu bringen, versichern Sie sich, dass Sie die nötigen Werkzeuge bereithaben.

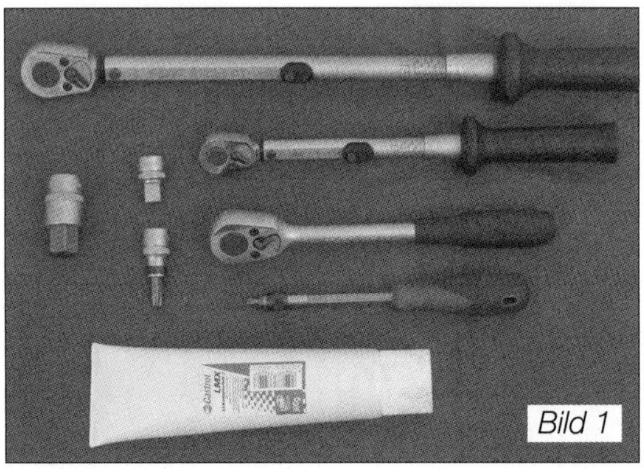
Bild 1

Bild 1: Werkzeuge zum Aus- und Einbau von Vorder- und Hinterrad.

Bild 2

Bild 2: Wenn man zum Ausbau des Vorderrads keine 22er-Inbusnuss hat, kann man ein Notwerkzeug basteln: Mutter auf Gewinde einer Schraube, die einen 22er-Sechskantkopf hat, fest aufdrehen und mit einem Schweißpunkt sichern.

Im Bordwerkzeug sind keine Werkzeugteile enthalten, mit denen man die Räder aus- und wieder einbauen kann. Bild 1 zeigt die zum Rad-Aus- und -Einbau benötigten Werkzeuge, die man zum Teil im Bordwerkzeug mitführen sollte. Für den Aus- und Einbau der Räder zu Hause sollte man zwei Drehmomentschlüssel haben: Einen mit 0 bis 40 Nm für Achsklemmschraube und vordere Bremssattelschrauben und den anderen mit 40 bis 100 Nm für vordere Radachse und hintere Radschrauben.

Maschine gegen Umfallen sichern
Wenn man das Hinterrad ausbauen möchte und dazu die Maschine auf dem Mittelständer aufgebockt ist, sollte man diesen zum Vorderrad hin mit einem Band verspannen, damit er während des Werkens am Hinterrad nicht einklappen kann und die Maschine deswegen auf den Boden fällt.

Wichtig: Niemals beide Räder gleichzeitig ausbauen, wenn die Maschine ohne zusätzliche Sicherung nur auf dem Mittelständer abgestellt ist! Wenn man unterwegs auf Tour ist und es muss das Vorderrad ausgebaut werden, kann ein Helfer das aufgebockte Motorrad hinten entsprechend belasten, damit das Vorderrad frei kommt.

Der Trick mit dem Holzklotz (Bild 3b)
Wenn man beim Aus- und Einbau eines Rades alleine arbeiten muss, kann das zu einer nervigen Frickelei ausarten, bis alle Bauteile in Einbauposition gebracht sind; man bräuchte drei oder vier Hände. Organisieren Sie sich vor dem Radausbau einen Holzklotz, der so dick ist, dass er bei aufgebockter Maschine zwischen Rad und Boden passt. Dann knallt das Rad nicht plötzlich herunter, wenn die Achse ausgezogen ist, und lässt sich auch viel einfacher wieder einbauen.

Bilder 3a und 3b: Zum Ausbau des Vorderrads den Motor mit einem Wagenheber unterbauen, Holz zwischen Heber und Motor legen. Passendes Holz zwischen Reifen und Boden legen.

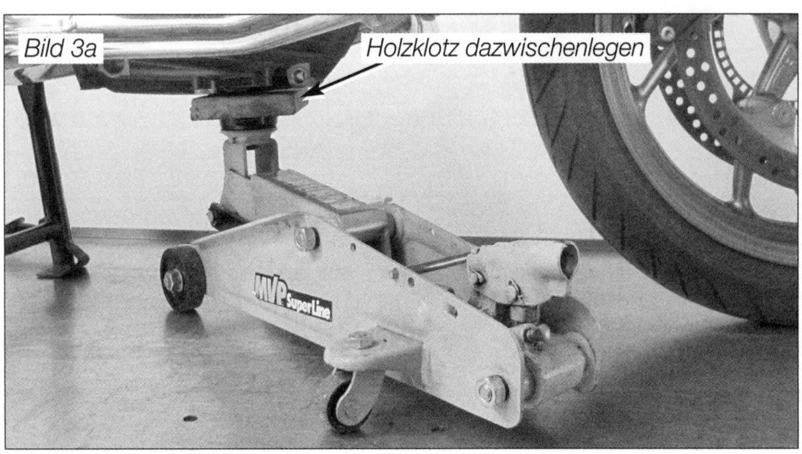

Bild 3a

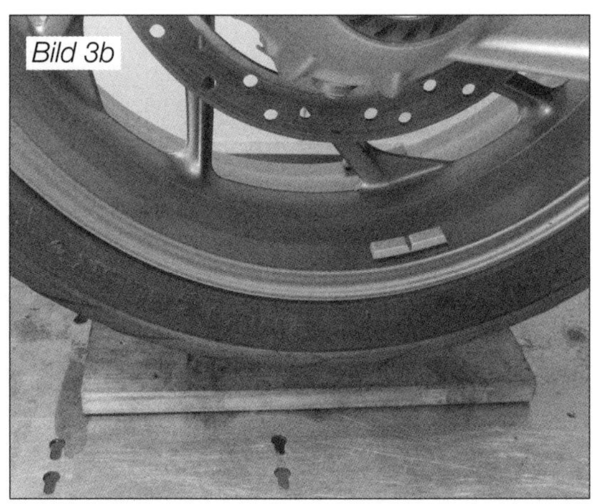
Bild 3b

Benötigte Werkzeuge (Bild 1)

... zur Vorderradmontage

Vorderachse .... Inbusnuss SW 22
Achsklemmschraube .... Torx T45
Bremssattelschrauben .... Torx T45
Schraube ABS-Raddrehzahl-Sensor...... Torx T25

... zur Hinterradmontage

Auspuffschrauben................................ Torx T45
Radschrauben .... Torx T50

Anziehdrehmomente Vorderrad:

Vorderachse.. 50 Nm
Achsklemmschraube (M8)......................... 19 Nm
Bremssattelschrauben (M10)..................... 30 Nm
Schraube ABS-Raddrehzahl-Sensor .... 5 Nm

Hinweis 1: Vor dem Aus- und Einbau des Vorderrads den ABS-Raddrehzahl-Sensor ausbauen (Bild 4), sonst kann er beim Montieren einen Schlag bekommen und ist dann defekt.

Anziehdrehmomente Hinterrad:

Schraube Auspufftopf an Rahmen .... 19 Nm
Schraube in Schelle Auspuff-
topf am Krümmer .... 28 Nm
Radschrauben .... 60 Nm
- *kreuzweise anziehen*

Hinweis 2: Zum Aus- und Einbau des Hinterrads muss der Bremssattel nicht von der Bremsankerplatte abgeschraubt werden.

Bauteile reinigen und schmieren

BMW schreibt vor, dass Vorderradachse und Simmerringe im Vorderrad vor der Montage gereinigt und leicht eingefettet werden:
- Optimoly TA für Vorderachse
- Staburags NBU 30 PTM für Simmerringe

Man kann auch ein anderes gutes,»leichtes« Kfz-Wälzlagerfett verwenden; z. B. LMX LI-Komplexfett des BMW-Partners Castrol (Bild 1).

Achtung: Hinterradschrauben niemals einölen oder einfetten! Trocken eindrehen! Radschrauben für Guss- und Speichenrad sind unterschiedlich lang:
- Gussradschrauben M10 x 40 x 1,25
- Speichenradschrauben M10 x 53 x 1,25
- Nur originale BMW-Radschrauben verwenden!

Vorderrad aus- und einbauen

Achtung: Handbremshebel niemals betätigen, wenn die Bremssättel abgebaut sind! Sonst rutschen die Bremsklötze in die Sättel und man kann sie nicht mehr montieren.

Tipp: Einen Lappen so dick um den Gasgriff wickeln, dass der Bremshebel nicht bewegt werden kann.

Vorderrad ausbauen

1. Motorrad auf Mittelständer aufbocken. Bild 3a: Motor vorne mit einem Wagenheber unterbauen, damit das Vorderrad vom Boden frei kommt.
2. Bild 4: ABS-Sensor abschrauben und aus seiner Bohrung ziehen, dass er »frei« hängt. ABS-Kabel aus Klammer innen am Gabelfuß ausziehen (Bild 13c).
3. Bild 5: Beide Bremssättel abschrauben und von den Bremsscheiben ziehen. Bremssättel mit Gepäckgummis außerhalb des Rades weghängen.
- Bremsschläuche dabei nur so wenig wie möglich verdrehen und nicht knicken!

4. Bild 6: Achsklemmschraube in rechter Gabelfaust lösen und mindestens drei Umdrehungen aufdrehen.

Bild 4

Bild 4: Damit der ABS-Raddrehzahl-Sensor beim Rad-Aus- und -Einbau nicht hart angeschlagen wird, sollte man ihn losschrauben und aus seiner Sitzbohrung ziehen.

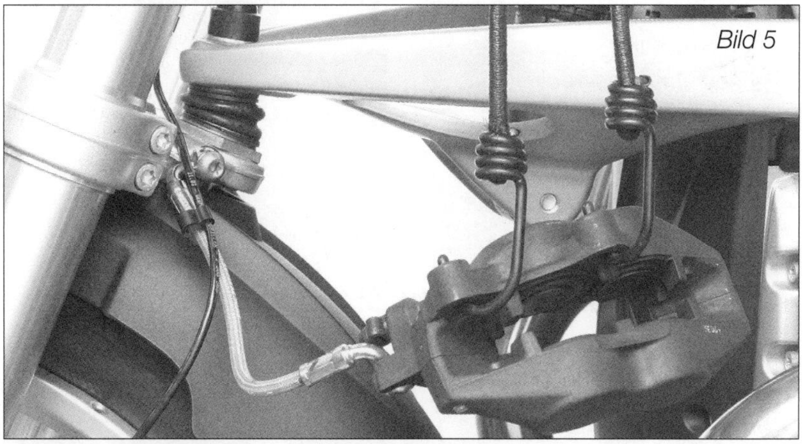
Bild 5

Bild 5: Abgebaute Bremssättel vom Rad weghängen. Bremsschlauch nicht stark knicken oder verdrehen.

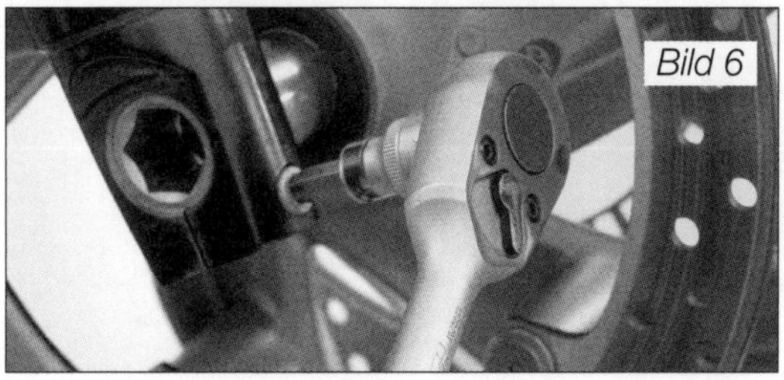
Bild 6

Bild 6: Vor dem Ausdrehen der Achse muss die Achsklemmschraube gelöst werden.

Bilder 7 bis 12: Im Lauftext sind die zu den Bildern gehörenden Arbeitsschritte nummeriert beschrieben.

5. Bild 7: Achse am Achskopf mit 22er-Inbusnuss lösen und ausschrauben.
5.1. Achse unter gleichzeitigem Drehen und Ziehen ausziehen.
■ Rad dabei mit einer Hand hochhalten und gleichzeitig leicht daran wackeln.
5.2. Rad ablassen. Distanzbuchse links herausnehmen.
6. Rad nach vorne herausnehmen.

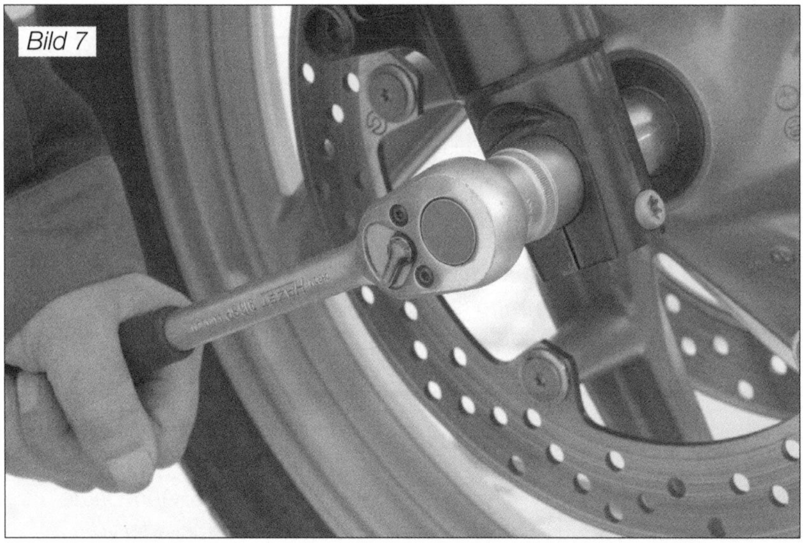
Bild 7

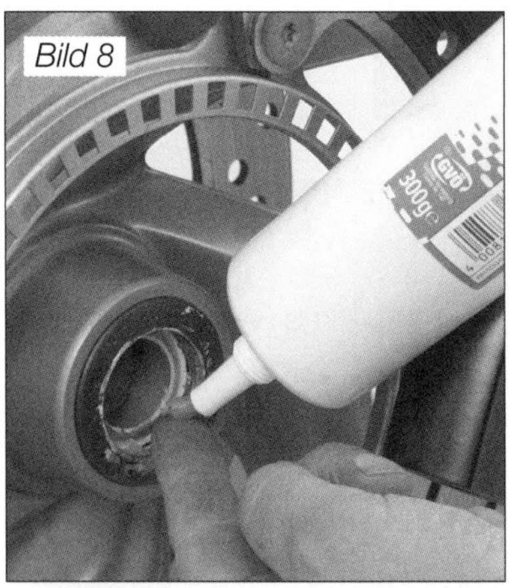
Bild 8

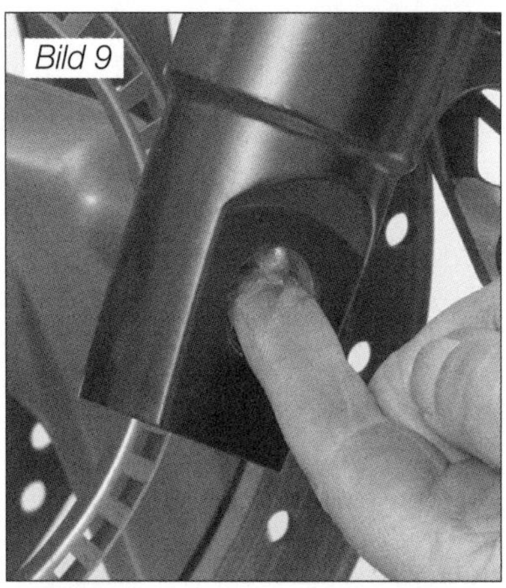
Bild 9

Bauteile reinigen, prüfen
1. Mit Ölspray und Lappen reinigen: Achse, Buchse, Radlager-Simmerringe, Achsgewinde in der einen und Achsbohrung in der anderen Gabelfaust, Befestigungsstellen der Bremssättel.
2. Radlager prüfen: Zeigefinger in den Innenring des Lagers stecken und drehen. Man spürt mit dieser »Fingerprobe« wie das Lager läuft.
■ Wenn die Lager spielfrei sind, ohne Knacken und Rubbeln laufen, sind sie in Ordnung.
■ Wenn die Lager beschädigt sind, also Luft haben oder laut, knackend oder schwer laufen, müssen sie ersetzt werden. Wie das geht, steht weiter hinten in diesem Kapitel.
3. Bilder 8 und 9: Leichtes Wälzlagerfett in die Simmerringe und das Achsgewinde schmieren.
3.1. Bilder 10 und 11: Achse und Distanzbuchse ebenfalls dünn mit Fett einschmieren.
4. Bremssättel mit Bremsenreiniger säubern. Dicke der Bremsbeläge kontrollieren (siehe dazu auch Kapitel 6 »Bremsen«).
5. Befestigungsschrauben der Bremssättel mit Messingbürste reinigen. Kontrollieren Sie jetzt bitte noch einmal die Gewinde an den Schrauben und die zugehörigen Innengewinde in den Bremssätteln: Sie müssen technisch in Ordnung sein, auch für die Schraubenköpfe gibt es keine Kompromisse.

Vorderrad einbauen
1. Rad in Gabel einschieben:
■ Bild 14a: Drehrichtung des Rads ist mit Pfeil auf einer der Speichen markiert.
■ Man kann sich auch am Pfeil »Drehrichtung« auf dem Reifen orientieren.
2. Rad einbauen:
2.1. Bild 11: Distanzbuchse links in Radlager-Simmerring einsetzen.
2.2. Rad anheben. Distanzbuchse, Radlager-Innenringe und Bohrungen in den Gabelfäusten in Flucht zueinander bringen.
2.3. Bild 12: Achse einführen, durchschieben

Bild 10

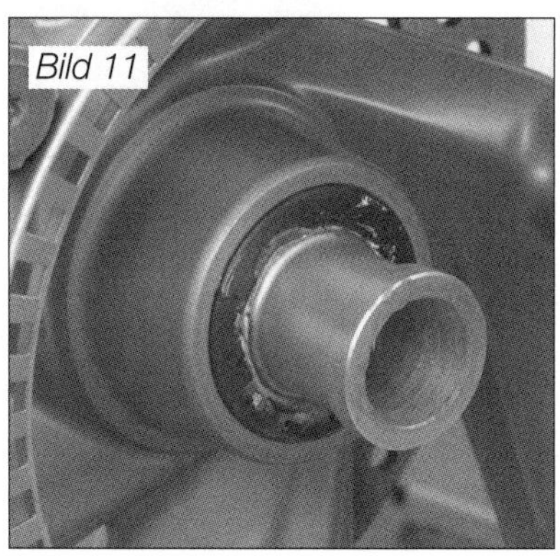
Bild 11

Bild 12

und von Hand in das Gewinde in der linken Gabelfaust einschrauben.
3. Bilder 13a bis 13c: ABS-Sensor einbauen. Ganz in seine Sitzbohrung einschieben, Schraube eindrehen und mit 5 Nm (»handfest«) festziehen.
3.1. Kabel des ABS-Sensors exakt verlegen, Halteklammer anbringen.
4. Bremsscheiben mit Bremsenreiniger reinigen.
4.1. Bremssättel auf Bremsscheiben schieben.
4.2. Bremssattelschrauben eindrehen, mit 30 Nm festziehen.
5. Bild 14: Vorderachse mit 50 Nm festziehen.
5.1. Motorrad abbocken, senkrecht auf die Räder stellen und mit nicht betätigter Vorderradbremse einige Male ein- und ausfedern.
■ Dadurch »setzt« sich die Achse in der offenen Bohrung in der einen Gabelfaust, Verspannungen werden vermieden oder ausgeglichen.
6. Bild 15: Achsklemmschraube in der rechten Gabelfaust mit 19 Nm festziehen.
7. Maschine wieder auf Hauptständer aufbocken, Bremse einige Male betätigen, ganz lösen, Rad durchdrehen und prüfen, ob es leicht und frei läuft.
Wichtig: Überschüssiges Fett von Simmerringen, Achse und allen anderen Schraubstellen gut abwischen.

Hinterrad aus- und einbauen

Achtung: Zum Lösen und Festziehen der Hinterradschrauben (Bilder 16 und 22) einen Torxschlüssel T50 bester Qualität verwenden! Verwenden Sie bitte NICHT den Torx T45-Schlüssel, der für die Auspuffschrauben gebraucht wird; er passt zwar auch fast formschlüssig in die 12-Kant-Köpfe der Radschrauben, vermurkst aber rasch deren Innenverzahnung, wenn die Radschrauben sehr fest sitzen und mit Kraft geöffnet werden müssen (Bild 17).
■ Alle Schraubenköpfe, Schraubengewinde und Konusflächen müssen einwandfrei sein.
■ Im Zweifelsfall neue Schrauben verwenden!

Hinterrad ausbauen

Hinweis: Zum Aus- und Einbau des Hinterrads muss der hintere Bremssattel nicht abgebaut werden (Bild 20), aber der Auspuff. Siehe dazu Kapitel 20 »Auspuffanlage«.
1. Auspuff abbauen.
2. Bilder 16 bis 18: Gang einlegen, Hinterradbremse betätigen, Radschrauben lösen.
■ Verlängerung verwenden und ein Rohrstück wie in Bild 17 gezeigt.
3. Bild 18: Radschrauben ganz ausschrauben.
4. Bild 19: Rad nach links abnehmen.

Bilder 13a bis 13c: ABS-Raddrehzahl-Sensor vorne. Das Kabel ist hinter dem Halter des Bremssattels verlegt und mit einer Klammer gehalten (gestrichelter Pfeil in Bild 13c).

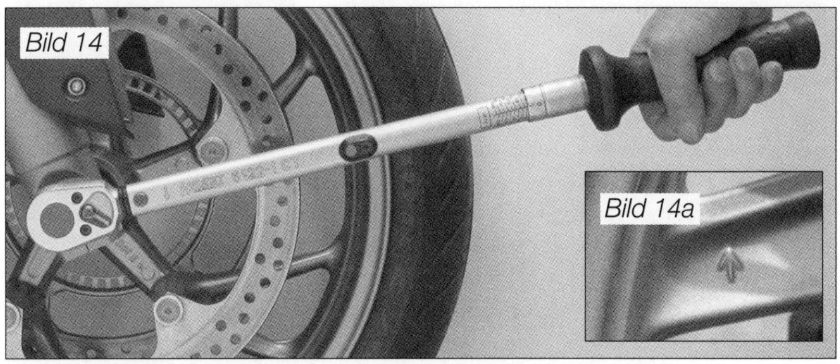

Bild 14: Vorderachse mit 50 Nm festziehen.

Bild 14a: Pfeil für Raddrehrichtung.

Bild 15: Achsklemmschraube festziehen.

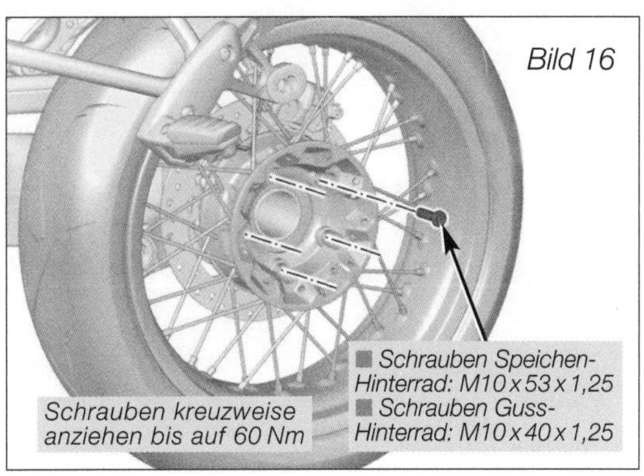

Bild 16: Kreuzspeichen-Hinterrad mit Radschrauben.

Bilder 17 bis 24: Im Lauftext sind die zu den Bildern gehörenden Arbeitsschritte nummeriert beschrieben.

Bild 17

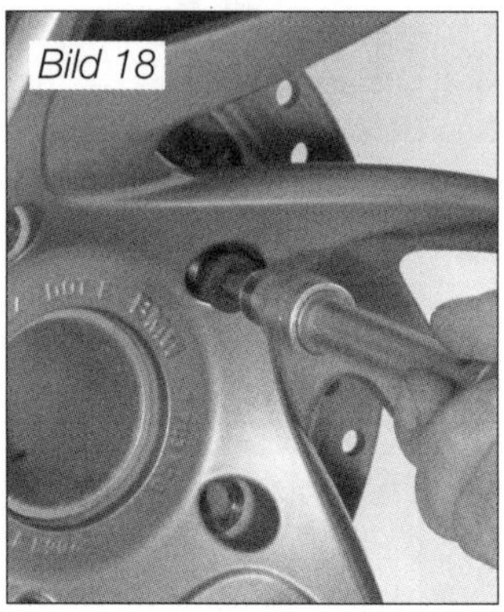
Bild 18

Bild 19

Bild 20

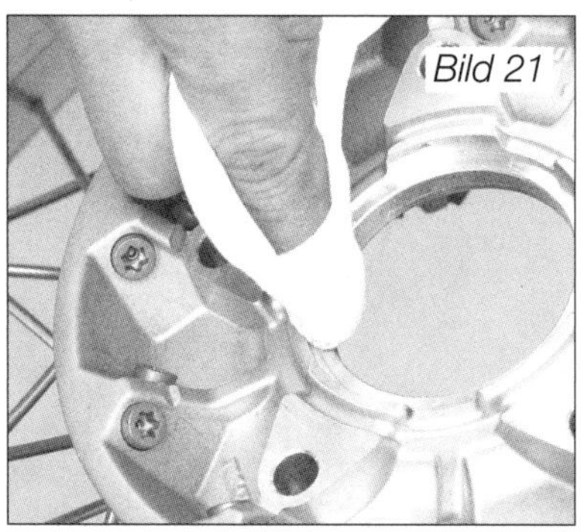
Bild 21

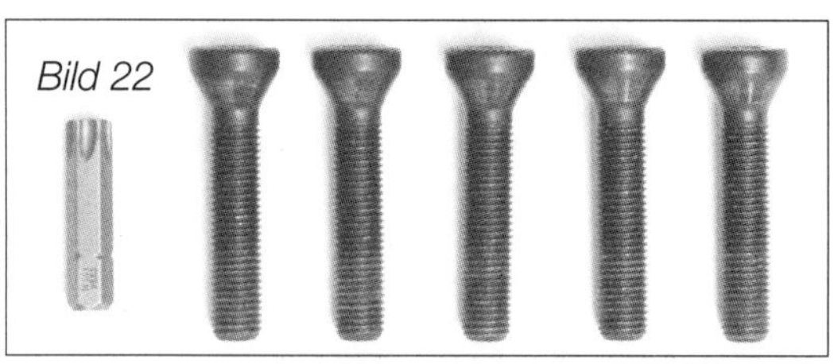
Bild 22

Bild 23

Bild 24

Hinterrad einbauen

1. Bild 21: Anlageflächen der Radnabe und am Hinterachsantrieb säubern, sie müssen vollkommen frei sein von Schmutz und Fett.

2. Bild 23: Gewinde der Radschrauben mit einer Messingbürste säubern – KEINE Stahlbürste verwenden!

3. Rad von schräg hinten-unten einfädeln und auf den Bund des Radträgers aufsetzen. Rad mit einer Hand halten, Bohrungen im Rad zu Gewindelöchern im Radträger zur Deckung bringen, Radschrauben mit der Hand einschrauben.

4. Bild 24: Radschrauben über Kreuz mit 60 Nm festziehen. Dabei Gang einlegen, Bremse betätigen und so das Rad blockieren.

5. Auspuff anbauen.

Vorderachse und Räder prüfen

Vorderachse prüfen und vermessen

Bild 26: Radachse in Prismenblöcke legen und Achsschlag mit Messuhr feststellen.

■ Verschleißgrenze: 0,25 mm.

Bei Verzug Achse erneuern. Niemals versuchen, eine krumme Achse gerade zu richten!

Räder auf Rundlauf prüfen

Anmerkung: Zur Aufnahme des Hinterrads auf einen Wuchtbock werden Aufnahmeadapter benötigt (Bild 25); gibt es beim BMW-Händler oder im Zubehörhandel. Reifen von Felge abziehen.

■ Taster der Messuhr beim Gussrad auf die bearbeitete Innenseite anführen; beim Speichenrad auf die Innenseite des Felgenhorns.

1. Bild 25: Rad in Zentrierständer einhängen.

2. Seiten- und Höhenschlag mit Messuhr prüfen.

3. Maximal zulässig für Höhen- und Seitenschlag

bei Vorder-/Hinterrad 1,5 mm (ist gleich bei Guss- und Speichenrad).
4. Zulässige Unwucht mit aufgezogenen Reifen:
- am Vorderrad .... 5 Gramm
- am Hinterrad .... 45 Gramm

5. Maximal zulässige Auswuchtgewichte (Klebegewichte verwenden) auf den Felgen 80 Gramm; anzubringen in zwei Hälften rechts und links auf der Felge.

Achtung: Unrunde **Gussräder** nicht versuchen zu richten, sondern ersetzen! Geringfügig unrunde **Speichenräder** können durch Nachspannen der Speichen zentriert werden. Diese Arbeiten sollten entweder in der BMW-Motorradwerkstatt oder einer speziellen Radspannerei durchgeführt werden. Für den Notfall zeigen und erklären wir es weiter hinten.

Radlager prüfen

Radlager prüfen
Zur Prüfung der Lager den Zeigefinger in den Innenring des Lagers stecken und den Innenring drehen. Man spürt im Finger, wie das Lager läuft. »Fingerprobe« nennt man dies. Wenn die Lager spielfrei sind und ohne fühlbares Knacken und Rubbeln laufen, sind sie in Ordnung. Wenn die Lager beschädigt sind, also Luft haben oder deutlich knackend laufen, müssen sie ausgebaut und durch Neuteile ersetzt werden.

Radlager erneuern

Wir beschreiben nachstehend einen Wechsel der Radlager nach der in Hobbywerkstätten üblichen Handwerkermethode mit Heizgerät, Dorn, Hammer und Kühlschrank. Dies gilt für Notfälle, denn besser ist es allemal, die Radlager mit den dafür vorgesehenen BMW-Spezialwerkzeugen aus- und einzubauen. Sehr wichtig ist auch, dass die Bremsscheiben abgebaut sind und die Räder auf Hartholzunterlagen so abgelegt werden, dass Radnabe und Radaußenseiten nicht beschädigt werden können.

Im später folgenden Textabschnitt »Radlager einbauen« empfehlen wir, neue Lager vor dem Einbau einige Zeit in den Kühlschrank zu legen, weil sie sich duch die Kälte zusammenziehen und so leichter eingebaut werden können.

Wem die zwei Stunden Kühlschrankzeit zu lang dauern, der kann auch das von BMW angebotene Kältespray nehmen: Damit werden Lageraußenringe kurz eingesprüht (zwei bis drei Sekunden), sie ziehen sich durch den Kälteschock zusammen. Das eingesprühte Lager darf nicht gedreht werden!

Hinweise zu neuen Radlagern
- Verwenden Sie am besten originale BMW-Radlager mit Abdeckscheiben auf beiden Seiten (Lagerbezeichnung siehe Bild 27).
- Diese werden mit der Bezeichnung nach außen eingebaut.

Falls andere Lager eingebaut werden, achten Sie beim Kauf darauf, dass diese beidseitig abgedeckt sind.
- KEINE beidseitig offenen Lager verwenden!

Wichtig: Nur im Notfall kann man einseitig abgedeckte Lager verwenden:
- Offene Lagerseite gut mit speziellem Radlagerfett füllen, wie z. B. Castrol LMX LI-Komplexfett.
- Einseitig abgedeckte Lager mit der Abdeckscheibe nach außen einbauen.

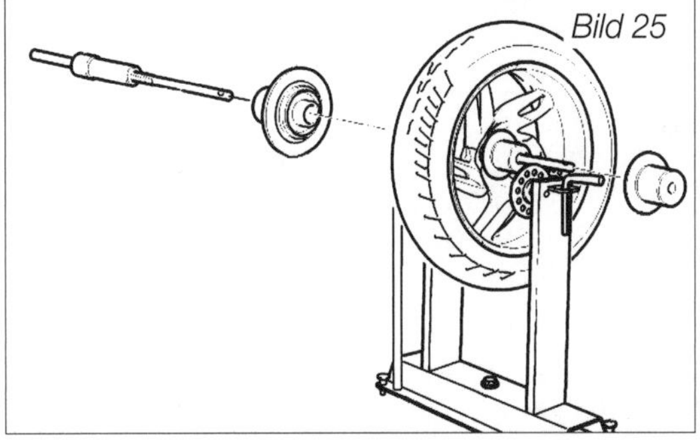
Bild 25

Bild 25: Zur Rundlauf- und Schlagprüfung des Hinterrads werden ein Zentrierbock und spezielle Aufnahmen benötigt.

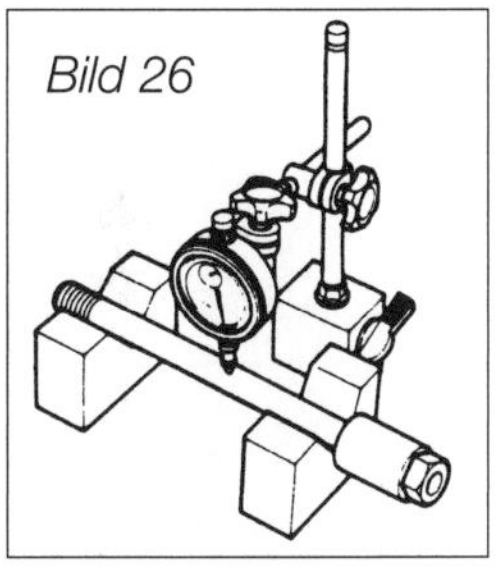
Bild 26

Bild 26: Zum Vermessen der Vorderachse diese in Prismenböcke legen und mit einer Messuhr den Schlag messen. Bis zu 0,25 mm sind erlaubt.

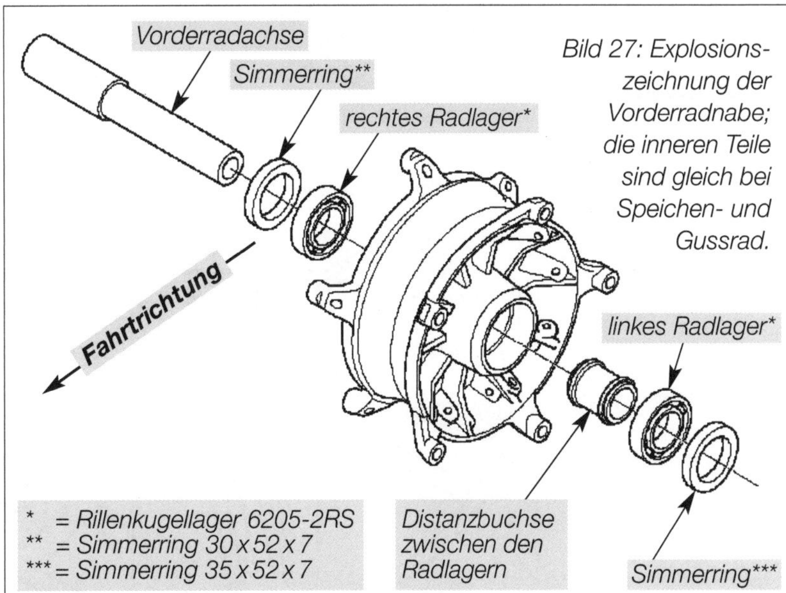

* = Rillenkugellager 6205-2RS
** = Simmerring 30 x 52 x 7
*** = Simmerring 35 x 52 x 7

Bild 27: Explosionszeichnung der Vorderradnabe; die inneren Teile sind gleich bei Speichen- und Gussrad.

Sichtprüfung Messen

Bild 28: Kippspiel des Hinterrads prüfen.

Bild 29: Zum Wechsel der Radlager die Bremsscheiben abbauen. Beim Anschrauben neue Schrauben verwenden und diese über Kreuz Schritt für Schritt bis auf 19 Nm festziehen.

Bilder 30a und 30b: Zum »warmen Wechsel« der Radlager benötigte Werkzeuge und Hilfsmittel. Radnabe auf 80 °C bis 100 °C erwärmen.

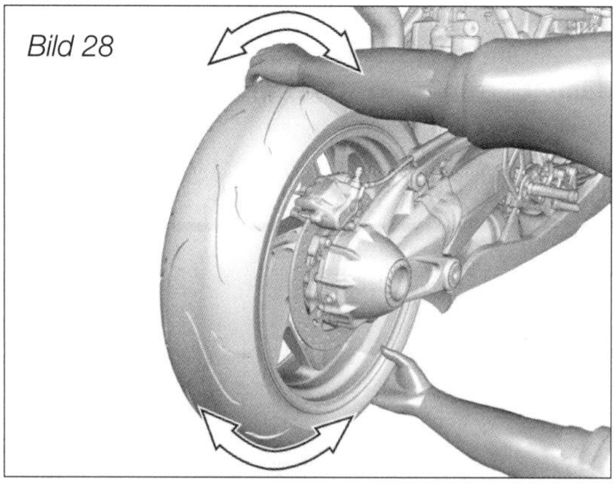
Bild 28

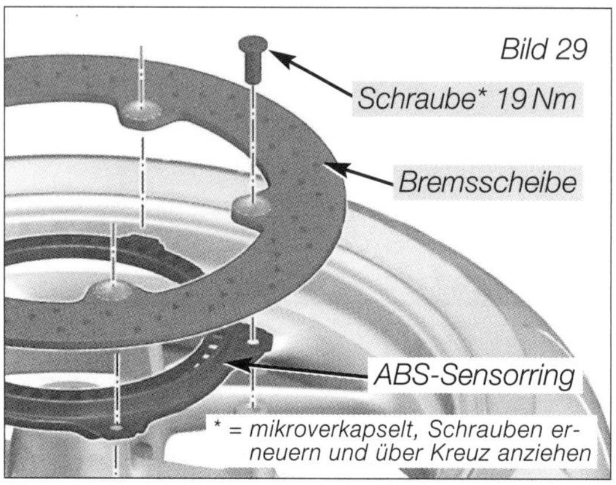

Bild 29

Hinterradlager, Kippspiel

Bild 28: Die hinteren Radlager sind Bestandteil der Hinterachse. Zu ihrer Prüfung gibt es von BMW den Begriff »Kippspiel prüfen«. Dazu das Motorrad auf den MIttelständer aufbocken, neben das Hinterrad knien, eine Hand oben am Reifen und die andere Hand unten, dann über die Achse am Hinterrad wackeln: Es darf kein Spiel fühlbar sein. Wenn mit einer angelegten Messuhr geprüft wird, darf das Spiel maximal 0,5 mm betragen.

Sollte das Spiel mehr als 0,5 mm betragen, muss man einen BMW-Motorradhändler aufsuchen, weil die Lager der Hinterachse nicht mit normalen Werkzeugen gewechselt werden können.

Radlager ausbauen

1. Bremsscheiben abschrauben

Bild 29: Die Schrauben, mit denen die Bremsscheiben an der Radnabe befestigt sind, sind eingeklebt und lassen sich deswegen nur sehr zäh lösen. Vor dem Öffnen die Schrauben vom Schraubenkopf her mit einem Heißluftföhn etwas erwärmen, das löst den Schraubenkleber. Exakt passenden Torxschlüssel verwenden, sonst vermurkst man die Schraubenköpfe!

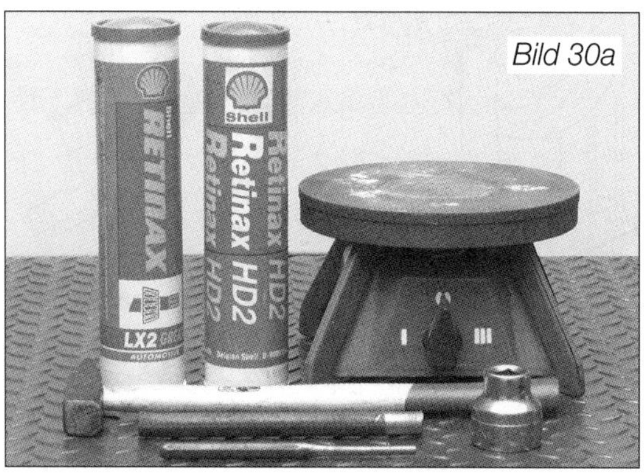

Bild 30a

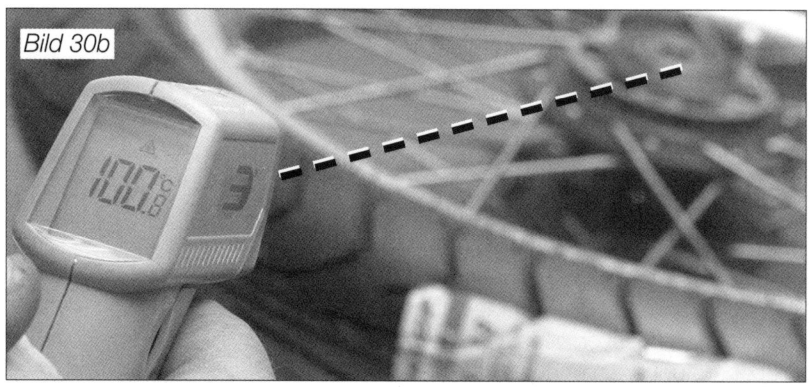
Bild 30b

Bild 31: Aushebeln des Simmerrings mit einem breiten Schraubenzieher.

Bild 32: Austreiben der Radlager über Kreuz mit Hammer und langem Dorn.

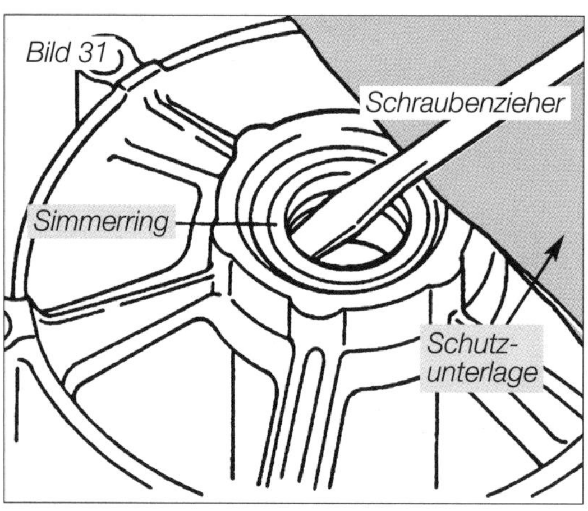

Bild 31

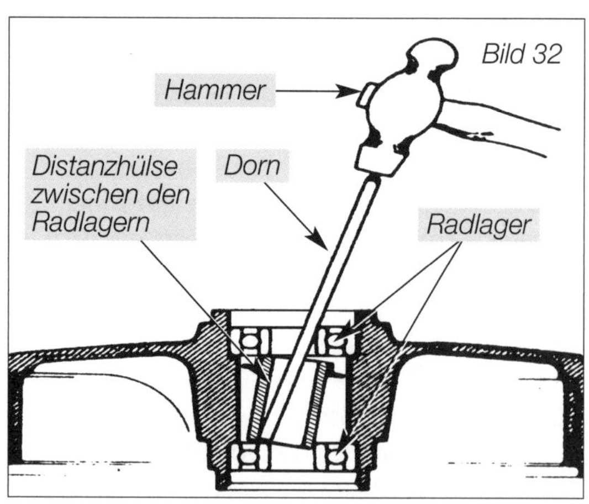

Bild 32

2. Drehrichtung der Bremsscheiben mit Pfeil (Filzstift) aufzeichnen, dann erst abmontieren: Die fünf Torxschrauben über Kreuz Schritt für Schritt lösen und ausdrehen.
Wichtig bei ABS: Auf den Sensorring unter der linken Bremsscheibe achten (Bild 29), dieser darf weder verbogen noch anderweitig beschädigt sein. Wenn doch, ersetzen!
3. Bild 31: Simmerring mit Schraubenzieher oder Reifenmontiereisen vorsichtig aushebeln.
4. Bilder 30a und 30b: Lagersitz mit Heißluftföhn auf maximal 100 °C erwärmen oder das Rad zentral mit der Radnabe platt auf eine Heizplatte legen, dann diese von »kalt« bis auf »Stufe II« langsam (!) aufheizen.
4.1. Bilder 32 und 33a: Zuerst das eine Radlager mit einem langen Dorn schrittweise über Kreuz austreiben, dann das Rad umdrehen und das andere Lager (Bild 33b) austreiben.
■ Schrittweise deswegen, weil dadurch das Lager immer ein kleines Stück ausgetrieben und ein Aufweiten des Lagersitzes vermieden wird.
5. Distanzbuchse und Lagersitze gut reinigen. Eventuelle Grate in den Lagersitzen, die beim Ausschlagen der alten Lager entstanden sind, punktgenau mit einem kleinen Dreikantschaber und feinem Schmirgel entfernen.

Radlager einbauen
1. Lagersitz des Rades mit Werkstattföhn oder auf der Heizplatte auf maximal 100 °C erwärmen.
2. Lager in seinen Lagersitz einschieben. Wenn es nicht von selbst bis nach ganz unten in der Lagersitzbohrung rutscht, mit einer auf den Lager<u>*außen*</u>ring passenden Nuss (Bild 35) und kurzen Hammerschlägen ein wenig nachhelfen.
■ Wenn ein Dorn verwendet wird: Diesen nur auf den Lager<u>*außen*</u>ring ansetzen (Bild 34a).
2.1. Einige Minuten warten, bis das erste Lager und der Lagersitz in der Radnabe die gleiche Temperatur haben und das Lager fest sitzt.
3. Rad umdrehen. Distanzhülse einsetzen. Lagersitz der Radnabe etwas erwärmen. Lager in seinen Lagersitz einschieben, nach unten in den Lagersitz drücken bzw. einschlagen.
4. Bild 36: Simmerringe mit passender Nuss eindrücken. Oberfläche muss rundum bündig sein mit der Außenseite des Lagersitzes.
5. Bremsscheiben montieren (Bild 29)
■ Drehrichtung der Bremsscheiben beachten.
■ Mit Schrift nach außen montieren.
■ Unter die linke Bremsscheibe wird der ABS-Sensorring montiert.
■ Neue Schrauben verwenden. Wenn keine neuen Schrauben verfügbar sind, Befestigungsschrauben reinigen, mit Loctite »mittelfest« bestreichen, eindrehen und Schritt für Schritt über Kreuz bis auf 19 Nm festziehen.
6. Bremsscheiben nach dem Radeinbau und vor dem Anbau der Bremssättel mit Bremsenreiniger reinigen.

Bilder 33a und 33b: Austreiben der Radlager über Kreuz mit Hammer und einem langen Dorn.

Bilder 34a und 34b: Eintreiben des neuen Lagers mit einem Dorn, der auf dem Lageraußenring angesetzt wird.

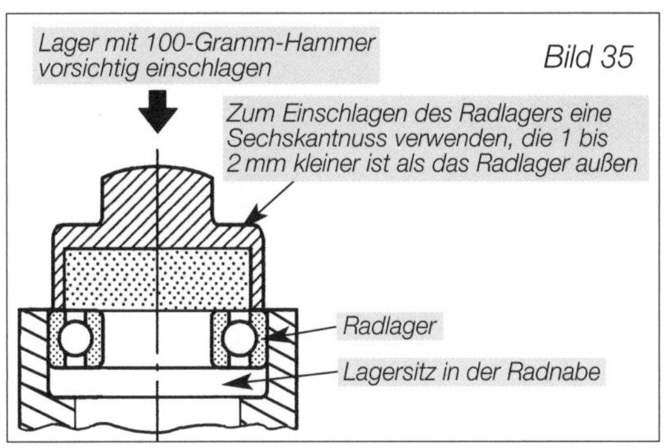

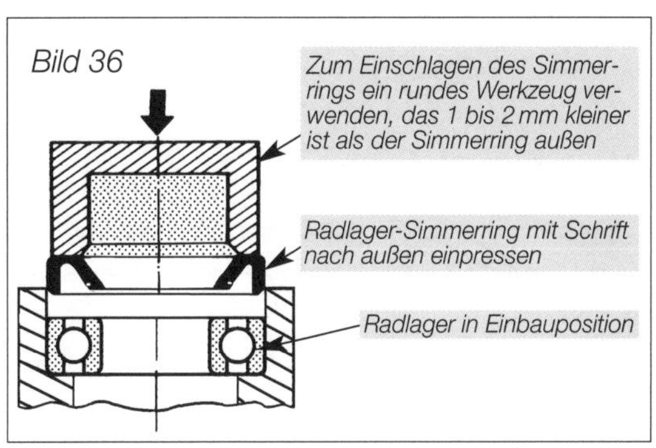

Bilder 35 und 36: Eintreiben von Lager und Simmerring mit einer Nuss bzw. speziellen Hülse.

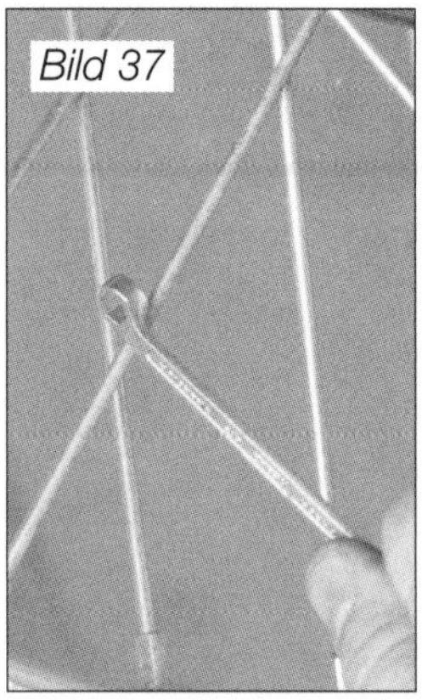

Bild 37: Speiche abklingeln.

Speichen prüfen, spannen

Speichen »abklingeln«

Durch Anschlagen der Speiche kann man hören, ob diese richtig gespannt oder zu lose ist: Dazu die Speiche ungefähr in der Mitte mit einem Schlüssel mehrmals leicht anschlagen (Bild 37).

- Eine richtig gespannte Speiche klingt hell.
- Eine zu lasch gespannte und deswegen lockere Speiche klingt dumpf, matt und träge. Wenn man sie in der Mitte mit zwei Fingern anfasst, lässt sie sich einige Millimeter hin und her biegen.

Druckprobe: Wenn man zwei Speichen in der Mitte mit zwei Fingern anfasst und gegeneinander drückt, lassen sich die richtig gespannten Speichen zwar etwas hin und her biegen, aber nicht sehr viel (Erfahrungssache).

Speichen nachspannen

1. Speichennippel putzen und einen Tropfen Öl in das Gewinde und den Sitz des Nippels in der Felge geben. Warten, bis das Öl eingezogen ist.
2. Speiche am Nippel nachspannen mit 3,5 Nm.
Wichtig: Nach jedem Spann-Arbeitsgang den Rundlauf (»Zentrierung«) des Rads sorgfältig prüfen!

Speichenrad zentrieren

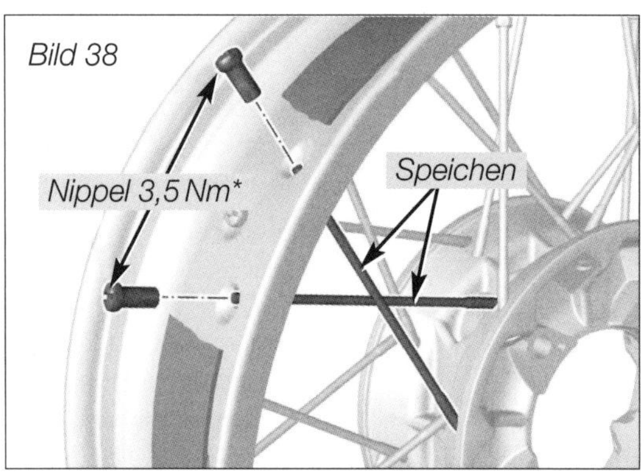

Bild 38: Äußere und innere Speichen werden mit 3,5 Nm nachgezogen.

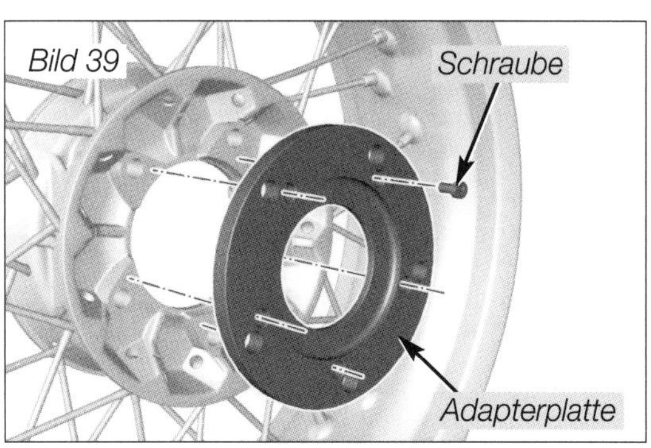

Bild 39: Adapterplatte abschrauben zum Speichenwechsel an der Antriebsseite des Hinterrads.

Hinweis 1: Wenn ein Speichenrad nicht mehr sauber rund läuft (einen »Schlag« hat), kann es bis zu einem gewissen Grad wieder einzentriert werden. Der Reifen sollte dazu abgezogen werden, damit die Felgenspannung sowie die Speichennippel entlastet sind. Bei einer Notreparatur unterwegs hat man ja meist kein Reifenmontiergerät dabei, aber man sollte zumindest die Luft aus dem Reifen ablassen.

Hinweis 2: Wie weiter vorne schon beschrieben, sollte ein Zentrieren eines Speichenrads ausschließlich in einer BMW- oder Motorrad-Fachwerkstatt erfolgen, weil man zum Zentrieren des Speichenrads sehr viel Erfahrung braucht. So gesehen können die nachfolgenden Tipps nur für Notsituationen gelten.

1. Alle Speichennippel ringsum putzen und einen Tropfen Öl in das Gewinde und den Sitz des Nippels in der Felge geben. Einige Minuten warten, bis das Öl eingezogen ist.
2. Rad langsam drehen und Seiten- und Höhenschlag feststellen.
2.1. Ausschlagstelle(n) mit Buntkreide markieren.
3. Seitenschlag zentrieren:
3.1. Auf der Seite des Seitenausschlags zwei bis drei Speichennippel etwas lösen.
3.2. Auf der Seite gegenüber zwei bis drei Speichennippel um den Lösebetrag fester ziehen.
4. Höhenschlag zentrieren:
4.1. Drei bis vier Speichen im Bereich des Höhenschlags etwas fester ziehen.
- Eventuell Speichennippel auf der gegenüberliegenden Radseite lösen.

5. Nach jeder bearbeiteten Seite den Rundlauf bzw. Felgenschlag erneut messen.

Gerissene Speiche ersetzen

Bild 38: Wenn eine Speiche abreißt, muss sie umgehend durch eine neue ersetzt werden, sonst reißen in kürzester Zeit weitere Speichen ab, das Rad wird dadurch »weich« und bricht irgendwann zusammen. Je nachdem, welche Speiche gerissen ist, muss das Rad zum Ausbau der alten Speiche und Einbau der neuen ausgebaut werden!

Bild 39: Zum Wechseln der Speichen am Hinterrad zur Antriebsseite muss die Adapterplatte abgeschraubt werden.

1. Erfahrungsgemäß kann man die gerissene Speiche samt Nippel ausziehen.
2. Gerissene Speiche in Schraubstock spannen, Nippel abdrehen.
- Wenn sie fest im Gewinde des Nippels sitzt, weil das Gewinde vermurkst ist, einen neuen Nippel verwenden.

3. Bild 38: Neue Speiche in Felge und Nabe einfädeln, in den Nippel einführen, Nippel auf Gewinde der Speiche ansetzen und andrehen, dann festziehen wie weiter vorne beschrieben.
4. Rad auf Höhen- und Seitenschlag kontrollieren, ggf. zentrieren.

Bremsen

In diesem Kapitel: Bremsanlage · Bremsanlage prüfen · Bremslicht, Bremslichtschalter · Bremsflüssigkeit prüfen, auffüllen · Bremsklötze vorne und hinten wechseln · Bremsflüssigkeit wechseln, Bremshydraulik entlüften · Probleme mit dem ABS? · Verlegung von Bremsleitungen und Kabeln.

Bremsanlage

Beim Thema »Bremsen« gibt es keine Kompromisse: Die hundertprozentige Leistungsfähigkeit und Sicherheit der Bremsanlage muss auf jedem Meter Fahrstrecke zur Verfügung stehen.

Maschinen ohne oder mit ABS?

Ohne ABS: Die R 1200 R der Modelljahre von 2010 bis 2012 hatte in der Basisausstattung kein **ABS** (**A**nti-**B**locker-**S**ystem).

Mit ABS: Bis Modelljahr 2012 war ein »ABS-Teilintegral (I-ABS II)« als Zubehör lieferbar. Es musste bei der Bestellung der neuen Maschine mitgeordert werden und kostete 1090 Euro Aufpreis. Eine Maschine ohne ABS kann nicht damit nachgerüstet werden. Ab Modelljahr 2013 ist ABS serienmäßig.

Grundkonstruktion der Bremsanlage

Grundsätzlich sind die Bremsanlagen ohne und mit ABS gleich:

■ Die Vorderradbremse ist eine »Doppelscheibenbremse«, es sind Bremssättel mit jeweils vier betätigten Kolben montiert (»Vierkolben-Festbremssattel«). Diese werden über einen Handbremshebel, welcher direkt auf den Bremszylinder (»Bremspumpe«) wirkt, betätigt.

■ Die hintere Scheibenbremse hat in der Außenseite des Bremssattels zwei betätigte Kolben, während seine innere Seite fest ist. Zum Spielausgleich verschiebt sich der Bremssattel auf zwei Gleitstiften. Betätigt wird die

Bild 1: Professionelles Bremsflüssigkeitswechsel- und Entlüftungsgerät (Lucas/Schüller).

Bild 2: Farbmarkierung an einer mit dem richtigen Drehmomentwert angezogenen Schraube.

Sicherheitshinweise Achtung und Tipps für dieses Kapitel

Bild 1

Tipp: Im Motorrad-Zubehörhandel sowie im Kfz-Werkzeughandel gibt es Bremsentlüftungs-Vakuumpumpen, mit denen man ohne Kontakt zur Bremsflüssigkeit und ohne Gefahr des Verschüttens die Bremsen entlüften bzw. Bremsflüssigkeit wechseln kann (Bild 1).

Achtung: Nach jeder Bremssattelmontage Schrauben und Muttern nochmals auf Festsitz kontrollieren! Ganz penible Mechaniker setzen Farbmarkierungen an die Schraubenköpfe und Muttern (Bild 2), die sie mit dem richtigen Drehmomentwert angezogen haben.

Tipp: Gebirgstouren mit Passabfahrten, Reisen in besonders staubige Gebiete oder Rennstreckenfahrten bedeuten extreme Belastungen für die Bremsen. Der Verschleiß der Bremsbeläge ist dabei sehr hoch. Bevor Sie mit der Maschine in den Jahresurlaub, auf Passtour oder die Rennstrecke fahren, rechtzeitig vorher einen umfangreichen Check der Bremsanlage machen (lassen).

Achtung: Bremsflüssigkeit ist giftig. Hautkontakt vermeiden. Nicht in die Augen, nicht in die Atemwege, nicht auf die Schleimhäute kommen lassen. Nicht trinken! Immer nur geeignete Gefäße verwenden. Bremsflüssigkeit umweltgerecht beseitigen – bei einer Entsorgungsstelle abgeben.

Bild 2

Achtung: Wenn ein Bremsflüssigkeitsbehälter offen ist, unbedingt darauf achten, dass kein Schmutz in den Behälter und in die Bremsflüssigkeit gelangt.

Achtung: Bei abgebautem Bremssattel bzw. entfernten Belägen den Bremshebel nicht betätigen! Sonst fahren die Kolben ungehindert aus und müssen mühsam wieder in den Sattel gedrückt werden. Wenn sie ganz aus ihren Zylindern im Bremssattel herausrutschen, verursacht das eine üble Bremsflüssigkeitssauerei!

Achtung: Bremsenreiniger ist meist in Spraydosen erhältlich und ziemlich aggressiv. Nur im Freien oder in gut gelüfteten Werkstatträumen verwenden. Nicht rauchen! Nicht auf die Haut, in die Augen oder Atemwege sprühen! Einatmen vermeiden!

■ Zur Reinigung von Bremsenbauteilen speziellen Bremsenreiniger oder Aceton verwenden, KEIN Benzin, Dieselöl, Motorenöl oder Ölspray!

■ Bremsenreiniger sparsam und ganz gezielt einsetzen, Sprühkopf direkt auf die zu reinigende Stelle richten und nicht länger als zwei Sekunden betätigen.

■ Teile nach Besprühen mit Bremsenreiniger sofort mit weichem, nicht fusselndem Lappen durchputzen.

■ Druckluft bei Reinigung und anderen Arbeiten am Bremssattel nur sehr sparsam und gezielt einsetzen.

Achtung: Nicht mit scharfkantigen Gegenständen wie Schraubenzieher oder Schraubenschlüssel im Bremssattel herumwerken, sonst können die Gleitflächen der Bremskolben zerkratzt werden!

Achtung: Niemals unterschiedlich dicke Bremsklötze oder solche von verschiedenen Herstellern in einem Bremssattel verwenden! Niemals einen neuen und einen alten Bremsklotz in einen Sattel einsetzen!

Tipp: Riefige Bremsscheiben, die noch nicht ihre Minimaldicke erreicht haben, können nachgeschliffen werden. Solche Arbeiten erledigen Spezialbetriebe zum Preis von etwa 50 bis 70 Euro pro Bremsscheibe. Eine neue Originalbremsscheibe kostet zwischen 200 und 250 Euro.

Bilder 3a, 3b und 4: Bremssättel vorne und hinten.
■ zu Bild 3a: Geschraubter Bremsklotz-Haltestift beim Sondermodell »90 Jahre« und ab Modelljahr 2013.
■ zu Bild 3b: Gesteckter Bremsklotz-Haltestift bis Modelljahr 2012.

hintere Bremse über einen Fußbremshebel, der über ein Gestänge auf die Bremspumpe wirkt.

Bilder 3a, 3b, 4 und 41: Wenn die Maschine mit ABS ausgerüstet ist, sind zusätzlich montiert: Druckmodulator, ABS-Steuergerät, ABS-Sensoren und Sensorringe an Vorder- und Hinterrad.

Funktion der ABS-Bremse
Das »ABS-Teilintegral (I-ABS II)« funktioniert folgendermaßen:
■ **Handbremse:** Beim Betätigen des Handbremshebels wird die vordere Doppelscheibenbremse betätigt sowie die hintere Bremse und zwar durch Aktivierung einer elektronisch gesteuerten Hydraulikpumpe.

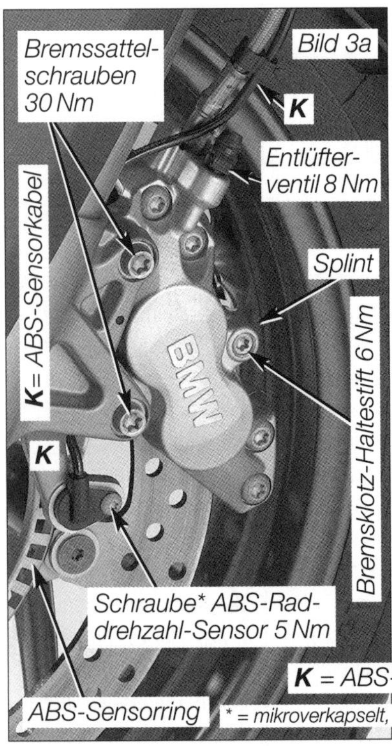

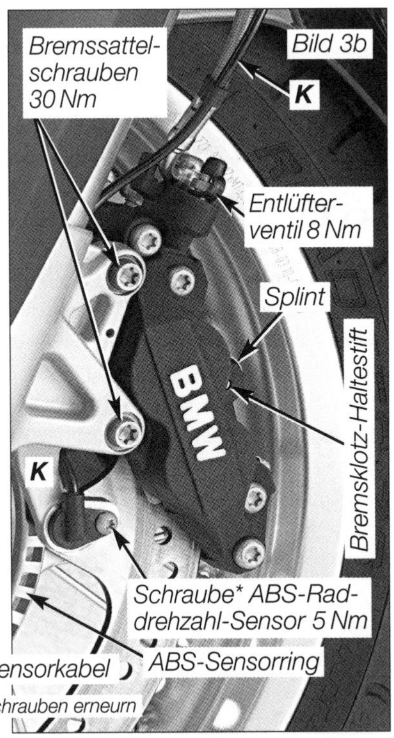

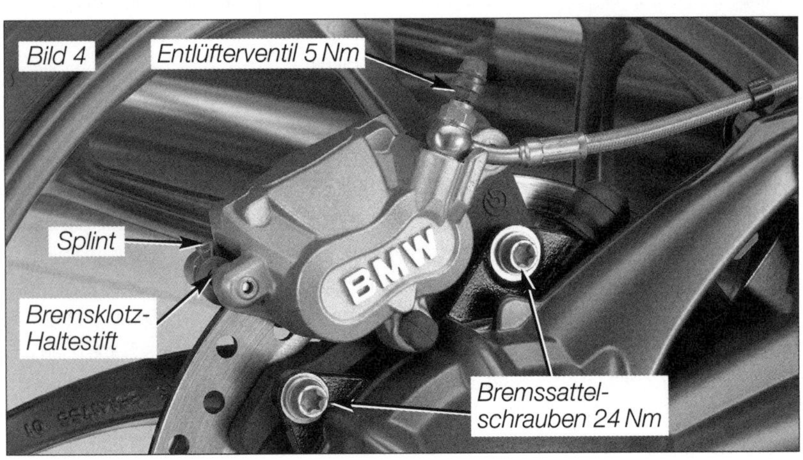

■ **Fußbremshebel zusätzlich:** Wenn zusätzlich noch der Fußbremshebel betätigt wird, tritt die hintere Bremse entsprechend stärker in Funktion.
■ **Nur Fußbremshebel:** Wird nur die Hinterradbremse durch Tritt auf den Fußbremshebel betätigt, wirkt diese Betätigung ausschließlich auf die hintere Bremse.

An der Bremsanlage selbst arbeiten?
Grundsätzlich erfordern Arbeiten an der Bremsanlage qualifizierte Kenntnisse und gute Werkzeuge. Daraus folgt, dass nur ausgebildete Mechaniker an der Bremsanlage arbeiten sollten.

Einfache Arbeiten wie Kontrolle Bremsflüssigkeitsstand (Bilder 11 bis 16), Nachfüllen von Bremsflüssigkeit, Prüfung auf Dichtheit und Bremsbelagstärke (Bilder 5, 6a und 6b) können selbst ausgeführt werden. Höhere Qualifikation wird beim Wechsel von Bremsklötzen und Bremsflüssigkeit verlangt.

Bremsanlage prüfen

1. Alle Bremsschläuche und Bremsleitungen auf Risse, Knicke und Scheuerstellen überprüfen. Defekte Teile sofort austauschen!
2. Alle Hydraulikanschlüsse der Bremsleitungen sowie Dichtmanschetten der Bremspumpen und Bremssättel müssen in einwandfreiem Zustand sein, also staubtrocken.
3. Verglaste, riefige und abgenutzte Bremsbeläge reduzieren die Bremswirkung. Deshalb sollte man Bremsklötze rechtzeitig erneuern, auch wenn sie oberflächlich betrachtet noch »genügend Bremsbelag« haben.
4. Verschmierte Bremsscheiben ausschließlich mit Bremsenreiniger oder Aceton reinigen, NIEMALS mit Allzwecköl oder etwa ölhaltigen Reinigungs- oder Politurmitteln.
5. Bild 7: Ältere Bremsscheiben haben Riefen, die man beim Drüberfahren mit dem Fingernagel spürt. Bis zu einer gewissen Tiefe ist das normaler Verschleiß. Wenn die Riefen sehr tief sind und der Nagel von Riefe zu Riefe deutlich stolpert, ist die Bremsscheibe verschlissen.
6. Bild 8: Besonders bei älteren Maschinen die Dicke der Bremsscheiben mit Mikrometer an mehreren Punkten messen. Die Verschleißgrenze vorne 4,0 mm, hinten 4,5 mm.
■ Neue vordere Bremsscheiben sind 4,5 mm, eine neue hintere ist 5,0 mm dick.
7. Verzug (Schlag) der Bremsscheiben mit Messuhr ermitteln. Er darf vorne 0,15 mm und hinten 0,35 mm betragen.

Bremsbeläge prüfen

1. In den Belägen der Vorderradbremse sind an deren Kanten von außen Nuten zu sehen, so genannte Verschleißmarkierungen (Bild 5). Wenn die Nuten nicht mehr zu sehen sind, ist der Bremsbelag nur noch 1,0 mm dick (oder dünner).

2. Zwei Möglichkeiten zur Kontrolle der Dicke der hinteren Bremsbeläge:

2.1. Verschleißmarkierungen am Bremsklotz-Haltestift siehe Bild 6a.

2.2. In der Trägerplatte des hinteren Bremsbelags befindet sich eine Bohrung, die normalerweise vom ausreichend dicken Bremsbelag abgedeckt ist. Wenn der Belag bis auf ca. 1,0 mm abgefahren ist, wird die Bohrung frei und man sieht durch das nun offene Loch auf die Bremsscheibe (Bild 6b).

Bremslicht, Bremslichtschalter

Ohne und mit ABS: Das Bremslicht muss aufleuchten, wenn Hand- oder Fußbremse betätigt werden: Bei ca. 1/2 gezogenem Handbremshebel bzw. gedrücktem Fußbremshebel, wenn die Zündung eingeschaltet ist und/oder der Motor läuft.

Ohne ABS: Bremslichtschalter an Hand- und Fußbremse sind nur bei Maschinen ohne ABS vorhanden und zwar im Handbremsgriff (Bild 9a) und vor dem Fußbremszylinder unter einer Abdeckung (Bild 9b). Bitte beachten Sie die Bilder 10a und 10b zum Einstellen des »Schnüffelspiels« am hinteren Bremslichtschalter: Kontermutter am Gelenk der Druckstange lösen, Druckstange entsprechend einstellen, Kontermutter mit 8 Nm festziehen.

Mit ABS: Hier sind <u>keine</u> Bremslichtschalter angebaut. Schaltfunktion wird vom ABS-Steuergerät übernommen und zwar über den Druckaufbau im Hydrauliksystem. Der Funktionsbefehl »Bremslicht an« wird dann über das CAN-Bus an das Steuergerät »Zentrale Fahrzeugelektronik« (ZFE) gesendet und das Bremslicht angesteuert.

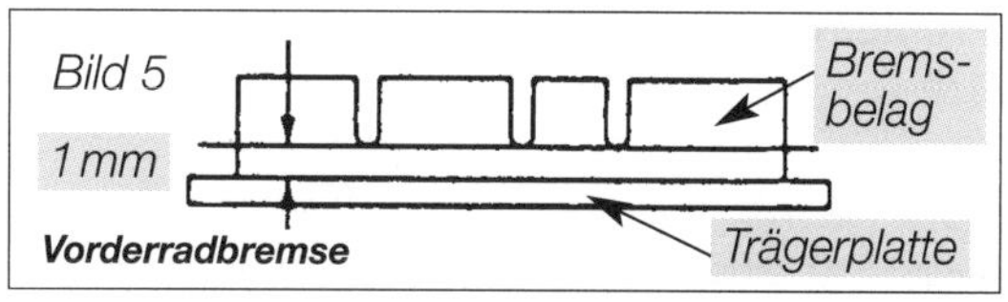

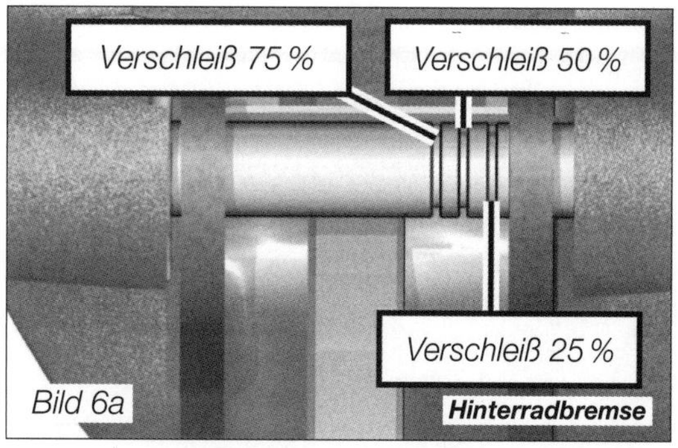

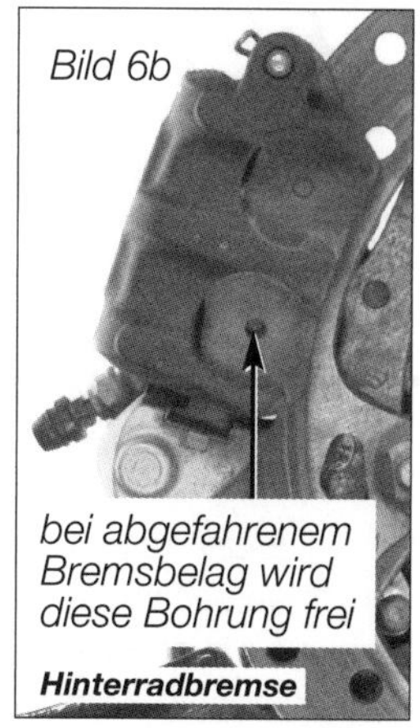

Bremsscheiben ab- und anschrauben: Im Kapitel 5 »Räder« ist das Ab- und Anschrauben der Bremsscheiben erklärt.

Bilder 5, 6a und 6b: Sichtkontrolle Bremsbelagverschleiß, Verschleißmarkierungen.

Bilder 7 und 8: Verschlissene und geschliffene Bremsscheibe. Bremsscheibe messen.

Bilder 9a und 9b: Vorderer und hinterer Bremslichtschalter.

Bilder 10a und 10b: Schnüffelspiel am hinteren Bremslichtschalter einstellen siehe Lauftext.

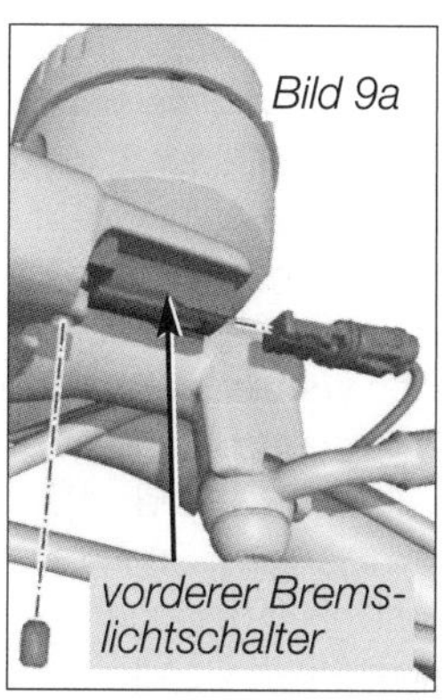

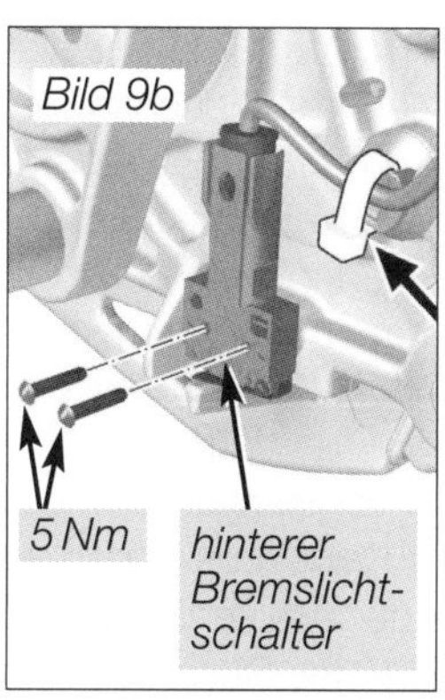

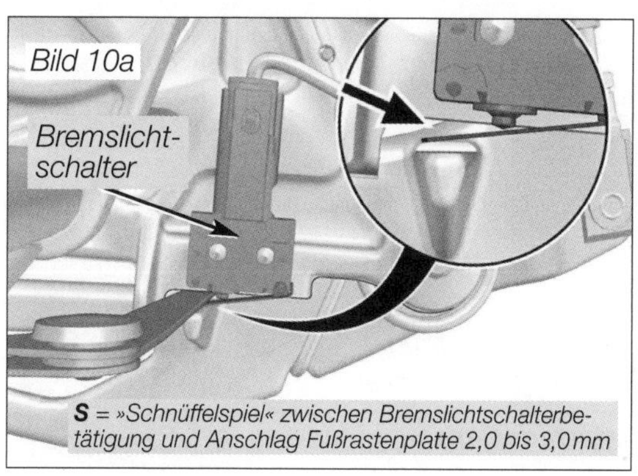

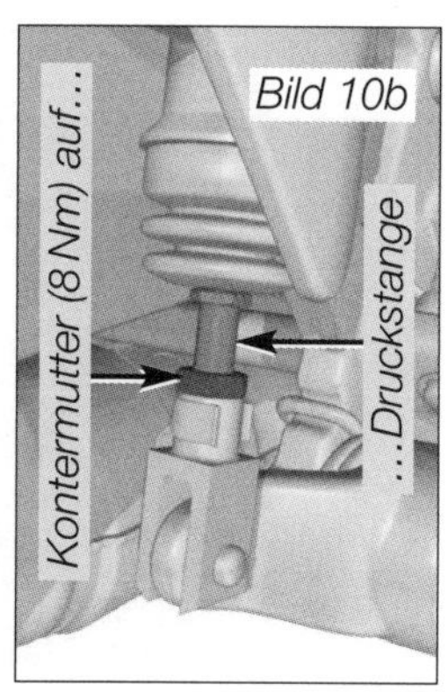

Sichtprüfung Messen

Bild 11: Vorgeschriebene ist Bremsflüssigkeit in der Qualität DOT 4. Es gibt sie in kleinen oder großen Behältern.

Bilder 12 bis 16: Öffnen des vorderen und hinteren Bremsflüssigkeitsbehälters.

Probleme mit dem Bremslicht?

Bremslicht leuchtet nicht auf

Ohne und mit ABS: Im Rücklicht ist eine Rück-Bremslichtlampe 21/5 Watt eingebaut. Wenn das Bremslicht weder beim Betätigen des Handbremshebels noch des Fußbremshebels aufleuchtet, zuerst nachsehen, ob die Lampe kaputt ist. Bitte sehen Sie dazu im Kapitel 11 »Licht · Blinker · Hupe« nach.

Ohne ABS: Es kann der entsprechende Bremslichtschalter defekt sein, siehe Bilder 9a und 9b. Doch bevor man den Schalter erneuert, zuerst den Stecker am Kabel, das vom Bremslichtschalter wegführt, auf einwandfreien Kontakt untersuchen: Ist der Stecker gut zusammengesteckt? Auseinanderziehen und auf Korrosion an den Kontakten untersuchen, diese beseitigen.

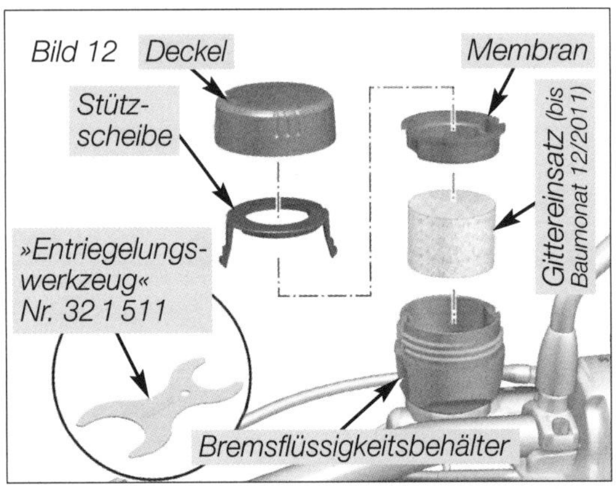

Bremslicht leuchtet immer

Wenn das Bremslicht immer brennt, ist wahrscheinlich der Schalter defekt oder seine Betätigungszunge verbogen. Beim hinteren Bremslichtschalter muss ein »Schnüffelspiel« vorhanden sein, beachten Sie dazu Bild 10a.

Mit ABS: Es kann z. B. nach einer Schraubarbeit am Bremspedal sein, dass die zwischen Fußbremshebel und Bremspumpe eingebaute Duckstange kein Spiel oder sogar »negatives Spiel« hat und deswegen dauernd auf den Kolben der Bremspumpe drückt, die Bremselektronik »Druck im Hydrauliksystem!« meldet und das Bremslicht brennt. Durch Lösen der Kontermutter am Gelenk der Druckstange und entsprechendes Einstellen der Druckstange kann man das Problem lösen.

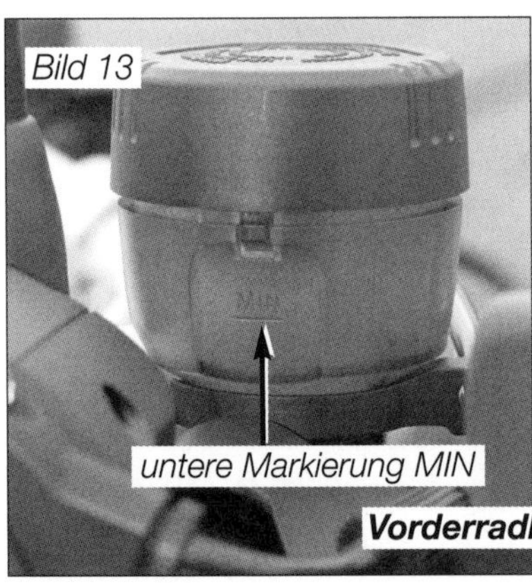

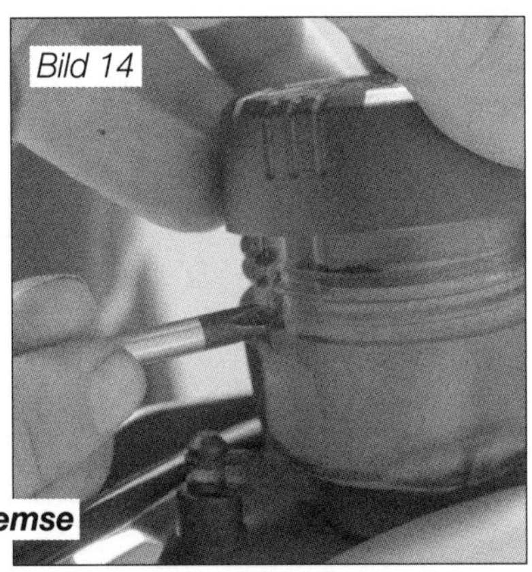

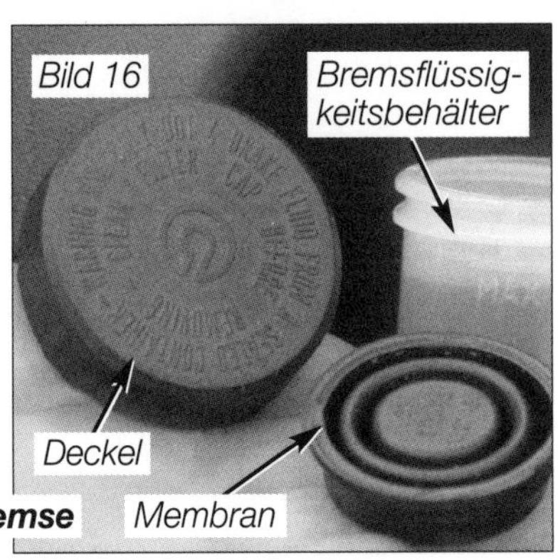

Bremsflüssigkeit

Bei Betätigung des Bremshebels wird vom Kolben im Hauptbremszylinder ein Druck auf die Bremsflüssigkeit aufgebaut und an die Kolben in den Bremssätteln weitergegeben, sie fahren dann aus ihren Bohrungen aus und pressen die Bremsbeläge gegen die Bremsscheiben.

Wenn die Bremsbeläge verschleißen, wandern die Kolben weiter aus ihren Bohrungen hinaus, es läuft Bremsflüssigkeit nach und der Pegelstand im Flüssigkeitsbehälter sinkt. Deswegen muss der Bremsflüssigkeitsstand regelmäßig überprüft und ggf. ergänzt werden. Erstmalig nach einem Jahr, dann alle zwei Jahre muss die Bremsflüssigkeit gewechselt werden.

Wichtig: Bremsflüssigkeit ist hygroskopisch, sie zieht also Feuchtigkeit aus der Luft an, die sich mit der Bremsflüssigkeit vermischt. Dadurch sinkt der Siedepunkt und die Temperaturbeständigkeit der Bremse wird schlechter. Deswegen soll immer neue Bremsflüssigkeit aus einem neuen, ungeöffneten Behälter benutzt werden.

- Vorgeschriebene Qualität ist DOT 4 (Bild 11).
- Keinesfalls dürfen Verunreinigungen, Schmutz oder Wasser in die Bremsflüssigkeit gelangen.
- Keine Flüssigkeiten anderer Art verwenden

oder dazumischen und nie ältere Bremsflüssigkeitsreste einfüllen.

Stand der Bremsflüssigkeit prüfen
1. Motorrad steht auf ebenem Untergrund auf dem Mittelständer. Vorderrad in Fahrtrichtung, Bremsflüssigkeits-Vorratsbehälter am Lenker ist »im Lot«.
2. Bilder 13 und 15: Die Bremsflüssigkeitsbehälter sind durchsichtig, sie haben Markierungen.
2.1. Bild 13: Vorne gibt es eine »MIN«-Markierung; der maximale Füllstand ergibt sich durch die Unterkante des Behälterdeckels.
2.2. Bild 15: Hinten gibt es eine »MIN«- und eine »MAX«-Markierung.
Wichtig: Der Stand der Bremsflüssigkeit darf nicht unter Markierung »MIN« stehen, sondern muss leicht darüber sein, aber maximal bis zur »MAX«-Markierung. Behälter darf NICHT überfüllt werden!
3. Wenn Bremsflüssigkeit aufgefüllt werden muss, zuerst den Behälter mit einem weichen, saugfähigen Lappen umwickeln, damit eventuell ausschwappende Hydraulikflüssigkeit aufgesaugt wird und nicht an Lackteile kommt.
4. Bild 12: Zum Abnehmen des vorderen Deckels müssen zwei Verriegelungsnasen überlistet werden. BMW empfiehlt das Spezialwerkzeug »Entriegelungswerkzeug« (Nr. 32 1 511).
4.1. Bild 14: Man kann aber auch die beiden Rastennasen des Stützrings vorsichtig mit den Fingernägeln oder Schraubenziehern eindrücken und gleichzeitig den Deckel links herum zuerst auf- und dann ganz abdrehen.
5. Stützscheibe, Membran und Gittereinsatz (vorne, Bild 12) bzw. Membran (hinten, Bild 16) vorsichtig herausnehmen.
5.1. Das Bauteil »Gittereinsatz« gab es bis Baumonat 12/2011, danach ist er nicht mehr eingebaut und es gibt auch kein anderes Bauteil.
6. Bremsflüssigkeit auffüllen: Nur bis zum unteren Rand bzw. bis zur »MAX«-Markierung auffüllen.
7. Membran mit sauberem, nicht fusselndem Lappen reinigen, in Form bringen (wie in Bild 16).
7.1. Gittereinsatz (wenn vorhanden) einsetzen.
7.2. Vorne und hinten: Membran einsetzen.
7.3. Nur vorne: Stützscheibe aufsetzen, Zapfen müssen in die Nuten eingreifen.
7.4. Vorne und hinten: Deckel aufdrehen und handfest anziehen.

Wichtig: Eventuell herausgespritzte oder übergelaufene Bremsflüssigkeit mit reichlich klarem Wasser abspülen und gut abtrocknen.

Vordere Bremssättel

Vordere Bremssättel abbauen
Die vorderen Bremssättel müssen zum Aus- und Einbau des Vorderrads abgebaut werden. Die Bremsklötze bleiben eingebaut.

Ab- und Anbau der Bremssättel
Abbau:
1. Bilder 3a und 3b: Beide Torxschrauben, mit denen der Bremssattel am Gabeltauchrohr befestigt ist, lösen und ausdrehen.
2. Bremssattel von der Bremsscheibe abziehen.

Beachten: Weder am ABS-Kabel noch am Bremsschlauch ziehen oder diese abknicken!

Anbau:
1. Schrauben mit Messingbürste reinigen.
1.1. Eine sehr kleine Menge Öl (einen Tropfen) auf das Gewinde und die Anlageflächen der Schrauben geben.
2. Bild 18: Darauf achten, dass das Kabel des ABS-Sensors exakt verlegt ist und in den Kabelklemmen sitzt.
3. Bremssattel auf die Bremsscheibe schieben, Befestigungsbohrungen zur Deckung bringen.
4. Schrauben eindrehen und in mehreren Schritten bis auf 30 Nm festziehen (Bild 17).

Bild 17: Festziehen der Bremssattelschrauben mit 30 Nm.

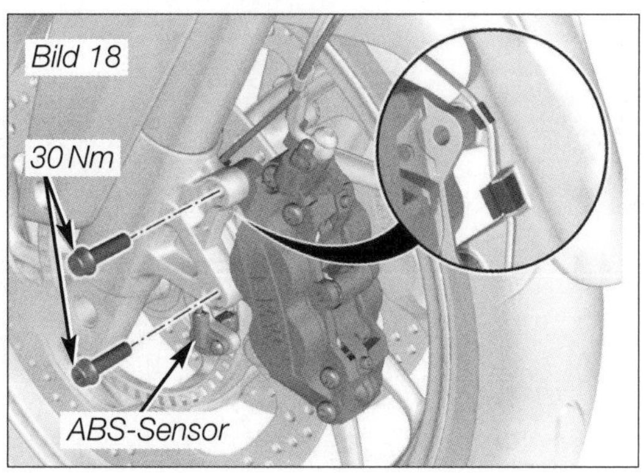

Bild 18: Sensorkabelverlegung am vorderen Bremssattel.

Bilder 19 bis 22: Ausbau der vorderen Bremsklötze bei gestecktem Stift.

Bilder 23 bis 25: Ausbau der vorderen Bremsklötze bei geschraubtem Stift.

Vordere Bremsklötze wechseln

Bremsklötze ausbauen

Die Bremsklötze können bei angeschraubtem Bremssattel gewechselt werden. Allerdings ist beim Erneuern der Bremsklötze eine intensive Reinigung des Bremssattels zu empfehlen, wozu dieser abgebaut werden sollte, denn nur im abgebauten Zustand kann der Schacht im Bremssattel richtig und gut durchgeputzt werden.

Gesteckter Stift bis Modelljahr 2012 (Bild 3b)

1. Bild 19: Die beiden kleinen Inbusschrauben, mit denen das Abdeckblech auf dem Bremssattel befestigt ist, lösen und ausdrehen: Dabei mit dem Daumen so lange auf das Blech drücken, bis die Schraube ausgedreht ist und dann das Blech langsam loslassen.

2. Bild 20: Sicherungssplint aus dem Bremsklotz-Haltestift ausziehen.

3. Bild 21: Bremsklotz-Haltestift entweder mit einem dünnen Durchschlag austreiben oder mit einer Spitzzange ausschieben.

4. Bild 22: Bremsklötze aus Bremssattel ziehen.

Geschraubter Stift ab Modelljahr 2013 und Sondermodell »90 Jahre« (Bild 3a)

1. Bild 23: Sicherungssplint aus dem Bremsklotz-Haltestift ausziehen.

2. Bild 24: Bremsklotz-Haltestift mit Torxschlüssel lösen und ausdrehen.

■ Dabei die Bremsbelagfeder mit einem Finger leicht nach unten drücken.

3. Bild 25: Bremsklotzhaltestift herausziehen, Bremsbelagfeder herausnehmen, Bremsklötze aus Bremssattel ziehen.

Bremssattel reinigen

1. Abgeschraubten Bremssattel in die Hand nehmen und so drehen, dass man in den Bremsbelagschacht sehen kann. Bremsschlauch dabei weder stark verdrehen noch abknicken!

2. Bremssattel mit Bremsenreiniger einsprühen (Bild 26 und siehe dazu auch »Achtung und Tipps« am Anfang dieses Kapitels!).

3. Die eingesprühten Stellen umgehend mit sauberem, nicht fusselnden Lappen durchputzen.

Bremskolben zurückdrücken

Vor dem Einbau der neuen Bremsklötze müssen die Bremskolben in ihren Bohrungen zurückgedrückt werden, damit die neuen Bremsklötze, deren neuer Bremsbelag ja bedeutend dicker ist als der abgefahrene, auch genügend »Luft« zueinander haben, und später der Bremssattel problemlos auf die Bremsscheibe geschoben werden kann.

Bild 19

Bild 20

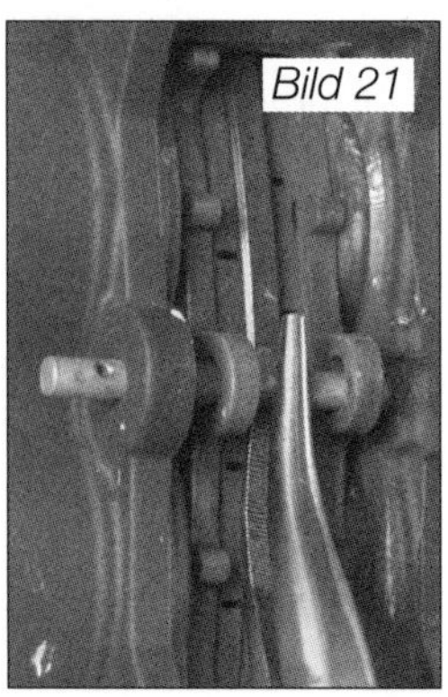
Bild 21

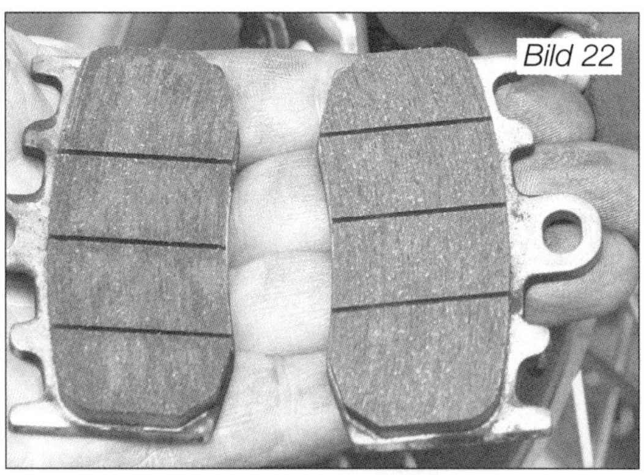
Bild 22

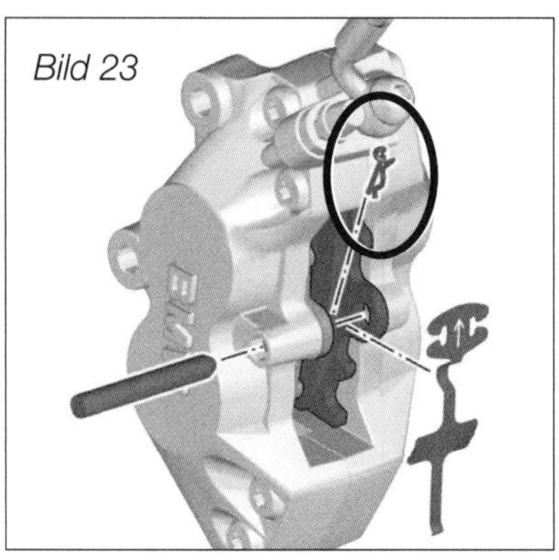
Bild 23

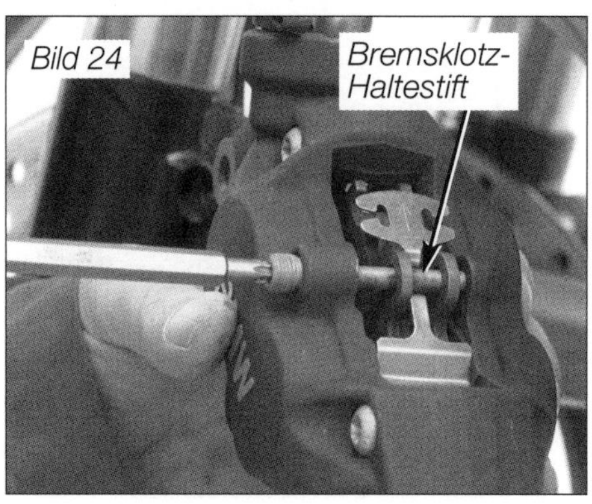

Bild 24

Bild 25

BMW schreibt zum Zurückdrücken der Bremskolben das Spezialwerkzeug »Bremskolben-Rücksetzwerkzeug« (Bilder 27 und 28) vor. Dieses muss zwingend verwendet werden, wenn zum Wechsel der Bremsklötze der Bremssattel nicht abgebaut wurde, denn man darf unter keinen Umständen irgendwelche Hebelwerkzeuge gegen die Bremsscheibe drücken und diese als Widerlager zum Zurückdrücken der Bremskolben benutzen!

Wie man die Bremskolben mit einfachen Hausmitteln fachlich korrekt zurückdrücken kann, beschreiben wir nachstehend:

1. Die beiden alten Bremsklötze in den (gereinigten) Bremssattel einsetzen. Bremsklotz-Haltestift einschieben.

2. Bremsflüssigkeitsbehälter oben am Lenker öffnen (siehe Text weiter vorne in diesem Kapitel). Lappen um den Behälter wickeln.

3. Stand der Bremsflüssigkeit checken:

■ Wenn er niedrig ist, also knapp über MIN steht, ist das in Ordnung.

■ Wenn er bei MAX steht, mit einer kleinen Spritze Bremsflüssigkeit absaugen, bis der Spiegel knapp über MIN steht – sonst läuft beim Zurückdrücken der Bremskolben der Behälter über!

4. Mit einem Reifenmontiereisen oder einem dicken Schraubenzieher zwischen die alten Bremsklötze fahren und die Bremskolben auf beiden Seiten gleichmäßig vorsichtig und langsam ganz zurückdrücken.

■ Dabei den Stand der Bremsflüssigkeit im Auge behalten, damit der Behälter nicht überläuft.

■ Nach jeder zurückgedrückten Bremskolbenseite den Pegelstand prüfen. Steigt dieser bis zur Oberkante, etwas Bremsflüssigkeit absaugen.

5. Wenn die Bremskolben ganz zurückgedrückt sind, die alten Bremsklötze herausnehmen.

Bremsklötze einbauen

1. Bremsklotz-Haltestift mit einer Messingbürste reinigen.

2. Neuen äußeren Bremsklotz in den Schacht im Bremssattel einschieben, mit den Fingern einer Hand halten.

3. Bremsklotz-Haltestift durch die äußere Bohrung im Bremssattel und die Bohrung im äußersten Bremsklotz einstecken.

Gesteckter Stift:

4. Inneren Bremsklotz einschieben.

5. Bremsklotz-Haltestift ganz durch den inneren Bremsklotz durchstecken, mit kleinem Hammer nachhelfen.

6. Splint (Bild 20) einschieben.

7. Federblech ansetzen, Inbusschrauben eindrehen und mit 3 Nm festziehen (Bild 19).

Geschraubter Stift:

4. Inneren Bremsklotz einschieben.

5. Bremsbelagfeder aufsetzen, der eingravierte Pfeil muss in Drehrichtung der Bremsscheibe zeigen.

5.1. Bild 24: Feder etwas nach unten drücken, Bremsklotz-Haltestift ganz durchstecken, ins Gewinde eindrehen, mit 6 Nm festziehen.

6. Sicherungssplint einschieben.

Hintere Bremsklötze wechseln

Hinweis: Auch hinten können die Bremsklötze bei angebautem Rad und angebautem Bremssattel aus- und eingebaut werden. Wie auch beim

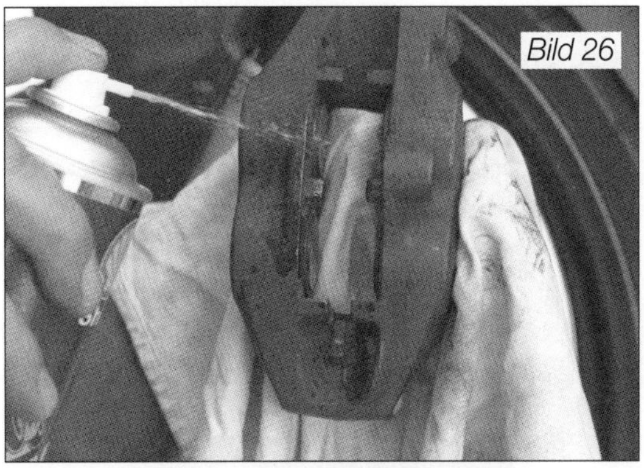

Bild 26: Abgebauten Bremssattel mit Bremsenreiniger und Lappen sauber durchputzen.

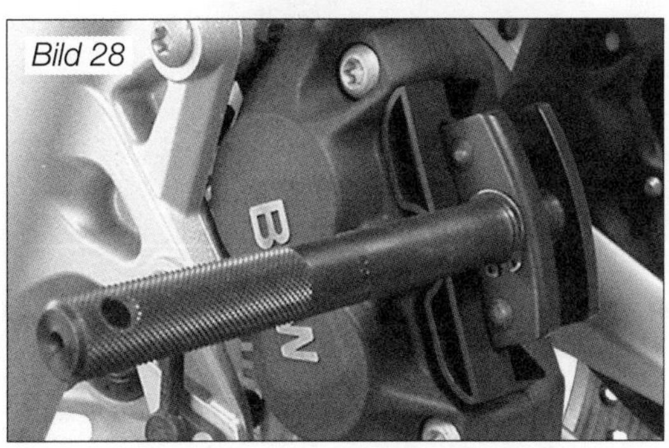

Bilder 27 und 28: Zurückdrücken der Bremskolben mit BMW-Spezialwerkzeug.

Sichtprüfung Messen

Wechsel der vorderen Bremsklötze empfehlen wir beim Wechsel der hinteren den Bremssattel abzubauen und gut zu reinigen.

Bremsklötze ausbauen

1. Sicherungssplint aus dem Bremsklotz-Haltestift ausziehen (Bild 29).

2. Bremsklotz-Haltestift zur Radseite hin durchschlagen: Dünnen Durchschlag nehmen, sauber ansetzen, mit kleinem Hammer leichte Schläge darauf geben und den Stift austreiben (Bild 30).

3. Bild 32: Bremsklötze an der Bremsscheibe entlang nach hinten herausziehen.

4. Bremssattel abschrauben: Beide Torxschrauben ausdrehen (Bild 4), Bremssattel von der Bremsscheibe abziehen.

5. Bremssattel mit Bremsenreiniger reinigen (siehe dazu Text weiter vorne bei »Vorderradbremsklötze wechseln«).

Neue Bremsklötze einbauen

Zum Zurückdrücken der Bremskolben nach BMW-Vorschrift ist auch am hinteren Bremssattel das BMW-Spezialwerkzeug »Bremskolben-Rücksetzwerkzeug« vorgeschrieben. Es geht bei abgebautem Bremssattel aber auch mit der Hand: Alten Bremsklotz aufsetzen und die Bremskolben mit beiden Daumen gleichzeitig zurückdrücken.

Bilder 29 bis 32: Aus- und Einbau der Bremsklötze hinten.

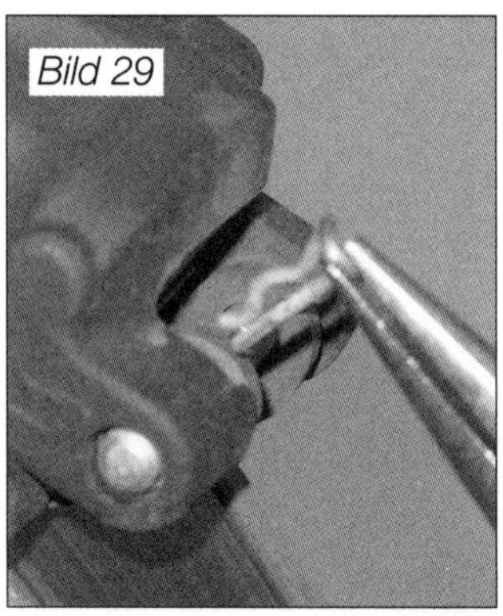
Bild 29

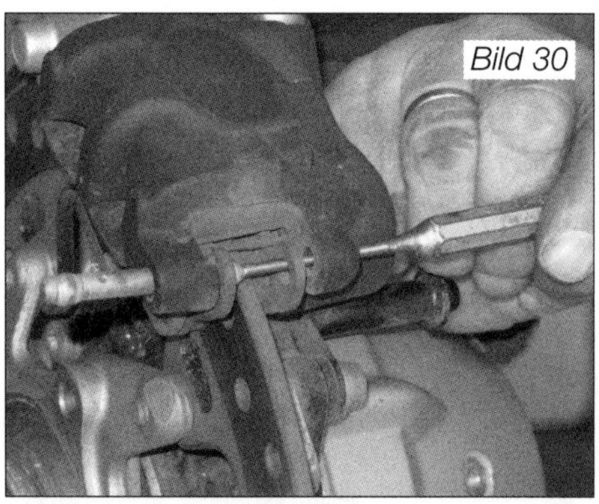
Bild 30

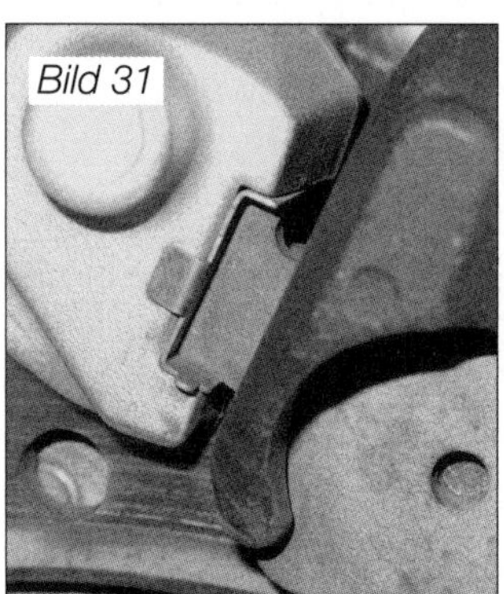
Bild 31

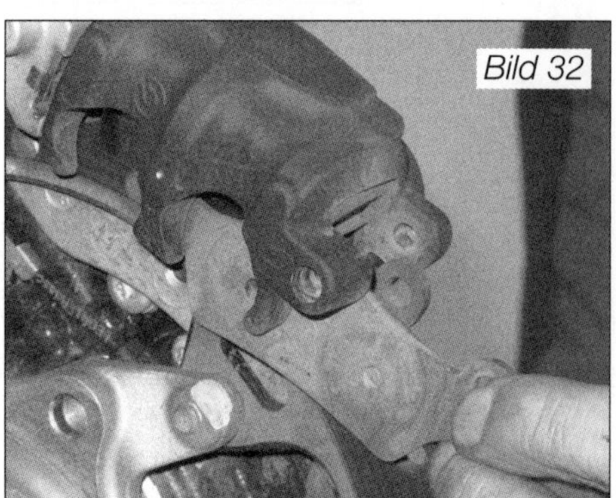
Bild 32

1. Bremsflüssigkeitsbehälter unter der Sitzbank öffnen (siehe weiter vorne in diesem Kapitel). Lappen um den Behälter wickeln.

2. Stand der Bremsflüssigkeit checken:

- Wenn er knapp über MIN steht, in Ordnung.
- Wenn er bei MAX steht, mit einer kleinen Spritze Bremsflüssigkeit absaugen, bis der Spiegel knapp über MIN steht – sonst läuft beim Zurückdrücken der Bremskolben der Behälter über!

3. Den äußeren alten Bremsklotz in den (gereinigten) Bremssattel einsetzen.

4. Bremssattel in beide Hände nehmen und über den alten Bremsklotz die Bremskolben gleichmäßig vorsichtig und langsam ganz zurückdrücken.

- Stand der Bremsflüssigkeit im Auge behalten, damit der Behälter nicht überläuft. Steigt die Bremsflüssigkeit bis zur Oberkante, etwas Bremsflüssigkeit absaugen.

5. Neue Bremsklötze: Vorder- und Hinterkante sowie die Fläche der Bremsbelag-Trägerplatte ganz leicht mit Kupferpaste einschmieren.

- BMW empfiehlt »Never Seez Compound«.

6. Bremsklötze in den Schacht des Bremssattels einschieben, Vorderseite muss in das U-förmige Blech eingeführt werden (Bild 31).

Wichtig 1: Das oben zwischen den Kanten der Bremsklötze und dem Grund des Schachts eingesetzte Federblech muss mit dem Pfeil nach vorne eingesetzt sein.

Wichtig 2: Normalerweise fällt das Federblech nicht heraus, aber wenn doch, muss es wieder exakt eingesetzt werden, sonst lassen sich die Bremsklötze nicht montieren!

7. Bremsklötze hinten nach oben gegen Federkraft des innen sitzenden Federblechs drücken.

8. Bremsklotz-Haltestift in Bohrung im Bremssattel und durch die Bohrungen der Bremsklötze einschieben, mit kleinem Hammer nachhelfen – Stift muss satt sitzen!

9. Bild 29: Sicherungssplint einschieben.

10. Bremssattel auf Bremsscheibe schieben, Schrauben eindrehen und festziehen mit 24 Nm.

11. Bremsanlage auf Funktion überprüfen wie Vorderradbremse, siehe Text oben.

Gleitstifte reinigen, schmieren

Bei einer Schwimmsattelbremse, wie sie hinten verbaut ist, gleitet (»schwimmt«) der Bremssattel auf zwei Gleitstiften; sie werden auch »Führungsstifte« genannt, siehe Bild 33. Zum Reinigen und Schmieren der Gleitstifte müssen der Bremssattel abgebaut und die Bremsklötze ausgebaut sein. Den Bremsschlauchanschluss NICHT abschrauben!

1. Bild 33: Halteplatte vom Bremssattel abziehen.
2. Führungsstifte, Manschetten, Führungsbohrungen, Federblech und Schacht des Bremssattels mit Bremsenreiniger reinigen, mit nicht fusselnden Lappen durchputzen.
3. Bild 34: Etwas Silikonfett in Führungsbohrungen und Staubmanschetten geben.
3.1. Halteplatte an Bremssattel ansetzen: Führungsstifte gleichzeitig in ihre Bohrungen schieben, dabei NICHT verkanten (!), es muss ohne Druck leicht gehen!
4. Bild 35: Rand einer jeden Staubmanschette über den Bund am Führungsstift ziehen.

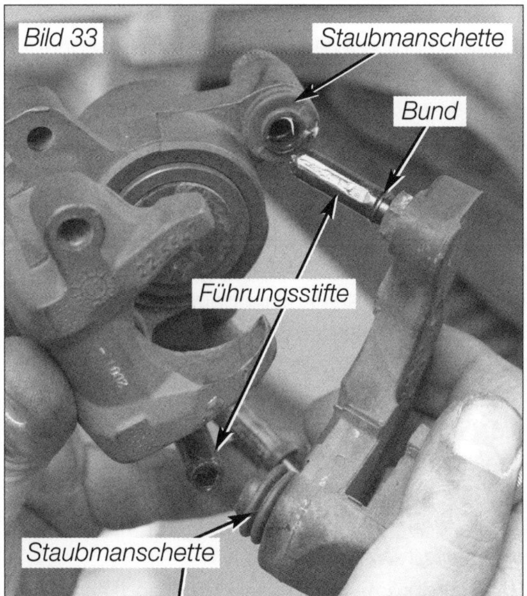

Bilder 33 bis 35: Einfetten der Manschetten, Führungsstifte und Buchsen mit Silikonfett.

Bilde 36: Entlüfterventil oben in der Handbremspumpe.

Bremsflüssigkeit wechseln

Bremsflüssigkeit muss erstmals nach einem Jahr, dann alle zwei Jahre erneuert werden. Nachstehend erklären wir die mit einfachen Mitteln durchzuführende Handwerkermethode mit Schlauch, durchsichtigem Behälter (Glas) und Ringschlüssel. Besser ist allerdings eine Saugpumpe (Bild 1).

Anmerkung 1: Bei Bremsanlagen ohne oder mit ABS wird beim Bremsflüssigkeitswechsel die gesamte Bremsflüssigkeit erneuert, weil die alte Bremsflüssigkeit beim Durchpumpen der neuen vollständig ausgedrückt wird.

Anmerkung 2: Bei Bremsanlagen mit ABS ist ein Entlüfterventil an der Handbremspumpe vorhanden (Bild 36).

Bremsflüssigkeit wechseln, Bremshydraulik entlüften

Die Arbeitsschritte zum Entlüften der vorderen und hinteren Bremse sind grundsätzlich gleich.

1. Bilder 12 bis 16: Vom Bremsflüssigkeits-Vorratsbehälter Deckel, Stützplatte, Gittereinsatz (wenn vorhanden) und Membran (vorne) bzw. Deckel und Membran (hinten) ausbauen.
2. Alte Bremsflüssigkeit aus Behälter absaugen, z. B. mit Einwegspritze. Behälter innen mit sauberem, nicht fusselndem Lappen reinigen.
3. Frische Bremsflüssigkeit einfüllen.
4. Bilder 36 und 37: Gummikappen abziehen von den Entlüfterventilen an der Handbremspumpe und an den Bremssätteln:
5. Bild 36: Zuerst wird am Entlüfterventil der Handbremspumpe entlüftet.
5.1. Exakt passenden Sechskant-Ringschlüssel auf Sechskant des Entlüfterventils aufstecken.

Bild 37: Systemanordnung für Bremsentlüftung »per Hand« mit Gefäß, durchsichtigem Schlauch und Ringschlüssel. Es können oben, vorne und hinten verschiedene Entlüfterventile mit SW 6, 8 oder 11 angebaut sein – bitte nehmen Sie in jedem Fall einen exakt passenden Schlüssel.

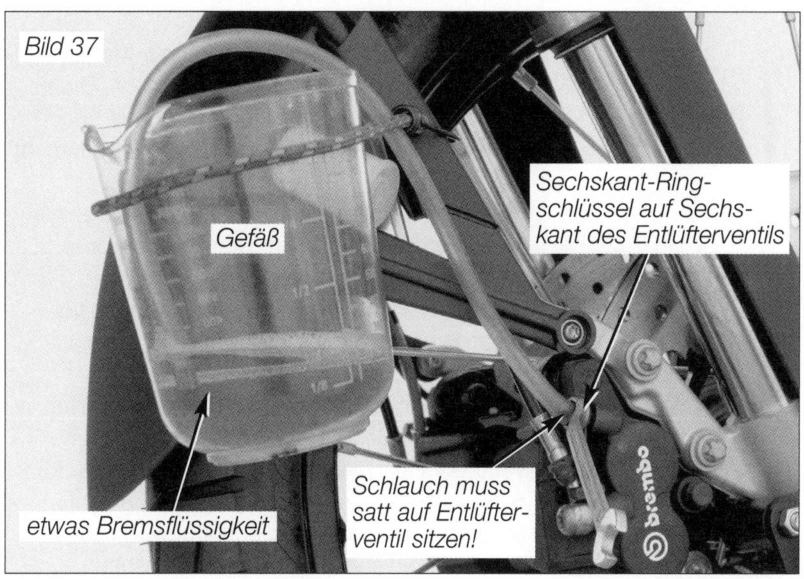

■ Keinen 12-Kant-Ringschlüssel nehmen oder gar einen Gabelschlüssel, denn damit werden die Ecken des Sechskants am Entlüfterventil rasch »rund gedreht«.
5.2. Einen passenden, durchsichtigen Schlauch über das Entlüfterventil stülpen und mit Kabelbinder sichern. Sein anderes Ende in sauberem Gefäß enden lassen.
5.3. Bild 37: Etwas Bremsflüssigkeit in das Gefäß geben und das Schlauchende darin eintauchen.
5.4. Bild 37: Gefäß so aufhängen, dass das Niveau der Bremsflüssigkeit etwas höher steht als das Entlüfterventil.
5.5. Frische Bremsflüssigkeit in den Vorratsbehälter geben. Lappen darüber legen, damit nachher beim Pumpen nichts herausspritzt.
6. Einsteller im Handbremshebel auf maximalen Abstand einstellen.
6.1. Handbremshebel einige Male langsam (!) anziehen, bis Widerstand spürbar ist. Schön langsam »pumpen« und den Hebel zwischendurch immer einige Sekunden in Ruhestellung lassen, damit Bremsflüssigkeit luftfrei nachläuft.
6.2. Handbremshebel gezogen halten.
6.3. Entlüfterventil 1/4 bis 1/3 Umdrehung öffnen, Hebel langsam (!) ganz durchziehen, Entlüfterventil schließen.
6.4. Hebel langsam wieder loslassen. Einige Male pumpen, Hebel in Druckposition halten, Entlüfterventil aufdrehen und schließen.
6.5. Schritte 6.1. bis 6.4. so lange wiederholen, bis nur noch saubere Bremsflüssigkeit ohne Luftblasen aus dem Schlauch kommt.
6.6. Dazwischen immer nachsehen, ob im Vorratsbehälter genügend Bremsflüssigkeit ist: Der Pegelstand darf nicht unter die Minimum-Marke fallen. Rechtzeitig nachfüllen, damit keine Luft ins System gelangt.
6.7. Tritt am Entlüftungsschlauch nur frische Bremsflüssigkeit ohne Luftbläschen aus, Bremshebel nochmals durchziehen, dabei das Entlüfterventil mit dem vorgeschriebenen Drehmoment festziehen.
■ Anziehdrehmomente der Entlüfterventile: Handbremspumpe 5 Nm, Bremssattel vorne 8 Nm, Bremssattel hinten 5 Nm.
7. Dann wird die Bremsleitung zum linken vorderen Bremssattel entlüftet: Bitte den Arbeitspunkten 5.1 bis 6.7. folgen.
7.1. Danach am rechten Bremssattel entlüften.
7.2. Abschließend noch einmal am Entlüfterventil der Handbremspumpe entlüften (Bild 36).
8. Hinterradbremse: Es ist kein Entlüfterventil an der Fußbremspumpe, entlüftet wird nur über das Entlüfterventil im hinteren Bremssattel.
9. Nach dem Entlüften: Umgebung der Entlüftungsstellen mit reichlich warmem Wasser und einem Schuss Geschirrspülmittel reinigen, trocknen, etwas Silikonfett in das Entlüfterventil geben, Gummikappe aufdrücken.
10. Abschließend Bremsflüssigkeitsstand nachprüfen und ggf. bis zum unteren Rand des Gewindes bzw. »MAX«-Markierung auffüllen.

Probleme mit dem ABS?

Anmerkung: Bei einem Ausfall des ABS bleibt die Bremswirkung selbst erhalten.

Wenn das ABS nicht funktioniert, wird dies durch Aufleuchten der ABS-Anzeige in der Instrumenteneinheit während der Fahrt angezeigt. Wenn die Maschine angehalten wird und still steht, geht die Lampe nicht aus. Um festzustellen, ob vielleicht nur das Aufleuchten der Lampe fehlerhaft arbeitet oder ein echtes Problem mit dem ABS vorliegt, gehen Sie folgendermaßen vor:
1. Wenn die ABS-Lampe während der Fahrt aufleuchtet: Maschine anhalten, Motor durch Drehen des Zündschlüssels im Zündschloss AUSschalten. Zündschlüssel abziehen.
2. Nach einer Pause von etwas mehr als einer Minute Zündschlüssel einstecken, Zündung EINschalten, Motor starten und losfahren.
■ Vom Moment des »Zündung ein« über das Anlassen des Motors bis zum Losfahren weder Hand- noch Fußbremshebel betätigen – es darf also auch das Bremslicht nicht aufleuchten!
3. Wenn die ABS-Anzeige weiter leuchet und nicht ausgeht, funktioniert das ABS nicht. Dann ist ein Besuch in der BMW-Werkstatt nötig zum Auslesen des Fehlerspeichers.
4. Abchecken, ob die Sensoren exakt in ihren Bohrungen sitzen und festgeschraubt sind.
5. Alle ABS-Sensoren müssen sauber sein.
■ Zur Begutachtung der ABS-Kabelstecker empfehlen wir Ihnen Kapitel 12 »Elektrik · Elektronik«. Darin wird beschrieben, wie man Stecker trennt und eventuelle Korrosion an den Verbindern beseitigt.
6. Checken, ob der Stecker sicher und wackelfrei im Steuergerät eingesteckt ist.
7. Ganz wichtig: Die Batterie muss ok sein, ihre Spannung muss mindestens 12,4 Volt (oder mehr) betragen – sie muss also »gut geladen« sein! Mehr dazu in Kapitel 13 »Batterie« und Kapitel 14 »Ladesystem«.

Bilder 13 und 15: Wenn die Bremsflüssigkeit in einem Vorratsbehälter immer wieder absinkt, schauen Sie die Schraubanschlüsse der Bremsleitungen ganz genau an, vielleicht ist einer der Anschlüsse lose und es wird Bremsflüssigkeit herausgedrückt? Mit Bremsenreiniger reinigen, ganz trocken putzen, Bremse betätigen und die Stelle genau ansehen. Wenn dem so ist: Überwurfschraube(n) mit viel Gefühl nachziehen und die Leckstelle einige Zeit beobachten.

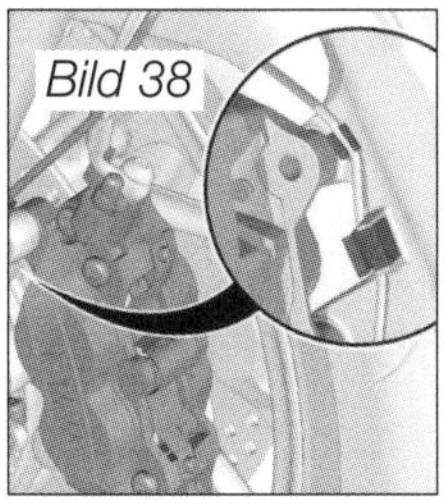

Wenn das Leck weiterhin besteht, bringen Sie Ihr Motorrad bitte in die BMW-Werkstatt, weil der Einbau neuer Bremsleitungen, Teilstücke oder Überwurfschrauben Sache der Werkstatt ist.

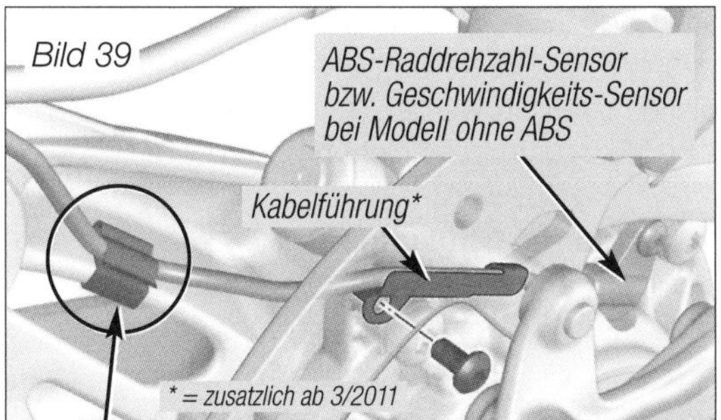

Verlegung Bremsleitungen, Kabel

In den Bildern 38 bis 41 sind die Verlegung der Bremsleitungen, ihre Anschlüsse und die ABS-Sensorkabel gezeigt. Wenn das ABS ausfällt, prüfen Sie die korrekte Verlegung der elektrischen Kabel. Vielleicht ist durch grobes Herumwerken an den Sensoren und/oder den Kabeln ein Wackelkontakt entstanden; es kann auch ein Kabel innerhalb der Isolierung geknickt oder abgedrückt sein (siehe auch dazu Kapitel 12 »Elektrik · Elektronik«). Auch dann ist ein Besuch in der BMW-Werkstatt nötig.

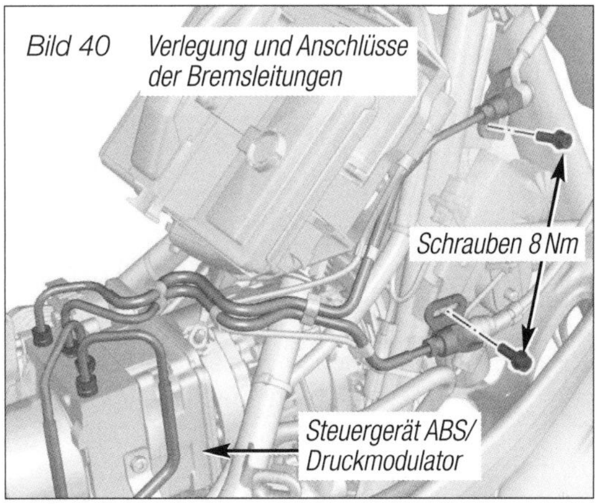

Bilder 38 bis 41: Einbaulage Brems- und ABS-Bauteile, Verlegung und Anschlüsse der Bremsleitungen.

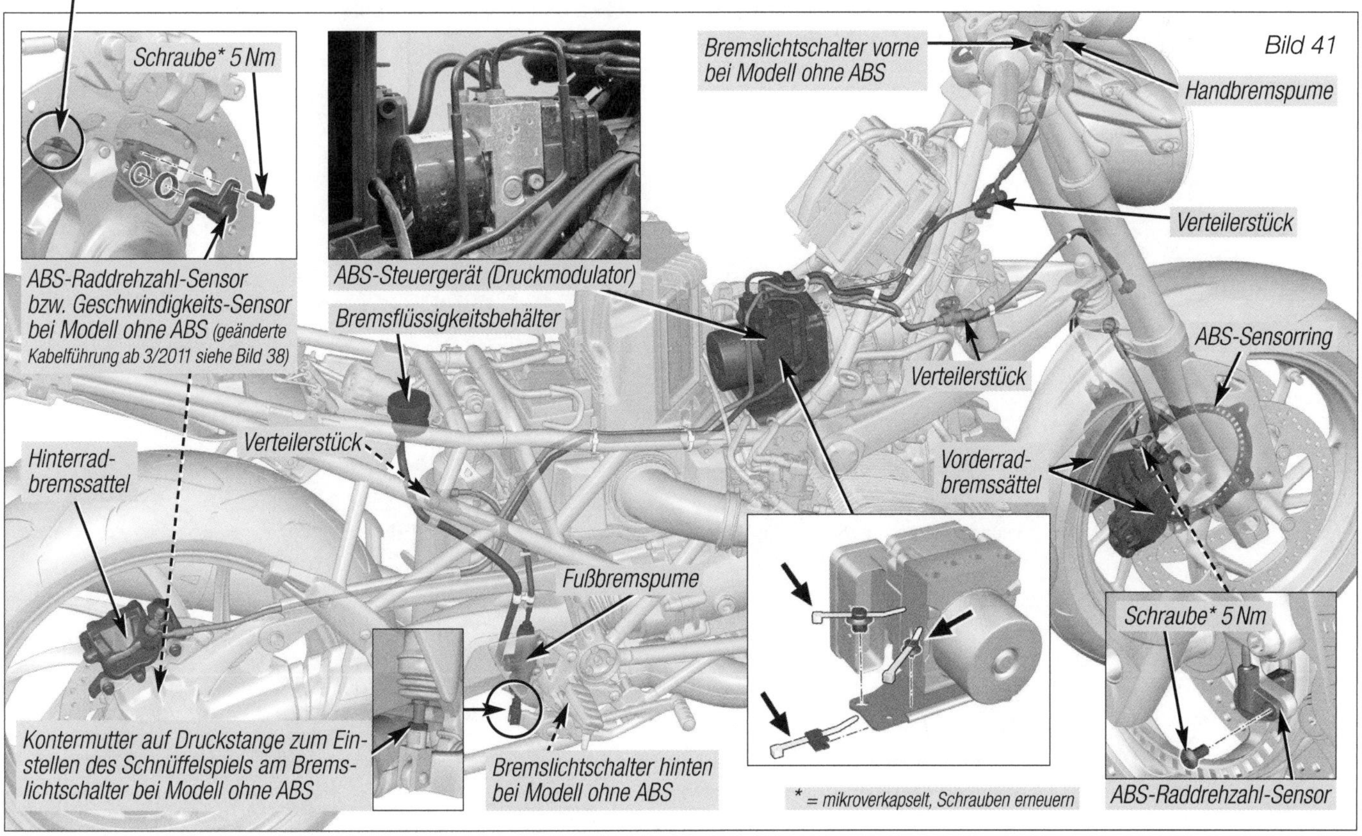

Federung · Dämpfung

In diesem Kapitel: Federungssystem · Federung prüfen, einstellen · ESA · Federbeine aus- und einbauen · Nachrüstfederbeine · Adressen.

Federungssystem

Das Federungssystem ist großen Belastungen ausgesetzt. Harte Stöße von der Fahrbahn wirken in die vordere und hintere Federung ein und von dort über die Gelenkstellen und Schraubverbindungen in die Lager und den Rahmen. Richtungswechsel belasten den Vorderbau mit Vorderradachse, Radlager, Gabelbeinen, Längslenker und Gabelbrücken. Beim Bremsen wirken hohe Biegemomente auf den Vorderbau ein. Stabile und gut funktionierende Fahrwerkskomponenten, wie sie in die R 1200 R eingebaut sind, bedeuten gute Spurhaltung, Federungskomfort, Fahrgenuss und Fahrsicherheit. Deswegen müssen Telelever und Hinterradaufhängung jederzeit in einwandfreiem Zustand sein.

Bilder 1a und 1b: Einsteller für Federvorspannung und Dämpfung am hinteren Federbein.

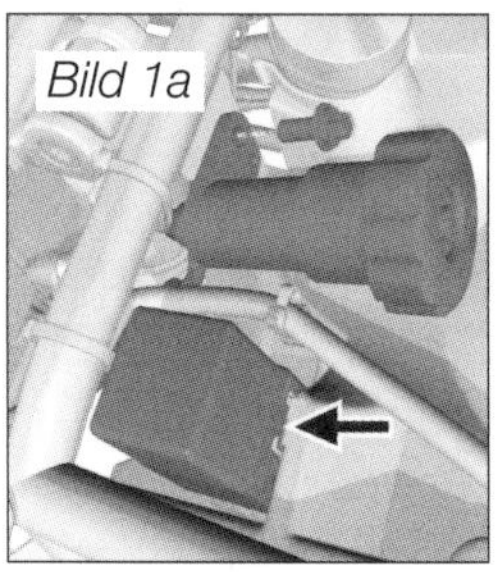
Bild 1a

Bild 1b
Rechts herum drehen = »härtere Dämpfung«
Links herum drehen = »weichere Dämpfung«

Serienmäßige Federbeine

- Ein Federbein vorne ohne Einstellmöglichkeit für Federvorspannung und Dämpfung.
- Ein Federbein hinten, es kann eingestellt werden in Federvorspannung und Dämpfer-Zugstufe.

Sonderausstattung ESA

Für die BMW R 1200 R gibt es die Sonderausstattung »ESA«, auch »elektronisches Fahrwerk« genannt. Bei Bestellung der Maschine kann dieses geordert werden (Aufpreis 695 Euro*); eine Nachrüstung ist nicht möglich.

Lebenslange Ölfüllungen

Die in beide Gabelbeine sowie in das vordere und hintere Federbein eingefüllten Öle sind als

Bild 2: Zu prüfende Bauteile bei Vorder- und Hinterradfederung und Anziehdrehmomentwerte.

* = Stand der Recherche zum Redaktionsschluss dieses Buchs im Juli 2013

Dauerfüllung zu sehen, sie brauchen nicht gewechselt zu werden. Die Ölfüllung in den Gabelbeinen dient lediglich der Schmierung der zueinander gleitenden Stand- und Tauchrohre. Laut BMW ist der Telelever »wartungsfrei bis 100 000 km«. Wenn die Feder- und/oder Dämpfkraft nachlässt, kann ein neues Originalfederbein oder z. B. ein Fremdfabrikat eingebaut werden, was auch für das hintere Federbein gilt.

Einstellmöglichkeiten
Entsprechend der Zuladung und/oder der Fahrbahnbeschaffenheit können am hinteren Federbein eingestellt werden:
■ **Federvorspannung** über ein unter der Sitzbank angebrachtes Handrad (Bild 1a)
■ **Dämpferzugstufe** (= »Ausfedergeschwindigkeit«) über eine unten im Federbein eingebaute Einstellschraube (Bild 1b)

Merke 1: Beim Einstellen der Federvorspannung des hinteren Federbeins wird die Feder weder »härter« noch »weicher«, sondern es wird nur die Heckhöhe der Maschine hinten höher oder niedriger eingestellt.

Merke 2: Wenn man die Federung als »zu weich« oder »zu hart« empfindet, muss man sicher sein, dass der Reifenluftdruck stimmt. Deswegen vor dem Einstellen der Federung den Reifenluftdruck prüfen und ihn ggf. korrigieren (siehe dazu Kapitel 4 »Reifen«).

Federung prüfen

Vorderradfederung prüfen (Bild 2)
1. Sichtprüfung: Dichtringe oben in den Tauchrohren und im Federbein dürfen keine Undichtheiten haben, es darf kein Öl auslaufen. Standrohre und Dämpferstange müssen überall glatt sein, sie dürfen keine Riefen haben.
2. Dynamische Prüfung: Maschine steht frei auf den Rädern (also weder auf Seiten- noch Mittelständer), Mechaniker steht über der Sitzbank mit beiden Füßen platt auf der Erde, drückt seinen Unterleib gegen den Tank, umfasst die Lenkerenden und betätigt die Vorderradbremse. Mit stoßenden Bewegungen wird der Vorderbau nach unten gedrückt.
3. Dabei zeigt sich, ob der Telelever leicht und frei einfedert und die Dämpfung einwandfrei funktioniert: Der Vorderbau muss langsamer zurückfedern, als er einfedert. Man kann damit auch feststellen, ob die Tauchrohre zueinander verspannt und in ihrer Beweglichkeit behindert sind.
4. Einfedern muss schneller gehen als Ausfedern (ca. 1:3). Der Vorderbau darf nicht nachschwingen, er muss über den Einfederweg »saugend« ausfedern. Ganz zum Schluss muss der Telelever wieder auf den Tragenullpunkt zurückfedern.

Hinterradfederung prüfen (Bild 2)
Federung und Dämpfung durch mehrmaliges Einfedern prüfen. Auch dazu muss das Motorrad senkrecht frei stehen. Der Fahrer steht dabei mit gespreizten Beinen über der Maschine und lässt sein Körpergewicht mehrmals in den Sitz fallen. Wer fit ist im Umgang mit seinem Motorrad, stellt sich dahinter und drückt mit beiden Händen wippend auf den Gepäckträger: Dabei zeigt sich auch, ob sich die Schwinge frei bewegen kann oder in ihrer Beweglichkeit behindert ist, etwa durch ein falsch angezogenes Schwingenlager, eine beschädigte oder falsch montierte Momentstrebe, defekte Lagerstellen der Federbeinanlenkung oder gar ein defektes Federbein.

1. Das Federbein darf keine Öulundichtigkeit aufweisen und die Schwinge an den Lagerstellen kein Spiel haben.
2. Fahrzeugheck eindrücken und ausfedern lassen: Einfedern geht bei korrekter Dämpferwirkung schneller als Ausfedern, das Heck darf nicht nachschwingen.
3. Alle Befestigungen auf festen Sitz prüfen. Sie dürfen weder lose noch verzogen sein.

Hinterradfederung einstellen

Federvorspannung und **Dämpfung** (Zugstufe) der Hinterradfederung können der Belastung (Zuladung) und dem Fahrstil angepasst werden.

Bilder 1a und 3: Die **Federvorspannung** kann stufenlos eingestellt werden. Das Einstell-Handrad der hydraulischen Einstelleinheit sitzt unter der Sitzbank am Querrohr hinter dem Tank.
■ Durch Drehen am Handrad nach rechts wird die Feder mehr vorgespannt.
■ Durch Drehen nach links wird die Feder entspannt.
Wie weiter vorne schon beschrieben, verändert sich dadurch die Lage des Hecks, es wird höher bzw. niedriger gestellt.

Bilder 1a und 3: Beim Drehen am Handrad sind Klicks zu spüren. Außerdem ist eine Einstellskala angebracht mit sechs Strichmarkierungen und drei Kürzeln:

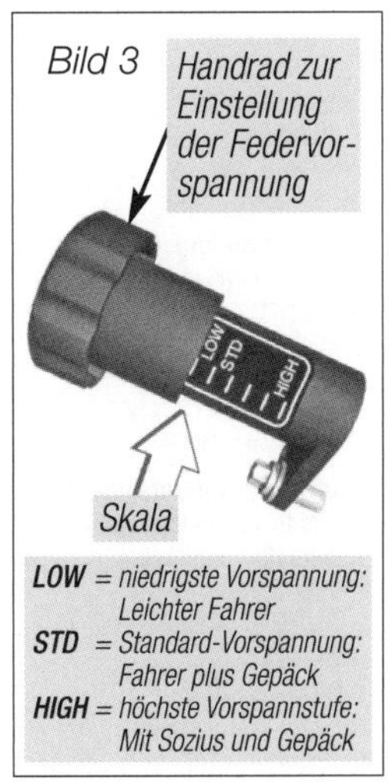

Bild 3: Handrad zur Federverstellung mit Strichmarkierungen und Kürzeln.

Telelever und Federbeine: Zerlegung sowie Zusammenbau des BMW-Telelever-Systems und der Lenkung erfordern BMW-Spezialwerkzeuge. Diese Arbeiten werden nur nötig nach einem Unfall, um Schäden festzustellen, die Maßhaltigkeit bestimmter Bauteile zu überprüfen oder Neuteile einzubauen. Tiefgreifende Arbeiten am Telelever sollten der BMW-Fachwerkstatt vorbehalten bleiben.

Aus- und Einbau der Federbeine dagegen kann man selbst erledigen, wenn man gutes Werkzeug hat und etwas schrauberisches Geschick.

Adressauswahl Federbeine:

- **FRS** (Reparatur der Original-Federbeine)
  Franz Racing Suspension
  Venloer Straße 74
  D-41844 Wegberg
  www. franzracing.de
- **K-Tech Suspension** (Federelemente)
  Zupin Moto Sport GmbH
  Trostberger Straße 26
  D-83301 Traunreut
  www.zupin.de
  www.k-tech.uk.com
- **Öhlins Racing** (Federelemente, Lenkungsdämpfer)
  Öhlins DTC
  Gottlieb-Daimler-Straße 25
  D-53520 Meuspath
  www.ohlins.eu
  www.oehlins.ch
- **Wilbers Products** (Federelemente, Lenkungsdämpfer)
  Wilbers Products GmbH
  Frieslandstraße 10
  D-48572 Nordhorn
  www.wilbers.de
  www.wilbers.at
  www.wilbers-swiss.ch
- **WP Performance Systems** (Federelemente, Lenkungsdämpfer)
  WP Germany
  Hohenburgerstraße 55
  D-92289 Ursensollen
  www.wp-germany.com
  www.wp-group.com

- **LOW** = niedrige Einstellung für leichten Fahrer.
- **STD** = Standardeinstellung. Eignet sich für Solobetrieb und genügt auch für gelegentliche Mitnahme eines Sozius und/oder Gepäck.
- **HIGH** = höchste Vorspannstufe für Fahrten, bei denen die Maschine mit zwei Personen und/oder Gepäck beladen ist. Dazu das Handrad rechts herum drehen, bis es nicht mehr weiter geht.

Praxistipp: Es empfiehlt sich, eine entsprechende Standardeinstellung zu finden, die dem Gewicht des Solofahrers angepasst ist. Wenn für kürzere Strecken leichtes Gepäck oder ein Sozius zugeladen wird, kann man mit dieser Einstellung sicher fahren und man braucht die Federbasis nicht zu verstellen.

Dämpfung

Die Einstellschraube für die **Dämpferzugstufe** sitzt im Federbein unten links (Bild 1b). Für die Einstellung der Dämpferzugstufe gilt:

- Eindrehen der Schraube im Uhrzeigersinn (rechts herum): Die Zugstufen-Dämpfkraft wird stärker, das Heck federt langsamer aus. Wird gebraucht bei leichtem Fahrer, solo unterwegs.
- Ausdrehen der Schraube entgegen dem Uhrzeigersinn: Die Zugstufen-Dämpfkraft wird schwächer, das Heck federt schneller aus. Wird gebraucht bei schwerem Fahrer oder zwei Personen mit Gepäck.

Eigene Dämpfereinstellung finden

Um seine eigene Einstellung zu finden, geht man in kleinen Schritten von 1/4-Drehungen vor.

- Beim Einstellen immer bei der härtesten Position beginnen (= »ganz eingedreht«), dann Schritt für Schritt in den gleichen kleinen Abstufungen vorgehen. Veränderungen notieren!

Für die Einstellung der Dämpferzugstufe in Abhängigkeit von der Federvorspannung gilt:

- **Solobetrieb** und Feder auf den Vorspannstufen LOW bis STD: Dämpfkraftschraube ca. 1 1/2 bis 2 Umdrehungen ausgedreht, die Dämpfung ist dann »weich« im untersten Drittel.
- **Zweipersonenbetrieb** und Feder auf Vorspannstufe STD bis drei Striche vor HIGH: Dämpfkraftschraube ca. 1 bis 1 1/2 Umdrehungen ausgedreht, die Dämpfung ist dann »mittelstark« im mittleren Drittel.
- **Zwei Personen plus Gepäck** und Feder auf Vorspannstufe HIGH: Dämpfkraftschraube 1/2 bis 1 Umdrehung ausgedreht, die Dämpfung ist dann »stark« im oberen Drittel.

Standardeinstellung: Vorausgesetzt, Sie wiegen als Fahrer ca. 85 kg und Ihre Sozia ca. 65 kg, empfehlen wir folgende Standardeinstellung des hinteren Federbeins:

- Federvorspannung in Stellung STD oder einen Strich mehr.
- Dämpferzugstufe »1 1/2 Umdrehungen offen«.

ESA

Elektronische Fahrwerkseinstellung ESA

Viele BMW R 1200 R sind mit der als Sonderzubehör lieferbaren elektronischen Fahrwerkseinstellung ESA ausgestattet.

ESA einstellen: Es können drei Stufen der Federvorspannung und Federhärte eingestellt werden:

- **Helm:** Solofahrer
- **Helm und Koffer:** Solofahrer mit Gepäck oder Sozius
- **Zwei Helme:** Fahrer mit Sozius und Gepäck

Dazu passen drei Dämpfereinstellungen:

- **COMF:** Komfortable Dämpfung
- **NORM:** Normale Dämpfung
- **SPORT:** Sportliche Dämpfung

Die Dämpfereinstellung kann während der Fahrt verändert werden, die Federvorspannung dagegen nur im Stand, der Motor muss aber laufen.

Zum Einstellen muss die ESA-Taste betätigt werden:

- Taste einmal betätigen, um die aktuelle Einstellung anzeigen zu lassen.
- Taste mit langen Tastendrücken so oft betätigen, bis die gewünschte Federvorspannung angezeigt wird.
- Taste mit kurzen Tastendrücken so oft betätigen, bis die gewünschte Dämpfereinstellung angezeigt wird.

ESA-Dämpfung prüfen

1. Auf das Motorrad sitzen, den Ständer einklappen und die Zündung EINschalten.
1.1. Federung auf »Solofahrer«, Dämpfung auf »Comfort« einstellen.
1.2. Zündung AUSschalten.
2. Gewicht nach vorne verlagern und wippen.
2.1. Zündung EINschalten: Dämpferwirkung muss sich spürbar verstärken.
Fazit: Wenn sich die Dämpferwirkung nicht verstärkt, muss das Federbein mit dem BMW-Diagnosesystem geprüft werden.

Dämpfung hinten: Dämpfung des hinteren Federbeins wird nach gleicher Methode geprüft.

ESA-Federbasisverstellung prüfen
1. Auf das Motorrad sitzen, den Ständer einklappen und den Motor starten.
1.1. Federung auf »Solofahrer« und Dämpfung auf »Comfort« einstellen.
2. Wenn dieser Einstellvorgang abgeschlossen ist, die Einstellung der Federvorspannung ändern, indem man auf »Helm und Koffer« oder »Zwei Helme« einstellt.
2.1. Das Heck der Maschine muss sich deutlich anheben.
Fazit: Wenn sich das Motorrad hinten nicht anhebt, muss das Federbein mit dem BMW-Diagnosesystem geprüft werden.

Federbeine aus- und einbauen

Wichtige Schrauberpunkte
Für vorderes und hinteres Federbein gilt:
- Nur originale Schrauben und selbstsichernde Muttern von BMW verwenden.
- NIEmals Schrauben undefinierbarer Herkunft aus einer typischen Werkstatt-Schraubenkiste einbauen!

Vorderes Federbein ausbauen
Zum Ausbau des Federbeins das Motorrad auf den Mittelständer aufbocken. Motor mit Wagenheber sanft unterbauen (siehe Kapitel 5 »Räder«), das Vorderrad soll noch Bodenkontakt haben.

1. Abbauen: Sitzbank, Seitenblenden, Seitenverkleidungen und Tank (siehe Kapitel 3 »Spiegel · Tank · Rahmen«).
1.1. Ölkühlerblende abbauen (siehe Kapitel 21 »Ölwechsel«).
2. Bild 4: Bundmutter der oberen Federbeinbefestigung abschrauben (Schlüssel SW 15). Kolbenstange mit 5er-Inbusschlüssel gegenhalten.
2.1. Scheibe und Gummipuffer abnehmen.
3. Bild 4: Torxschraube der Federbeinbefestigung unten am Längslenker:
3.1. Den Gewindebereich im Längslenker mit einem Werkstattföhn auf ca. 80 °C anwärmen.
3.2. Torxschraube mit Zapfenschlüssel T 50 lösen und einige Umdrehungen aufschrauben. **NOCH NICHT ausschrauben.**
4. Jetzt die Maschine mit dem Wagenheber unter dem Motorblock so weit hochbocken, dass das Vorderrad vom Boden frei kommt und das Hinterrad gerade eben noch Bodenkontakt hat.
5. Federbein mit einer Hand halten, Torxschraube ganz ausdrehen, Federbein nach vorne herausnehmen.

Vorderes Federbein einbauen
1. Befestigung oben siehe Bild 4: Gummipuffer mit Bund nach oben auf oberes Gewinde des Federbeins aufsetzen.
- Distanzhülse einsetzen.
- Federbein oben in Einbauposition bringen.
- Gummipuffer mit Bund nach unten auflegen.
- Scheibe auflegen, Mutter lose aufdrehen.

2. Befestigung unten siehe Bild 4: Es soll eine neue Schraube verwendet werden.
2.1. Kopf der Schraube mit Optimoly TA schmieren.
Schraubertipp: Wenn Sie keine neue originale BMW-Schraube haben und die alte Schraube noch einwandfrei in Ordnung ist: Gewinde der Schraube reinigen, etwas Loctite »mittelfest« dran geben, eindrehen und mit 34 Nm festziehen.
Wichtig: Beim Einbau der Schraube darauf achten, dass kein Loctite an die untere Federbeinbuchse gelangt. Deswegen ist es besser,

Nachrüstfederbeine
Auf Federung und Dämpfung für die BMW R 1200 R haben sich einige Firmen spezialisiert, wie z. B. Öhlins, Wilbers oder WP. Wenn Sie entweder mit den Serienfederbeinen nicht zufrieden oder diese verschlissen sind, ist der Kauf eines Nachrüstfederbeines oft billiger als die Reparatur eines Serienteils.

Bild 4: Explosionszeichnung der Einbaulage des vorderen Federbeines.

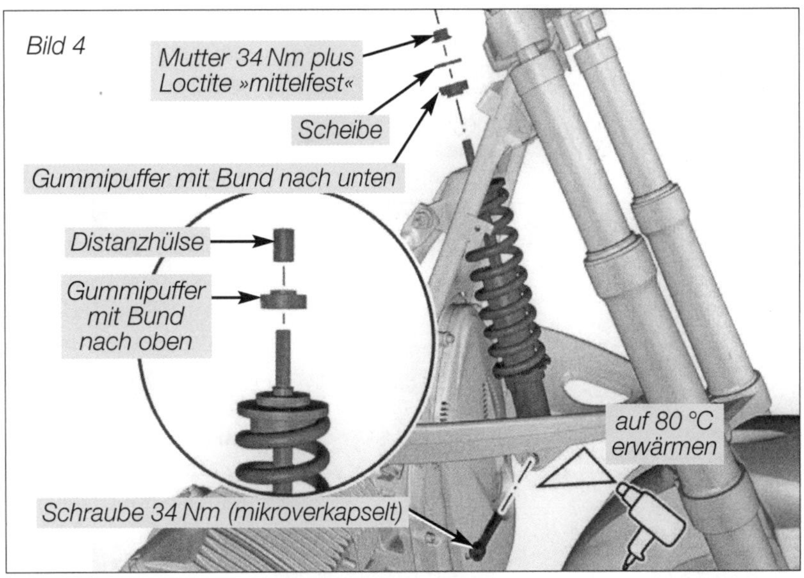

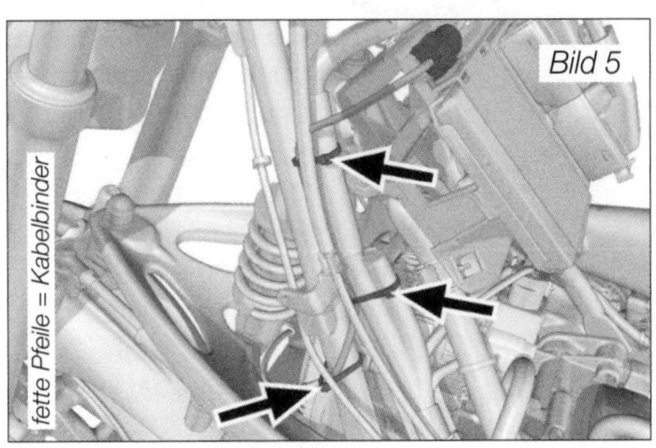

Bild 5: Kabelbinder der ESA-Leitung entfernen, ESA-Stecker trennen und Kabel nach unten durchfädeln.

den nötigen Tropfen Loctite »mittelfest« kurz vor dem Einbau des Federbeins (bzw. vor dem Eindrehen der Schraube) in das Innengewinde im Längslenker zu geben und dann die gereinigte Schraube »trocken« einzudrehen.

3. Zurück zur Befestigung oben: Mutter abdrehen, einen Tropfen Loctite »mittelfest« in die Mutter geben, aufdrehen, mit 34 Nm festziehen, Kolbenstange dabei mit 5er-Inbusschlüssel gegenhalten.

4. Abgebaute Teile anbauen.

Bilder 6, 7 und 8: Obere und untere Befestigung des hinteren Federbeins und Verlegung der ESA-Kabel.

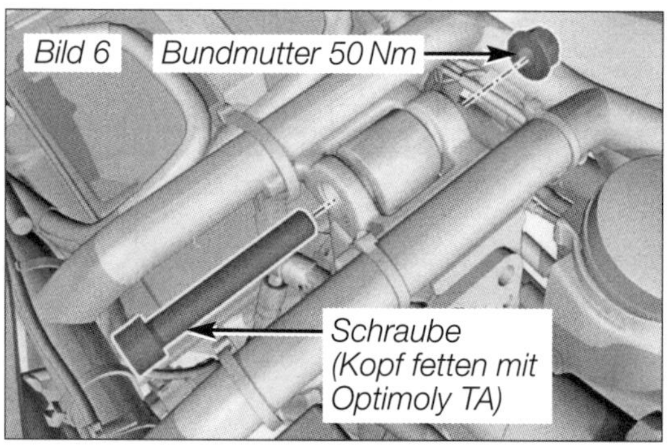

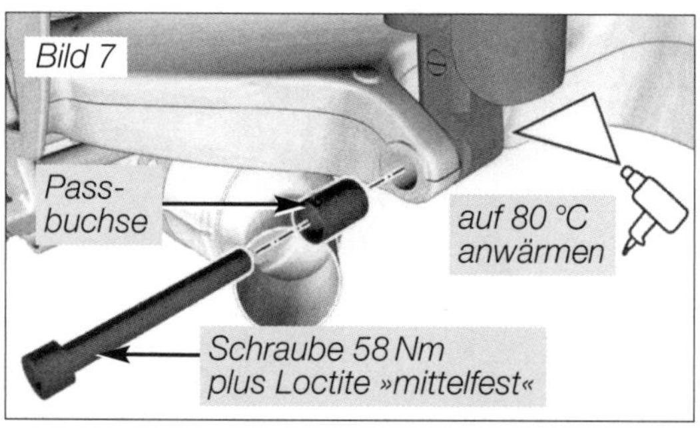

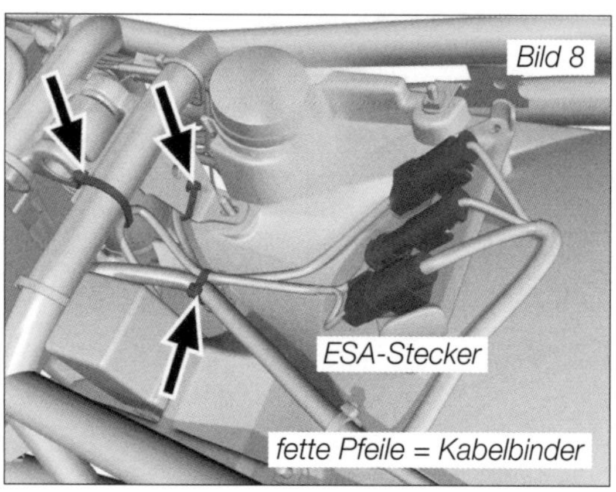

Vorderes ESA-Federbein aus- und einbauen

Der Aus- und Einbau des vorderen ESA-Federbeins ist grundsätzlich gleich wie beim normalen Federbein. Zusätzlich müssen noch folgende Arbeitsschritte durchgeführt werden:

■ Bild 5: Kabelbinder der ESA-Leitung entfernen, ESA-Stecker trennen und Kabel nach unten durchfädeln.

Einbau in umgekehrter Reihenfolge, dabei Folgendes beachten:

■ ESA-Leitung wie vor dem Ausbau an gleicher Stelle nach oben führen und exakt verlegen.

■ Stecker sicher einstecken, Kabel mit Kabelbinder sichern oder Kabelklemme anbringen (ist je nach Baustand verschieden).

Hinteres Federbein ausbauen

1. Motorrad auf Mittelständer, Hinterradschwinge mit einem Wagenheber leicht abstützen.

2. Abbauen: Sitzbank, Anlasserrelais und hydraulische Einstelleinheit.

2.1. Weniger geübte Mechaniker sollten noch Auspufftopf und Auspuffklappe abbauen (siehe Kapitel 20 »Auspuffanlage«).

3. Bild 6: Mutter (SW 15) der oberen Federbein-Befestigungsschraube abdrehen, Schraubenkopf dabei mit Torxschlüssel T 50 gegenhalten.

■ Schraube **NOCH NICHT** ausziehen.

4. Untere Federbein-Befestigung siehe Bild 7:

4.1. Hinterradschwinge mit einem Werkstattföhn im Bereich des Schraubgewindes auf ca. 80 °C anwärmen.

4.2. Schraube (Torx T 50) lösen und ausdrehen, Buchse herausnehmen.

■ Darauf achten, dass die Hinterradschwinge so weit mit dem Wagenheber entlastet ist, dass sich die Schraube leicht ausziehen lässt.

5. Federbein mit einer Hand halten, obere Federbeinhalteschraube ausziehen. Federbein nach unten-seitlich herausnehmen.

Hinteres Federbein einbauen

Wenn es keine Möglichkeit gibt, eine neue originale BMW-Bundmutter einzubauen, und die alte Mutter noch einwandfrei in Ordnung ist:

■ Mutterngewinde reinigen, etwas Loctite »mittelfest« in das Mutterngewinde geben, Mutter aufdrehen und mit 50 Nm festziehen.

■ Kopf der oberen Federbein-Halteschraube vor dem Einbau mit »Optimoly TA« einfetten.

■ Gummilager im Federbeinkopf kontrollieren, es darf nicht porös oder ausgebrochen sein.

Einbau des Federbeins in umgekehrter Reihenfolge, dabei beachten:

■ Gewinde der unteren Federbeinschraube reinigen, etwas Loctite »mittelfest« dran geben, eindrehen und mit 58 Nm festziehen.

Wichtig: Beim Einbau der Schraube darauf achten, dass kein Loctite an die untere Passbuchse gelangt. Deswegen ist es besser, den nötigen Tropfen Loctite »mittelfest« kurz vor dem Einbau des Federbeins (bzw. vor dem Eindrehen der Schraube) in das Innengewinde in der Schwinge zu geben und dann die gereinigte Schraube »trocken« einzudrehen.

Hinteres ESA-Federbein aus- und einbauen

Der Aus- und Einbau des hinteren ESA-Federbeins ist grundsätzlich gleich wie beim normalen Federbein. Vorher muss zusätzlich der folgende Arbeitsschritt durchgeführt werden:

■ Bild 8: ESA-Stecker trennen. Wie immer bei Steckern gilt die Regel: Steckersicherung sorgfältig entriegeln und NICHT am Kabel ziehen!

■ Pfeile in Bild 8: Kabelbinder zum Ausbau aufknipsen; nach Einbau wieder anbringen.

Sichtprüfung Messen

Lenkung

In diesem Kapitel: Lenksystem · Telelever prüfen · Lenkungsdämpfer · Lenkerposition.

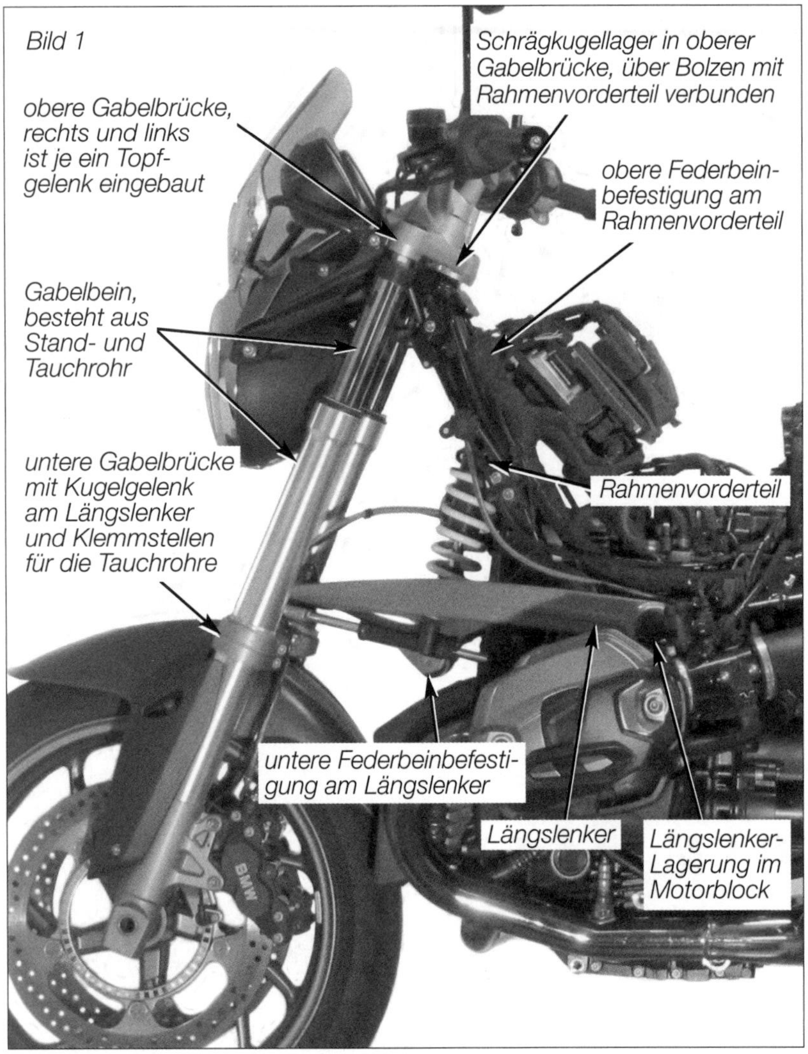

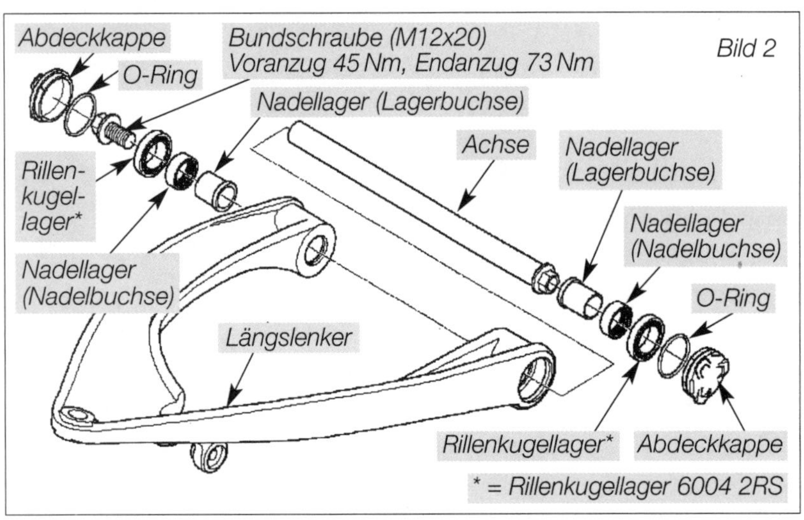

Lenksystem

BMW nennt das Lenksystem »Telelever«. Er besteht aus folgenden Bauteilen:

Gabelbeine: Die Gabelbeine bestehen aus je einem Stand- und Tauchrohr (Bilder 1 und 3). Die Standrohre sind baugleich, während die Tauchrohre unterschiedlich sind: Im linken ist unten das Gewinde für die Vorderachse eingeschnitten und an der Bremssattelaufnahme ist eine Aufnahmebohrung für den ABS-Sensor; im rechten sind unten die Durchgangsbohrung für die Achse und ein Gewinde für die Achsklemmschraube.

Obere Gabelbrücke: In der oberen Gabelbrücke ist ein Schrägkugellager eingepresst, das über einen Bolzen mit dem Vorderrahmen verschraubt ist (Bilder 1 und 3).

■ Rechts und links sind Topfgelenke, in denen die oberen Gewindeenden der Gabelstandrohre eingesteckt und mit Bundmuttern verschraubt sind (Bilder 1 und 3).

■ Auf der oberen Gabelbrücke ist der Lenker befestigt: Er sitzt in zwei Klemmböcken, von oben ist eine Platte aufgesetzt; sie ist mit vier Torxschrauben verschraubt und klemmt den Lenker. Die unteren Klemmböcke sind Teil der oberen Gabelbrücke.

Untere Gabelbrücke: Diese ist über ein Kugelgelenk mit dem Längslenker verbunden (Bilder 1 und 3). Rechts und links in der unteren Gabelbrücke werden die Gabeltauchrohre durch Torxschrauben geklemmt (Bild 3).

Längslenker: Der Längslenker ist über zwei Rillenkugellager und zwei Nadellager auf einer langen Achse gelagert, die am Motor befestigt ist (Bilder 1 und 2).

Federbein: Das Federbein ist oben am Rahmenvorderteil und unten am Längslenker befestigt (Bild 1). Es übernimmt Federung und Dämpfung des Vorderbaus (siehe dazu Kapitel 7 »Federung · Dämpfung«).

Lebenslang wartungsfrei

Alle Bauteile des Telelever sind lebenslang wartungsfrei.

■ Das Schrägkugellager in der oberen Gabelbrücke, das Kugelgelenk an der unteren Gabelbrücke sowie die Nadellager und Rillenkugellager im Längslenker sind verschleißfest und sehr gut gegen Staub und Nässe abgedichtet.

■ Das Öl in den beiden Gabelholmen muss

nie gewechselt werden, denn es dient nur der Schmierung der aufeinander gleitenden Teile, also der in die Tauchrohre eingepressten Gleitbuchsen, die auf den Standrohren gleiten.

Weil die Dämpfung vom Federbein übernommen wird, ist das Öl in den Gabelbeinen keinen Scherkräften ausgesetzt und verschleißt deswegen auch nicht.

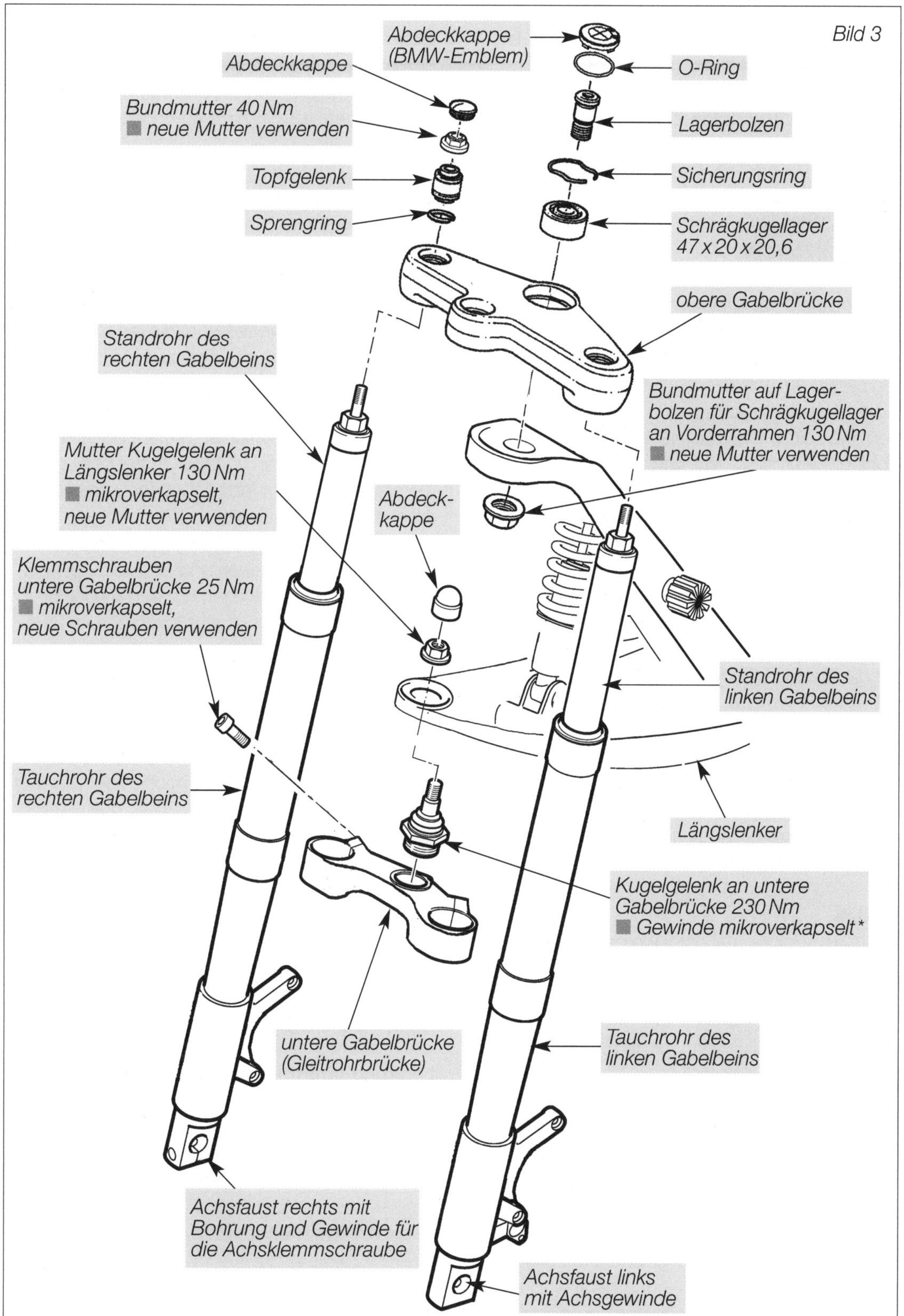

Bild 1 auf der linken Seite: Wichtige Bauteile der »Telelever« genannten Führung, Federung und Dämpfung des Vorderrads.

Bild 2 auf der linken Seite: Explosionszeichnung der Lagerung des Längslenkers.

Bild 3: Explosionszeichnung des Televers und der Lagerung von oberer und unterer Gabelbrücke.

Montage eines gebrauchten Kugelgelenks:
1. *Innen- und Außengewinde reinigen und entfetten.*
2. *Eine kleine Menge Loctite »mittelfest« an das Außengewinde des Kugelgelenks geben.*
3. *Kugelgelenk eindrehen.*
■ *Zum vorschriftsmäßigen Montieren ausschließlich BMW-Spezialwerkzeug benutzen.*

Simmerringe und Gleitbuchsen

Die oben in die Gabeltauchrohre eingepressten **Simmerringe** sind unter normalen Umständen unkaputtbar. Anormale Umstände sind z. B. Betrieb mit krummen oder riefigen Standrohren. Undichte Simmerringe erkennt man daran, dass während der Fahrt Öl austritt und an den Tauchrohren runterläuft.

Auch die **Gleitbuchsen** gehen niemals kaputt. Voraussetzung dafür ist, dass die Gabelbeine technisch in Ordnung sind, also nicht durch einen Unfall beschädigt und »krumm« sind, und mit Schmieröl befüllt gefahren werden, also nicht »trocken«.

Fazit: Defekte am Telelever-Lenksystem der R 1200 R treten nur durch Unfälle oder falsche Montage auf. Wenn sich an Ihrer Maschine ein Defekt am Telelever zeigen sollte, z. B. Gabelstandrohre verbogen oder Gabelbrücken verzogen sind, und am Telelever intensiv geschraubt werden muss, sind BMW-Spezialwerkzeuge nötig. Meisterliches Können ist eine weitere wichtige Voraussetzung zur fachgerechten Instandsetzung des Telelever.

⚠ **Achtung:** Verbogene Gabelbauteile dürfen niemals gerichtet werden, es müssen Neuteile eingebaut werden. Dies gilt ganz besonders für die Stand- und Tauchrohre!

Deswegen unser Ratschlag: Lassen Sie nach jedem (!) Sturz die Maschine in einer BMW-Motorradwerkstatt überprüfen (»vermessen«) und ggf. reparieren. Das geht schneller, ist billiger und, was die Fahrzeug- und Fahrsicherheit angeht, der bessere Weg als selbst Hand anzulegen.

Notfall

Sollte es doch einmal nötig werden, die Lenkung zu reparieren, dann helfen die Explosionszeichnungen in den Bildern 2 und 3.

Wichtiger Hinweis: Falls im Notfall keine neuen Muttern für die Schraubzapfen von oberem Schrägkugellager, unterem Kugelgelenk und Befestigung der Standrohre in den Topfgelenken besorgt werden können, müssen die Gewinde gereinigt und mit Loctite »mittelfest« bestrichen werden.

Bild 4: Detailzeichnung zum Anbau des Lenkungsdämpfers.

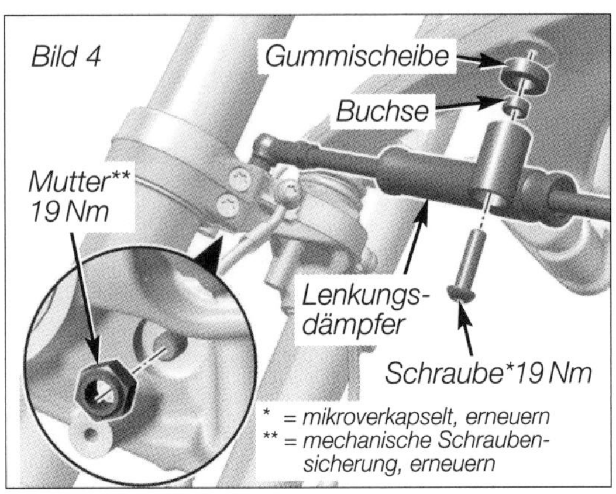

Telelever prüfen

Schrägkugellager und Kugelgelenk

Ob sich das obere Schrägkugellager und das untere Kugelgelenk leicht bewegen und keine »Luft« haben, wird in zusammengebautem Zustand geprüft.

1. Motorrad auf Mittelständer aufbocken, Motor so unterbauen, dass der Vorderbau frei ist. Lenker steht waagerecht und das Vorderrad ist in Geradeausstellung.
2. Lenker ganz leicht antippen, der Vorderbau muss sich dann von selbst in die gewünschte Richtung bewegen und ohne zu hakeln bis zum Lenkanschlag schwenken.
3. Durch schnelles Hin- und Herbewegen der Lenkung bis zum Anschlag prüfen, ob sich die Lager ohne Knacken und Haken frei bewegen.
■ Falls »nein«, steht jetzt schon fest, dass sie erneuert werden müssen.
4. Als letzte Prüfung die Gabelbeine unten an den Achsfäusten packen und sie ruckartig nach vorne und hinten bewegen. Es darf weder im Lager in der oberen Gabelbrücke noch im unteren Kugelgelenk knacken oder Luft spürbar sein.

Längslenker

Wie weiter vorne schon beschrieben, brauchen der Längslenker des Telelever-Systems und seine Lager weder Wartung noch Pflege.

Wenn man bei einer Unfallmaschine sieht, dass der Längslenker krumm, gerissen oder anderweitig defekt sein könnte, dann war der Crash überaus heftig. Dann muss man die komplette Maschine in der BMW-Werkstatt begutachten und vermessen lassen.

Lenkungdämpfer

Lenkungdämpfer ab- und anbauen (Bild 4)

1. Schraube ausdrehen.
2. Gummischeibe und Buchse abnehmen.
3. Mutter lösen und abdrehen.
4. Lenkungdämpfer abnehmen.

Einbau in umgekehrter Reihenfolge.

⚠ **Achtung:** Bei ABS darauf achten, dass Sensor-Kabel nicht geklemmt wird.

Lenker, Lenkerposition

Gasgriff, Schalter und Armaturen
Ab- und Anschrauben des Gasgriffs siehe Kapitel 19 »Gasgriff · Gaszüge«. Darin ist auch die Montage des rechten Lenkerschalters beschrieben. Der linke wird sinngemäß genauso beschraubt.

Beim linken Lenkergriff bitte beachten, dass dieser mit einer Senkschraube von unten am Lenker festgeschraubt ist (Bild 5). Um an ihren Kopf heranzukommen, muss man das Ende des Griffgummis etwas umwalzen.

Achtung: Beim Abbau des Lenkers immer darauf achten, dass Brems- und Kupplungsarmatur so abgelegt werden, dass sie nicht »auf dem Kopf« stehen und dadurch Luft in das Hydrauliksystem gelangt.

■ Vorher den Stand der Hydraulikflüssigkeit prüfen und evtl. auffüllen, damit die Behälter voll sind und auch bei einem unbeabsichtigten Kopfstand keine Luft in die Leitungen gelangt (siehe dazu Kapitel 6 »Bremsen« und 22 »Kupplung«). Kupplungshydraulik befüllen und entlüften siehe Kapitel 22 »Kupplung«.

Wichtig: Weder bei Maschinen ohne noch mit ABS die Bremsflüssigkeit ablassen oder die Bremsleitung von der Handarmatur trennen!

Lenker

Der Lenker soll so angebaut sein, dass die beiden Lenkerenden von der Seite betrachtet waagerecht und zum Fahrer hin leicht nach unten stehen. Zum Verstellen des Lenkers die vier Torxschrauben (Bild 8a) lösen und aufdrehen.

Beachten:
1. Der Lenker muss mittig auf der oberen Gabelbrücke bzw. in den Klemmböcken sitzen.
2. Bild 7: Vorne am Lenker ist links und rechts je ein Kreuz. Die Kreuze müssen zwischen den Klemmböcken am Spalt platziert sein.
3. Bilder 8a und 8b: Das obere Lenker-Klemmstück so aufsetzen, dass der große Ausschnitt zum Zündschloss zeigt.
4. Torxschrauben eindrehen und festziehen:
4.1. Bild 8a: Zuerst die vorderen Schrauben mit 24 Nm festziehen, die vordere Seite des oberen Klemmstücks muss auf der Unterseite aufliegen.
4.2. Dann die hinteren beiden Schrauben mit 24 Nm festziehen.

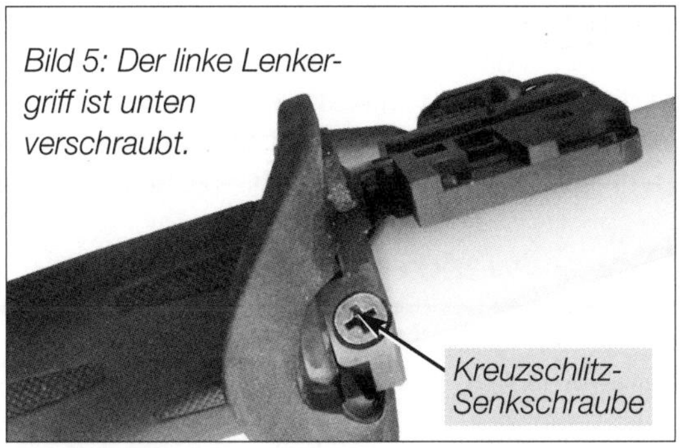

Bild 5: Der linke Lenkergriff ist unten verschraubt.

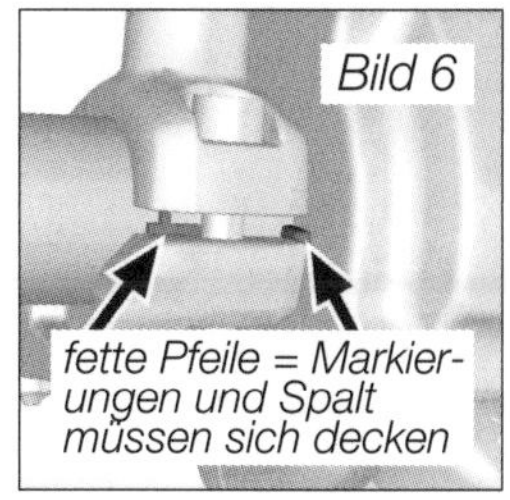

Bild 6: Markierungen an Schellen und Schaltern beachten.

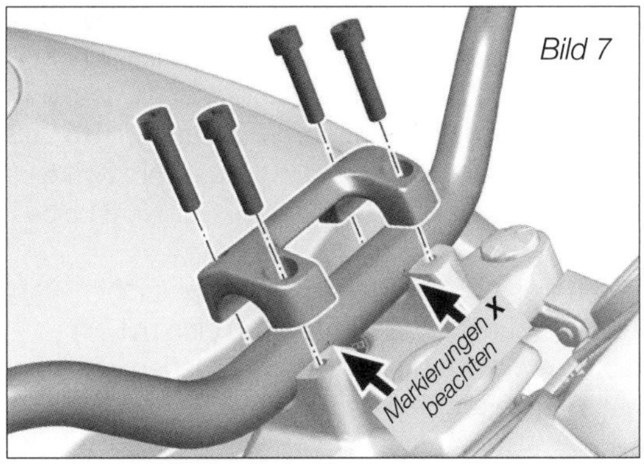

Bilder 7, 8a, 8b und 8c: Oberes Lenkerklemmstück so montieren, dass der große Ausschnitt nach vorne weist. Zuerst vordere Schrauben, dann hintere festziehen.

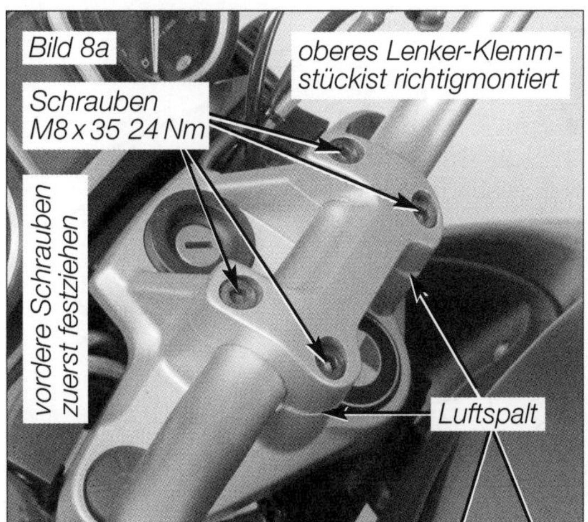

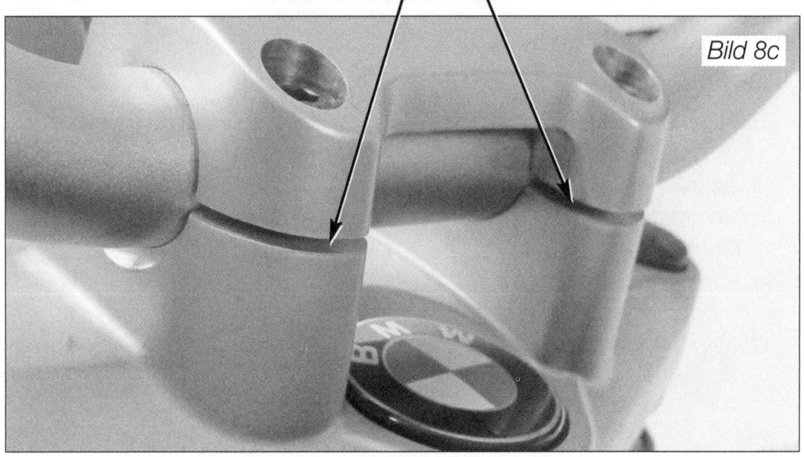

Korrespondenzkapitel:
- 5 »Räder«
- 6 »Bremsen«
- 8 »Lenkung«

Gabelbeine

In diesem Kapitel: Spezialwerkzeuge, Gabelöl · Gabelbeine aus- und einbauen, zerlegen, zusammen-, einbauen, neue Buchsen einbauen.

Spezialwerkzeuge, Gabelöl

Nach BMW-Vorschrift werden zum Zerlegen der Gabelbeine und zum Aus- und Einbau neuer Gabelsimmerringe und Gabelgleitbuchsen folgende Spezialwerkzeuge benötigt (Bilder 5 und 7):
- Innenauszieher .... Nr. 00 8 561
- Gewindeadapter .... Nr. 00 8 564
- Zugstange .... Nr. 13 5 251
- Schlaggewicht .... Nr. 13 5 253
- Buchse .... Nr. 31 1 511
- Schlagbuchse .... Nr. 31 3 691

Wenn diese BMW-Spezialwerkzeuge nicht zur Verfügung stehen, kann man sich mit einfacheren Werkzeugen helfen. Wir gehen im nachstehenden Text darauf ein.

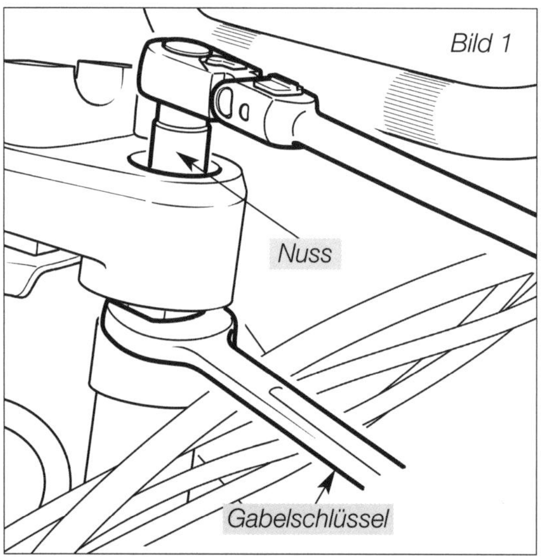

Bild 1: Zum Ausbau der oberen Standrohrverschraubung mit Gabelschlüssel unter der Gabelbrücke einfahren, Sechskant gegenhalten, obere Mutter mit Nuss lösen und abdrehen.

Bild 2: Beim Einbau der Gabelbeine in die untere Gabelbrücke darauf achten, dass die Klemmstellen der Tauchrohre mittig in den Klemmbohrungen der Gabelbrücke sitzen.

Gabelöl: Wie schon in Kapitel 8 »Lenkung« beschrieben, muss das Gabelöl nicht gewechselt werden. Wenn jedoch die Gabelbeine repariert werden, ist es ratsam neues Öl einzufüllen. Als Gabelöl ist BMW-Telegabelöl SAE 10 vorgeschrieben, die Füllmenge je Gabelholm beträgt 0,64 Liter. Wenn dieses nicht zur Verfügung steht, kann man auch anderes Gabelöl mit der Viskosität SAE 10 verwenden.

Gabelbeine aus- und einbauen, mit neuen Buchsen bestücken

Motorrad so aufbocken wie beim Ausbau des Vorderrads und mit Spannriemen sichern.
- In Kapitel 8 »Lenkung« finden Sie eine große »Explosionszeichnung« des Telelevers.

Gabelbeine ausbauen

1. Vorderrad und Bremssättel aus- und abbauen (Kapitel 5 »Räder« und 6 »Bremsen«). Wenn vorhanden: ABS-Sensor ausbauen, Kabel vorsichtig aus den Halteklammern ziehen. Untere Schutzblechschrauben lösen und ausdrehen.
2. Verschraubungen der Standrohre in der obere Gabelbrücke lösen:
- Abdeckkappen oben aus der Gabelbrücke mit kleinem Schraubenzieher aushebeln.
- Bild 1: Gabelschlüssel am Sechskant des Standrohres unter der Gabelbrücke ansetzen, gegenhalten und die Mutter von oben mit einer passenden Nuss lösen und abschrauben.

3. Bild 2: Klemmschrauben der Gabeltauchrohre in der unteren Gabelbrücke lösen und mindestens drei Umdrehungen aufdrehen.
- Gabelbein dabei mit einer Hand festhalten, damit es nicht plötzlich nach unten herausrutscht.

4. Gabelbein nach unten herausziehen.

Gabelbein zerlegen

1. Belüftungsschraube ausdrehen (***A*** in Bild 3). Dichtring (***B*** in Bild 3) abnehmen und entsorgen.
2. Gabelbein über ein Ölablassgefäß halten. Standrohr vorsichtig aus dem Tauchrohr ziehen. Tauchrohr umdrehen und Öl aus dem Tauchrohr auslaufen lassen.

⚠ **Achtung:** Die Schraube unten im Tauchrohr ist KEINE Ölablassschraube wie in »normalen« Telegabeln. Wenn diese Schraube geöffnet wird, ist die Gabel dauerhaft undicht!

3. Tauch- und Standrohr reinigen.
4. Staubmanschette (***C*** in Bild 3) ausziehen:

Mit einem kleinen Schraubenzieher ringsum von außen zwischen Staubmanschette und den oberen Rand des Tauchrohrs fahren und so die Manschette Stück für Stück aushebeln (Bild 4).

5. Sicherungsring (***D*** in Bild 3) ausbauen: Mit einem schmalen Schraubenzieher von oben einfahren, Sicherungsring aus Nut hebeln.

6. Gabelsimmerring (***E*** in Bild 3) mit Innenauszieher, Gewindeadapter, Schlaggewicht und Zugstange ausbauen (Bild 5), Scheibe (***F*** in Bild 3) herausnehmen.

6.1. Man kann den Simmerring aber auch mit einem großem Schraubenzieher oder einem Reifenmontiereisen vorsichtig ringsum Stück für Stück aushebeln.

7. Tauchrohr umdrehen, mit dem oberen Bund leicht auf ein mit einem dicken Lappen abgepolstertes Hartholz aufstoßen: Gleit- und Abstandsbuchsen rutschen heraus.

■ Wenn sie nicht herauskommen wollen: Tauchrohr mit einem Heißluftföhn ringsum leicht und gleichmäßig anwärmen auf maximal 80 °C, mit einem Gummihammer ringsum leicht beklopfen und immer wieder kopfüber auf das Hartholz aufstoßen.

8. Alle Teile gut reinigen.

Gabelbein zusammenbauen

1. Gleit- und Abstandsbuchsen leicht einölen und wie in Bild 3 gezeigt nacheinander einführen. Mit einem Hartholzstab ganz nach unten drücken.

■ Darauf achten, dass sich die Buchsen nicht verkanten und sich kein Span vom Holz ablöst!

2. Scheibe (***F*** in Bild 3) einsetzen.

3. Tauchrohr senkrecht in Schraubstock einspannen, Öl einfüllen: BMW-Telegabelöl SAE 10, Füllmenge je Gabelholm 0,64 Liter.

4. Gabelstandrohr einölen, in das Tauchrohr einführen und ganz nach unten schieben.

5. Neuen Gabelsimmerring leicht einölen, in der richtigen Einbaurichtung (siehe Bild 6) von oben vorsichtig über das Standrohr und langsam bis ganz nach unten schieben.

5.1. Gabelsimmerring ringsum exakt ansetzen und entweder mit dem BMW-Eintreibwerkzeug (Bild 7) eintreiben oder ringsum Stück für Stück und vorsichtig zuerst mit starkem Daumendruck in seinen Sitz einpressen und zum Schluss mit einem Durchschlag vorsichtig (!) nachhelfen.

6. Sicherungsring (***D*** in Bild 3) über das Standrohr nach unten schieben, in seine Nut einsetzen.

7. Neue Staubmanschette (***C*** in Bild 3) leicht einölen, über das Standrohr nach unten schieben

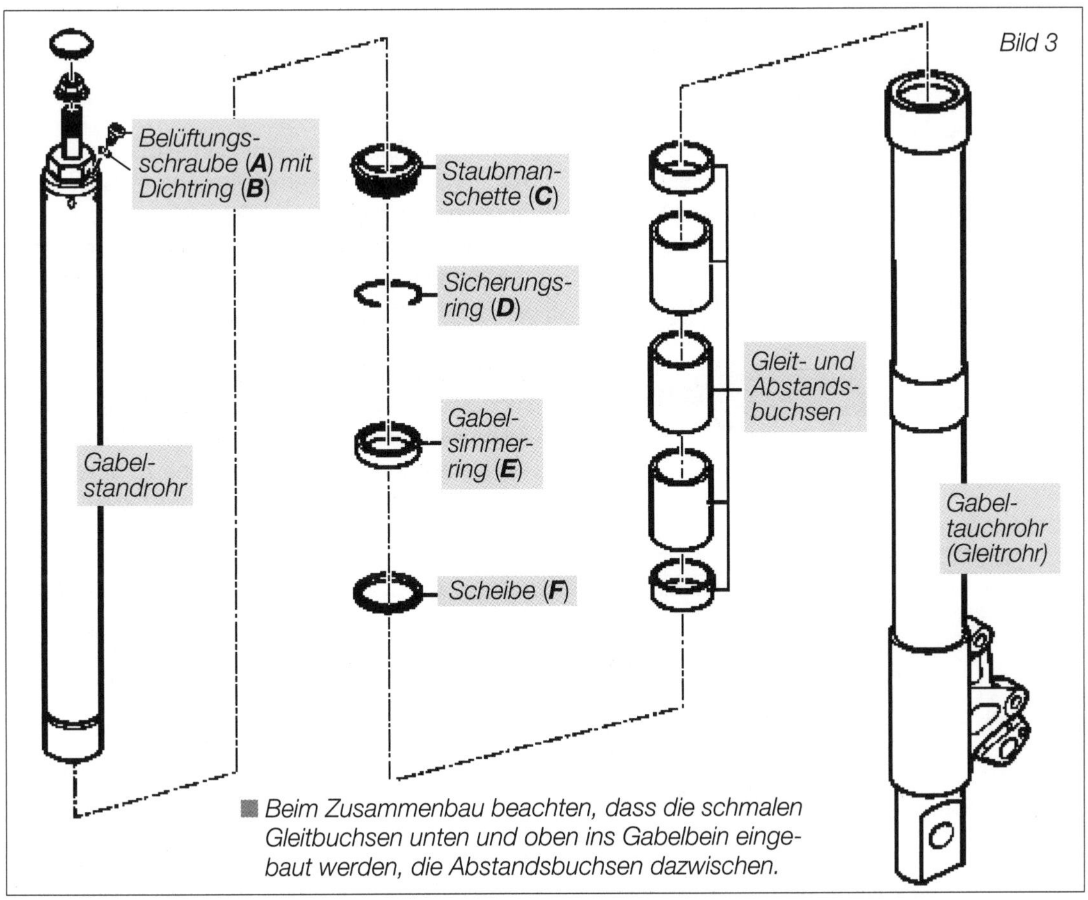

Bild 3: Explosionszeichnung eines Gabelbeines.

Bild 4: Staubmanschette ringsum aushebeln.

Bilder 5 und 7: BMW-Spezialwerkzeuge zum Aus- und Einbau der Gabelsimmerringe.

Bild 6: Einbaurichtung des Gabelsimmerrings.

Bild 8: Belüftungsschraube.

und mit starkem Daumendruck in seinen Sitz einpressen.

8. Das Standrohr ist jetzt immer noch ganz in das Tauchrohr eingeschoben! Bild 8: Belüftungsschraube (***A*** in Bild 3) mit neuem Dichtring (***B*** in Bild 3) eindrehen, aber noch nicht festziehen.

Gabelbeine einbauen und belüften

1. Rechtes Gabelbein in die untere Gabelbrücke einführen, bis der Bund am Tauchrohr mittig in der Klemmung der Gabelbrücke sitzt (Bild 2).

■ Das Standrohr ist immer noch in das Tauchrohr eingeschoben.

■ Darauf achten, dass die Achsfaust unten am Tauchrohr nach vorne zeigt bzw. die Halterung des Bremssattels nach hinten.

2. Beide Klemmschrauben in der unteren Gabelbrücke in etwa »handfest« anziehen.

3. Belüftungsschraube ausdrehen. Standrohr mit der Hand nach oben ziehen, Gewindebolzen auf dem Standrohr in das Topflager einführen, Standrohr bis zum Anschlag an das Topfgelenk hochziehen. Neue Bundmutter aufdrehen, aber noch nicht festziehen.

Bild 4

4. Belüftungsschraube eindrehen und mit 2,4 Nm festziehen (entspricht »in etwa handfest«).

5. Das linke Gabelbein ebenfalls so einschieben und befestigen wie von 1. bis 4. beschrieben.

6. Radachse von rechts einstecken und in das Gewinde der linken Achsfaust einschrauben.

■ Darauf achten, dass sich die Achse leicht eindrehen lässt. Ggf. die Klemmschrauben in der unteren Gabelbrücke nochmals lösen und die Gabelbeine zueinander exakt ausrichten! Etwas Fett an die Radachse und vor allem das Innengewinde in der linken Achsfaust geben.

7. Alle Klemmschrauben in der unteren Gabelbrücke endgültig mit 25 Nm festziehen.

■ Mikroverkapselt, neue Schrauben verwenden.

8. Bild 1: Beide Standrohre an der oberen Gabelbrücke festziehen: mit Gabelschlüssel unten am Sechskant gegenhalten, Mutter von oben mit einer Nuss mit 40 Nm festziehen.

■ Mutter mit mechanischer Sicherung, deswegen neue Mutter verwenden.

9. Steckachse ausdrehen: Dabei prüfen, ob sie sich gleichmäßig leicht ausdreht.

■ Wenn »ja«, fluchten die Bohrungen in der rechten und linken Achsfaust, und das Vorderrad sowie die Bremssättel können ein- bzw. angebaut werden.

■ Wenn »nein«, fluchten die Bohrungen nicht richtig zueinander: Klemmung der Gleitrohre in der unteren Gabelbrücke wieder lösen und die Gabelbeine exakt und sauber zueinander ausrichten.

Restliche Teile anbauen: Rad einbauen siehe Kapitel 5 »Räder«, Bremssättel und ABS-Sensor anbauen siehe Kapitel 6 »Bremsen«. Untere Schrauben des Schutzblechs einschrauben, mit 2,5 Nm festziehen, neue Schrauben verwenden, weil mikroverkapselt.

Endkontrolle: Nach der Rad- und Bremsenmontage die Maschine vom Mittelständer nehmen und mehrmals kräftig einfedern. Dabei kontrollieren, ob der Telelever ohne zu haken einfedert und auch leicht wieder ausfedert!

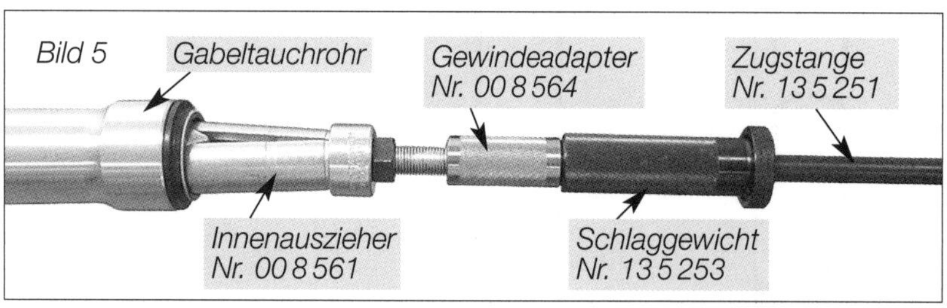

Bild 5

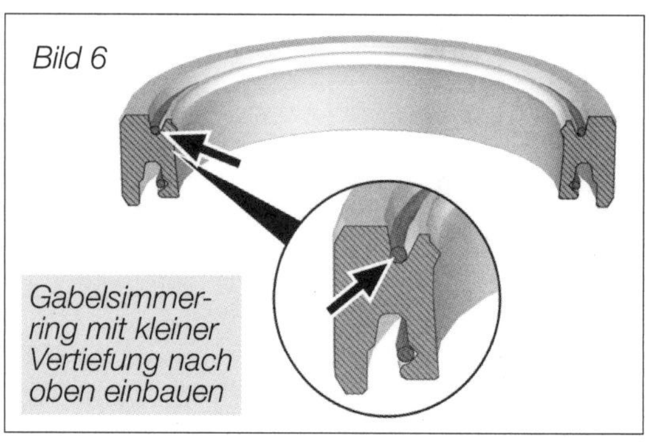

Bild 6

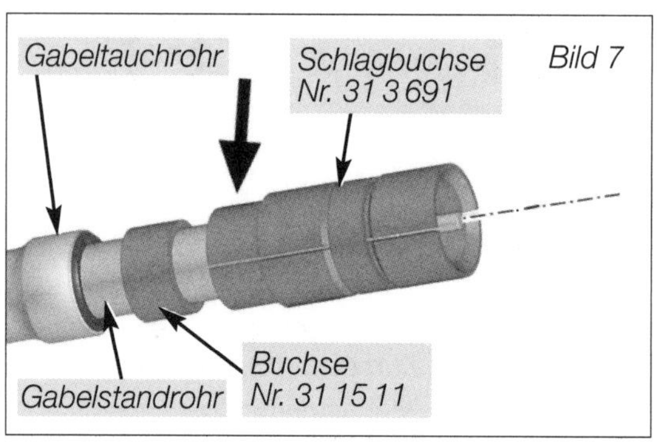

Bild 7

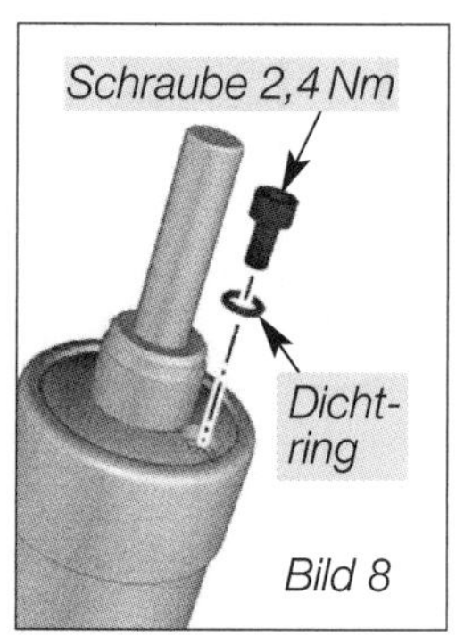

Bild 8

Schwinge · Kardan

In diesem Kapitel: Hinterradschwinge · Hinterradantrieb ab-/anbauen · Kardanwelle ausbauen, prüfen, einbauen · Schwinge aus- und einbauen.

Hinterradschwinge

Das Hinterrad der R 1200 R wird von einer gegossenen Einarmschwinge mit zwei Schwinggelenken geführt. Alle Lager der Hinterradschwinge sind wartungsfrei, sie müssen weder geschmiert noch nachgestellt werden. Im hinteren Schwingenteil, der hier »Hinterradantrieb« genannt wird, sind Teller- und Kegelrad eingebaut. Das von außen gut zu sehende rohrförmige Bauteil ist die Hinterradachse; sie bildet mit dem Tellerrad ein Bauteil. An ihr ist außen der Flansch zur Befestigung des Hinterrads angebracht.

Das von BMW »Paralever« genannte System bietet neben einer steifen Radführung und Reduzierung der Lastwechselreaktionen des Kardanantriebs vor allem einen enormen Servicevorteil durch einfachen Aus- und Einbau des Hinterrads.

Ölwechsel Hinterradantrieb

Das Öl im Hinterradantrieb muss bei 1000 km und danach alle 20 000 km oder alle zwei Jahre erneuert werden. Zum Wechsel des Öls im Hinterradantrieb werden 0,18 Liter SAE 75W-90 API GL5 benötigt (Castrol Syntrax Longlife, siehe Kapitel 21 »Ölwechsel«).

Defekte am Kardanantrieb

Falls sich am Hinterradantrieb Ihrer Maschine ein Defekt ankündigt, etwa durch Ölaustritt, übermäßige Laufgeräusche oder Spiel des Hinterrads (siehe dazu Textabsatz »Kippspiel« in Kapitel 5 »Räder«), empfehlen wir dringend, dass Diagnose, Zerlegung und Reparatur von einer BMW-Motorradwerkstatt durchgeführt werden. Denn es sind viele Spezialwerkzeuge sowie reichlich Erfahrung nötig, um den Hinterradantrieb zu zerlegen, die Lager zu wechseln, Kegel- und Tellerrad auszudistanzieren und wieder zusammenzubauen.

Hinterradantrieb ab-/anbauen

Werkstatthilfsmittel: Zur Montage des Hinterradantriebs und der Kardanwelle wird Folgendes benötigt:

- »Staburags NBU 30 PTM«, das ist ein Hochleistungsschmierfett zur Schmierung der Nadellager in der hinteren Schwingenlagerung, der Bünde am hinteren Faltenbalg, der Sitzflächen der Faltenbälge zwischen Getriebe und Schwinge und zwischen Schwinge und Hinterradantrieb.
- »Optimoly TA«, das ist ein Hochtemperatur-Montagefett, welches bei Montage der Kardanwelle auf die Verzahnungen der Getriebeab-

Bild 1: Explosionszeichnung der Momentstrebe mit Anziehdrehmomentwerten.

Bild 2: Wichtge Teile der Hinterradschwinge.

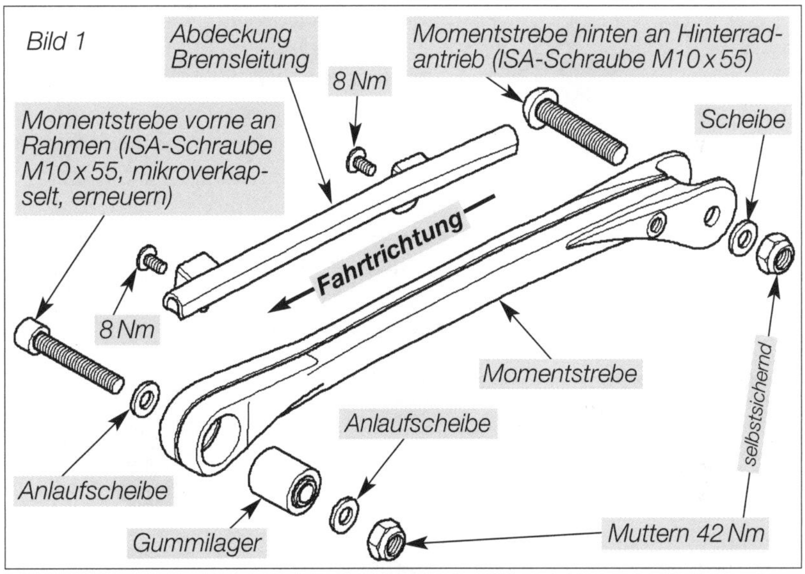

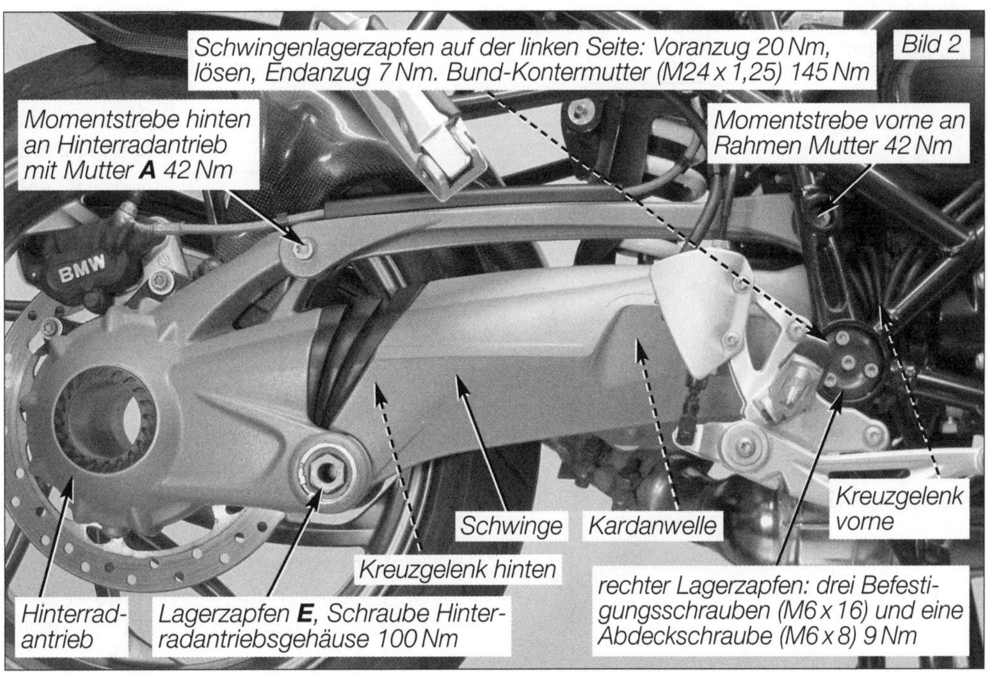

Sichtprüfung Messen

triebswelle und dem Wellenzapfen am Hinterradantrieb aufgetragen wird (siehe Bild 8). Weiterhin wird es zur Schmierung des rechten Schwingenlagerzapfens verwendet.
Hinweis: Wenn diese speziellen Fette nicht zur Verfügung stehen, kann auch anderes, hochwertiges Kfz-Wälzlagerfett verwendet werden.

Bilder 3 und 4: ABS-Sensor und Kabelklemme.

Vorbereitende Arbeiten
Maschine auf den Mittelständer stellen, Vorderrad mit einem Spanngurt gegen den Mittelständer verspannen, damit beim Arbeiten an der Schwinge das Motorrad nicht vom Mittelständer abrollen kann (siehe auch Kapitel 5 »Räder«).
Hinweis: Wenn der Hinterradantrieb nicht zerlegt werden muss, braucht man vor dem Abbau des Hinterradantriebs das Öl nicht abzulassen.

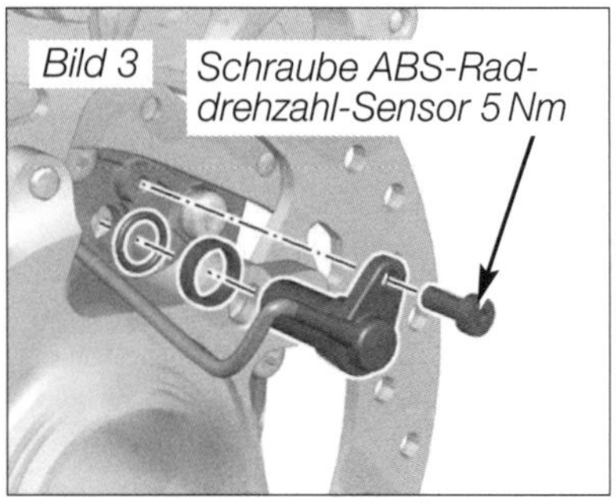

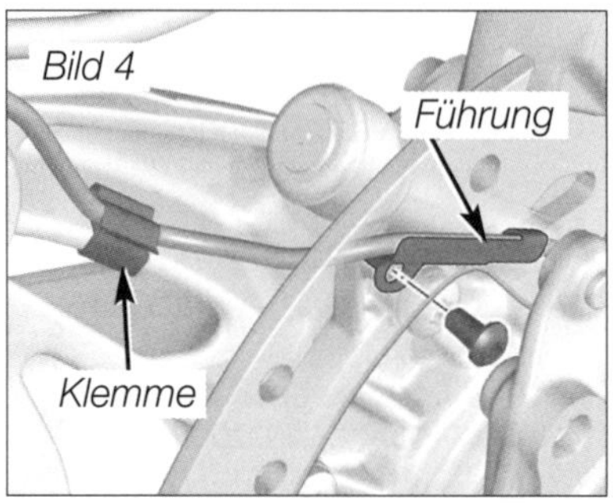

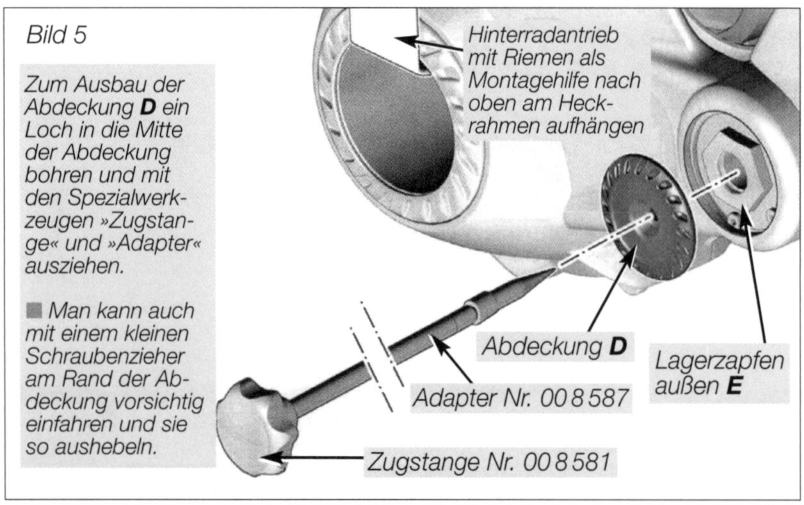

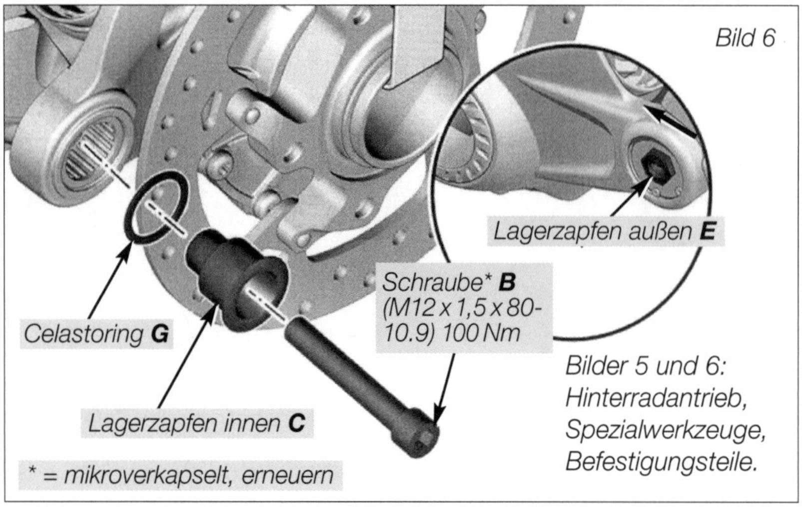

Bilder 5 und 6: Hinterradantrieb, Spezialwerkzeuge, Befestigungsteile.

Hinterradantrieb abbauen

1. Hinterrad ausbauen.
2. Bremssattel abschrauben, Bremssattel mit Gummiband am Heckrahmen aufhängen.
3. Bild 3: Raddrehzahl- bzw. ABS-Sensor aus Hinterradgehäuse ausbauen.
3.1. Einen passenden (!) Gummistöpsel in die Bohrung stecken, damit kein Schmutz in den Hinterachsantrieb gerät und bei Abbau bzw. Lagerung des Hinterachsantriebs kein Öl ausläuft. BMW empfiehlt dazu den »Verschlussstopfen 15 mm« Nr. 33 1 593.
■ Bild 4: Ab Baustand Februar 2011 ist das Kabel zusätzlich durch eine Klemme und eine Führung gesichert: Kabel aus der Klemme lösen.
4. Bild 5: Hinterradantrieb mit einem Riemen nach oben am Rahmenhinterteil anhängen.
5. Bild 2: Mutter ***A*** auf der Schraube der Momentstrebe am Hinterradantrieb abdrehen, mit Scheibe abnehmen, Schraube ausziehen.
5.1. Riemen langsam lösen und so den Hinterradantrieb nach unten absenken.
6. Faltenbalg abnehmen: Mit kleinem Schraubenzieher zwischen Faltenbalg und Ende der Schwinge einfahren und vorsichtig abdrücken.
Hinweis: Wenn nur die Kardanwelle gewechselt werden soll, braucht der Hinterradantrieb nicht weiter abgebaut zu werden.
7. Bild 5: Abdeckung ***D*** ausbauen.
8. Bild 6: Schraube ***B*** der Schwingenlagerung hinten lösen: Am Sechskant von Lagerzapfen außen ***E*** gegenhalten. Schraube ***B*** ausdrehen.
9. Bild 6: Lagerzapfen innen ***C*** mit Celastoring ***G*** herausnehmen.
10. Bilder 5 und 6: Lagerzapfen außen ***E*** mit BMW-Dorn (Nr. 33 2 640) oder einem Aludorn (Durchmesser max. 15 mm) ausschlagen.
11. Bild 7: Hinterradantrieb abnehmen. Distanzscheibe ***F*** aushebeln, mit O-Ring herausnehmen.
Wichtig: Hinterradantrieb nach außen ablegen. NICHT nach innen, sonst läuft Öl aus der Bohrung des Sensors aus, selbst wenn die Bohrung mit einem Gummistöpsel abgestopft ist!

Hinterradantrieb anbauen

⚠ **Achtung:** Bei Nichteinbau der Distanzscheibe ***F*** in Bild 7 wird der Hinterradantrieb an der Schwinge geklemmt! Deswegen auf korrekten Einbau der Distanzscheibe und Leichtgängigkeit der Lagerung achten!

1. Bild 7: Distanzscheibe ***F*** mit O-Ring vor das Lager im Hinterradantrieb rechts einsetzen.
2. Hinterradantrieb an der Schwinge ansetzen, Lagerbohrungen in Flucht zueinander bringen.
3. Bild 6: Celastoring ***G*** auf den Lagerzapfen ***C*** schieben.
4. Lagerzapfen innen (***C*** in Bild 6) und außen (***E*** in Bildern 5 und 6) einstecken.
5. Bild 6: Schraube ***B*** einbauen, handfest eindrehen.
6. Bild 5: Hinterradantrieb mit einem Riemen nach oben hin zum Rahmen aufhängen.
7. Schraube ***B*** in Bild 6 anziehen, am Sechskant des Lagerzapfens ***E*** in Bildern 5 und 6 gegenhalten. Anziehdrehmoment 100 Nm.
■ Schraube ist mikroverkapselt, erneuern.
8. Verzahnung am Wellenzapfen reinigen, etwas Optimoly TA an die Verzahnung geben.
9. Faltenbalg anbringen:
■ Bild 8: Kunststoffeinsätze vorne und hinten auf korrekten Sitz im Faltenbalg prüfen.
■ Sitzflächen des Faltenbalgs innen mit Staburags NBU 30 PTM einschmieren, an Gewindering des Hinterradantriebs ansetzen (Bild 7) und einrasten lassen.
10. Hinterradantrieb hochklappen, dabei Kreuzgelenk auf Wellenzapfen ansetzen und ganz aufschieben, Riemen nachziehen.
■ Faltenbalg mit Zapfen in Bohrung in Schwinge einrasten lassen.
11. Momentstrebe hinten einbauen:
■ Schraube durchstecken, Scheibe aufschieben, neue Mutter aufdrehen, mit 42 Nm festziehen.

Restliche Teile anbauen:
■ O-Ring in der Bohrung für den ABS-Raddrehzahl-Sensor kontrollieren, ggf. erneuern, etwas Fett daran geben.

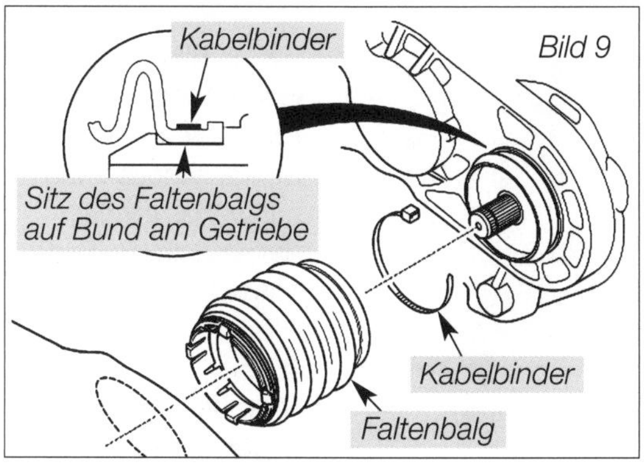

■ ABS-Sensor in Hinterradantriebsgehäuse einstecken, Schraube mit 5 Nm festziehen, Sensorkabel einclipsen.
■ Bremssattel anbauen: Kapitel 6 »Bremsen«.
■ Hinterrad einbauen: Kapitel 5 »Räder«.

Kardanwelle ausbauen, prüfen, einbauen

Die Kardanwelle kann bei eingebauter Schwinge aus- und eingebaut werden. Sollte es bei Ihrer Maschine nicht möglich sein, die Kardanwelle mit dem breiten Schraubenzieher von der Getriebeabtriebswelle abzudrücken, wie in Punkt 3. beschrieben (Bild 10), dann bauen Sie besser die Schwinge aus, als mit dem Schraubenzieher weiter herumzuwürgen.

Kardanwelle ausbauen
1. Arbeitsschritte 1. bis 6. des Textabschnitts »Hinterradantrieb abbauen« durchführen.

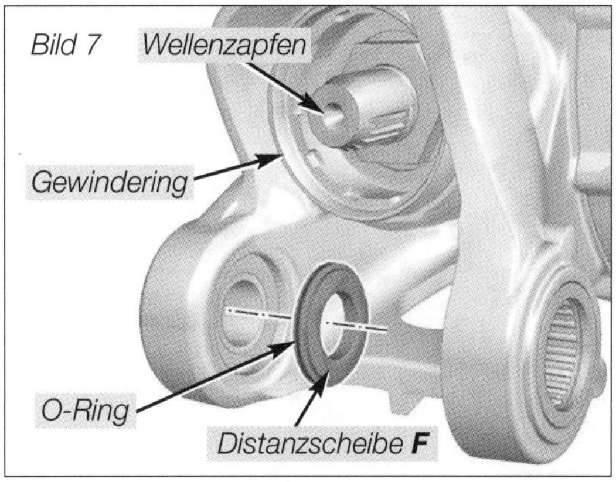

*Bild 7: Montagedetails am Hinterradantrieb und Montageposition der Distanzscheibe **F**.*

Bild 8: Hinterer Faltenbalg mit Anbauteilen.

Bild 9: Kabelbinder des Faltenbalgs am Getriebeausgang.

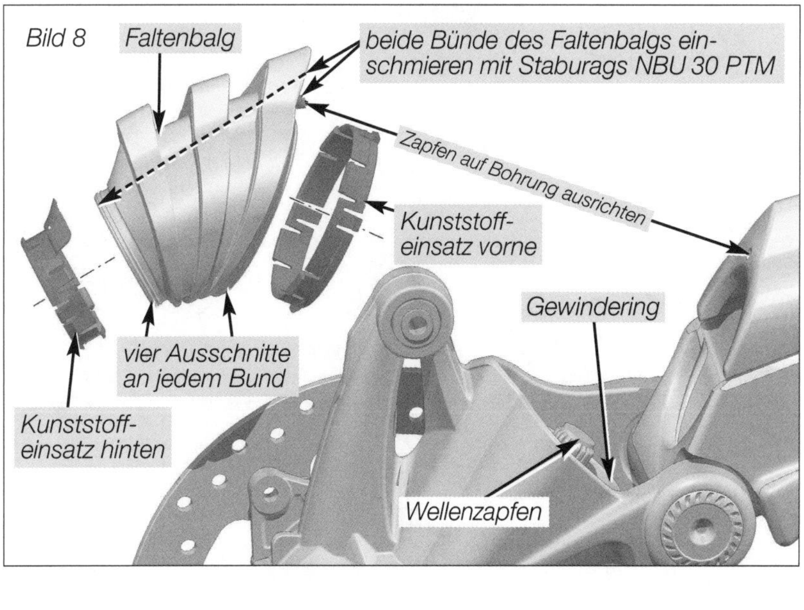

Bilder 10, 11 und 12:
■ Kreuzgelenk abdrücken (Bild 10)
■ kontrollieren (Bild 11)
■ aufdrücken (Bild 12).

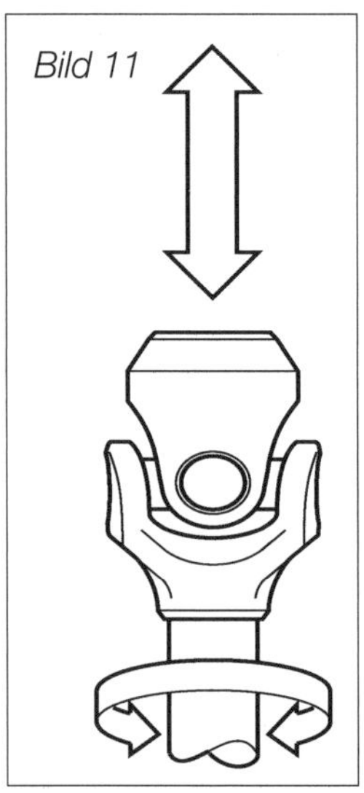
Bild 11

2. Bild 9: Kabelbinder am Faltenbalg durchknipsen. Mit einem breiten Schraubenzieher den Faltenbalg vom Getriebegehäuse abschieben.
3. Bild 10: Schraubenzieher in das Kreuzgelenk einfahren und dieses von der Getriebeausgangswelle abdrücken.
4. Kardanwelle nach hinten aus der Schwinge herausziehen.
5. Bild 11: Kreuzgelenke der Kardanwelle kontrollieren: Vorder- und Hinterteil des Kreuzgelenks gegeneinander (»radial«) verdrehen sowie axial auseinanderziehen und zusammendrücken. Jedes Kreuzgelenk hat ganz leicht »Luft« in alle Richtungen, weil auch neue Lager einen Hauch Spiel haben – deswegen ist die Bewertung des Spiels Erfahrungssache (BMW-Meister fragen!).

Hinweis: Defekte Nadellager in den Kreuzgelenken können zwar repariert werden, wir empfehlen jedoch, bei defekten Lagern eine komplett neue Kardanwelle einzubauen.

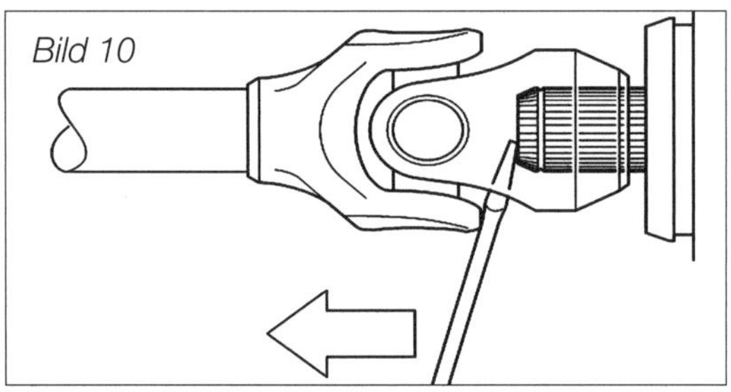
Bild 10

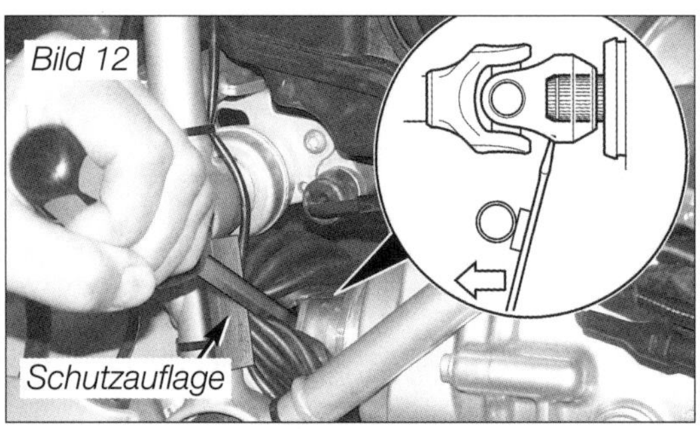

Bild 12

Kardanwelle einbauen

1. Innenverzahnung der Kardanwelle schmieren mit Optimoly TA.
2. Kardanwelle von hinten in Schwinge schieben.
3. Kreuzgelenk auf Getriebeausgangswelle ansetzen, aufschieben bis Widerstand spürbar wird.
4. Bild 12: Mit einem breiten Schraubenzieher das Kreuzgelenk aufdrücken, bis es einrastet.
5. Bild 9: Sitzfläche des vorderen Faltenbalgs mit Staburags NBU 30 PTM einfetten, Faltenbalg auf Bund am Getriebegehäuse schieben und den Faltenbalg mit einem neuen Kabelbinder sichern.
6. Weiter mit den Arbeitsschritten ab 8. aus dem Textabschnitt »Hinterradantrieb anbauen«.

Schwinge aus- und einbauen

Wichtig: Zum Festziehen des Schwingenzapfens und seiner Kontermutter werden die BMW-Spezialwerkzeuge »Inbusschlüssel« (Nr. 33 6 642) und »Spezialnuss« (Nr. 33 6 641) benötigt (Bild 14). Werden diese Werkzeuge nicht benutzt, besteht die Gefahr, dass sich der Lagerzapfen beim Festziehen (»Kontern«) der Bund-Kontermutter (145 Nm) verdreht und sein vorgeschriebenes Anziehdrehmoment von 7 Nm überschritten wird, was auf Dauer gesehen zu Beschädigung der Kegelrollenlager führen wird.

Hinterradschwinge ausbauen

Hinterradantrieb ausbauen wie im Text weiter vorne beschrieben. Kardanwelle kann eingebaut bleiben.
1. Bild 9: Kabelbinder am vorderen Faltenbalg durchknipsen, Faltenbalg vom Getriebegehäuse abschieben.
2. Federbeinschraube ausbauen: Rechtes Teil der Schwinge, in die das Gewinde der Federbeinschraube eingeschnitten ist (»***X***« in Bild 16), mit Heißluftföhn auf ca. 80 °C erwärmen, Schraube lösen und ausdrehen (siehe dazu Kapitel 7 »Federung · Dämpfung«).

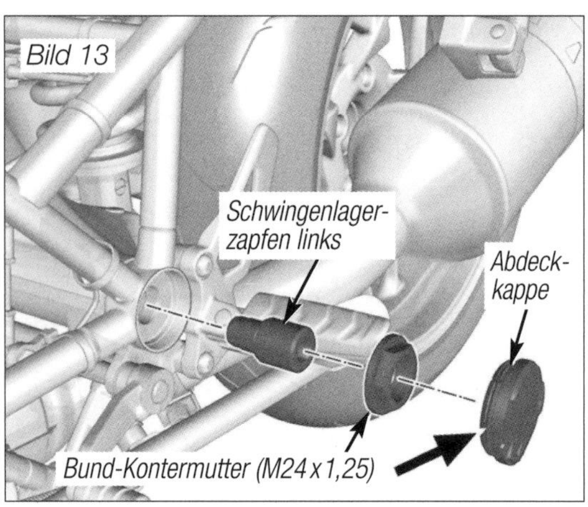

Bild 13

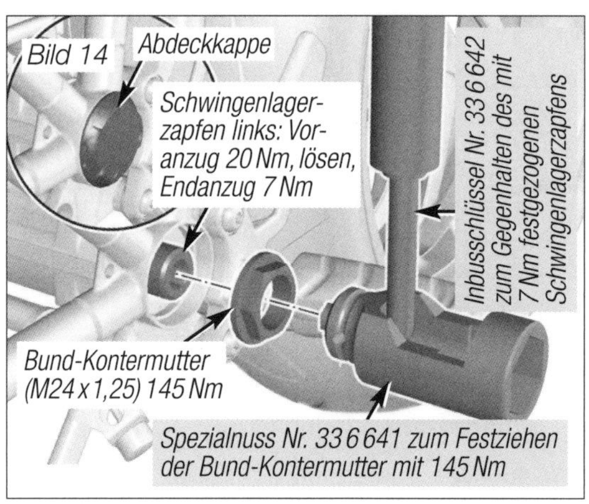

Bild 14

Bilder 13 und 14: Spezialwerkzeuge für Lagerzapfen links.

3. Bild 15a: Im Lagerzapfen des rechten Schwingenlagers die mittlere und äußeren Schrauben ausdrehen.
4. Bild 16: Am Schwingenlager der linken Seite die Abdeckkappe aushebeln.
4.1. Bund-Kontermutter lösen und abschrauben.
4.2. Lagerzapfen mit Inbusschlüssel lösen und ausdrehen.
5. Bild 15b: Am Lagerzapfen rechts das Spezialwerkzeug »Zugstange« (Nr. 00 8 581) mit »Schlaggewicht« (Nr. 00 8 582) in Gewindebohrung im Lagerzapfen einschrauben.
5.1. Schwinge etwas anheben, Lagerzapfen ausziehen.
6. Schwinge nach hinten herausnehmen.

8.2. Lagerzapfen lösen.
8.3. Wieder festziehen mit 7 Nm.
8.4. Bund-Kontermutter mit 145 Nm festziehen. Dazu die BMW-Spezialwerkzeuge benutzen, die in Bild 14 mit ihren Bestellnummern gezeigt und beschrieben sind.
■ Jetzt die Beweglichkeit der Schwingenlager prüfen, die Schwinge muss sich leicht und ohne zu hakeln nach oben und unten bewegen lassen. Lager müssen leichtgängig und spielfrei sein.
9. Abdeckkappe eindrücken.
10. Restliche Teile anbauen. Einbau des Federbeins siehe Kapitel 7 »Federung · Dämpfung« und Einbau Hinterrad Kapitel 5 »Räder«.

Bilder 15a und 15b: Die Spezialwerkzeuge »Zugstange« und »Schlaggewicht« kann man selbst machen aus einer langen M6-Schraube (wird »Zugstange«) und einem kinderfaustgroßen Eisenstück (wird »Schlaggewicht«).

Hinterradschwinge einbauen

1. Sitzflächen des vorderen Faltenbalgs mit Staburags NBU 30 PTM einfetten, Faltenbalg auf Bund am Getriebegehäuse schieben (Bild 9).
2. Schwinge über Kardanwelle schieben.
3. Kunststoffring des Faltenbalgs in Schwinge drücken, dabei auf korrekten Sitz von Kunststoffring und Faltenbalg achten.
4. Lagerzapfen gut mit Optimoly TA einschmieren.
5. Schwinge ausrichten, rechten Lagerzapfen eindrücken.
6. Linken Lagerzapfen einschrauben.
7. Rechten Lagerzapfen mit den M6 x 16-Schrauben festschrauben, Anziehdrehmoment 9 Nm.
7.1. Schraube M6 x 8 in mittlere Gewindebohrung eindrehen, mit 9 Nm festziehen.
8. Bild 14: Linken Lagerzapfen festziehen und kontern:
8.1. Voranzug des Lagerzapfens 20 Nm.

Bild 15a

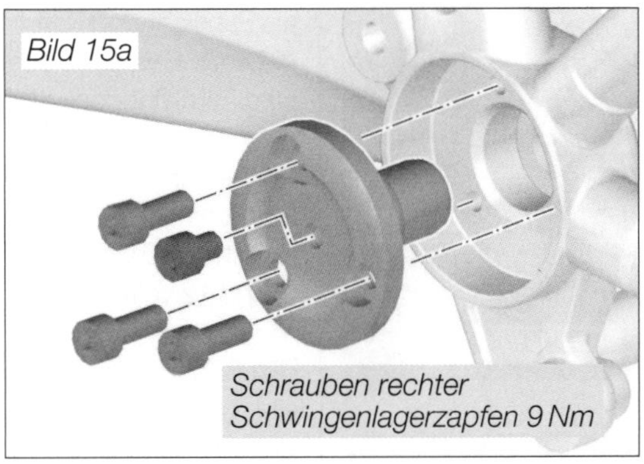

Bild 15b

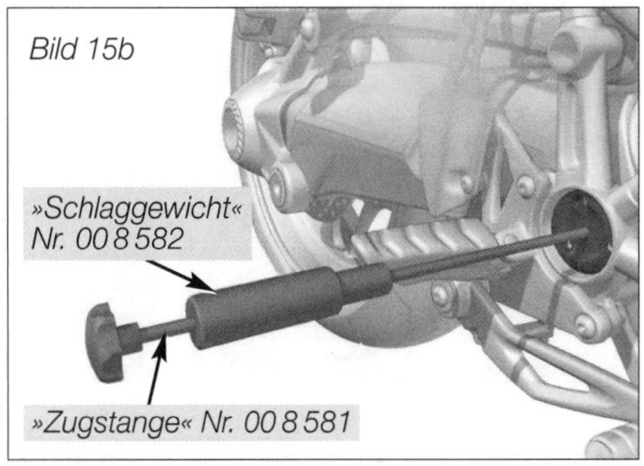

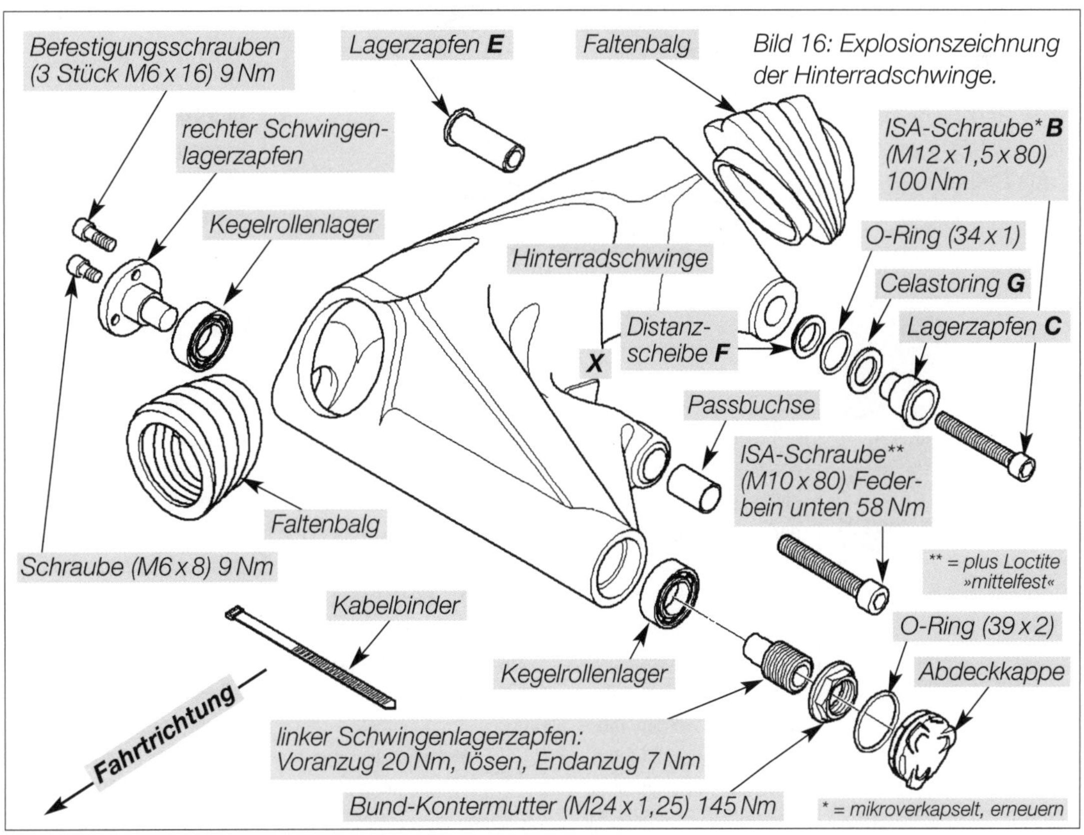

Bild 16: Explosionszeichnung der Hinterradschwinge.

Licht · Blinker · Hupe

In diesem Kapitel: Lichtanlage kontrollieren · Reservelampen · Scheinwerfereinstellung prüfen, korrigieren · Lampen wechseln in Scheinwerfer, Standlicht, Blinker, Rück-/Bremslicht · Leuchteinheit innen feucht? · Scheinwerfer und Blinker ab- und anbauen · Lichthupe · Hupe · Instrumenteneinheit.

Bilder 1a und 1b: Scheinwerfer und serienmäßige vordere Blinker in Bild 1a; die schlanken LED-Nachrüstblinker sind in Bild 1b.

Bild 2: »Normale« hintere Blinker und kombiniertes Rück-/Bremslicht.

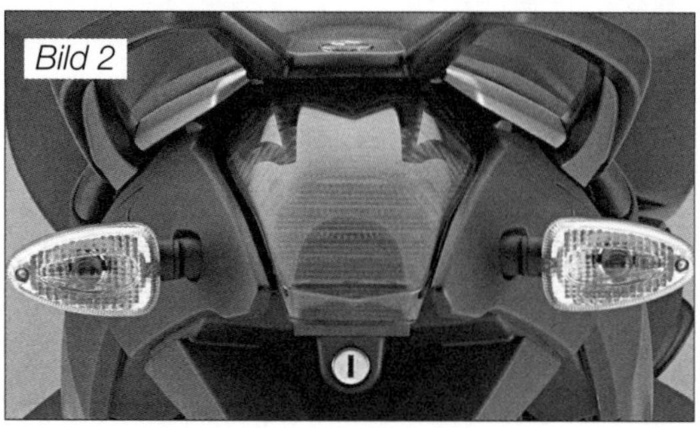

■ *Bei Nachrüstung auf LED-Blinker muss das Steuergerät umprogrammiert werden.*

Lichtanlage

Die Kontrolle der Beleuchtungs- und Signalanlage ist keine periodische Wartungsarbeit starr nach Wartungsplan, sondern gehört zu den sicherheitsrelevanten Tätigkeiten, die vom Fahrer regelmäßig selbst durchgeführt werden sollten. Ein Check der Beleuchtung ist schnell gemacht. Aufwand und Nutzen stehen in günstiger Relation und bringen ein unverzichtbares Maß an Sicherheit.

Die R 1200 R hat einen runden Scheinwerfer (Bild 1a) mit drei Lampen, je eine für Standlicht, Abblend- und Fernlicht:

■ Das Abblendlicht brennt bei laufendem Motor als Fahrlicht und kann nicht abgeschaltet werden.

■ Durch Betätigen des linken Lenkerschalters wird Fernlicht dem Abblendlicht zugeschaltet.

Die beiden Halogenlampen für Abblend- und Fernlicht sind gleich: H11, 12 Volt/55 Watt. Rechts unten im Scheinwerfer die Standlichtlampe 12 Volt/5 Watt.

Bild 2: Das kombinierte Rück-/Bremslicht hat eine Lampe mit 12 Volt, 21/5 Watt. Das Nummernschild wird über das durchsichtige, farblose, untere Feld des Rück-/Bremslichtes beleuchtet. Als Sonderausstattung ist auch eine LED-Heckleuchte erhältlich.

Vier Blinker mit je einer 12 Volt/10 Watt-Lampe komplettieren die Lichtanlage. Als Sonderausstattung ab Werk oder zum Nachrüsten sind schlanke Blinker mit je zwei LED-Leuchtdioden erhältlich (Bild 1b).

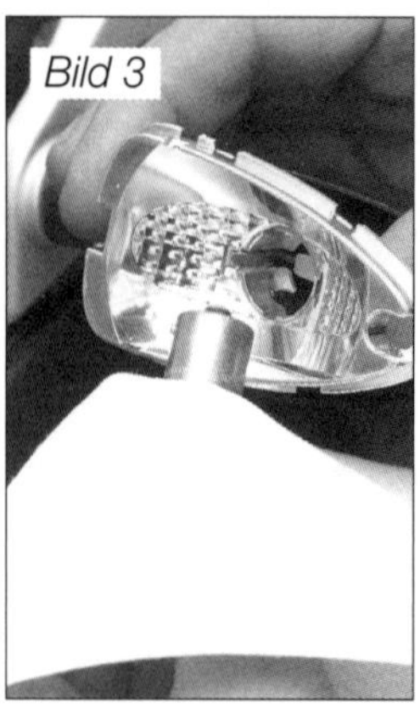

Bild 3: Lampe am Glas nur mit einem sauberen Tuch anfassen.

Sicherheitshinweise ⚠ Achtung und ☞ Tipps

☞ Wenn Sie an einer roten Ampel zufällig vor einem Schaufenster stehen und Ihr Spiegelbild darin betrachten, betätigen Sie abwechselnd die Hand- und Fußbremse und checken das Bremslicht.

⚠ Wenn Lampen ersetzt werden, müssen grundsätzlich Motor und Zündung ausgeschaltet sein! Dies gilt auch für alle anderen Arbeiten an der Lichtanlage.

⚠ Brennende Halogenlampen werden bis einschließlich Metallsockel sehr heiß. Bevor eine Lampe herausgenommen wird, immer sicherstellen, dass sie genügend abgekühlt ist.

☞ Beim Einbau einer Lampe unbedingt Folgendes beachten:

■ Steckkontakte und Glaskörper einer Lampe nicht mit bloßen Fingern anfassen! Sonst setzen sich Hautfette ab und brennen sich ins Glas ein, was Leuchtkraft und Lebensdauer mindert.

■ Bild 3: Lampe immer nur mit einem sauberen Lappen in die Hand nehmen.

■ Schmutz oder Fingerabdrücke mit Spiritus und fusselfreiem Tuch abwischen!

☞ Halten Sie die Gläser der Lampen möglichst sauber und fettfrei. Eine Reinigung unterwegs an der Tankstelle mit Wasser und Schwamm wirkt Wunder und sichert die volle Leuchtkraft des Scheinwerfers. Bei Reisen in ferne Länder und entlegene Gebiete nehmen Sie genügend Reservelampen mit, auch H7-Lampen gibt es nicht überall.

Reservelampen

Es ist sehr sinnvoll, ein Set Reservelampen mitzuführen, damit man beim Ausfall einer Lampe eine neue einbauen kann, was speziell bei einer Nachtfahrt von großem Vorteil ist. Folgende Lampen sollte man an Bord haben:

- 1 Lampe H11, 12 Volt/55 Watt für Abblend- oder Fernlicht
- 1 Lampe 12 Volt, 21/5 Watt für das Rück-/Bremslicht
- 2 Lampen 12 Volt/10 Watt für die Blinker

Reservelampen in eine stoßsichere, mit Schaumstoff ausgepolsterte kleine Box packen und unter der Sitzbank verstauen. Die Kontrolllampen bzw. LED im Armaturenbrett und in den Nachrüstblinkern gehen praktisch nie kaputt.

Scheinwerfereinstellung

Prüfung und ggf. Einstellung des Scheinwerfers müssen bei korrektem Reifenluftdruck vorgenommen werden. Besonders eine Zuladung mit zwei Personen und großem Gepäck hat wesentlichen Einfluss auf die Leuchtweite, weil die Maschine hinten tiefer in die Federung sinkt als vorne. Vor einer Urlaubsfahrt sollte die Leuchtweite mit der Urlaubs-Beladung kontrolliert und ggf. angepasst werden, um eine Blendung des Gegenverkehrs zu vermeiden.

Auch die Federbeineinstellung beeinflusst die Höhe des Hecks und damit die Leuchtweite, was aber meist innerhalb der Einstelltoleranz ist. Doch spätestens beim Einbau eines anderen Federbeins sollte die Scheinwerfereinstellung kontrolliert und ggf. neu justiert werden.

Fachbegriff »Vertikale Einstellung«: Lichtstrahl mehr oder weniger nach oben oder unten (»Leuchtweite«), Straße wird weiter oder weniger weit ausgeleuchtet. Grundeinstellung siehe Bild 5.

Auswirkungen:

- **Zu *niedrig* eingestellter Lichtstrahl:** Fahrer verliert entscheidende Meter an Sichtweite.
- **Zu *hoch* eingestellter Lichtstrahl:** Motorrad wird zum gefährlichen Blender – und zwar sowohl für den Gegenverkehr als auch für den Vorausfahrenden: Eine Blendung erfolgt über Spiegel und, bei Autos, ganz besonders über den Innenspiegel.

Fachbegriff »Horizontale Einstellung«: Lichtstrahl mehr oder weniger nach rechts oder links, Straßenoberfläche und Straßenrand werden mehr oder weniger hell ausgeleuchtet.

Auswirkungen:

- **Zu *weit nach links* eingestellter Lichtstrahl:** Gegenverkehr kann geblendet werden, auch wenn die vertikale Einstellung stimmt.
- **Zu *weit nach rechts* eingestellter Lichtstrahl:** »Licht schielt«, die Straße vor der Maschine wird zu wenig ausgeleuchtet, der Straßengraben dafür umso mehr.

Scheinwerfereinstellung prüfen

1. Bild 5: Motorrad mit sitzendem Fahrer (85 kg) in 10 Metern Abstand vor einer Wand aufstellen. Der Boden sollte eben sein, Maschine steht auf den Rädern, Fahrer stützt sich mit den Füßen ganz leicht auf dem Boden ab.

Bilder 4a, 4b, 4c und 4d: Scheinwerferbefestigung, Scheinwerfer, eingekreist sind die Befestigungsschrauben, mit denen der Scheinwerfer auch horizontal und vertikal eingestellt wird.

*Bild 5: Schemazeichnung des Aufbaus zur Scheinwerfereinstellung. **H** = Mitte des Scheinwerfers, **X** = 15 cm.*

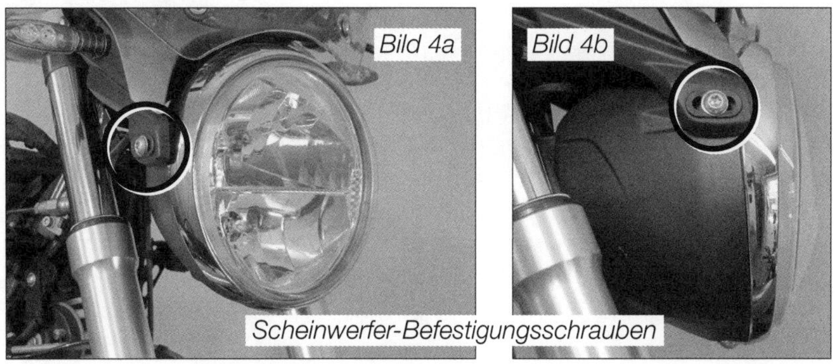

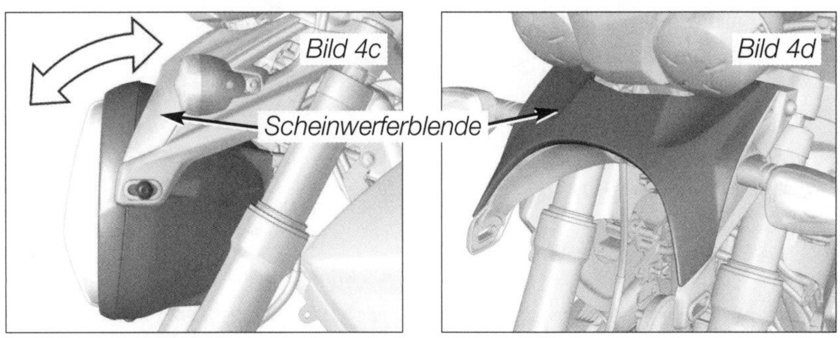

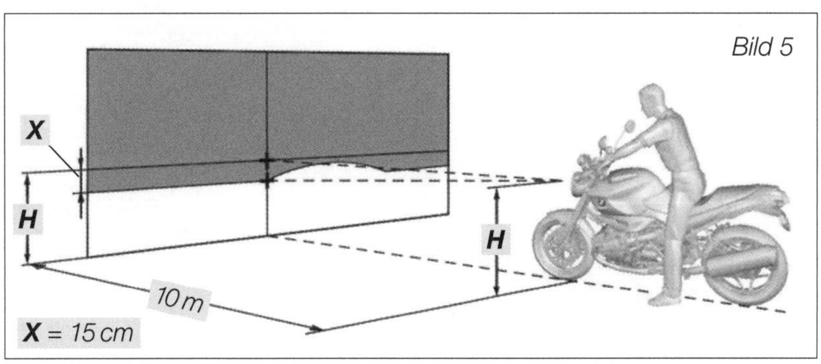

2. »***H***« inBild 5: Abstand vom Boden bis zur Mitte des Scheinwerfers messen. Dieses Maß mit einem Kreidekreuz auf die Wand übertragen.
3. »***X***« in Bild 5: Unter dieses Kreuz im Abstand von 15 cm ein weiteres Kreuz anzeichnen.
4. Motor starten und darauf achten, dass das Abblendlicht eingeschaltet ist: Die Hell-/Dunkelgrenze soll in der Mitte des unteren Kreuzes beginnen, bis zur Höhe des oberen Kreuzes nach rechts ansteigen und dann wieder abfallen.

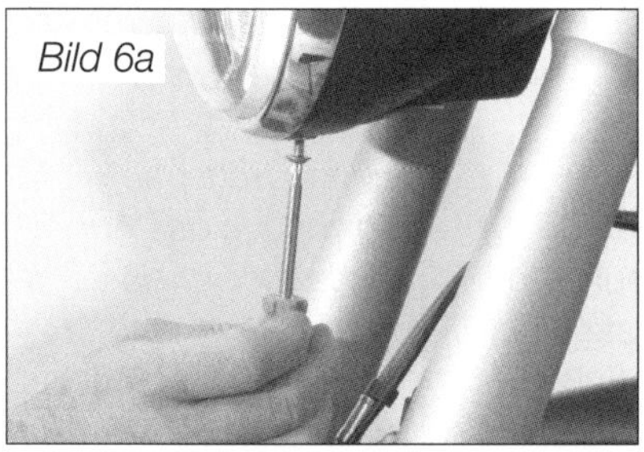
Bild 6a

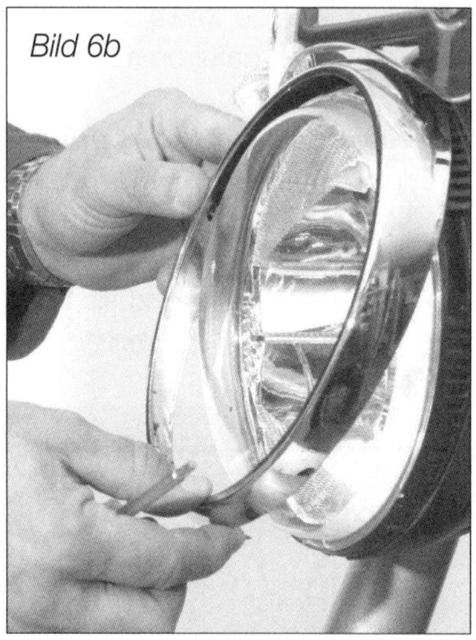
Bild 6b

Bild 6c

Bilder 6a bis 9: Wechsel der Scheinwerferlampen.

■ Zum Ausbau der Lampen runden Zierring abbauen.

■ Lampen für Fern- und Abblendlicht mit flacher Seite am Sockel nach unten einbauen (Bild 9).

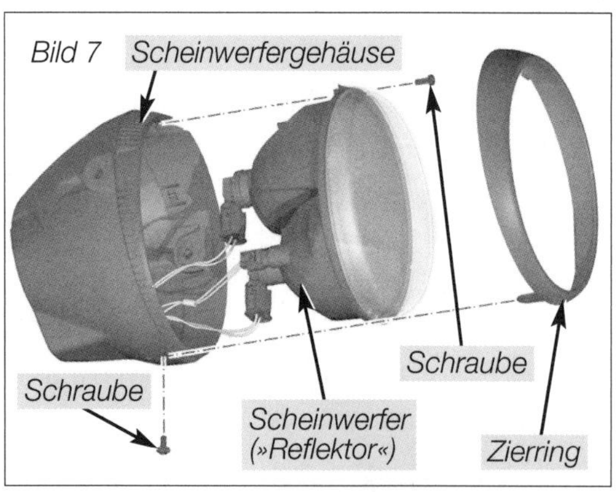

Bild 7

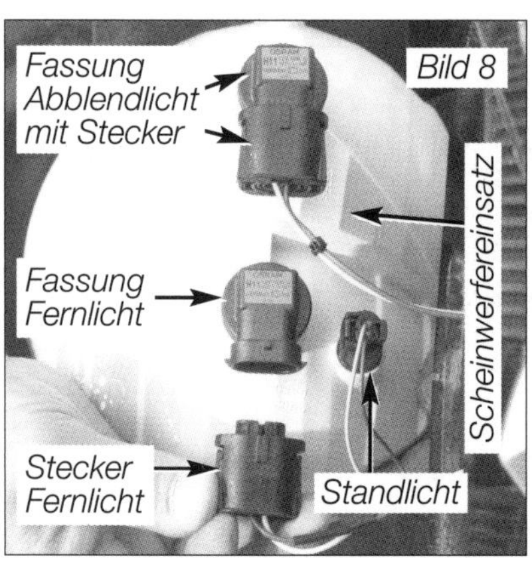

Bild 8

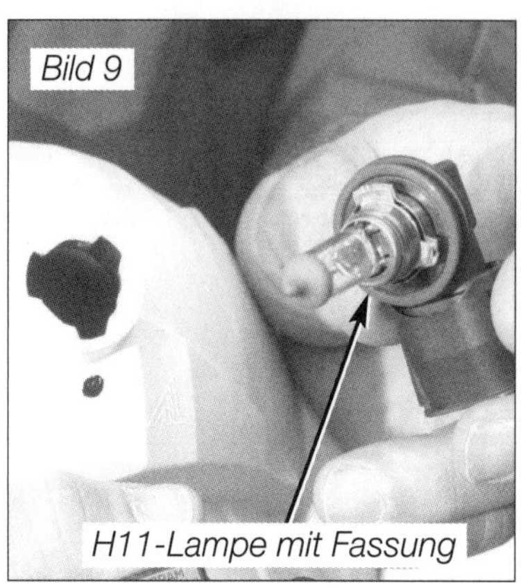

Bild 9

Scheinwerfereinstellung korrigieren
1. Wenn sich bei der Prüfung der Scheinwerfereinstellung herausstellt, dass der Lichtkegel zu weit nach unten oder oben strahlt, muss die Einstellung korrigiert werden.
2. Bilder 4a und 4b: Der Scheinwerfer kann über die beiden Befestigungsschrauben der Lampe vertikal und horizontal eingestellt werden.
■ Das vorgeschriebene Anziehdrehoment beträgt 8 Nm = »handfest«.
3. Vertikale Einstellung: Schrauben lösen, Scheinwerfer nach oben oder unten verdrehen, Licht leuchtet weiter oder weniger weit.
3.1. Wenn die Einstellung stimmt: Schrauben festziehen.
4. Horizontale Einstellung: Schrauben lösen, Scheinwerfer etwas nach links oder rechts bewegen, Lichtstrahl wird entsprechend nach rechts oder links verstellt.
4.1. Schrauben festziehen.

Lampen wechseln

Lampen wechseln
Für Abblend- und Fernlicht sind die selben Lampen verbaut: Halogen H11, 12 Volt 55 Watt. Zum Ausbauen wird ein Torxschraubenzieher T25 benötigt.

1. Bilder 6a und 7: Schraube unten im verchromten Zierring ausschrauben.
1.1. Bilder 6b und 7: Zierring abnehmen.
2. Bilder 6c und 7: Schraube oben im Scheinwerfer entfernen, Reflektor herausziehen.
3. Bild 8: Sicherungsriegel rechts und links im Stecker gleichzeitig eindrücken, Stecker gleichzeitig abziehen.
4. Bild 9: Lampenfassung etwas nach links bis zum Anschlag drehen und herausziehen.
Hinweis: Je nach Baustand der R 1200 R gibt es H11-Lampe und Fassung als getrennte Bauteile, die Lampe ist in die Fassung eingesetzt. Bei den meisten H11-Ersatzlampen ist die Fassung fest an der Lampe angebracht, beide Teile sind damit also ein gemeinsames Bauteil.

Einbau in umgekehrter Reihenfolge, dabei auf Folgendes achten:
1. Lampe mit Fassung in den Reflektor einstecken und nach rechts drehen, bis sie einrastet.
2. Bild 8: Stecker aufstecken.
2.1. Der Stecker mit dem braunen und gelben Kabel ist für die obere Lampe und damit das Abblend- bzw. Fahrlicht.
2.2. Der Stecker mit dem braunen und weißen

Kabel ist für die untere Lampe, also Fernlicht.
3. Reflektor passgenau in das Scheinwerfergehäuse einsetzen, obere Schraube eindrehen und gefühlvoll festziehen (Bild 6c).
4. Zierring korrekt aufsetzen (Bild 6b) und mit der unteren Schraube befestigen (Bild 6a).

Standlichtlampe (12 Volt/5 Watt)
Die Standlichtlampe sitzt rechts neben der Fernlichtlampe:
1. Komplette Fassung mit Standlichtlampe herausziehen.
■ Wenn es etwas schwer geht, an der Fassung leicht wackeln und das Gummi zusammendrücken.
2. Lampe aus der Fassung ziehen.

■ Einbau in umgekehrter Reihenfolge. Auf die Fassung etwas Silikonpaste geben, dann rutscht sie leichter ein.

Blinklampen (12 Volt/10 Watt)
Alle Blinklampen werden auf die gleiche Art und Weise gewechselt:
■ Bilder 10 und 11a: Schraube außen am Blinkergehäuse ausdrehen, Blinkerglas abnehmen.
■ Bild 11b: Blinklampe hat einen Bajonettverschluss, dieser unter leichtem Druck mit einer Vierteldrehung nach links lösen, dann kann man die Lampe herausziehen.

Beim Zusammenbau bitte beachten:
■ Schraube des Blinkerglases nicht zu stark anziehen, sonst reißt das Glas.
■ Wenn die BMW R 1200 R mit LED-Blinkern ausgestattet ist, muss man beim Ausfall einer Leuchtdiode den kompletten Blinker austauschen (siehe Textabschnitt »Blinker ab- und anbauen« später in diesem Kapitel).

Rück-/Bremslichtlampe (12 Volt 21/5 Watt)
1. Zum Ausbau des Rücklichts zuerst die mittlere Heckabdeckung abbauen (siehe Bild 12 und Kapitel 3 »Spiegel · Tank · Rahmen«).
2. Bilder 13 und 14: Die jetzt von oben zu sehende Schraube ausdrehen.

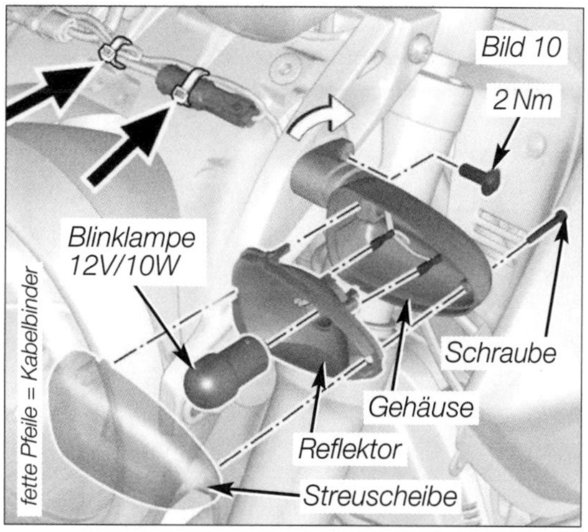

Bilder 10, 11a und 11b: Blinklampe wechseln. Lampe am Glas nur mit einem sauberen Tuch anfassen.

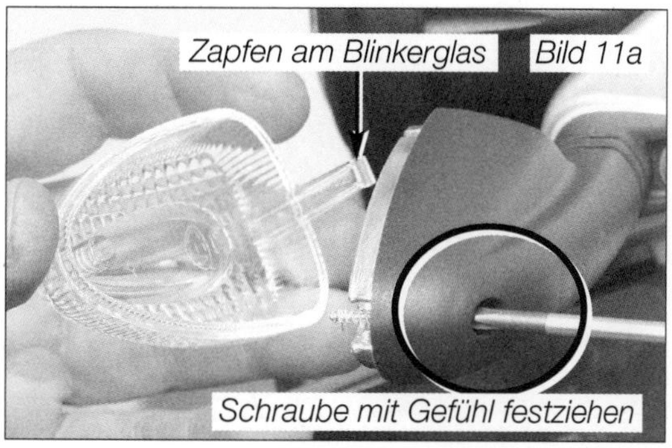

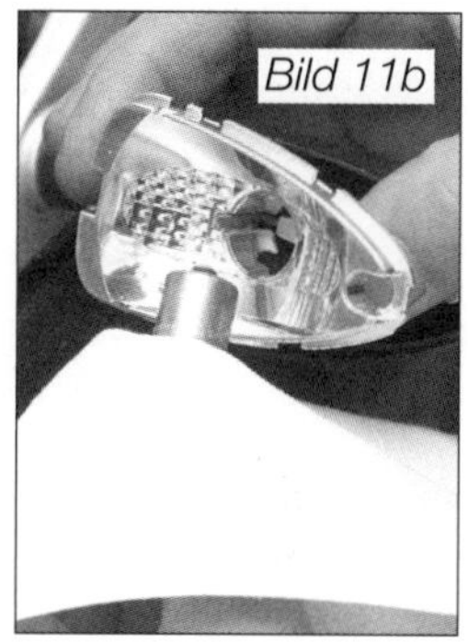

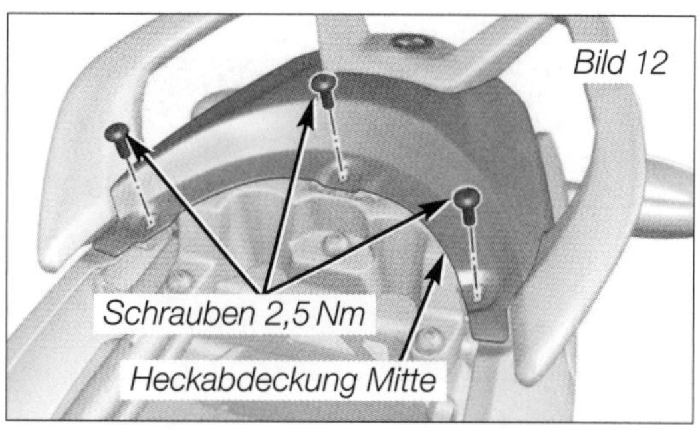

Bilder 12 bis 15: Aus- und Einbau der Rück-Bremslichtlampe.

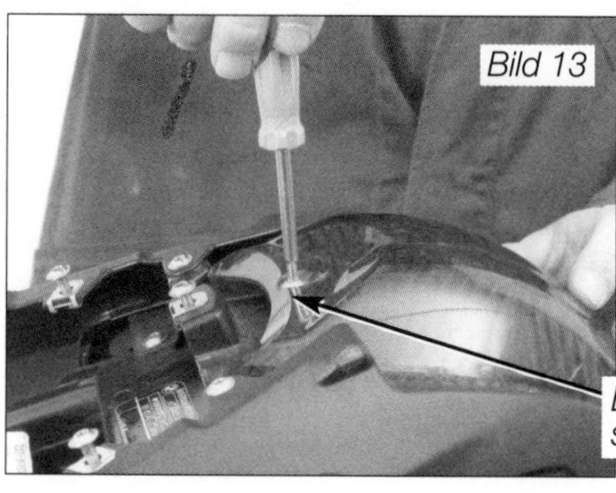

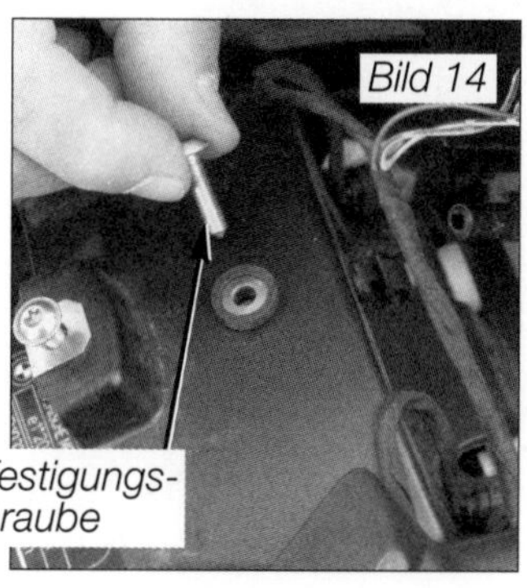

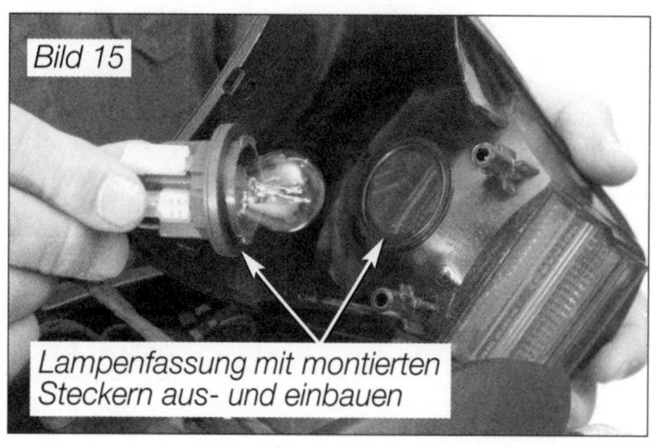

3. Bild 16a: Das Rücklichtgehäuse etwas hin und her bewegen, damit sich die Gummis von den Haltestiften lockern, Rücklicht nach hinten abziehen. **Hinweis:** Die Stecker nicht abziehen.
4. Bild 15: Lampenfassung 1/4 Umdrehung nach links drehen, ausziehen. Lampe wechseln.
■ Lampe hat Bajonettverschluss (siehe Blinklampe).

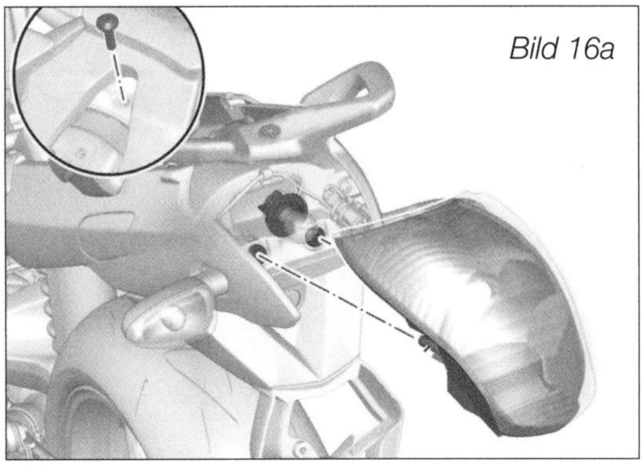
Bild 16a

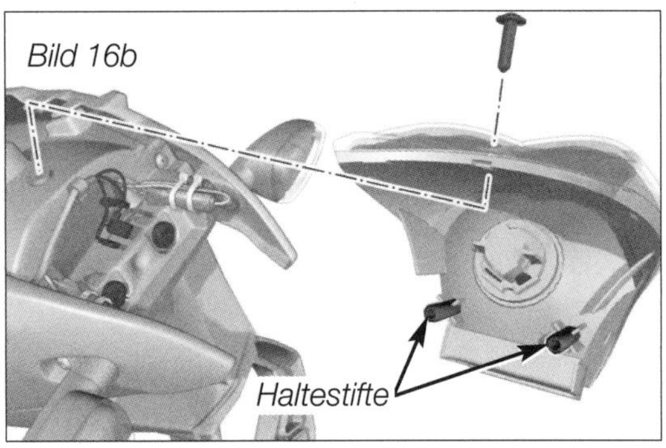

Bild 16b

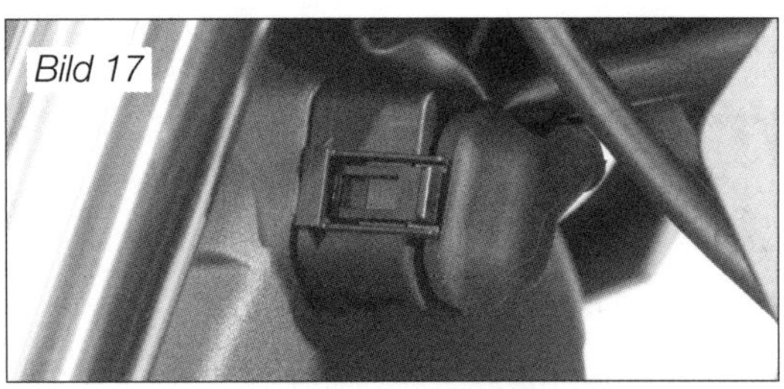
Bild 17

Bilder 16a bis 18b: Im Lauftext sind die zu den Bildern gehörenden Arbeitsschritte nummeriert beschrieben.

■ Zu Bild 18b: Scheinwerferblende abziehen.

Beim Zusammenbau in umgekehrter Reihenfolge bitte beachten:
■ Bilder 16a und 16b: Haltestifte am Rücklichtgehäuse vorsichtig bis zum Anschlag in die Gummis einschieben.
■ Schraube gefühlvoll festziehen: Gummimutter dabei von unten mit zwei spitzen Fingern festhalten, sie dreht sich meistens mit.

Leuchteinheit innen feucht?

Feuchtigkeit in Blinker sowie Rück-/Bremslicht entsteht normalerweise nicht, weil die Gehäuse belüftet sind. Wenn jedoch die Belüftungsschlitze verdreckt oder verstopft sind, beschlagen die Gläser von innen durch Schwitzwasser: Dieses bildet sich, wenn die Lampe brennt, deswegen heiß ist und am Ende der Fahrt beim Ausschalten des Lichts wieder abkühlt. Schwitzwasser ist gefährlich, denn es kriecht in jede Ritze und sorgt für Korrosion der Kontakte: Im Laufe der Zeit wird das Licht immer dunkler und erlischt schließlich ganz, obwohl die in die Fassung eingesteckte Lampe nicht defekt ist.

Bei Schwitzwasserbefall müssen die Lampengläser abgebaut und ausgetrocknet werden. Kontrollieren Sie dann auch, ob die Entlüftung der Leuchte frei ist:
■ Im unteren Rand der Blinkergehäuse sind kleine Entlüftungsbohrungen: Wenn diese zugesetzt sind, sorgfältig reinigen und »freilegen«.

Scheinwerfer ab- und anbauen

Stecker an der Rückseite des Scheinwerfers abziehen (Bild 17), beide Befestigungsschrauben ausdrehen (Bild 18a), Scheinwerfer kann nach vorne abgenommen werden.

Einbau in umgekehrter Reihenfolge. Wenn man keine neuen Schrauben hat, die mikroverkapselt sind, an die Gewinde der Befestigungsschrauben je einen Tropfen Loctite »mittelfest« geben.

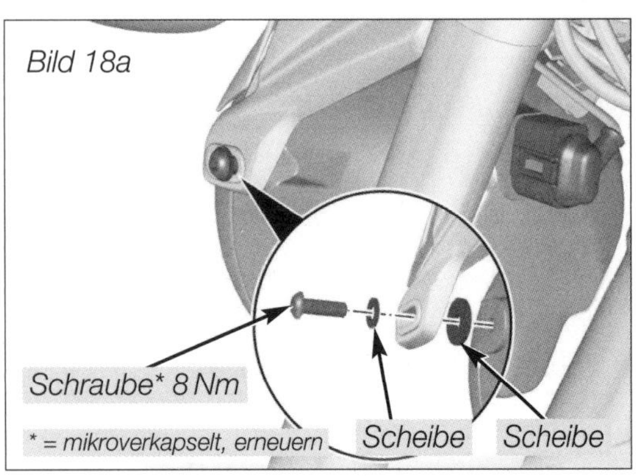

Bild 18a

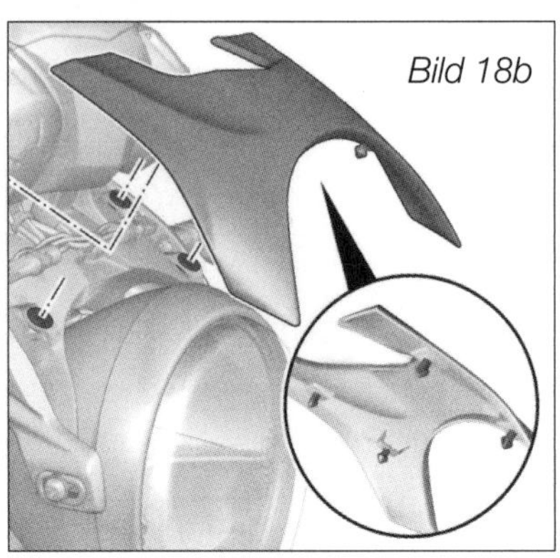
Bild 18b

Blinker ab-/anbauen

Ein Ab- und Anbau der Blinker kann nach einem Sturz oder beim Umbau auf LED-Blinker notwendig werden. Die Blinkerarme sind mit M6-Torxschrauben befestigt. Zum Abbau benötigt man einen Torxschlüssel T30.

Blinker vorne abbauen

1. Bild 18b: Scheinwerferblende abziehen.
2. Bilder 19, 20a und 20b: Kabelbinder aufknipsen, Stecker der Blinkerkabel auseinanderziehen.
3. Bild 21a: Befestigungsschraube des Blinkers lösen, Blinker um 90 Grad nach rechts drehen und aus der Bohrung ziehen.

Blinker vorne anbauen

1. Stecker und Kabel in Bohrung einführen.
2. Bild 21b: Blinkerarm in Montageposition bringen und um 90 Grad nach links drehen, Schraube eindrehen, mit 2 Nm festziehen (entspricht in etwa »mäßig handfest«).
3. Stecker zusammenstecken.
4. Kabel anlegen und mit neuen Kabelbindern befestigen.
5. Scheinwerferblende aufstecken.

Blinker hinten abbauen

1. Rücklichtgehäuse ausbauen, wie es weiter vorne in diesem Kapitel beim Lampenwechsel beschrieben ist.
2. Bilder 22a und 22b: Kabelbinder der Blinkkabel aufknipsen, Stecker lösen und trennen.
3. Schrauben lösen und ausdrehen, Blinker abnehmen, Kabel und Stecker ausziehen.

Blinker hinten anbauen

Umgekehrt zum Abbau, vergleichbar mit »vordere Blinker anbauen«, jedoch werden die Blinkerarme nur angesetzt und festgeschraubt, nicht jedoch eingedreht.

Lichthupe

Die Lichthupe wird betätigt, indem der Schalter für Abblend- und Fernlicht nach unten gedrückt wird. Das Fernlicht muss aufleuchten, solange der Schalter gedrückt bleibt.

- Falls nicht, den Schalter zur Kontrolle auf Fernlichtstellung bringen.
- Leuchtet das Fernlicht auch in dieser Stellung nicht, Lampe überprüfen, ggf. erneuern.
- Ist die Lampe in Ordnung, Kabel und Steckverbindungen kontrollieren.

Hupe

Bilder 23a und 23b: Die Hupe sitzt vorne rechts am Rahmen. Wenn sie nicht richtig funktioniert, liegt es meist an defekten Kabeln oder Steckverbindungen.

- Kabel auf Bruch und durchgescheuerte Stellen kontrollieren.

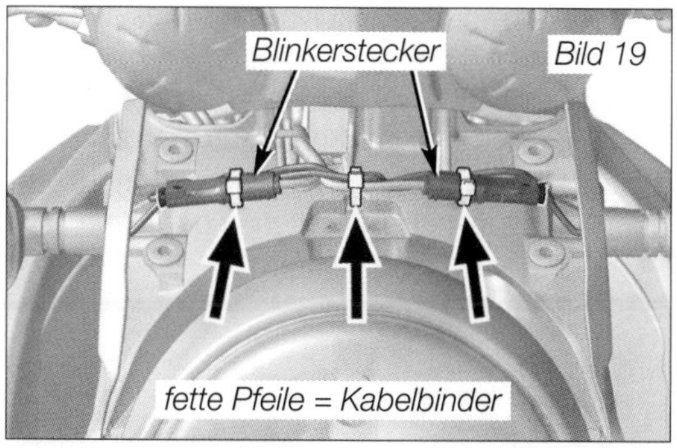

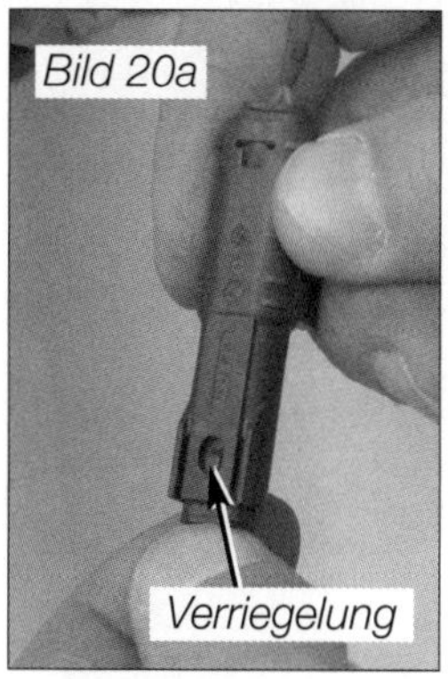

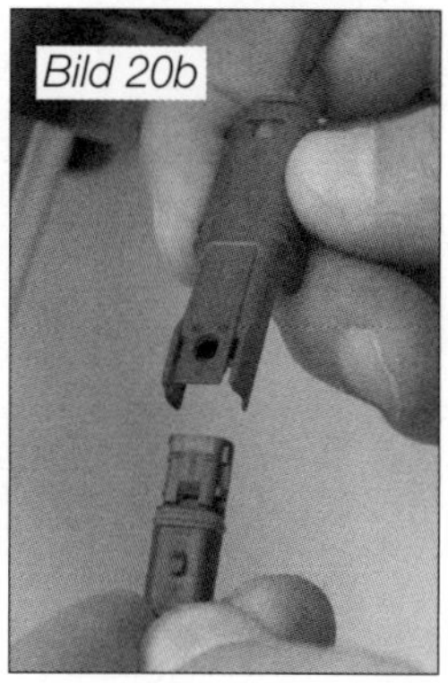

Bilder 19 bis 22b: Im Lauftext sind die zu den Bildern gehörenden Arbeitsschritte beschrieben.

- *Stecker der Blinkerkabel: Beim Ausziehen des Kabels bzw. Steckers sorgsam vorgehen. Beim Zusammenstecken muss es hörbar klicken.*
- *Anbaulage der Kabelbinder der Stecker der vorderen und hinteren Blinker und deren Kabelverlegung.*

Bilder 23a und 23b: Einbaulage der Hupe.

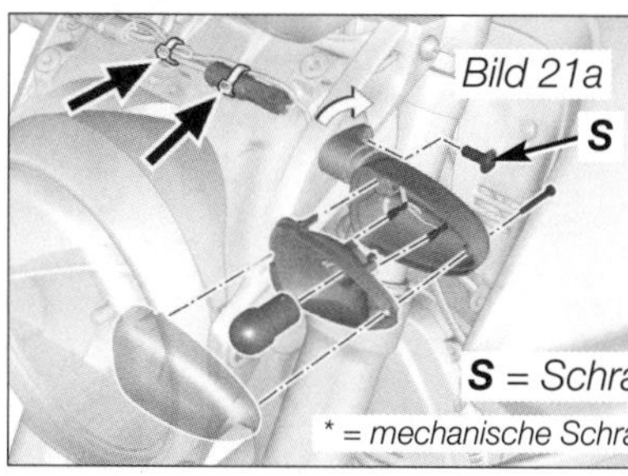

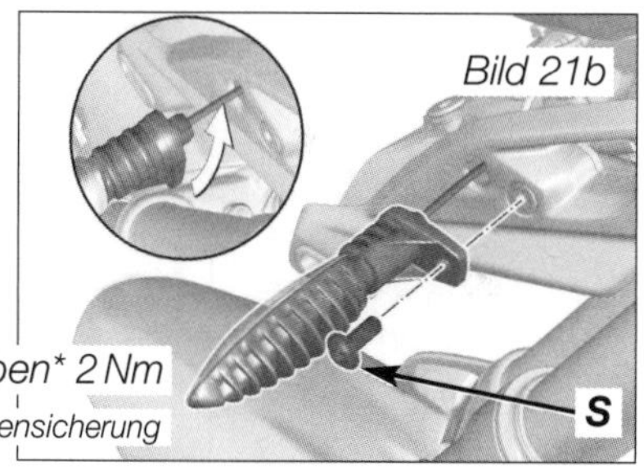

S = Schrauben* 2 Nm
* = mechanische Schraubensicherung

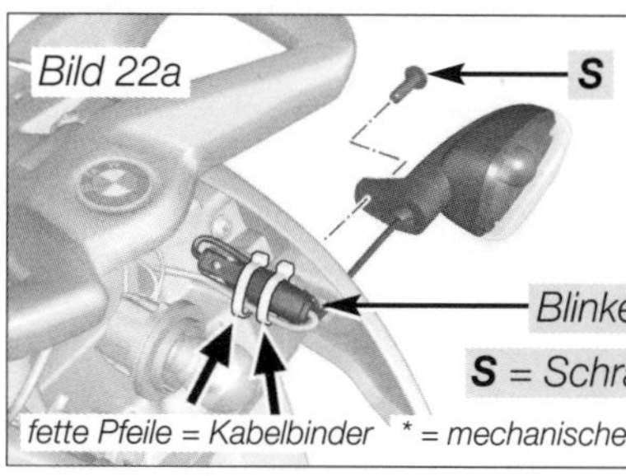

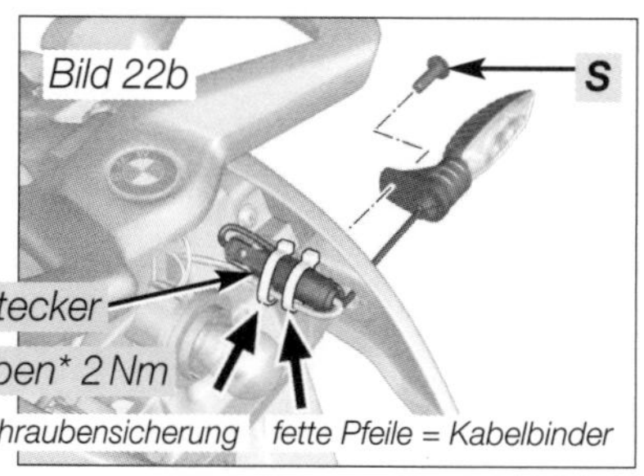

Blinkerstecker
S = Schrauben* 2 Nm
fette Pfeile = Kabelbinder * = mechanische Schraubensicherung fette Pfeile = Kabelbinder

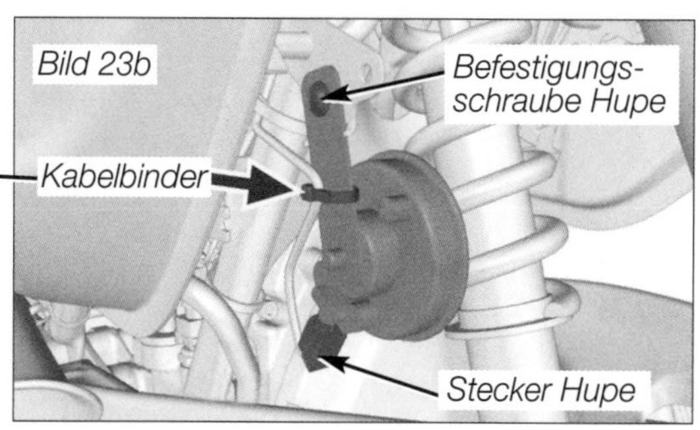

■ Steckverbindungen säubern, Kontakte mit feinem Schleifpapier von Korrosionsschicht befreien, ggf. mit Kontaktspray behandeln.
■ Steckverbindung der Hupe prüfen: Multimeter (Spannungsmesser) an kabelbaumseitige Kontakte anlegen. Bei Betätigung des Hupenschalters muss Batteriespannung anliegen.
■ Falls die Hupe trotz funktionierender Stromversorgung keinen Laut von sich gibt, Bauteil ersetzen: Stecker abziehen, Befestigungsschraube lösen und neue Hupe anbauen.

Instrumenteneinheit

Tacho und/oder Drehzahlmesser defekt?
Bild 24: Die Instrumenteneinheit kann nicht zerlegt und repariert werden. Bei einem Defekt muss das Instrument komplett ersetzt werden.

Im Bild 25 ist der Ab- und Anbau zu sehen: Nachdem die untere Abdeckung abgeschraubt ist, die drei Klammern abbauen, und dann kann die Instrumenteneinheit abgenommen werden.

In Bild 26 ist die Zerlegung der Instrumenteneinheit dargestellt und in Bild 27 sieht man die Explosionszeichnung und damit die einzelnen Bauteile.

Bild 24

Bilder 24 bis 27: Die Instrumenteneinheit ist aus verschiedenen Einzelteilen zusammengesetzt.
*■ Wenn das Bauteil »Instrument **A**« defekt ist, kann man es komplett kaufen.*
■ Der »Reparatursatz Instrumentenkombination« ist nur komplett erhältlich.

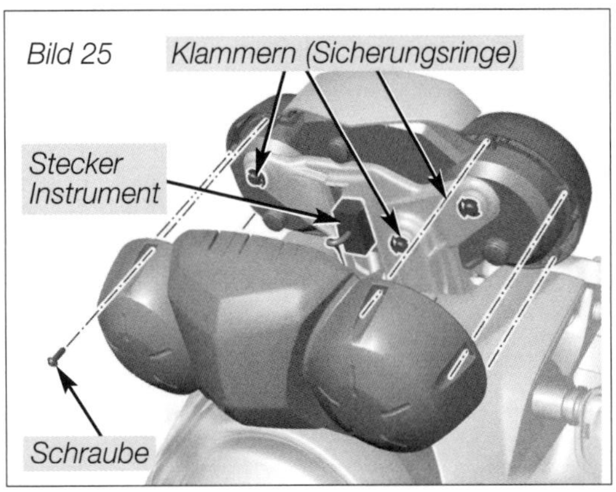

Bild 25

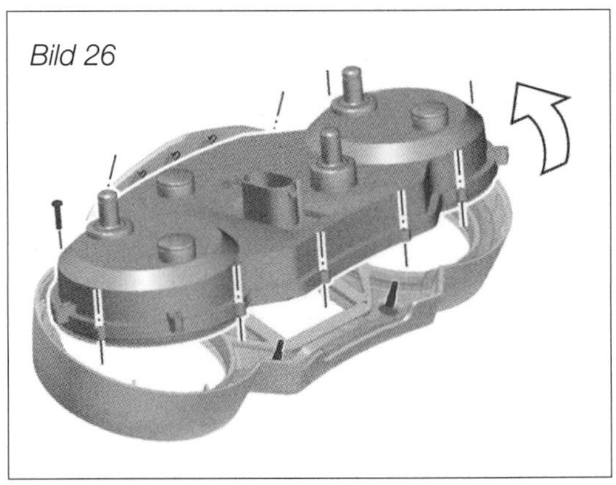
Bild 26

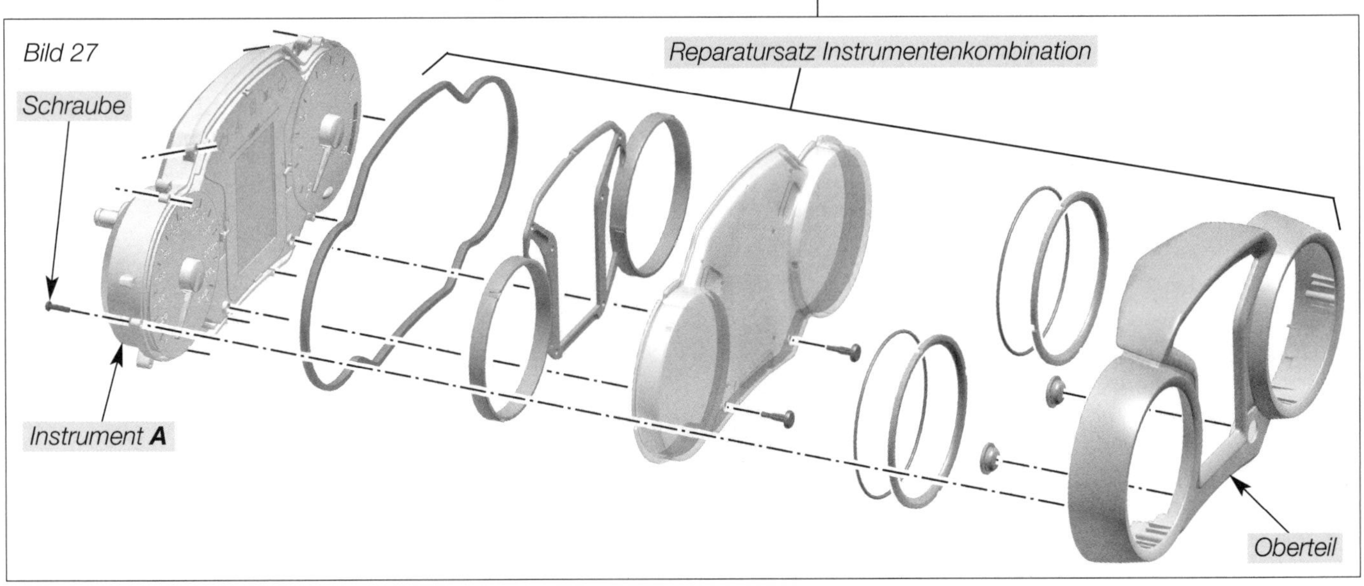

Bild 27

Motorrad-Training

Bernt Spiegel

Die obere Hälfte des Motorrads
Nur wenn Mensch und Maschine eine Einheit bilden, fährt man schnell, sicher und vor allem gut. Doch das, was so spielerisch-leicht aussieht, ist eine komplexe Angelegenheit. Bernt Spiegel zeigt, wie man die Einheit von Fahrer und Maschine wirklich erreicht.

304 Seiten, 80 Zeichnungen, Format 140 x 204 mm

ISBN 978-3-613-03386-3
€ 24,90

Bernt Spiegel

Motorradtraining alle Tage
Bei diesem »Motorradtraining alle Tage« erhält der Trainee genaue Anleitung durch Texte und Bilder. Auf 30 Übungskarten sind die wichtigsten Trainingsaufgaben zusammengefasst.

152 Seiten, 59 Bilder, 30 Karten, Format 140 x 205 mm

ISBN 978-3-613-03477-8
€ 14,95

Harry Niemann

Der Kniff mit dem Knie
Diese überarbeitete Neuauflage führt in die Geheimnisse sportlichen und sicheren Motorradfahrens ein, mit Sachverstand, lockerer Feder und brillanten Bildern.

248 Seiten, 104 Bilder, Format 140 x 205 mm

ISBN 978-3-613-02730-5
€ 19,95

Hans Eberspächer

Motorradfahren mental trainiert
Gutes Motorradfahren beginnt im Kopf, schlechtes allerdings auch. Der Kopf soll das Fahren unterstützen und nicht stören. Hans Eberspächer gibt in diesem Band wichtige Tipps und Tricks zum Thema Fahrsicherheit.

296 Seiten, 108 Bilder, Format 170 x 240 mm

ISBN 978-3-613-03388-7 **€ 19,95**

Überall wo es Bücher gibt, oder unter:
www.motorbuch-verlag.de
Service-Hotline: 07 11 / 98 80 99 85

Motor buch Verlag

Stand Juli 2013
Änderungen in Preis und Lieferfähigkeit vorbehalten

Elektrik · Elektronik

Bilder 1 bis 5: Phantombilder mit Übersicht und Einbaulage wichtiger elektrischer Bauteile.

In diesem Kapitel: Ein Wort zuvor · Übersicht der Bauteile · Fehlersuche · Elektronikbauteile · Fahrzeugelektronik: SWS und CAN-Bus, Identifier · Bus-Technologie, Echtzeit, Leitungspfad · Drei Steuergeräte · Keine Schmelzsicherungen · Elektronische Wegfahrsperre · Instrumentenkombi in Digitaltechnik · Motorsteuerung: Einspritzung · Leerlaufregelung, Kaltstartanreicherung · Zündfolge · Lichtmaschine, Batterie · Kabel · Defekten Schalter reparieren · Wichtige Tipps zur elektrischen und elektronischen Fehlersuche · Stecker trennen · Übersicht der elektrischen Bauteile.

Bild 1

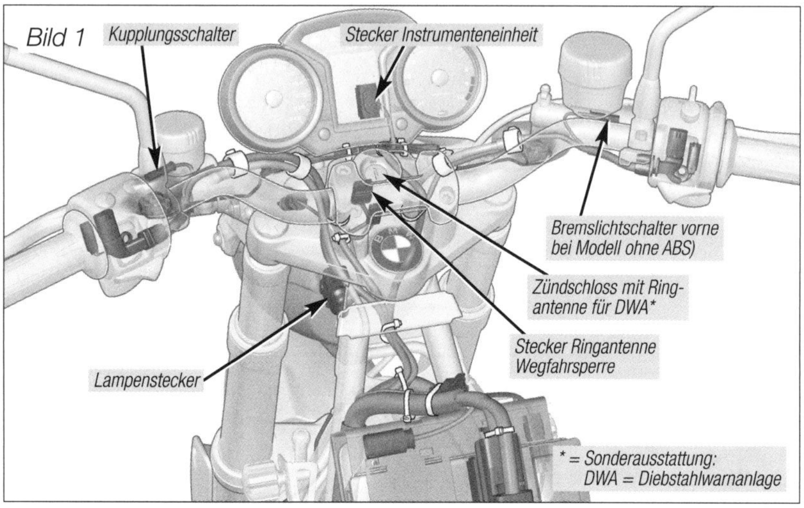

Ein Wort zuvor

Die Elektrik und Elektronik der BMW R 1200 R repräsentiert modernsten fahrzeugtechnischen Stand mit deutlichen Anleihen aus dem Automobilbau. Sie weicht sichtbar von anderen Motorradelektriksystemen ab, denn sie hat keine Schmelzsicherungen. Weiterhin ist der Kabelbaum der R 1200 R kein kilometerlanges Gewirr mit allen möglichen verschiedenen Verzweigungen und Anschlüssen, sondern besteht, bildlich gesprochen, aus ein paar Strippen mit verschiedenen Steckern, deren Enden zu den Steuergeräten führen, worin die Daten verarbeitet werden. Motor- und Fahrzeugelektronik der R 1200 R gelten als zuverlässig und betriebssicher. Schaltpläne im herkömmlichen Sinne gibt es ebenso wenig wie Stromlaufpläne. Gegen Ende des Kapitels gehen wir auf Kabel, Fehlererkennung und deren Behebung ein.

Bild 2

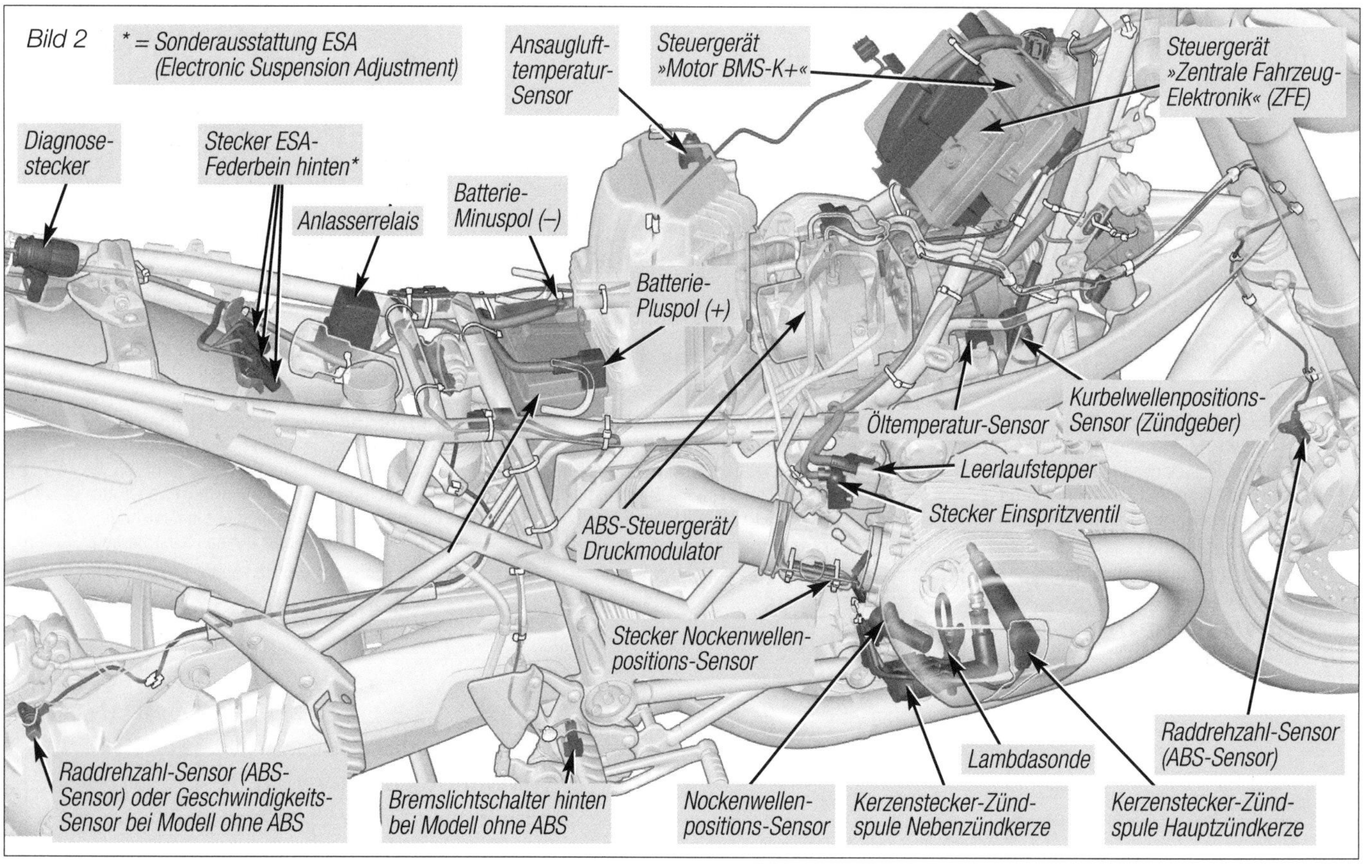

Diagnosegeräte

Generell gilt: Bordelektrik und Motorsteuerung lassen sich nicht mit herkömmlichen Messgeräten und Instrumenten überprüfen, diagnostizieren oder gar reparieren. Zur Fehlersuche wird das speziell für BMW-Motorräder entwickelte »BMW Motorrad Diagnosesystem« benötigt, das aus einem Computer mit entsprechender Software, Kabeln und verschiedenen Steckern besteht. Dieses ist nur in autorisierten BMW-Motorradwerkstätten zu finden, denn BMW gibt es weder an freie Werkstätten noch an Privatleute heraus. Deswegen müssen Probleme in der Motorsteuerung und Fahrzeugelektrik zwingend in der BMW-Motorradwerkstatt gesucht und behoben werden; siehe dazu auch Textkasten am Ende dieses Kapitels »Wichtige Tipps zur elektrischen und elektronischen Fehlersuche«.

Für freie Werkstätten und Privatleute gibt es zwei Diagnosegeräte, mit denen man defekte Bauteile orten sowie den Fehlerspeicher auslesen und löschen kann:

■ Von Gutmann Messtechnik ein Gerät namens »bike macs« zum Preis von ca. 700 Euro (*www.hella-gutmann.com*). Zum Upgrade muss

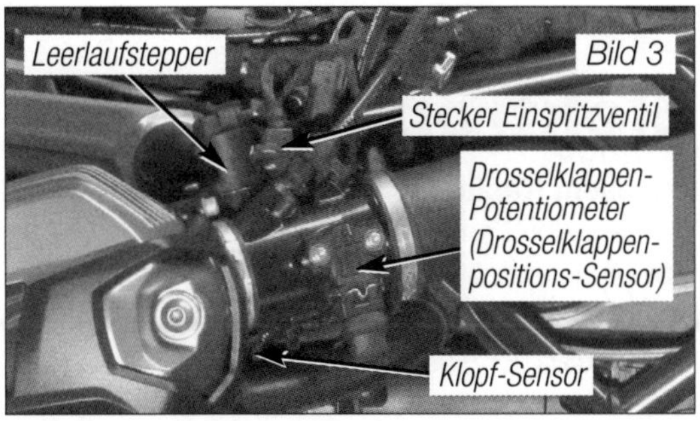

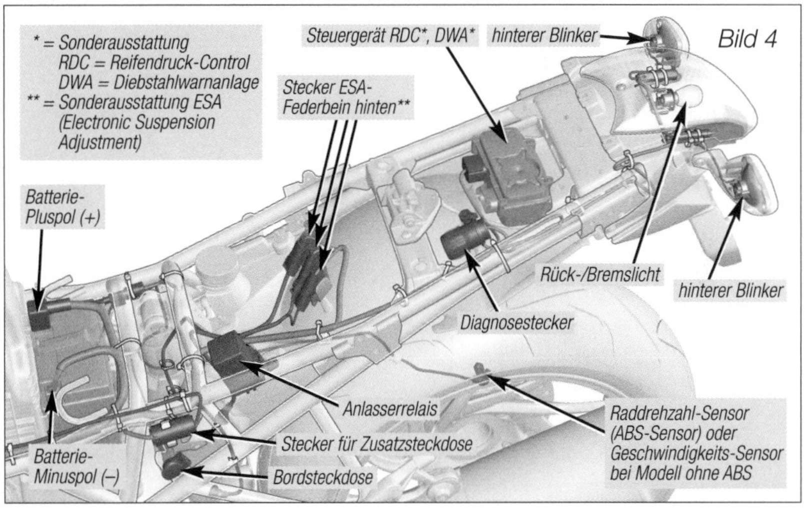

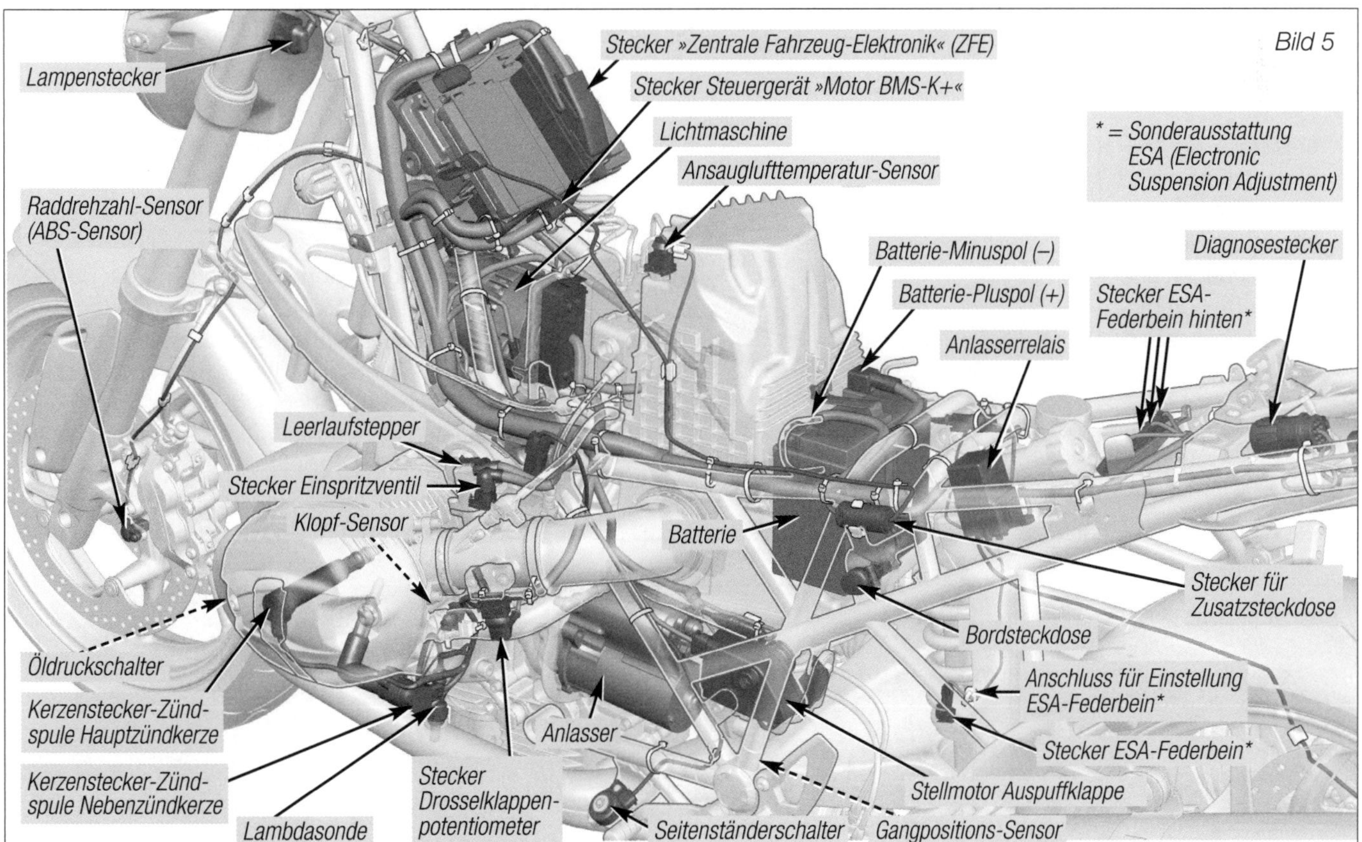

Sichtprüfung Messen

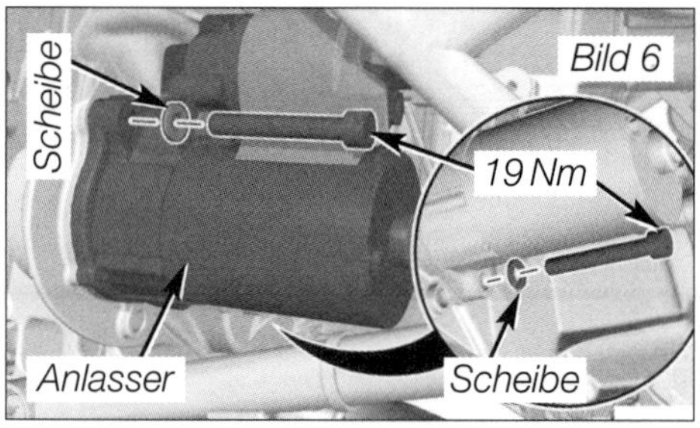

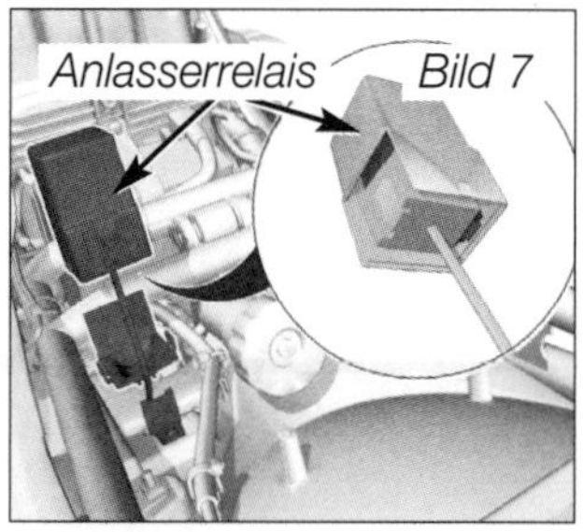

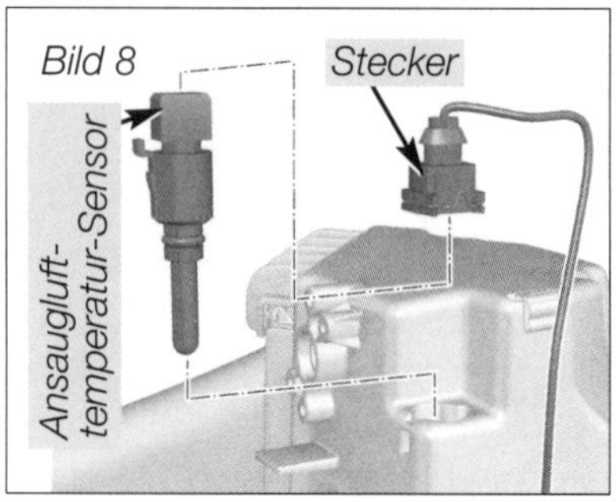

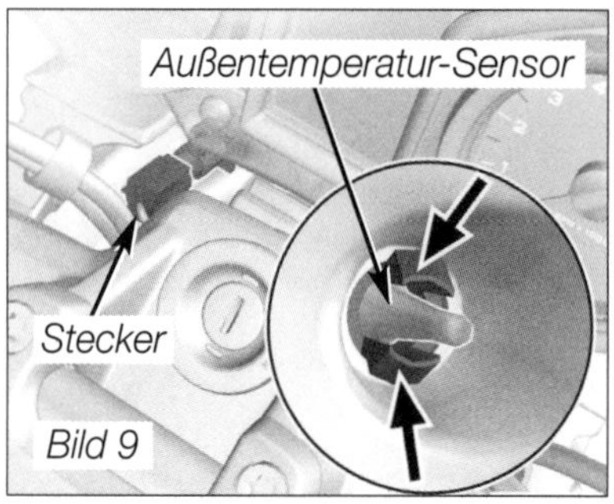

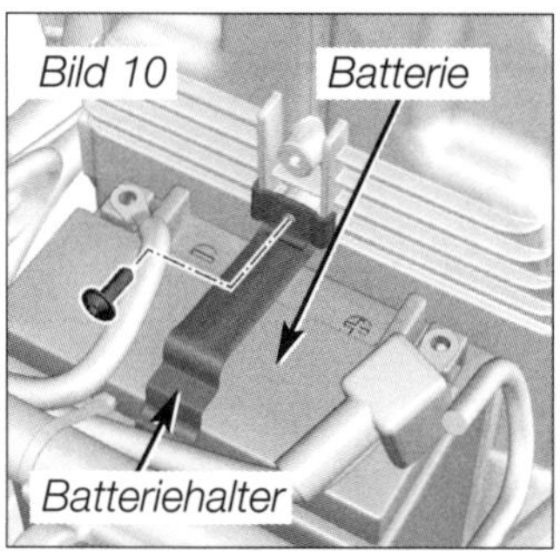

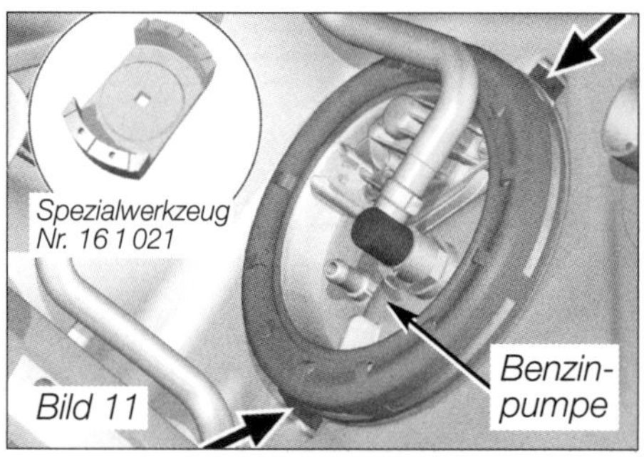

Bilder 7 bis 15b: Im Lauftext sind die zu den Bildern gehörenden Teilebezeichnungen und Anbauorte nummeriert beschrieben.

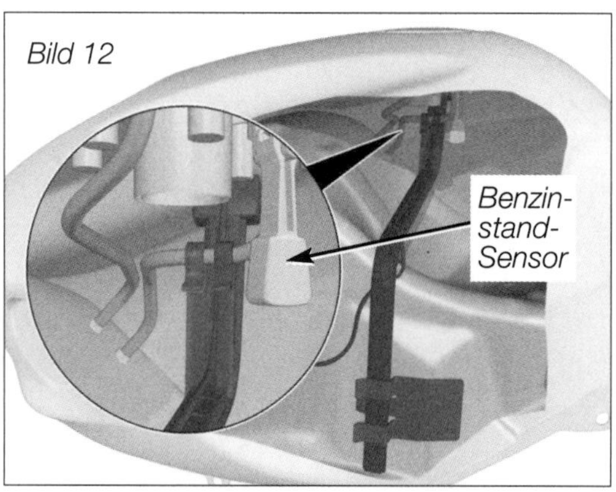

das Gerät an die Firmenzentrale geschickt werden. Auf der Internetseite kann ein ausführliches Handbuch zum Diagnosegerät heruntergeladen werden.

■ Eine preisgünstigere Alternative ist das Diagnosegerät »GS911« der Firma HEXcode, der Preis liegt je nach Ausführung bei 280 bis 320 Euro (*www.gs911.de*).

Elektonikbauteile

Teile der Motor- und Fahrzeugelektronik

Bitte nutzen Sie die Schemazeichnungen und Bilder 1 bis 5 zur visuellen Information und somit Lokalisierung der Bauteile. Außerdem sind am Ende dieses Kapitels zwei Doppelseiten mit Bildern einer »nackten« R 1200 R, wo die Einbaulagen der elektrischen Bauteile mit Pfeilen zugeordet sind.

■ **Anlasser:** Links hinten unten am Motorgehäuse (Bilder 6 und 60m).

Service-Anmerkung: Anlasserbauart mit Vorgelege und Planetengetriebe.

■ **Anlasserrelais:** Links hinter der Batterie am Rahmenrohr (Bilder 7 und 61e).

■ **Ansauglufttemperatur-Sensor (Lufttemperaturfühler):** Oben im Luftfilterkasten (Bilder 8 und 60e).

■ **Außentemperatur-Sensor:** Sitzt vorne links (Bilder 9 und 60f).

■ **Batterie:** Sitzt hinter dem Tank im Rahmen (Bilder 10 und 61a): Minuspol links, Pluspol rechts.

■ **Benzinpumpe:** In die linke Tankhälfte eingebaut (Bild 11).

■ **Benzinstand-Sensor:** Innen im Tank beim Einfüllstutzen (Bild 12).

■ **Bremslichtschalter:** Bei Maschinen ohne ABS ist ein Bremslichtschalter an der Handbremsarmatur angebracht (Bilder 13 und 63c) und ein weiterer an der Fußbremsarmatur (Bilder 14 und 62f).

Wichtig zu wissen: Bei Maschinen mit ABS (Sonderausstattung) sind keine Bremslichtschal-

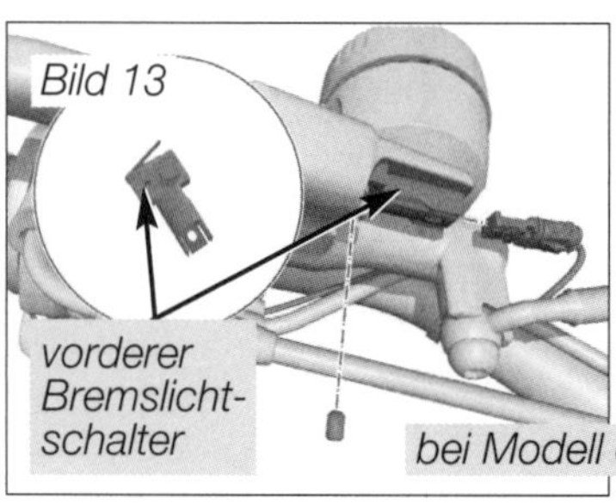

bei Modell ohne ABS

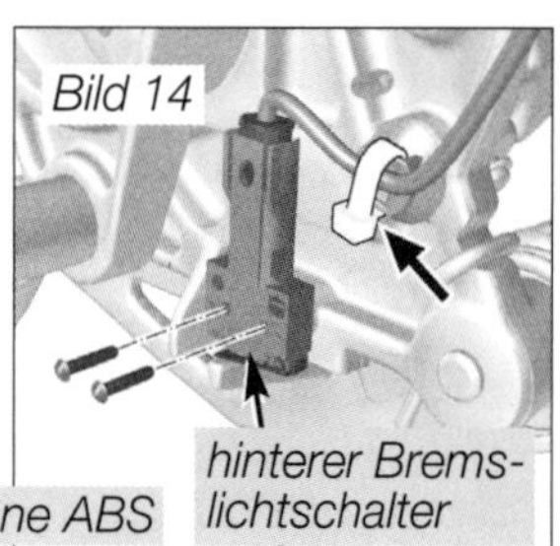

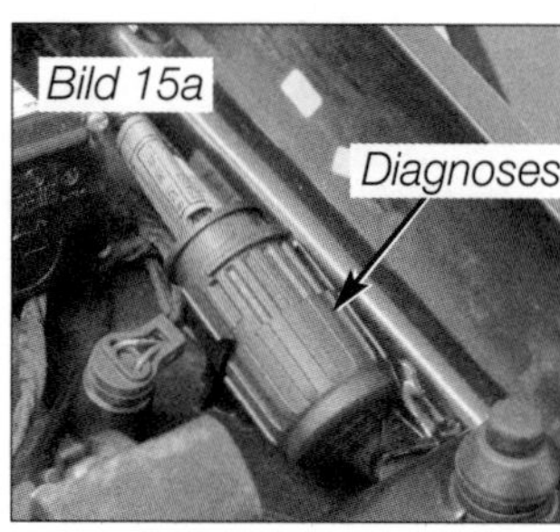

ter eingebaut; stattdessen wird das Aufleuchten des Bremslichts über Drucksensoren gesteuert; diese sind im Ventilblock des ABS-Steuergeräts eingebaut.

- **Diagnosestecker:** Sitzt auf dem Hinterradkotflügel, daran wird das BMW-Motorrad-Diagnosesystem angesteckt (Bilder 15a, 15b, 47 und 62c).
- **Drosselklappen-Potentiometer (Drosselklappenpositions-Sensor):** Ist am linken Drosselklappengehäuse links außen angebaut (Bilder 16, 17, 42a und 60d).
- **Einspritzventile:** Je eines oben im Drosselklappengehäuse eines jeden Zylinders eingebaut (Bilder 17, 60d und 62d).
- **Elektronische Wegfahrsperre (EWS):** Beim Einschalten der Zündung kommuniziert ein Chip im Schlüssel über die im Zündschloss integrierte Ringantenne (Bilder 41 und 60a) mit der EWS, die im Steuergerät »Motor BMS-K+« untergebracht ist.
- **Gangpositions-Sensor (Ganganzeige, Getriebepotentiometer):** Hinten am Getriebegehäuse (Bilder 19 und 61f). Er meldet den eingelegten Gang an die Fahrzeugelektronik, durch ihn werden im Cockpit »N« (»Neutral« für Leerlauf) und die Ganganzeige geschaltet.
- **Klopf-Sensor:** Hinten am linken Zylinderkopf neben dem Ansaugstutzen (Bilder 18, 60d und 62a).
- **Kupplungsschalter:** Sitzt an der Kupplungshebelarmatur (Bilder 20 und 60b).
- **Kurbelwellenpositions-Sensor (OT-Sensor, Zündgeber):** Vorne oben am Motorgehäuse (Bilder 21a, 21b und 63f).
- **Lambdasonden:** In jedem Auspuffkrümmer eingeschraubt rechts und links neben dem Motor (Bilder 22, 42a, 42b, 60l und 63i).
- **Leerlaufstepper (Leerlaufsteller, Kaltlauf-Anreicherung oder Kaltlauf-Drehzahlanhebung):** Je einer im linken und rechten Drosselklappengehäuse eingebaut, sie regeln den Leerlauf (Bilder 23, 60d und 62d).
- **Lichtmaschine (Stromgenerator) mit eingebautem Regler:** Denso Dreiphasen-Wechselstromgenerator mit integriertem vollelektronischem Regler. Die Lichtmaschine sitzt vorne oben auf dem Motor (Bilder 24 und 63g).

Service-Anmerkung: Die Lichtmaschine wird durch einen Vielkeilriemen von der Kurbelwelle angetrieben. Höchstleistung 720 Watt; Maximalstrom bei Motordrehzahl 4000/min 60 A; Nennstrom bei Motordrehzahl 1000/min 12 A; Ladebeginn bei Generatordrehzahl 1200/min (entspricht einer Motordrehzahl von ca. 800/min).

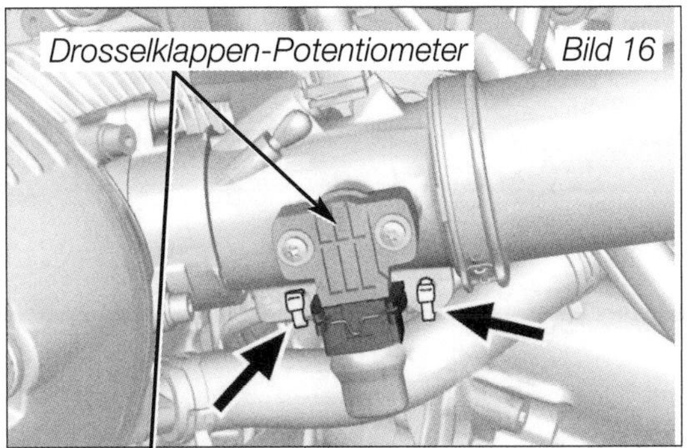

Bilder 16 bis 23: Im Lauftext sind die zu den Bildern gehörenden Teilebezeichnungen und Anbauorte nummeriert beschrieben.

- *Fette Pfeile in Bild 16 zeigen auf Kabelbinder.*

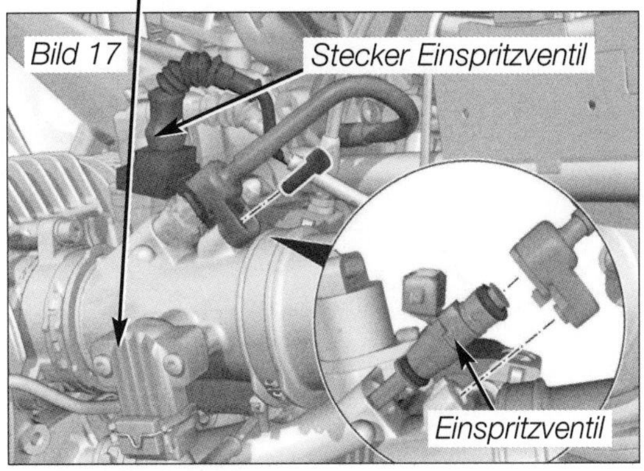

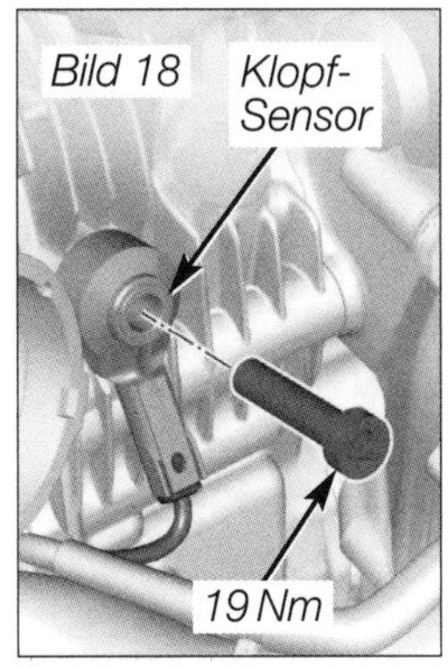

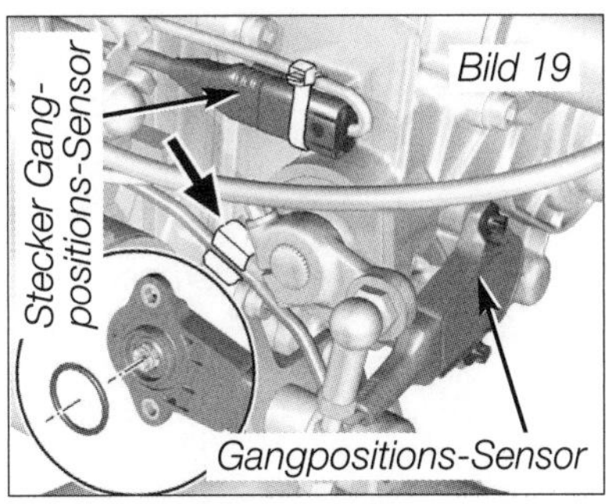

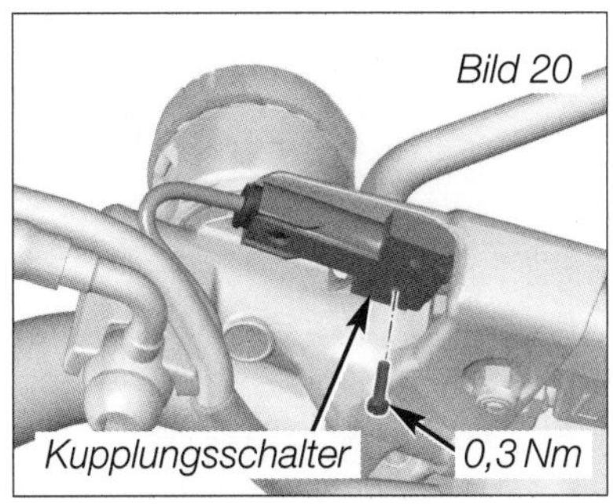

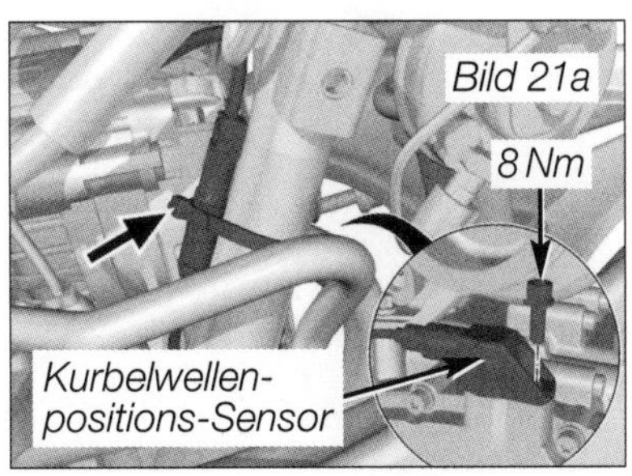

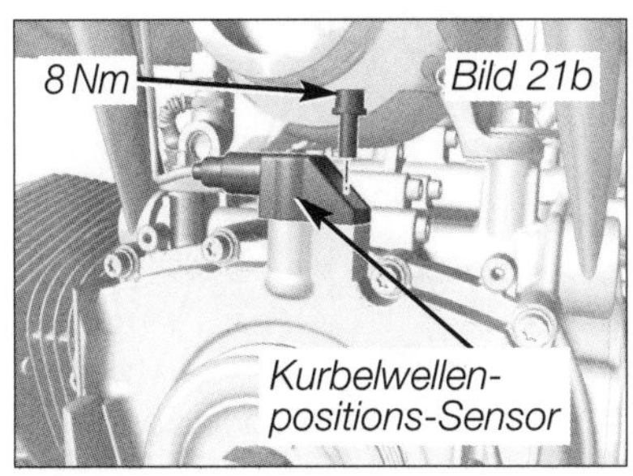

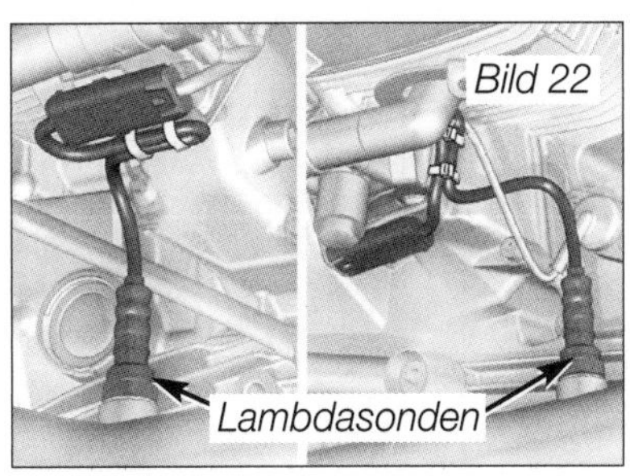

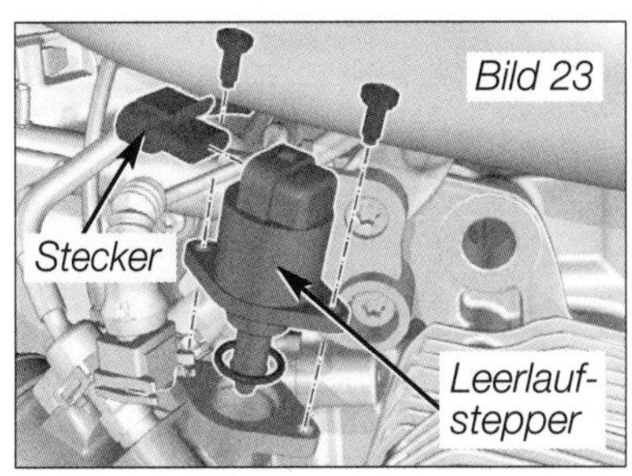

Bilder 24 bis 32: Im Lauftext sind die zu den Bildern gehörenden Teilebezeichnungen und Anbauorte nummeriert beschrieben. Fette Pfeile zeigen auf Kabelbinder.

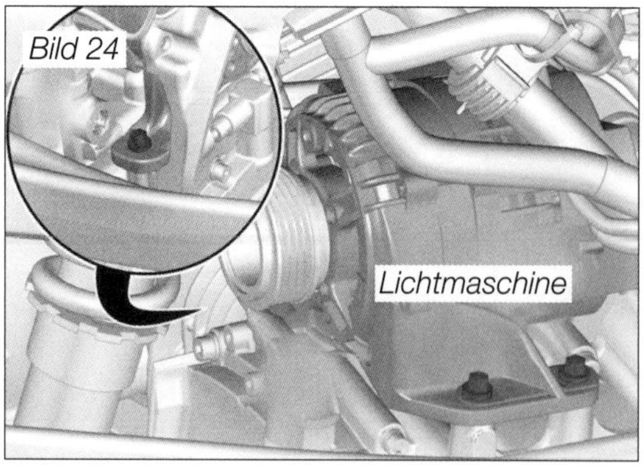

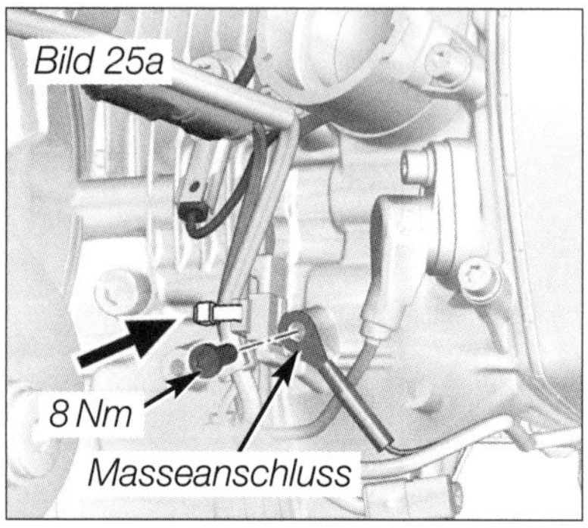

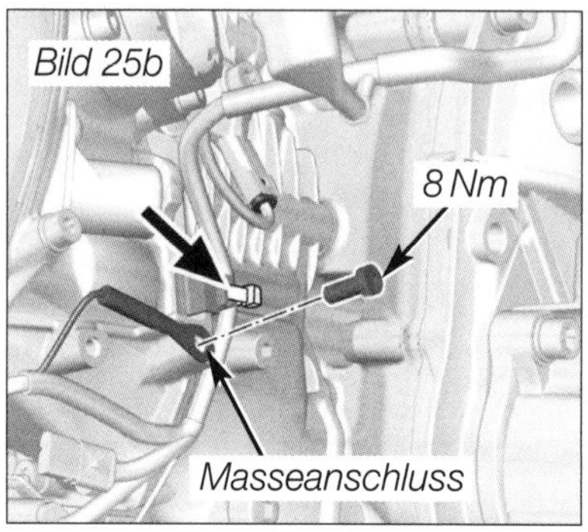

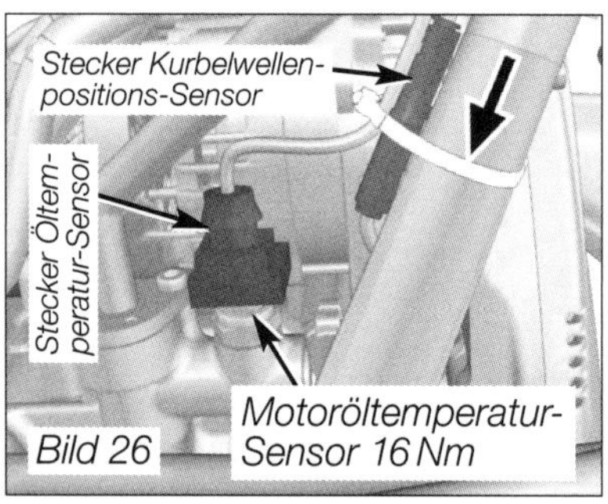

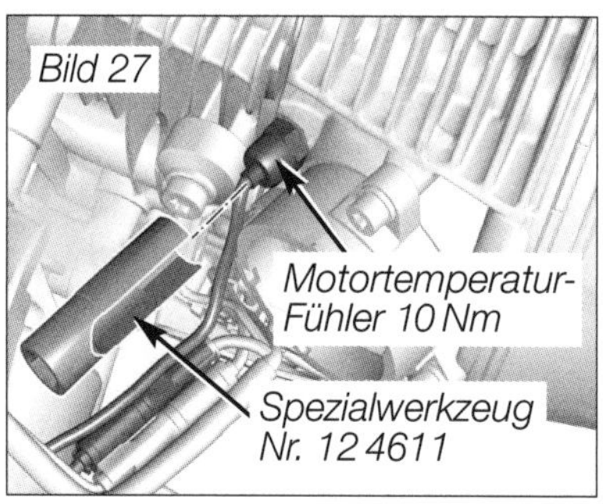

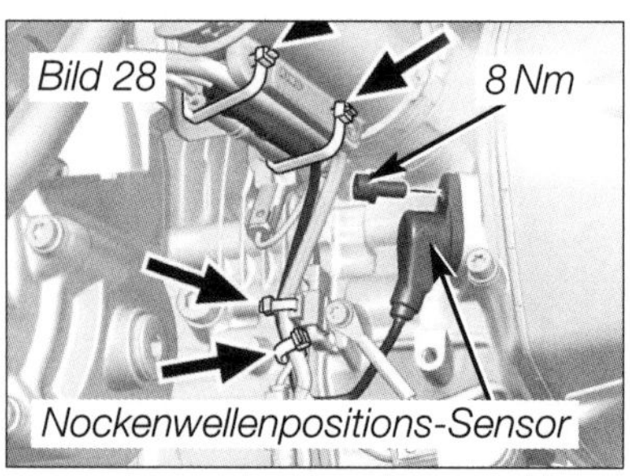

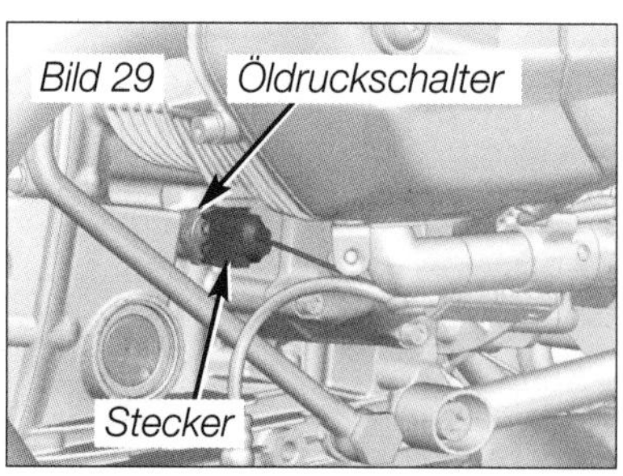

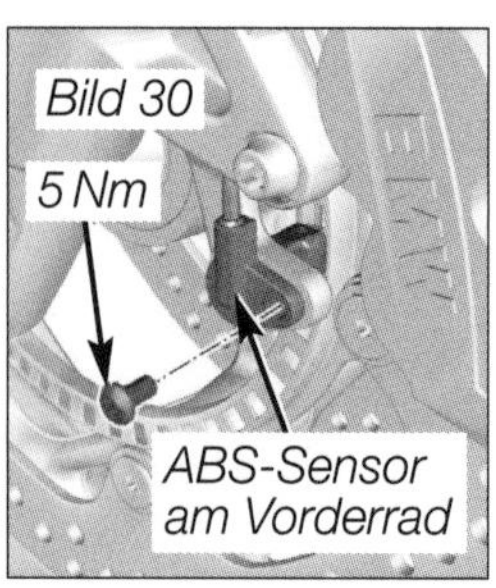

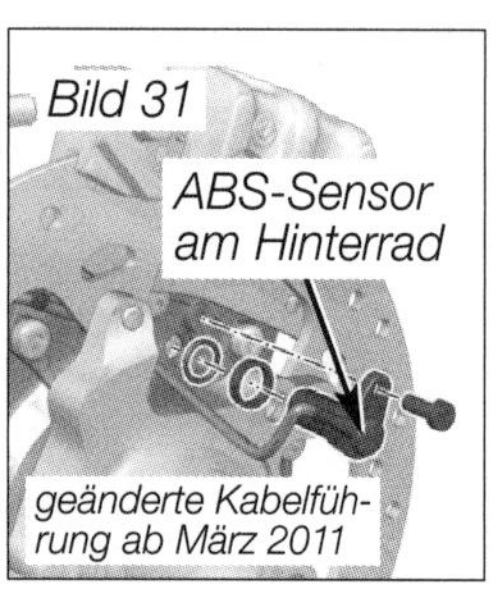

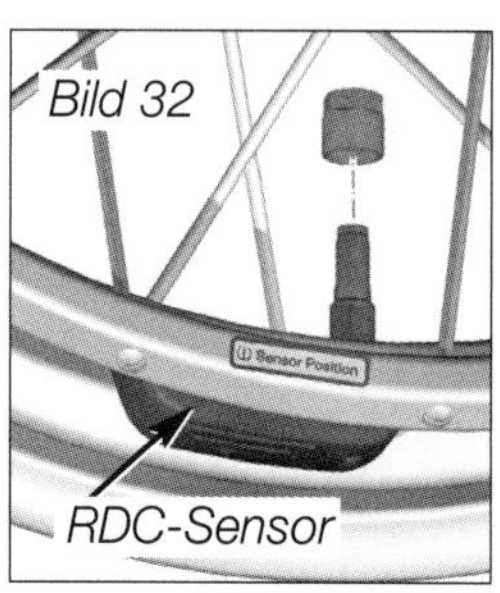

- **Masseanschluss/-kabel:** Am rechten und linken Zylinderkopf unter den Ansaugstutzen (Bilder 25a, 25b, 60g und 62e).
- **Motorstoppschalter (»Killschalter«):** Sitzt an der rechten Lenkerarmatur beim Anlasserknopf (Bild 63b).
- **Motoröltemperatur-Sensor:** Rechts oben am Motorgehäuse (Bilder 26 und 63l) neben der Lichtmaschine (»Stromgenerator«).
- **Motortemperatur-Fühler (Zylinderkopftemperatur-Sensor):** Am rechten Zylinderkopf bei Ansaugstutzen oberhalb Nockenwellenpositions-Sensor (Bild 27).
- **Nockenwellenpositions-Sensor (Drehzahlgeber Nockenwelle):** Rechts hinten am rechten Zylinderkopf unterhalb des Ansaugstutzens in der Nockenwellenabdeckung (Bilder 28, 42b, 62e und 63h).
- **Öldruckschalter:** Links am Motorgehäuse oberhalb des Ölschauglases (Bilder 29, 60k).
- **Raddrehzahl-Sensor (ABS-Sensor)** bzw. **Geschwindigkeits-Sensor:** Bei Maschinen ohne ABS nimmt der im Hinterachsgehäuse eingebaute Geschwindigkeits-Sensor die Raddrehzahl auf, die dann entsprechend umgewandelt wird und die Bewegung des Zeigers im Tacho bewirkt. Bei Maschinen mit ABS fungiert der hintere Sensor auch als **ABS-Sensor** (Bilder 31 und 62b), ein weiterer ist am Vorderrad eingebaut (Bilder 30 und 60i). Wenn die Maschine mit einer »Antischlupf-Regelung« (»ASC – Automatic Stability Control«) ausgerüstet ist, übernimmt der hintere ABS-Sensor auch die Datenlieferung an die ASC-Regeleinheit.
- **Reifendruck-Control-Sensor (RDC)** als Sonderausstattung: In Vorder- und Hinterrad bzw. der Felge eingebaute Sensoren zur Kontrolle des Reifenluftdrucks (Bilder 32 und 61g).
- **Seitenständerschalter:** Befindet sich am Seitenständer (Bilder 33, 46 und 60n).
- **Steuergerät ABS/Druckmodulator:** Befindet sich unter Tank unterhalb der Steuergeräte »Zentrale Fahrzeug-Elektronik« (ZFE) und »Motor BMS-K+« (Bilder 34a, 34b, 35, 63a).
- **Steuergerät Instrumenteneinheit:** Die Instrumenteneinheit (Bilder 36 und 60a) fungiert ebenfalls als Steuergerät. Der Stecker sitzt auf der Rückseite des Gehäuses, in Fahrtrichtung gesehen vorne. Als Sonderausstattung ist ein »Bordcomputer« erhältlich, bei dem auf Abruf über einen Schalter am Lenker angezeigt werden können: Durchschnittsverbrauch, Momentanverbrauch, Außentemperatur, gefahrene Durchschnittsgeschwindigkeit.

- **Steuergerät RDC (Reifendruck-Control)** und **DWA (Diebstahlwarnanlage)**, jeweils als Sonderausstattung: Unter dem Soziussitz im Heckrahmen (Bilder 37 und 61c).
- **Steuergeräte »Zentrale Fahrzeug-Elektronik« (ZFE) und »Motor BMS-K+«:** Beide sitzen zusammen unter dem Tank auf der Rahmenstütze. Das Steuergerät für die Motorelektronik (Steuergerät »Motor BMS-K+«, Bilder 39 und 63d) ist unter dem Steuergerät »Zentrale Fahrzeug-Elektronik« (Bilder 38 und 63d) angebracht.
- **Umgebungsluftdruck-Sensor:** Dieser ist in das Steuergerät »Zentrale Fahrzeug-Elektronik« (ZFE) eingebaut (Bilder 40 und 62a).
- **Zündauslösung:** Vom Nockenwellen- und Kurbelwellenpositions-Sensor empfängt das Steuergerät »Motor BMS-K+« entsprechende Signale und bestimmt dann, in welchem Zylinder wann gezündet wird.

Service-Anmerkung: Der Zündzeitpunkt kann nicht manuell ver- bzw. eingestellt werden.

- **Zündung:** Elektronische Kennfeldzündung, in Motorsteuerung integriert.
- **Zündschloss mit Ringantenne:** Die Stecker sitzen unter der vorderen Abdeckung des

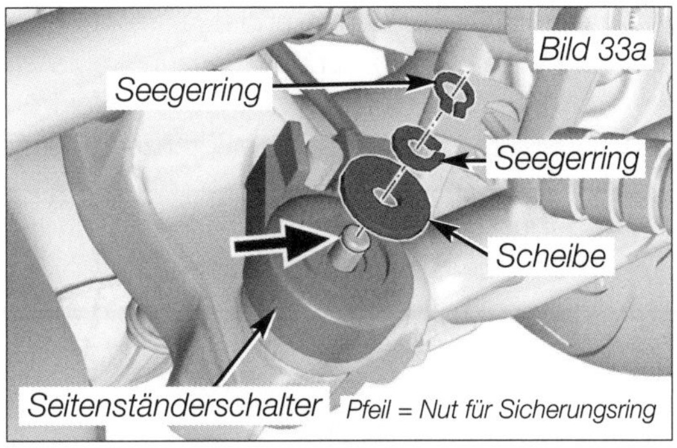

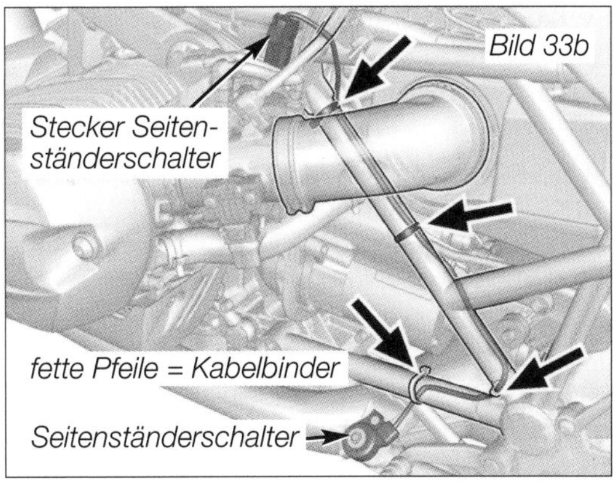

Bilder 33a bis 41: Im Lauftext sind die zu den Bildern gehörenden Teilebezeichnungen und Anbauorte nummeriert beschrieben.

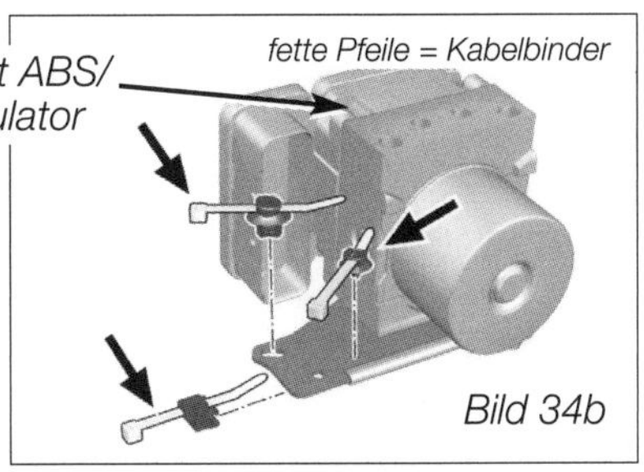

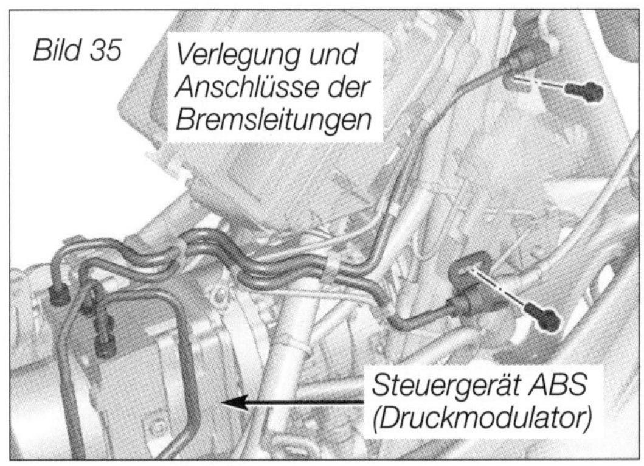

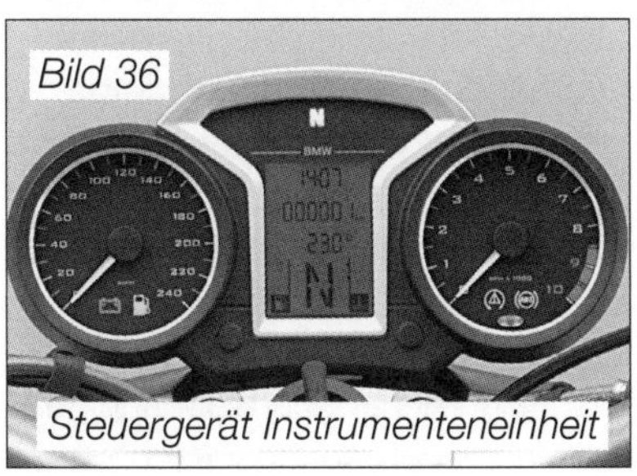

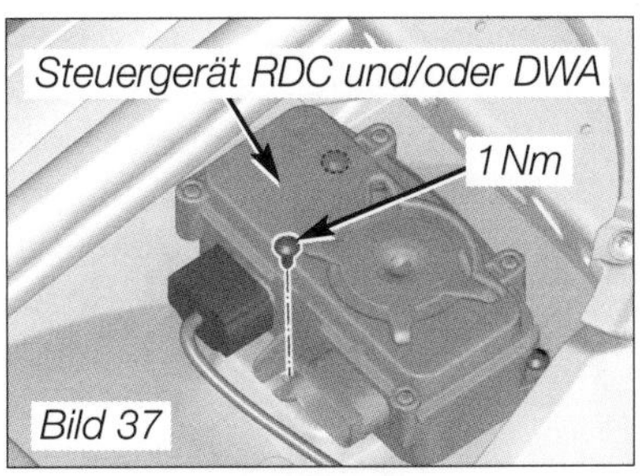

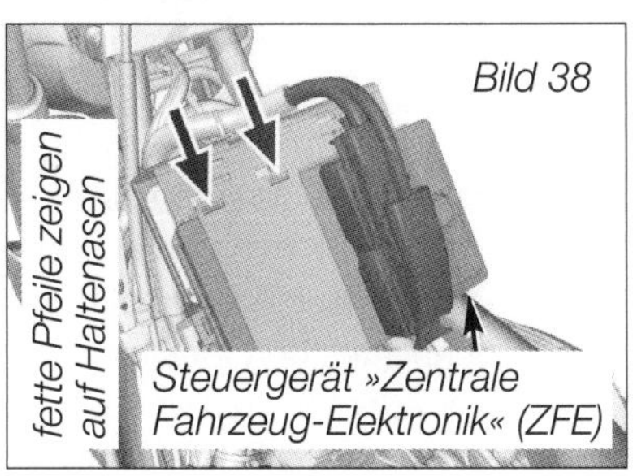

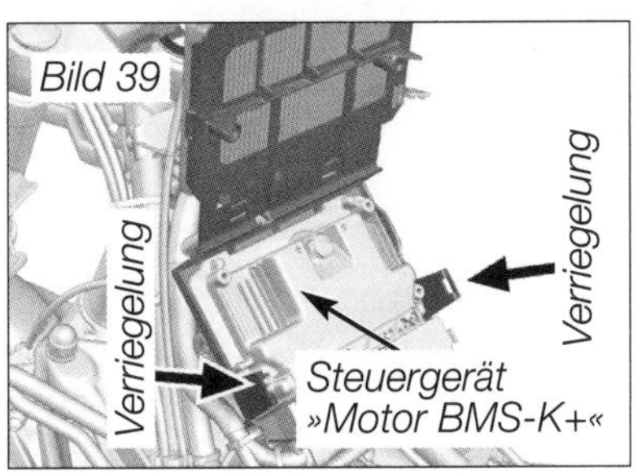

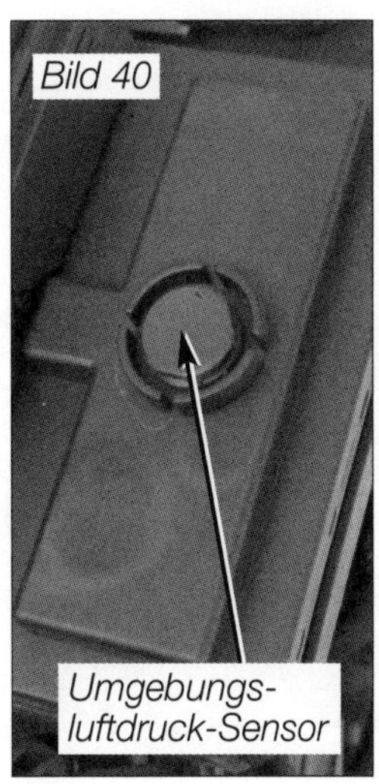

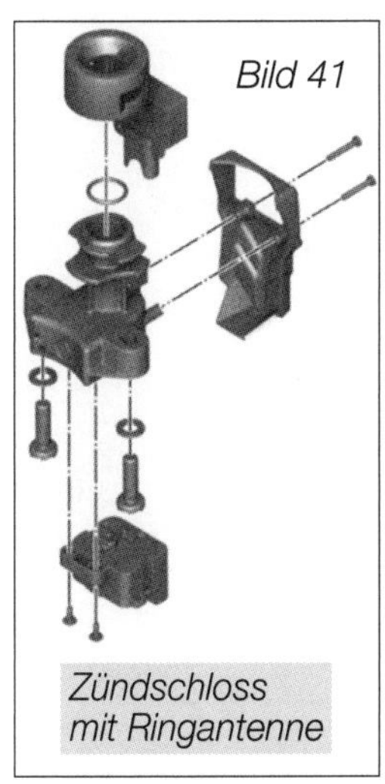

Zündschlosses (Bilder 41 und 60a).

- **Zündkerzen:** Haupt- und Nebenzündkerze NGK MAR8B-JDS, Gewinde M10 x 1, Elektrodenabstand 0,8 mm, Verschleißgrenze 1,0 mm (Bilder 42a und 42b).
- **Zündspulen: Hauptzündspulen** »BREMI-Kerzenschachtzündspule« (Bilder 42a, 42b, 60g und 63k). **Nebenzündspulen** »BREMI-Winkelzündspule« (Bilder 42a, 42b, 60h, 62e).

Fahrzeugelektronik

SWS und CAN-Bus: Das elektrische Bordnetz der R 1200 R ist ein Single-Wire-System (SWS): Ein Daten-Vernetzungskonzept, das unter Einsatz von Elektronik und der so genannten CAN-Bus-Technologie (Controller Area Network) die Steuergeräte im Fahrzeug miteinander verbindet. Dieses Netz bietet bei erheblich reduziertem Kabelaufwand einen stark erweiterten Funktionsumfang gegenüber herkömmlichen Bordnetzen. Informationen werden in diesem Netz nur noch über einen Pfad (daher »single-wire«) übertragen. Dieser Pfad ist zur Sicherheit als Zweileitungssystem ausgeführt, deren Litzen miteinander verdrillt sind.

Bus-Technologie: Der Name »Bus-Technologie« kommt daher, dass die Steuergeräte, die an die CAN-Bus-Leitung angeschlossen sind, wie Bushaltestellen an einer Buslinie nacheinander liegen. Im CAN-Bus-System kann stets nur ein Steuergerät senden. Die anderen Steuergeräte sind in diesem Moment auf Empfangsmodus. Denn Daten lassen sich im digitalen Bus bidirektional, also in beiden Richtungen, austauschen.

Identifier: Bei der Can-Bus-Datenübertragung werden keine Empfänger adressiert, sondern der Inhalt einer Nachricht, wie z. B. Motordrehzahl oder Motortemperatur, wird durch einen netzweit eindeutigen Identifier gekennzeichnet. Bei diesen Identifiers handelt es sich um Zahlenschlüssel, die von den empfangenden Steuergeräten erkannt und zugeordnet werden können. Diejenigen Steuergeräte, für die diese Daten relevant sind, verarbeiten die bereitgestellten Nachrichten. Sind dagegen Nachrichten nicht relevant, werden sie vom empfangenden Steuergerät nicht beachtet.

Bilder 42a und 42b: Im Lauftext sind die zu den Bildern gehörenden Teilebezeichnungen und Anbauorte nummeriert beschrieben.

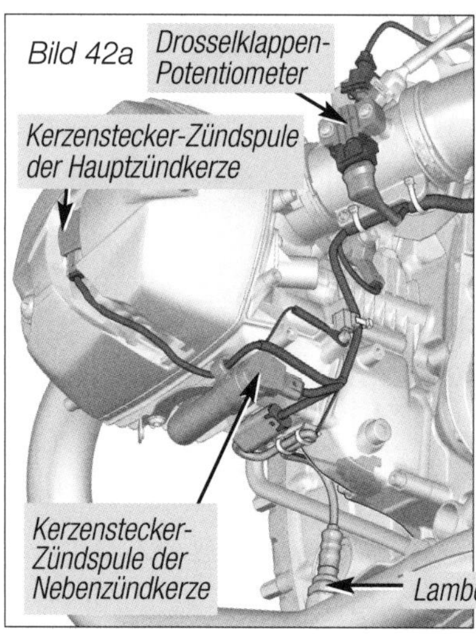

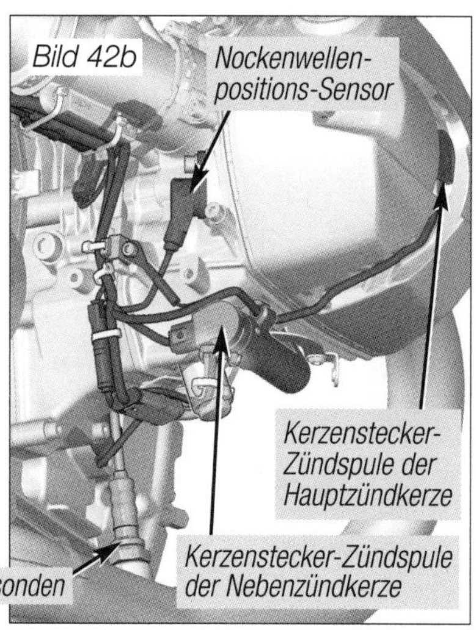

Echtzeit: Um Daten in Echtzeit verarbeiten zu können, müssen sie schnell übertragen werden. Dies setzt einerseits eine physikalische Datenübertragungsrate mit 500 Kilobites pro Sekunde voraus, andererseits aber auch eine rasche Bus-Zuteilung, sofern mehrere Stationen gleichzeitig Daten übertragen wollen. Bei der Echtzeit-Verarbeitung können die Dringlichkeiten von Informationen, die über den Bus ausgetauscht werden, sehr unterschiedlich sein: Eine sich schnell ändernde Größe, wie z. B. die Motordrehzahl, muss häufiger und deshalb mit geringerer Verzögerung übertragen werden, als eine andere, sich weniger rasch ändernde Größe, z. B. die Motortemperatur. Die Priorität, mit der eine dringliche Botschaft vor einer anderen, weniger dringlichen übertragen wird, ist ebenfalls durch den Identifier der jeweiligen Botschaft festgelegt. Sicherheitsrelevanten Signalen wird eine höhere Priorität eingeräumt als weniger wichtigen Signalen (»priorisiert«).

Alle aufgelaufenen Übertragungsanforderungen werden in der Reihenfolge der Wichtigkeit, die sie für das Gesamtsystem darstellen, abgearbeitet. Dabei wird die vorhandene Übertragungskapazität für die zu übertragenden Nutzdaten in effizienter Weise genutzt, da zeitliche Lücken bei der Bus-Vergabe sehr klein gehalten werden können. Ein Kollaps aufgrund von Überlastung ist bei CAN ausgeschlossen. CAN erlaubt somit die Realisierung eines schnellen, bedarfsabhängigen Bus-Zugriffs. Bei einer Übertragungsgeschwindigkeit von 500 Kbits/s auf dem CAN-Bus können um die 4500 Nachrichtentelegramme pro Sekunde übertragen werden.

Neben der Funktionsvielfalt sind Gewichtseinsparungen beim Kabelbaum, Störsicherheit und volle Diagnosefähigkeit die wesentlichen Vorzüge dieser Kombination von Elektrik und Elektronik. Möglichkeiten zu einer flexiblen Systemerweiterung bestehen teilweise schon durch einfache

Neuprogrammierung (»update«), die jedoch ausschließlich beim BMW-Motorradhändler durchgeführt werden kann.

Leitungspfad: Im Grundprinzip sind bei der CAN-Bus-Technologie alle Steuergeräte, Sensoren und Verbraucher über einen einzigen, gemeinsamen Leitungspfad zu einem Netz zusammengeschaltet, durch das alle Signale unabhängig von ihrer späteren Funktion laufen. In diesem Netz stehen damit sämtliche Informationen für alle angeschlossenen Komponenten immer zur Verfügung.

Die Signalzuordnung und gezielte Weiterleitung an die Verbraucher erfolgt an Knotenpunkten in der Elektronik eines jeweiligen Steuergerätes. Dort werden die Signale (beziehungsweise die Informationen) verarbeitet und danach die gewünschten Funktionen im Verbraucher angesteuert. Die aufwändige Verkabelung jeder Einzelfunktion mit einer eigenen Leitung entfällt also. Damit reduzieren sich auch potentielle Fehlerquellen herkömmlicher Bordnetze aufgrund ihrer Leitungsvielfalt; wichtiger Faktor für hohe Zuverlässigkeit.

Drei Steuergeräte

Insgesamt hat die R 1200 R drei Steuergeräte:

■ Bild 43a: Die Instrumentenkombination hat die Funktion eines Steuergerätes. In ihr sind, ebenso wie in der »Zentralen Fahrzeug-Elektronik« (ZFE), die zum Fahrzeug gehörende Daten hinterlegt, wodurch eine Identifikation der zum Fahrzeug gehörenden Steuergeräte erfolgt.

■ Bild 43b: Das Steuergerät »Motor BMS-K+« (»Motorsteuergerät«) ist nicht nur für die Motorsteuerung zuständig, es übergibt auch sämtliche Daten an die zentrale Diagnose.

■ Bild 43c: Das Steuergerät der »Zentralen Fahrzeug-Elektronik« (ZFE) ist für die Steuerung der nicht-motorspezifischen Elektrik zuständig, wie z. B. Licht, Blinker und Hupe.

ABS, DWA: Wenn die R 1200 R mit Zubehörausstattungen **ABS** (**A**nti-**B**lockier-**S**ystem) und **DWA** (**D**iebstahl**w**arn**a**nlage) ausgerüstet ist, sind deren Steuergeräte ebenfalls in das Netz eingebunden: Das ABS hat ein eigenes Steuergerät, welches mit dem ABS-Druckmodulator zu einem Bauteil zusammengefasst ist (Bilder 34a und 34b), auch die DWA ist in einem separaten Steuergerät untergebracht (Bilder 37 und 44a).

Batterien im DWA: Im Steuergerät DWA sind zwei 3-Volt-Batterien (»CR123A Lithium«, Bild 44b) eingesetzt; sie haben eine Lebensdauer von 2 bis 5 Jahren. Wenn ihre Spannung zur Neige geht, wird dies im Display der Instrumentenkombination angezeigt. Dann müssen neue Batterien eingebaut werden.

Wichtig: Wenn Sie neue Batterien einbauen, dann bauen Sie nur originale BMW-Ersatzteilbatterien ein (»CR123A Lithium«), keine Billig-Batterien aus dem Supermarkt und auch keine Akkus aus dem Fotofachgeschäft.

Alle Steuergeräte stehen untereinander in einem Verbund, sie können miteinander kommunizieren und bidirektional Daten austauschen. Eine einfache und umfassende Diagnose des Gesamtsystems wird somit zentral durchgeführt. Die Elektronik filtert durch entsprechende Programmierung unwichtige Daten und Störsignale innerhalb einer definierten Toleranz aus, was die Unempfindlichkeit zum Beispiel gegen elektromagnetische Einstreuungen erhöht.

Keine Schmelzsicherungen: Das Bordnetz hat keine der sonst bei Motorrädern eingebauten Schmelzsicherungen. Bei Kurzschluss oder Fehlfunktion schaltet die Elektronik die betreffende Funktion einfach ab. Der Fehler muss dann beim BMW-Händler mit dem BMW-Motorrad-Diagnosesystem geortet (und behoben!) werden. Bei einer bestimmten Störung sind die anderen Funktionen nicht betroffen. Relaisfunktionen werden ebenfalls von den Steuergeräten übernommen.

■ **Service-Anmerkung:** Wenn eine Elektrobaugruppe plötzlich ihren Dienst versagt, weil die Elektronik sie abgestellt hat, dann schalten Sie den Motor ab, ziehen den Zündschlüssel und lassen das Fahrzeug mindestens eine Minute lang ruhen. Danach den Motor starten und nachsehen, ob sich der Fehler »wie von selbst« behoben hat. Falls »ja«, ist alles wieder in Ordnung und sollte unter Beobachtung bleiben, falls »nein« lassen Sie in der BMW-Motorradwerkstatt den Fehlerspeicher mit dem entsprechenden Diagnosegerät auslesen und den Fehler beheben.

Bilder 43a bis 44b: Im Lauftext sind die zu den Bildern gehörenden Teilebezeichnungen und Anbauorte nummeriert beschrieben.

Bild 43a

Steuergerät Instrumenteneinheit

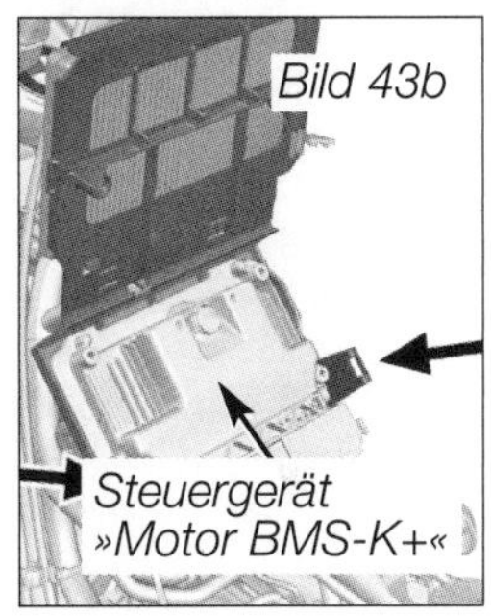

Bild 43b

Steuergerät »Motor BMS-K+«

Bild 43c

Steuergerät »Zentrale Fahrzeug-Elektronik« (ZFE)

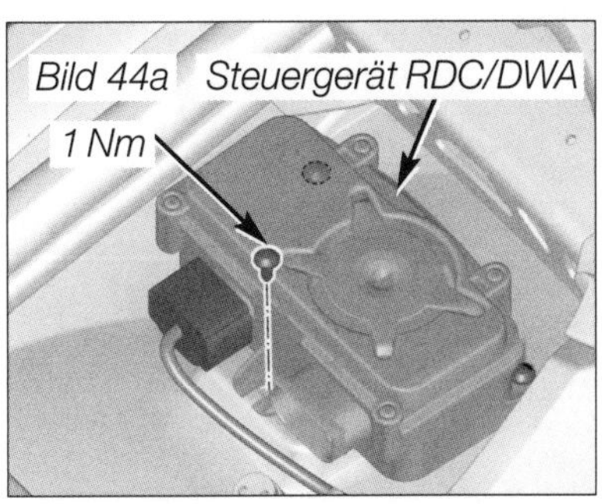

Bild 44a *Steuergerät RDC/DWA*

1 Nm

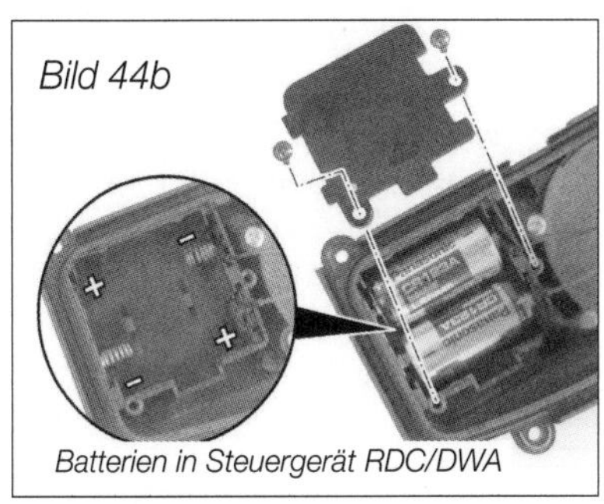

Bild 44b

Batterien in Steuergerät RDC/DWA

Nur der Anlasser (Bild 6) wird über ein herkömmliches Relais (Bild 7) angesteuert. Das Anlasserrelais ist hinter der Batterie am linken oberen Rahmenrohr zu finden (Bild 61e).

Service-Anmerkung: Wenn der Anlasser nicht funktioniert, kann das Relais hängen oder kaputt sein. Zum Auswechseln Sitzbank abbauen, zum Ausbau des Relais die Zapfen vorsichtig lösen. Siehe dazu auch Kapitel 15 »Anlasser«.

Elektronische Wegfahrsperre

Die »Elektronische Wegfahrsperre« (EWS) gehört zum Serienumfang: Beim Einstecken des Zündschlüssels und Einschalten der Zündung kommuniziert ein Chip im Schlüssel über die im Zündschloss integrierte Ringantenne (Bilder 41 und 60a) mit der EWS, die im Steuergerät »Motor BMS-K+« untergebracht ist. Dabei findet ein Austausch und Vergleich zwischen den codierten Chipdaten und den EWS-Daten statt. Stimmen die Daten überein, gibt es ein »Handshake« zwischen EWS und BMS-K+, worauf das Steuergerät Motor BMS-K+ Anlasser, Zündung und Benzineinspritzung freischaltet und der Motor gestartet werden kann. Dieser Vorgang erfolgt bei jedem Einschalten der Zündung.

Service-Anmerkung: Das Zündschloss übernimmt über den Zündschlüssel sowohl die Lenkschloss-Funktion als auch das Ein- und Ausschalten der Zündung. Jedoch ist der eigentliche »Zündschalter« unterhalb des Zündschlosses getrennt von diesem angebracht. Wenn sich die Zündung beim Drehen des Zündschlüssels auf ON nicht einschaltet, obwohl der Zündschlüssel zweifelsfrei zum Fahrzeug gehört, kann der Zündschalter (Bild 45b) defekt sein. Zum Ausbau muss der Scheinwerfer abgebaut werden.

Zündschloss defekt? Die beiden Schrauben in zwei Stufen ausbohren: Vorbohren mit einem Bohrungsdurchmesser von 4,5 mm auf eine Tiefe von 6 mm, Ausbohren mit einem Bohrungsdurchmesser von 8,5 mm auf eine maximale Bohrtiefe von 6 mm (Bild 45c). Einbau des Zündschlosses: Die beiden Spezialschrauben (M8) des Zündschlosses können nur mit dem BMW-Werkzeug »Stecknuss« (Nr. 51 0 531, Bild 45d) eingeschraubt werden (20 Nm).

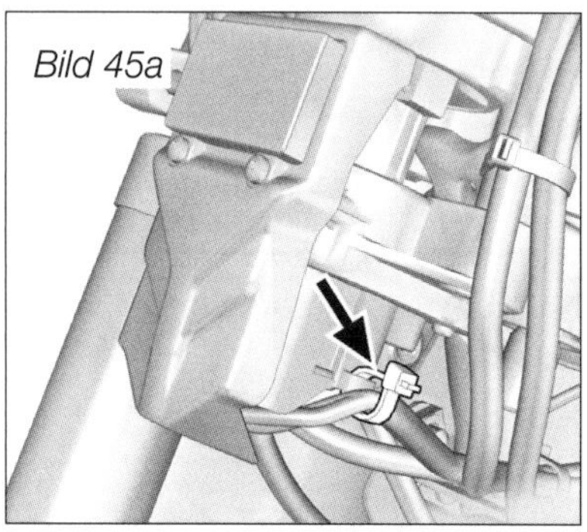

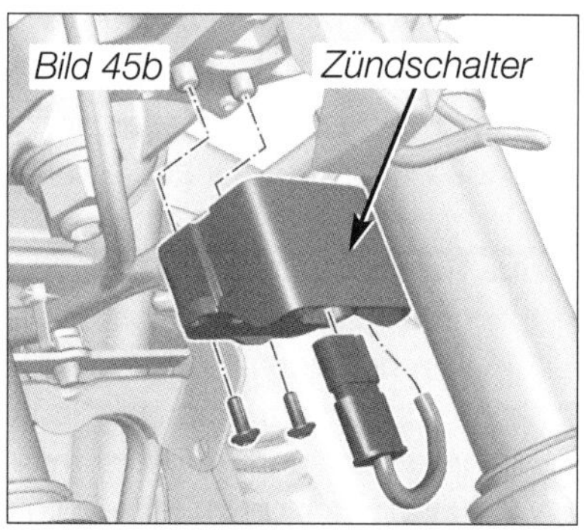

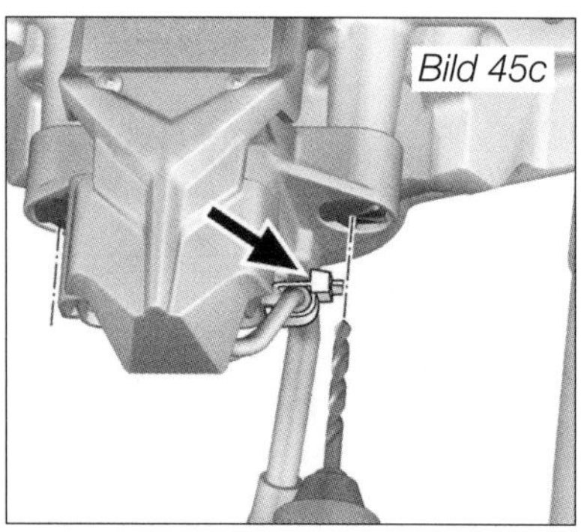

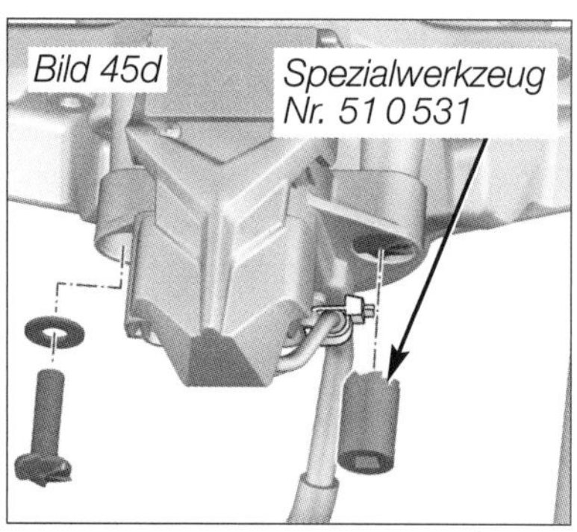

Bilder 45a bis 45d: Aus- und Einbau des Zündschlosses.

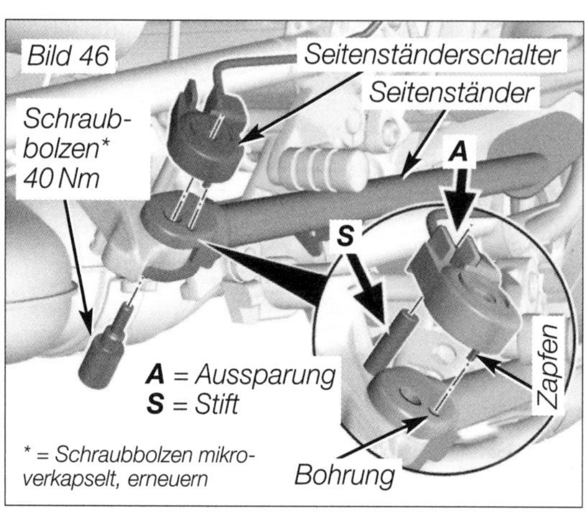

Bild 46: Zentrisch am Seitenständergelenk ist der Seitenständerschalter.

Starterschalter, Motorstoppschalter: Rechts am Lenker ist der »Anlasserknopf« in der elektrischen Schaltereinheit eingebaut. Er wird umfasst vom einflügeligen Motorstoppschalter (»Killschalter«, Bild 63b), der bei entsprechender Stellung den Drückkontakt des Anlasserknopfs blockiert.

Service-Anmerkung: Ein Defekt im Starterschalter kann vorkommen. Am Ende des Kapitels zeigen wir die Innereien dieses Schalters und geben Tipps zur Reparatur.

Seitenständerschalter: Er ist am Drehpunkt des Seitenständers (Bild 46) angebracht und verhindert ein Losfahren mit ausgeklapptem Seitenständer, weil der Motor dann beim Einlegen des Gangs ausgeht (siehe Kapitel 1 »Wartung · Pflege«).

Service-Anmerkung: Wenn der Motor bei eingeklapptem Seitenständer nicht anspringt, kann der Seitenständerschalter defekt sein. Wenn er beim Fahren Aussetzer hat (»stottert«), kann der Grund ebenfalls ein defekter Schalter sein.

Instrumentenkombination

Passend zur Bordelektronik der R 1200 R basiert die Instrumentenkombination mit Tachometer, Drehzahlmesser und einem Informationsdisplay (»Info-Flatscreen«) auf Digitaltechnik. Das Display informiert den Fahrer permanent über Fahrgeschwindigkeit, Motordrehzahl, Motortemperatur, Tankreserve, Service-Intervalle, eingelegten Gang und Uhrzeit. Wählbar sind die Anzeigen für Gesamtkilometerstand, Tageskilometerzähler und Restreichweite (nach Erreichen der Reservemenge). Die Instrumenteneinheit wird bei einsetzender Dunkelheit, von einer Fotozelle gesteuert, automatisch beleuchtet. Störungen an entsprechenden Baugruppen, wie z. B. im ABS oder Ölkreislauf, werden über entsprechende Hinweise im Display angezeigt.

■ **Service-Anmerkung:** Bei zeitweiligen Aussetzern der Anzeigen überprüfen Sie als Erstes die Steckverbindung der Instrumentenkombination (hinter dem Tachometer) auf Wackelkontakt.

Steuergerät »Zentrale Fahrzeug-Elektronik« (ZFE): Dieses befindet sich vor dem Luftfilterkasten (Bilder 38, 43c und 63d). Das Steuergerät steuert alle elektrischen Verbraucher wie z. B. Licht, Blinker, Heizgriffe (Sonderausstattung), etc.

■ **Service-Anmerkung:** Wenn die Bordelektrik nicht richtig funktioniert, z. B. das Licht nicht brennt, obwohl alle Kabelverbindungen und die Lampen in Ordnung sind, kann der Fehler im Steuergerät liegen. Wie bei anderen Elektronikfehlern auch, kontrollieren Sie als Erstes die Steckverbindung auf korrekten Sitz!

Motorsteuerung

Die digitale Motorelektronik wird »**BMS-K+**« (»**BMW Motor Steuerung Krad**«) genannt. Diese BMW-Eigenentwicklung wurde speziell auf die Anforderungen für Motorräder ausgelegt. Vollsequentielle Einspritzung, schnelle Verarbeitung umfangreicher Sensorsignale durch modernste Mikroelektronik, ein kompaktes Layout und geringes Gewicht sind ihre wichtigsten Kennzeichen. Basisgrößen für den jeweiligen Motorbetriebspunkt beider Zylinder sind Motordrehzahl (»1/min«) und Drosselklappenwinkel (»wie viel Last der Fahrer momentan vorgibt« bzw. »wie viel Gas der Fahrer im Moment gibt«), der über ein Potentiometer (»Drosselklappenpositions-Sensor«) am Drosselklappengehäuse erfasst wird. Weil der Bedarf an »benötigter Benzinmenge pro Verbrennungsvorgang« und der »Zeitpunkt der Einspritzung« sowie der »Zündzeitpunkt« von Kurbelwellenumdrehung zu Kurbelwellenumdrehung unterschiedlich sein können, werden zudem folgende aktuellen Messwerte von Sensoren ständig erfasst und fortlaufend an das Steuergerät der ZFE weitergegeben:

■ Stellung Kurbelwelle über den »Kurbelwellenpositions-Sensor« (Bilder 21a und 63f).

■ Motordrehzahl: Wird erfasst über den »Nockenwellenpositions-Sensor« (Bilder 28, 42b und 63h).

■ Temperatur des Motors: Sie wird erfasst vom »Motortemperatur-Fühler« (Zylinderkopftemperatur-Sensor), dieser sitzt hinten im rechten Zylinderkopf (Bild 27).

■ Temperatur der Ansaugluft: Sie wird erfasst vom »Ansauglufttemperatur-Sensor«, der oben am Luftfilterkasten sitzt (Bilder 8 und 60e).

■ Temperatur des Motoröls: Sie wird erfasst vom »Motoröltemperatur-Sensor«, der rechts oben am Motorgehäuse neben der Lichtmaschine eingebaut ist (Bilder 26 und 63l).

■ Druck der Umgebungsluft: Sie wird erfasst vom »Umgebungsluftdruck-Sensor«, der im Steuergerät der »Zentralen Fahrzeug-Elektronik« (ZFE) eingebaut ist (Bilder 40 und 62a).

Alle von diesen Sensoren gemessenen Daten werden an die Motorsteuerung geliefert und dort von Mikroprozessoren innerhalb von Sekundenbruchteilen verarbeitet. Hierzu sind spezifische Kennfelder in der Motorsteuerung hinterlegt, die als Basis zur ständigen Berechnung der optimalen Werte für die Einspritzung und Zündung dienen. Für die Verarbeitung der Daten ist ein »Motorsteuerungs-Programm« verantwortlich, das fest in das Steuergerät »Motor BMS-K+« eingegeben ist.

■ **Service-Anmerkung:** Wird ein neues Steuergerät »Motor BMS-K+« montiert, muss es in der BMW-Motorradwerkstatt codiert und auf das Zündschloss und den Zündschlüssel (und damit auf die elektronische Wegfahrsperre »EWS«) codiert werden. Mit einem nicht zum Fahrzeug

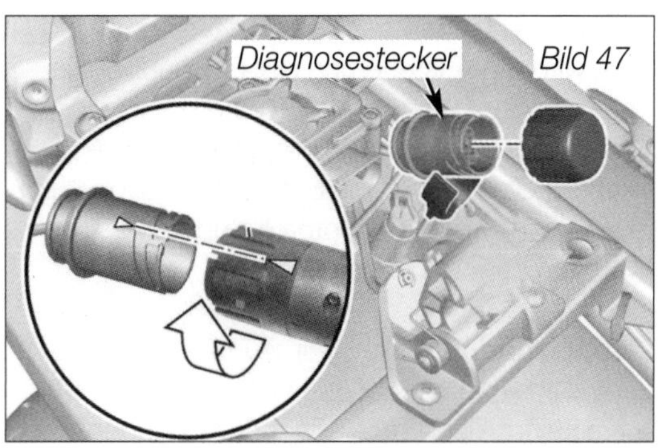

Bild 47: Diagnosestecker rechts hinten unter der Sitzbank.

gehörenden Steuergerät kann der Motor nicht in Betrieb genommen werden!

Einspritzung, Lambdasonden: Die optimale Einspritzmenge wird individuell und passend zu jedem Ansaugtakt des jeweiligen Zylinders von einer vollsequentiellen Einspritzung geliefert. Die Einspritzmenge wird von der Motorsteuerung jedoch nicht nur über die Einspritzdauer, sondern auch über den Druck bestimmt, den die Benzinpumpe je nach Bedarf bereitstellt. Das Einspritzsystem arbeitet ohne Rücklauf und fördert nur die Menge, die vom Motor tatsächlich benötigt wird. Durch diese Fördermengenregelung wird der Benzindruck in weiten Bereichen so verändert, dass stets eine optimale Gemischbildung erfolgt.

In jedem der beiden Auspuffkrümmer ist eine Lambdasonde eingebaut. Diese misst den Restsauerstoffgehalt im Abgas und meldet die Messdaten an das Steuergerät »Motor BMS-K+«, das diese Daten in die Gemischzusammensetzung miteinbezieht. Vorbildliche Abgasemissionen, geringer Verbrauch, bestes Fahrverhalten bei feinem Ansprechverhalten sind die Ergebnisse der ausgeklügelten Einspritzung einschließlich der Lambdasonden.

Leerlaufregelung, Kaltstartanreicherung: Im Steuergerät »Motor BMS-K+« sind auch die Funktionen einer automatischen Leerlaufregelung sowie eine Kaltstartanreicherung mit einer Warmlaufregelung integriert. Die notwendige Leerlaufanhebung (diese ist besonders beim Kaltlauf wichtig) erfolgt automatisch und wird über zwei Leerlaufstepper gesteuert (auch »Leerlaufsteller« genannt): Das sind gesteuerte Bypass-Kanäle für Zusatzluft, die im Drosselklappengehäuse integriert sind und die entsprechend angepasste Benzineinspritz-Mengen regeln.

Schubabschaltung: In die Motorsteuerung ist weiterhin eine Schubabschaltung programmiert. Wenn bei einer Drehzahl von mehr als 2000/min die Drosselklappen geschlossen werden (»Gas zu«), wird die Ansteuerung der Einspritzventile unterbrochen. Wenn die Motordrehzahl unter 1400/min sinkt, wird die Einspritzung wieder aktiviert. Übrigens ist die Schubabschaltung nur in Funktion, wenn die Motoröltemperatur einen Wert von ca. 60 °C erreicht hat.

Doppelzündung: Die Hauptzündkerze sitzt zentral im Zylinderkopf, die Nebenzündkerze ist am äußeren Rand des Zylinderkopfs angeordnet.

Zündzeitpunkt: Der Zündzeitpunkt beider Zündkerzen wird von der Motorsteuerung frei programmiert. Abhängig von Last und Drehzahl kann er einen Zeitunterschied haben, um Laufkultur, Schadstoffemission und Verbrauch zu optimieren. Diese Phasenverschiebung erfolgt kontinuierlich von Teillast zu Volllast: In der Praxis bedeutet dies unterschiedliche Zündzeitpunkte an beiden Zündkerzen innerhalb definierter Kennfeldbereiche. Hin zur Volllast, bei der eine Doppelzündung keine Vorteile mehr bringt, ist die Phasenverschiebung so groß gewählt, dass der Funkenüberschlag an der Nebenkerze erst im Expansionstakt (60 Grad nach OT) stattfindet. Faktisch entspricht das dann einer Einfachzündung an der zentralen Zündkerze bei Volllast.

Klopfregelung: Zur Erkennung einer klopfenden Verbrennung dient ein Körperschall-Sensor (»Klopf-Sensor«), der am linken Zylinderkopf hinten angebaut ist (Bilder 18, 60d, 60g, 62a).

Seine Funktion kann man einfach erklären: Wenn der Motor aufgrund einer unkontrolliert ablaufenden Verbrennung zu »klopfen« beginnt, wird dieses Signal vom Körperschall-Sensor »gehört« und an die Motorelektronik gesendet, diese reagiert sofort und verstellt den Zündzeitpunkt (»Zündwinkel«) in Richtung »spät«, wodurch der Motor vor möglichen Schäden geschützt wird.

Zusätzlich geht die Erfassung der Zylinderkopftemperatur durch den Zylinderkopftemperatur-Sensor in die Signalauswertung mit ein und ergänzt die Schutzfunktion. Durch die Klopfregelung konnte die geometrische Verdichtung des Motors auf 12,0 : 1 erhöht werden, was einen beachtlichen Wert für einen luft-/ölgekühlten Motor dieser Zylindergröße darstellt.

Regulär ist der Motor auf bleifreies Benzin »Super Plus« (ROZ 98) ausgelegt. Dank der Klopfregelung kann der Motor auch mit »Super« (ROZ 95) oder »Normalbenzin« (ROZ 91) betrieben werden. Entsprechend schlechtere Kraftstoffqualitäten, wie sie in fernen Ländern manchmal anzutreffen sind, schaden dem Motor auch nicht, denn die Klopfregelung passt (innerhalb der möglichen Grenzen) die Zündzeitpunkte selbsttätig an die getankte Kraftstoffqualität an. Auch auf extremste Bedingungen, wie z. B. die sehr hohe thermische Belastung des Motors in tropischen Gegenden, stellt sich die Klopfregelung im Zusammenspiel mit der umfangreichen Sensorik ein.

⚠ **Probleme beim Leerlauf?** Die Leerlaufstepper sind links und rechts am Drosselklappengehäuse angebaut (Bilder 23, 60d und 62d). Wenn der Motor im Leerlauf entweder unregelmäßig läuft mit stark schwankenden Drehzahlausschlägen nach oben oder unten oder der Motor plötzlich abstirbt, kann ein Leerlaufstepper schuld sein. Doch bevor ein neues Bauteil gekauft wird, beide Leerlaufstepper ausbauen, sorgsam reinigen und wieder einbauen. Falls diese Operation nichts bringt, muss man die Motorelektronik beim BMW-Händler mit dem Diagnosegerät überprüfen lassen.

Wenn bei sehr schlechtem Sprit der Zündzeitpunkt von der Motorelektronik zwar weit zurückgenommen wurde, der Motor aber dennoch weiter klingelt oder klopft, steigt dadurch die Temperatur im Verbrennungsraum stark an. Wenn dies vom Zylinderkopftemperatur-Sensor festgestellt und an die Motorsteuerung gemeldet wird, verstellt diese die Zündung weiter in Richtung »spät«.

Wichtig: Deswegen muss bei Verwendung von schlechtem Benzin folgender Hinweis beachtet werden: Lassen Sie den Motor nicht untertourig »ziehen«, sondern gehen Sie dann dosiert ans Gas und lassen den Motor möglichst »zugfrei« im mittleren Drehzahlbereich laufen!

Lichtmaschine, Batterie

Lichtmaschine

Versorgt wird die elektrische Anlage durch eine Lichtmaschine mit einer Leistung von 720 Watt bei 60 Ampere. Der Regler ist in die Lichtmaschine integriert.

Batterie

Die wartungsfreie Batterie hat eine Kapazität von 14 Ah. Sie sitzt hinter dem Tank unter der Sitzbank zwischen den Rahmenrohren. Ihre Mindest-Ruhespannung beträgt 12,4 Volt. Liegt die Spannung unter diesem Wert, dann startet der Motor wahrscheinlich überhaupt nicht, weil weder der Anlasser durchgedreht wird noch die Motorelektronik in Funktion treten kann.

Kabel

Der Kabelbaum der R 1200 R dient zur Datenübertragung zwischen Schaltern, Sensoren und Steuergeräten. Er kann durch mechanische Einwirkung kaputt gehen (knicken, ziehen, reißen). Eine Durchgangskontrolle mit einer Prüflampe ist nicht möglich; eine Funktionsüberprüfung kann nur mit dem BMW-Motorrad-Diagnosesystem durchgeführt werden.

Zur Behebung von Defekten im Kabelbaum bietet BMW einen elektrischen Reparatursatz an (Bilder 48a bis 51), bestehend aus Stoßverbindern zur Reparatur einzelner Kabel sowie Reparaturstecker. Ein defektes Kabel wird folgendermaßen repariert:

1. Defekten Stecker bzw. Kabelstück abschneiden auf einem möglichst geraden Stück des Kabelstrangs, um diesen besser fixieren zu können.

2. Bild 48a: Die einzelnen Adern um die ungefähre Länge eines Schrumpfschlauches gestaffelt zurechtschneiden, sodass die reparierten Stellen nicht nebeneinander liegen.

3. Die nummerierten Adern des Reparatursatzes den entsprechenden Kabelfarben des Originalsteckers zuordnen, gestaffelt zurechtschneiden.

■ Bild 48a: Um eine mehrfache Verwendbarkeit der Reparatursätze zu gewährleisten, wurden die Kabel nicht farbig ausgeführt, sondern mit Nummern gekennzeichnet.

4. Auf jede Ader des Anschlusses einen Schrumpfschlauch aufschieben.

5. Bild 48b: Kabelenden mit BMW-Werkzeug »Abisolierzange« (Nr. 61 0511) abisolieren.

6. Zu den Kabelenden entsprechende Stoßverbinder einlegen; sie müssen an Isolierung und Litze befestigt sein (mit Lupe prüfen).

7. Bild 49: Stoßverbinder mit BMW-Werkzeugen »Zange« (Nr. 61 4342) und »Crimpkopf« (Nr. 61 4343) einbauen.

8. Bild 50: Schrumpfschlauch über Stoßverbinder schieben, mit Heißluftföhn erhitzen, der Schrumpfschlauch zieht sich dabei zusammen, legt sich an die Kabeloberfläche an und wird transparent. Zugleich tritt

Bilder 48a bis 51: Reparatur eines defekten Kabels. Im Lauftext sind die einzelnen Arbeitsschritte beschrieben.

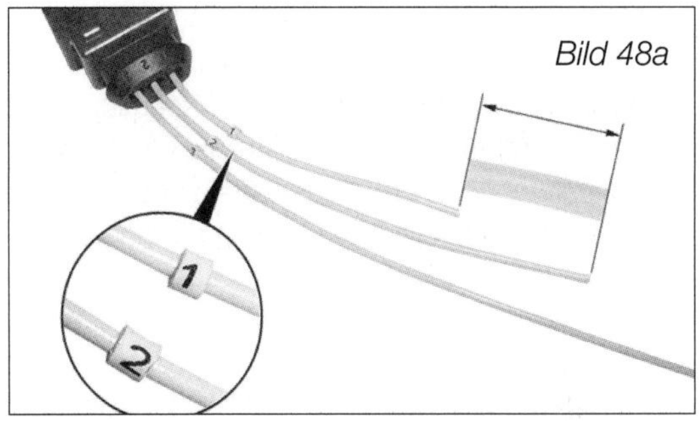

Bild 48a

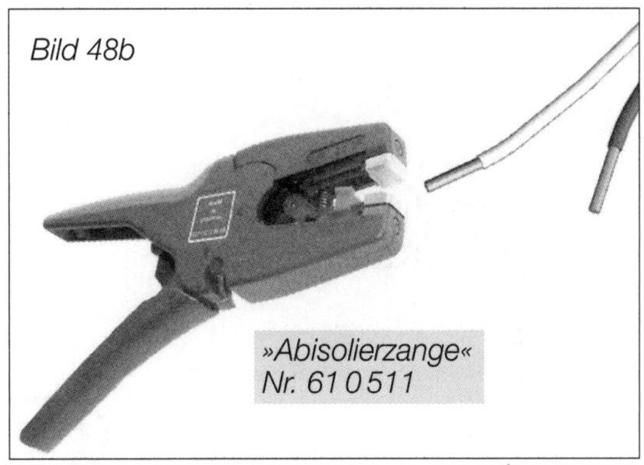

Bild 48b

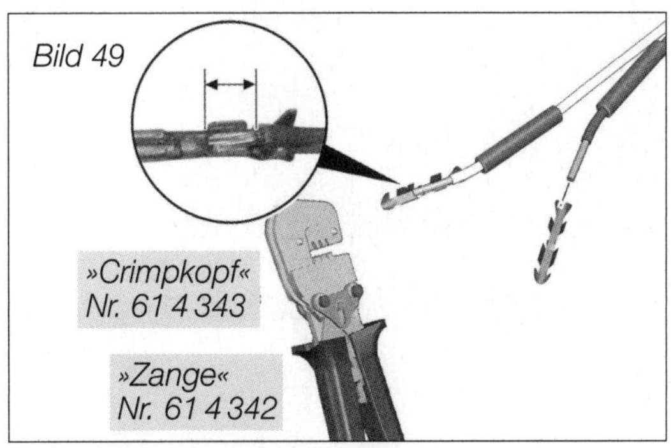

Bild 49

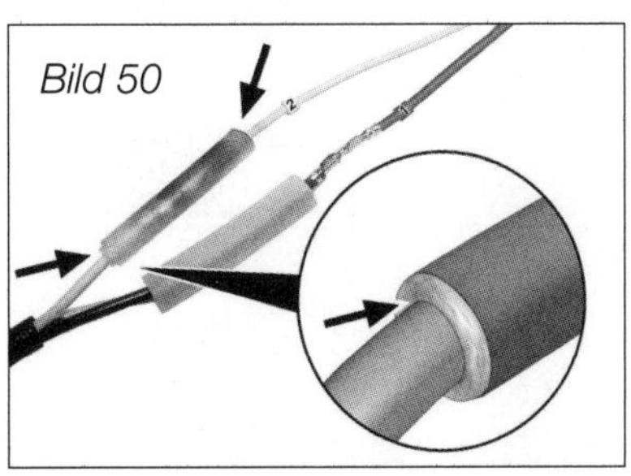
Bild 50

Bild 51

Bilder 52a und 52b: Aufgescheuertes Kabel mit Isolierband reparieren.

Bild 53: Schadensbeispiel an Kabeln.

Bilder 54a bis 55b: Steckerverriegelung lösen, Stecker auseinanderziehen. Beim Zusammenstecken muss es hörbar klicken. ***Wichtig:*** *Stecker müssen sauber, fettfrei und ohne Korrosion sein.*

Heißkleber zur Abdichtung der reparierten Stelle aus.
9. Bild 51: Reparierten Kabelstrang mit BMW-Werkzeug »Gewebeband« (Nr. 61 0 631) umwickeln.
10. Reparierte Stelle am Rahmen mit Kabelbindern so fixieren, dass sie nicht scheuert.

»Normale« elektrische Leitungen (Kabel)
Neben dem Glasfaser-Kabelbaum gibt es an der R 1200 R auch einige »normale« elektrische Leitungen, die z. B. an Front- und Rück-/Bremslicht, Blinker, Hupe, Heizgriffe, Sensoren und Anlasser führen. Diese Leitungen oder Kabel bestehen aus einem Verbund mehrerer isolierter Drähte und sind mit einem Gummi-oder PVC-Mantel überzogen, das ist die so genannte »Isolierung«.

Problem: Falls ein Kabel defekt ist, weil es eingeklemmt war oder an einem Bauteil gescheuert hat, ist meistens die Isolierung beschädigt und die blanken Drähte sind zu sehen (Bild 52a). Wenn die innere Kupferleitung noch in der Gänze vorhanden (also nicht durchgescheuert) ist, muss man solche Stellen mit Isolierband sorgfältig abkleben, damit kein Kurzschluss entsteht.

Lösung: Isolierband so weit um die Scheuerstelle herum kleben, bis es ca. zwei Zentimeter davor und dahinter anliegt (Bild 52b). Das Kabel ist jetzt geschützt, es kann kein Wasser eindringen und bei Kontakt zu einem Metallteil (Rahmen, Motor) keinen Kurzschluss auslösen.

Wichtig: Ursache der Beschädigung herausfinden und abstellen, denn der Einsatz von Isolierband ist keine Dauerlösung.

Stecker

Stecker trennen (Bilder 54a bis 55b)
Bei einigen Montagen müssen Stecker getrennt werden, z. B. beim Abbau von Lampe und Blinker oder beim Ausbau des Tanks (Stecker Benzinpumpen-Kabel) sowie natürlich auch beim Auswechseln elektrischer Bauteile.

Beim Trennen von Steckern beachten:
Wichtig 1: Niemals versuchen, einen Stecker durch Ziehen an den Kabeln zu trennen, sonst reißen die Drähte aus!
Wichtig 2: Generell gilt: Jeden Stecker vor dem Trennen genau ansehen, wie er zusammengesteckt ist, dann sorgsam trennen.

- Bei einem einfachen Stecker ist ein Kabelschuh auf einen Kontakt aufgeschoben: Gummikappe anheben, Kabelschuh mit der Hand anpacken und abziehen.
- Bei den meisten Steckern, egal welche Form sie haben, sind Verriegelungszapfen und Laschen angebracht: Mit spitzem Fingernagel niederdrücken und daduch entriegeln (Bild 55a), dann Steckerhälften auseinanderziehen (Bild 55b).
- Beim Blinkerstecker muss dessen lange Lasche angehoben und gleichzeitig der Stecker auseinandergezogen werden (Bilder 54a und 54b).
- Die Stecker der Motorsteuerung haben Verriegelungsbügel: Diese müssen gelöst werden, erst dann kann der Stecker abgezogen werden. Steckerzungen und Steckerschieber sind von hinten in die Stecker eingeschoben. Ein hochgestellter Zapfen verhindert, dass sie vom Gegenstück herausgeschoben werden. Bei jedem

Bild 52a

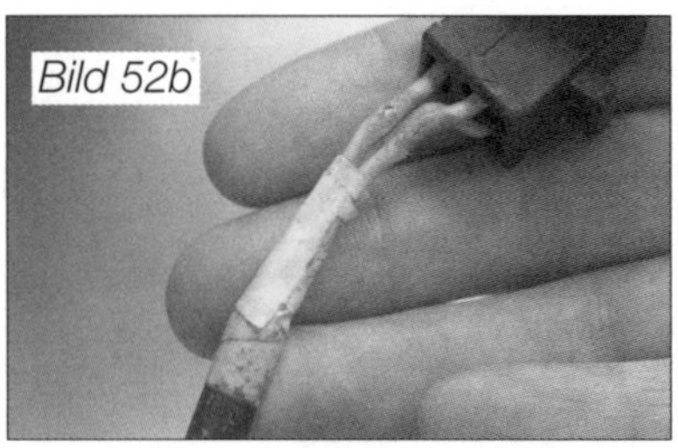
Bild 52b

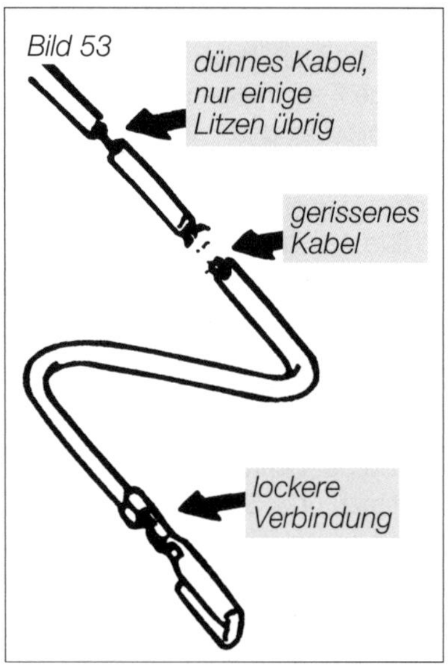
Bild 53

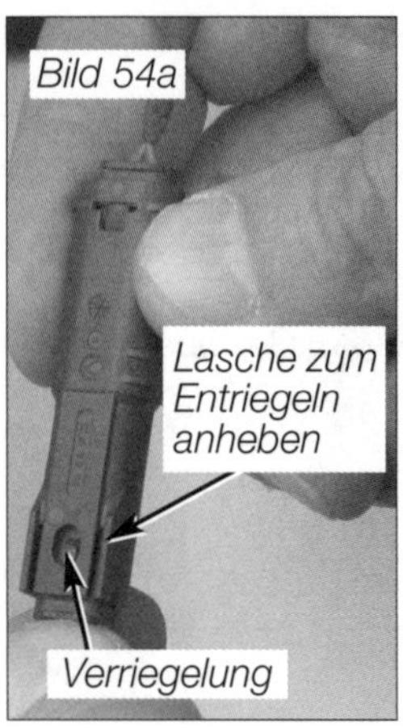
Bild 54a

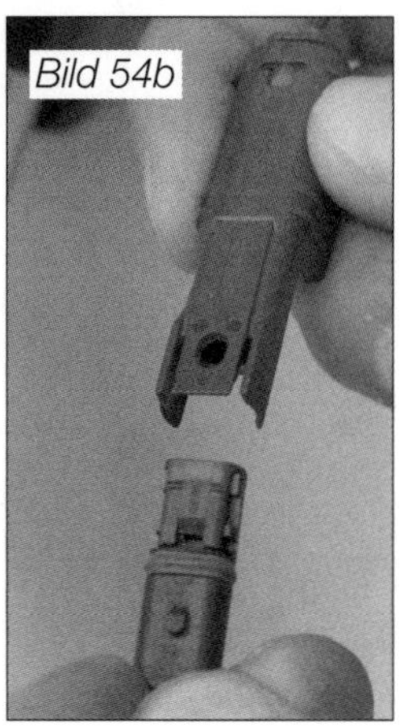
Bild 54b

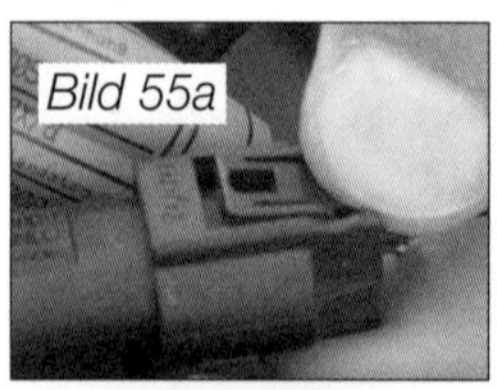
Bild 55a

Bild 55b

Trennen und Zusammenstecken eines Steckers einen Blick auf die Zapfen werfen: Alles ok?

Defekten Schalter reparieren?

Wenn ein Grobmotoriker stark am Blockierflügel des Anlasserschalters dreht, kann dieser in zwei Teile zerbrechen (Kreis in Bild 58). Für den Schalter gibt es keine einzelnen Ersatzteile; ein neues Schalter-Oberteil (Bild 57) kostet rund 200 Euro. **Generell gilt:** Kunststoffteile in Schaltern vertragen keine ungewöhnlichen Drücke und keine »harte« Bedienung, dies gilt für neue wie für alte Schalter (die eventuell schon einmal einen groben Knuff abbekommen haben!).
Wichtig: Wenn ein Widerstand im Schalter spürbar ist, nicht grob weiterdrücken, sondern mit viel Gefühl. Wenn der Schalter noch nicht kaputt ist, dann öffnen Sie ihn und suchen nach der Störung – vielleicht liegt ein kleiner Stein drin oder einige größere Sandkörner? Zum Schrauben an den Schaltern brauchen Sie kleine Werkzeuge, diese gibt es in Modellbauläden (zur Sicherheit auch beim freundlichen BMW-Motorradhändler fragen). **Noch ein Tipp:** Wenn Sie auf eine ganz große Reise in ein unbekanntes Land fahren, nehmen Sie diese Teile mit, denn manchmal muss man Schalter reparieren!

Bilder 56 bis 59: Reparieren des rechten Lenkerschalters.

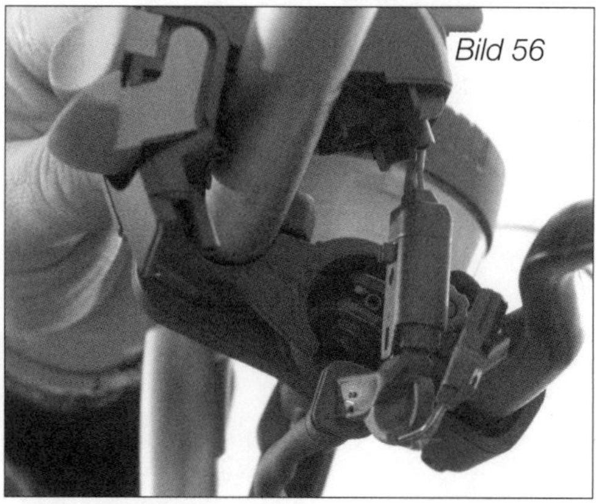
Bild 56

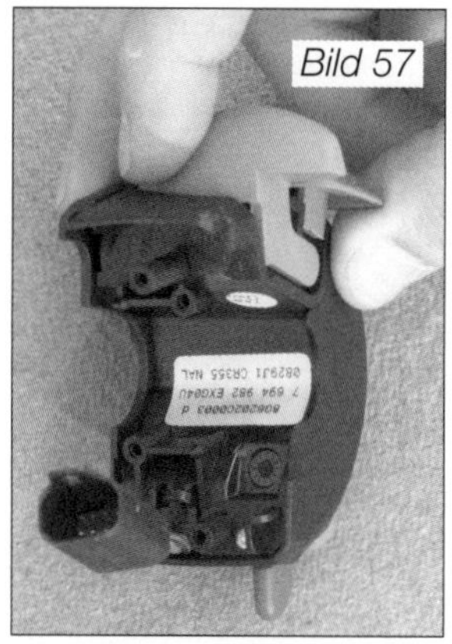
Bild 57

Bild 58

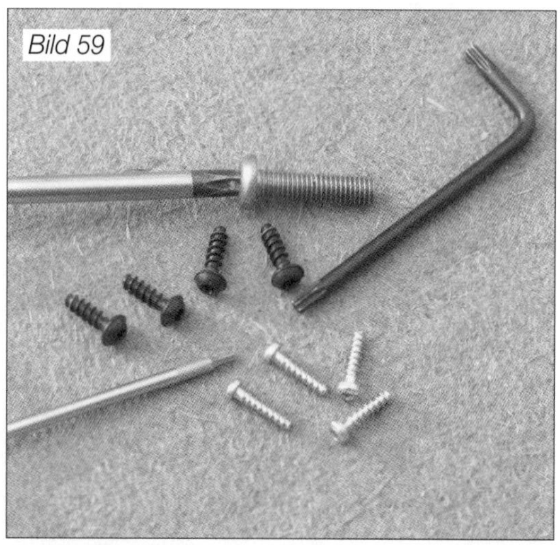
Bild 59

Wichtige Tipps zur elektrischen und elektronischen Fehlersuche

1. Jegliche elektrische und elektronische Störung hat ihre Ursache. Nach Praxiserfahrungen von Fachwerkstätten liegt dies meistens nicht an tatsächlich defekten Bauteilen, sondern zu mehr als 90 Prozent an Kontaktschwächen, die ausschließlich auf schlechte Kontakte in den Steckverbindungen zurückzuführen sind.
2. Wenn Sie ein Bauteil in Verdacht haben, ziehen Sie den betreffenden Stecker am Bauteil ab und kontrollieren diesen auf Korrosion, Nässe und Schmutz.
3. Zum Reinigen eines Steckers benutzen Sie eine Messingbürste mit sehr feinen Borsten oder eine harte (trockene!) Zahnbürste sowie Kontaktspray und Druckluft, die sehr »leicht«, zielgerichtet und sorgfältig angewendet werden muss.
3.1. Harte Korrosion mit einer kleinen Feile (»Schlüsselfeile«) entfernen.
4. Sorgen Sie jederzeit dafür, dass kein Kabel gequetscht oder geknickt am Fahrzeug montiert ist. Wenn Sie bei der Suche nach einem Problem auf ein solches Kabel stoßen, liegt der Fehler meist in einer fehlerhaften Montage. Zur Problembehebung müssen Sie in die BMW-Motorradwerkstatt gehen, denn nur unter Zuhilfenahme eines BMW-Werkstatt-Computers ist es möglich, gebrochene Kabel und/oder schadhafte Bauteile wie Stecker und Sensoren zu lokalisieren.
5. Ein defekter Kabelbaum kann mit entsprechenden Stoßverbindern aus dem BMW-Kabelbaum-Reparatursatz wieder in Ordnung gebracht werden (siehe Bilder 48a bis 51).
6. Wenn ein Kabelbaum ausgetauscht wird, muss mit dem BMW-Motorrad-Computersystem ein weiterer Check gemacht werden: Nur wenn der Computer sein OK signalisiert, ist wirklich alles ok.
7. Wichtig: Bei allen Arbeiten am elektronischen System muss die Zündung AUSgeschaltet sein. Zündschlüssel VOR jedem Arbeitsschritt abziehen!

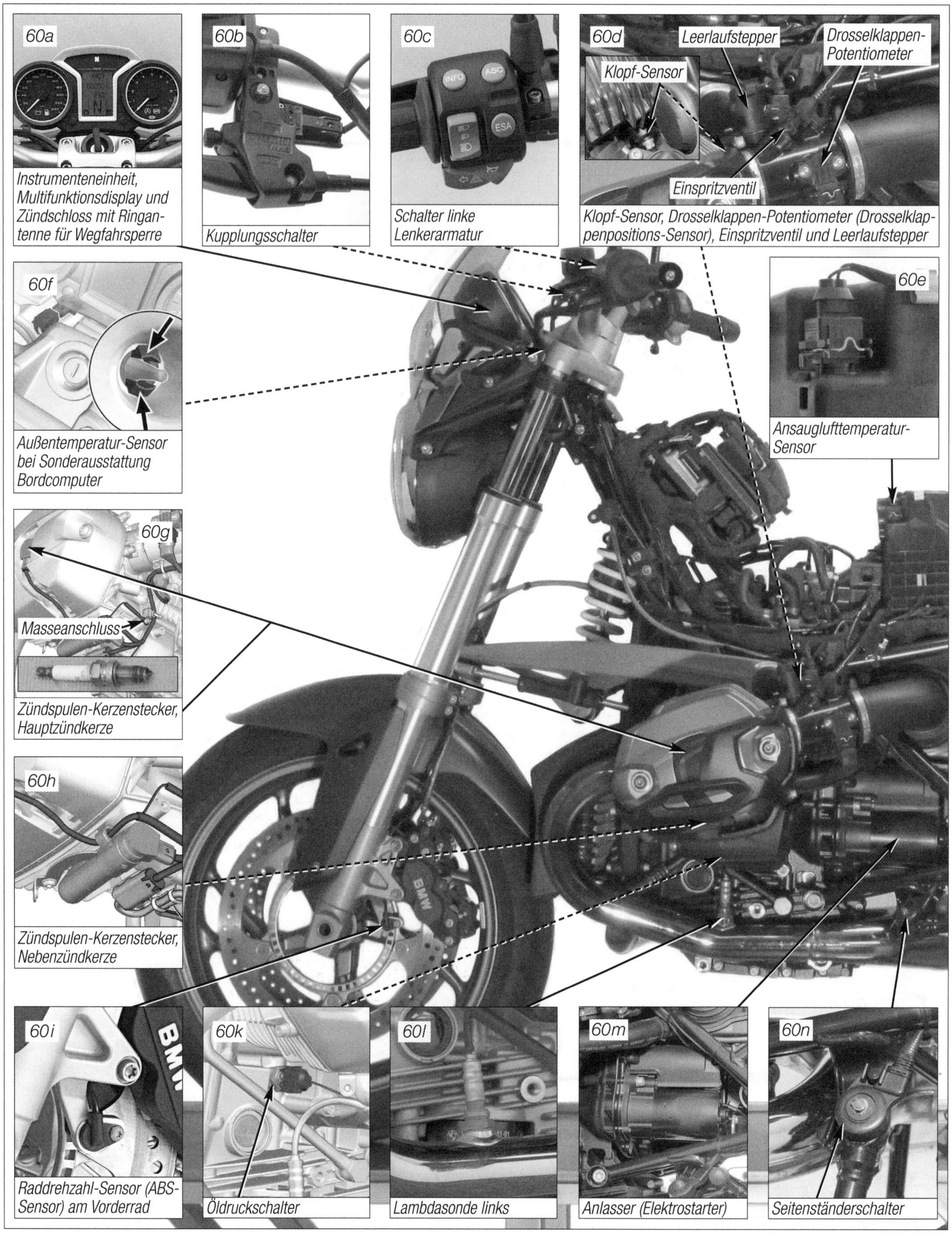

60a Instrumenteneinheit, Multifunktionsdisplay und Zündschloss mit Ringantenne für Wegfahrsperre

60b Kupplungsschalter

60c Schalter linke Lenkerarmatur

60d Klopf-Sensor, Drosselklappen-Potentiometer (Drosselklappenpositions-Sensor), Einspritzventil und Leerlaufstepper

60e Ansauglufttemperatur-Sensor

60f Außentemperatur-Sensor bei Sonderausstattung Bordcomputer

60g Zündspulen-Kerzenstecker, Hauptzündkerze

60h Zündspulen-Kerzenstecker, Nebenzündkerze

60i Raddrehzahl-Sensor (ABS-Sensor) am Vorderrad

60k Öldruckschalter

60l Lambdasonde links

60m Anlasser (Elektrostarter)

60n Seitenständerschalter

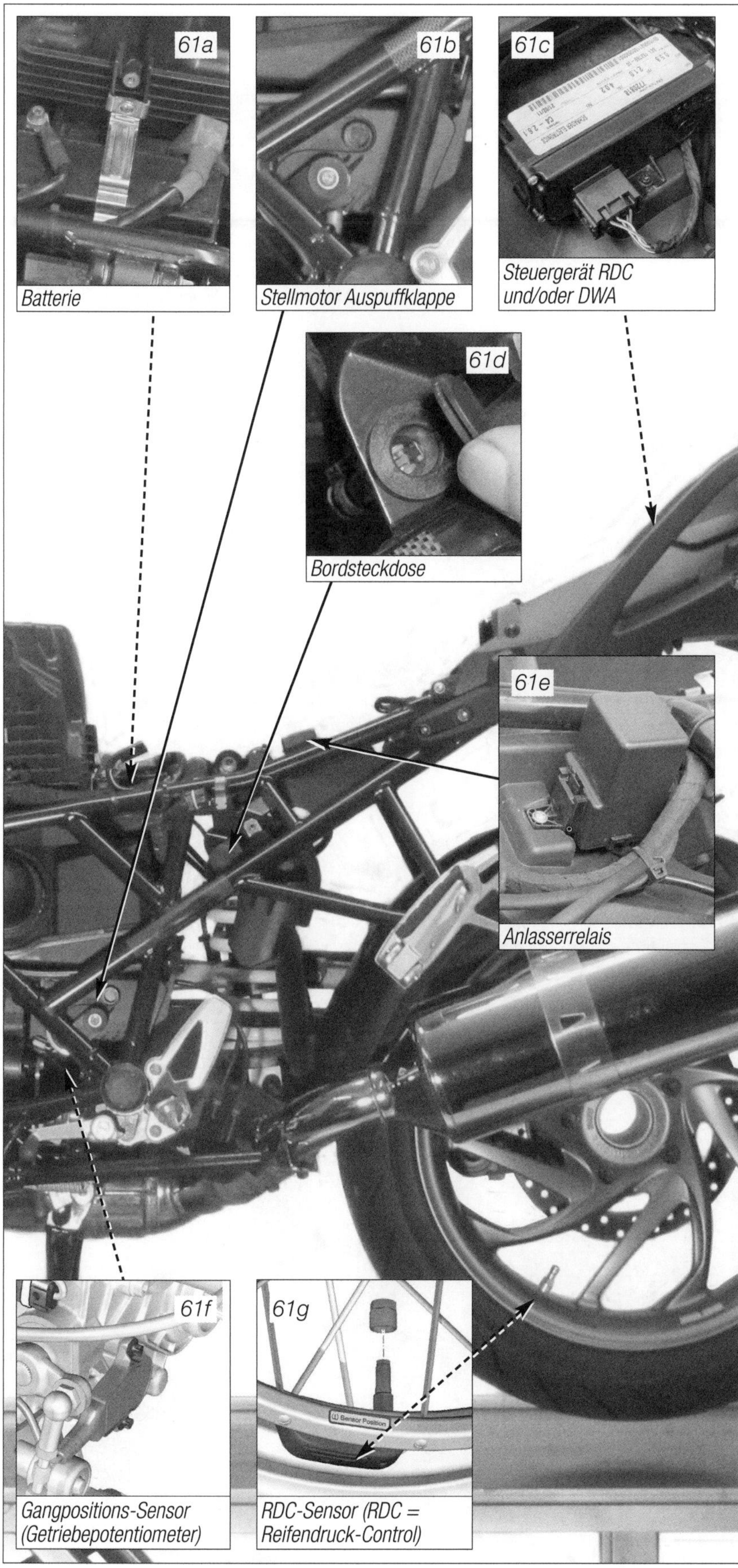

Übersicht der elektrischen Bauteile, Sensoren, Relais und Schalter (Bilder 60a bis 63m)

Elektrische Bauteile

- Anlasser (Elektrostarter, Bilder 6 und 60m)
- Batterie (Bilder 10 und 61a)
- Benzinpumpe (Bild 11)
- Bordcomputer* eingebaut in Display (Bild 60a)
- Bordsteckdose (Bild 61d)
- Diagnosestecker (Bilder 15a, 15b, 47 und 62c)
- Einspritzventile (Bilder 17, 60d und 62d)
- Elektronische Wegfahrsperre (EWS)
- ESA-Federbein vorne**
- ESA-Federbein hinten** (Anschlüsse in Bild 5)
- Hupe (Signalhorn, Bild 63f)
- Lichtmaschine (Generator, Bilder 24 und 63g)
- Masseanschluss/-kabel (Bilder 25a, 25b, 60g und 62e)
- Regler (in Lichtmaschine integriert)
- Ringantenne in Zündschloss integriert (Bilder 41 und 60a)
- Stellmotor Auspuffklappe (Bilder 5 und 61c)
- Steuergerät ABS/Druckmodulator*** (Bilder 34a, 34b, 35 und 63a)
- Steuergerät Instrumenteneinheit (Bilder 36, 43a und 60a)
- Steuergerät »Motor BMS-K+« (digitale Motorelektronik, »Motorsteuergerät«, Bilder 39, 43b und 63d)
- Steuergerät RDC* (RDC = Reifendruck-Control) und/oder Steuergerät DWA* (Diebstahlwarnanlage, Bilder 37 und 61c)
- Steuergerät »Zentrale Fahrzeug-Elektronik« (ZFE, Bilder 38, 43c und 63d)
- Hauptzündkerzen mit Zündspulen-Kerzenstecker (Bilder 42a, 42b, 60g und 63k)
- Nebenzündkerzen mit Zündspulen-Kerzenstecker (Bilder 42a, 42b, 60g, 60h und 62e)

Sensoren

- Ansauglufttemperatur-Sensor* (Bilder 8 und 60e)
- Außentemperatur-Sensor (Bilder 9 und 60f)
- Benzinstand-Sensor (Bild 12)
- Drosselklappen-Potentiometer (Drosselklappenpositions-Sensor, Bilder 16, 17, 42a und 60d)
- Gangpositions-Sensor (»Getriebepotentiometer«, Bilder 19 und 61f)
- Klopf-Sensor (Bilder 18, 60d und 62a)
- Kurbelwellenpositions-Sensor (Zündgeber, Bilder 21a, 21b, 63f)
- Lambdasonden (Bilder 22, 42a, 42b, 60l und 63i)
- Leerlaufstepper (Leerlaufsteller, Bilder 23, 60d und 62d)
- Nockenwellenpositions-Sensor (Bilder 28, 42b, 62e und 63i)
- Motoröltemperatur-Sensor (Bilder 26 und 63l)
- Motortemperatur-Fühler (Zylinderkopftemperatur-Sensor, Bild 27)
- Raddrehzahl-Sensor vorne (ABS-Sensor***, Bilder 30 und 60i)
- Raddrehzahl-Sensor hinten (= Geschwindigkeits-Sensor bei Fahrzeug ohne ABS, sonst nur bei ABS***, Bilder 31 und 62b)
- RDC-Sensor* vorne und hinten (RDC = Reifendruck-Control, Bilder 32 und 61g)
- Umgebungsluftdruck-Sensor (Bilder 40 und 62a)

Relais

- Anlasserrelais (Bilder 7 und 61e)

Schalter

- Bremslichtschalter vorne (bei Modell ohne ABS, Bilder 13 und 63c)
- Bremslichtschalter hinten (bei Modell ohne ABS, Bilder 14 und 62f)
- Kupplungsschalter (Bilder 20 und 60b)
- Schalter linke Lenkerarmatur für Lichthupe, Fern-/Abblendlicht, Warnblinker und Abschalten der ABS-Funktion (Bild 60c)
- Schalter rechte Lenkerarmatur mit Motorstoppschalter (»Killschalter«, Bild 63b)
- Öldruckschalter (Bilder 29 und 60k)
- Seitenständerschalter (Bilder 33, 46 und 60n)
- Zündschalter (Zündschloss, Bilder 41 und 60a)

* = Sonderausstattung
** = nur bei Sonderausstattung ESA-Federbein
*** = nur bei Sonderausstattung ABS

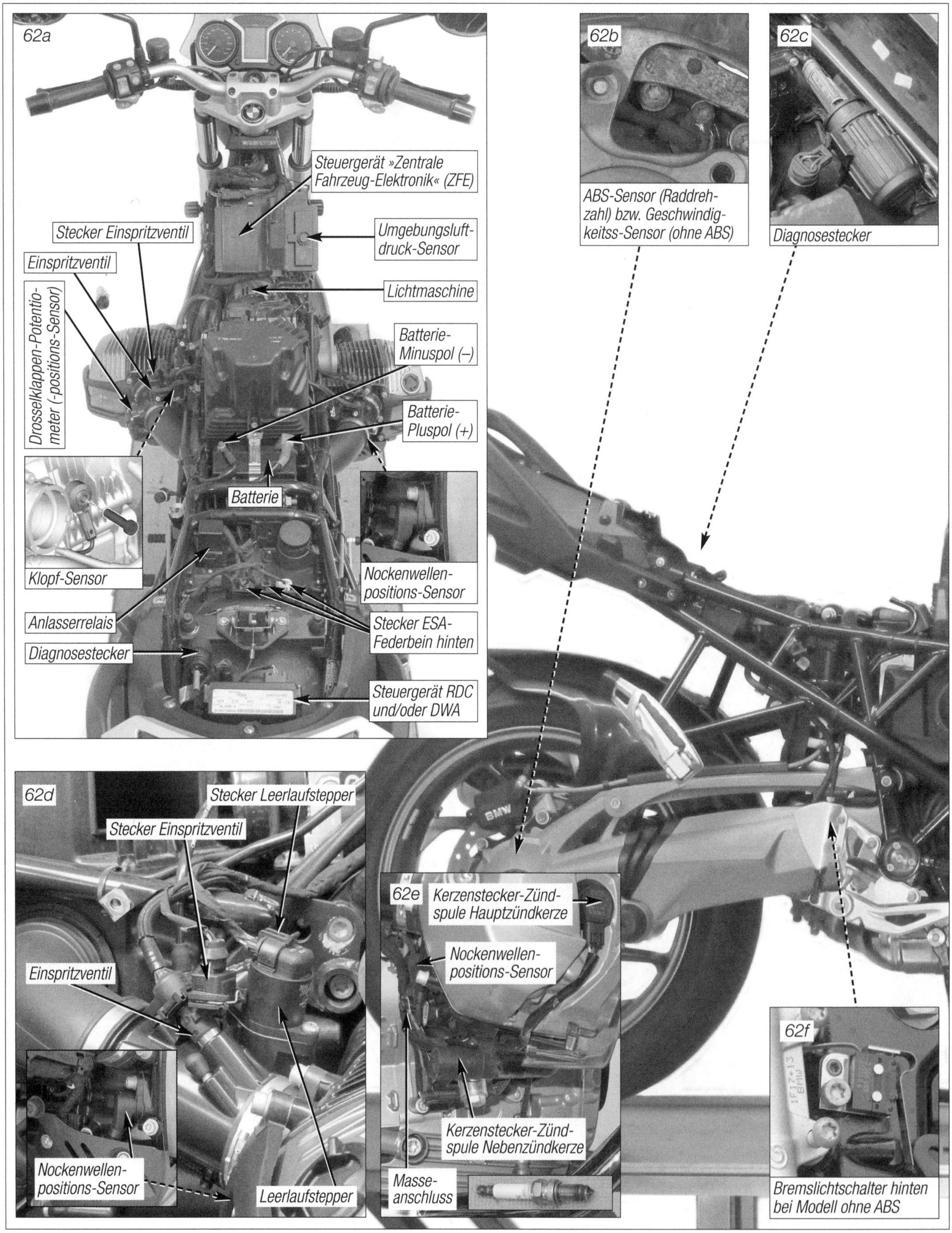
62a
Steuergerät »Zentrale Fahrzeug-Elektronik« (ZFE)
Stecker Einspritzventil
Umgebungsluftdruck-Sensor
Einspritzventil
Lichtmaschine
Drosselklappen-Potentiometer (-positions-Sensor)
Batterie-Minuspol (–)
Batterie-Pluspol (+)
Batterie
Klopf-Sensor
Nockenwellen-positions-Sensor
Anlasserrelais
Stecker ESA-Federbein hinten
Diagnosestecker
Steuergerät RDC und/oder DWA
62b
ABS-Sensor (Raddrehzahl) bzw. Geschwindigkeitss-Sensor (ohne ABS)
62c
Diagnosestecker
62d
Stecker Leerlaufstepper
Stecker Einspritzventil
Einspritzventil
Nockenwellen-positions-Sensor
Leerlaufstepper
62e
Kerzenstecker-Zündspule Hauptzündkerze
Nockenwellen-positions-Sensor
Kerzenstecker-Zündspule Nebenzündkerze
Masse-anschluss
62f
Bremslichtschalter hinten bei Modell ohne ABS

63a
ABS-Steuergerät/
Druckmodulator
63b
Motorstoppschalter
(»Killschalter«)
Schalter rechte
Lenkerarmatur
63c
Bremslichtschalter vorne
bei Modell ohne ABS
63d
Stecker ZFE
Steuergerät »Zentrale
Fahrzeug-Elektronik« (ZFE)
Stecker »Motor BMS-K+«
Steuergerät
»Motor BMS-K+«
Steuergeräte und Stecker
Kreis = Ausschnitt siehe
Bilder 62d und 62e
63e
Hupe (Signalhorn)
63f
Kurbelwellenpositions-
Sensor (Zündgeber)
63g
Lichtmaschine
(Regler integriert)
63h
Nockenwellen-
positions-Sensor
63i
Lambdasonde rechts
63k
Zündspulen-Kerzenstecker,
Hauptzündkerze
63l
Motoröltemperatur-Sensor

Batterie

In diesem Kapitel: Basisinformationen zur Batterie · Batterie prüfen, ausbauen, laden, einbauen.

Batterie

Die Batterie muss immer in bestem Zustand sein, damit sie besonders für den Startvorgang ausreichend Energie liefern kann, wenn der Anlasser betätigt wird. In der R 1200 R unseres Buchs ist serienmäßig eine als »wartungsfrei« bezeichnete 12 Volt/14 Ah-Batterie verbaut.

Im Gegensatz zu einer herkömmlichen Blei-Säure-Batterie hat eine als »wartungsfrei« bezeichnete Batterie keinen Entlüftungsschlauch. Man braucht auch kein destilliertes Wasser nachzufüllen, weil bei normaler Ladung nur Sauerstoff entsteht; während beim Laden einer herkömmlichen Batterie auch Wasserstoff freigesetzt wird. Der Sauerstoff reagiert an der Minusplatte mit dem dort gebundenen Wasserstoff und verwandelt sich wieder in Wasser, deswegen bleibt der Flüssigkeitsstand in der Batterie immer konstant.

Geeignete Ersatzbatterien

Wenn eine neue Batterie notwendig wird, unbedingt eine AGM- oder Gel-Batterie kaufen und keine Blei-Säurebatterie, die mit einem Entlüftungsschlauch versehen ist.

AGM-Batterie (»Absorbend Glass Mat«): Bei ihr ist der Elektrolyt als flüssige Schwefelsäure in Matten aus Glasfaservlies gebunden, sie ist »wartungsfrei«.

Gel-Batterie: Bei ihr ist der Elektrolyt durch Zusatz von Kieselsäure in einer gelartigen Mas-

Bilder 1a, 1b und 2: Serienmäßig ist in die R 1200 R eine als »wartungsfrei« bezeichnete AGM-Batterie eingebaut.

In Bild 1a ein Aufkleber, wie er auf einigen serienmäßigen Batterien zu finden ist. Darauf kann man das Ladedatum vermerken.

Bild 1a

Bild 1b

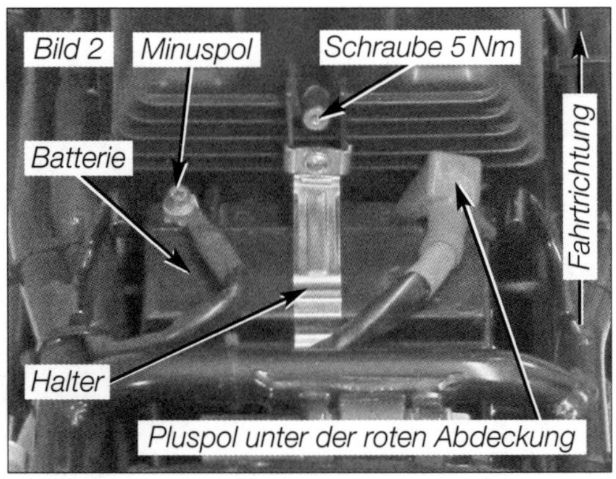

Bild 2

Sicherheitshinweise Achtung und Tipps für dieses Kapitel

⚠ Zu allen Arbeiten an der Batterie muss die Zündung ausgeschaltet sein! Zündschlüssel am besten abziehen.

⚠ Sollten Sie einmal gezwungen sein, eine nicht wartungsfreie Bleibatterie einzubauen, wird ein Entlüftungsschlauch benötigt.
■ Dieser muss knickfrei nach unten verlegt werden, sein Ende muss so ins Freie ragen, dass die aus der Batterie austretenden Dämpfe mit keinem Teil der Maschine in Berührung kommen, sonst gibt es in kürzester Zeit hässliche Säureschäden, was bis zum Bruch tragender Rahmenbauteile führen kann!
■ Eine nicht wartungsfreie Batterie sollte nur im echten Notfall eingebaut und umgehend durch eine wartungsfreie Batterie ersetzt werden.
■ Wenn Sie eine neue Batterie brauchen, kaufen Sie eine serienmäßige AGM- oder Gelbatterie beim BMW-Händler. BMW-Spezialisten berichten von Nachrüst-Batterien, die sich nicht mit der Ladeelektronik vertragen und deswegen schon nach wenigen Monaten defekt wurden.

⚠ Beim Laden der Batterie können aus der Batterie explosive Gase entweichen. Offenes Feuer, Funkenflug und brennende Zigaretten in weitem Umkreis von der am Ladegerät hängenden Batterie fern halten. Für ausreichende Belüftung des Raumes sorgen, in dem die Batterie geladen wird!

☞ Kaufen Sie sich ein Ladegerät speziell für wartungsfreie AGM- oder Gel-Motorradbatterien, bei dem sich kleine Ladespannungen und die maximale Ladezeit einstellen lassen. Wenn das zu teuer ist, dann lassen Sie die Batterie beim BMW-Händler laden.

⚠ Hängen Sie die AGM- oder Gelbatterie der R 1200 R über Winter nicht an ein so genanntes Batterie-Frischhaltegerät, bei dem die Batterie fortwährend im Wechsel geladen und entladen wird. Das schadet der Batterie mehr als es ihr nutzt.

☞ Beim Überwintern Ihrer Maschine bauen Sie die Batterie aus, laden sie fachgerecht und lagern sie in einem kühlen Raum. Im Frühjahr vor dem ersten Start die Batterie erneut laden und einbauen.
■ Dies gilt auch für eine neue Batterie: Vor dem Einbau laden, eine halbe Stunde ruhen lassen, einbauen und losfahren!

se gebunden. Auch sie ist »wartungsfrei«, aber etwas teurer als eine AGM-Batterie, und bietet dafür höhere Startstrom-Reserven. Auch hält sie länger, wenn sie richtig gepflegt wird.

BMW empfiehlt die eigene Batterie*. Bis zum Produktionsmonat Juli 2012 hatte sie die Ersatzteil-Nummer. 61.21-7724 072 und ab Juli 2012 die Nummer 61.21-8525 153.

Für die R 1200 R sind folgende Nachrüst-Batterien der Marken Bosch, Delo, Nitro, Shin-Yo, Varta und Yuasa geeignet*:
- CTX14-BS; ETX14-BS; LTX14-BS; YTX14-BS.

Was bedeutet »wartungsfrei«?
Der Begriff »wartungsfreie Batterie« bezieht sich nur auf die Tatsache, dass kein destilliertes Wasser nachgefüllt werden muss. Weil bei den großen Inspektionen empfohlen wird, die Batterie auszubauen, zu reinigen und sorgfältig zu laden, passt der Begriff »wartungsarm« besser als »wartungsfrei«.

Wenn eine R 1200 R länger als einen Monat nicht bewegt wird, soll laut BMW die Batterie ausgebaut, nachgeladen und außerhalb der Maschine in einem trockenen, kühlen Raum gelagert werden. Denn in eingebautem Zustand wird die Batterie von Verbrauchern, die auch bei abgeschalteter Zündung aktiv sind (z. B. Uhr, Wegfahrsperre) langsam aber sicher entladen.

Das ist natürlich etwas aufwändig, weswegen wir zum Thema »Laden bei eingebauter Batterie« auf den Text rechts im grauen Kasten verweisen. Aber wenn die Maschine über Winter stillgelegt wird, gelten folgende Ratschläge:
- Batterie ausbauen, laden und kühl und trocken lagern.
- Vor Inbetriebnahme der Maschine im Frühjahr die Batterie vor dem Einbau laden.

Hinweis: Wenn eine wartungsfreie Batterie mit einem falschen, weil zu »großen« (Auto-)Ladegerät geladen wird, besteht die Gefahr des »Überladens«. Dabei entsteht auch Wasserstoff und die Batterie kann während des Ladens platzen!

Batterie prüfen, laden

Wenn die Batteriespannung nur noch 12,3 bis 12,5 Volt beträgt, ist dies an einem »müden« Anlasser (Elektrostarter) zuerst zu spüren, weil dieser den Motor nicht mehr richtig durchdreht. Wenn die Maschine angeschoben wird, springt der Motor aber trotzdem an (siehe Kapitel 15 »Anlasser«).

Batteriespannung prüfen
Eine Prüfung der Batteriespannung kann direkt über das Bordnetz mit Hilfe des BMW-Motorrad-Batterieladegerätes erfolgen. Es gibt zwei von BMW freigegebene Batterieladegeräte:
- Das kleine »Kundenladegerät« hat die Ersatzteilnummer 71 02 7 688 864; es genügt für Hobbyschrauber mit einer Maschine völlig.
- Das große »Werkstattladegerät« hat die Ersatzteilnummer 81 74 0 421 092.

Wichtig: Messen des Ladezustands der Batterie mit dem großen BMW-Werkstattladegerät muss streng nach den Anweisungen in der Ladegerät-Betriebsanleitung gemacht werden!

Prüfung mit Multimeter
Eine Prüfung der Batteriespannung mit einem Multimeter ist einfach. Die Maschine soll vor der Prüfung mindestens 30 Minuten nicht gefahren worden sein, Zündung ist AUSgeschaltet.

1. Sitzbank abnehmen.
2. Bild 2: Rote Abdeckung über Pluspol zurückschieben. Batteriekabel bleiben angeschlossen.
3. Multimeter einschalten und auf richtige Voltzahl einstellen.
4. Prüfspitzen fest an die Batteriepole anlegen:
4.1. Plusprüfspitze an Pluspol der Batterie.
4.2. Minusprüfspitze an Minuspol der Batterie.
5. Ergebnis ablesen und werten:
- Eine ausreichend geladene Batterie hat 13,0 bis 13,2 Volt.
- Eine nicht ausreichend geladene Batterie hat 12,5 Volt oder weniger.

Batterie ausbauen
Hinweis: Durch Abklemmen der Batterie werden in der BMW-Motorsteuerung alle Einträge im Fehlerspeicher gelöscht und die Adaptionswerte

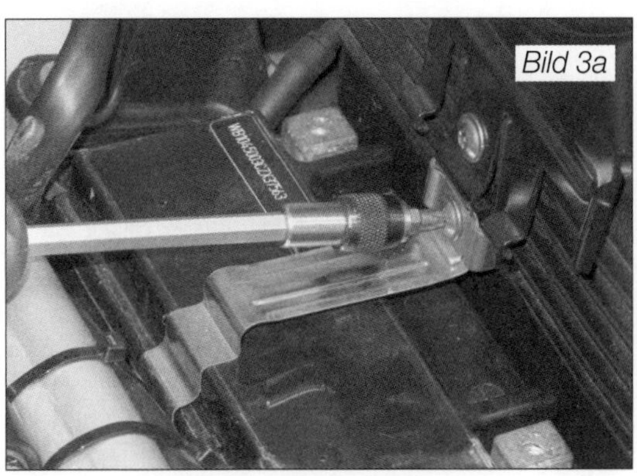
Bild 3a

Batterie laden über die Bordsteckdose
BMW bietet Ladegeräte an, mit denen die Batterie über die Bordsteckdose geladen werden kann. Wegen der empfindlichen Fahrzeugelektronik raten wir dringend zu Folgendem:

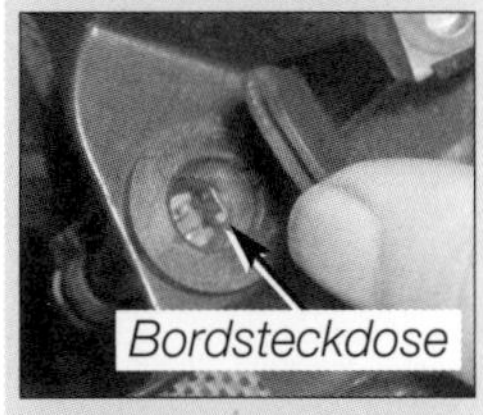
Bordsteckdose

1. Wenn die Batterie über die Bordsteckdose geladen werden soll, also die Plus- und Minuspole an der Batterie angeschlossen sind, darf das nur mit einem von BMW dafür freigegebenen Ladegerät gemacht werden.
2. Batterie NIEmals mit einem »großen« Auto-Batterieladegerät laden.

Wichtig: Wenn die Batterie so schwach ist, dass die Bordnetzunterspannung auf weniger als 9 Volt abgesunken ist, wird die Bordsteckdose von der Fahrzeugelektronik abgeschaltet. Die Batterie kann dann nur noch im ausgebauten Zustand direkt über die Pole geladen werden.

Bilder 3a und 3b: Haltebügel der Batterie abschrauben und abnehmen.

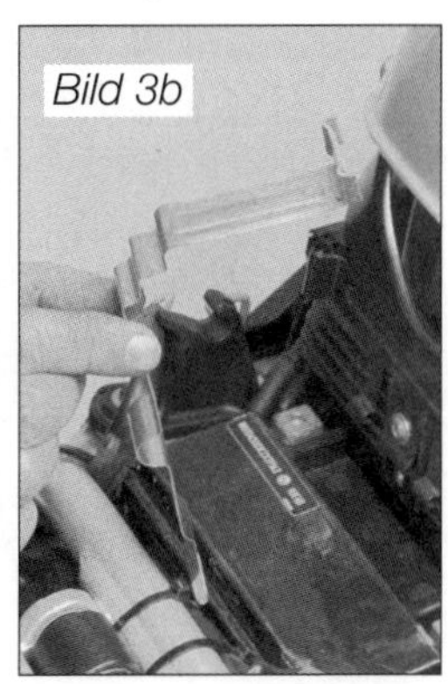
Bild 3b

* = Stand der Recherche zum Redaktionsschluss dieses Buchs im Juli 2013, Marken-Auswahl beispielhaft

zurückgesetzt. Dadurch kann es bei der Inbetriebnahme nach dem Einbau der Batterie zu kurzzeitigen Beeinträchtigungen des Motorlaufes kommen.

1. Sitzbank abnehmen. Bilder 3a und 3b: Schraube des Batteriehalters lösen und ausdrehen, Halter unten aushängen und ausfädeln.
2. Bilder 4 und 6b: Zuerst das Kabel vom Minuspol abschrauben, dann vom Pluspol (Bild 6a).
3. Batterie aus dem Fach heben.

Bild 4 *Ausbau*

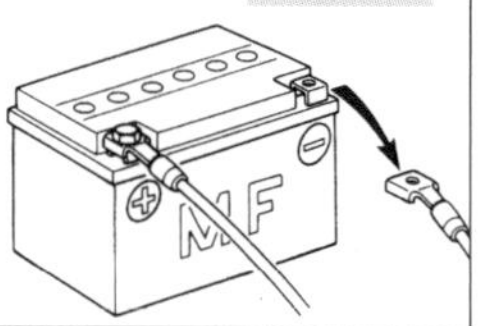

Einbau *Bild 5*

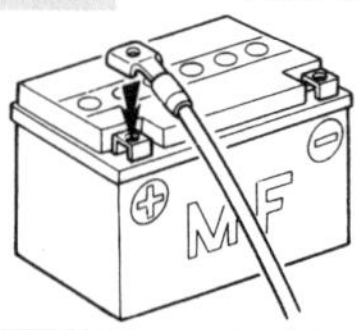

Bilder 4 bis 7: Aus- und Einbau der Batterie, Anschließen des Ladegeräts.

Batterie laden

1. Batterie an Ladegerät anschließen: Ladegerät muss sicher AUSgeschaltet sein.
- Zuerst Pluspol anklemmen, dann Minuspol.

2. Batterieladegerät EINschalten.

Bild 6a

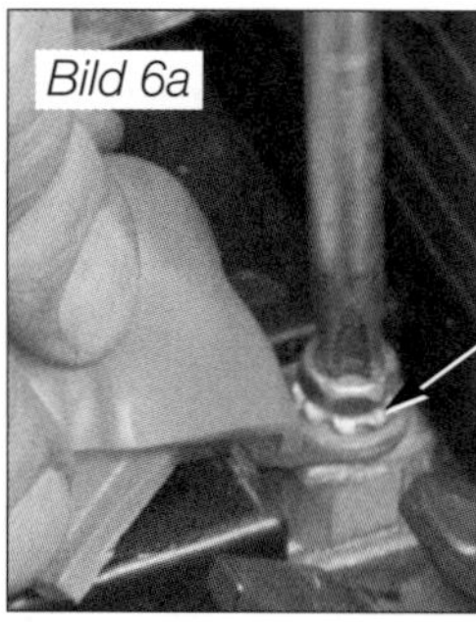

Bild 6b

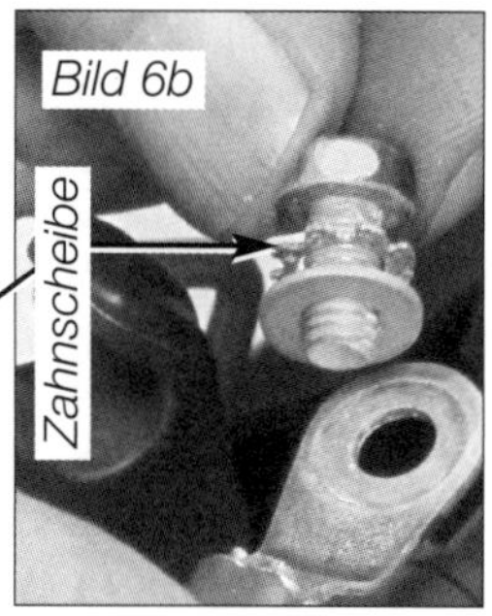

Bild 7 *Stopfenleiste niemals entfernen!*

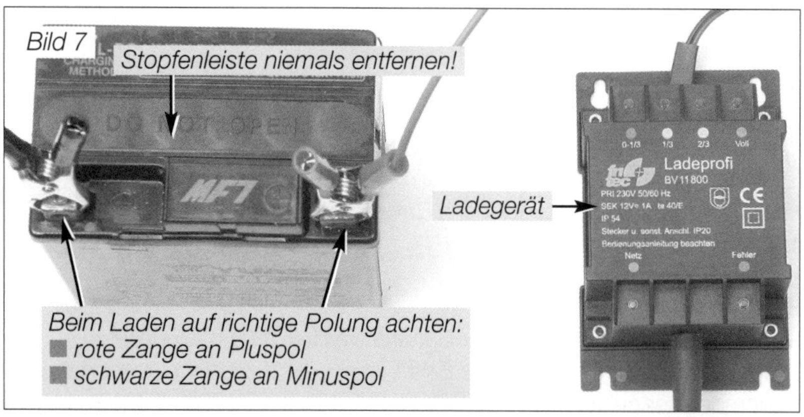

Beim Laden auf richtige Polung achten:
- *rote Zange an Pluspol*
- *schwarze Zange an Minuspol*

Bild 8: Korrekt eingebaute Batterie.

3. Batterie mit maximal 10% der Nennkapazität laden: 1,4 Ampere für längstens 10 Stunden.
3.1. BMW gibt auch einen Schnelllade-Modus an: 7 Ampere für längstens 1 Stunde.
Sehr wichtig: Die angegebenen Ladeströme und Ladezeiten nicht überschreiten, sonst wird die Batterie beschädigt, was bis zum Platzen der Batterie führen kann.

Erstladung einer neuen Batterie

Eine neue Batterie ist vorgeladen und wird von den meisten Batterieherstellern als »sofort einbaufertig« angeboten. Weil man jedoch nicht weiß, wie lange die neue Batterie auf Lager steht, sollte sie vor dem Einbau geladen werden.

Für die Erstladung lautet die allgemeine Regel: Ladestrom A (in Ampere) gleich 10% der Nennkapazität (in Amperestunden, Ah), Ladezeit 5 bis 10 Stunden. Für die Batterie der R 1200 R mit ihren 14 Amperestunden bedeutet dies einen maximalen Ladestrom von 1,4 Ampere.

Batterie einbauen

1. Batteriepole und Anschlussösen dünn mit Batteriepolfett einstreichen.
2. Bild 2: Batterie in Fach einsetzen mit Pluspol rechts und Minuspol links (in Fahrtrichtung).
3. Zuerst Pluskabel anschließen (Bilder 5 und 6a), dann Minuskabel (Bilder 4 und 6b): Schrauben mit Zahnscheiben und Scheiben ansetzen (siehe Bilder 6a und 6b), eindrehen und »handfest« anziehen mit 4 Nm.
4. Bilder 3a und 3b: Halter nach unten einfädeln, einhängen, oben anschrauben (5 Nm).

Wichtig: Nach dem Einbau einer frisch geladenen oder neuen Batterie und damit beim ersten Motorstart beachten:
- Nach dem ersten Einschalten der Zündung die Eigendiagnose des ABS-Systems abwarten. Bremshebel vorher nicht betätigen!
- Gasdrehgriff bei stehendem Motor ein- bis zweimal langsam öffnen, damit die Motorsteuerung Signale vom Drosselklappenpotentiometer erfassen kann. Erst dann den Motor starten.

Hinweis: Wenn die Batterie in der BMW-Motorradwerkstatt geladen wurde, muss durch Anstöpseln des BMW-Motorrad-Diagnosesystems die »Systemzeit geprüft« und wieder hergestellt werden. Dazu im Menüpunkt »Servicedatum setzen« das Kalenderdatum im Fahrzeug mit dem Kalenderdatum des BMW-Motorrad-Diagnosesystems abgleichen.

Ladesystem

In diesem Kapitel: Ladesystem · Tipps zur Selbsthilfe · Ladespannung und Leckstrom messen · Keilrippenriemen: Spannung prüfen, aus- und einbauen.

Ladesystem

Wenn es ein Problem gibt mit dem Ladestrom zur Batterie bzw. mit der Lichtmaschine, dann geht eine rote Warnleuchte unten im Tachometer an. Wir raten Ihnen, möglichst rasch eine BMW-Motorradwerkstatt aufzusuchen, weil zur Lokalisierung eines möglichen Kabelbruchs, Kurzschlusses oder defekter Lichtmaschine/Regler die Fahrzeugelektrik mit dem BMW-Diagnosesystem durchgeprüft werden muss. Gründe dafür:

- Beim Single-Wire-System ist es nicht möglich, einzelne Kabelanschlüsse durchzumessen.
- Der Regler ist in die Lichtmaschine eingebaut, er kann also nicht in eingebautem Zustand mit einem Multimeter von außen überprüft werden.

Tipps zur Selbsthilfe

Standzeit länger als vier Wochen
Wenn die Maschine länger als vier Wochen abgestellt war, kann die Batterie »wie von selbst« leer geworden sein, weil die »elektronische Wegfahrsperre« (EWS) auch in der Standzeit mit Strom versorgt werden musste. Eben deswegen soll man vor einer längeren Abstellzeit die Batterie ausbauen bzw. während der Abstellzeit die Batterie nachladen. Jeder BMW-Motorradhändler hat Batterieladegeräte, die von BMW freigegeben sind.

Anmerkung dazu:
Die Entwicklung dieser Geräte und die Vorschriften von BMW zur Batterieladung sind fortwährend in Bewegung*; siehe dazu Kapitel 13 »Batterie«).

Batterie und Polanschlüsse überprüfen
Wenn die Batterie in Ordnung ist und der Verdacht besteht, dass sie nicht von der Lichtmaschine geladen wird, während der Motor läuft, sollte man zuerst überprüfen, ob Plus- und Minuskabel an den Batteriepolen fest genug angeschlossen sind und frei sind von Korrosion.

Ladespannung messen
Wichtig: Wenn die Batterie aufgrund eines Defekts im Ladesystem leer ist, muss zur Prüfung des Ladesystems eine voll geladene Batterie eingebaut werden. Weiterhin muss sichergestellt sein, dass alle Steck- und Masseverbindungen sauber und korrosionsfrei sind und keine Wackelkontakte haben.

1. Motor starten und auf Betriebstemperatur bringen (ca. 80 °C Öltemperatur).

2. Motor AUSschalten, Multimeter anschließen:

- Plusklemme auf Pluspol der Batterie
- Minusklemme auf Minuspol

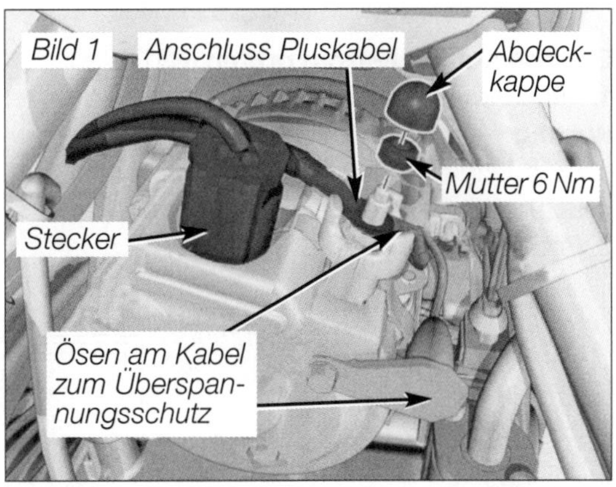

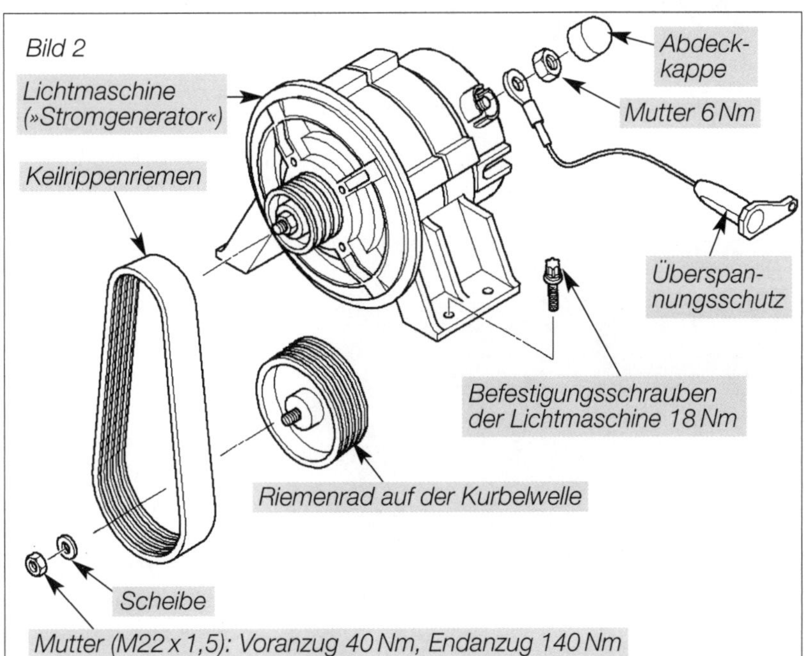

Korrespondenzkapitel:

- 12 »Elektrik · Elektronik«
- 13 »Batterie«
- 15 »Anlasser«
- 21 »Ölwechsel«

Bild 1: Stecker und Überspannungsschutz hinten auf der Lichtmaschine.

Bild 2: Explosionszeichnung der Bauteile Lichtmaschine, Keilrippenriemen, Riemenrad, Kabelanschluss und Überspannungsschutz mit Anziehdrehmomentwerten.

* = Stand der Recherche zum Redaktionsschluss dieses Buchs im Juli 2013

Austauschlichtmaschine: Wenn die Lichtmaschine defekt ist, beim BMW-Motorradhändler nach einer Austauschlichtmaschine fragen. Diese gibt es von verschiedenen Lieferanten, sind grundsätzlich nahezu neuwertig und deutlich billiger als eine neue Lichtmaschine.

Wichtig: Plus- und Minuskabel der Bordelektrik an der Batterie angeschlossen lassen.

3. Batteriespannung ablesen (Beispiel: 13,1 Volt).

4. Motor starten und das Fernlicht einschalten.

4.1. Motor auf 5000/min hochdrehen und die auf dem Multimeter angezeigte Spannung ablesen. Sie muss ca. 14 bis 15 Volt betragen und somit größer sein als die zuvor gemessene Batteriespannung.

5. Ergebnis werten:

5.1. Ist die gemessene Spannung bei laufendem Motor größer als die Batteriespannung bei stehendem Motor, ist die Ladespannung in Ordnung und damit auch Lichtmaschine und Regler.

5.2. Ist die Spannung kleiner oder gleich, können Lichtmaschine oder Regler defekt sein.

■ Es kann auch ein Defekt in der Fahrzeugelektrik oder Steckern vorliegen: Auf Bruch oder fehlerhafte Kontakte überprüfen!

Batterie auf Leckstrom prüfen (Bild 3)

1. Zündung AUSschalten.

Wichtig: Während der Prüfungen darf man die Zündung NICHT einschalten, deswegen den Zündschlüssel am besten abziehen.

2. Sitzbank abnehmen.

3. Zugang zu den Batteriepolen schaffen.

4. Massekabel vom Minuspol der Batterie abschrauben.

5. Bild 3: Multimeter auf Amperemessung stellen und anschließen:

5.1. Plusklemme des Multimeters an das abgenommene Massekabel anklemmen.

5.2. Minusklemme des Multimeters an Minuspol der Batterie anklemmen.

5.3. Mulitmeter auf hohen Ampere-Bereich einstellen und entsprechend herunterregeln. Multimeter ganz genau beobachten, bis die Anzeige nicht mehr weiter absinkt.

Wichtig 1: Weil Leckstrom sehr stark sein kann, Multimeter zuerst auf hohen Bereich einstellen und während der Messung herunterregeln.

Wichtig 2: Zündung am Zündschloss während der Leckstromprüfung NICHT einschalten.

6. Der Leckstrom kann 3 bis 4 mA betragen, weil EWS und Digitaluhr Strom ziehen.

■ Wenn der Leckstrom viel höher ist (ab 5 mA wird es kritisch!), liegt womöglich ein Kurzschluss in der Fahrzeugelektrik oder im Zündschloss vor.

7. Wenn Leckstrom festgestellt wird, nach dem defekten Bauteil suchen: Stecker im Kabelbaum der Reihe nach abtrennen und messen, bis weniger als 3 bis 4 mA Leckstrom angezeigt wird.

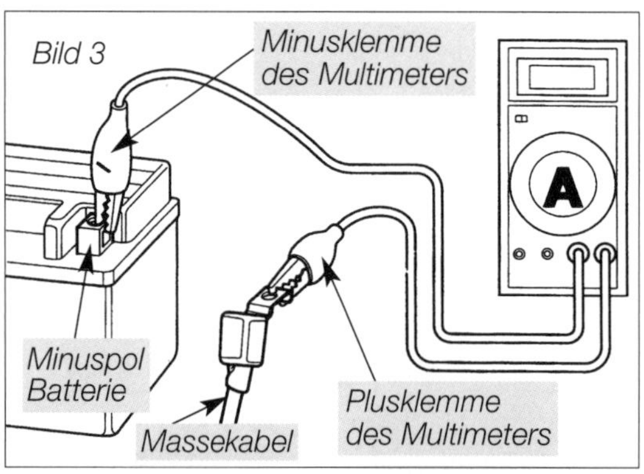

Bild 3: Leckstrom der Batterie messen:

■ Massekabel ist von der Batterie abgeklemmt und mit der Plusklemme des Multimeters (auf Ampere einstellen) verbunden.

■ Minusklemme des Multimeters ist auf dem Minuspol der Batterie angeklemmt.

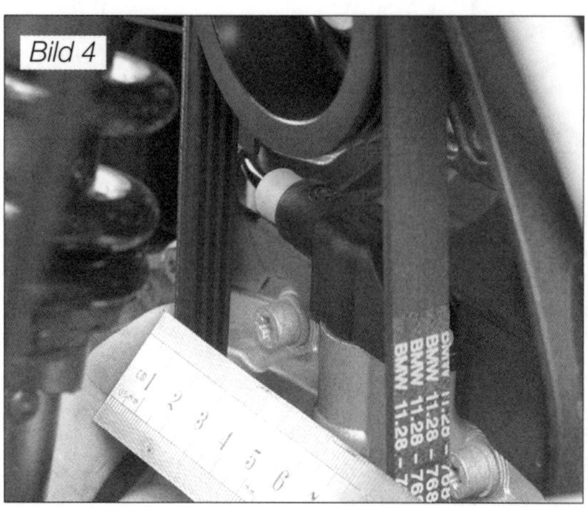

Bild 4: Prüfung der Riemenspannung per Fingerdruck. In der Mitte zwischen den beiden Antriebsrädern darf er sich ca. 7 mm eindrücken lassen.

Keilrippenriemen

Die Lichtmaschine (»Stromgenerator«) wird von der Kurbelwelle aus über einen Keilrippenriemen angetrieben. Bild 4: Der Keilrippenriemen besteht aus vier feinen Keilriemen, die zu einem gemeinsamen Riemen zusammengefasst sind.

Die Riemenspannung muss nicht geprüft werden. Auch nachspannen kann man den Keilrippenriemen nicht, weil keine Spanneinrichtung vorhanden ist. Die BMW-Vorschrift sagt: »Antriebsriemen für Stromgenerator alle 40 000 km oder alle 6 Jahre erneuern«.

Empfehlung von BMW-Spezialisten: »Keilrippenriemen alle 10 000 km auf Sicht und Spannung prüfen«.

Befürchtungen, dass der Keilrippenriemen während der 40 000 km (garantierten) Lebensdauer reißt oder durchrutscht, sind unbegründet, denn er ist keinen übermäßigen Knickbelastungen ausgesetzt, weil beide Keilriemenräder groß sind und der Riemenantrieb gegen Schmutz und Nässe, nach außen, gut abgedeckt. Von innen könnte höchstens dann Öl auf den Riemen geraten, wenn der Simmerring des Kurbelwellenstumpfs, auf dem die untere Riemenscheibe sitzt, undicht wird, aber auch das ist eher unwahrscheinlich.

Keilrippenriemen und Spannung prüfen
Damit man den Riemendeckel (Bild 5) vorne am Motor abschrauben kann, muss man den Ölkühler abbauen. Bitte sehen Sie dazu im Kapitel 21 »Ölwechsel« nach.

1. Bild 4: Der Riemen muss unbeschädigt sein, er darf an keiner Stelle eingerissen oder ausgefranst sein: Alle vier Keilriemenbahnen müssen auf der ganzen Länge des Riemens formstabil vorhanden und unbeschädigt sein.
■ Zum Ansehen des Riemens die Zündkerzen ausbauen und die Kurbelwelle an der Mutter des unteren Riemenrads rechts herum durchdrehen.
2. Unteres und oberes Riemenrad müssen fest auf ihren Wellenzapfen sitzen. Dazu einfach am jeweiligen Riemenrad wackeln.
3. Bild 4: Mit einem »gefühlvollen« Daumendruck prüfen, ob sich der Riemen in der Mitte zwischen den Riemenrädern ca. 7 mm eindrücken lässt.
4. Ergebnis werten:
4.1. Ist der Riemen unbeschädigt und die Spannung in Ordnung, kann man sicher sein, dass er weitere 10 000 km seinen Dienst verrichtet.
4.2. Lässt sich der Riemen weit mehr als 7 mm eindrücken oder ist er beschädigt, muss er erneuert werden.

Keilrippenriemen erneuern

Benötigte Werkzeuge
■ Bild 8: Zur Demontage des alten Riemens wird ein Reifenmontiereisen benötigt.
■ Bilder 6 und 7: Zur Montage des neuen Keilrippenriemens wird das BMW-Spezialwerkzeug »Aufziehwerkzeug« (Nr. 12 3 591) benötigt.

Vorbereitende Arbeiten
Wichtig: Motorrad muss sicher aufgebockt sein, Vorderrad frei und ohne Bodenkontakt. Bocken Sie die Maschine so auf, als würden Sie das Vorderrad ausbauen wollen (siehe dazu Kapitel 5 »Räder«).

1. Ölkühler abbauen. Bild 5: Riemendeckel abschrauben und abnehmen.
2. Zündkerzen ausbauen, Motor muss sich leicht durchdrehen lassen.
3. Bild 8: Alten Riemen abnehmen. Reifenmontiereisen ansetzen, Riemen nach vorne drücken und gleichzeitig mit einer Nuss die Kurbelwelle drehen, dann springt der Riemen von der unteren Riemenscheibe ab.
4. Neuen Riemen auf die obere Riemenscheibe der Lichtmaschine formschlüssig auflegen.
5. Bilder 6 und 7: Aufziehwerkzeug auf das untere Riemenrad aufstecken, Riemen auf- bzw. einfädeln.
6. Bild 7: Nuss und Aufziehwerkzeug fest auf Riemenrad aufdrücken und gleichzeitig drehen, bis der Riemen komplett auf der Riemenscheibe sitzt. Aufziehwerkzeug abnehmen.
7. Motor über die Mutter auf der Kurbelwelle einmal durchdrehen, Riemenspannung mehrmals kontrollieren.
8. Bild 5: Riemendeckel anbauen. Schrauben eindrehen und mit 5 Nm festziehen. Ölkühler und Ölkühlerblende anbauen (siehe Kapitel 21).

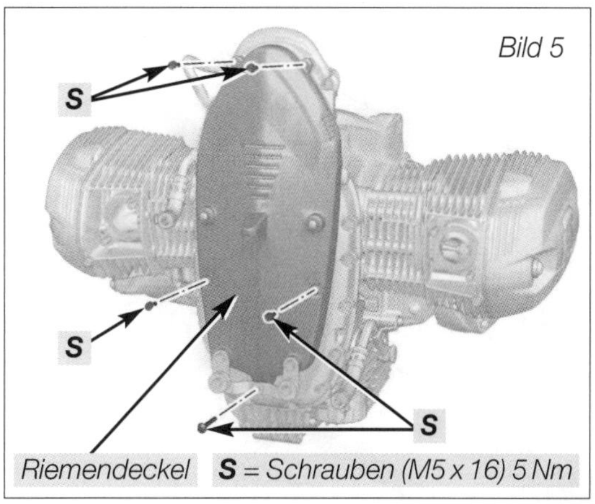

Bild 5: Befestigung des Riemendeckels.

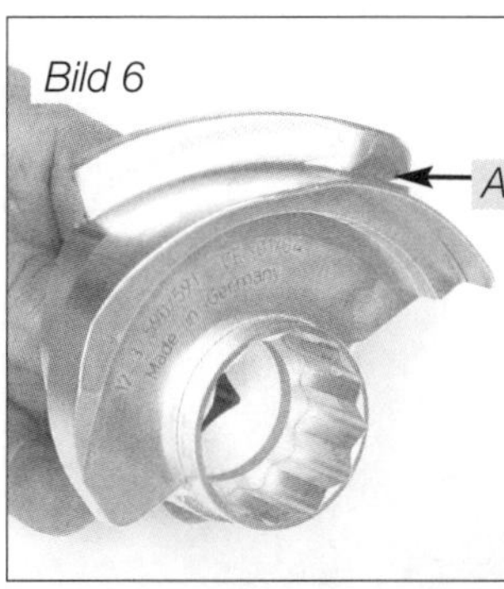

Bild 6: Das BMW-Spezialwerkzeug »Aufziehwerkzeug« wird zwingend benötigt, damit man einen neuen Keilrippenriemen aufziehen kann.

Bild 7: Neuen Riemen aufziehen.

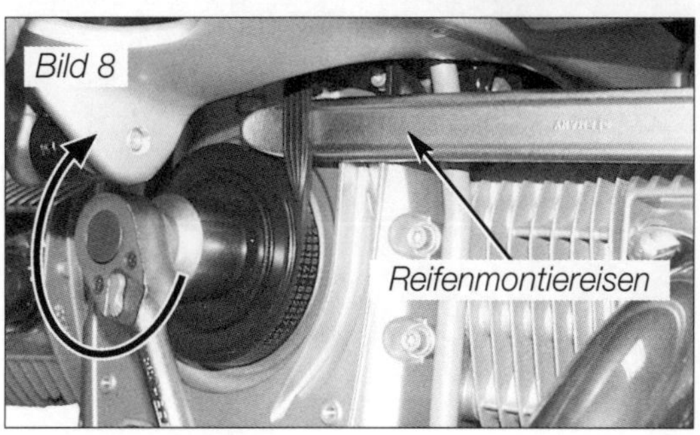

Bild 8: Der alte Riemen wird mit einem Reifenmontiereisen abgewalzt, während gleichzeitig die Kurbelwelle rechts herum gedreht wird.

Anlasser

In diesem Kapitel: Anlasser · Zubehör für den Anlasser · Anlasser prüfen · Anlasserrelais · Motor fremdstarten · Motorrad anschieben · Anlasser aus- und einbauen.

Anlasser

Der Anlasser, auch »Elektrostarter« genannt, ist links hinten neben dem Getriebe an das Motorgehäuse angebaut. Nach Aussagen vom BMW-Spezialisten sind Schäden am Anlasser nicht bekannt, denn es ist ein elektrisch wie mechanisch zuverlässiges Bauteil. Sollte dennoch etwas am Anlasser kaputt gehen, muss ein neuer Anlasser eingebaut werden, denn zum Redaktionsschluss dieses Buches im Juli 2013 gab es von BMW weder eine Anleitung zum Zerlegen und Reparieren des Anlassers noch Ersatzteile, wie z. B. Kohlebürsten oder Magnetschalter.

Bild 1: Anlasser in Einbaulage.

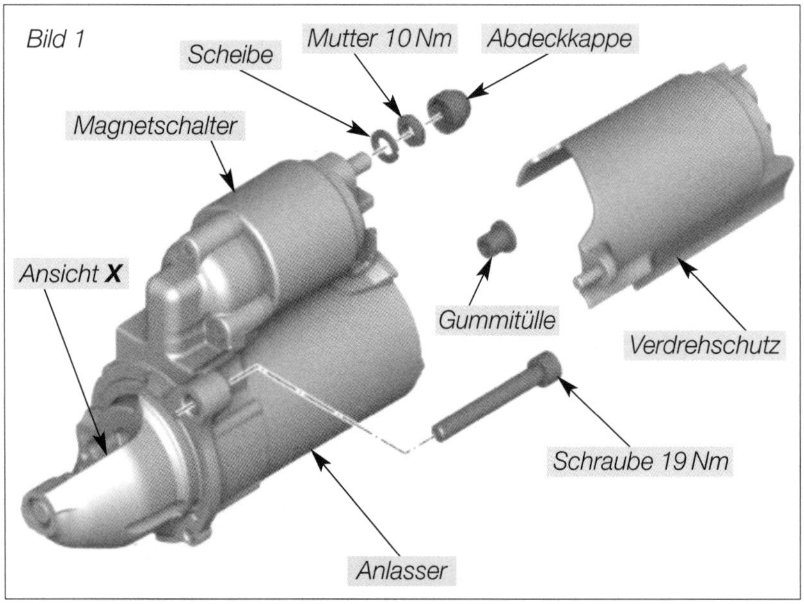

Bild 1a: Beim Blick auf das Anlasserritzel (»Ansicht X«) sind Abschrägungen an den Zahnspitzen zu sehen, diese sind kein Verschleiß, sondern konstruktiv bedingt.

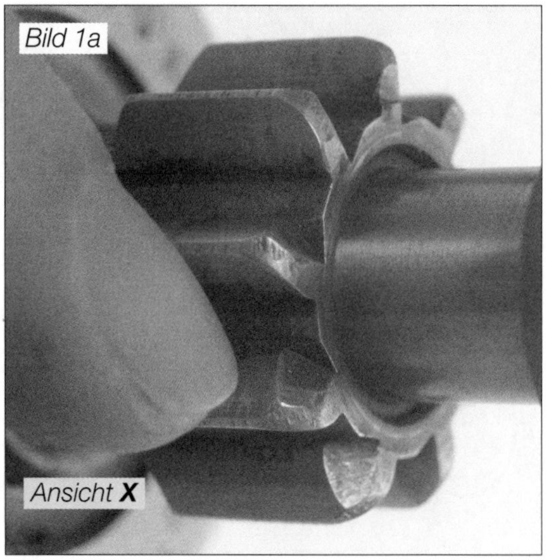

Anlasser-Zubehör

Für die Vierventil-Boxer der älteren Generation (R 1100, R 1150 bis R 1200 Cruiser) gibt es spezielle Teile zum Fremdstarten bzw. zum Anlegen von Fremdstartkabeln direkt an die Anlasser-Plusleitung und Motormasse (»Massebolzen«), die von BMW freigegeben sind. Diese Fremdstart-Hilfsmittel können auch an die R 1200 R angebaut werden, aber es ist nicht wirklich nötig, weil man bei der R 1200 R nach Abnehmen der Sitzbank recht einfach an Plus- und Minuspol der Batterie herankommt und die Fremdstartkabel daran anlegen kann (siehe dazu Kapitelabsatz »Motor fremdstarten« auf der nächsten Seite).

Weil es sehr wichtig ist, sei Folgendes aber schon hier an dieser Stelle gesagt: Fummeln Sie niemals mit ungeeigneten Startkabelzangen weder am Anlasser noch an den Batteriepolen herum! Entweder gibt es einen gefährlichen Stromschlag oder die Bordelektrik wird zerstört!

Anlasser defekt?

Wenn beim Druck auf den Anlasserknopf nichts passiert, kann dies verschiedene Ursachen haben. Die häufigste ist sicherlich eine leere Batterie (siehe Kapitel 13 »Batterie«) Wenn diese jedoch zweifelsfrei in Ordnung ist, können das Anlasserrelais oder der Anlasser selbst defekt sein. In BMW-Werkstätten wird zur Fehlersuche das BMW-Diagnosesystem eingesetzt. Damit kann man auch herausfinden, ob ggf. das Zündschloss oder z. B. die Wegfahrsperre bzw. Diebstahlwarnanlage eine Störung haben.

Anlasser prüfen

Wenn der Motor nicht anspringt, weil der Anlasser nicht funktioniert und Sie keine BMW-Motorradwerkstatt aufsuchen können:

1. Prüfung des Anlasserrelais siehe Text auf der nächsten Seite.

2. Prüfen, ob der Anlasser überhaupt mit Strom versorgt wird: Mit einem Multimeter bei gedrücktem Starterknopf die Spannung am Pluskabelanschluss direkt am Anlasser messen: Es muss Batteriespannung anliegen.

Anlasserrelais

Bild 2: Das Anlasserrelais ist unter der Sitzbank zu finden, siehe dazu auch Kapitel 12 »Elektrik · Elektronik«.

Anlasserrelais ausbauen

1. Sitzbank abnehmen.
2. Bild 2: Anlasserrelais von seiner Halterung nach oben abziehen.
3. Bilder 3a und 3b: Deckel abnehmen, Anlasserrelais aus Gehäuse herausnehmen.

Anlasserrelais prüfen

Bevor man den Arbeitschritt 2 macht und das Anlasserrelais abzieht: Zündung EINschalten, Starterknopf betätigen und genau hinhören, ob das Relais klickt:
- Wenn es klickt und der Motor springt dennoch nicht an, liegt der Fehler irgendwo anders.
- Wenn es nicht klickt, ist das Relais defekt.

Tipp: Vor dem Kauf eines neuen Relais probehalber ein garantiert funktionstüchtiges Relais einstecken und erneut versuchen.

Motor fremdstarten

Beim Fremdstarten wird Strom über so genannte »Starthilfekabel« an die Batterieanschlüsse des zu startenden Motorrads übertragen. Für die Starthilfekabel ist Folgendes wichtig:
- Sie müssen kleine Zangen haben, damit man die kleinen und tief liegenden Batterieanschlüsse sicher und ohne Fremdkontakt erreicht.
- Sie müssen mit einem Überlastungsschutz ausgerüstet sein, der Überspannungen vermeidet und somit die Motor- und Fahrzeugelektronik vor Überspannungen schützt.
- Kaufen Sie Starhilfekabel am besten beim BMW-Händler und führen Sie diese in Ihrer Maschine immer mit.

Wichtig: Das Starthilfe gebende Fahrzeug muss ein 12-Volt-Bordnetz haben. Ein Lkw mit 24-Volt-System taugt also nicht zum Fremdstarten.

Motor fremdstarten

1. Zündung AUSschalten! Sitzbank abnehmen.
2. Mit dem schwarzen Fremdstartkabel die Minuspole der fremden Stromquelle und der Batterie der R 1200 R verbinden.
2.1. Gummikappen über Pluspolanschlüssen zurückschieben. Mit dem roten Startkabel beide Pluspole verbinden.
3. Zündung der R 1200 R EINschalten.
4. Motor der Starthilfe gebenden Maschine starten und mit erhöhter Leerlaufdrehzahl laufen lassen (ca. 3000/min).
5. Motor der R 1200 R starten. Läuft der Motor, die Starthilfekabel von den Batterien abnehmen.
- Zuerst Pluskabel von beiden Batterien abklemmen, dann Minuskabel.

5.1. Gummikappen auf die Pluspolanschlüsse schieben.

Hinweis: Wenn der Motor der R 1200 R läuft, ihn nicht sofort wieder ausschalten, denn die Batterie bringt noch nicht wieder genug Strom auf, den Motor aus eigener Kraft zu starten.

Wenn die Batterie funktionstüchtig ist, wird sie von der Lichtmaschine geladen. Dennoch sollte man die Batterie bei nächster Gelegenheit an ein Ladegerät hängen (siehe Kapitel 13 »Batterie«) und vorschriftsmäßig laden.

Motorrad anschieben

Achtung: Ein Starten durch Anschieben sollte generell vermieden werden, denn möglicherweise gelangt dabei unverbrannter Kraftstoff in den Auspufftrakt und könnte den

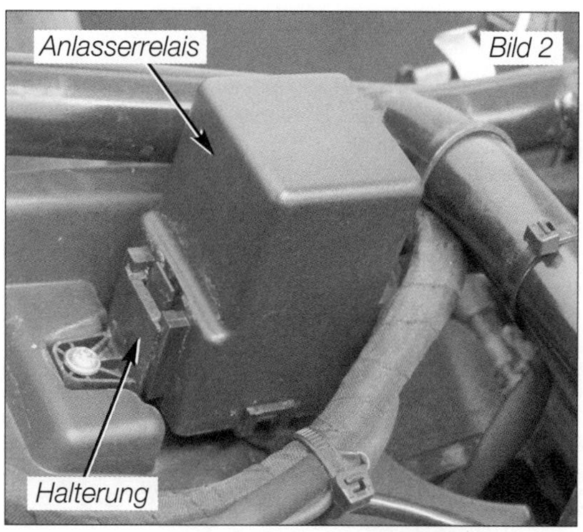

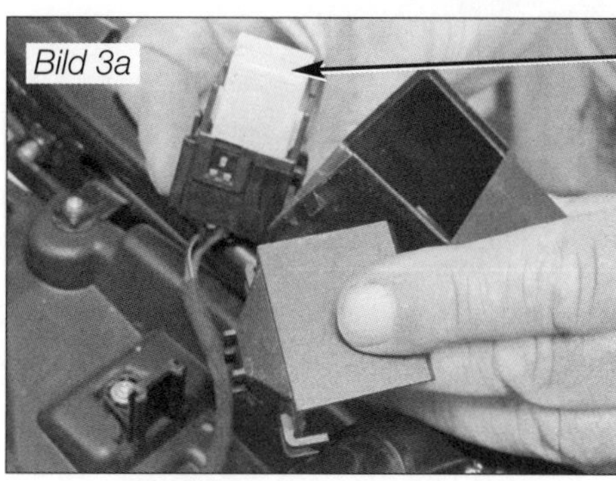

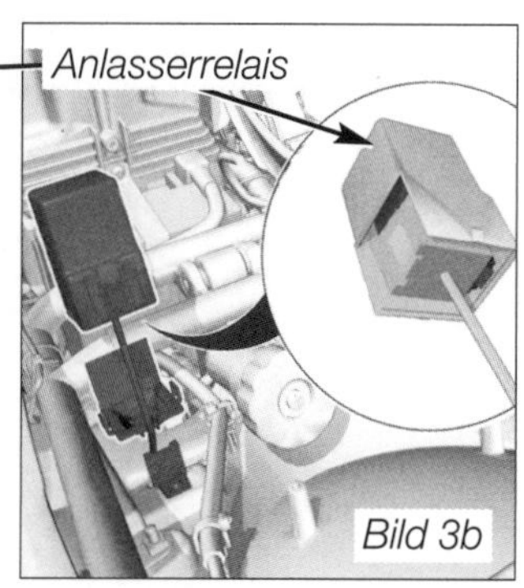

Bilder 2, 3a und 3b: Einbaulage und Ausbau des Anlasserrelais.

Vier wichtige Tipps zum Fremdstarten

Kabel: Verwenden Sie zum Fremdstarten Ihrer R 1200 R niemals Auto-Fremdstartkabel mit dicken Zangen, sondern besorgen Sie sich spezielle Motorrad-Starthilfekabel mit kleinen Zangen.

Zener-Diode: Achten Sie darauf, dass in die Starthilfekabel ein Überspannungsschutz eingebaut ist (»Z-« oder »Zener-Diode«), der die elektronischen Bauteile der Zünd- und Einspritzelektronik vor Überspannung schützt.

Kurzschluss: Beim Fremdstarten mit den Pluszangen keine metallischen Bauteile eines der Fahrzeuge oder die Minuszangen berühren: Kurzschluss ist die Folge.

Starterknopf: Maximal 10 Sekunden den Starterknopf betätigen, sonst läuft der Anlasser heiß und brennt durch!

Katalysator schädigen. Wenn aber der Motor nicht anspringt, weil z. B. die Batterie zu wenig Spannung hat (»leer ist«) und man keine Möglichkeit hat, den Motor fremdzustarten und auch keine BMW-Werkstatt erreichen kann, dann muss man anschieben, sonst kommt man nicht weiter. Eine Batterie muss eingebaut sein, sie kann zwar nahezu leer, darf aber nicht kaputt sein!

Bild 4: Einbaulage des Anlassers links hinten unten am Motor.

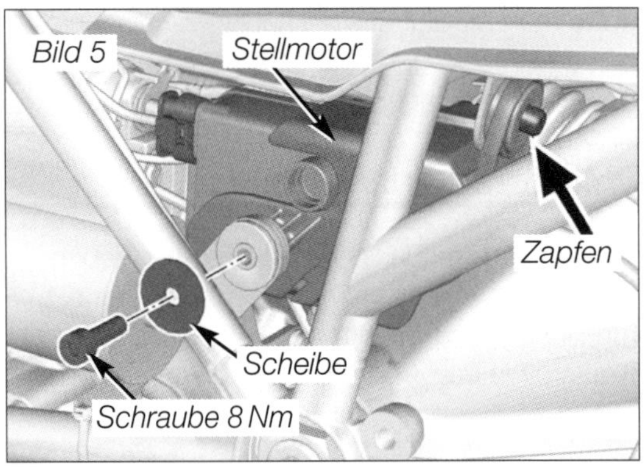

Bild 5: Befestigungsschraube des Stellmotors ausdrehen, Stellmotor nach hinten von Zapfen abschieben.

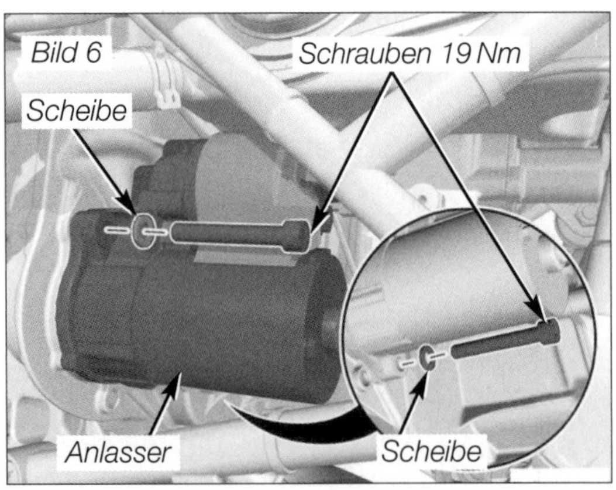

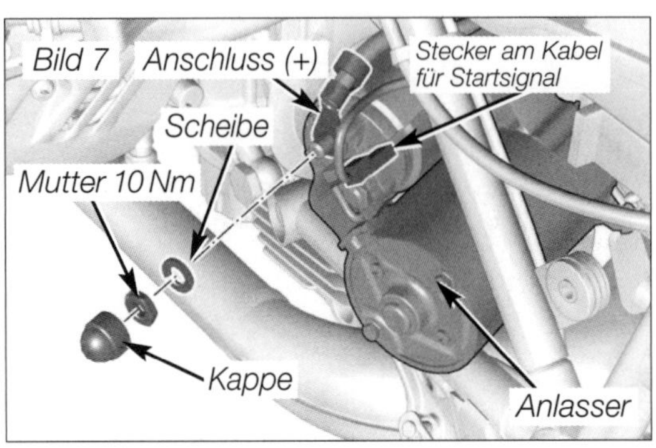

Bilder 6 und 7: Schraubstellen und elektrische Anschlüsse am Anlasser.

Motorrad anschieben

1. Zündung EINschalten, Motorabstellschalter am Lenker auf ON.

2. Zweiten Gang einlegen und die Maschine mit eingelegtem Gang zurückziehen, bis vom Motor her ein Widerstand spürbar wird: Beide Kolben stehen jetzt im OT (»Oberer Totpunkt«).

3. Kupplung ganz ziehen und die Maschine mit gezogener Kupplung etwas zurückschieben und damit sichergehen, dass die Kupplung nicht »klebt«, sondern wirklich trennt.

4. Fahrer am Lenker, hinten hilft ein Freund: Gleichzeitig schieben bis auf ca. 15 bis 20 km/h!

4.1. Fahrer springt in den Sitz und lässt gleichzeitig die Kupplung los – Motor müsste kommen. ■ Falls der Motor läuft, ihn mit dosierten Gasstößen am Leben halten und nicht unter 2000/min kommen lassen.

Anlasser aus- und einbauen

Anlasser ausbauen

1. Sitzbank abnehmen.

2. Batterie-Minuspolkabel abschrauben, isolieren.

3. Bild 5: Stellmotor für Abgasklappe lösen: Befestigungsschraube ausschrauben und mit Scheibe abnehmen.

3.1. Stecker abziehen. Stellmotor nach hinten von Zapfen abschieben.

4. Bilder 1 und 6: Befestigungsschrauben des Anlassers ausschrauben.

5. Bild 7: Pluskabel vom Anlasser abschrauben und isolieren.

5.1. Bild 7: Stecker des Kabels für das Startsignal abziehen.

6. Anlasser zusammen mit dem Verdrehschutz (zu sehen in Bild 1) abnehmen.

Anlasser einbauen

Einbau in umgekehrter Reihenfolge des Ausbaus, dabei Folgendes beachten: Verdrehschutz vor dem Einbau aufsetzen, Pluskabel an Verdrehschutz ausrichten, Startsignalkabel in Verdrehschutz befestigen.

Anziehdrehmomente

Mutter M8 Plusleitung an Anlasser .... 10 Nm
Schrauben M8 x 60 Anlasser an Motor ..... 19 Nm

Sichtprüfung · Messen

Wichtige Adresse:
- **NGK Spark Plug Europe GmbH**
Harkortstr. 41, D-40880 Ratingen
www.ngk.de, www.hostettler.com

Zündkerzen

In diesem Kapitel: Doppelzündung · Zündkerzen · Werkzeuge und Tipps zum Zündkerzenwechsel · Zündkerzen aus- und einschrauben · Elektrodenabstand messen, korrigieren · Zündkerzengesicht beurteilen · »Kalte« oder »heiße« Zündkerze? · Zündkerzen im getunten Motor.

Doppelzündung

Bild 1: Die R 1200 R ist mit einer Doppelzündung ausgestattet, die eine gleichmäßige Verbrennung bei allen Betriebstemperaturen gewährleistet. Damit wird auch ein erhöhter Wirkungsgrad des Motors bei geringerem Verbrauch und einem verbesserten Abgasverhalten erzielt.

Die Anordnung der zweiten Zündkerze (»Nebenzündkerze«) im unteren Teil des Brennraums ist unauffällig; Kerzenstecker und Zündkabel sind kaum sichtbar verlegt.

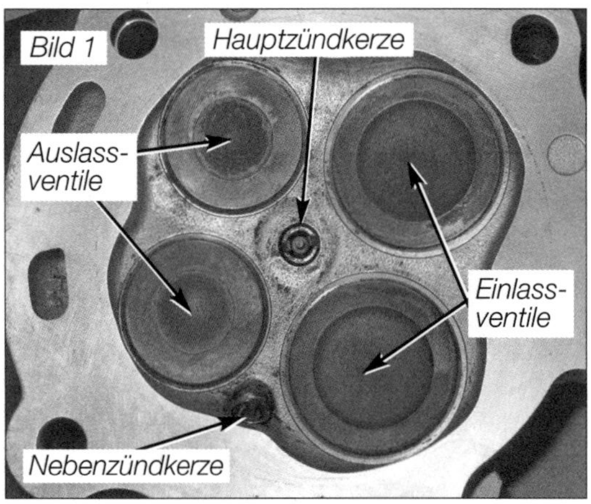

Bild 1: Bei der Doppelzündung sitzen die Hauptzündkerze zentral im Zylinderkopf und die Nebenzündkerze unten.

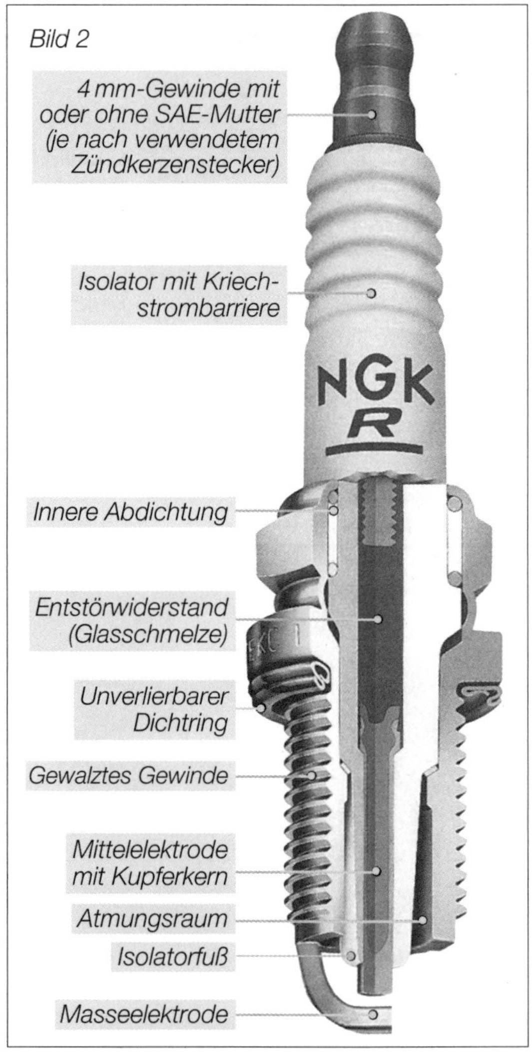

Bild 2: Aufbau einer modernen Motorrad-Zündkerze.

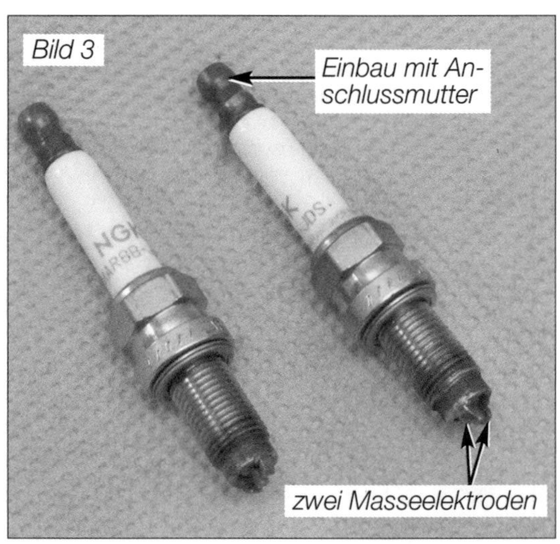

Bild 3: Serienmäßige Zündkerzen mit doppelter Masseelektrode und Anschlussmutter.

Sicherheitshinweise ⚠ Achtung und ☞ Tipps

⚠ Zu allen Montagearbeiten an den Zündkerzen muss die Zündung zuverlässig ausgeschaltet sein! Zündschlüssel am besten abziehen.

⚠ Zum Abziehen der Zündkerzenstecker immer nur das spezielle Abziehwerkzeug von BMW verwenden, Zange nur im Notfall nehmen! Nicht mit Reifenmontiereisen, Schraubenzieher oder Flacheisen an den Kerzensteckern herumhebeln, denn dadurch kann der Zündkerzenstecker beschädigt werden. Kerzenstecker und Zündkerzen nicht fallen lassen! Dadurch können Teile brechen oder Risse bekommen, wodurch Stromkreisunterbrechungen oder Kurzschlüsse verursacht werden.

⚠ Bei Prüfungen von Bauteilen der Zündanlage keine Stecker bei laufendem Motor abziehen, weil dadurch die Zündanlage beschädigt werden kann.

⚠ Kerzenstecker und Zündkerze nicht fallen lassen oder hart anschlagen! Dadurch können Teile innen oder außen brechen bzw. Risse bekommen, was Kurzschlüsse zur Folge hat.

⚠ Zündkerzenstecker nicht mit Hammer auf Zündkerze auftreiben!

⚠ Halten Sie bei einer Funkenprüfung der Zündkerze bei ausgebauter Zündkerze einen Feuerlöscher betriebsbereit! Es ist schon passiert, dass der Motor »ersoffen« war, sich das aus dem Zündkerzenloch austretende Gemisch entzündet hat und die ganze Maschine sofort in Flammen stand.

Zündkerzen

Serienmäßig sind in dem Boxermotor folgende Zündkerzen eingebaut:

- Haupt- und Nebenzündkerzen NGK MAR8B-JDS
- Elektrodenabstand 0,8 mm
- Gewinde M10 x 1, Gewindelänge 19 mm
- Schlüsselweite 14 mm

Die serienmäßig eingebauten Zündkerzen haben zwei Masseelektroden (Bild 3). Sie sind für alle in Mitteleuropa vorkommenden Temperaturen und Betriebsbedingungen ausgelegt. Ihre Elektroden werden bei normalen Verbrennungstemperaturen (ca. 400 bis 800 °C) so heiß, dass etwaige Rußablagerungen stets verbrennen, bleiben aber auch so kühl, dass Motor und Zündkerze nicht beschädigt werden.

Die Haupt- und Nebenzündkerzen müssen laut Wartungsplan im Rahmen der Inspektionen alle 20 000 km erneuert werden. BMW-Spezialisten empfehlen, bei den Inspektionen alle 10 000 km die Zündkerzen zu prüfen und zu reinigen. Wenn dann der Elektrodenabstand etwas größer ist als die vorgeschriebenen 0,8 mm, liegt das im Toleranzbereich; größer als 1,0 mm sollte der Elektrodenabstand aber nicht sein. Das Alter einer Zündkerze ist übrigens nicht ausschlaggebend, ob sie ersetzt werden muss; es zählen in erster Linie Laufleistung, Belastung und (daraus resultierend) ihr technischer Zustand.

Werkzeuge

Abzieher: Mit der bloßen Hand ohne Werkzeug lässt sich der Zündkerzenstecker nicht abziehen. Ein »Abzieher Kerzenschachtspule« Nr. 12 3 561 (BMW-Spezialwerkzeug, Bild 5) ist nicht im Bordwerkzeug; man kann ihn beim BMW-Händler kaufen (Bestell-Nr. 83 30 0 401 700).

Zündkerzenschlüssel: Im Bordwerkzeug ist auch kein Zündkerzenschlüssel. Kaufen Sie sich einen Zündkerzenschlüssel mit SW 14, der lang genug ist (Bild 4), denn der Schacht, in dem die Hauptzündkerze sitzt, ist sehr tief.

- Am besten ist eine Zündkerzennuss (Bilder 4 und 6); damit können die Zündkerzen sicher aus- und eingebaut und mit dem Drehmomentschlüssel auf 12 Nm angezogen werden.

Zündkerzen aus- und einbauen

Hauptzündkerze ausbauen

1. Bild 7: Abdeckung abbauen, dazu Schrauben ausdrehen, Abdeckung abnehmen. Darauf achten, dass die Buchsen nicht herausfallen.

2. Bilder 8a, 8b und 8c: Zum Abbau der Hauptzündkerzen-Abdeckung diese unten mit einem Schraubenzieher nach außen schieben, auf das Zündkabel achten.

- Bild 8c: Abdeckung nicht nach unten ziehen, sonst wird sie beschädigt.

3. Bild 9: Zum Abziehen des Kabelsteckers vom Zündkerzenstecker die Verriegelungslasche mit einem kleinen Schraubenzieher vorsichtig (!) lösen, dann Stecker ausziehen bzw. ausschieben.

4. Bild 5: Zündkerzenstecker abziehen, dazu den BMW-»Abzieher« vorsichtig aufschieben.

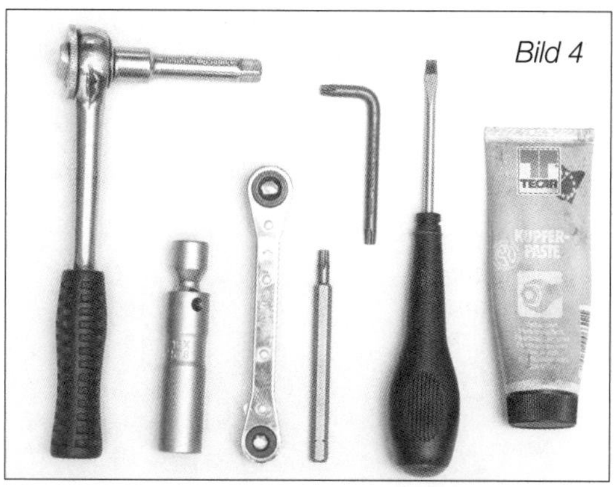

Bild 4

Bild 4: Zum Zündkerzenwechsel benötigte Werkzeuge.

Bilder 5 und 6: BMW-Spezialwerkzeuge »Abzieher Kerzenschachtspule« und »Zündkerzennuss«.

Bild 7: Abdeckung von Nebenzündkerze und Winkelzündspule unter beiden Zylindern.

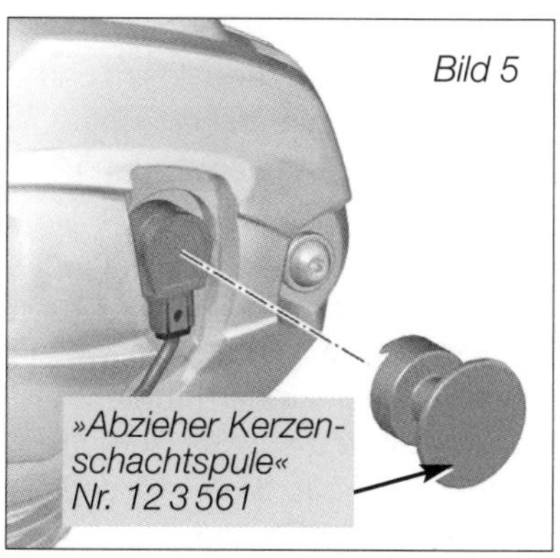

Bild 5

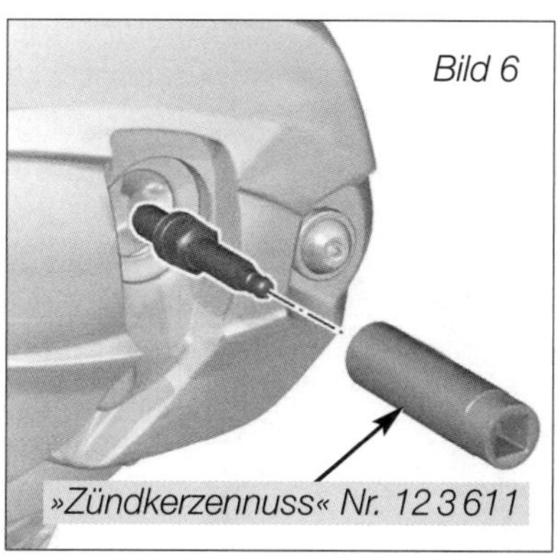

Bild 6

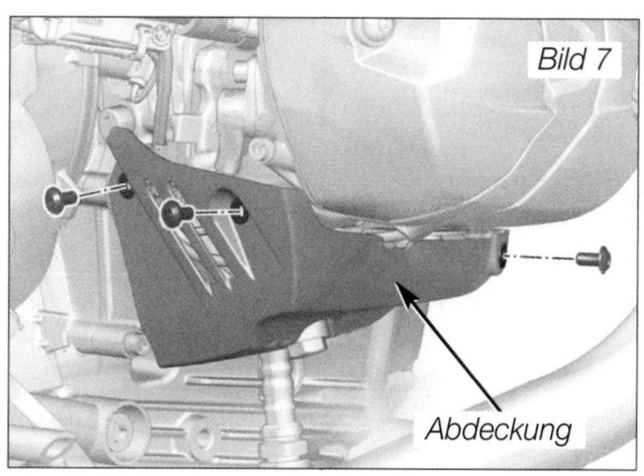

Bild 7

Sichtprüfung Messen

■ Im Notfall: Zündkerzenstecker mit einer Zange vorsichtig packen und abziehen.
5. Kerzenstecker herausziehen, vorsichtig damit umgehen, nicht fallen lassen oder anschlagen.
6. Bild 6: Zündkerze mit »Zündkerzennuss« oder Zündkerzenschlüssel lösen und herausdrehen.

Nebenzündkerze ausbauen
Abdeckung abbauen siehe 1. vorne bei »Hauptzündkerze ausbauen«.

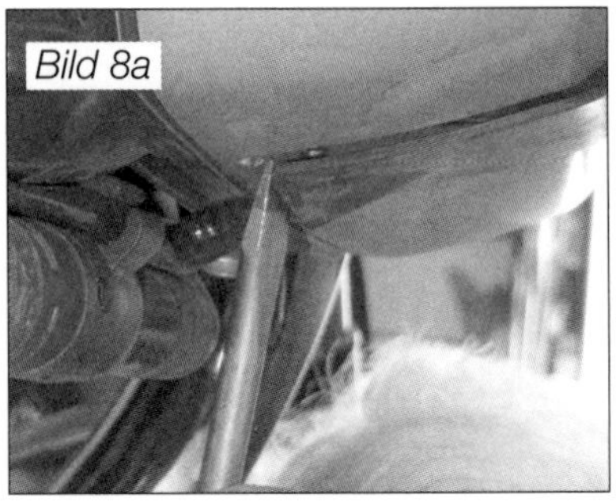
Bild 8a

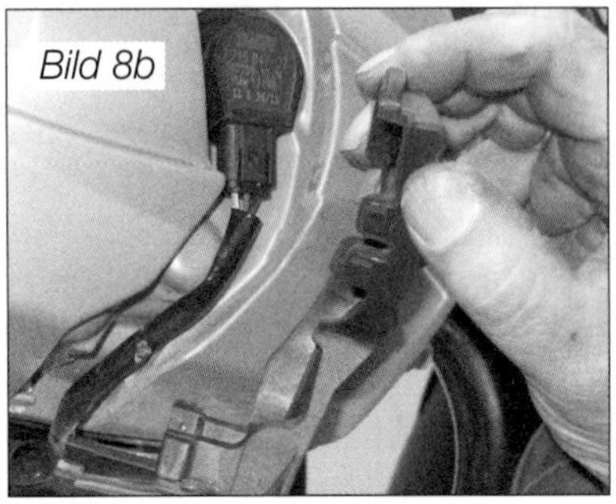
Bild 8b

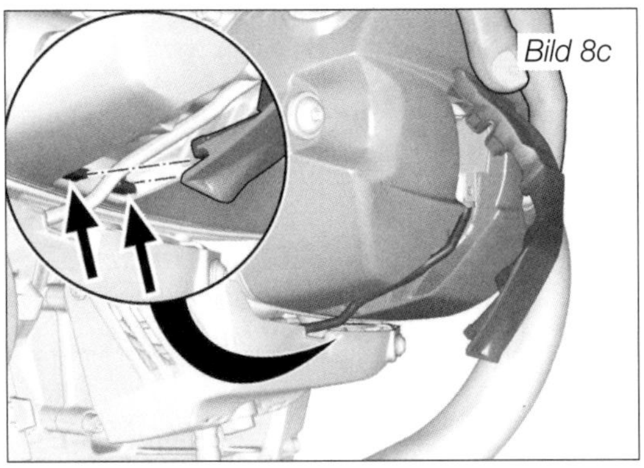
Bild 8c

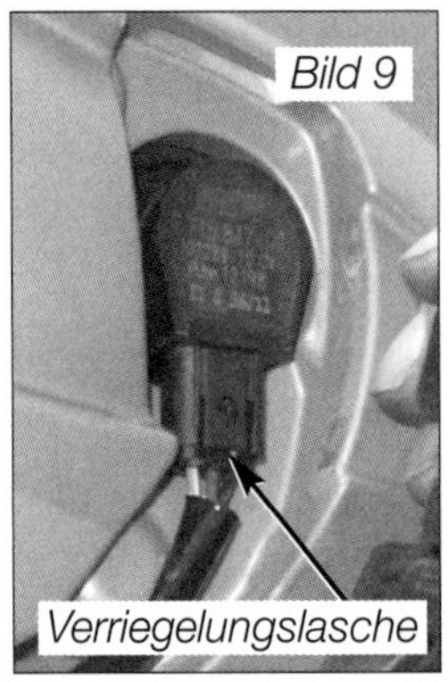

Bild 9

Bilder 8a bis 8c: Mit einem Schraubenzieher unten die Abdeckung nach außen schieben. Dabei auf das Zündkabel achten.

Bild 9: Verriegelungslasche vorsichtig lösen, Stecker ausziehen.

Bild 10: Kerzenstecker der Nebenzündkerze.

Bild 11: Der Kerzenstecker der Nebenzündkerze lässt sich von Hand abziehen.

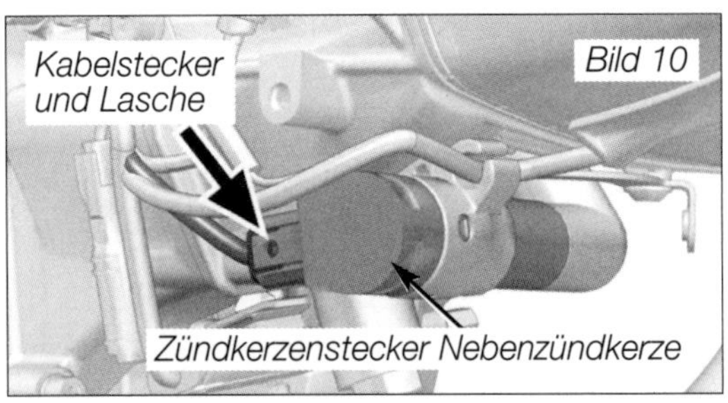

Bild 10

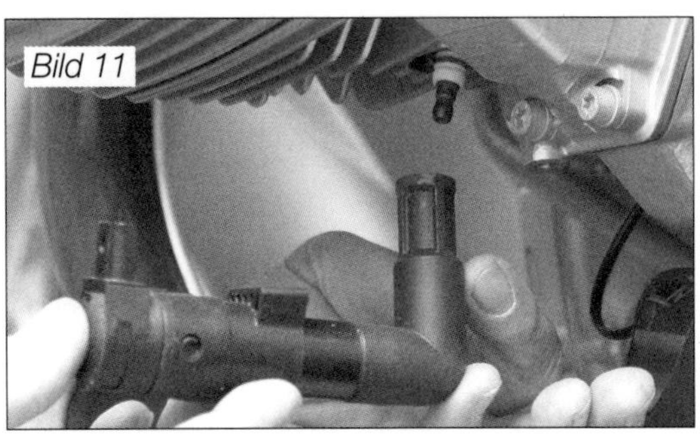
Bild 11

1. Bild 10: Zum Abziehen des Kabelsteckers vom Winkel-Zündkerzenstecker die Verriegelungslasche mit einem kleinen Schraubenzieher vorsichtig (!) lösen, Stecker ausziehen bzw. ausschieben.
2. Bild 11: Kerzenstecker von Hand abziehen.
3. Zündkerze mit »Zündkerzennuss« oder Zündkerzenschlüssel lösen und herausdrehen.

Zündkerzen reinigen, kontrollieren, prüfen
1. Bild 12: Sofern die Kerze nicht allzu sehr verrußt ist (oder sogar verölt, was auf einen Motorschaden hindeutet), kann man sie reinigen. Verwenden Sie dazu eine Nylonbürste mit engmaschig zu kleinen Büscheln zusammengefassten Nylonsträngen. Besonders gut eignet sich eine harte Zahnbürste.
2. Stärker verschmutzte Zündkerze mit einer speziellen Zündkerzen-Messingbürste reinigen.
Wichtig: Keine harte Stahlbürste zum Reinigen der Zündkerze verwenden, diese kann die Elektroden und das Keramik-Mittelteil beschädigen!
3. Isolator auf Risse oder Absplitterungen untersuchen.
4. Dichtring muss vorhanden und einwandfrei in Form sein.
5. Eine Zündkerze muss ausgewechselt werden, wenn sie schwerwiegende Mängel aufweist, beispielsweise wenn die Mittelelektrode stark abgenutzt oder verbrannt ist, der Isolator gebrochen (Bild 19), das Gewinde kaputt oder Anderes beschädigt ist (Bilder 19 bis 25).

Zündkerzen einbauen
■ Festziehen der Zündkerzen: Falls kein Drehmomentschlüssel zur Verfügung steht, Zündkerzen folgendermaßen festziehen:
Gebrauchte Zündkerze: Wenn eine bereits benutzte Zündkerze wieder montiert wird, bei der sich der Dichtring schon gesetzt hat: Zündkerze nach Aufsitzen des Gewindebundes um ca. 1/8 Umdrehung festziehen.
Neue Zündkerze: Wenn eine neue Kerze mit neuem Dichtring montiert wird: Zündkerze nach Aufsitzen des Gewindebundes um 1/4 bis 1/2 Umdrehung anziehen, wieder lösen und endgültig um 1/8 Umdrehung anziehen.
■ Einfetten der Gewinde: Die Verwendung von Kupferpaste oder Keramikfett beim Eindrehen der Zündkerzen sollte bei einem älteren Motor gemacht werden, weil es die Zündkerzengewinde im Zylinderkopf schmiert und deswegen schont. Dazu aber nur einen kleinen Tropfen Kupferpaste oder Keramikfett auf das Gewinde der Zündkerze geben (Bild 13), das verhindert ein Festbacken der Kerze im Gewinde.

1. Zündkerzen in Zündkerzenschlüssel (bzw. »Zündkerzennuss«) einsetzen, von Hand gefühlvoll und ohne irgendwo anzuschlagen in den Zündkerzenschacht einführen, ans Gewinde ansetzen und einschrauben.
2. Zündkerze einschrauben, bis Widerstand spürbar wird, dann mit 12 Nm festziehen.
Sehr wichtig: Beim Einschrauben der Zündkerze unbedingt darauf achten, dass schon der erste Gewindegang richtig greift, das Außengewinde der Kerze also richtig am Innengewinde im Zylinderkopf angesetzt ist. Denn eine schräg angesetzte Kerze ruiniert mit ihrem harten Stahlgewinde das weiche Gewinde im Aluminiumzylinderkopf schon nach einer halben Umdrehung.
3. Nebenzündkerze: Nebenzündkerzenstecker bis zum Anschlag aufschieben, dabei auf korrekten Sitz des Gummis achten.
■ BMW empfiehlt, eine kleine Menge Talkum als Montagehilfe zu verwenden.
3.1. Kabelstecker mit Kerzenstecker verbinden.
4. Hauptzündkerze: Hauptzündkerzenstecker bis zum Anschlag einschieben.
4.1. Kabelstecker mit Kerzenstecker verbinden.
5. Bild 8c: Kerzenschachtabdeckung anbringen, dazu Abdeckung oben ansetzen und unten in die Nasen eindrücken, bis sie hörbar einrasten. Dabei auf das Zündkabel achten.
6. Bild 7: Abdeckung unten anbauen, Schrauben eindrehen, handfest anziehen.
■ Darauf achten, dass Buchsen richtig sitzen.

Elektrodenabstand

Ein korrekter Elektrodenabstand ist wichtig für ordnungsgemäße Funktion der Zündkerze. Stimmt dieser nicht, muss er korrigiert werden.

Wichtig: Zum Messen der Zündkerze mit Doppelelektrode wird eine Fühlerlehre mit runden Festmaßen benötigt (Bild 14). Eine Zündkerze mit einer Bügelelektrode (Bild 15) kann mit einer Fächer-Fühlerlehre gemessen werden.

Bitte beachten: Eine Masseelektrode muss mit sehr viel Gefühl nachgebogen werden, denn die Gefahr, dass sie abbricht, ist groß. Weiterhin besteht im Betrieb für eine zu stark oder zu oft verbogene Elektrode höchste Bruchgefahr! Im Zweifelsfall lieber eine neue Kerze einbauen – denn wenn eine Masseelektrode abbricht und in den Motor fällt, gibt es einen kapitalen Motorschaden. **Merke:** Nur wenn es nicht möglich ist, eine neue Kerze zu kaufen, kann man den Elektrodenabstand gefühlvoll korrigieren.

Elektrodenabstand messen und korrigieren
1. Bild 14: Elektrodenabstand mit Fühlerlehre messen.
2. Bild 16: Der vorgeschriebene Elektrodenabstand beträgt 0,8 mm; eine Toleranz wird von BMW nicht angegeben. Erfahrungsgemäß kann der Elektrodenabstand 0,9 bis 1,0 mm betragen.
3. Bei einem Elektrodenabstand von mehr als 1,0 mm ist die Zündkerze endgültig verschlissen und muss erneuert werden.

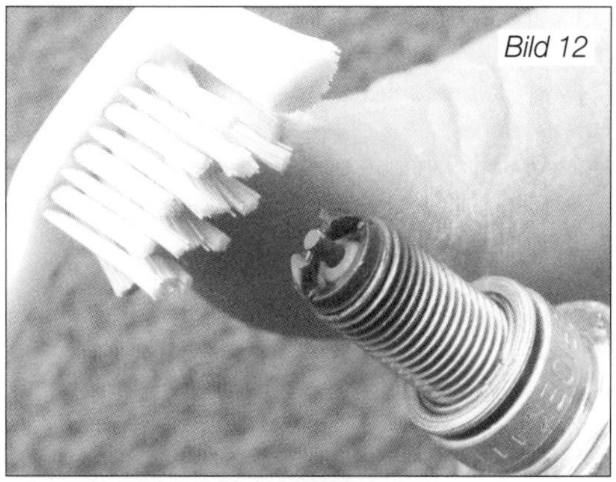

Bild 12: Zündkerze reinigen mit harter Zahnbürste oder Messingbürste.

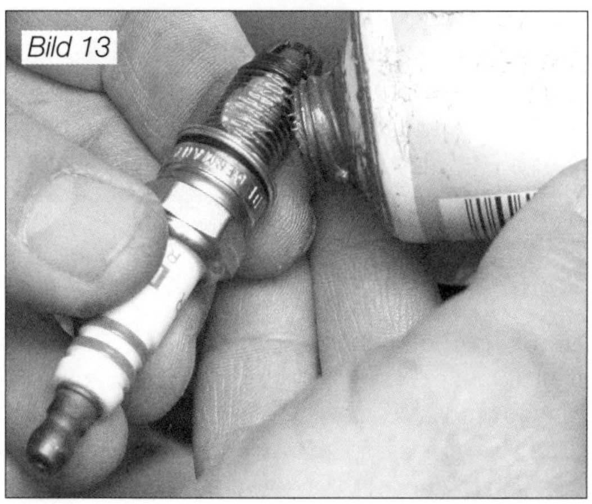

Bild 13: Vor dem Einbau der Zündkerze kann man einen kleinen Tropfen Kupferpaste oder Keramikfett auf ihr Gewinde geben.

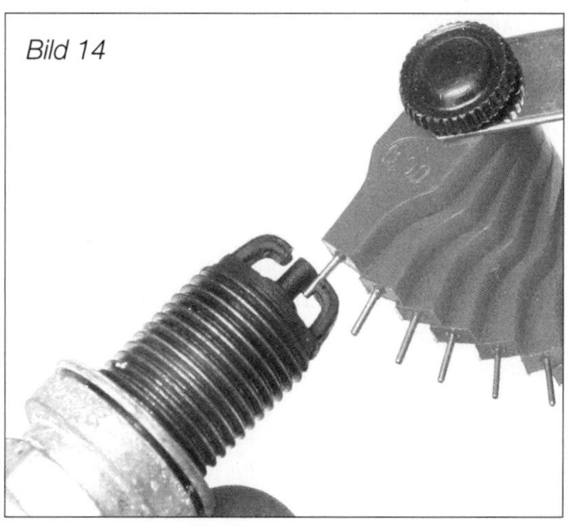

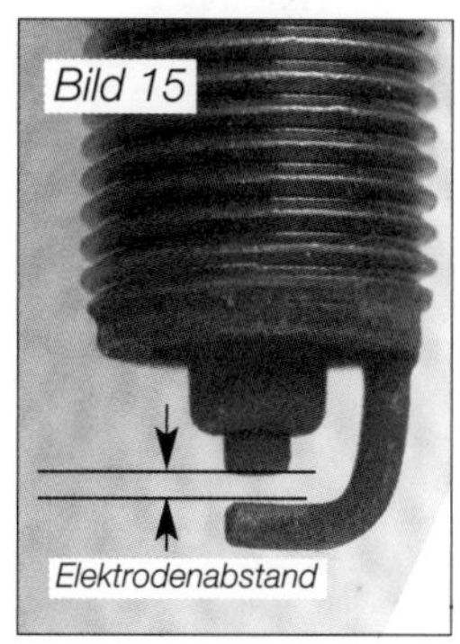

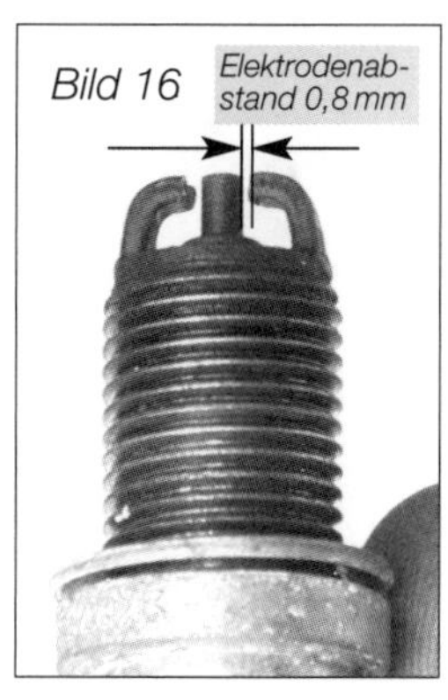

Bilder 14, 15 und 16: Elektrodenabstand zwischen Mittel- und Außen-(Masse-)elektrode messen.

4. In der Not: Ist der Elektrodenabstand zu weit und liegt bei mehr als 1,0 mm, was bei einer alten Zündkerze meist der Fall ist, muss die äußere Elektrode nachgebogen werden. Dazu die Zündkerze kopfüber in der einen Hand halten und mit der anderen Hand einen Schraubenzieher verkehrt herum nehmen und mit dem Griff des Schraubenziehers gaaaanz leicht auf die Elektrode klopfen. Gaaaanz leicht heißt: Lieber einen Hau zu wenig als einen zu viel!
5. Wenn die Außenelektrode aus Versehen zu stark zusammengeklopft wurde, der Elektrodenabstand also zu eng ist, vorsichtig mit einem kleinen Elektroschraubenzieher wieder aufbiegen. Besser noch ist es, die Elektrode mit einer ganz kleinen Spitzflachzange hochzubiegen. In jedem Falle gilt: Beim Einstellen des Elektrodenabstandes viel Gefühl walten lassen!

Zündkerzengesicht

Dieser Kapitelabsatz dient der Information für den Fall, dass ein Motor nicht richtig läuft und man mit einer normalen Fehlersuche nicht weiter kommt. Denn das Zündkerzengesicht gibt Aufschluss über den Verbrennungsablauf im Motor und kann dem Fachmann wertvolle Hinweise auf den Zustand verschiedener Bauteile im Motor geben: Im Normalfall zeigt die Kerze eine rehbraune Färbung und kaum Abbrand der Elektroden. Wenn das Zündkerzengesicht anders aussieht (siehe dazu Bilder 17 bis 26), ist im Motor möglicherweise etwas nicht in Ordnung.

Zündkerzengesicht beurteilen
1. Motor im mittleren Drehzahlbereich etwa zehn Kilometer warm fahren und möglichst ohne Zwischenstopp zur Werkstatt zurück. Dort den Motor sofort abstellen, also nicht längere Zeit im Leerlauf nachlaufen lassen.
2. Zündkerzen herausschrauben.
3. Sind Keramikisolation und Elektrode sauber und ohne Rußbelag und zeigt das innere Keramikbauteil rehbraunen Farbton (Bild 18), passt der Wärmewert der Zündkerze, das Luft-Benzingemisch ist korrekt zusammengesetzt.
4. Zu mageres Gemisch:
4.1. Bei weißem bis aschgrauem Bild ist das Luft-/Kraftstoff-Gemisch zu mager. Dieses Zündkerzenbild deutet auf mögliche Falschluft im Ansaugsystem hin. So können z. B. die Ansaugstutzen lose, gerissen oder porös sein.
4.2. Eine zu helle, fast weiße Zündkerze beobachtet man auch, wenn der Motor ohne Luftfilter betrieben wird.
5. Zu fettes Gemisch:
5.1. Bei dunkelbrauner bis schwarzer Verfärbung ist das Kraftstoff/Luft-Gemisch zu fett. Dieses Zündkerzenbild weist auch auf einen zugesetzten Luftfilter hin.
6. Bild 17: Ölrückstände an der Zündkerze.
6.1. Eine schwarz verrußte, feucht glänzende Kerze deutet auf verschlissene Ventilführungen oder abgenutzte Kolben und Ölabstreifringe hin, durch die Motoröl in die Brennräume gelangt. Deswegen nennt man ein solches Kerzengesicht »verölte Zündkerze«.
7. Verrußte Zündkerze (Bild 21):
7.1. Wenn die Zündkerzen fett verrußt sind, dreht der Motor nur stotternd hoch und zieht nicht richtig. Starke Rußablagerungen an der Kerze entstehen durch zu fettes Gemisch plus Öl (aus internen Lecks, wie z. B. verschlissene Ventilführungen oder Kolbenringe); es entsteht besonders dann, wenn der Motor permanent untertourig gefahren wurde und/oder meist im Kurzstreckenverkehr, bei dem er nie richtig warm werden konnte. Ruß verhindert einen korrekten Funken zwischen äußerer und innerer Elektrode. Ruß und andere Ablagerungen an der Zündkerze führen nach kurzer Zeit zu einer Kurzschlussbrücke (»Faden«) zwischen den Elektroden oder auf der Keramikisolation.
7.2. Trockene Rußablagerungen lassen die Elektroden glühen, es gibt unkontrollierte Fehlzündungen. Diese machen durch »Klopfen« (gut hörbar bei niedrigen Drehzahlen und starkem Beschleunigen) oder »Klingeln« (bei hoher Drehzahl und deshalb kaum zu hören) auf sich aufmerksam. Fehlzündungen führen oft auch zum Durchbrennen des Kolbenbodens oder einem Verbrennen (Verschmoren) von Ventilen und Ventilsitzen.

»Kalte« oder »heiße« Zündkerze?

Zum Zeitpunkt der Drucklegung dieser Motorrad-Reparaturanleitung im Juli 2013 gab es von BMW keine Empfehlungen für den Boxermotor der R 1200 R bezüglich Zündkerzen mit einem anderen Wärmewert als die serienmäßigen Zündkerzen NGK MAR8B-JDS.

In der Regel sagt der Fachmann zum benötigten Zündkerzen-Wärmewert Folgendes:
Kältere Zündkerze: Eine <u>kältere</u> Zündkerze als die serienmäßige kann in Erwägung gezogen werden, wenn das Motorrad überwiegend in heißen Gegenden gefahren wird, im Hochsommer längere Autobahnetappen anstehen

oder die R 1200 R auf einer Rennstrecke sehr schnell und vor allem im oberen Drehzahlbereich bewegt werden soll.

■ _Kälterer Zündkerzentyp_ heißt: Diese Zündkerze verträgt höhere Temperaturen.

Heißere Zündkerze: Eine _heißere_ Zündkerze wird notwendig, wenn die Maschine in kalten

Bild 17

Zündkerzen im getunten Motor

Die BMW-Empfehlung, nur NGK MAR8B-JDS zu verwenden, gilt für eine serienmäßige BMW R 1200 R. Wenn der Motor in irgendeiner Form »getunt« wird, kann es anders aussehen. Ohne dem Tuner und seiner speziellen Zündkerzen-Empfehlung vorgreifen zu wollen, gilt Folgendes: Ob die gerade montierte Zündkerze für die Umgebungstemperatur und den Betriebszustand (z. B. Autobahn im Sommer mit permanent hohen Drehzahlen) passt, kann man am Kerzenbild (»Kerzengesicht«) ablesen. Beurteilt werden Zustand und Farbe des Keramik-Mittelteils, der Mittelelektrode, der äußeren Bügelelektrode und des äußeren Zündkerzenkörpers, wie im Text weiter vorne bei »Zündkerzengesicht beurteilen« schon erklärt wurde.

Guter Rat: Wenn Sie Ihrer R 1200 R andere Zündkerzen spendieren möchten, fragen Sie vorher den BMW-Meister Ihres Vertrauens, ob neue Empfehlungen vorliegen.

Bilder 17 bis 26:
17 Öl- und Verbrennungs-rückstände
18 normales Zünd-kerzengesicht
19 Isolator abgebrochen
20 Isolator beschädigt, starke Ablagerungen
22 verrußte Kerze
22 Anschmelzungen
23 Mittelelektrode herausgefallen
24 Mittelelektrode innen gebrochen
25 Koronafleck zwischen Isolator und Metall-körper...
26 ...Ursache ist Gas- und Flamm-Durchgang

Bild 18

Bild 19

Bild 20

Bild 21

Bild 22

Bild 23

Gegenden bewegt wird, wo die Außentemperatur um den Gefrierpunkt oder darunter liegt und ab und zu auf maximal zehn bis fünfzehn Grad ansteigt.

■ Unter einer _heißeren Kerze_ versteht man einen Kerzentyp, der höhere Verbrennungstemperaturen erzeugt.

Merke: Kältere Kerzentypen haben meist eine höhere Zahlenangabe zwischen dem Buchstabencode, heißere Kerzen eine niedrigere Zahl.

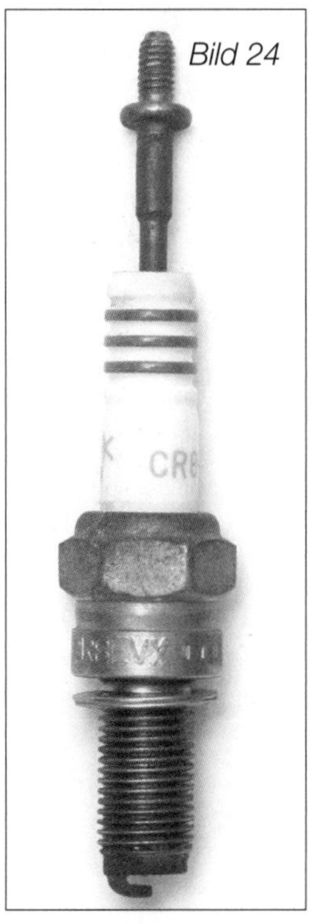
Bild 24

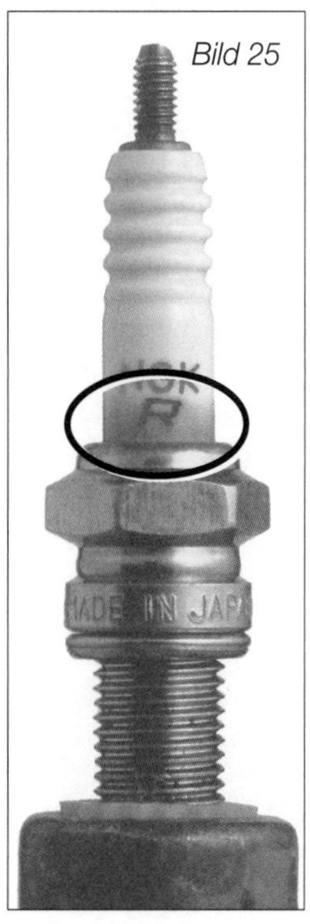
Bild 25

Bild 26

Korrespondenzkapitel:

- 3 »Spiegel · Tank · Rahmen«
- 12 »Elektrik · Elektronik«
- 13 »Batterie«
- 16 »Zündkerzen«
- 18 »Luftfilter«
- 19 »Gasgriff · Gaszüge«
- 20 »Auspuffanlage«

Bild 1: Herzstück der Zünd-Einspritzanlage ist das Steuergerät »Motor BMS-K+«.

Bild 2: Lage verschiedener elektrischer Bauteile der Einspritz- und Zündanlage.

Zünd-Einspritzanlage

In diesem Kapitel: Zünd-Einspritzanlage · Regelmäßige Überprüfungen · Tipps und Tricks zur Zündfunkensuche · Leerlaufdrehzahl · Drosselklappen synchronisieren · Drosselklappenkörper aus- und einbauen · Einspritzventile ausbauen, prüfen, einbauen · Benzinfilter · Benzinpumpe.

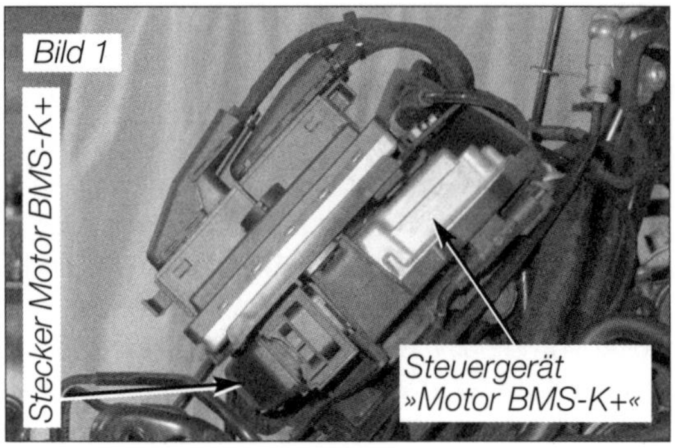

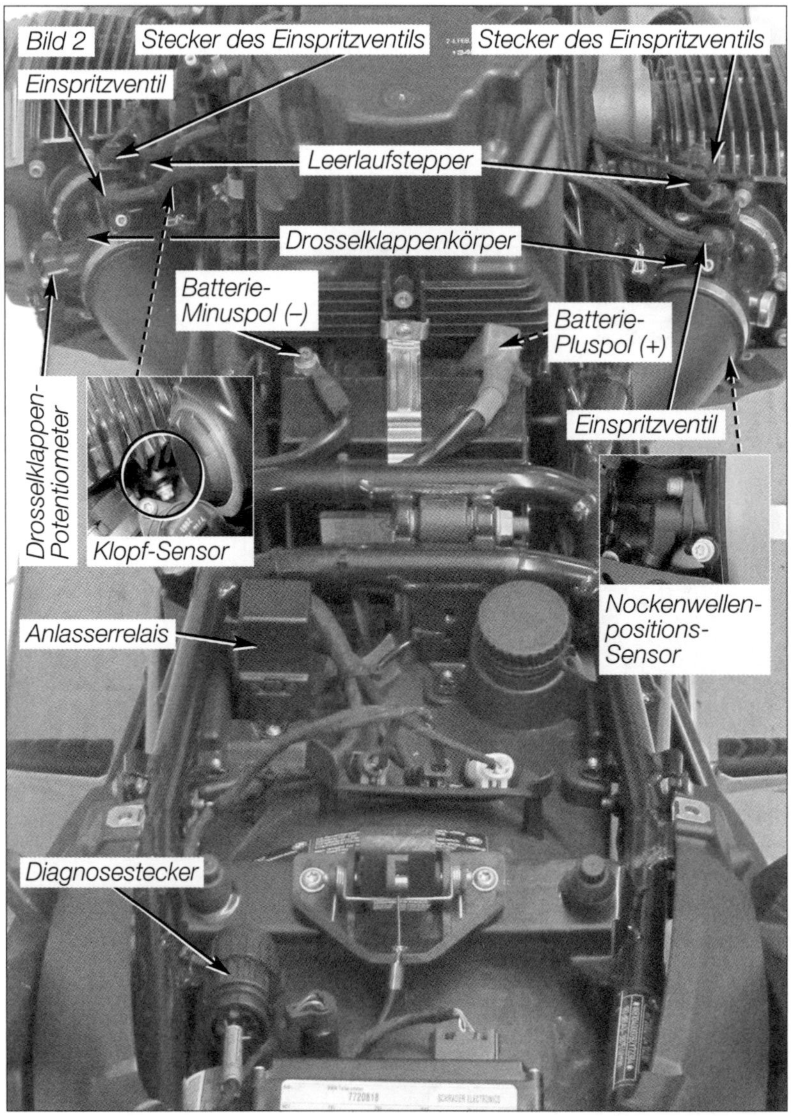

Zünd-Einspritzanlage

Dieses Kapitel soll in erster Linie helfen die Zünd-Einspritzanlage zu verstehen. Falls die Maschine nicht läuft und ein Fehler in der Zünd-Einspritzanlage vermutet wird, können Laien wie Fachleute Tipps finden, welches Bauteil kaputt sein könnte. Doch im Ernstfall gilt: Nur der BMW-Händler kann wirklich helfen.

Die kombinierte Zünd-Einspritzanlage wird durch ein Motorsteuergerät gesteuert und geregelt. Basis ist die BMW-Eigenentwicklung »BMS-K+« (BMW Motor Steuerung Krad). Die Zünd-Einspritzanlage kann nur in der BMW-Motorradwerkstatt überprüft werden. Im Rahmen der Inspektionen wird der Fehlerspeicher ausgelesen.

Auch zur Durchführung des alle 10 000 km vorgeschriebenen Inspektionspunktes »Synchronisation der Drosselklappen: Prüfen, ggf. einstellen« (siehe Kapitel 1 »Wartung · Pflege) ist das BMW-Diagnosesystem nötig, denn es erfasst auch, ob die beiden Leerlaufsteller (je einer an jedem Drosselklappengehäuse) sowohl beim Kaltlauf als Gemischanreicherer als auch im Leerlauf bei warmem Motor richtig arbeiten.

Bild 1: Herzstück der Zünd-Einspritzanlage ist das Motorsteuergerät »BMS-K+«. Dies ist ein kleiner Computer, auch »Rechner« genannt. In ihm sind Basiswerte für Zündung und Einspritzung einprogrammiert. Während des Motorlaufs werden Daten (»Parameter«) von Sensoren gemessen und in Echtzeit zugeliefert. Daraus errechnet das Motorsteuergerät die jeweils optimale Spritmenge pro Zylinder (»Öffnungszeit der Einspritzventile« ergibt die »Einspritzdauer«), den Einspritzzeitpunkt sowie einen dazu optimal passenden Zündzeitpunkt.

Achtung: Bei allen Arbeiten mit dem extrem gesundheitsschädlichen, feuergefährlichen und explosiven Benzin sind jegliche Wärmequellen, offenes Feuer, Funkenflug und brennende Zigaretten fehl am Platze. Benzin nicht schlucken. Wenn's doch passiert, sofort einen Arzt aufsuchen! Benzin nur in geeigneten Behältern lagern (Benzinkanister). Mit offenem Benzin nur in gut gelüfteten Räumen arbeiten!

Regelmäßige Überprüfungen

Erstmals bei 1000 km, dann alle 10 000 km oder mindestens einmal pro Jahr muss im Rahmen der Inspektionen das Motorsteuergerät auf abgespeicherte Fehlermeldungen »ausgelesen« werden. Dabei wird die Zünd-Einspritzanlage unter folgenden Gesichtspunkten überprüft:

1. Welche Fehler sind an welchen Bauteilen der Einspritz-Zündelektronik aufgetreten und im Motorsteuergerät gespeichert?

- Wenn ein Fehler während des Betriebs aufgetreten ist und im Motorsteuergerät gespeichert wurde, wird dieser beim »Auslesen« mit dem Diagnosegerät sichtbar gemacht. Der Mechaniker entscheidet dann, ob das betroffene Bauteil erneuert werden muss, oder ob der Fehler »nur« wegen eines Kontaktproblems (z. B. in einem korrodierten oder verschmutzten Stecker) entstanden ist und eine Reinigung des Bauteils genügt.

2. Nach Austausch oder Reparatur des defekten Bauteils wird das Motorsteuergerät erneut mit dem Diagnosegerät ausgelesen. Wenn angezeigt wird, dass das reparierte oder erneuerte Bauteil vom Motorsteuergerät akzeptiert ist, werden die gespeicherten Fehler gelöscht, der Speicher ist dann »bereinigt« und der Rechner arbeitet wieder im Normalbetrieb.

3. Überprüfen und ggf. Einstellen der Öffnungswinkel der Drosselklappen zueinander: Auch dies ist nur mit Hilfe des BMW-Diagnosegerätes möglich.

Ziel dieser Überprüfung und ggf. Ein-/Nachstellung ist, dass die Drosselklappen möglichst synchron (= gemeinsam) öffnen und die Zylinder gleich dosiert mit Ansaugluft versorgt werden. Nur bei bester Einstellung sind gute Gasannahme, gleichmäßiger Motorlauf und höchstmögliche Leistungsentfaltung garantiert.

Tipps und Tricks zur Zündfunkensuche

Folgende Symptome deuten auf eine nicht richtig arbeitende Zündanlage hin:

- Motor läuft nicht
- Motor läuft nur auf einem Zylinder

*Bilder 3a und 3b: Zeichnung des Drosselklappenkörpers. **X** ist die Drosselklappen-Anschlagschraube, welche NIEMALS verdreht werden darf.*

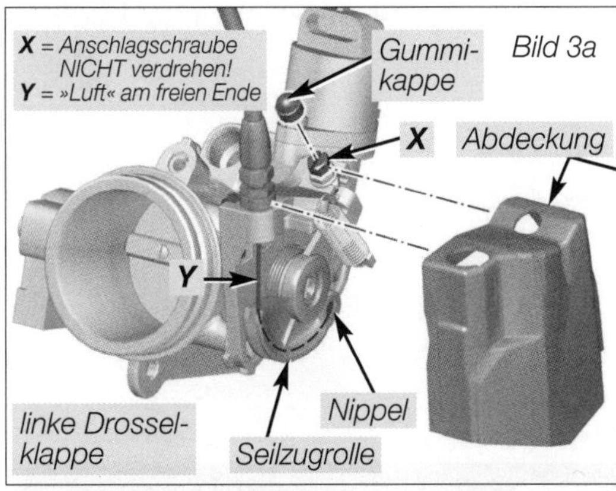

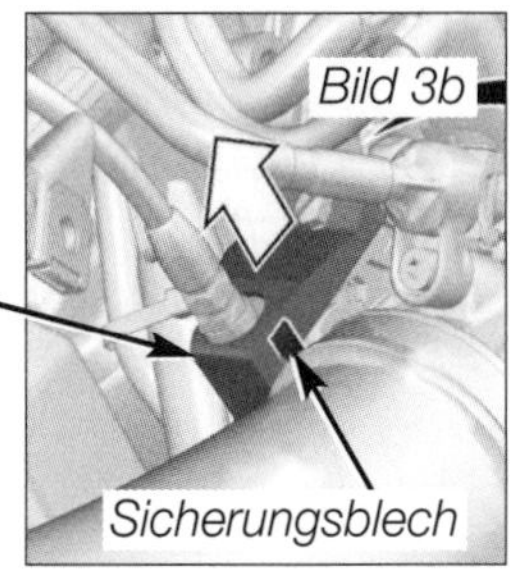

Tabelle: Fehlersymptome und mögliche Ursachen.

Störungen in der Zündanlage			
Symptome	**Mögliche Ursachen**	**Abhilfe**	**Kapitel (K)**
Kein Funke an der/den Zündkerze(n)	Zündkerze(n) beschädigt	Auswechseln	**K 16**
	Zündkerze(n) verrußt	Reinigen und trocknen, auswechseln	**K 16**
	Zündkerze(n) verölt	Reinigen und trocknen, auswechseln	**K 16**
	Zündspule/Zündkerzenstecker defekt	Auswechseln	**K 12, K 16**
	Drosselklappen-Potentiometer defekt	Auswechseln	**K 12**
	Motorsteuergerät defekt	Auswechseln	**K 12**
	Stromkreisunterbrechung in der Verkabelung	Reparieren, auswechseln	**K 12**
	Anlasserrelais defekt	Auswechseln	**K 12**
Motor stirbt oft ab, weil kein Funke an der/den Zündkerze(n)	Zündkerze(n) verrußt	Reinigen, auswechseln	**K 16**
	Drosselklappen-Potentiometer defekt	Auswechseln	**K 12**
	Motorsteuergerät defekt	Auswechseln	**K 12**
Zündkerze(n) wird/werden nass oder verrußt/verrußen schnell	Zu fettes Kraftstoff-Luft-Gemisch	Einspritzsystem überprüfen	**K 17**
	Leerlaufdrehzahl zu hoch	Einspritzsystem überprüfen	**K 17**
	Falscher Kraftstoff (Diesel getankt?)	Wechseln, frisches Benzin tanken	**K 3**
	Luftfiltereinsatz verschmutzt	Reinigen, auswechseln	**K 18**
	Falsche Zündkerzen (zu kalter Zündkerzentyp)	Serienmäßige Zündkerzen einbauen	**K 16**
Zündkerze(n) wird/werden ölig oder verrußt/verrußen schnell	Kolbenringe abgenutzt	Auswechseln	**Fachwerkstatt**
	Kolben abgenutzt	Auswechseln	**Fachwerkstatt**
	Zylinder abgenutzt	Ausschleifen	**Fachwerkstatt**
	Übermäßiges Spiel zwischen Ventilschaft und Ventilführung	Auswechseln	**Fachwerkstatt**
	Ventilschaft-Dichtringe abgenutzt	Auswechseln	**Fachwerkstatt**
Überhitzung oder Abbrand an den Elektroden der Zündkerze(n)	Falsche Zündkerzen (zu warmer Zündkerzentyp)	Serienmäßige Zündkerzen einbauen	**K 16**
	Motor läuft zu heiß	Einstellen, Inspektion durchführen	**K 1**
	Zündkerzen locker	Mit Drehmoment festziehen	**K 16**
	Zu mageres Kraftstoff-Luft-Gemisch	Einspritzsystem überprüfen	**K 17**

Sichtprüfung Messen

■ Motor patscht und knallt aus dem Auspuff
■ Motor läuft unrund und ruckelt
■ Motor hat schlechte Leistungsabgabe bzw. zieht nicht richtig

Kerzenstecker

Die Zündspulen sind zusammen mit dem Zündkerzenstecker ein Bauteil. Sie werden auch »Kerzenschacht-Zündspule« bei der Hauptzündkerze (Bild 4a) und »Winkel-Zündspule« bei der Nebenzündkerze (Bild 4b) genannt. Wenn der Motor nicht gleichmäßig »rund« läuft, überprüfen Sie, ob die Zündkerzenstecker richtig satt auf die Zündkerzen aufgesteckt sind. Zum Kontrollieren bzw. zum Abziehen des Kerzensteckers wird ein spezieller Abzieher benötigt (Kapitel 16 »Zündkerzen«).

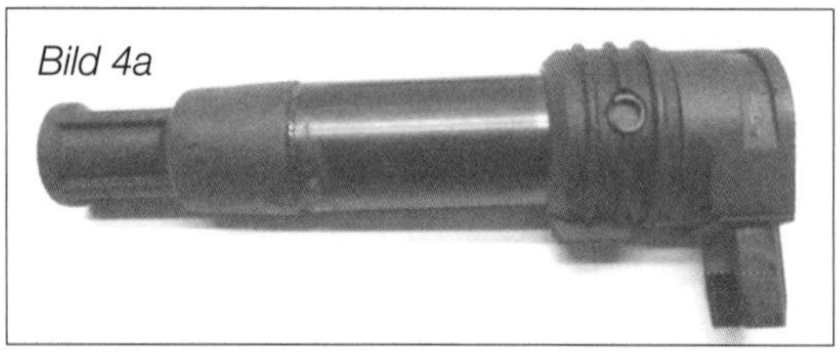
Bild 4a

Bild 4b

Bilder 4a und 4b: Kerzenschacht- und Winkel-Zündspule.

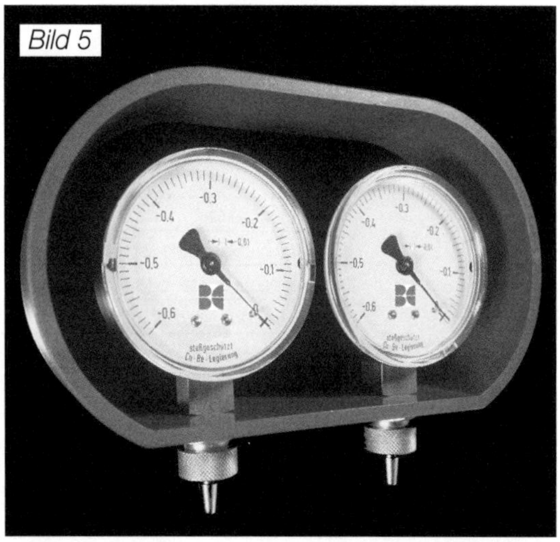
Bild 5

Bild 5: Boehm-Unterdruckuhren.

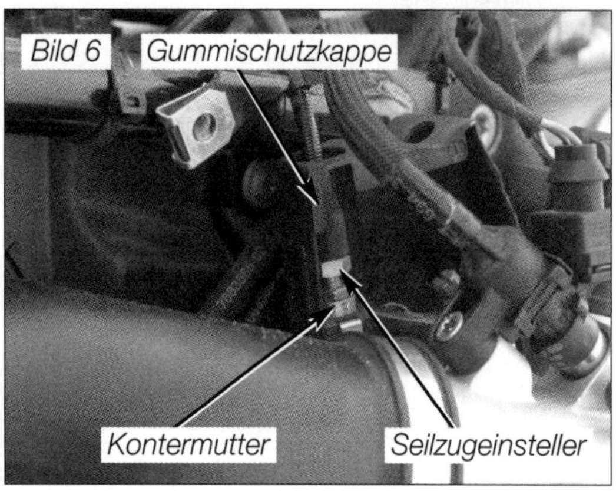

Bild 6

Bild 6: Einsteller am Drosselklappenzug.

Wichtige Adresse:
■ **Boehm Synchrontester**
Peter-Kreuder-Straße 21,
D-81245 München
www.boehm-synchrontester.de

Warnhinweise

Zündkerzenstecker-Zündspulen nicht grob behandeln, nicht hart anschlagen, nicht fallen lassen!

Bei fehlendem Zündfunken auch die Kabelstecker genau ansehen auf Schmutz, Korrosion oder schlechten Kontakt.

Überprüfen, ob die oben auf die Zündkerze aufgeschraubte Anschlussmutter vorhanden ist; die serienmäßigen Kerzenstecker sind dafür ausgelegt (Kapitel 16 »Zündkerzen«).

Seitenständerschalter defekt?

Ist dieser defekt, ist die Zündung unterbrochen. Dann dreht sich allerdings auch der Anlasser nicht. Der Motor springt dann auch nicht durch Anschieben an. Prüfung des Seitenständerschalters siehe Kapitel 1 »Wartung · Pflege«.

Leerlaufdrehzahl

Achtung: Die versiegelten Anschlagschrauben der Drosselklappen (siehe Bild 3a) dürfen nicht geöffnet bzw. verdreht werden! Wenn doch, muss der Leerlauf-Grunddurchsatz beim Hersteller (Bing) neu eingestellt werden. Siegellack an beiden Anschlagschrauben muss unbeschädigt sein.

Die vorgeschriebene Leerlaufdrehzahl bei warmem Motor beträgt 1150 ± 50/min. Der Gasgriff muss dabei ganz geschlossen sein.

■ Wenn die Leerlaufdrehzahl zu hoch ist, kann ein Gaszug unter Spannung stehen, die Drosselklappen sind also um einen bestimmten Betrag offen. Einstellung des Gaszugspiels von 0,5 mm siehe Kapitel 19 «Gasgriff · Gaszüge«.
■ Es kann aber auch sein, dass einer der Gaszüge innen aufgespleißt ist und die Drosselklappen (oder auch nur eine davon) sich deswegen nicht schließen lassen. Erneuern des Gaszugs siehe Kapitel 19 «Gasgriff · Gaszüge«.
■ Wenn die Leerlaufdrehzahl zu niedrig ist, und der Motor deswegen möglicherweise immer wie-

der aus geht, stimmt etwas anderes im System nicht: z. B. können die Drosselklappen-Anschlagschrauben verdreht sein. Dann ist Schicht mit Selberschrauben, die Drosselklappenstutzen müssen abgebaut und über den BMW-Händler ins Werk eingeschickt werden, weil nur dort der Grunddurchsatz eingestellt werden kann.

Hinweis: Es kann aber auch sein, dass die Leerlaufstepper (Leerlaufsteller) falsche oder keine Signale bekommen und/oder die Zündkerzen/Zündspulen defekt sind. Dann ist ebenfalls der Gang in die BMW-Motorradwerkstatt angesagt, denn nur mit dem BMW-Diagnosesystem lässt sich ein solcher Fehler aufspüren!

Drosselklappen synchronisieren

Tipp: Zum Einstellen des Drosselklappenabgleichs (»Gleichlauf der Zylinder«) gibt es im Zubehörhandel entsprechende Prüf- und Einstellgeräte. Wir empfehlen für diese Arbeiten den Boehm-Synchrontester (Bild 5).

Wie im Text zu Anfang dieses Kapitels schon erwähnt, ist es besser, diese Arbeit mit dem BMW-Diagnosesystem in der BMW-Motorradwerkstatt durchführen zu lassen. Wenn im Zuge von Heimarbeit eine Inspektion gemacht wird und es sonst keine (noch zu behebenden) Probleme gibt mit dem Einspritz-Zündsystem, die Ventile exakt eingestellt und die Zündkerzen in Ordnung sind, kann man nachstehend beschriebene Arbeiten durchführen.

Unbedingt durchgeführt werden sollte eine Synchronisation dann, wenn ein Gaszug gerissen war und ein neuer eingebaut wurde (oder auch alle Gaszüge gewechselt wurden, siehe Kapitel 19 «Gasgriff · Gaszüge«).

1. Motor mindestens zehn Kilometer warm fahren. Öltemperatur soll ca. 80 °C betragen. Motor ausschalten.
2. Am Gasgriff oben am Lenker wird das Seilzugspiel am oberen Gaszug eingestellt. Dazu Kontermutter öffnen und Seilzugeinsteller ein- oder ausdrehen, bis das Spiel ca. 0,5 mm beträgt.
3. Abdeckungen beider Drosselklappengehäuse abnehmen, dazu Verriegelungslasche vorsichtig aufbiegen, dann Abdeckung nach oben abziehen und abnehmen.
4. Bild 6: Bei jeder Drosselklappe die Gummischutzkappe des Gaszugs vom Seilzugeinsteller weg nach oben schieben, Kontermutter vom Seilzugeinsteller lösen und ca. 2 Umdrehungen zurückdrehen.
5. Am Seilzugeinsteller eines jeden Gaszugs ein Seilzugspiel von jeweils ca. 1 mm einstellen.
6. Bild 7: Gummikappen von den Rohrstutzen an den Drosselklappengehäusen abziehen bzw. mit Schraubenzieher abschieben.
6.1. Bild 8: Schläuche zu den Unterdruck-Messuhren an die Rohrstutzen anschließen.
■ Spätestens jetzt die Gebrauchsanleitung des Unterdruck-Messgerätes beachten!
7. Motor starten.
■ Dabei darauf achten, dass beide Drosselklappen geschlossen sind (Gasgriff auf »zu«) und die Hebel beider Drosselklappenwellen sicher an der Anschlagschraube anstehen.
8. Nun etwas Gas geben auf 1500 bis 1800/min und die Unterdruckuhren beobachten:

Bild 7: Gummikappen über den Rohrstutzen langsam abziehen bzw. abschieben. Beim Aufbau die Gummikappe genau ansehen: Sie darf nicht porös oder eingerissen sein.

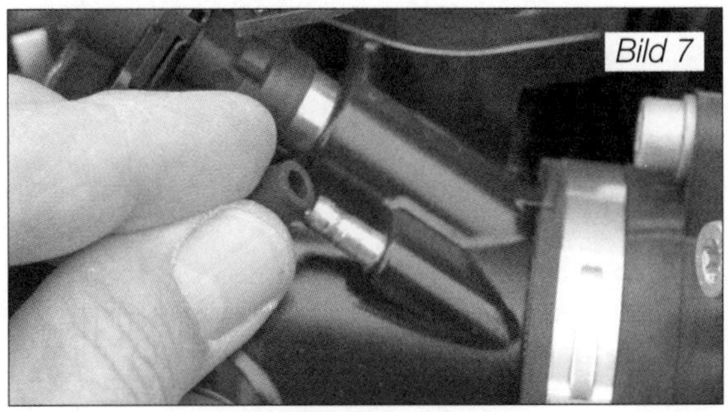

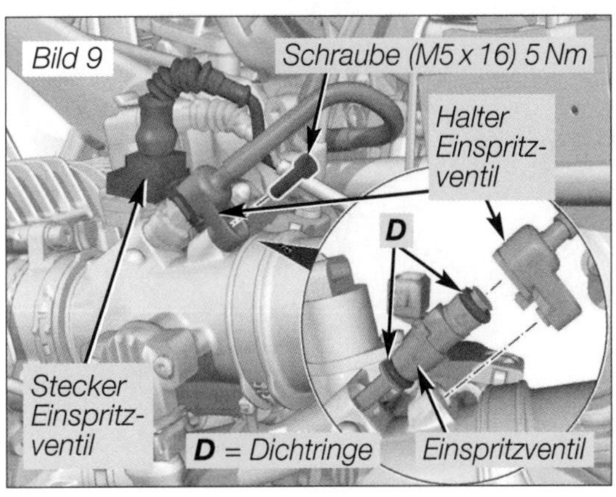

Bild 8: Zwei der vier Unterdruck-Messuhren über Schläuche an die Rohrstutzen am rechten und linken Zylinder angeschlossen.

Bild 9: Befestigung des Einspritzventils mit einer Schraube.

Bilder 10 bis 14: Im Lauftext sind die zu den Bildern gehörenden Arbeitsschritte nummeriert beschrieben.

Bild 15: Wenn der Motor nicht läuft und der Verdacht besteht, dass das Einspritzventil kein Benzin spritzt, zuerst den Stecker abziehen und auf einwandfreie Kontakte überprüfen.

■ *Zum Ausbau des Einspritzventils die M5-Schraube ausdrehen und das Ventil ausziehen.*

■ *Anlasser kurz betätigen und überprüfen, ob das Ventil spritzt. Der Stecker muss dazu aufgesteckt sein.*

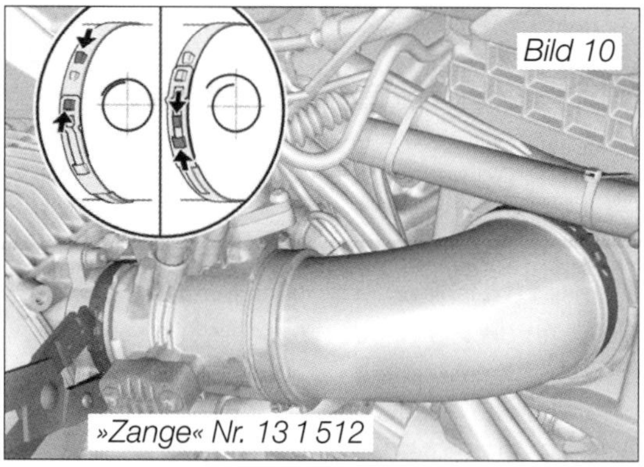

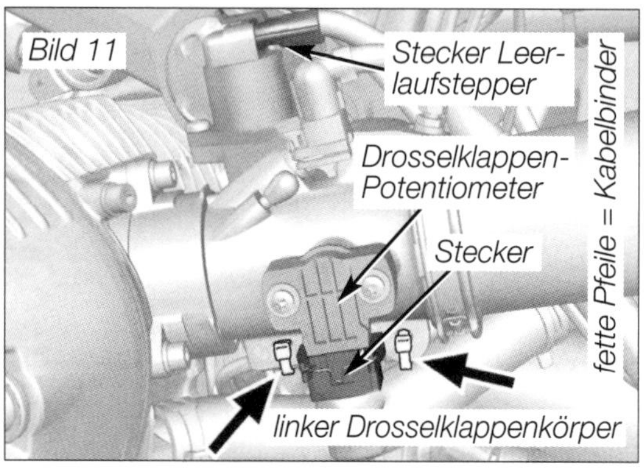

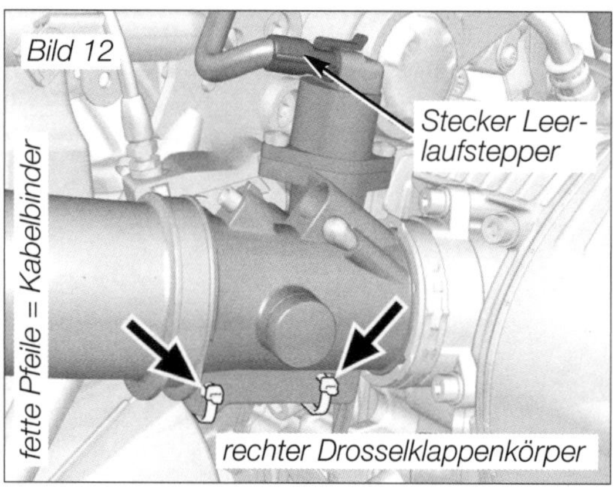

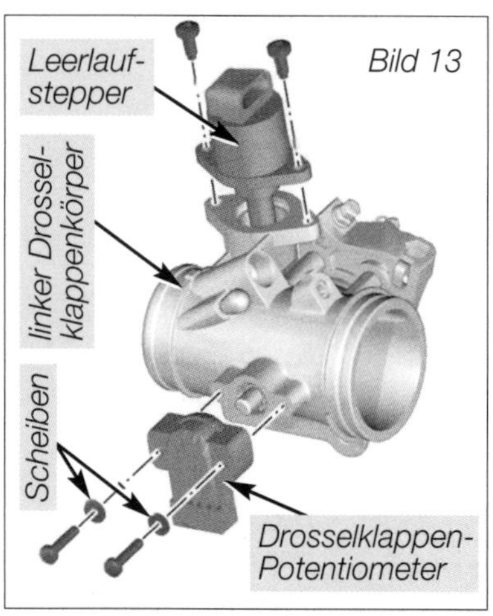

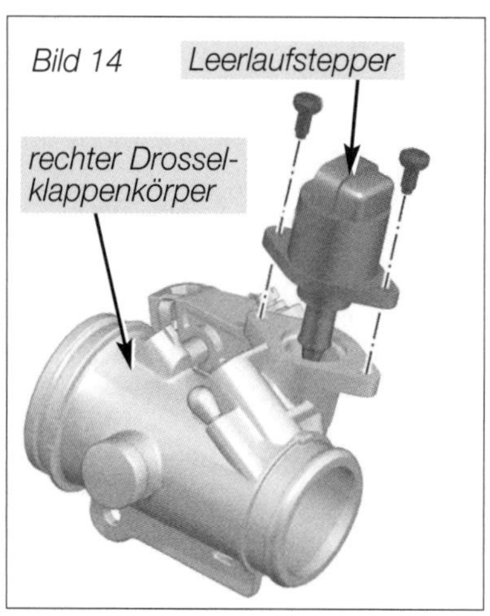

■ Der Unterschied rechter zu linkem Zylinder darf nicht mehr als 15 mbar betragen.
■ Zur Kontrolle: Im Leerlauf darf der Unterschied rechter zu linkem Zylinder nicht mehr als 25 mbar betragen.
9. Durch wiederholtes Gasgeben bis auf ca. 2500/min den Gleichlauf der Drosselklappen prüfen: Die Anzeigenadeln in den Synchronuhren müssen sich synchron bewegen, also gleichmäßig miteinander absinken bzw. ansteigen. Ggf. entsprechend korrigieren durch Verstellen der Seilzüge über die Seilzugeinsteller.
10. Wenn alles ok ist, die Seilzugeinsteller mit den Kontermuttern sichern.
■ Beim Anziehen der Kontermutter vorsichtig zu Werke gehen, damit sich der Seilzugeinsteller nicht mitdreht. Die Anzeige im Synchrontester darf sich nicht verändern!
11. Motor ausschalten. Unterdruck-Messschläuche abziehen, Gummikappen auf Rohrstutzen aufschieben.

Drosselklappenkörper aus- und einbauen

Ein Abbau der Drosselklappenkörper ist notwendig, wenn man sie reinigen muss oder (in seltenen Fällen) etwas daran defekt ist und deswegen gewechselt werden müssen.

Zum Aus- und Einbau des linken bzw. rechten Drosselklappenkörpers wie folgt vorgehen:
1. Sitzbank abnehmen, ensprechende Seitenblenden abbauen.
2. Bilder 9 und 15: Befestigungsschraube des Einspritzventils lösen, Einspritzventil mit Halter und Stecker herausziehen, dabei auf den Dichtring achten.
3. Bild 10: Schelle am Drosselklappenkörper mit BMW-Spezialwerkzeug Zange (Nr. 13 1 512) öffnen.
4. Bilder 11 und 12: Kabelbinder aufknipsen.
4.1. Stecker von Leerlaufstepper abziehen.

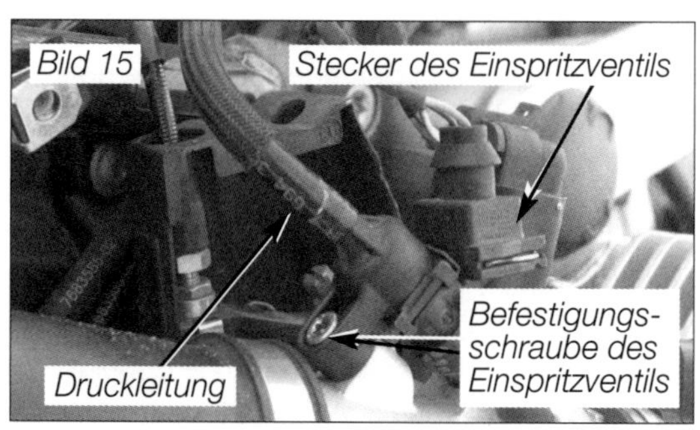

4.2. Bild 11: Am linken Drosselklappenkörper Stecker für Drosselklappen-Potentiometer abziehen.
4.3. Drosselklappenkörper ausbauen. Ansaugstutzen am Motor mit Lappen »abstopfen«.
5. Bilder 3a und 3b: Gummikappe abziehen, Abdeckung nach oben entfernen, Drosselklappenzug aushängen, Sicherungsblech ausclipsen, Drosselklappenzug herausziehen.
6. Bild 13: Nur am linken Drosselklappenkörper: Drosselklappen-Potentiometer durch Ausbau der Schrauben und Scheiben abnehmen.
7. Bilder 13 und 14: Leerlaufstepper durch Lösen der Schrauben abbauen.
8. Wird der Drosselklappenkörper gewechselt, wiederverwendbare Kleinteile abbauen und auf neuen Drosselklappenkörper aufbauen.

Einbau in umgekehrter Reihenfolge. Dabei besonders beachten:

- Drosselklappen-Potentiometer wird am linken Drosselklappenkörper angebaut. Nach der Montage muss er nicht neu eingestellt werden, da er dies selbst übernimmt.
- Spieleinstellung des oberen Gaszugs sowie Verlegung und Einstellung der unteren Gaszüge kontrollieren (Kapitel 19 »Gasgriff · Gaszüge«).
- Schelle am Drosselklappenkörper ausrichten, mit BMW-Spezialwerkzeug Zange (Nr. 13 1 512) schließen.
- Einspritzventil einbauen: Dichtring auf Beschädigung kontrollieren, beschädigten Dichtring ersetzen. Schraube (M5 x 16) mit 5 Nm festziehen.

Einspritzventile

Falls der Motor auf einem oder beiden Zylindern nicht laufen will, kann man nach Herausziehen der Einspritzventile prüfen, ob sie Sprit fördern. Doch vorher den Hörtest machen: Wenn die Einspritzventile ihre Stromimpulse bekommen, hört man das von außen, es tickert ganz leicht. Sicherer ist jedoch ausbauen und spritzen lassen. Einspritzventil dabei in ein geeignetes Gefäß halten, damit der Sprit sicher aufgefangen wird!

Einspritzventile ausbauen, prüfen, einbauen

1. Bild 15: Torxschraube, mit der das Einspritzventil befestigt ist, ausschrauben, Einspritzventil ausziehen.
2. Starter kurz betätigen und beobachten:

- Wenn das Ventil Benzin spritzt, dann gelangt dieses (in eingebautem Zustand!) auch in den Ansaugtrakt.
- Spritzt es nicht, auch das Einspritzventil des anderen Zylinders überprüfen.
- Wenn dieses Ventil spritzt, ist das andere kaputt und muss ersetzt werden.
- Wenn beide nicht spritzen, kann ein Schaden an der Benzinpumpeneinheit oder der Motorelektronik vorliegen (Sache der Werkstatt!).

Tipp: Wenn KEIN Benzin durch beide Einspritzdüsen kommt, sehen Sie sicherheitshalber nach, ob auch Sprit im Tank ist. Lachen Sie nicht, es ist alles schon passiert…

Anmerkung: An der Benzinpumpe im Tank sowie am Füllstandsgeber, den Benzinleitungen und dem Druckregler geht selten was kaputt. Mögliche Defekte lassen sich am besten mit dem BMW-Diagnosesystem lokalisieren.

Bilder 16 und 17: Bauteile der Einspritzung am rechten (Bild 16) und linken Drosselklappenkörper (Bild 17).

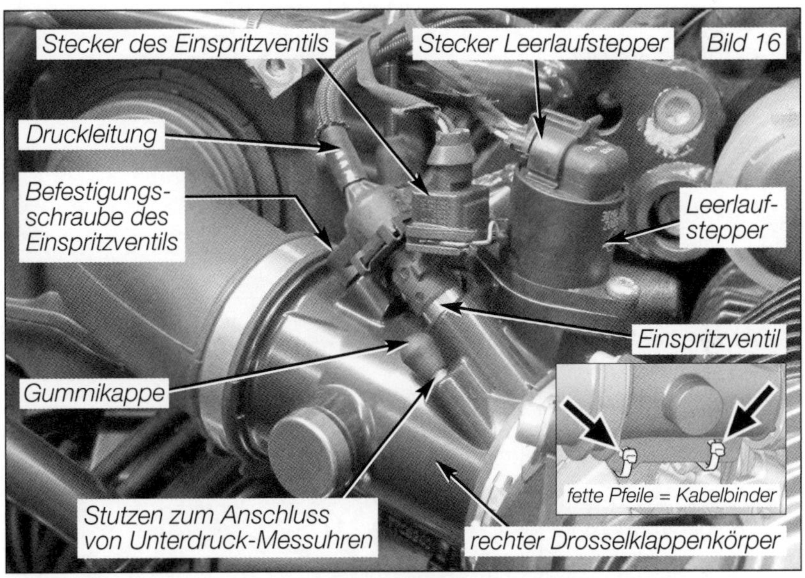

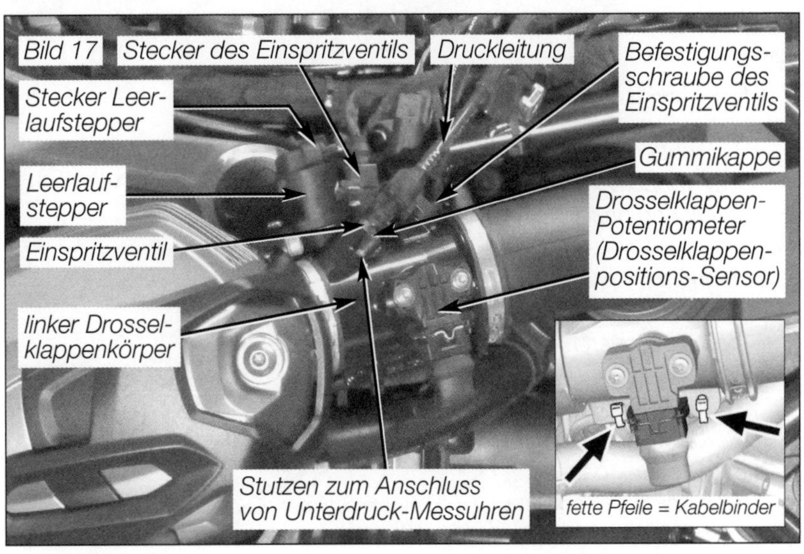

Sichtprüfung Hörprüfung

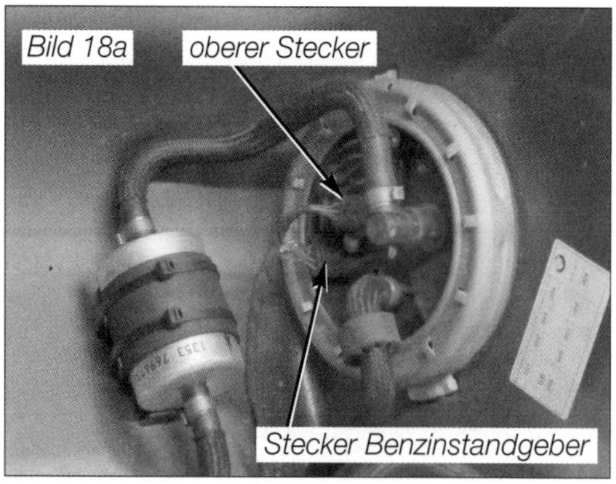

Bild 18a: Die Benzinpumpe ist in den Tank eingebaut, der Benzinfilter außerhalb.

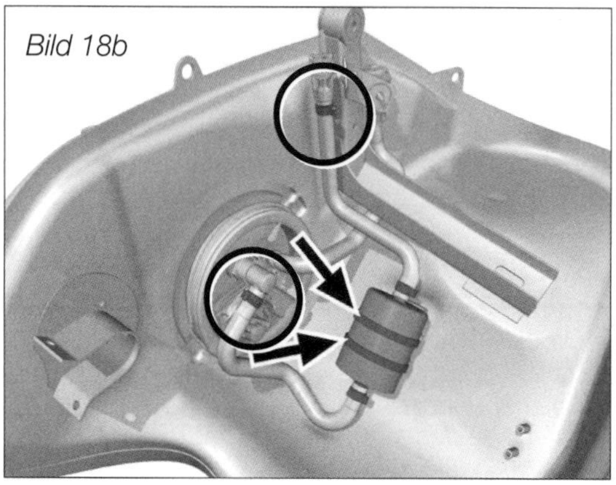

Bild 18b: Zum Ausbau des Benzinfilters müssen die Kabelbinder (fette Pfeile) und Einmalschlauchklemmen (Kreise) geöffnet werden.

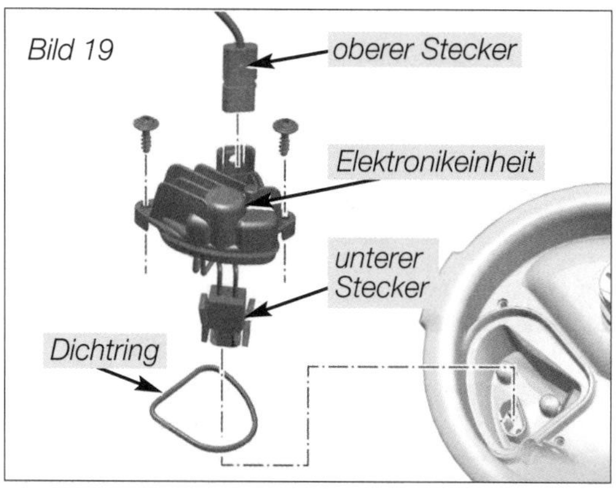

Bild 19: Stecker und Elektronikeinheit:

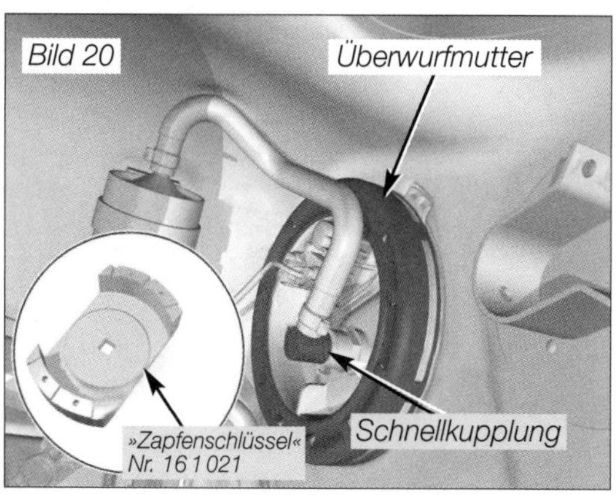

Bild 20: Zum Ausbau der Benzinpumpe muss man die Überwurfmutter mit dem BMW-Spezialwerkzeug Zapfenschlüssel (Nr. 16 1 021) lösen.

- *Dichtfläche der Benzinpume auf Beschädigung prüfen.*
- *Dichtring mit Reifenmontagepaste oder Silikonfett schmieren.*
- *Beim Einbau der Überwurfmutter darauf achten, dass sich der Haltering nicht mitdreht.*

Benzinfilter

Unrunder Leerlauf, Aussetzer beim Beschleunigen, Fehlzündungen und geringe Leistung können auf einen verstopften Benzinfilter hindeuten. Dann muss er erneuert werden. Bild 18a: Er sitzt unten im Tanktunnel neben der in den Tank eingebauten Benzinpumpe.

Benzinfilter aus- und einbauen

1. Tank abbauen (siehe Kapitel 3 »Spiegel · Tank · Rahmen«).
2. Fette Pfeile in Bild 18b: Die Kabelbinder, welche den Benzinfilter halten, aufzwicken.
3. Kreise in Bild 18b: Schlauchklemmen an Schnellkupplung und Benzinpumpe aufzwicken.
4. Benzinfilter mit Schläuchen abnehmen.

Einbau:

1. Neue Benzinschläuche auf neuen Benzinfilter aufschieben, mit Schlauchklemmen befestigen.
2. Benzinschläuche auf Schnellkupplung und Benzinpumpe aufschieben, mit Schlauchklemmen befestigen.
3. Benzinfilter mit Kabelbinder befestigen.
4. Tank aufbauen.

Benzinpumpe

Wenn der Motor entweder nicht läuft oder aus unerfindlichen Gründen in unregelmäßigen Abständen immer wieder ausgeht, kann die Benzinpumpe defekt sein. Natürlich kann auch die elektrische Steckverbindung entweder nicht richtig zusammengesteckt oder korrodiert sein.

Benzinpumpe prüfen

Zur ersten Überprüfung der Benzinpumpe die Zündung einschalten und das Ohr links vorne möglichst nahe an den Tank legen: Pumpe muss 3 Sekunden lang hörbar arbeiten und schaltet sich dann automatisch so lange wieder aus, bis der Motor gestartet wird und sich die Benzinpumpe dann wieder einschaltet. Wenn von der Benzinpumpe kein Geräusch zu hören ist, können folgende Störungen vorliegen:

- Oberer und/oder unterer Stecker der Elektronikeinheit nicht richtig zusammengesteckt oder korrodiert: Überprüfen.
- Benzinpumpe defekt (muss erneuert werden).

Elektronikeinheit der Benzinpumpe ausbauen und kontrollieren

1. Tank abbauen (Kapitel 3 »Spiegel · Tank · Rahmen«).

2. Bilder 18a und 19: Oberen Stecker trennen.
2.1. Bilder 18a und 21: Sonderausstattung Bordcomputer: Stecker Benzinstandgeber abziehen.
3. Schrauben der Elektronikeinheit ausbauen.
4. Elektronikeinheit anheben, unteren Stecker abziehen.
5. Elektronikeinheit mit Dichtring abnehmen.
6. Elektrische Kontakte auf Korrosion prüfen.
■ Bei Korrosionsspuren die Kontakte mit feinem Schmirgelpapier abziehen. Wasser oder Feuchtigkeit im Hohlraum der Elektronikeinheit und auch an den Steckkontakten mit sauberem Tuch abwischen und entfernen. Wenn Druckluft zur Verfügung steht: Mit SEHR SANFTEM Luftstrahl ausblasen!

Benzinpumpe ausbauen
1. Bild 20: Schnellkupplung des Benzinschlauchs an der Benzinpumpe trennen (siehe Kapitel 3 »Spiegel · Tank · Rahmen« im Kapitelabsatz »Tank abbauen«).
2. Überwurfmutter mit BMW-Spezialwerkzeug »Zapfenschlüssel« Nr. 16 1 021 ausbauen.
3. Benzinpumpe am Flansch packen und etwas daran wackeln, dann die ganze Einheit herausnehmen.
4. Bild 22: Dichtring und Haltering von der Öffnung am Tank abnehmen.

Benzinpumpe einbauen
1. Bild 22: Haltering und Dichtring reinigen und dabei auf Beschädigungen prüfen.
2. Haltering so einsetzen, dass die beiden Nasen (fette Pfeile in Bild 22) in den Vertiefungen im Tank passgenau sitzen.
3. Dichtring an der Fläche zur Überwurfmutter schmieren. BMW empfiehlt Reifenmontierpaste, man kann auch Silikonfett verwenden.
3.1. Dichtring in Tanköffnung einsetzen.
4. Benzinpumpeneinheit ebenfalls wieder vorsichtig einsetzen.
5. Bild 20: Überwurfmutter mit BMW-Spezialwerkzeug »Zapfenschlüssel« mit 35 Nm anziehen.
■ Darauf achten, dass sich der Haltering nicht mitdreht und die beiden Nasen in den Vertiefungen sicher verbleiben.
6. Schnellkupplung des Benzinschlauchs mit der Benzinpumpe verbinden.

Elektronikeinheit einbauen
1. Bild 19: Dichtring der Elektronikeinheit auf Beschädigung kontrollieren:
Aufgequollenen oder beschädigten Dichtring ersetzen. Dichtring mit Silikonspray schmieren und an Elektronikeinheit anbringen.
2. Unteren Stecker verbinden.
3. Elektronikeinheit mit Dichtring vorsichtig bis zum Anschlag in den Pumpenflansch einsetzen, dabei auf korrekten Sitz des Dichtrings achten.
4. Halteschrauben der Elektronikeinheit einschrauben.
5. Bilder 18a und 19: Oberen Stecker verbinden.
5.1. Bilder 18a und 21: Bei Sonderausstattung mit Bordcomputer: Stecker des Benzinstandgebers wieder aufstecken.

Falsches oder altes Benzin?
Zündung und Einspritzung werden oft dafür verantwortlich gemacht, wenn der Motor nicht richtig läuft, wenn er patscht, spuckt und nicht richtig zieht. Es kann aber auch »nur« an der Qualität und dem Alter des Benzins liegen!

Gutes Beispiel dafür ist das Benzin »E10«. Aber auch das Benzin mit dem Kürzel »E5« ist sehr kritisch, was seine Haltbarkeit angeht: Wenn E5 oder E10 längere Zeit im Tank eines Fahrzeugs, das nicht gefahren wird, gelagert ist, kann es sich zersetzen und verliert quasi dadurch einen Großteil seiner Energie. Wenn bei uns ein Motor, der 6 Wochen oder länger gestanden hat, nicht richtig läuft, lassen wir den Sprit ab und geben neues Super Plus in den Tank – die Trefferquote liegt bei 99 Prozent!

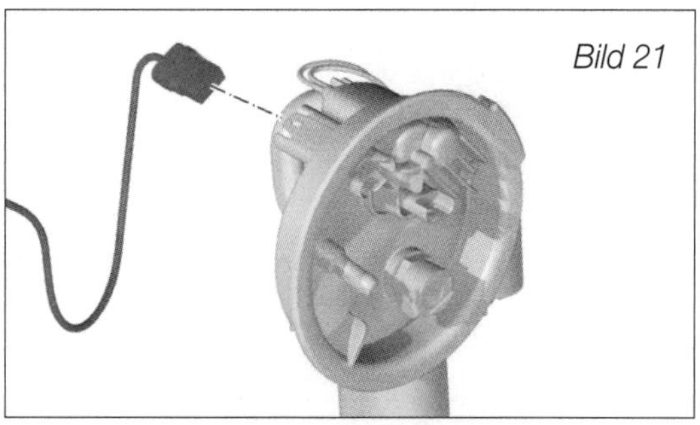

Bild 21: Stecker des Benzinstandgebers bei Sonderausstattung mit Bordcomputer.

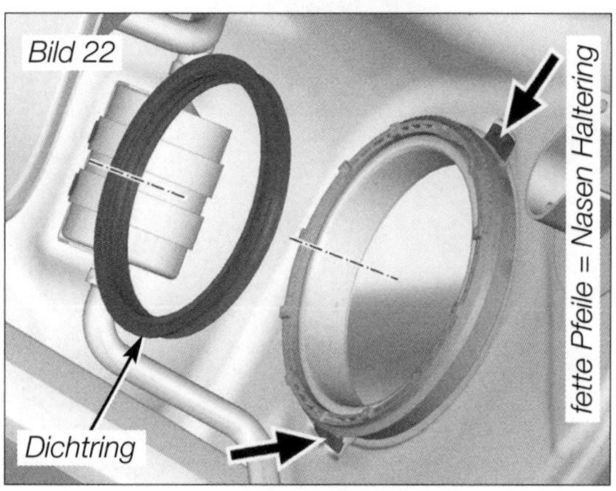

Bild 22: Haltering und Dichtring richtig einsetzen. Unbedingt darauf achten, dass die beiden Nasen des Halterings (fette Pfeile) passgenau in den Vertiefungen des Tanks sitzen.

Bilder 1 und 2: Verriegelung am oberen Haltebügel des Ansaugrohres.

■ *Zum Entriegeln mit einem Schraubenzieher eindrücken.*

Bilder 3 und 3a: Ansaugrohr vorne aus der Zapfenhalterung ziehen und hinten ausschieben.

Bild 4: Zum Reinigen die einzelnen Papierelemente auffächern und groben Schmutz entweder abklopfen, absaugen oder mit weichem Luftstrahl abblasen.

■ *Wenn das Filterpapier stark verschmutzt ist, muss ein neuer Filter eingebaut werden.*

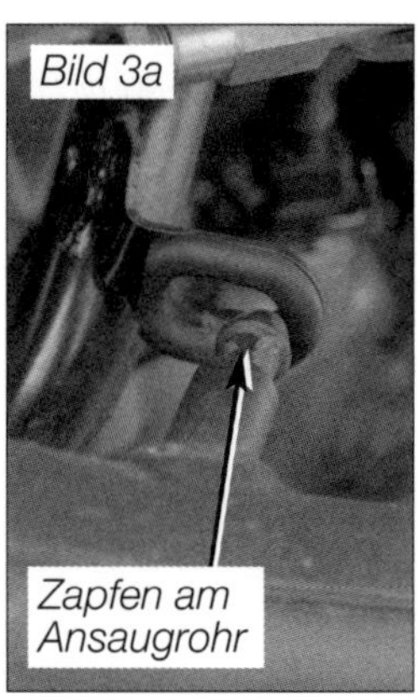

Bild 3a

Luftfilter

In diesem Kapitel: Luftfilter ausbauen, reinigen und einbauen.

Luftfilter

Der Luftfilter muss laut BMW-Vorschrift alle 20 000 km erneuert werden. Eine Reinigung bei der 10 000er-Inspektion dazwischen ist ebenso zu empfehlen wie nach Fahrten durch staubige Gebiete. Groben Schmutz kann man abklopfen, feiner Staub wird im ölgetränkten Filterpapier gebunden und kann nicht entfernt werden.

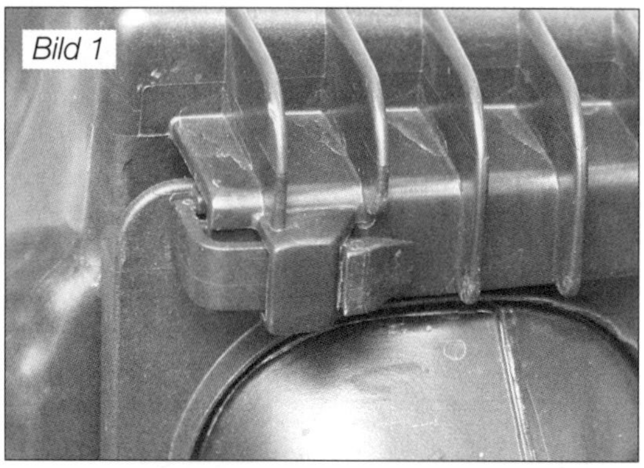

Bild 1

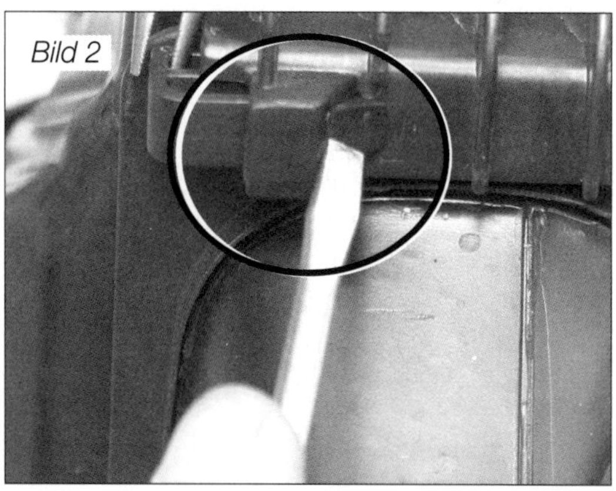

Bild 2

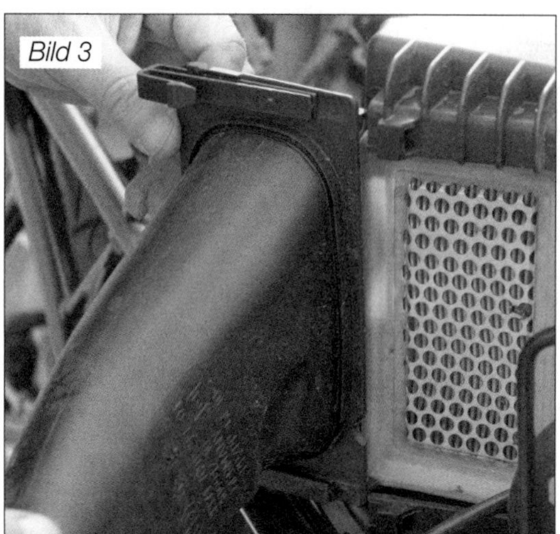

Bild 3

Luftfilter ausbauen, reinigen, einbauen

Zum Ausbau des Luftfilters abbauen: Sitzbank, rechte Seitenblende, rechte Seitenverkleidung (siehe Kapitel 3 »Spiegel · Tank · Rahmen«).

1. Bilder 1 und 2: Verriegelung am oberen und unteren Haltebügel des Ansaugrohres mit einem Schraubenzieher eindrücken.

2. Zapfen vorne am Ansaugrohr aus der Halterung ziehen (Bild 3a), Ansaugrohr leicht anheben und herausziehen (Bild 3).

3. Luftfilter oben etwas zusammendrücken und aus seinem Sitz herausziehen.

4. Luftfilterkasten und Ansaugrohr mit einem mit Motorradreiniger getränkten Lappen ausreiben und trocken putzen.

5. Bild 4: Zur Reinigung des Luftfilters die einzelnen Elemente vorsichtig auseinanderfächern und den daran haftenden Schmutz abklopfen, mit einem Staubsauger vorsichtig absaugen oder mit weicher Druckluft abblasen.

6. Bild 3: Gereinigten bzw. neuen Luftfilter einsetzen, ihn dabei etwas zusammendrücken.

■ Darauf achten, dass die Dichtung ringsum exakt auf dem Bund des Luftfiltergehäuses sitzt.

7. Ansaugrohr am Luftfiltergehäuse ansetzen, Haltebügel einschieben, bis sie hörbar einrasten.

■ Bild 3a: Gleichzeitig den Zapfen am Ansaugrohr in die Gummimuffe schieben.

■ Darauf achten, dass der rechte Bowdenzug zur Drosselklappe in seiner Führungsnut am Ansaugrohr sitzt. Die Drosselklappe muss dabei am Anschlag stehen (= »Gas zu«).

8. An- und aufbauen: Rechte Seitenblende und Seitenverkleidung, Sitzbank.

Bild 4

Gasgriff · Gaszüge

In diesem Kapitel: Gasgriff und Gaszüge · Leerweg am Gasgriff · Verlegung der Gaszüge · Gasgriff reinigen · Neue Gaszüge einbauen.

Gasgriff und Gaszüge

Bilder 1, 2 und 3: Die R 1200 R hat drei einzelne Gaszüge:

- Ein Zug führt vom Gasgriff zu dem am Luftfilterkasten sitzenden Gaszugverteiler.
- Zwei weitere, einzelne Züge führen vom Gaszugverteiler nach rechts und links zu den Seilzugrollen der Drosselklappen.

Hinweis: Gaszüge NICHT schmieren, sonst werden die Gleiteigenschaften der Kunststoff-Innenhülle zerstört.

Gaszüge kontrollieren
Gasgriff und Gaszüge hin und wieder auf freien Lauf prüfen:

1. Motor ist dazu AUSgeschaltet.
2. Langsam am Gasdrehgriff drehen und auf geschmeidige Beweglichkeit prüfen.
3. Wenn der Gasgriff voll geöffnet ist und losgelassen wird, muss er von selbst in »Gas zu«-Stellung schnappen.

Fazit: Hakt die Gasgriffbewegung, sind ein oder mehrere Drähte eines Innenzugs gebrochen und reiben im Inneren der Zughülle. Defekten Gaszug umgehend ersetzen.

Gaszugspiel

Bilder 4a und 4b: »Gaszugspiel« bezeichnet den Leerweg des Gasdrehgriffs. Das Spiel im Zug sollte ca. 0,5 mm betragen, am Umfang des Gasgriffgummis zum Gasgriffgehäuse hin gesehen sind es dann ca. 2 bis 4 mm. Die richtige Einstellung des Leerwegs ist wichtig für die Gasdosierung und bestimmt entscheidend das Gefühl beim Gas geben.

Gaszugspiel überprüfen
Bild 4a: Zur Überprüfung einen Kreidestrich am Gasgriffgummi anbringen, der sich mit Schlitz »***X***« des Gasgriffgehäuses deckt: Gasgriff vorsichtig drehen, bis man spürt, dass der Gaszug Widerstand bekommt: Strich auf Gasgriffgummi und Schlitz auf Gasgriffgehäuse dürfen sich 2 bis 4 mm zueinander verschoben haben (Bild 4b).

Gaszugspiel einstellen
In der BMW-Werkstatt wird das Gaszugspiel mit Hilfe des BMW-Diagnosesystems eingestellt.

Bild 1: Einsteller am unteren Gaszug.

Bild 2: Gaszugverteiler am Luftfilterkasten.

Bild 3: Schemazeichnung der Gaszüge vom Gasgriff über den Verteiler zu den Drosselklappen.

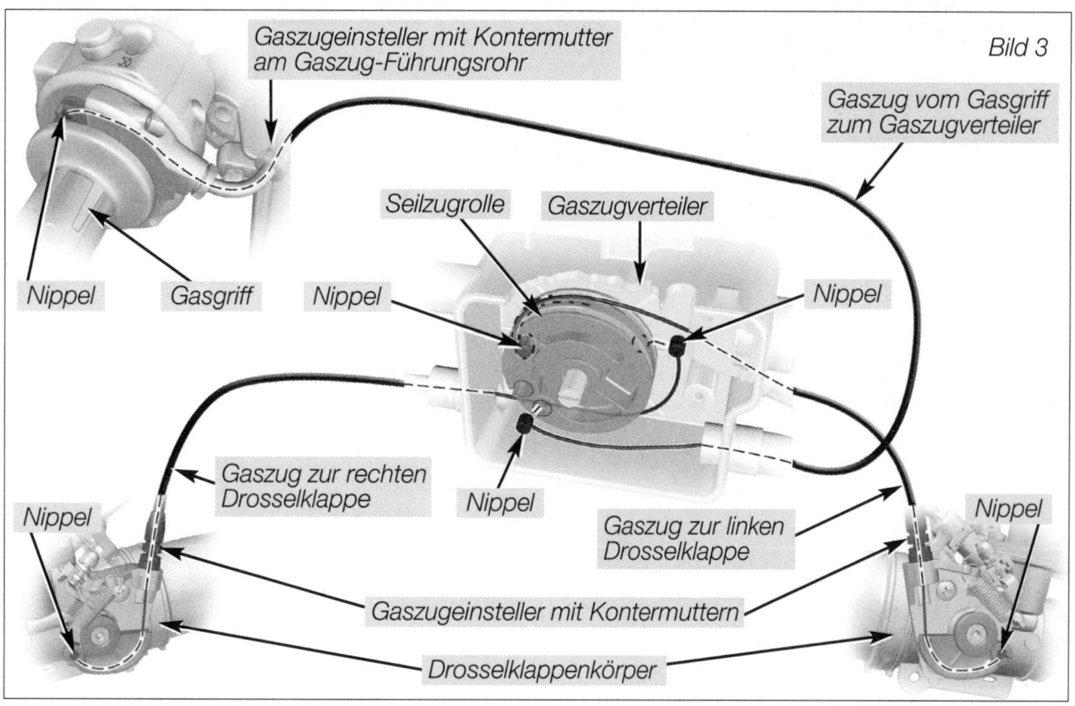

Sichtprüfung · Messen

Bilder 4a, 4b und 5: Der Leerweg am Gasgriff muss zwischen 2 und 4 mm betragen, das entspricht ca. 0,5 mm Gaszugspiel.

■ *Bild 4a: Gasgriff ist geschlossen.*

■ *Bild 4b: Gasgriff ist ganz leicht geöffnet, bis Widerstand spürbar wird.*

■ *Diese Differenz ist der Leerweg am Gasgriff.*

Bilder 6a und 6b: Rechter Lenkerschalter. Nach Abbau der vorderen Schale gelangt man an Kabelstecker und Schrauben.

Man kann das Gaszugspiel auch ohne Diagnosesystem einstellen.

1. Bild 5: Gummitülle über dem Zugeinsteller unterhalb des Gasgriffs abschieben. Wenn sie auf dem Zug verklebt ist, etwas WD-40 in die Gummitülle sprühen.

2. Bild 5: Kontermutter des Einstellers lösen und zwei bis drei Umdrehungen wegdrehen.

3. Einsteller aus-/eindrehen, bis das Spiel stimmt.

4. Kontermutter gegen den Einsteller kontern: Den Einsteller dabei unbedingt in seiner Einstellposition gegenhalten.

Wichtig: Benutzen Sie keine Zange um die Kontermutter möglichst fest zu ziehen. Kontermutter und Einsteller sind gerändelt und lassen sich mit den Fingern »gut handfest« anziehen.

5. Gummitülle über Einsteller schieben.

Hinweis: Wenn der Leerweg am Gasgriff sich immer wieder verändert, also nach der Einstellung schon nach kurzer Fahrstrecke wieder länger wird, ist dies ein Hinweis auf einen Gaszug, der eben dabei ist, kaputt zu gehen.

Gasgriff, neue Gaszüge

Gasgriff reinigen und schmieren

Der Gasgriff muss leichtgängig sein. Wenn man bei der Prüfung feststellt, dass er schwer geht, weil z. B. Dreck hineingekommen ist, muss er abgebaut, gereinigt und geschmiert werden.

1. Das außen am Lenker angesetzte Lenkergewicht (»Vibrationskiller«) abschrauben.

2. Klemmschraube der Handbremsarmatur lockern und diese auf dem Lenker etwas nach innen schieben.

3. Bild 6a: Beide Schrauben an der Vorderseite des Schaltergehäuses lösen und ausdrehen, vordere Abdeckung abnehmen.

4. Bild 6a: Stecker des rechten Lenkerschalters und der Heizgriffe (wenn vorhanden) aus Halterung ziehen. Stecker trennen.

5. Bild 6b: Die beiden Schrauben des Schaltergehäuses ausschrauben, Schaltergehäuse vorsichtig trennen und vom Lenker abnehmen.

6. Bild 7: Kontermutter ***A*** vom Gaszugeinsteller ***B*** lösen und ganz nach vorne drehen. Gaszugeinsteller nachdrehen, damit der Gaszug genügend »Luft« zum Ausbau bekommt.

7. Bild 7: Befestigungsschraube ***C*** des Gaszug-Führungsbogens ganz ausschrauben.

8. Bild 7: Schraube des Gaszuggehäuses ***D*** lösen und ausdrehen, Oberteil ***E*** des Gaszuggehäuses abnehmen.

9. Bild 7: Nippel ***F*** des Gaszugs aushängen, Gaszug nach unten herausziehen.

10. Gasgriffgehäuse vom Lenker abschrauben:

10.1. Entweder: Klemmschraube ***G*** des Gasgriffs in Bild 7 lösen und aufdrehen.

10.2. Oder: Schraube, mit dem das Unterteil des Gasgriffgehäuses am Lenker verschraubt ist, lösen und ausdrehen.

10.3. Gasgriff mit Gehäuse vom Lenker abziehen.

Wichtig: Zur Reinigung des Gasgriffs keine aggressiven Lösungsmittel wie zum Beispiel Bremsenreiniger verwenden, denn diese können die Verklebung des Gasgriffgummis lösen! Am besten den Gasgriff innen und außen sowie das Lenkerrohr mit Ölspray (WD-40) und sauberem Lappen reinigen.

■ Zusammenbau in umgekehrter Reihenfolge. Dabei hochwertiges, leichtes Fett dünn und gleichmäßig auf das Lenkerrohr auftragen und in die Seilzugführung eingeben.

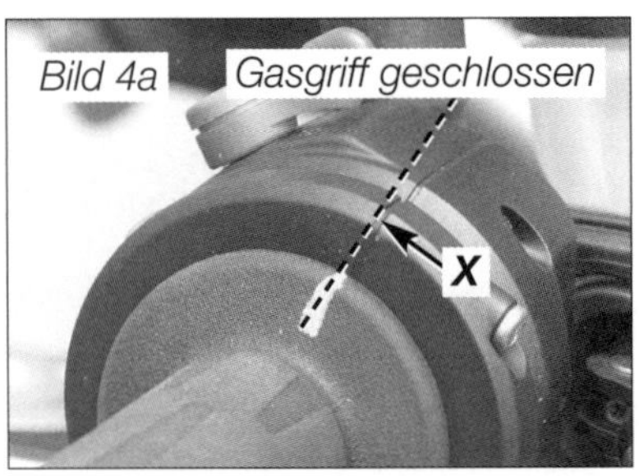

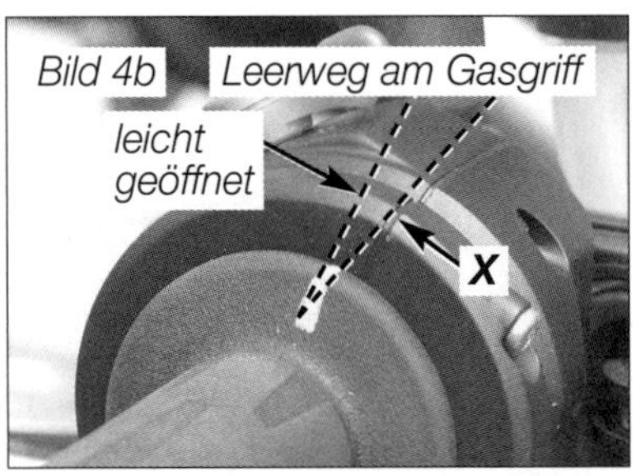

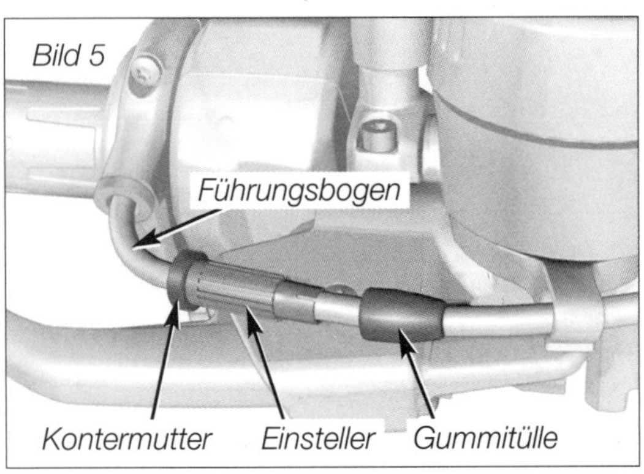

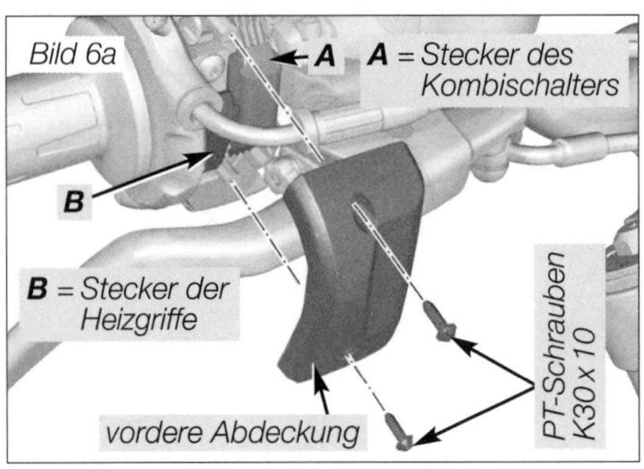

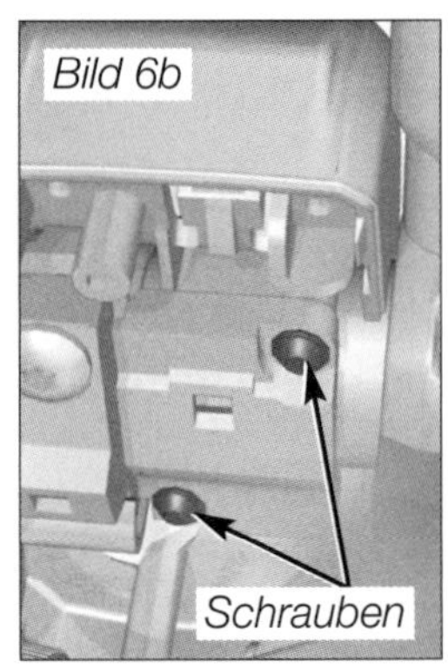

Gaszüge aus- und einbauen

Wenn einer der Gaszüge gerissen ist, wegen rauen Laufs oder aufgespleißtem Innenzug ersetzt werden soll, sollte man alle Züge erneuern.

Zum Wechsel des oberen Gaszugs müssen folgende Teile abgebaut werden: Sitzbank, Seitenblenden, Seitenverkleidungen, Tank (siehe Kapitel 3 »Spiegel · Tank · Rahmen«). Zum Wechsel der Drosselklappen-Bowdenzüge müssen zusätzlich abgebaut werden: Entlüftungsschlauch auf der linken oder Ansaugschnorchel des Luftfilters auf der rechten Seite.

Oberen Gaszug aus- und einbauen

1. Punkte 1. bis 9. des Kapitelabsatzes »Gasgriff reinigen und schmieren« abarbeiten. Der Gasgriff braucht nicht abgebaut zu werden.
2. Bild 8a: Gaszug aus Führungen lösen.
2.1 Bild 8b, fetter Pfeil: Kabelbinder aufzwicken.
3. Bild 2: Deckel des Seilzugverteilers abnehmen, dazu die vier Haltelaschen vorsichtig aufbiegen.
4. Seilzugrolle herausnehmen, Gaszug aushängen.

Einbau in umgekehrter Reihenfolge.
■ Nippel des Gaszugs mit leichtem Wälzlagerfett fetten und einsetzen.
■ Zur Einbaulage der Züge im Verteiler nehmen Sie bitte die Bilder 2 und 3 zu Hilfe.
■ Spieleinstellung des oberen Gaszugs und Leerweg am Gasgriff siehe weiter vorne.

Drosselklappen-Bowdenzüge aus- und einbauen

1. Bild 10: Schellen des Entlüftungsschlauchs hinter dem linken Zylinder lösen und abschieben. Schlauch abziehen.
1.1 Ansaugschnorchel des Luftfilters abbauen (siehe Kapitel 18 »Luftfilter«).
2. Bild 9: Abdeckung nach oben abziehen.
3. Bild 9: Seilzugrolle an Drosselklappenwelle nach oben drehen, Nippel aushängen.
4. Gaszugeinsteller ganz ausdrehen, Sicherungsblech ausclipsen, Zug herausnehmen.
5. Deckel von Gaszugverteiler abnehmen, Seilzugrolle herausnehmen und Zug von Seilzugrolle aushängen.

■ Einbau in umgekehrter Reihenfolge.
■ Nippel dünn mit Wälzlagerfett einschmieren.
■ Drosselklappen sychronisieren siehe Kapitel 17 »Zünd-Einspritzanlage«.

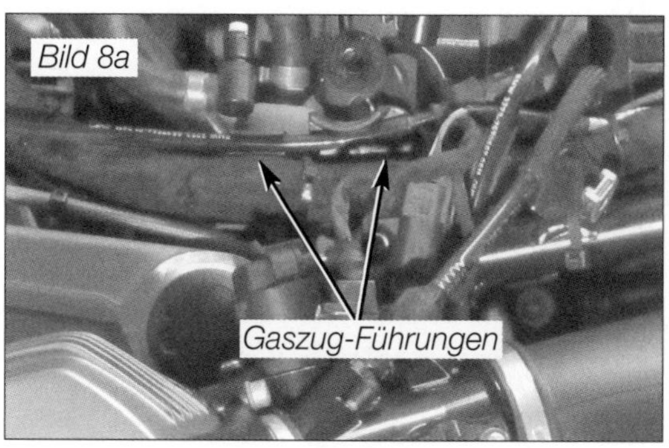

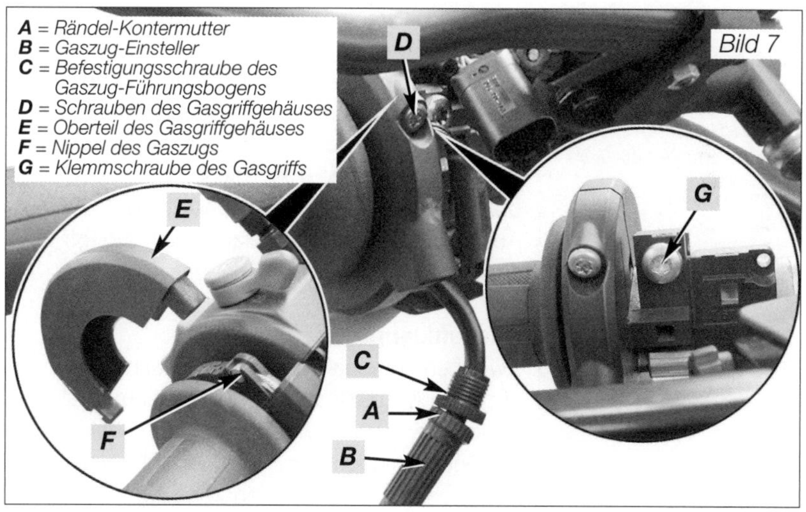

Bild 7: Schraubstellen beim Abbau des Gasgriffs.

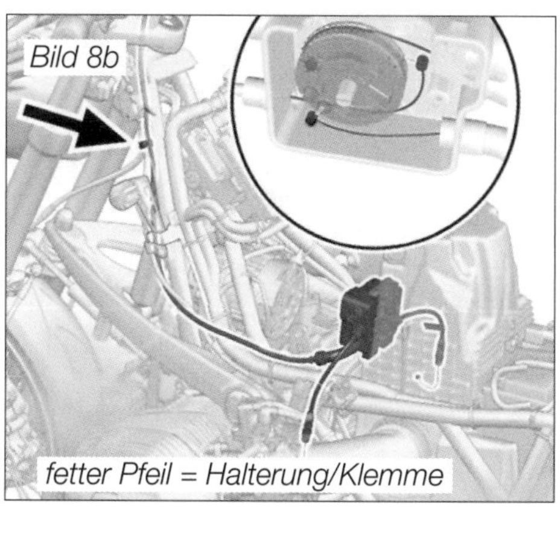

Bilder 8a und 8b: Verlegung und Befestigung (fetter Pfeil) des oberen Gaszugs (Bild 8b) und Gaszug-Führungen (Bild 8a).

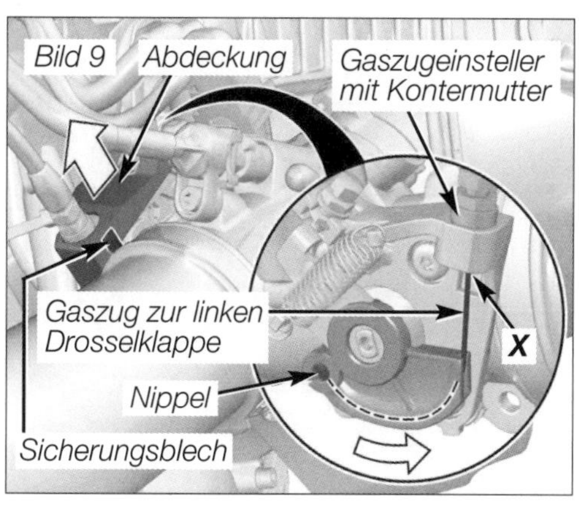

*Bild 9: Drosselklappenbetätigung. **X** = Am freien Ende des Gaszugs muss etwas »Luft« sein.*

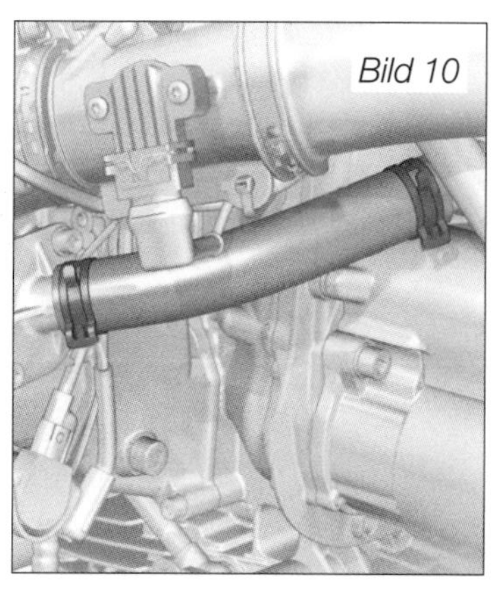

Bild 10: Schellen am Entlüftungsschlauch.

Pflegetipp für den Auspuff: Wie man eingebrannte Flecken entfernt, steht in Kapitel 1 »Wartung · Pflege«.

Wichtige Adressen von Nachrüst-Auspuffanlagen:

Akrapovic: Jamparts Fahrzeugtechnik Vertriebs GmbH
Friedenstr. 2, D-71282 Hemmingen
www.akrapovic.de
www.berger-motorsport.com
www.hostettler.com

BOS: BOS Auspuff GmbH
Reitgaarstr. 2, D-49828 Neuenhaus
www.bos-exhausts.de
www.xajo.com
www.ch.touratech.com

LeoVince: MCA Service M. Hipp
Mühlenheide 1
D-30938 Burgwedel
www.leovince.de
www.schumoto.at
www.teknoparts.ch

Remus: Phoenix Motorradtuning
Neuenhofstraße 160
D-52078 Aachen
www.phoenix-motorrad.de
www.remus.eu
www.remus.ch

Sebring: Sebring Vertriebs GmbH
Weidgang 3 – 5
D-78247 Hilzingen
www.sebring.de, www.mizu.de
www.sebring.at
www.hostettler.com

Zach Auspufftechnik GmbH
Voggendorfer Weg 7
D-93444 Kötzting-Haus
www.zachauspuff.de

Auspuffanlage

In diesem Kapitel: Auspuffanlage · Auspufftopf ab- und anbauen · Auspuffkrümmer ab- und anbauen · Auspuff kontrollieren · Auspuffklappe · Zubehör-Auspuffanlagen.

Auspuffanlage

Bauteile der Auspuffanlage

Bild 1: Die 2-in-1-Auspuffanlage der R 1200 R besteht aus zwei Auspuffkrümmern, einem Vorschalldämpfer mit geregeltem 3-Wege-Katalysator, einer Auspuffklappe und einem Auspufftopf.

Aufgaben der Lambdasonde

Die beiden Lambda-Sonden sind in die Auspuffkrümmer eingeschraubt. Sie messen den Sauerstoffgehalt im Abgas und senden diese Informationen zum Motorsteuergerät, das daraufhin entscheidet, eine passende Menge Kraftstoff einzuspritzen, damit ein ideales Luft-Kraftstoff-Verhältnis nahe Lambda 1 erreicht wird (ca. 14 Gramm Luft pro Gramm Treibstoff). Sie sind also wesentlich verantwortlich für die Gemischzusammensetzung und damit für saubere Abgase.

Unter »sauberem Abgas« versteht man Emissionen, die möglichst wenig Schadstoffe enthalten, also unverbrannte Kraftstoffreste wie Kohlenwasserstoffe oder unvollständig verbrannter Kohlenstoff (Kohlenmonoxyd, CO). Auch nicht komplett verheizter Luftstickstoff zählt dazu (Stickoxyde, NOx).

Auspuffklappe

Zwischen Vorschalldämpfer und Auspufftopf sitzt eine Auspuffklappe, die von einem Stellmotor über zwei Bowdenzüge betätigt wird. Die Auspuffklappe sorgt für einen fülligeren Drehmomentverlauf und einen kernigen Klang.

Anziehdrehmomente

Auspuffkrümmer an Zylinderkopf
(Hutmuttern M8) .... 21 Nm
Lambdasonde in Auspuffkrümmer .... 45 Nm
Klemmschraube der Schelle
Auspuffklappe an Krümmer .... 28 Nm
Klemmschraube der Schelle
Auspufftopf an Auspuffklappe .... 28 Nm
Halteschelle Krümmer hinten....................... 8 Nm
Auspufftopf an Heckrahmen oben............ 19 Nm
Abdeckung der Auspuffklappe .... 5 Nm
Stellmotor der Auspuffklappe an Rahmen ... 8 Nm

Hilfsmittel

Rechtzeitig vor dem Abbau der Auspuffanlage daran denken, dass zum Anbau neue Dichtringe benötigt werden; sie sind zwischen Auspuffkrümmer und Zylinderkopf eingebaut. Denn die alten sind so gequetscht, dass sie bei einer erneuten Montage nicht mehr richtig abdichten. Auch eine Tube Optimoly TA kaufen, denn dieses Hochtemperaturfett wird zum Einschmieren der Kontaktstellen, Schellen und Schraubverbindungen benötigt, weil es ein »Festbacken« der Teile zueinander verhindert. Anstatt Optimoly TA kann man auch Kupferpaste verwenden.

Auspufftopf ab-/anbauen

⚠ Zu allen Arbeiten an der Auspuffanlage diese kalt werden lassen, nicht in heißem Zustand anfassen.

Auspufftopf kontrollieren

Der Auspufftopf kann man in an- oder abgebautem Zustand kontrollien.

1. Sichtprüfung: Alle Schweißnähte dicht? Oberfläche ohne Dellen, Löcher und/oder Korrosion?
2. Hörprobe bei abgebautem Auspufftopf:

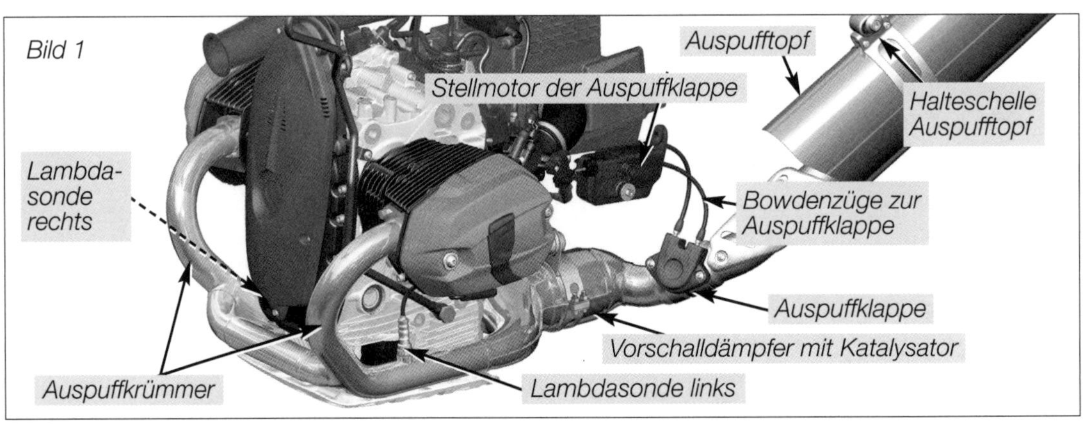

Bild 1: Bauteile und Verlegung der Auspuffanlage.

Diesen schütteln, es darf nichts klappern. Wenn doch, hat sich innen ein Prallblech gelöst, Auspufftopf muss ersetzt werden.
3. Wenn der Auspuff angebaut ist, kann man an verschiedenen Stellen mit der Faust dagegen schlagen, so hört man, ob ein Prallblech lose ist.

Auspufftopf abbauen

1. Bilder 2 und 3a: Klemmschraube der Spannschelle unten an der Auspuffklappe lösen und drei bis vier Umdrehungen aufdrehen.
2. Etwas Ölspray (WD-40) in die Rohrverbindung sprühen und einige Minuten einwirken lassen.
3. Bilder 2, 3a und 4: M8-Schraube der Schelle am Heckrahmen ausschrauben.
4. Auspufftopf mit beiden Händen packen und durch Drehen und Ziehen abziehen.
5. Spannschelle abnehmen.

Einbau in umgekehrter Reihenfolge. Folgendes besonders achten:
1. Spannschelle an der Auspuffklappe innen leicht mit Optimoly TA einfetten.
2. Bild 9b: Markierung »R/RT« auf der Spannschelle an der Strichmarkierung auf der Auspuffklappe ausrichten. Schraube der Spannschelle mit 28 Nm festziehen.
3. Wenn die Halteschelle des Auspufftopfs abgeschraubt war: Schelle innen und Gewinde der M6-Schraube (Bild 3b) mit Optimoly TA einfetten, Schraube eindrehen, mit 8 Nm festziehen.
4. Bild 5: Auspufftopf so montieren, dass der Abstand zum Hinterradreifen 15 mm beträgt. Durch Verschieben der Halteschelle des Auspufftopfs lässt sich der Abstand korrigieren.
4.1. Bild 4: Schraube mit 19 Nm festziehen.

Auspuffkrümmer ab- und anbauen

1. Bild 6: Abdeckung unten ausbauen: Schrauben ausdrehen, Abdeckung abnehmen.
■ Buchsen dürfen nicht herausfallen.
2. Bild 7: Kabelbinder an den Kabeln der Lambdasonden aufknipsen. Stecker trennen.
3. Wenn andere Auspuffkrümmer montiert und die Lambdasonden in diese eingebaut werden: Lambdasonden lösen und aus den Auspuffkrümmern ausdrehen.

Achtung: Die Kabel der Lambdasonden nicht belasten, nicht daran ziehen und nicht verdrillen. Wenn die Lambdasonden ausgebaut sind, diese vorsichtig behandeln. Nicht auf den Boden fallen lassen, nirgends anschlagen! Eine neue Lambdasonde kostet mehr als 100 Euro.

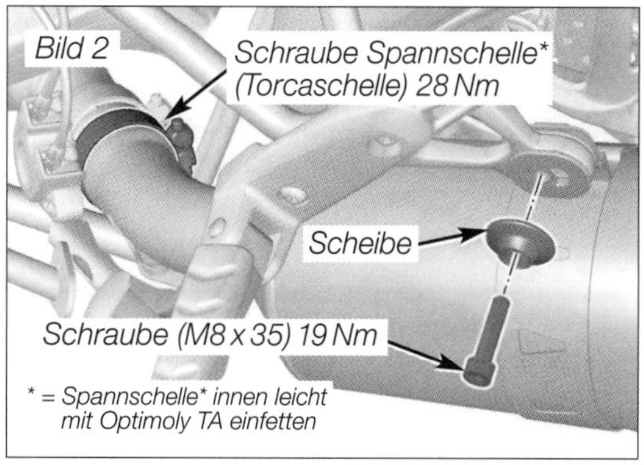

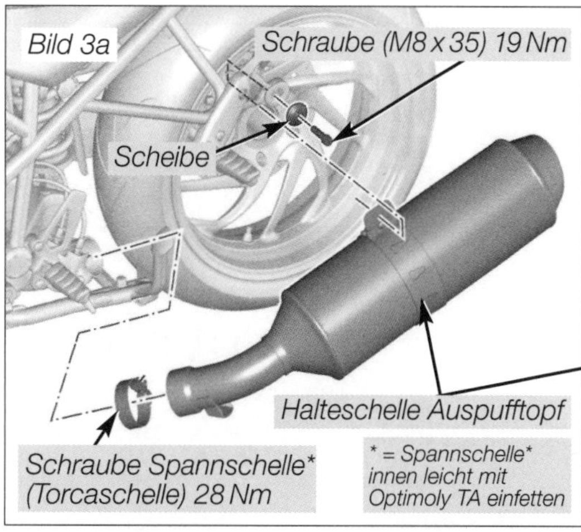

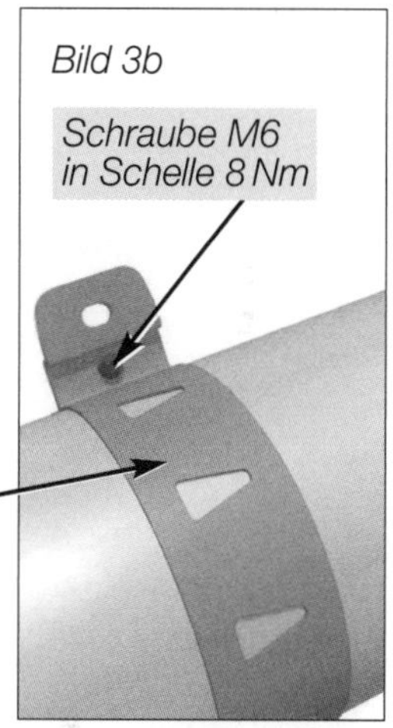

Bilder 2, 3a, 3b und 4: Befestigung des Auspufftopfs.

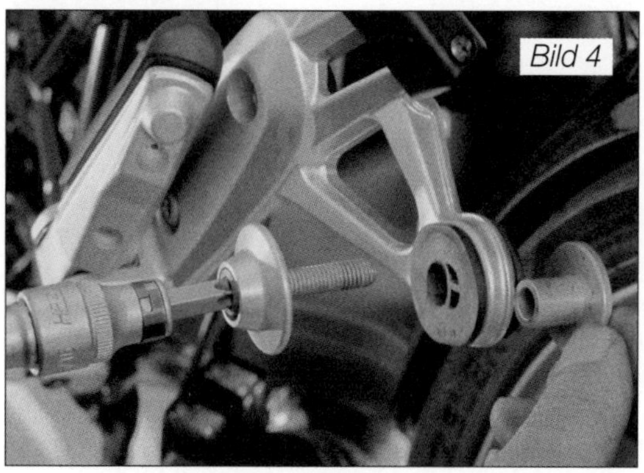

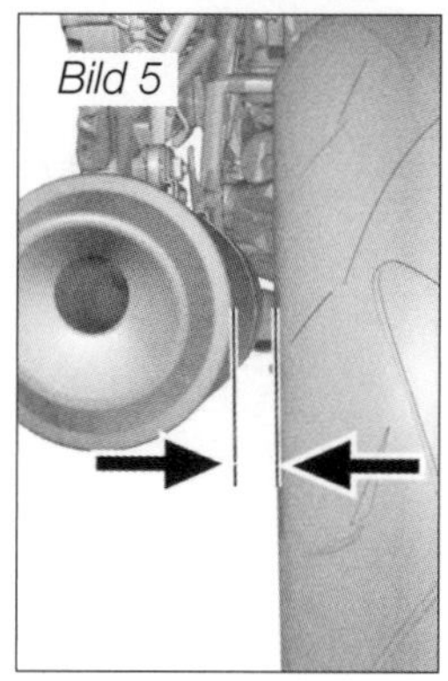

Bild 5: Abstand von Auspufftopf zu Hinterradreifen soll 15 mm betragen.

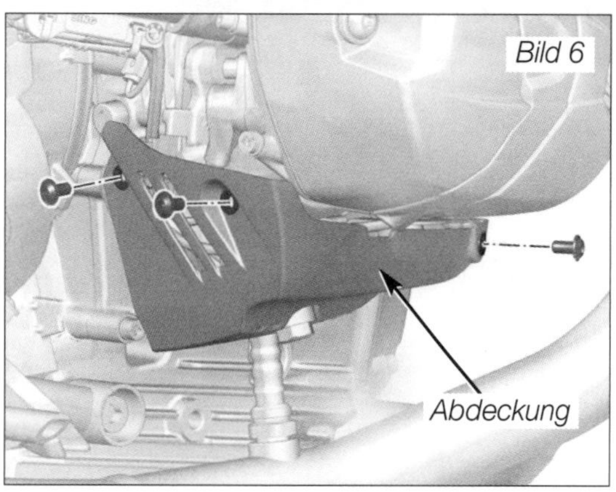

Bild 6: Zur Krümmermontage die Abdeckung abbauen.

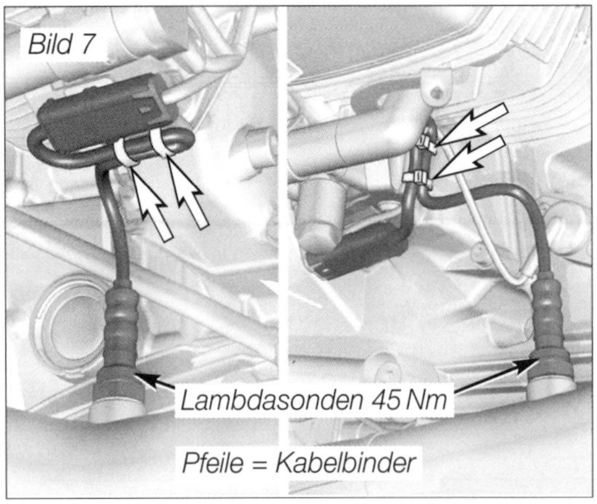

Bild 7: Kabelbinder der Lambdasondenkabel.

Bilder 8, 9a und 9b: Untere Klemmschrauben und Markierungen »RT/RT«.

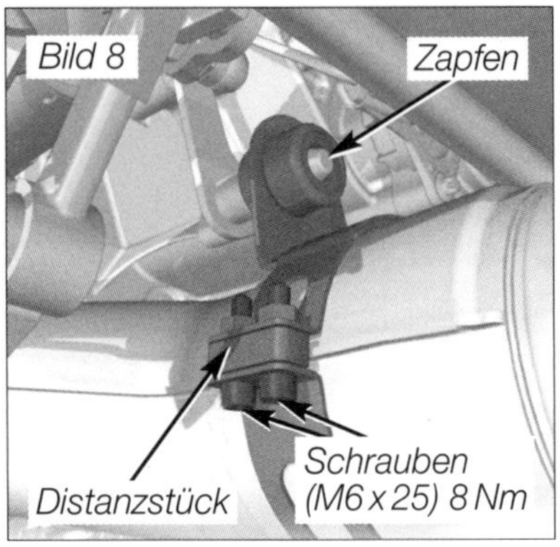

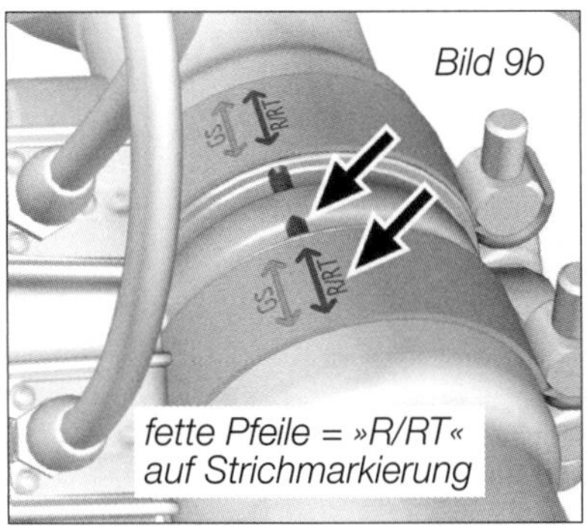

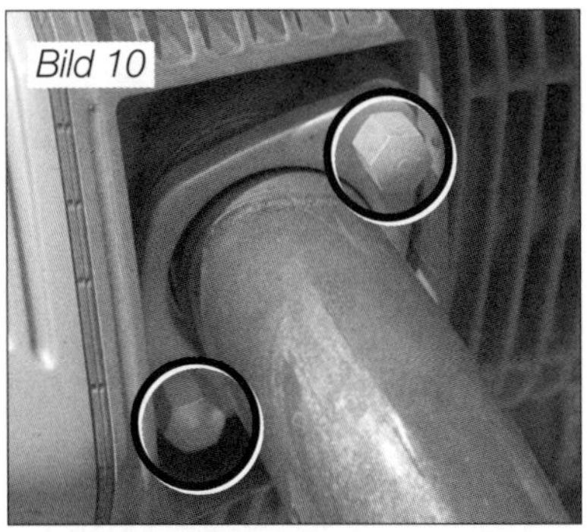

Bilder 10 und 11: Gefühl walten lassen beim Öffnen der Hutmuttern (Kreise) an älteren Maschinen, denn wenn sie korrodiert und deswegen fest sind, drehen sie sich zusammen mit dem Stehbolzen aus dem Zylinderkopf.

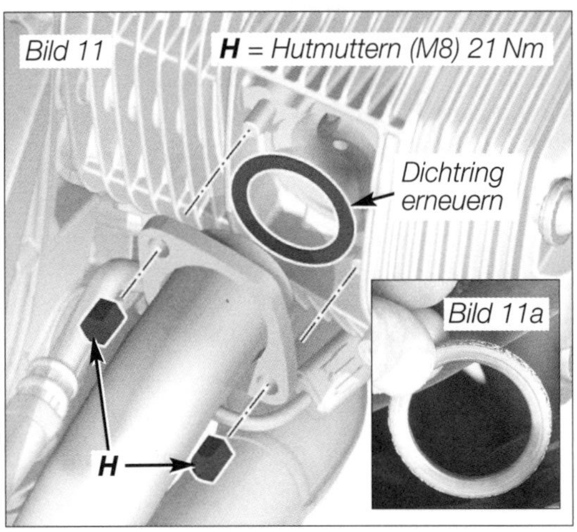

Bild 11a: Dichtring für Auspuffkrümmer.

4. Bild 8: Beide Klemmschrauben der unteren Halteschelle lösen und ausdrehen. Distanzstück herausnehmen, Schelle vorsichtig nach unten aufbiegen.
5. Bild 9a: Klemmschraube der vorderen Spannschelle an der Auspuffklappe lösen und drei bis vier Umdrehungen aufdrehen.
6. Etwas Ölspray (WD-40) in die Rohrverbindung sprühen und einige Minuten einwirken lassen.
7. Bilder 10 und 11: Hutmuttern der Auspuffflansche am Zylinderkopf abschrauben.
Wichtig: Bei alten Maschinen können die Auspuffmuttern so fest sitzen, dass sich beim Öffnen der Mutter auch der Stehbolzen aus dem Zylinderkopf herausdreht. Wenn keine Möglichkeit zur Reparatur des Gewindes besteht (z. B. mit Heli-Coil, siehe dazu Kapitel 2 »Werkstatt«) und das Gewinde von Stehbolzen und Zylinderkopf in Ordnung, also nicht herausgerissen ist, kann man den Bolzen mitsamt der darauf verklemmten Mutter wieder einschrauben. Er sollte jedoch bei nächster Gelegenheit repariert werden.
8. Rechten und linken Krümmer gemeinsam anpacken, etwas hin- und herbewegen und nach vorne herausziehen.

⚠ **Achtung:** Darauf achten, dass das Motorrad durch das Ziehen am Auspuffkrümmer nicht nach vorne vom Hauptständer rollt!

9. Bilder 11 und 11a: Dichtringe in den Auslasskanälen des Zylinderkopfs herausholen. Wenn sie verklemmt sind, vorsichtig mit einem breiten Schraubenzieher aushebeln.

Anbau in umgekehrter Reihenfolge, beachten:
1. Dichtsitze in den Auslasskanälen reinigen. Neue Dichtringe einsetzen.
2. Bild 8: Halteschelle des Krümmers reinigen, vor der Montage der Auspuffkrümmer auf den Zapfen schieben.
3. Bild 9a: Spannschelle der Auspuffklappe innen leicht mit Optimoly TA einfetten.
4. Bild 9b: Markierung »R/RT« auf Spannschelle an Strichmarkierung auf der Auspuffklappe ausrichten. Schraube mit 28 Nm festziehen.
5. Bilder 10 und 11: Hutmuttern am Krümmerflansch in mehreren Schritten gleichmäßig bis auf 21 Nm festziehen.
6. Bild 8: Halteschelle auf dem Haltezapfen nach vorne schieben, untere Lasche zubiegen, Distanzstück einsetzen, Schrauben mit 8 Nm festziehen.
7. Gewinde der Lambdasonden vor dem Ein-

schrauben mit etwas Optimoly TA bestreichen.

■ Anziehdrehmoment Lambdasonden: 45 Nm.

Wichtig: Kabelverlegung der Lambdasonden beachten (Bild 7), Kabel müssen spannungs- und knickfrei verlegt sein.

Fehlerspeicher auslesen: Nach dem Wiederanbau der Auspuffanlage und einer Probefahrt sollte der Fehlerspeicher mit dem BMW-Diagnosesystem ausgelesen werden, was nur in der BMW-Werkstatt gemacht werden kann. Dabei wird gecheckt, ob die Lambdasonden korrekte Werte an das Motorsteuergerät liefern und die Gemischzusammensetzung sowie das Abgas in Ordnung sind.

Auspuffklappe

Die Auspuffklappe sitzt zwischen Krümmer und Auspufftopf (Bilder 1 und 12). Sie wird von einem Stellmotor (Bilder 1 und 13) über Bowdenzüge (Bild 14) betätigt. Nach dem Einschalten der Zündung bewegt der Stellmotor die Auspuffklappe auf Stellung »offen«:

■ Wenn sie sich bewegt, hört man dies am Summen des Stellmotors, es ist alles in Ordnung.

■ Wenn sie sich nicht bewegt, muss man die Seilzugmechanik (Bilder 14 und 15) und die infrage kommenden elektrischen Stecker ansehen, ob sie an ihrem Platz und fest zusammengesteckt sind. Wenn kein mechanischer Schaden festzustellen ist, muss die Maschine zum BMW-Händler und der Defekt mit dem BMW-Diagnosegerät gesucht werden.

Seilzugspiel

Bild 15: In den Seilzügen muss ein Seilzugspiel von »1 mm ± 0,2 mm« sein. Einstellen:

1. Gummitüllen über den Einstellschrauben zurückschieben, Kontermuttern lösen.

2. Einstellschrauben ausdrehen, bis die Seilzüge spielfrei sind.

3. Einstellschrauben zwei bis drei Umdrehungen eindrehen, mit Kontermuttern kontern.

4. Gummitüllen auf Einstellschrauben schieben.

Zubehör-Auspuffanlagen

Beim Kauf einer Auspuffanlage für Straßenbetrieb ist eine »Allgemeine Betriebs-Erlaubnis« (ABE) Vorschrift. Diese wird vom Auspuffhersteller erstellt, liegt der Auspuffanlage bei und ist EU-weit gültig. Im Auspufftopf ist die Nummer der ABE aufgebracht (siehe Bild 16). Wenn bei einer Polizeikontrolle der Nachrüstauspuff auffällt, genügt es normalerweise, dass man den kontrollierenden Polizisten auf die Nummer hinweist. Das Mitführen der ABE-Bescheinigung ist zwar nicht zwingend notwendig; es ist jedoch sinnvoll, um Stress mit dem Auge des Gesetzes zu vermeiden. In der Schweiz (kein EU-Land) gelten andere Bestimmungen.

Wichtig 1: Schweizer und oft auch österreichische Polizisten gehen manchmal sehr rigide mit Ausländern um, die eine ihrer Meinung nach »zu laute Auspuffanlage« an ihrer Maschine haben, egal ob mit oder ohne EU-ABE.

Wichtig 2: Bei Montage einer »lauten« Auspuffanlage für Rennstreckenbetrieb sollte man sich dennoch um dessen Lautstärke kümmern, weil auf Rennstrecken oft Lärmbestimmungen gelten und Maschinen, die zu laut unterwegs sind, gnadenlos von der Strecke genommen werden.

Bild 12: Deckel über Seilzugmechanik der Auspuffklappe.

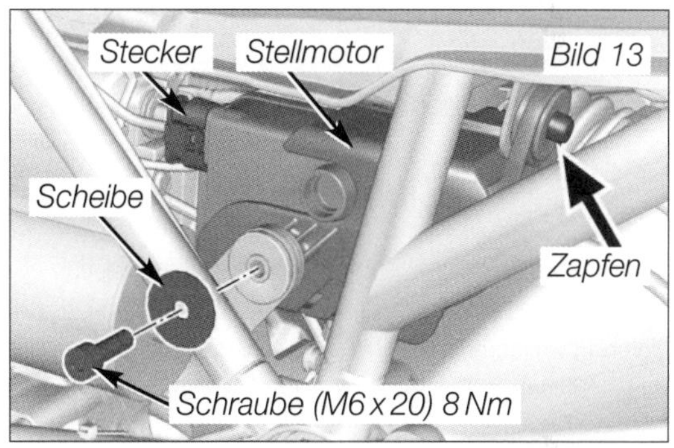

Bild 13: Befestigung des Stellmotors mit Schraube und Zapfen (fetter Pfeil).

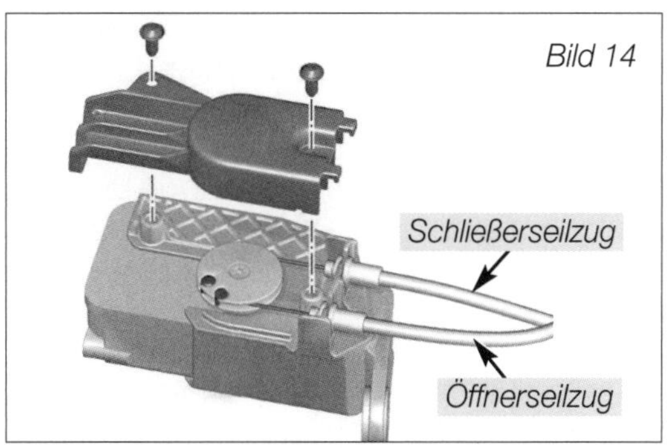

Bild 14: Schließer- und Öffnerseilzug am Stellmotor.

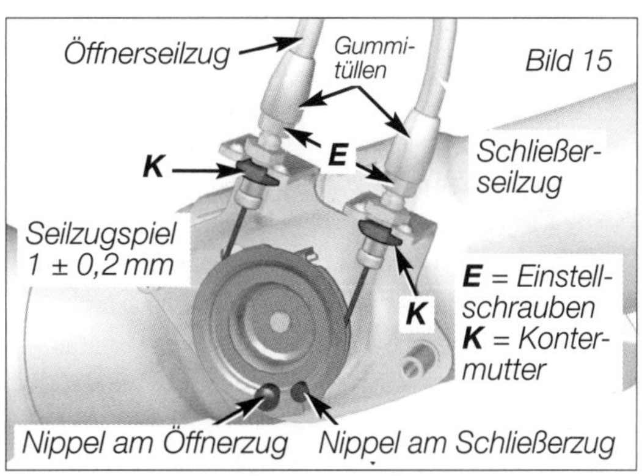

Bild 15: Seilzüge und deren Einstellung an der Seilzugrolle.

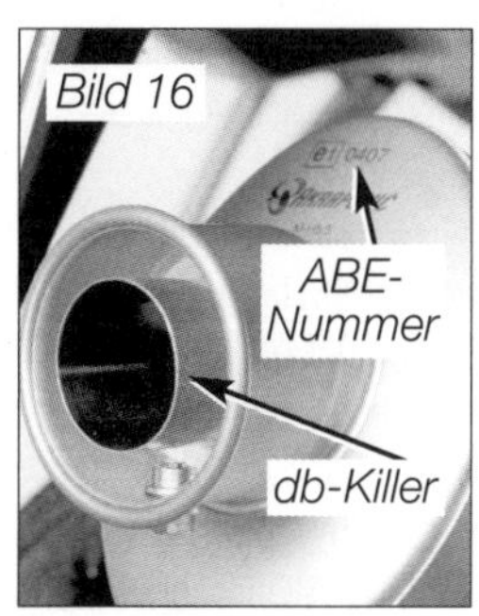

Bild 16: Mit »db-Killer« ausgerüstete Auspuffanlage mit ABE-Nummer. Die »db-Killer« können je nach gewünschter (oder erlaubter) Lautstärke aus- oder eingebaut werden.

Ölwechsel

In diesem Kapitel: Schmiersystem · Informationen zum Motoröl · Motorölstand, Öl nachfüllen · Motorölwechsel · Ölkühler ab- und anbauen · Getriebeöl wechseln · Öl in Hinterradantrieb wechseln.

Schmiersystem

Ölverbrauch: Der Boxermotor der R 1200 R darf bis zu einem Liter Motoröl auf 1000 km verbrauchen. Die meisten Motoren begnügen sich mit 0,2 bis 0,4 Liter auf 1000 km Fahrstrecke (oder noch weniger). Ein neuer Motor braucht weniger als ein »alter« Motor, der schon mehr als 100 000 km gelaufen hat. Grundsätzlich hängt der Ölverbrauch stark von den Betriebszuständen ab: Wird eine Maschine längere Zeit mit hoher Geschwindigkeit gefahren, ist der Ölverbrauch höher als beim Bummeln mit niedrigen Drehzahlen.

Informationen zum Motoröl

Füllmenge: 4,0 Liter mit Filterwechsel

Vorgeschriebenes Motoröl
BMW empfiehlt das hauseigene »BMW Motorrad High Performance Öl«, SAE 15W-50 in der API-Klassifikation SJ/JASO MA2. Dieses Öl deckt die mitteleuropäischen Temperaturbereiche ab und kann von –20 °C bis über 40 °C verwendet werden. Es hat die Bestellnummer 83 21 2 213 684; ein Liter kostet 15,40 Euro (Stand Juli 2013).

Abhängig von der Außentemperatur können auch folgende Motoröle verwendet werden:
- ab –20 °C.... SAE 5W-40, 5W-50 oder 10W-50
- ab –10 °C .... SAE 10W-40
- ab 0 °C....................................... SAE 15W-40

Weiterhin zu beachten:
- Nur Motorrad-Motoröle verwenden.
- Keine Ölzusätze dem Motoröl zugeben!

Sicherheitshinweise Achtung und Tipps für dieses Kapitel

⚠ Zur Kontrolle des Ölstands soll das Motorrad waagerecht und senkrecht stehen. Schon wenige Winkelgrade nach rechts oder links, Steigung oder Gefälle des Untergrunds verfälschen eine genaue Ablesung des Ölstandes. Zum Ablesen des Ölstands die Maschine auf den Mittelständer stellen.

☞ Ölstand entweder vor der Fahrt kontrollieren, wenn der Motor noch nicht gelaufen ist, oder erst dann, wenn der Motor mindestens 15 Minuten gelaufen hat. Ggf. mit dem richtigen Öl bis knapp über die Mitte des Ölschauglases auffüllen.
- Wer auf mehrtägige Fahrt geht, sollte sich eine flache, 0,5 bis 1,0 Liter fassende Plastikflasche mit dem Motoröl auffüllen, das derzeit im Motor verwendet wird, und die Flasche auslaufsicher (!) ins Gepäck packen. Entsprechende Flaschen gibt es z. B. im Chemiefachhandel.

☞ Motoröl grundsätzlich in betriebswarmem Zustand wechseln, vorher den Motor mindestens zehn Kilometer warm fahren. Damit wird sichergestellt, dass Metallabriebteile, die sich noch nicht abgesetzt haben, sondern noch in der Schwebe sind, vom heißen Öl aufgenommen und beim Ablassen mit herausgespült werden.

☞ Im Motorrad-Zubehörhandel gibt es für kleines Geld kombinierte Ölfangwannen-Behälter (Bild 1), bei denen das Öl in eine Wanne und von dort direkt in den Sammelbehälter läuft. Sie sind groß genug, um den Bereich von Ölablassöffnung und Ölfilter unter dem Motor abzudecken. Diese Ablass-Auffang-Transportbehälter sind verschließbar und mit einem Tragegriff versehen, also leicht transportabel. Das Altöl kann man damit bequem zur Ölsammelstelle bringen, wo es dann fachgerecht entsorgt wird.

⚠ Dem Altöl keine anderen Flüssigkeiten beimischen, wie z. B. Brems- oder Kühlflüssigkeit. Diese extrem giftigen und wenig umweltfreundlichen Betriebsstoffe müssen in extra Behältern aufgefangen und zu Problemstoff-Sammelstellen gebracht werden.
- Altöl niemals einfach wegschütten, sondern an einer Sammelstelle oder Tankstelle abliefern.
- Jeder Ölverkäufer ist zur Rücknahme einer entsprechenden Menge Altöls verpflichtet!
- Beim Kauf von neuem Öl die Quittung aufbewahren und bei der Rückgabe des Altöls vorzeigen!

⚠ Keine Getränkeflaschen als Altölbehälter verwenden! Besser sind etwa alte Benzinkanister, die mit einem Klebeetikett »Altes Motoröl« versehen werden.

⚠ Wenn die Ölablassschraube ihren letzten Gewindegang erreicht hat, beginnt das Öl bereits zu laufen. Finger rasch wegziehen! Es ist besser, die Ölablassschraube mit dem ersten Schuss Öl ins Auffanggefäß fallen zu lassen, als sich am heißen Öl die Finger zu verbrühen! Öl läuft erst im Strahl, nach einiger Zeit nur noch tropfenweise. Also geduldig warten, bis auch der letzte Tropfen im Auffanggefäß gelandet ist.

⚠ Im Einfüllgewinde im rechten Ventildeckel ist ein kleiner O-Ring eingesetzt. Diesen kontrollieren, ob er in Ordnung ist, er darf keine geklemmte oder ausgerissene Stelle haben (Bild 6).

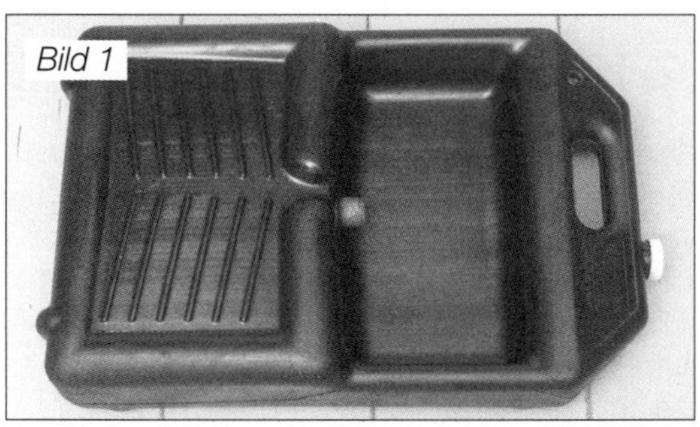

Bild 1: Eine solche Ölauffang-Transportwanne eignet sich prima zum Ölwechsel.

■ Motoröle müssen der API-Klassifikation SF/ACEA A2 oder besser entsprechen.
■ Nicht verwenden darf man Dieselöle der Spezifikation »CD« oder höher und Öle der Spezifikation »Energy Conserving II«/»energiesparend«.

Getriebe- und Hinterachsöl
Im Vorgriff auf den weiter hinten folgenden Absatz »Getriebeöl wechseln« nennen wir hier schon das von BMW freigegebene Öl für Getriebe und Hinterradantrieb: Castrol »Syntrax Longlife 75W-90« (Bild 4). Dieses Öl ersetzt das früher verwendete »SAF-X0« in SAE 75W-90.

Geeignete Motoröle für den 1200er-Boxer
Seit vielen Jahren arbeitet BMW auf dem Schmiermittelsektor mit Castrol zusammen. Aus dem Castrol-Programm sind zwei Motoröle besonders geeignet; man kann sie entweder beim BMW-Händler oder im freien Handel kaufen:

■ **Vollsynthetisches Öl:** Castrol »Power 1 Racing 4T« in der Spezifikation SAE 10W-50.
■ **Teilsynthetisches Öl:** Castrol »Power 1 4T« in der Spezifikation SAE 15W-50.

Wichtig zu wissen: Castrol verwendet übrigens nicht den Begriff »teil- oder halbsynthetisches Öl«, sondern benennt sein Öl »HC-Synthese-Öl«.

Castrol nennt für diese Öle keine Grenztemperaturen nach unten oder oben. Nach Erfahrungen von BMW-Spezialisten halten diese Öle sehr hohe Temperaturen aus. Mit Castrol fuhren auch die Boxer-Rennmaschinen bei der Rallye Paris-Dakar und in der Rennserie »Boxer-Cup« bei Umgebungstemperaturen von über 40 °C und Motoröltemperaturen von mehr als 150 °C; man ist also mit diesen Ölen auch im Hochsommer auf der sicheren Seite.

Weiterhin verspricht Castrol speziell für sein vollsynthetisches Spitzenöl **»Power 1 Racing 4T«** in SAE 10W-50 unter anderem *»volle Motorpower und verbesserte Beschleunigung, mehr Dynamik in allen Drehzahlbereichen, extreme Schmierfilmstabilität, schnelle Ölversorgung beim Kaltstart, perfekte Sauberkeit des Motors, deutlich geringerer Ölverbrauch, hervorragender Verschleißschutz für den Motor, maximaler Schutz für Abgasreinigungssysteme«.*

BMW-Spezialisten raten generell zur Verwendung von teil- oder vollsynthetischem Motoröl, Mineralöl soll nicht verwendet werden. HC-Synthese-Öl und vollsynthetisches Motoröl sind zwar teurer als Mineralöl, aber viel besser, denn sie sichern auch bei extremen Temperaturen die Schmierung, der Ölverbrauch ist geringer und man kann auch mal die Ölwechselgrenze von 10 000 km etwas überschreiten, weil sich diese Öle nicht so schnell verbrauchen wie Mineralöl.

Informationen zu HC-Synthese und Vollsynthese
HC-Synthese-Motoröl: Dieses Öl wird in einem besonderem Verfahren, dem **H**ydro**c**rack-Verfahren hergestellt. Geeignet ist in diesem Zusammenhang das von Castrol angebotene HC-Syntheseöl »Power 1 4T« in SAE 15W-50.

Vollsynthetisches Öl: Synthetiköle werden in einem aufwändigen Produktionsprozess für ihr zukünftiges Einsatzgebiet »maßgeschneidert« und mit einem darauf abgestimmten Additivpaket versehen. Es sind zwar die teuersten Motoröle, aber sie sind im Bezug auf Schmiersicherheit, Temperatur- sowie Alterungsbeständigkeit auf höchstem technischen Niveau. Für die BMW R 1200 R ist das vollsynthetische Öl »Power 1 Racing 4T« in SAE 10W-50 geeignet.

Motorölwechsel-Intervalle
Bei jedem Ölwechsel muss auch ein neuer Ölfilter angebaut werden. Öl- und Filterwechsel ist erstmals bei 1000 km, dann bei 10 000 km und danach alle weiteren 10 000 km vorgeschrieben.

Ölwechsel einmal im Jahr
Wenn man keine 10 000 km im Jahr schafft,

Bilder 2 bis 4: Speziell auf Motorräder abgestimmt sind die Castrol-Öle für Motor (Bilder 2 und 3), Getriebe und Hinterradantrieb (Bild 4).

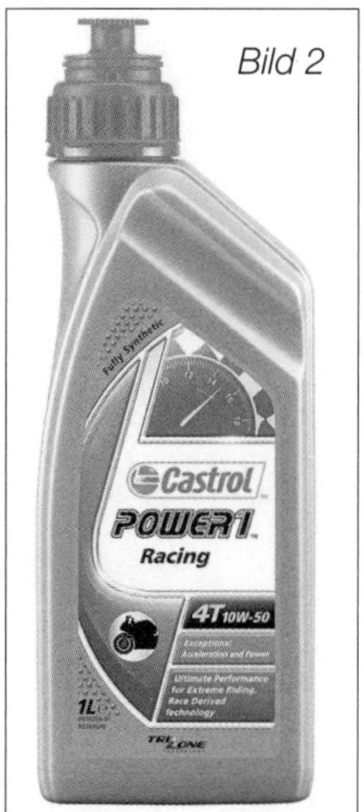

Bild 2

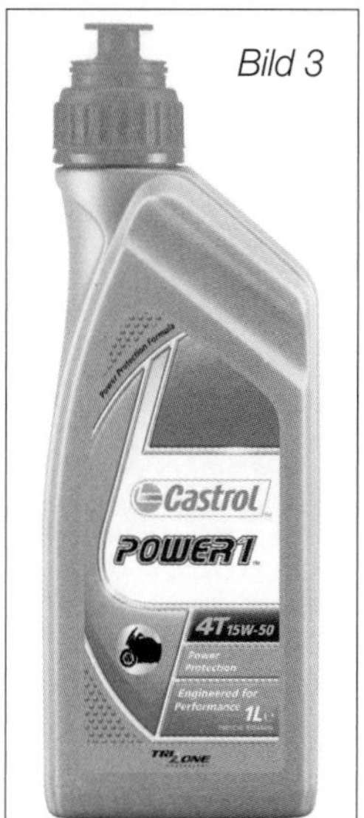

Bild 3

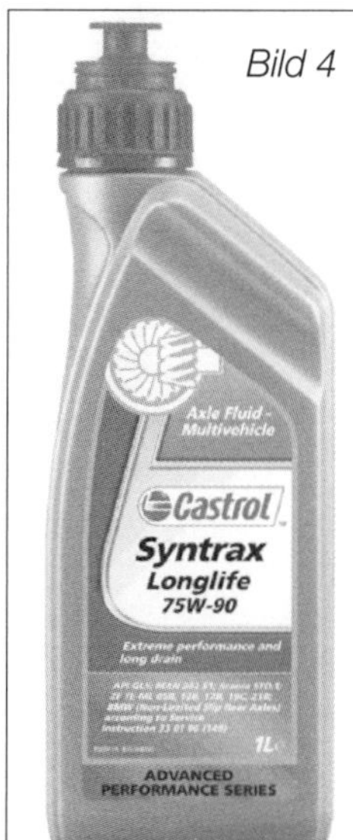

Bild 4

soll einmal im Jahr ein Öl- mit Filterwechsel durchgeführt werden, weil Motoröl schon durch den Kontakt mit Luft altert (es »oxydiert«). Besonders bei Kurzstreckenbetrieb ist Motoröl starken Belastungen ausgesetzt.

Motorölstand, Öl nachfüllen

Wichtig: Der Ölstand soll nicht bei kaltem Motor kontrolliert werden, sondern erst dann, wenn der Motor einige Zeit gelaufen hat (bzw. die Maschine gefahren wurde).

Ölstand kontrollieren

Bild 5: Das Ölschauglas sitzt unterhalb des linken Zylinders. Zur Kontrolle des Motorölstandes die Maschine auf dem Mittelständer auf ebenem Untergrund senkrecht und waagerecht aufbocken. Nach dem Abstellen des Motors einige Minuten warten, bis alles Öl in die Ölwanne abgelaufen ist und dann erst den Ölstand beurteilen. Der Ölstand sollte sich immer zwischen der Mitte und etwas unterhalb dem oberen Rand des Ölschauglases befinden (Bild 5):

- Wenn der Ölspiegel am unteren Rand des Ölschauglases steht, dann ist zu wenig Öl im Motor.
- Wenn das Ölschauglas ganz voll ist und weder Ölspiegel noch eine Luftblase zu sehen sind, dann ist zu viel Öl im Motor.

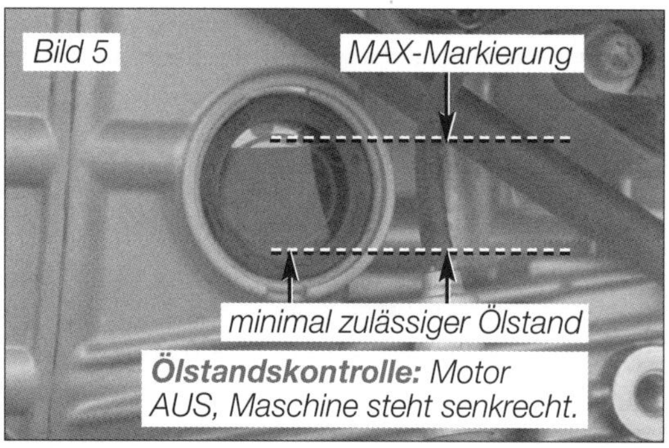

Bild 5: Der Ölstand sollte sich etwas oberhalb der Mitte des Schauglases befinden.

Motoröl nachfüllen

Ist der Motorölstand zu niedrig, muss entsprechend Öl durch die Einfüllöffnung im rechten Ventildeckel (Bild 6) nachgefüllt werden. Zum Öffnen und Festziehen des Schraubstopfens den Schlüssel aus dem Bordwerkzeug benutzen (Bild 7). Vorsichtig in kleinen Schritten auffüllen, sonst leert man schnell zu viel Öl ein, denn die sichtbare Ölmenge im Ölschauglas beträgt nur ca. 0,5 Liter.

Welches Öl nachfüllen?

Wenn Sie kein Öl zum Nachfüllen dabei haben, lassen Sie sich vom Tankwart nicht einen Liter vom teuersten Öl aufschwatzen, sondern verlangen exakt die Ölsorte, die Sie im Motor drin haben, also entweder voll- oder teilsynthetisches Öl in einer der vorgeschriebenen SAE-Spezifikationen. Wenn es das nicht gibt, können Sie zum Nachfüllen teil- und vollsynthetische Motoröle miteinander mischen.

Bild 6: Beim Wiederaufschrauben des Schraubstopfens auf den kleinen O-Ring achten, der unten im Gewinde eingesetzt ist. O-Ring auf eventuelle Beschädigungen prüfen, er muss ringsum in Ordnung sein, darf keine eingedrückte oder ausgerissene Stelle haben.

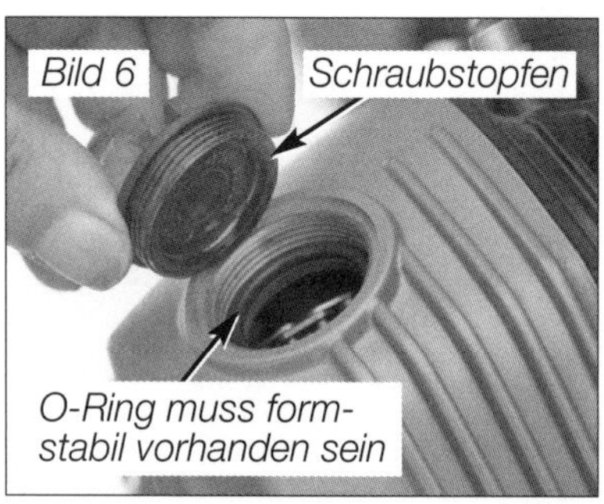

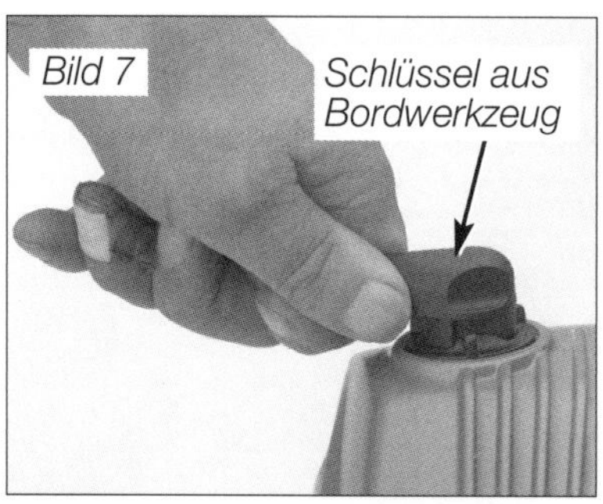

Bilder 6 und 7: Die Öleinfüllöffnung befindet sich im rechten Ventildeckel, der Schlüssel zum Öffnen des Öleinfüllstopfens liegt dem Bordwerkzeug bei. Im Verschlussstopfen für die Öleinfüllbohrung ist ein kleiner O-Ring eingesetzt. Diesen kontrollieren, ob er in Ordnung ist, also keine geklemmte oder eingerissenen Stelle hat.

Motorölwechsel

Ölfilter

Der Ölfilter muss bei jedem Ölwechsel erneuert werden, auch wenn man nur auf eine Jahresfahrleistung von z. B. 3000 km kommt. Er hat die Aufgabe, kleinste Schmutzpartikel aus dem Motoröl herauszufiltern. Sobald der Motor läuft, befindet sich das Öl in ständigem Kreislauf vom Ölsumpf durch den Ölfilter zu allen Motor-

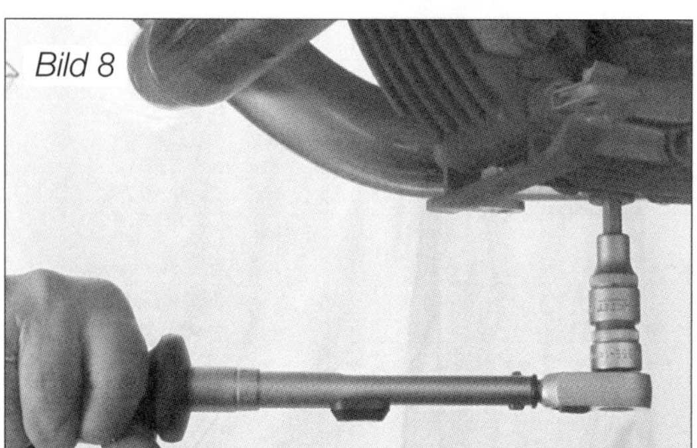

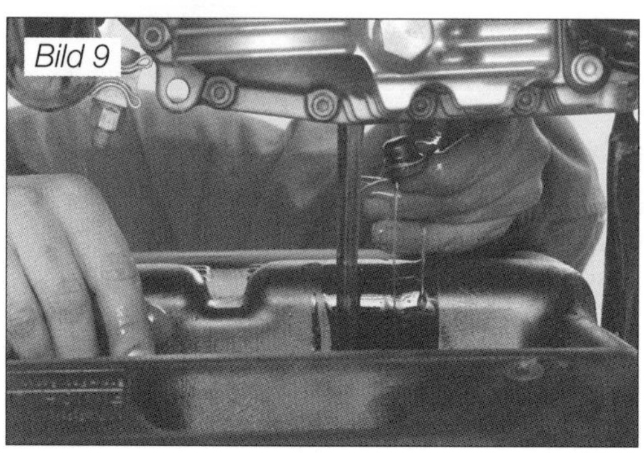

Bilder 8 und 9: Öl ablassen – Finger weg, HEISS!

schmierstellen. Von dort tropft es wieder zurück in den Ölsumpf und wird erneut durch den Filter zu den Schmierstellen gedrückt.

Wichtig: Ölwechsel nur bei warmem Motor durchführen. Selbst wenn der Motor einige Monate nicht mehr gelaufen ist, sollte man das Motoröl nicht kalt ablassen, sondern den Motor vorher 10 bis 15 Minuten im Stand warm laufen lassen. Damit wird sichergestellt, dass alle Metallabriebteile, die sich noch nicht abgesetzt haben, sondern sich noch in der Schwebe befinden, vom heißen Öl aufgenommen und beim Ablassen mit herausgespült werden.

Spezialwerkzeug

Bilder 10 und 12: Zum Aus- und Anschrauben des Ölfilters ist ein spezieller Ölfilterschlüssel nötig (BMW-Ersatzteilnummer 83 30 0 401 554). Preiswerte Ölfilterschlüssel gibt es im Zubehörhandel.

Motoröl ablassen

1. Maschine auf Mittelständer aufbocken.
2. Bilder 1 und 9: Geeignetes Auffanggefäß mit mindestens fünf Litern Fassungsvermögen unter den Motor schieben.
3. Bilder 6 und 7: Schraubstopfen in Öleinfüllöffnung lösen und ausdrehen.
4. Bild 8: Ölablassschraube unten am Motor lösen, aber noch nicht ausdrehen!
4.1. Bild 9: Ölablassschraube ausdrehen. Wenn das Öl zu laufen beginnt, Finger weg, es ist heiß! Ölablassschraube ins Auffanggefäß fallen lassen.
5. Bilder 11 und 12: Ölfilter mit Ölfilterschlüssel lösen, abschrauben: Achtung heißes Öl!
5.1. Altöl auch aus dieser Öffnung lange genug auslaufen und abtropfen lassen.

Neuen Ölfilter anschrauben, Öl einfüllen

1. Am Motor die Anlageflächen von Ölfilter und Ölablassschraube mit einem sauberen, nicht fusselnden Lappen abwischen.
2. Ölablassschraube reinigen, mit neuem Dichtring versehen, eindrehen und mit 32 Nm festziehen (Bild 8).
3. Bild 11: Dichtring und Gewinde des neuen Ölfilters mit frischem Motoröl bestreichen.
4. Ölfilter exakt am Gewinde des Motors ansetzen und von Hand andrehen, bis man spürt, dass der Dichtring des Ölfilters leicht an der Dichtfläche am Motor anliegt.
5. Bild 12: Ölfilter mit Ölfilterschlüssel und Drehmomentschlüssel mit 11 Nm festziehen.
6. Bild 13: Durch die Einfüllöffnung im rechten Ventildeckel frisches Öl einfüllen.
Wichtig: Der Motor fasst ungefähr 4 Liter Motoröl. Füllen Sie jedoch zu Anfang nur 3 Liter ein, denn der Ölstand wird erst nach dem Motor-Probelauf auf den korrekten Wert gebracht.
7. Bilder 6 und 7: Schraubstopfen in Öleinfüllöffnung einsetzen, mit Schlüssel aus dem Bordwerkzeug 1/4 Drehung bis Anschlag festdrehen.
8. Motor starten und zwei bis drei Minuten im Leerlauf laufen lassen: Der Ölfilter muss sich füllen. Ölfilterrand und Ölablassschraube auf Dichtheit prüfen.
9. Motor ausschalten. Nach einigen Minuten Wartezeit den Ölstand kontrollieren (Bild 5) und vom restlichen frischen Motoröl so viel nachfüllen, bis der Ölstand sich zwischen Mitte und oberem Rand des Ölschauglases befindet.

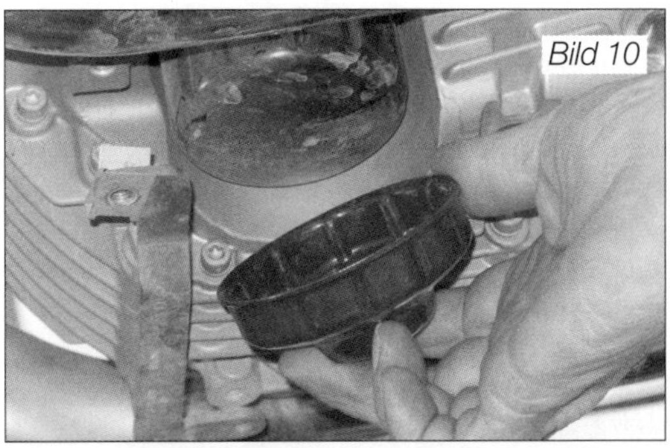

Bild 10: Ölfilterschlüssel.

Bild 11: Frisches Öl an Dichtgummi.

Bild 12: Ölfilter festziehen.

Bild 13: Frisches Öl in Einfüllöffnung im rechten Ventildeckel einfüllen.

Ölkühler

Bilder 14 und 15: Der Ölkühler sitzt vorne vor dem Motorblock und damit voll im Fahrtwind, aber auch im Spritzbereich des Vorderradreifens. Er verschmutzt mit der Zeit, wodurch die Öltemperatur steigt. Zum Reinigen heißes Wasser, eine weiche Bürste und Druckluft verwenden. Verbogene Kühlerlamellen mit Spitzzange oder Pinzette und einem Schraubenzieher gerade biegen.

- Wird der Ölkühler abgebaut, beim Wiederanbau neue Schlauchschellen verwenden.
- Alle Leitungen zum und vom Ölkühler dürfen nirgends anstehen, geklemmt werden oder irgendwo scheuern.
- Der Ölkühler ist über vibrationshemmende Gummiformteile an den Befestigungsstellen verschraubt. Diese Gummiformteile niemals entfernen. Ölkühler nicht starr anschrauben.
- Wenn eine Halterung des Ölkühlers abgebrochen ist (Unfall, Vibrationen) und geschweißt werden muss, muss zum Anschweißen der Halterung der Ölkühler abgeschraubt und vom Fahrzeug getrennt werden.
- NICHT versuchen, einen gebrochenen Ölkühler elektrisch zu schweißen, solange dieser am Fahrzeug angebaut ist, dies kann die Fahrzeugelektronik beschädigen oder sogar komplett zerstören.

Ölkühler abbauen
Zum Abbau des Ölkühlers zuerst die Ölkühlerblende abbauen.
1. Bild 15: Schrauben der Ölkühlerblende ausdrehen. Ölkühlerblende nach unten von den Nasen abziehen (fette Pfeile).
2. Bild 16: Wenn noch die Originalschellen montiert sind, diese aufzwicken, Schläuche vorsichtig abziehen. Austretendes Öl auffangen.
3. Bild 17: Schrauben ausdrehen, Bundbuchsen ausziehen, dann Ölkühler vom Halter nach unten abnehmen.

Ölkühler kontrollieren
Der Ölkühler darf keine Risse, Verformungen oder sonstige Beschädigungen aufweisen.

Ölkühler anbauen
Anbau in umgekehrter Reihenfolge: Schrauben des Ölkühlers mit 8 Nm festziehen. Ölkühlerblende montieren, Schrauben mit 2 Nm festziehen. Ölstand kontrollieren, ggf. auffüllen.

Bilder 14 und 15: Der Ölkühler vorne vor dem Motorblock muss immer sauber sein, sonst steigt die Motoröltemperatur.

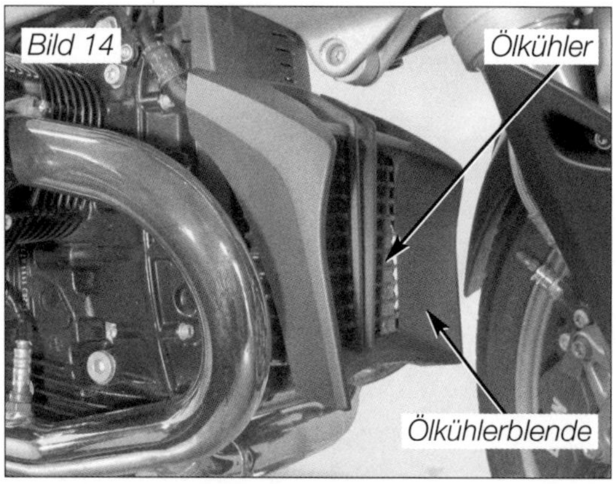

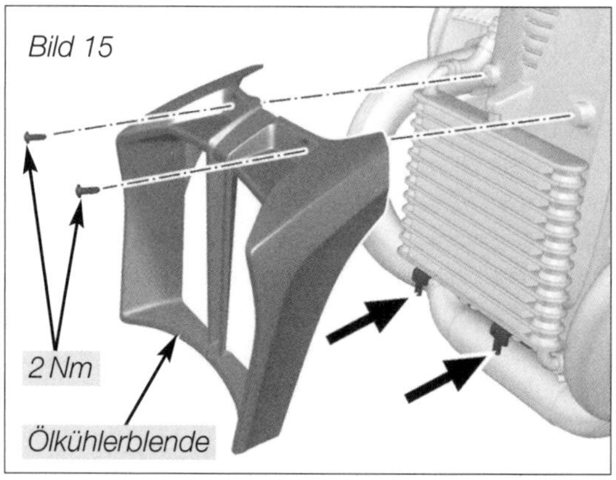

Bilder 16 und 17: Schraub- und Montagestellen zum Aus- und Einbau des Ölkühlers.

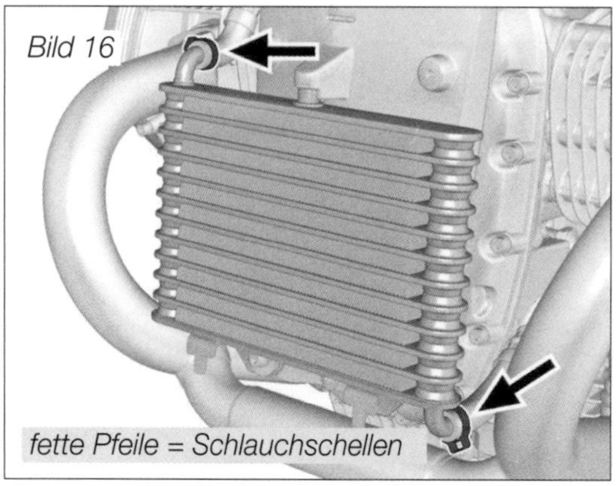

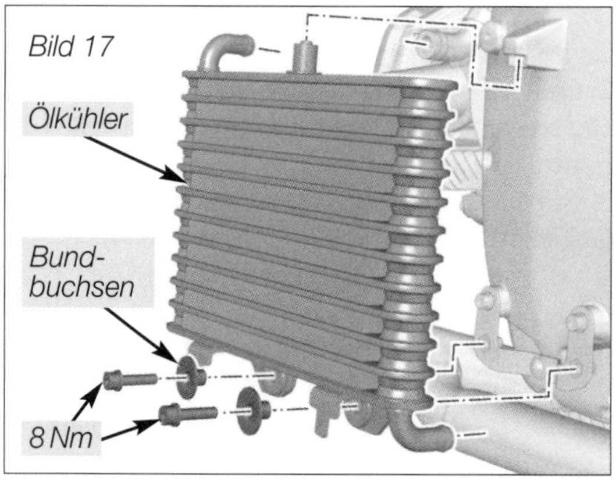

Getriebeöl wechseln

Das Getriebeöl wird laut Wartungsplan erstmalig nach einem Jahr, dann alle zwei Jahre gewechselt oder alle 40 000 km. Getriebeöl in betriebswarmem Zustand ablassen. Maschine dazu auf Mittelständer senkrecht und waagerecht abstellen. **Vorgeschriebenes Öl:** Castrol »Syntrax Longlife 75W-90« (Bild 4). Dieses Öl ersetzt das bisher verwendete Castrol »SAF-X0« in SAE 75W-90.

1. Ausreichend große Ölauffangwanne unter das Getriebe stellen.

2. Bild 19: Öleinfüllschraube ausdrehen, mit Dichtring abnehmen.

2.1. Bilder 18 und 20: Ölablassschraube öffnen und ausdrehen, mit Dichtring abnehmen, Altöl ablassen.

3. Magnet der Ölablassschraube reinigen.

4. Bild 18: Ölablassschraube mit neuem Dichtring versehen, einschrauben, mit 30 Nm festziehen.

5. Frisches Öl einfüllen bis zur Unterkante der Einfüllöffnung (ca. 0,7 Liter).

■ Mit der Taschenlampe in die Einfüllöffnung reinleuchten: Wenn genügend Öl eingefüllt ist, muss das Öl gerade eben beginnen wollen wieder auszulaufen. **Wichtig:** Maschine muss dabei exakt senk- und waagerecht stehen.

6. Bilder 18 und 19: Öleinfüllschraube mit neuem Dichtring versehen, einschrauben und mit 30 Nm festziehen.

Öl im Hinterradantrieb wechseln

Das Öl im Hinterradantrieb wird laut Wartungsplan erstmals bei 1000 km, dann bei 20 000 km und danach alle 20 000 km oder alle zwei Jahre gewechselt. **Vorgeschriebenes Öl:** Castrol »Syntrax Longlife 75W-90«.

1. Hinterrad ausbauen (Kapitel 5 »Räder«).

■ Die Ölablassöffnung sollte möglichst senkrecht nach unten zeigen. Eventuell einen passenden Holzklotz unter das Vorderrad legen, wenn das Motorrad auf dem Mittelständer steht.

2. Ausreichend große Ölauffangwanne unter den Hinterradantrieb stellen.

3. Bild 23: Ölablassschraube öffnen und ausdrehen, mit O-Ring abnehmen, Altöl ablassen und längere Zeit austropfen lassen.

4. Bild 22: Öleinfüllschraube ausdrehen, mit Dichtring abnehmen. Die Einfüllöffnung sitzt hinten im Lagerdeckel des Hinterradantriebs.

5. Bild 23: O-Ring der Ablassschraube kontrollieren, bei Beschädigung erneuern. Ablassschraube eindrehen (O-Ring nicht vergessen!), mit 20 Nm festziehen.

6. Bild 21: Mit einer Spritze 180 ml Öl einfüllen.

7. Öleinfüllschraube mit neuem Dichtring versehen, einschrauben und mit 25 Nm festziehen.

8. Alle Schraubstellen gut und ölfrei reinigen. Hinterrad anbauen (Kapitel 5 »Räder«).

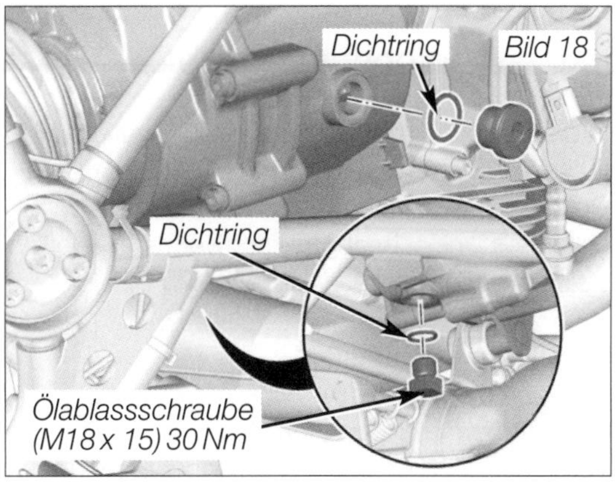

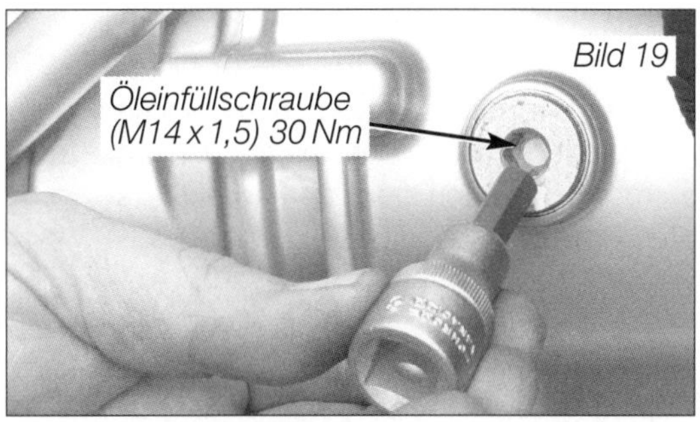

Bilder 18, 19 und 20: Öleinfüll- und Ölablassschraube des Getriebes.

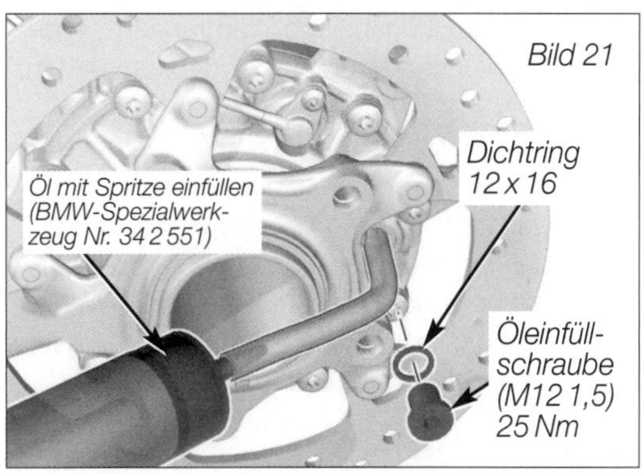

Bild 21: Öl einfüllen in den Hinterradantrieb mit einer Spritze.

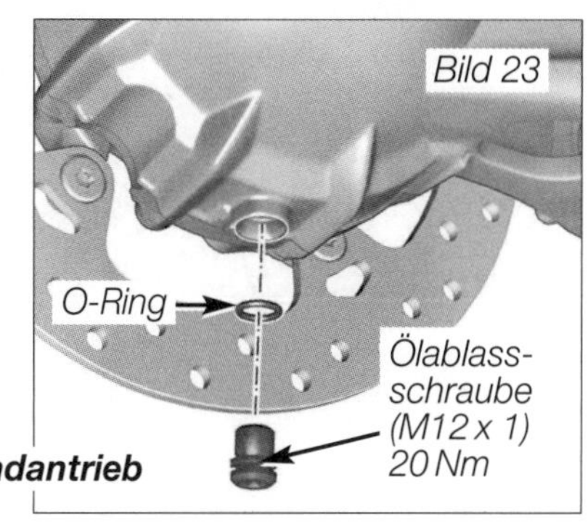

Bilder 22 und 23: Öleinfüll- und- Ölablassschraube des Hinterradantriebs.

Kupplung

In diesem Kapitel: Konstruktionsmerkmale · Kupplungshydraulik: Stand der Flüssigkeit, wechseln, entlüften · Kupplungsnehmerzylinder aus- und einbauen.

Konstruktionsmerkmale

Bild 1: Kupplungsnehmerzylinder mit Hohlschraube und Entlüfterventil.

Bilder 2 und 2a auf der rechten Seite: Kupplungsflüssigkeit darf nur bis zur Unterkante der Deckelverrasterung (Pfeil in 2a) eingefüllt werden.

■ Mit zunehmendem Verschleiß der Kupplungsbeläge steigt der Flüssigkeitsstand.

■ Das Spiel am Kupplungshandhebel ändert sich jedoch nicht, sondern bleibt immer gleich.

■ In das Hydrauliksystem der Kupplung darf nur Vitamol V10 eingefüllt werden, keine Bremsflüssigkeit.

In die R 1200 R ist eine hydraulisch betätigte Einscheiben-Trockenkupplung mit 180 mm Durchmesser eingebaut. Die Kupplungsbelagscheibe ist mit asbest- und schwermetallfreien Belägen versehen.

Kupplungsverschleiß

Die Lebensdauer der Kupplungsbeläge beträgt bei normaler Beanspruchung mehr als 100 000 km. Unter »normaler Beanspruchung« sind Fahrten auf normalen Straßen zu verstehen sowie gelegentlicher Einsatz bei Fahrsicherheits- oder Rennstrecken-Trainings.
■ Wenn der Kupplungsverschleiß zunimmt und damit die Kupplungsbeläge dünner geworden sind), dann steigt der Flüssigkeitsstand im Vorratsbehälter (Bilder 2, 3 und 4).

Wenn allerdings die Maschine öfter auf Rennstrecken gefahren, intensiv mit schleifender Kupplung bewegt wird oder »Rennstarts« praktiziert werden, dann wird die Kupplung überlastet, die Kupplungsbeläge »verbrennen«, und es muss eine neue Kupplung eingebaut werden.

Zwar kann der Motor zum Aus- und Einbau der Kupplung im Rahmen eingebaut bleiben, aber es müssen ziemlich viele Teile abgebaut werden, bevor man das Getriebe ausbauen kann, damit die Kupplung zugänglich ist. Nach BMW-Werksvorschrift müssen auch die Bremsleitungen geöffnet werden, was bei ABS (mit dem fast alle R 1200 R ausgestattet sind!) eine Arbeit ist, die nur von einem ausgebildeten BMW-Motorradmechaniker durchgeführt werden darf. Wir raten dringend, einen »großen« Kupplungsdefekt, wie z. B. den Einbau einer neuen Kupplung, in einer BMW-Motorradwerkstatt machen zu lassen.

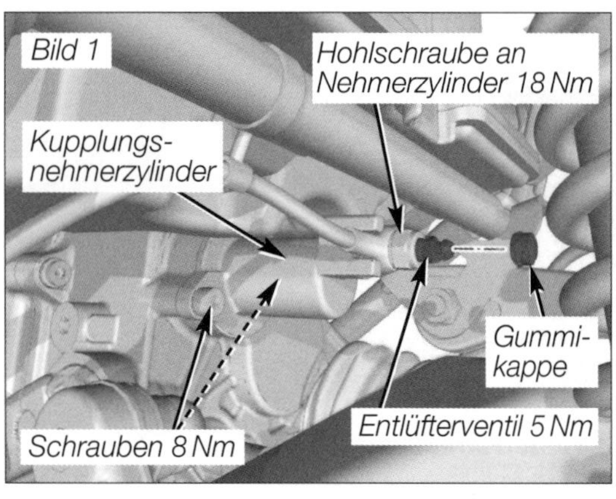

Kupplungshydraulik

Im Gegensatz zu den hydraulisch betätigten Kupplungen der meisten heutigen Motorräder ist das Kupplungshydrauliksystem der R 1200 R nicht mit Bremsflüssigkeit befüllt, sondern mit spezieller Hydraulikflüssigkeit auf biologischer Basis namens »Vitamol V10«. Diese unterliegt keiner Alterung und muss deswegen niemals gewechselt werden: Es ist eine so genannte »Lifetime-Füllung«.

⚠ **Achtung:** Niemals »normale« Bremsflüssigkeit in das Kupplungs-Hydrauliksystem der R 1200 R einfüllen, denn dadurch werden die Manschetten im Geber- und Nehmerzylinder zerstört!

■ Ausschließlich die von BMW vorgeschriebene Flüssigkeit »Vitamol V10« verwenden!
■ Wenn diese nicht zu beschaffen ist, weil kein BMW-Händler in der Nähe ist, dann versuchen Sie »Bremsflüssigkeit für Mountainbike-Hydraulikbremsen« zu bekommen, weil diese in ihren Grundsubstanzen der Vitamol V10 ähnlich ist.
■ Zur Not kann man auch »Hydraulikflüssigkeit auf biologischer Basis für landwirtschaftliche Maschinen« verwenden.

Luft in der Kupplungshydraulik?

Luft kann durch ein Leck an den Anschlüssen der Hydraulikleitung in das Kupplungssystem gelangen, das ist meist eine Folge falscher Montage bei Ab- und Anbau des Lenkers. Dann trennt die Kupplung nicht mehr richtig, was am »weichen« Druckpunkt am Kupplungshandhebel zu spüren ist. Das Kupplungssystem muss dann umgehend entlüftet werden (siehe nächste Seite in diesem Kapitel), sonst leidet das Getriebe.

Stand der Hydraulikflüssigkeit

Bilder 2 und 2a: Den Stand der Hydraulikflüssigkeit im Behälter sieht man mit einem Blick von außen: Er muss sich zwischen den außen am Behälter angebrachten Markierungen MAX und MIN befinden.
■ **Wenn er über MAX steht:** Dies ist ein Zeichen für fortgeschrittenen Verschleiß der Kupplungsbeläge. Wenn die Kupplung noch keine Ermüdungserscheinungen zeigt, also noch sauber trennt und auch bei hartem Beschleunigen guten Kraftschluss hat (= nicht durchrutscht), dann sollte der Behälter geöffnet und etwas Hydraulikflüssigkeit abgesaugt werden.

Warum Absaugen? Wenn der Kupplungsverschleiß fortgeschritten und der Behälter zu voll geworden ist, dann ist die Membrane zusammengedrückt und es besteht die Gefahr, dass der Dauerdruck im Hydrauliksystem den Kraftschluss der Kupplung verhindert und sie deswegen durchrutscht.

Wenn er bei MIN steht: Steht der Flüssigkeitspegel weit unter MAX oder nur kurz über MIN, ist dies ein Zeichen, dass im Hydrauliksystem etwas nicht stimmt, denn die Hydraulikflüssigkeit verdunstet nicht: Entweder ist ein Anschluss des Hydraulikschlauchs lose oder eine Manschette in Handpumpe oder Nehmerzylinder defekt, und Hydraulikflüssigkeit verflüchtigt sich ins Freie.

Hydraulikflüssigkeitsstand korrigieren
1. Bild 3: Zum Öffnen des Schraubdeckels die Zapfen vorne und hinten eindrücken, Zahnrastung im Deckel wird freigegeben. Deckel bei eingedrückten Zapfen auf- und abdrehen.
2. Stützring mit Membrane langsam ausziehen. Mit sauberem, nicht fusselnden Tuch reinigen.
3. Bild 2a: Flüssigkeit absaugen oder auffüllen: Flüssigkeitsstand soll kurz unter MAX sein.
4. Bild 4: Membrane mit Stützring einsetzen, Zapfen am Stützring müssen in Nuten eingreifen.
5. Deckel aufdrehen und handfest anziehen.

Hydraulikflüssigkeit wechseln, System entlüften

Wenn Luft in die Kupplungshydraulik gelangt ist und die Kupplung deswegen nicht mehr exakt trennt, kracht es beim Schalten. Oder wenn Bauteile wie Hydraulikschlauch, Kupplungspumpe oder Kupplungsnehmerzylinder gewechselt werden, muss das Hydrauliksystem neu befüllt und entlüftet werden.

1. Motorrad auf Mittelständer stellen. Lenkung so drehen, dass der Kupplungsflüssigkeits-Vorratsbehälter (Bilder 2, 3 und 4«) waagerecht steht.
2. Bilder 3 und 4: Deckel des Behälters abdrehen, Stützring und Membrane herausnehmen.
3. Bilder 1 und 6b: Unten am Nehmerzylinder ist der Entlüfternippel der Kupplungshydraulik, von ihm die Gummikappe abziehen.
3.1. Bild 6a: Einen passenden, durchsichtigen Schlauch über den Nippel schieben, mit einem Kabelbinder gegen Abrutschen sichern.
3.2. Das Ende dieses Schlauches in ein geeignetes Gefäß führen. Gefäß so anordnen, dass es etwas höher steht als der Entlüfternippel.
3.3. Entlüfternippel eine halbe Umdrehung öffnen.
4. Oben an der Handpumpe einige Male langsam pumpen, bis der Behälter fast leer ist, aber ein ganz kleiner Rest noch drin ist.
4.1. Entlüfternippel leicht festziehen.
5. Behälter mit einem sauberen, nicht fusselnden Lappen reinigen. **Vorsicht:** Es darf kein Schmutz in den Behälter bzw. Bohrungen hinein kommen.
5.1. Bilder 2 und 2a: Frische Hydraulikflüssigkeit Vitamol V10 bis zur Unterkante der Deckelverrastung auffüllen.
6. Entlüfternippel unten am Nehmerzylinder eine halbe Umdrehung öffnen.
7. Kupplungshebel einige Male langsam betätigen und dadurch die frische Hydraulikflüssigkeit durchpumpen, bis nur noch saubere Flüssigkeit frei von Luftblasen aus dem Schlauch kommt.
7.1. Kupplungshebel gedrückt halten, Entlüfternippel leicht festziehen. Kupplungshebel loslassen.
7.2. Entlüfternippel festziehen mit 5 Nm (»handfest«). Gummikappe aufschieben.
8. Behälter mit Vitamol V10 bis zur Unterkante der Deckelverrastung auffüllen.
8.1. Behälter schließen: Gummimembrane langsam einsetzen, Deckel handfest aufdrehen.

Die Bildunterschriften zu den Bildern 2 und 2a stehen auf der linken Seite außen.

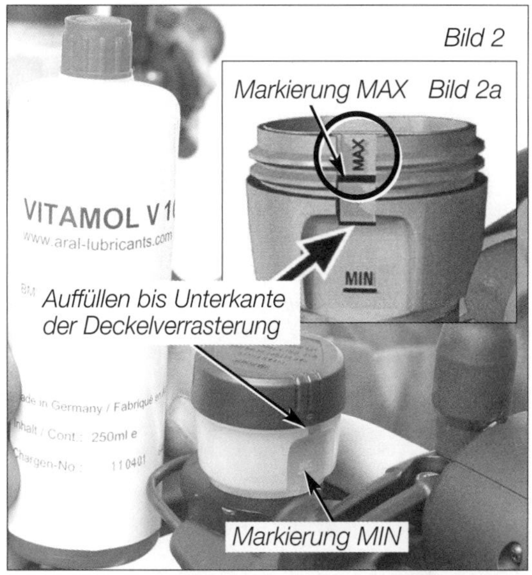

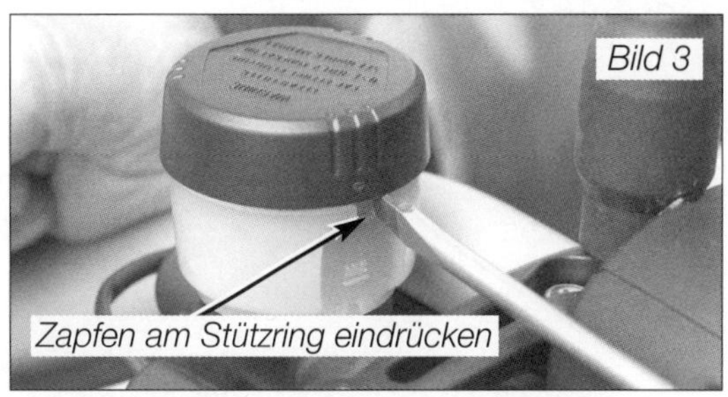

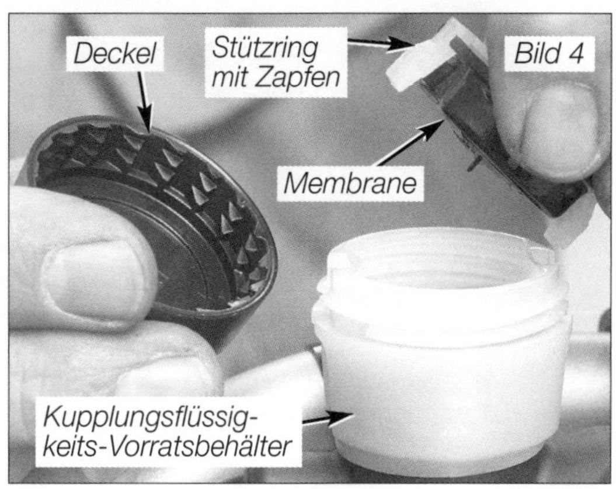

Bilder 3 und 4: Zum Öffnen des Schraubdeckels die Zapfen am Stützring vorsichtig eindrücken und gleichzeitig den Deckel auf- und abdrehen.

Kupplungsnehmerzylinder

Der Kupplungsnehmerzylinder sitzt hinten auf dem Getriebegehäuse. Kupplungsnehmerzylinder und Druckstange sind unproblematische Bauteile. Wenn Motor oder Getriebe ausgebaut werden, sollte man diese Teile auf Verschleiß überprüfen. Eine Zerlegung des Kupplungsnehmerzylinders mit Prüfung von Kolben, Manschetten und Zustand der Zylinderbohrung sollte auch dann gemacht werden, wenn die Hydraulikflüssigkeit auffällig dunkel-schmutzig ist und der Verdacht besteht, dass die Kupplung mit schmutziger Flüssigkeit betätigt wurde.

Bis ein Defekt des Kupplungsnehmerzylinders festgestellt wird, ist wahrscheinlich schon viel Hydraulikflüssigkeit ausgelaufen. Dann umgehend die restliche Flüssigkeit ablassen und den ganzen Bereich, der von der ausgelaufenen Flüssigkeit betroffen wurde, mit reichlich klarem Wasser abspülen.

Bild 5: Stellmotor der Auspuffklappe abbauen durch Ausdrehen der Schraube und Abschieben vom Zapfen.

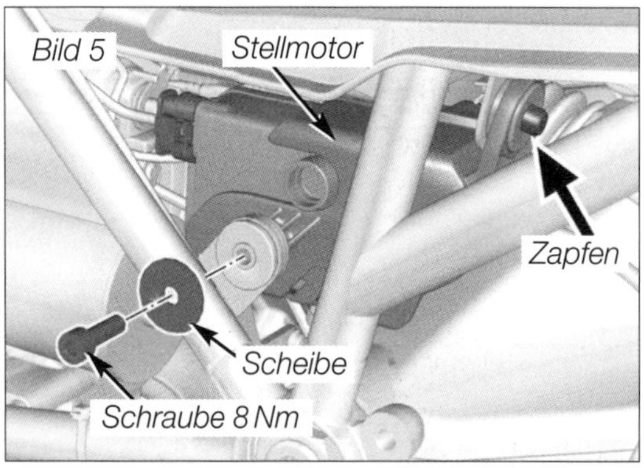

Bilder 6a und 6b: Kupplungsnehmerzylinder unten am Getriebegehäuse mit Hohlschraube und Entlüfternippel.

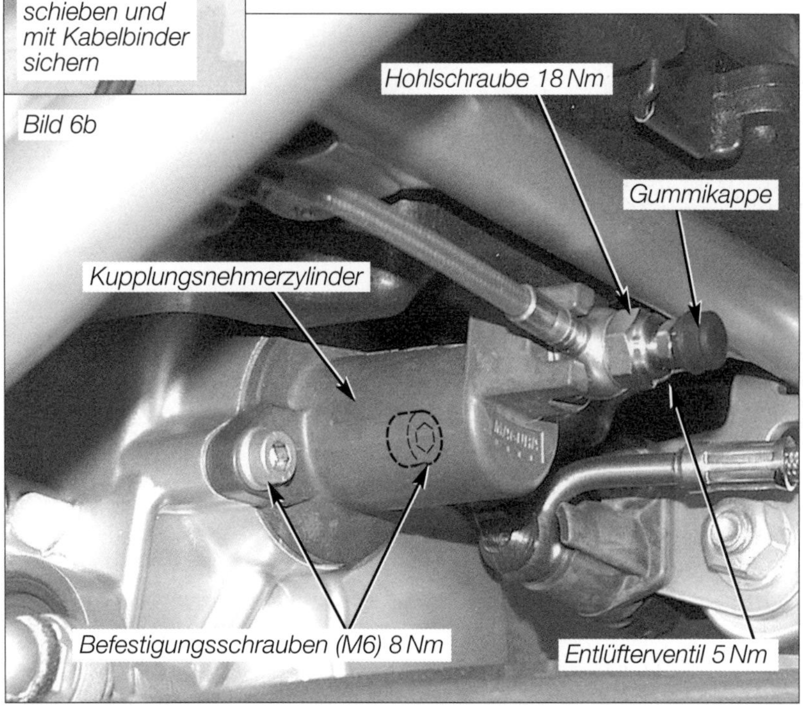

Kupplungsnehmerzylinder ausbauen

1. Deckel vom Behälter abschrauben, Stützring und Membrane entnehmen (siehe in diesem Kapitel weiter vorne Bilder 2, 3 und 4 bei »Hydraulikflüssigkeit wechseln«).
2. Kupplungsflüssigkeit aus dem Behälter absaugen, z. B. mit einer Einwegspritze.
3. Bild 5: Stellmotor für Abgasklappe lösen, dazu die Befestigungsschraube ausschrauben und mit Scheibe abnehmen.
3.1. Stecker abziehen.
3.2. Stellmotor nach hinten von Zapfen abschieben.
4. Bilder 1 und 6b: Hohlschraube am Kupplungsnehmerzylinder lösen und ausdrehen, Anschluss und Dichtringe abnehmen.
■ Reichlich Lappen unterlegen, um die auslaufende Hydraulikflüssigkeit aufzufangen.
5. Bild 6b: Befestigungsschrauben des Kupplungsnehmerzylinders lösen und ausdrehen.
6. Kupplungsnehmerzylinder aus seinem Sitz ziehen, dabei nicht verkanten!

Kupplungsnehmerzylinder einbauen

1. Bild 6b: Kupplungsnehmerzylinder mit dem Anschluss oben in Einbaulage ansetzen und ohne zu verkanten in seinen Sitz drücken.
2. Handdruck auf dem Kupplungsnehmerzylinder halten, Befestigungsschrauben eindrehen und rechts-links-rechts-links festziehen bis auf 8 Nm.
3. Bild 1: Leitung mit neuen Dichtringen befestigen, Hohlschraube mit 18 Nm festziehen.
4. Nun müssen der neue Kupplungsnehmerzylinder befüllt und das Hydrauliksystem entlüftet werden. BMW schreibt vor, dass dieses von unten her gemacht wird, die Erstbefüllung also über das Entlüfterventil vorgenommen wird (Bild 6b).

Hinweis: Dazu ist allerdings eine größere Spritze nötig (BMW Spezialwerkzeug »Spritze« mit der Nr. 34 2 551). Man kann das Befüllen des neuen Kupplungsnehmerzylinders und der Hydraulikleitung aber auch so machen, wie im Text weiter vorne unter »Hydrauliksystem entlüften« beschrieben ist.

5. Bild 5: Stellmotor für Abgasklappe anbauen, ganz auf den Zapfen schieben.
5.1. Stecker einstecken.
5.2. Befestigungsschraube mit Scheibe eindrehen, mit 8 Nm festziehen.

Schaltung

In diesem Kapitel: Getriebe, Funktion · Fußschalthebel einstellen · Schaltprobleme und Behebung.

Getriebe, Funktion

Das Getriebe der R 1200 R hat sechs Gänge, es wiegt etwa 13 kg. Alle Zahnräder sind schrägverzahnt und auf Nadellagern gelagert. Die schaltbaren Gangräder von 4. und 6. Gang befinden sich auf der Zwischenwelle, die von 1., 2., 3. und 5. Gang auf der Abtriebswelle.

Die drei Getriebewellen laufen in verschleißarmen, gekapselten Clean-Bearing-Rillenkugellagern. »Clean-Bearing« bedeutet, dass die Lager so gut abgedeckt (»gekapselt«) sind, dass keine auch noch so feine Abriebteile in das Lager hineingeraten können. Wenn der Fahrerfuß den Schalthebel betätigt, wird die Bewegung des Schalthebels über das Schaltgestänge in das Innere des Getriebes auf die Schaltklinke und die Schaltwalze übertragen. Auf der Außenseite der Schaltwalze sind wellenförmige Nuten eingebracht, in denen die inneren Zapfen der drei Schaltgabeln eingreifen. Die äußeren (großen) Zinken der Schaltgabeln greifen in die Nuten von Schiebemuffen, verschieben diese auf der Getriebewelle und bringen somit die dem Gang entsprechenden Zahnräder zueinander in Eingriff.

Fußschalthebel

Bilder 2a und 2b: Der Fußschalthebel soll so eingestelllt sein, dass der Fuß zum Unterbein einen Winkel von mindestens 100 Grad bildet und der Schalthebel auf Höhe des Gelenks des großen Zehs steht.

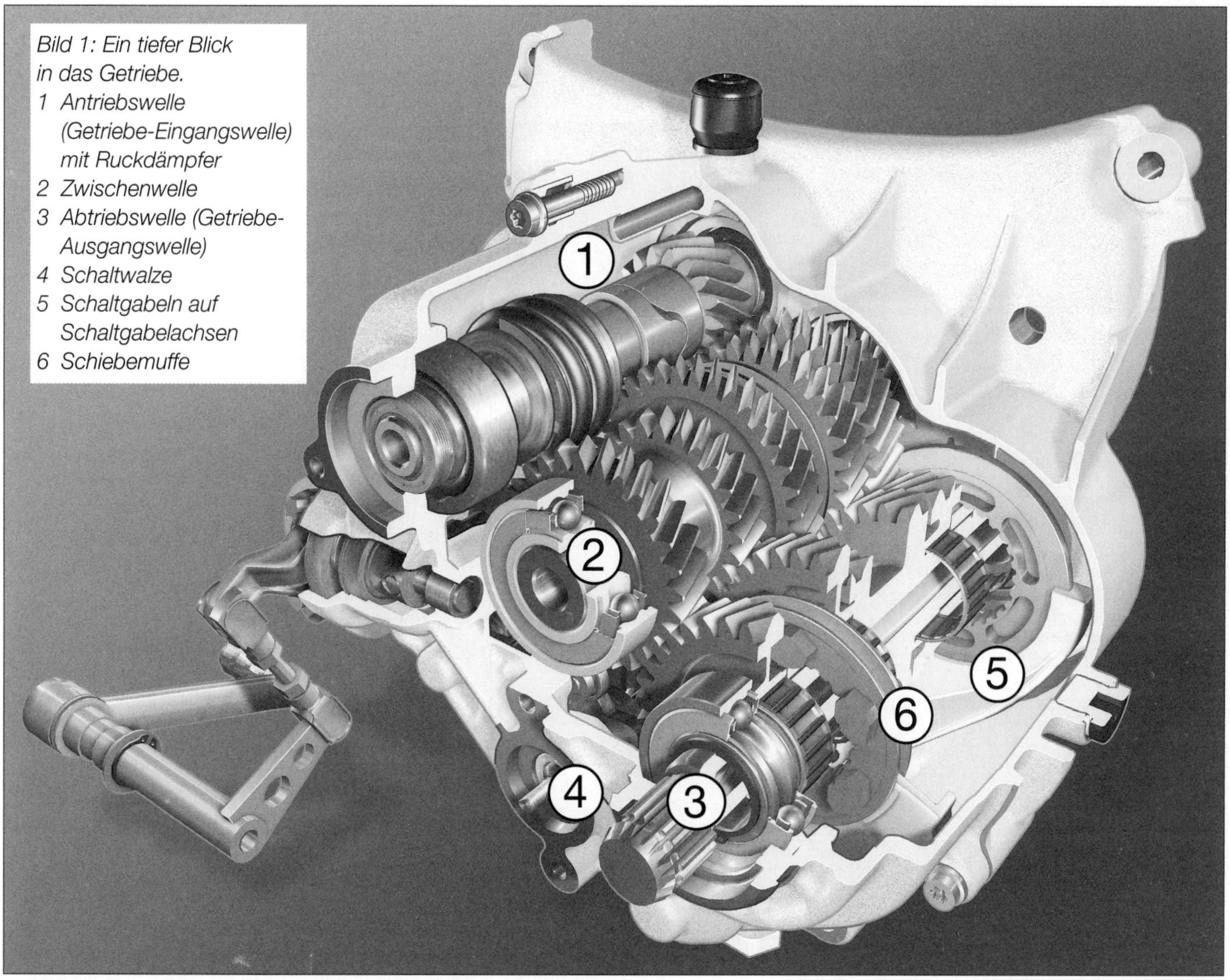

Bild 1: Ein tiefer Blick in das Getriebe.
1 Antriebswelle (Getriebe-Eingangswelle) mit Ruckdämpfer
2 Zwischenwelle
3 Abtriebswelle (Getriebe-Ausgangswelle)
4 Schaltwalze
5 Schaltgabeln auf Schaltgabelachsen
6 Schiebemuffe

Sichtprüfung | Messen

Bilder 2a und 2b: Grundstellung des Schaltfußes.

Bilder 3 bis 3c: Strichmarkierung muss mit Schlitz fluchten.

Fußschalthebel einstellen

1. Bilder 4a bis 5: Am Rand eines jeden Kugelgelenks sitzt ein Sicherungssplint.

1.1. Bild 3b: Den Splint an der Kugelpfanne der Schaltstange von seinem Sitz abwalzen.

1.2. Bild 4a: Splint parallel zur Gewindestange ausziehen.

2. Bild 3c: Kugelpfanne vom Kugelkopf abziehen, dazu fest anpacken!

3. Kontermutter der Gewindestange lösen und die Kugelpfanne nach oben oder unten auf die gewünschte Position drehen.

3.1. Darauf achten, dass die Gewindestange noch mindestens 3 Gewindegänge in die Kugelpfanne eingeschraubt ist! Wenn nicht, Schaltstange am anderen Kugelkopf einstellen.

4. Bild 3c: Schmierring abnehmen, reinigen und mit Staburags NBU 30 PTM leicht einfetten, exakt auf den Kopfbolzen setzen.

4.1. Kugelkopf ebenfalls leicht einfetten.

5. Kugelpfanne auf Kugelkopf drücken, Sicherungssplint einschieben (Bilder 4a und 4b), durch Drehbewegung zum Rand hin aufklicken (Bild 4c) und somit sichern.

6. Kontermutter der Gewindestange festziehen.

Achtung: Darauf achten, dass der Ring des Sicherungssplintes auch wirklich eingerastet ist, es muss leicht klicken. Denn wenn er nicht richtig sitzt, kann er möglicherweise während der Fahrt herausrutschen, die Kugelpfanne springt ab und damit ist die Schaltung außer Funktion!

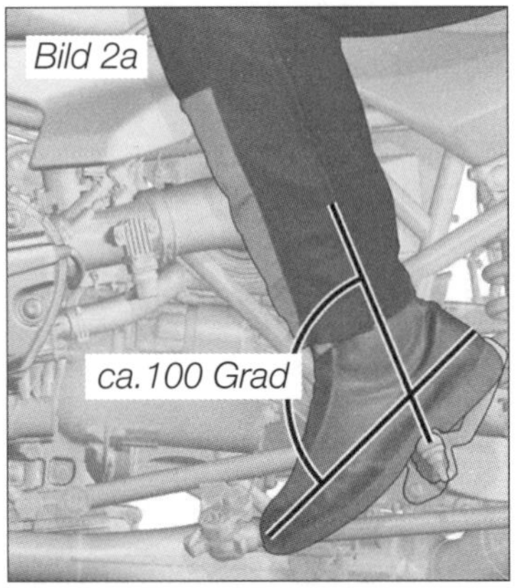

Bild 2a

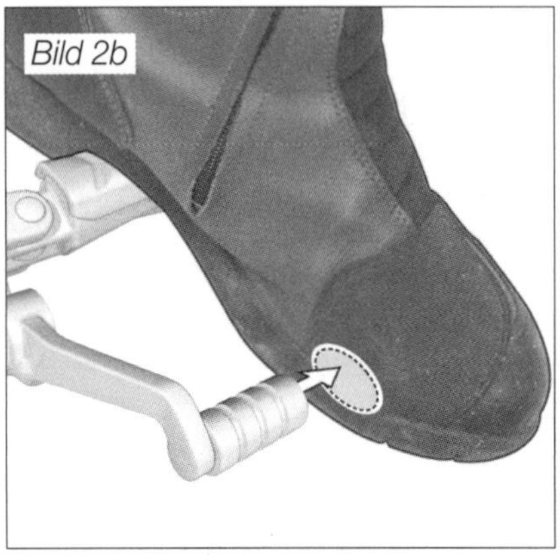
Bild 2b

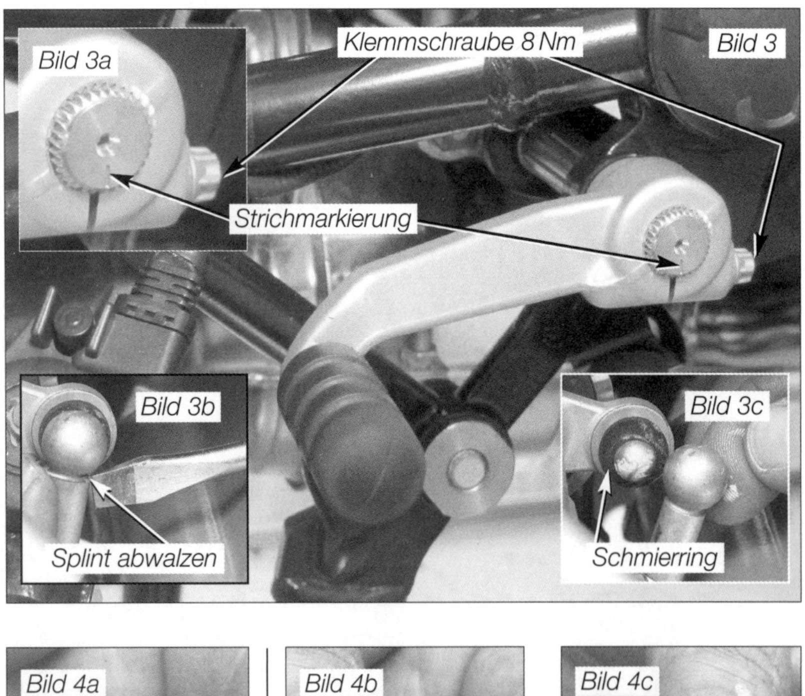

Bild 3

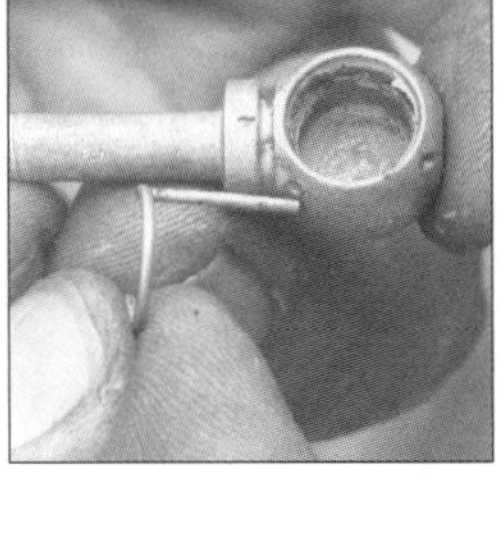
Bild 4a

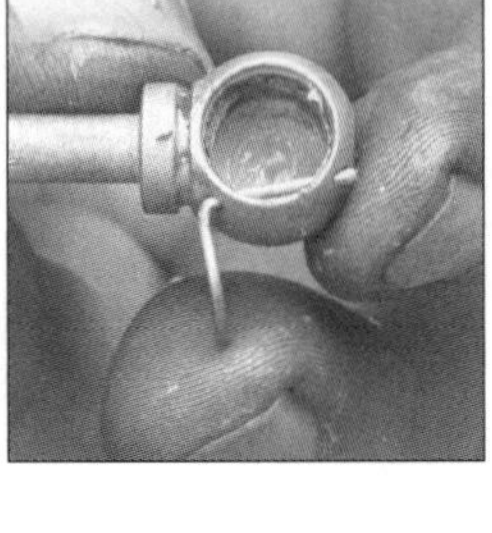
Bild 4b

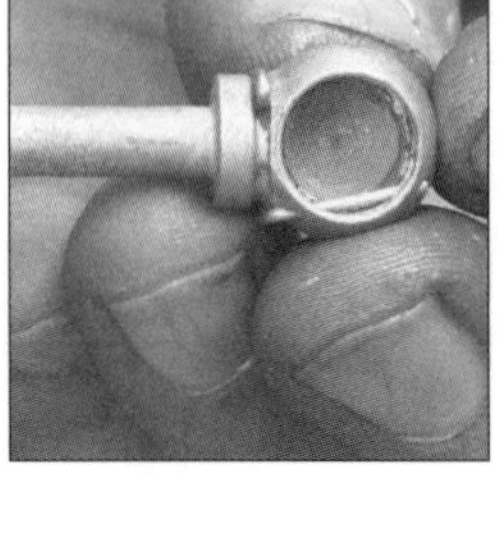
Bild 4c

Schaltprobleme und Behebung

Ganz klar: Falls das Getriebe richtig kaputt ist, muss es repariert werden, am besten in einer BMW-Motorradwerkstatt. Denn zu einer Getriebereparatur sind Spezialwerkzeuge und umfangreiches Fachwissen über Zerlegung und Zusammenbau des BMW-Getriebes nötig.

Profane Schaltprobleme dagegen haben ihre Basis meist in nicht sachgerechter Bedienung, denn konstruktiv bedingt lässt sich ein BMW-Getriebe nicht so schnell schalten wie das eines japanischen Motorrads. Man muss den Schaltvorgang bei einem BMW-Getriebe »sicher zu Ende bringen«:

- Beim Schalten in den nächst höheren (oder nächst niedrigeren) Gang muss der Kupplungshebel ganz durchgezogen werden,
- ...dann erst den Schalthebel bis zum Anschlag nach oben ziehen (bzw. niedertreten),

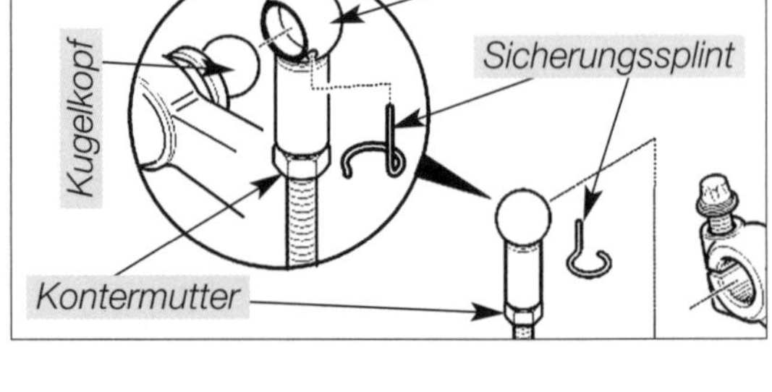

Bild 5

■ …Kupplungshebel loslassen – und erst jetzt den Druck auf den Schalthebel wegnehmen.

Geübte BMW-Fahrer haben damit keine Probleme, weniger geübte dagegen können welche haben. Bevor jedoch das Getriebe als solches lautstark verdammt wird oder gar echte Getriebeprobleme vermutet werden, sollte der Fahrer erst einmal die eigene Art des Schaltens überprüfen und ggf. korrigieren.

Problem: Getriebe schaltet sich schwer
1. Mögliche Ursache: Lagerung der Fußschalthebelwelle im Rahmen (Bild 6b) schwergängig.
Abhilfe: Fußschalthebelwelle ausbauen, gängig machen, gut gefettet einbauen. Nehmen Sie dazu bitte die Zeichnung in Bild 6b zu Hilfe.

2. Mögliche Ursache: Kupplung rückt nicht aus.
Abhilfe: Kupplungshydraulik entlüften (siehe Kapitel 22 »Kupplung«).

3. Mögliche Ursache: Kupplungsbauteile verschlissen.
Abhilfe: Komplett neue Kupplung einbauen. Dies ist Sache der BMW-Werkstatt, weil dazu das Motorrad nahezu komplett zerlegt werden muss.

4. Mögliche Ursache: Zu viel Öl, zu dickes Öl oder zu wenig Öl im Getriebe.
Abhilfe: Öl wechseln. Bestens geeignet und von BMW empfohlen ist das Castrol-Öl »Syntrax Longlife 75W-90«.

Problem: Getriebe schaltet sich ungenau, Gang lässt sich nicht sicher einlegen
1. Mögliche Ursache: Fußschalthebel auf Fußschaltwelle, Schaltstange selbst oder Getriebeschalthebel auf Getriebeschaltwelle lose (siehe Explosionszeichnung in Bild 6b).
Abhilfe: Überprüfen, ob die Schraubverbindungen beider Schalthebel korrekt angezogen sind und die Kugelköpfe klemmfrei arbeiten.
■ Einstellung des Fußschalthebels und Ab- und Anbau der Kugelköpfe siehe weiter vorne in diesem Kapitel.

2. Mögliche Ursache: Wenn der Schalthebel auf der Schaltwelle lose war, weil die Klemmschraube nicht festgezogen war, und über längere Zeit mit loser Klemmschraube gefahren wurde, ist die Verzahnung im Aluminium-Schalthebel meist defekt.
Abhilfe: Neuen Schalthebel anbauen.

Problem: Getriebe macht Geräusche
Mögliche Ursache: Lager im Getriebe defekt und/oder Getriebezahnräder haben Materialausbrüche.
1. Abhilfe: Getriebe reparieren, am besten alle Lager austauschen (teuer!) und/oder die defekten Zahnräder erneuern. Man kann auch ein Austauschgetriebe einbauen (preiswerter).
2. Abhilfe: Getriebeöl wechseln. Das alte, abgelassene Öl nicht gleich wegschütten, sondern mit den Fingerspitzen prüfen: Sind feiner Abrieb oder gar schon grobe Metallspäne zu sehen bzw. zu spüren?
■ Wenn »ja«, wird es Zeit für eine Reparatur des Getriebes. Zeigen Sie dem BMW-Motorradmeister die Krümel und lassen ihn entscheiden.
■ Wenn kein Abrieb oder nur ganz wenig Metall zu spüren/zu sehen ist, neues Getriebeöl einfüllen und hören: Möglicherweise ist das Geräusch jetzt geringer oder sogar ganz verschwunden.

Bilder 4a bis 5 auf der linken Seite: Aus- und Einbau einer Kugelpfanne mit Montagedetails des Sicherungssplints.

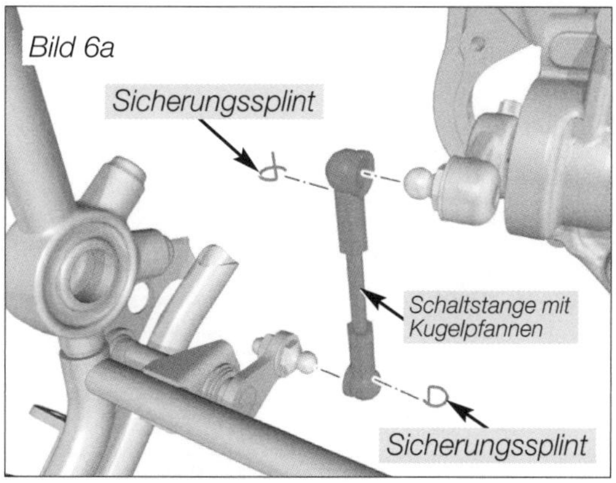

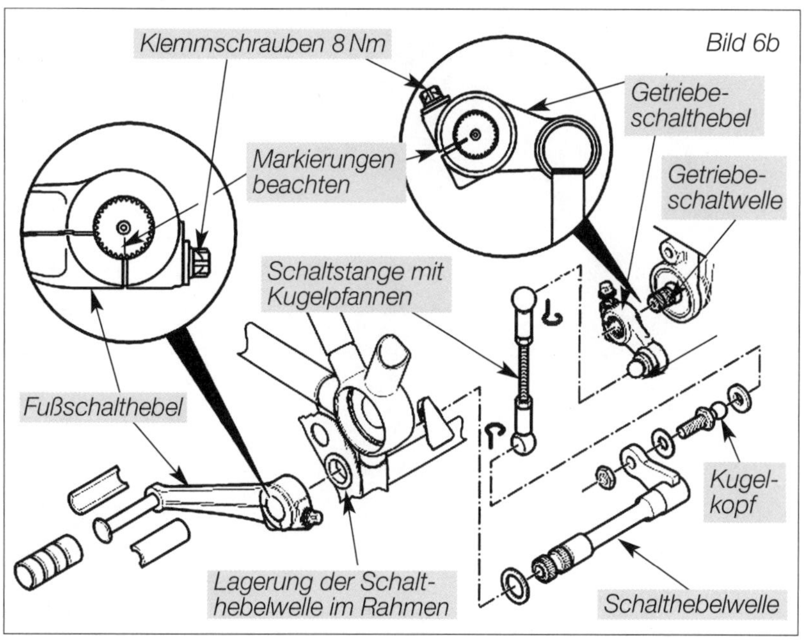

Bilder 6a und 6b: Schema- und Explosionszeichnung der Schaltmechanik vom Fußschalthebel bis zur Getriebeschaltwelle.

■ Bitte achten Sie darauf, dass alle Sicherungssplinte richtig sitzen, siehe dazu Bilder 3b bis 5.

Bild 1: Fächer-Fühlerlehre.

Bild 2: Ventilspiel zwischen Nocke und Schlepphebel messen.

Bilder 3 und 4: Halbkugeln im Werkstatt-Set. Nur solche mit »x« verwenden.

Bild 5: Aussparung beachten.

Ventilspiel

In diesem Kapitel: Ventilspiel · Ventilspiel selbst einstellen? · Ventilspiel kontrollieren · Ventilspiel einstellen · Halbkugeln aus- und einbauen.

Ventilspiel

Bilder 2 und 4: Ein gewisses Spiel zwischen Nocken, Schlepphebel, der eingesetzten Halbkugel und dem Ventilschaftkopf ist nötig, damit das Ventil am Ventilsitz dicht schließt und kein Verbrennungsgas unkontrolliert entweichen kann.

Bei der R 1200 R muss das Ventilspiel laut Wartungsplan alle 10 000 km überprüft und ggf. eingestellt werden: Geprüft wird es mit einer Fühlerlehre (Bilder 1, 2 und 5), eingestellt durch eine Halbkugel mit einem bestimmten Maß (Bilder 3 und 4), die zwischen Schlepphebel und Ventilschaft sitzt. Diese Halbkugel ist in eine formgenaue Einbuchtung des Schlepphebels eingesetzt (Bild 4). Je nach Bedarf wird sie durch eine dickere (bei zu großem Ventilspiel) oder dünnere (bei zu geringem Ventilspiel) ersetzt.

In der Praxis hat es sich gezeigt, dass alle Ventilspiel-relevanten Bauteile im Zylinderkopf von höchster Qualität sind und weder Verschleiß haben (Nocken, Schlepphebel) und sich auch nicht »längen« (Ventilschaft) oder »setzen« (Ventilsitz am Ventil, Ventilsitz im Zylinderkopf). Deswegen bleibt das Spiel bei allen 8 Ventilen über eine lange Zeit innerhalb der Maßtoleranzen, verstellt

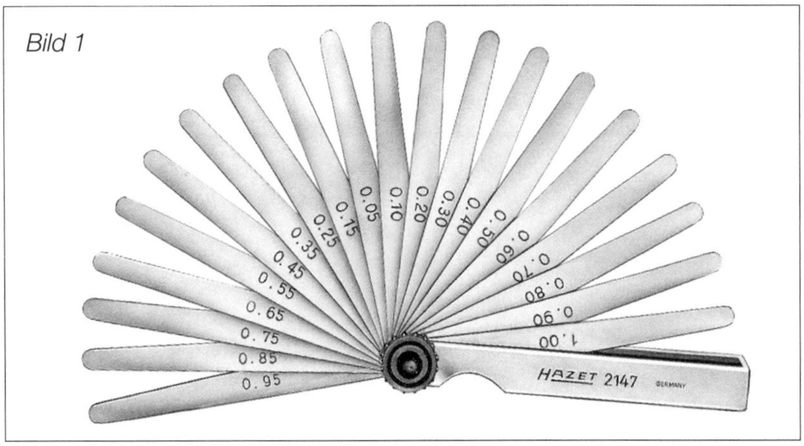

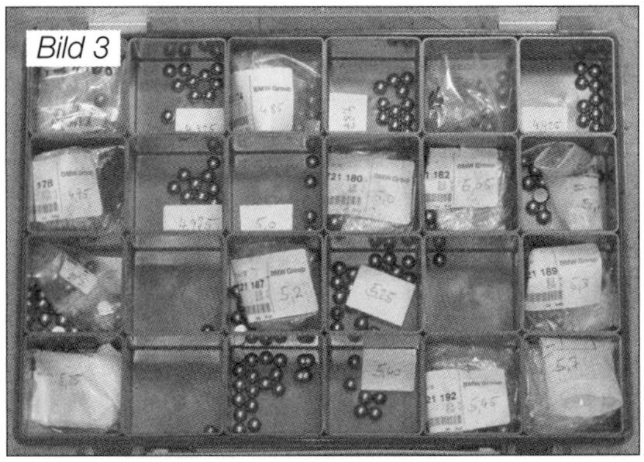

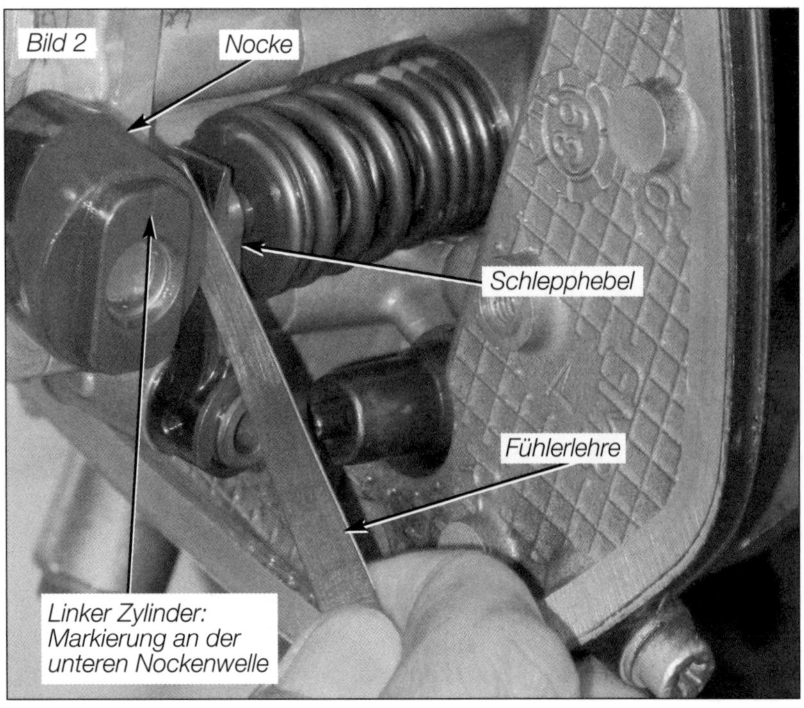

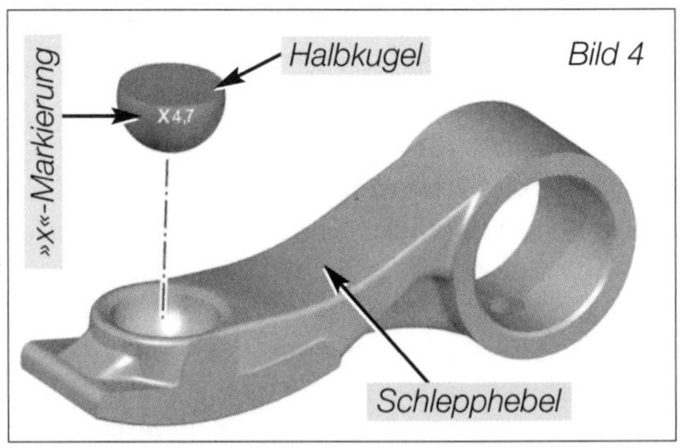

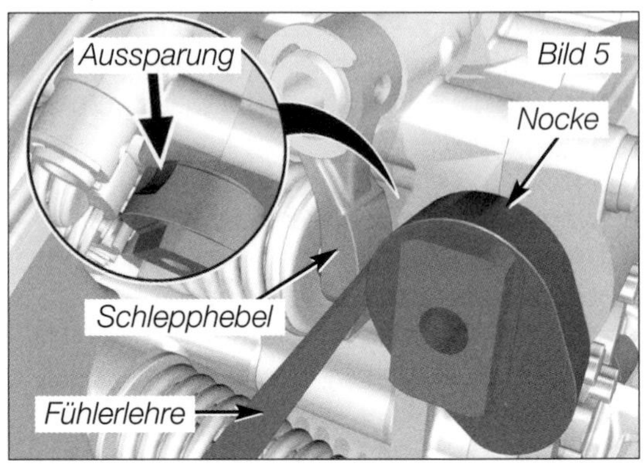

sich nur minimal und muss deswegen bei den Inspektionen alle 10 000 km entweder bei gar keinem oder nur bei wenigen Ventilen neu eingestellt werden.

Dennoch muss eine Prüfung des Ventilspiels alle 10 000 km sein – und wenn das Ventilspiel nicht korrekt innerhalb der Maßtoleranzen ist, müssen bei den maßlich inkorrekten Ventilen neue Halbkugeln eingebaut werden.

Ventilspiel selbst einstellen?

Wenn sich für wenig geübte Hobbyschrauber die Frage stellt, das Ventilspiel selbst zu prüfen und ggf. neu einzustellen oder die Maschine dazu in die BMW-Werkstatt zu bringen, dann raten wir zu Letzterem. Denn Kontrolle und Neueinstellung ist eine Arbeit, die Können und Fingerspitzengefühl erfordert.

Wenn die BMW-Werkstatt andere Ventilspiel-Einstell-Halbkugeln einbaut, sind diese in der Regel nicht neu, sondern Austauschteile, die in der Werkstatt in großer Anzahl vorrätig sind (Bild 3). Gebrauchte Halbkugeln können guten Gewissens als »so gut wie neu« verkauft werden, denn sie sind so hart, dass sie weder verschleißen, brechen oder anderweitig unbrauchbar werden.

Wenn Sie jedoch das Ventilspiel selbst einstellen möchten und dazu beim BMW-Händler neue Halbkugeln kaufen müssen, dann verkauft er Ihnen neue Teile, welche ziemlich teuer sind.

Ventilspiel kontrollieren

Ist-Ventilspiel feststellen

- Das vorgeschriebene Ventilspiel beträgt:
  für Einlass .... 0,13 mm bis 0,23 mm
  für Auslass .... 0,30 mm bis 0,40 mm
- Bild 2: Das Ventilspiel wird zwischen Nockenlaufbahn und Schlepphebel gemessen, NICHT zwischen Einstell-Halbkugel und Ventilkopf.
- Bild 5: Ventilspiel NICHT an den Aussparungen der Nocken messen!

Zur Kontrolle des Ventilspiels muss der Motor kalt sein (maximal 35° C). Motorrad auf Mittelständer oder Heckmontageständer abstellen.
1. Zündkerzenstecker der Hauptzündkerzen abziehen und eben diese Zündkerzen ausschrauben (siehe Kapitel 16 »Zündkerzen«).
2. Bild 6: Zylinderkopfhaube (»Ventildeckel«) abbauen. Dazu die zwei von außen zu sehenden Schrauben ausschrauben, Wanne für austretendes Öl unter Zylinder stellen, Zylinderkopfhaube mit einer Hand halten und mit der Faust leicht anstoßen, damit sich die Dichtungen lösen, dann abnehmen. Austretendes Öl auffangen.
2.1. Ventildeckeldichtung und den Dichtring der Zündkerzenöffnung abnehmen, reinigen.

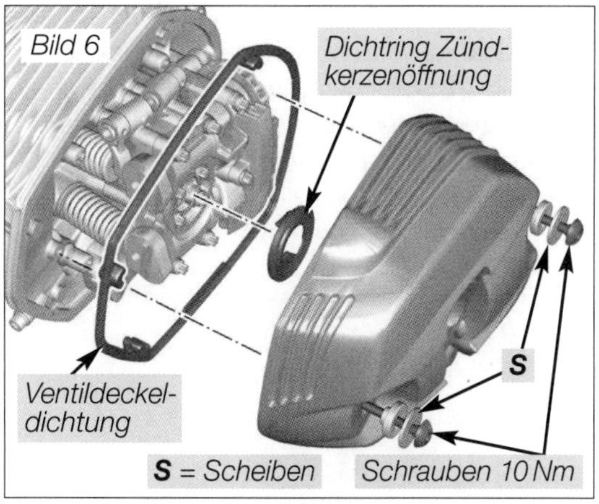

Bild 6: Explosionszeichnung zeigt Ventildeckel, Schrauben und Dichtungen.

Bild 7a: Markierungen einstellen zur Ventilspielkontrolle des rechten Zylinders.

Bild 7b: Markierungen einstellen zur Ventilspielkontrolle des linken Zylinders.

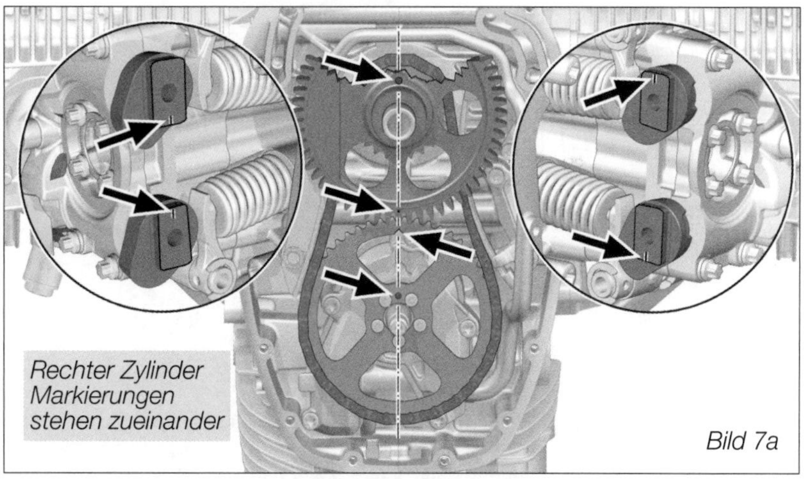

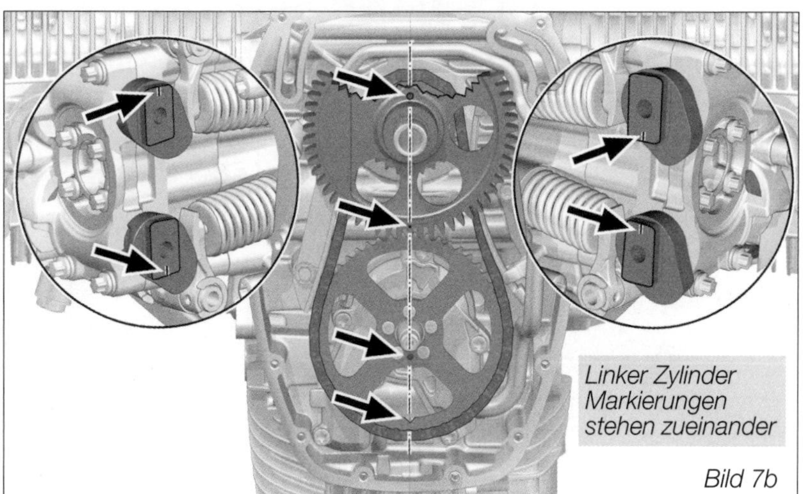

3. Oberen Totpunkt (OT) einstellen: 6. Gang einlegen, langsam am Hinterrad in Fahrtrichtung drehen, bis die Markierungen an den Nockenwellen zueinander fluchten:

3.1. Zur Ventilspielkontrolle rechter Zylinder Markierungen zueinander wie in Bild 7a.

3.2. Zur Ventilspielkontrolle linker Zylinder Markierungen zueinander wie in Bild 7b.

4. Ventilspiel prüfen: Fühlerlehre zwischen Nocken und Schlepphebeln durchziehen (Bild 2). So lange mit verschieden dicken Fühlerlehren prüfen, bis man eine Fühlerlehre gefunden hat, die sich zwischen Nocke und Schlepphebel satt durchziehen lässt.

4.1. Dieses so genannte »Ist-Ventilspiel« mit Zylinderbezeichnung »links« oder »rechts« sowie »E« und »A« (für Einlass und Auslass) und jeweils »oben« und »unten« notieren. Es dient später dazu, neue Halbkugeln auszuwählen, um das Ventilspiel auf die vorgeschriebenen Werte einzustellen.

5. Ergebnisse bewerten:

- Wenn die gemessenen Ventilspiele innerhalb der vorgeschriebenen Toleranzen liegen, kann der Motor wieder zusammengebaut werden.
- Wenn das Ventilspiel bei einem oder mehreren Ventilen nicht der Vorschrift entspricht, müssen neue Halbkugeln mit anderen Maßen eingebaut werden.

Ventilspiel einstellen

Zur Auswahl der passenden Halbkugel (Bilder 4 und 13) stehen 23 verschiedene Halbkugeln zur Verfügung (Bild 3) mit Dicken von 4,60 bis 5,70 mm in Abstufungen von 0,05 mm. Es dürfen nur Halbkugeln mit »x«-Kennzeichnung verwendet werden (Bild 4)!

Beispiel: Bestimmung einer neuen Halbkugel für das vorgeschriebene Einlass-Ventilspiel von 0,13 bis 0,23 mm.

- Gemessenes Einlass-Ventilspiel 0,28 mm.
- Dicke der eingebauten Halbkugel 4,70 mm.
- Die eingebaute Halbkugel ersetzen durch eine neue mit einer Dicke von 4,80 mm.

Ergebnis: Das neue Einlass-Ventilspiel beträgt 0,18 mm.

Achtung: Auf keinen Fall versuchen, eine Halbkugel mit Feile oder Schleifpapier passend zu machen!

Halbkugeln aus- und einbauen

Zum Abziehen der Sicherungsclips empfiehlt BMW das Werkzeug »Zange« (Nr. 11 1 911, Bilder 9 und 10). Man kann aber auch mit einem kleinen Schraubenzieher (Bild 11) und einer Flachspitzzange arbeiten.

Wichtig: BMW schreibt vor, die Sicherungsclips zu erneuern. Wenn sie noch genügend Spannung haben, können sie

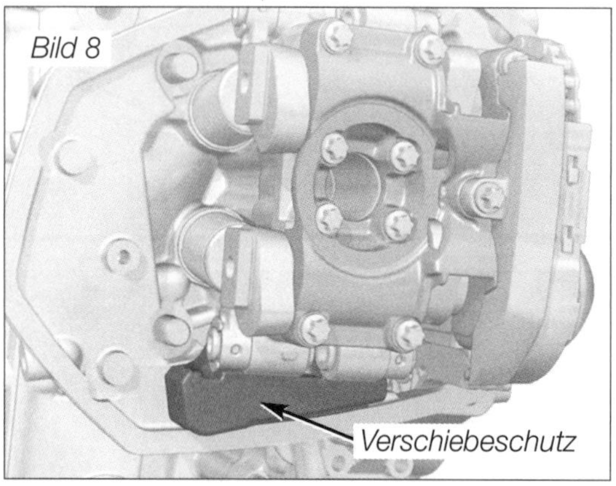

Bild 8: Einbaulage des Verschiebeschutzes.

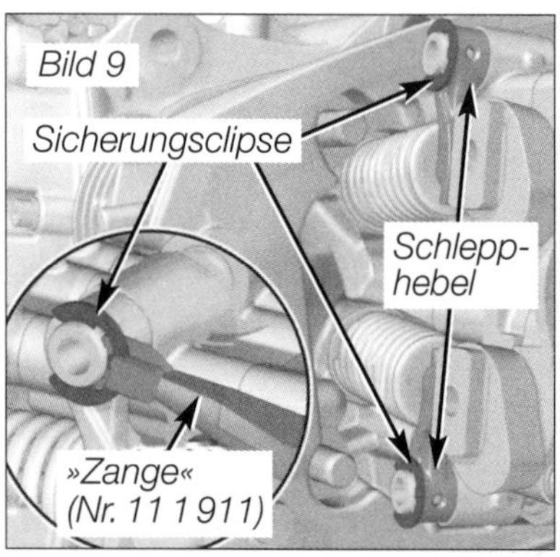

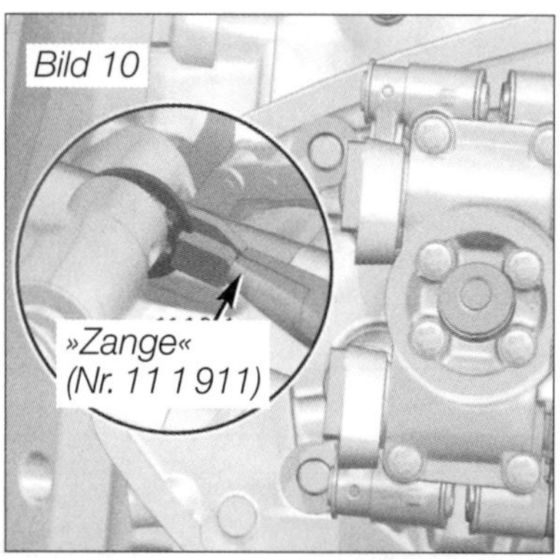

Bilder 9, 10 und 11: Aus- und Einbau der Sicherungsclips.

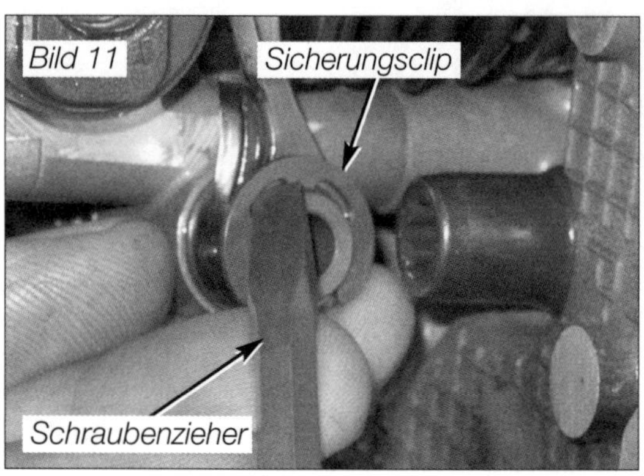

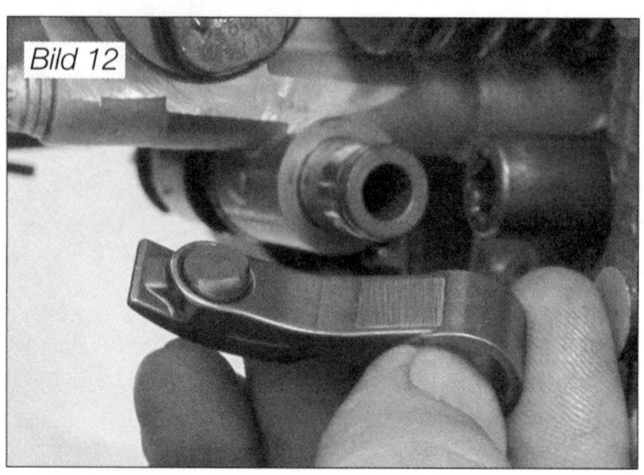

Bild 12: Beim Aus- und Einbau der Schlepphebel darauf achten, dass die Halbkugel sitzt und nicht herausfällt.

noch einmal verwendet werden. Beim Einbau darauf achten, dass der Sicherungsclip mit der scharfen Kante nach außen (= vom Schlepphebel weg) eingebaut wird.

1. Zylinderkopfhaube ist abgebaut wie weiter vorne beschrieben.

2. Schlepphebel ausbauen:

2.1. Auslass-Schlepphebel: Sicherungsclip mit »Zange« packen und ausziehen (Bild 9) oder mit Schraubenzieher abschieben (Bild 11). Schlepphebel von Schlepphebelwelle abziehen (Bild 12).

2.2. Bild 10: Einlass-Schlepphebel: Sicherungsclip ausziehen/abschieben, Schlepphebelwelle nach vorn in Richtung Auslass-Schlepphebelwelle schieben, um hinten Platz zu schaffen für den Ausbau des Schlepphebels.

Wichtig: Unbedingt darauf achten, dass die Halbkugel nicht herausfällt.

3. Halbkugel aus Sitz herausnehmen.

4. Bilder 14 und 15: Neue Halbkugel in den Schlepphebel einsetzen. Etwas Fett daran geben und in ihren Sitz eindrücken bzw. »einkleben«.

5. Schlepphebel einbauen.

5.1. Auslass-Schlepphebel: Auf Schlepphebelwelle aufschieben, Sicherungsclip einbauen.

■ Bilder 16 und 17: Sicherungsclip so einbauen, dass die offene Seite zum Zylinderkopf hinzeigt. So kann er beim Aufsetzen der Zylinderkopfhaube nicht abgeschoben werden.

5.2. Einlass-Schlepphebel: Schlepphebelwelle muss nach vorne ausgeschoben sein, Schlepphebel ansetzen, Schlepphebelwelle bis ganz nach hinten einschieben.

Wichtig: Unbedingt darauf achten, dass die Halbkugel nicht herausfällt.

5.3. Bild 16: Sicherungsclip einbauen und prüfen: Er muss stramm sitzen!

6. An den eingestellten Ventilen das Ventilspiel erneut prüfen.

7. Bilder 6 und 18: Zylinderkopfhaube aufbauen:

7.1. Dichtung und Dichtflächen reinigen. Ventildeckeldichtung und Dichtring Zündkerzenöffnung öl- und fettfrei einsetzen.

■ Bild 18: Dichtring Zündkerzenöffnung so einsetzen, dass die beiden Nasen oben und unten stehen.

■ Darauf achten, dass beim Aufbau kein Clip heruntergedrückt oder abgeschoben wird.

7.2. Schrauben einschrauben, mit 10 Nm festziehen.

8. Zündkerzen und Zündkerzenstecker einbauen.

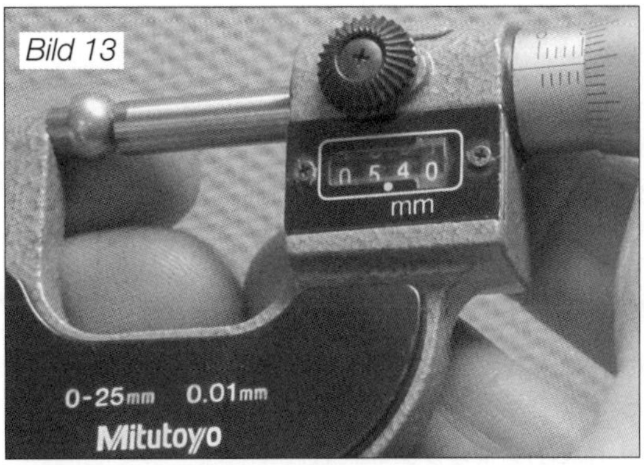

Bild 13: Messen der Halbkugel mit einer Bügelmessschraube.

Bilder 14 und 15: Einsetzen der Halbkugel mit etwas Fett.

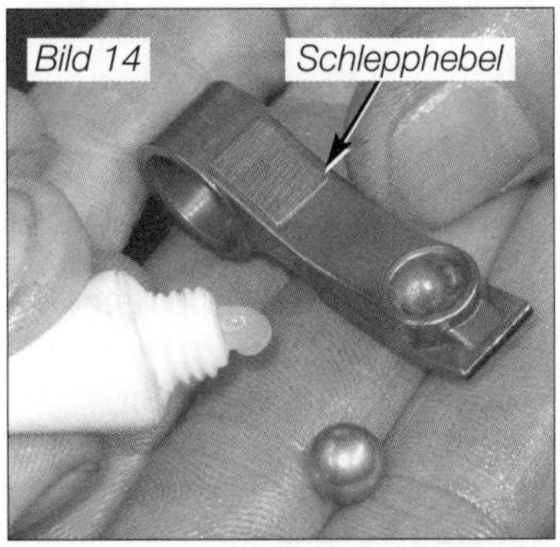

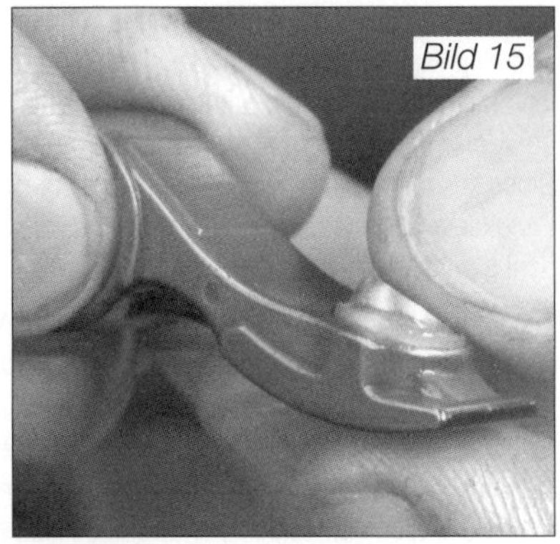

Bilder 16 und 17: Einbau des Sicherungsclip mit der offenen Seite zum Zylinderkopf hin.

Bild 18: Einbaulage von Ventildeckeldichtung und Dichtung der Zündkerzenöffnung.

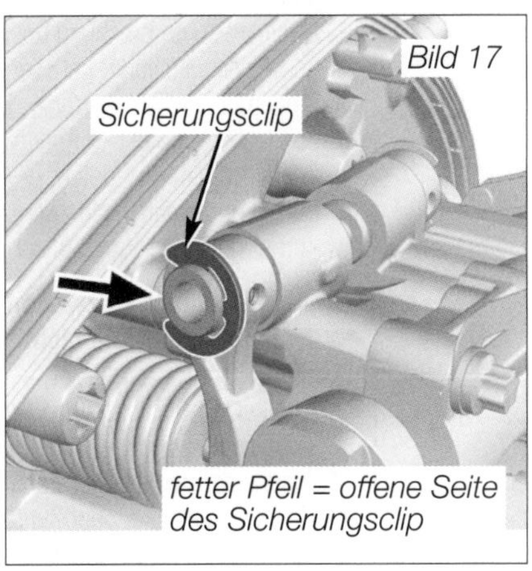

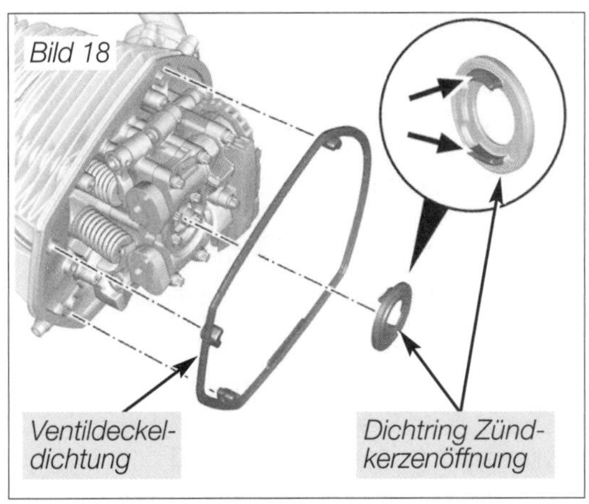

Störungssuche

In diesem Kapitel: Störungssuche in Elektrik, Motor, Einspritzsystem, Kraftübertragung und Fahrwerk.

Die BMW R 1200 R ist als zuverlässiges Motorrad bekannt. Auch das ABS (Anti-Blockier-System) macht keine Probleme. Sollte bei Ihrer Maschine irgendwo ein Fehler auftreten, kann dieses Kapitel helfen bei der Suche nach der Störungsursache. Wir empfehlen Ihnen, es gelegentlich durchzulesen, auch ohne dass ein Defekt am Motorrad Sie dazu zwingt. Sie lernen dazu und sensibilisieren sich damit für den Fall der Fälle, können bei einem auftretenden Fehler schneller zur »Möglichen Ursache« kommen.

Wenn Sie in den Text einsteigen, werden Sie feststellen, dass sich einige Textpassagen unter »Mögliche Ursachen« bei ganz verschiedenen Fehlerursachen wiederholen, denn mögliche Fehlerquellen können sich verzahnen und eine Negativkette bilden. Beispiel: Wenn über Winter mehrere Tage lang (oder auch Wochen) am teilzerlegten Motorrad geschraubt wurde und der Motor danach nicht anspringt, kann es durchaus sein, dass folgende Dinge zusammenkommen: Spritleitung nicht richtig angeschlossen und Zündkerzen geben keinen Funken ab, weil die Zündkerzenstecker nicht richtig aufgesteckt sind.

Sollte Ihre Maschine einmal den Geist aufgeben und einfach stehen bleiben, sei es mit oder ohne grobe Nebengeräusche, dann bleiben Sie cool. Überlegen Sie: Wo wurde zuletzt herumgeschraubt? Fehler und Probleme haben meist einfache Gründe, man muss sie nur finden! Vieles ist simpel, alles ist logisch. Denn bei allen Emotionen, die im Motorradfahren drinstecken, ist ein Motorrad eben doch bloß ein technisches Gerät, dessen einzelne Bauteile nach physikalisch-technischen Gesichtspunkten funktionieren und zusammenwirken.

Zu den Anmerkungen: »➔ *Fachwerkstatt*« meint Motorrad-Werkstätten, die von einem Meister geführt werden. »➔ *BMW-Werkstatt*«: Zur Lösung eines solchen Problems werden BMW-interne Unterlagen und Diagnosegeräte benötigt.

In diesem Sinne wünschen wir frohes Fehlersuchen!

Elektrik

BELEUCHTUNG UND BLINKER

Fehler: Scheinwerfer funktioniert nicht
Mögliche Ursachen:
- Lampe(n) durchgebrannt ➔ *Kapitel* 11
- Lampentyp falsch ➔ *Kapitel* 11
- Kabelanschlüsse korrodiert, nicht fest genug ➔ *Kapitel* 11
- Zu viele Nebenverbraucher, Batterie dafür zu schwach ➔ *Kapitel* 13
- Zündschloss defekt ➔ *Kapitel* 12 ➔ *BMW-Werkstatt*

Fehler: Blinker funktioniert nicht
Mögliche Ursachen:
- Blinklampe(n) durchgebrannt ➔ *Kapitel* 11
- Lampentyp falsch ➔ *Kapitel* 11
- Stecker nicht fest zusammen, Anschlüsse korrodiert ➔ *Kapitel* 12
- Kabel zum Blinker schadhaft ➔ *Kapitel* 12 ➔ *Fachelektriker*
- Blinkerschalter defekt ➔ *Kapitel* 12 ➔ *Fachelektriker*
- Zündschloss defekt ➔ *Kapitel* 12 ➔ *BMW-Werkstatt*

Fehler: Blinkerrhythmus zu langsam oder zu schnell
Mögliche Ursachen:
- Lampentyp falsch ➔ *Kapitel* 11
- Blinkerschalter defekt ➔ *Kapitel* 12 ➔ *Fachelektriker*
- Zündschloss defekt ➔ *Kapitel* 12 ➔ *BMW-Werkstatt*
- Blinklampe(n) durchgebrannt ➔ *Kapitel* 11
- Zündschloss defekt ➔ *Kapitel* 12 ➔ *BMW-Werkstatt*

Fehler: Hupe funktioniert nicht
Mögliche Ursachen:
- Hupe defekt oder falsch eingestellt ➔ *Kapitel* 11
- Kabel zur Hupe schadhaft ➔ *Kapitel* 11 12
- Hupenschalter defekt ➔ *Kapitel* 12 ➔ *Fachelektriker*
- Batterie defekt ➔ *Kapitel* 13
- Zündschloss defekt ➔ *Kapitel* 12 ➔ *BMW-Werkstatt*

BATTERIE UND LADESYSTEM

Fehler: Kein Strom trotz eingeschalteter Zündung
Mögliche Ursachen:
- Batterie leer oder altersbedingt funktionsunfähig ➔ *Kapitel* 13 14
- Kabel am Batterieanschluss lose ➔ *Kapitel* 13 14
- Massekabel in sich gebrochen oder hat keine zuverlässige Masseverbindung (»schlechter Kontakt«) ➔ *Kapitel* 12 13
- Kontakte der Steckverbindungen im Ladesystem korrodiert ➔ *Kapitel* 14
- Störung im Regler/Gleichrichter ➔ *Kapitel* 14 ➔ *BMW-Werkstatt*
- Zündschloss defekt ➔ *Kapitel* 12 ➔ *BMW-Werkstatt*

Fehler: Schwacher Strom: Anlasser dreht langsam durch, Motor springt nicht an
Mögliche Ursachen:
- Batterie leer, zu niedrige Spannung, Kabel am Batterieanschluss lose ➔ *Kapitel* 13 14
- Kabel am Anlasser lose ➔ *Kapitel* 15

Fehler: Schwacher Strom bei laufendem Motor
Mögliche Ursachen:
- Batterie unzureichend geladen ➔ *Kapitel* 13 14
- Batterie hat eine oder mehrere »tote« Zellen ➔ *Kapitel* 13
- Störung im Ladesystem ➔ *Kapitel* 14
- Kontakte der Steckverbindungen im Ladesystem korrodiert ➔ *Kapitel* 14
- Störung im Regler/Gleichrichter ➔ *Kapitel* 14 ➔ *BMW-Werkstatt*

Fehler: Zeitweilig aussetzender Strom
Mögliche Ursachen:
- Kabel am Batterieanschluss lose (»Wackelkontakte«) ➔ *Kapitel* 12 13 14

ZÜNDSYSTEM

Fehler: Motor wird durchgedreht, springt aber nicht an
Mögliche Ursachen:
- Kein Funke an den Zündkerzen ➔ *Kapitel* 16 17
- Zündkerzenstecker defekt ➔ *Kapitel* 16 17
- Steuergerät defekt ➔ *Kapitel* 12 17 ➔ *BMW-Werkstatt*

Fehler: Kein Funke an den Zündkerzen
Mögliche Ursachen:
- Motorstoppschalter (»Killschalter«) defekt ➔ *Kapitel* 12
- Stromkreisunterbrechung bzw. Wackelkontakt durch schlecht angeschlossene(s) oder gerissene(s) Kabel ➔ *BMW-Werkstatt*
- Steuergerät defekt ➔ *Kapitel* 12 17 ➔ *BMW-Werkstatt*
- Zündschloss defekt ➔ *Kapitel* 12 ➔ *BMW-Werkstatt*
- Zündkerzenstecker defekt ➔ *Kapitel* 16 17
- Batterie schwach, nicht ausreichend geladen ➔ *Kapitel* 13
- Kurbelwellenpositions-Sensor (Zündgeber) defekt ➔ *Kapitel* 12 17

Fehler: Motor springt zwar an, läuft aber stotternd und/oder dreht nicht hoch
Mögliche Ursachen:
- Zündkerzen-Elektrodenabstand zu groß ➔ *Kapitel* 16
- Zündkerzen verrußt oder verölt (»nass«) ➔ *Kapitel* 16
- Zündkerzenstecker oder Zündkerze lose ➔ *Kapitel* 16
- Zündkerzenstecker oder Zündkerze defekt ➔ *Kapitel* 16 17
- Loses oder blankes Kabel im Kabelbaum ➔ *Kapitel* 12 ➔ *BMW-Werkstatt*

- Anschlusskabel und/oder Stecker am Zündkerzenstecker defekt → Kapitel 16 17 → BMW-Werkstatt
- Falscher Zündzeitpunkt → Kapitel 12 17 → BMW-Werkstatt
- Steuergerät bzw. einer der Sensoren defekt → Kapitel 12 17
- Defekt im Einspritzsystem → Kapitel 17
- Steuerzeiten falsch → Kapitel 24

ANLASSER

Fehler: Anlassermotor dreht sich nicht
Mögliche Ursachen:
- Batterie entladen (»schwach«) → Kapitel 13
- Starterknopf defekt, Kontaktschwäche im Gehäuse oder im Kabelbaum → Kapitel 12
- Motorstoppschalter (»Killschalter«) auf »STOP« → Kapitel 12
- Anlasserrelais defekt → Kapitel 12 15
- Anlasser defekt → Kapitel 15
- Stromkreisunterbrechung/Kontaktschwäche durch loses oder abgetrenntes Kabel → BMW-Werkstatt
- Gangpositions-Sensor (Getriebepotentiometer) defekt → Kapitel 12
- Kupplungsschalter defekt → Kapitel 12

Fehler: Anlasser (Elektrostarter) dreht Motor nur langsam durch
Mögliche Ursachen:
- Schwache Batterie → Kapitel 13
- Batteriekabel schlecht angeschlossen → Kapitel 13
- Anlassermotor klemmt, defekt → Kapitel 15
- Zähes Motoröl (zu dickes Öl für Winterbetrieb) → Kapitel 21

Fehler: Anlasser läuft, ohne den Motor durchzudrehen
Mögliche Ursachen:
- Zahnräder im Planetengetriebe oder Anlasserritzel defekt → Fachwerkstatt
- Verzahnung auf der Schwungscheibe defekt → Fachwerkstatt

Fehler: Anlasserrelais »klickt«, Anlasser dreht Motor aber nicht durch
Mögliche Ursachen:
- Zu schwache Batterie → Kapitel 13
- Anlasserkabel schlecht angeschlossen → Kapitel 15
- Anlasserrelais defekt → Kapitel 12 15
- Kurbelwelle dreht sich nicht, weil blockiert → Fachwerkstatt

Motor, Einspritzung

Fehler: Motor wird vom Anlasser durchgedreht, springt aber nicht an
Mögliche Ursachen:
- Kein Benzin im Tank
- Benzin verunreinigt oder von schlechter Qualität → Kapitel 3
- Motor mit Benzin überflutet (»ersoffen«): Einspritzung funktioniert, Zündung aber nicht → Kapitel 16 17
- Benzinpumpe arbeitet nicht → Kapitel 3 17
- Benzinpumpe oder -schlauch verstopft → Kapitel 3 17
- Luftfilter total zugesetzt → Kapitel 18
- Kein Funke an den Zündkerzen → Kapitel 16 17
- Motorelektronik oder Sensor(en) defekt → Kapitel 12 17
- Kompression zu niedrig: Zündkerzen lose, Ventile blasen durch, Ventile verschlissen, Zylinderkopfdichtung defekt → BMW-Werkstatt
- Benzin gelangt nicht zu den Einspritzdüsen → Kapitel 3 17
- Einspritzdüse(n) verstopft, defekt → Kapitel 17
- Benzin gelangt nicht in den Ansaugtrakt → Kapitel 17
- Benzinpumpe arbeitet nicht richtig → Kapitel 3 17
- Motorelektronik defekt → Kapitel 12 → BMW-Werkstatt

Fehler: Motor springt schlecht an, geht sofort aus
Mögliche Ursachen:
- Zündanlage hat Unterspannung → Kapitel 13 → BMW-Werkstatt
- Zündkerze(n) defekt: falscher Elektrodenabstand, Kerze hat Masseschluss → Kapitel 16
- Anschlusskabel oder Verbindungsstecker der Zündkerzenstecker beschädigt: in sich gebrochen → Kapitel 16 17
- Kerzenstecker ist (sind) nicht richtig auf die Zündkerze(n) aufgesteckt → Kapitel 16
- Leerlaufdrehzahl zu niedrig → Kapitel 17 19 → BMW-Werkstatt
- Tankbe-/entlüftung verstopft → Kapitel 3
- Zünd-Einspritzanlage defekt: Steuergerät oder einer der Sensoren defekt → Kapitel 12 17 → BMW-Werkstatt
- Benzin verschmutzt: Dreck im Tank, in Benzinleitungen oder in Einspritzsystem → Kapitel 3 17

Fehler: Motor springt schlecht an, hat geringe Leistung bei niedrigen Drehzahlen
Mögliche Ursachen:
- Ventile falsch eingestellt, haben zu wenig Spiel → Kapitel 24
- Nockenwelle(n) defekt, abgenutzt → BMW-Werkstatt
- Ventilfeder(n) gebrochen → BMW-Werkstatt
- falsche Ventilsteuerzeiten durch Montagefehler → BMW-Werkstatt
- Ventilsitze undicht, verbrannt, Ventilführungen verschlissen, Ventil verbogen, sitzt fest → BMW-Werkstatt
- Kolbenringe verklebt, verschlissen, gebrochen → BMW-Werkstatt
- Zylinderlaufbahn und/oder Kolben verschlissen → BMW-Werkstatt

Fehler: Unrunder Leerlauf
Mögliche Ursachen:
- Ventilspiel nicht korrekt: Zu weit oder zu eng → Kapitel 24
- Zündsystem defekt → Kapitel 17 → BMW-Werkstatt
- Zündkerze(n) defekt: zu geringer oder zu großer Elektrodenabstand, Kerze hat Masseschluss → Kapitel 16
- Zündkerzenstecker mit schlechtem Kontakt → Kapitel 16
- Steuergerät oder Sensor(en) defekt → Kapitel 12 17
- Drosselklappen nicht synchron → Kapitel 17 → BMW-Werkstatt
- Leerlauf falsch eingestellt → Kapitel 17 19 → BMW-Werkstatt
- Schrittmotor/Leerlaufstepper defekt → Kapitel 12 17 → BMW-Werkstatt
- Benzin und/oder Benzinfilter verschmutzt → Kapitel 17
- Drosselklappen nicht freigängig, Gaszüge defekt → Kapitel 17
- Benzinpumpe defekt → Kapitel 3 17

Fehler: Ruckeln/Aussetzer beim Beschleunigen
Mögliche Ursachen:
- Zündkerzen-Elektrodenabstand falsch → Kapitel 16
- Zündkerzenstecker nicht richtig angebracht → Kapitel 16
- Zündkerzenstecker/Zündspule defekt → Kapitel 16
- Feuchtigkeit bzw. Kontaktprobleme in den Steckverbindungen der Motorelektrik → Kapitel 12 17
- Drosselklappen falsch eingestellt → Kapitel 17
- Steuergerät oder einer der Sensoren defekt → Kapitel 12 17
- Einspritzventile defekt → Kapitel 17
- Batterie defekt oder zu niedrige Batteriespannung → Kapitel 13
- Kurbelwellenpositions-Sensor (Zündgeber) defekt → Kapitel 12 17
- Benzin verschmutzt: Dreck im Tank, in Benzinpumpe und/oder Leitungen → Kapitel 3 17

Fehler: Motor patscht, produziert Fehlzündungen
Mögliche Ursachen:
- Motorelektronik bzw. Zündsystem defekt → BMW-Werkstatt
- Zündkerzen-Elektrodenabstand falsch → Kapitel 17
- Luftfilterkastenanschlüsse ziehen Nebenluft → Kapitel 17
- Ansaugstutzen rissig, gebrochen, lose, ziehen Falschluft → Kapitel 17

Fehler: **Geringe Leistung und hoher Verbrauch**
Mögliche Ursachen:
- Luftfilter stark verschmutzt → *Kapitel* 18
- Benzinsystem verstopft → *Kapitel* 3 17
- Zünd-Einspritzsystem defekt → *Kapitel* 17
- Steuergerät oder Sensor(en) defekt → *Kapitel* 12 17

Fehler: **Motor zieht nicht richtig, wird zu heiß**
Mögliche Ursachen:
- Benzinleitung gequetscht, eingeklemmt → *Kapitel* 3
- Druckverlust im Benzinsystem → *Kapitel* 3
- Tankbelüftung verstopft, Belüftungsschlauch geknickt oder eingeklemmt → *Kapitel* 3
- Steuergerät oder Sensor(en) defekt → *Kapitel* 12 17
- Zu mageres Gemisch: Einspritzdüsen verstopft → *Kapitel* 17

Fehler: **Motor zieht nicht, raucht aus dem Auspuff**
Mögliche Ursachen:
- Luftfilter sehr stark verschmutzt → *Kapitel* 18
- Zu fettes Gemisch, weil Motorelektronik falsche Signale von einem der Sensoren bekommt → *Kapitel* 17 → *BMW-Werkstatt*

Fehler: **Motortemperatur zu hoch**
Mögliche Ursachen:
- Zu wenig Öl im Motor → *Kapitel* 1 21
- Ölkühler außen verschmutzt → *Kapitel* 21
- Ölkühlerthermostat hängt in geschlossener Stellung → *Fachwerkstatt*
- Leitungen zum Ölkühler verstopft/abgeklemmt → *Kapitel* 21
- Ölpumpe defekt oder Ölkreislauf verstopft → *Fachwerkstatt*
- Luft-Kraftstoff-Gemisch zu mager → *Kapitel* 17
- Falschluftansaugung im Ansaugsystem → *Kapitel* 17
- Übermäßige Ölkohleablagerung im Brennraum → *Fachwerkstatt*

Fehler: **Motortemperatur zu niedrig**
Mögliche Ursachen:
- Ölkühlerthermostat hängt in geöffnetem Zustand → *Fachwerkstatt*

SCHMIERSYSTEM

Fehler: **Ölstand zu niedrig, hoher Ölverbrauch**
Mögliche Ursachen:
- Zu wenig Öl im Motor → *Kapitel* 1 21
- Öl läuft aus, Dichtungen lassen Öl durch → *Kapitel* 21 → *Fachwerkstatt*
- Zylinder, Kolbenringe und/oder Ölabstreifringe verschlissen, gebrochen oder falsch eingebaut → *Fachwerkstatt*
- Öl wird durch Überdruck im Motorgehäuse aus Entlüftung herausgedrückt: Verschlissene Kolbenringe, Ölabstreifringe, Ventilführungen, Ventilschaftdichtungen → *Fachwerkstatt*

Fehler: **Öl stark verschmutzt oder emulgiert**
Mögliche Ursachen:
- Motoröl oder Ölfilter nicht rechtzeitig gewechselt → *Kapitel* 1 21
- Zylinderkopfdichtung schadhaft → *Fachwerkstatt*
- Kolbenringe verschlissen → *Fachwerkstatt*
- Ventilführungen/Ventilschaftdichtungen verschlissen → *Fachwerkstatt*

Fehler: **Öldruck zu niedrig**
Mögliche Ursachen:
- Ölstand zu niedrig → *Kapitel* 1 21
- Zu wenig oder falsches Öl im Motor → *Kapitel* 1 21
- Öldruckregler defekt → *Fachwerkstatt*
- Internes Ölleck → *Fachwerkstatt*
- Ölpumpe beschädigt → *Fachwerkstatt*
- Lagerschaden (Kurbelwelle) im Motor → *Fachwerkstatt*

Fehler: **Öldruck zu hoch**
Mögliche Ursachen:
- Ölfilter bzw. Ölkreislauf verstopft → *Kapitel* 21
- Öldruckregler geschlossen oder festgeklemmt → *Fachwerkstatt*
- Falsche Ölviskosität (zu dickes Öl) → *Kapitel* 21

Fehler: **Kein Öldruck**
Mögliche Ursachen:
- Ölstand zu niedrig, kein Öl im Motor → *Kapitel* 1 21
- Ölpumpe innen oder ihr Antrieb defekt → *Fachwerkstatt*
- motorinternes Ölleck → *Kapitel* 22 → *Fachwerkstatt*
- Öldruckregler (Überdruckventil) klemmt geöffnet → *Fachwerkstatt*

ZYLINDER, KOLBEN, ZYLINDERKOPF

Fehler: **Zu niedrige oder ungleichmäßige Kompression, schlechtes Anspringen, geringe Leistung**
Mögliche Ursachen:
- Ventile falsch eingestellt (zu wenig Spiel) → *Kapitel* 24
- Ventilsitze verbrannt, Ventil verbogen → *Fachwerkstatt*
- Falsche Ventilsteuerzeiten (meistens ein Montagefehler) → *Fachwerkstatt*
- Ventilfeder(n) gebrochen → *Fachwerkstatt*
- Zylinderkopfdichtung undicht → *Fachwerkstatt*
- Zylinderkopf verzogen oder gerissen → *Fachwerkstatt*
- Ventilsitz(e) undicht oder Ventilführung(en) ausgeschlagen → *Fachwerkstatt*
- Zylinder und/oder Kolben verschlissen → *Fachwerkstatt*
- Kolbenringe verschlissen oder gebrochen → *Fachwerkstatt*
- Nockenwelle defekt oder abgenutzt → *Fachwerkstatt*
- Zündfunke zu schwach → *Kapitel* 16 17

Fehler: **Zu hohe Kompression, Überhitzen oder Klopfen**
Mögliche Ursachen:
- Klopf-Sensor defekt → *Kapitel* 11 → *BMW-Werkstatt*
- Starke Ölkohleablagerung im Brennraum → *Fachwerkstatt*
- Steuergerät oder Zündgeber defekt → *Kapitel* 12 17

Fehler: **Starke Geräuschentwicklung**
Mögliche Ursachen:
- Auspuffkrümmer am Zylinderkopf undicht, Dichtung defekt → *Kapitel* 20
- Verbindungsstellen im Auspuffsystem undicht → *Kapitel* 20
- Bauteile im Auspuffsystem gerissen → *Kapitel* 20
- Ventile falsch eingestellt (meist zu viel Spiel) → *Kapitel* 24
- Steuerkette peitscht, weil Steuerkettenspanner defekt → *Fachwerkstatt*
- Klemmendes Ventil, gebrochene/ermüdete Ventilfeder → *Fachwerkstatt*
- Nockenwellen oder Ventilfedern defekt → *Fachwerkstatt*
- Nockenwellen-Antriebszahnräder und/oder Nockenwellen-Antriebskette (Steuerkette) verschlissen → *Fachwerkstatt*
- Zylinder und/oder Kolben verschlissen → *Fachwerkstatt*
- Kolben gebrochen → *Fachwerkstatt*
- Kolbenbolzen oder Kolbenbolzenbohrung verschlissen → *Fachwerkstatt*
- Kurbelwellenlager oder Pleuellager verschlissen → *Fachwerkstatt*
- Getriebelager verschlissen → *Fachwerkstatt*
- Kreuzgelenke der Kardanwelle defekt → *Kapitel* 10

Fehler: **Starke Rauchentwicklung**
Mögliche Ursachen:
- Zu viel Motoröl im Motor → *Kapitel* 1 21
- Luftfilter zugesetzt, verölt → *Kapitel* 18
- Zylinder oder Kolben verschlissen → *Fachwerkstatt*
- Kolben oder Zylinderwand mit Riefen oder Schrammen → *Fachwerkstatt*
- Kolbenring(e) oder Ölabstreifring(e) verschlissen, gebrochen, keine Spannung mehr oder falsch montiert → *Fachwerkstatt*
- Ventilführungen oder Ventilschäfte abgenutzt → *Fachwerkstatt*
- Ventilschaftdichtung(en) defekt → *Fachwerkstatt*

Fehler: Motor überhitzt
Mögliche Ursachen:
- Zu wenig Öl im Motor ➔ *Kapitel* 1 21
- Übermäßige Ölkohleablagerung im Brennraum ➔ *Fachwerkstatt*

Kraftübertragung

KUPPLUNG

Fehler: Kupplung rutscht beim Beschleunigen
Mögliche Ursachen:
- Kupplung verölt, weil Simmerring im Kurbel- oder Getriebegehäuse defekt ist ➔ *Fachwerkstatt*
- Kupplungsscheibe verzogen, verschlissen ➔ *Fachwerkstatt*
- Tellerfeder ermüdet ➔ *Fachwekstatt*

Fehler: Kupplung rückt nicht aus, es kracht beim Schalten
Mögliche Ursachen:
- Kupplungshebel verbogen ➔ *Kapitel* 22
- Kupplungs-Geber- oder Nehmerzylinder defekt ➔ *Kapitel* 22
- Luft in der Kupplungshydraulik ➔ *Kapitel* 22
- Zu wenig Hydraulikflüssigkeit im System ➔ *Kapitel* 22

Fehler: Kupplung rupft
Mögliche Ursachen:
- Verzahnung der Kupplungsscheibe ausgeschlagen ➔ *Fachwerkstatt*
- Kupplungsscheibe verbrannt ➔ *Fachwerkstatt*

GETRIEBE UND SCHALTUNG

Fehler: Getriebe schwer schaltbar
Mögliche Ursachen:
- Position des Fußschalthebels falsch ➔ *Kapitel* 23
- Kupplung rückt nicht aus ➔ *Kapitel* 22 23
- Ölmenge im Getriebe zu gering ➔ *Kapitel* 21
- Getriebeöl-Viskosität falsch (Öl zu dick) ➔ *Kapitel* 21
- Schaltwelle beschädigt, klemmt ➔ *Kapitel* 23 ➔ *Fachwerkstatt*
- Fremdkörper blockieren Schaltung ➔ *Kapitel* 23 ➔ *Fachwerkstatt*
- Schaltgabeln, Schaltwalze, Schaltwelle defekt ➔ *Kapitel* 23 ➔ *Fachwerkstatt*

Fehler: Schalthebel hängt
Mögliche Ursachen:
- Rückstellfeder im Schaltautomat gebrochen ➔ *Fachwerkstatt*
- Schaltgabeln verbogen oder abgenutzt ➔ *Fachwerkstatt*
- Kugelköpfe an Schaltstange schwergängig ➔ *Kapitel* 23
- Lagerung des Fußschalthebels schwergängig ➔ *Kapitel* 23

Fehler: Gänge springen heraus
Mögliche Ursachen:
- Schalthebel auf Schaltwelle lose ➔ *Kapitel* 23
- Schaltwelle klemmt ➔ *Kapitel* 23
- Feder der Schaltwalzen-Arretierung gebrochen ➔ *Kapitel* 23
- Schaltautomat oder Schaltkrone beschädigt ➔ *Kapitel* 23
- Schaltgabeln verschlissen oder verbogen ➔ *Kapitel* 23
- Klauen an den Gangzahnrädern abgenutzt ➔ *Fachwerkstatt*

HINTERRADANTRIEB

Fehler: Motorrad ruckelt bei langsamer Fahrt, unregelmäßiges Geräusch vom Hinterradantrieb her
Mögliche Ursachen:
- Hinterradantrieb defekt: Verzahnung gebrochen, Lager defekt ➔ *BMW-Werkstatt*
- Kardangelenke defekt ➔ *Kapitel* 14 ➔ *BMW-Werkstatt*

Fehler: Motorrad schiebt sich schwer, dabei knackendes Geräusch
Mögliche Ursachen:
- Lager im Getriebe defekt ➔ *Kapitel* 23 ➔ *Fachwerkstatt*
- Lager im Hinterradantrieb defekt ➔ *BMW-Werkstatt*
- Vorderradlager defekt oder Radachse lose, verbogen ➔ *Kapitel* 5
- Radlagerdistanzbuchsen vorne falsch eingebaut oder vergessen ➔ *Kapitel* 5
- Bremsen defekt: Bremskolben festgefressen, Bremsklötze in den Bremssätteln nicht freigängig ➔ *Kapitel* 6

Fahrwerk

LENKUNG UND FRONTPARTIE

Fehler: Lenkung schwergängig
Mögliche Ursachen:
- Reifenluftdruck zu niedrig ➔ *Kapitel* 4
- Züge, Kabel, Leitungen falsch verlegt ➔ *Kapitel* 8
- Fremdteile im Bereich Telelever und Gabelbrücken ➔ *Kapitel* 8
- Gabelbrücke(n) oder Gelenke der unteren oder oberen Gabelbrücke defekt ➔ *Kapitel* 8 9

Fehler: Motorrad zieht nach einer Seite
Mögliche Ursachen:
- Gabelbeine verzogen ➔ *Kapitel* 8 9
- Lenkungsdämpfer verbogen ➔ *Kapitel* 8
- Vorderachse verbogen ➔ *Kapitel* 5
- Rad falsch eingebaut ➔ *Kapitel* 5
- Rahmen verzogen ➔ *BMW-Werkstatt*
- Radlager ausgeschlagen ➔ *Kapitel* 5
- Schwingenlager verschlissen ➔ *Kapitel* 10
- Hinterradschwinge verbogen ➔ *Kapitel* 10

Fehler: Vorderrad flattert
Mögliche Ursachen:
- Rad verzogen, hat starken Seitenschlag (»eiert«) ➔ *Kapitel* 5
- Vorderradlager ausgeschlagen, defekt ➔ *Kapitel* 5
- Reifen hat zu geringen Luftdruck oder ist unwuchtig ➔ *Kapitel* 4
- Reifen falsch montiert (»eiert«) ➔ *Kapitel* 4
- Vorderachse und Klemmschraube(n) lose ➔ *Kapitel* 5

TELELEVER UND FEDERUNG

Fehler: Federung zu weich
Mögliche Ursachen:
- Zu geringer Reifendruck ➔ *Kapitel* 4
- Feder im Federbein ermüdet ➔ *Kapitel* 7
- Federbein undicht (Gas- oder Ölleck) ➔ *Kapitel* 7

Fehler: Federung zu hart
Mögliche Ursachen:
- Zu hoher Reifendruck ➔ *Kapitel* 4
- Gabelbeine verbogen (wegen Unfall/Sturz) ➔ *Kapitel* 9 ➔ *Fachwerkstatt*
- Vorderachse verbogen ➔ *Kapitel* 5
- Kolbenstange des Federbeins verbogen ➔ *Kapitel* 7
- Gabelbeine in den Gabelbrücken verspannt ➔ *Kapitel* 9

Fehler: Geräusche beim Einfedern
Mögliche Ursachen:
- Gaszug, Brems- oder Kupplungsleitung knarzt an Tankabdeckung oder Rahmen ➔ *Kapitel* 3 19
- Telelever-Anbauteile lose: Gabelbrücken, Kotflügel, Vorderachse ➔ *Kapitel* 8
- Lager im Telelever lose oder defekt ➔ *Kapitel* 8

HINTERRADAUFHÄNGUNG UND FEDERUNG

Fehler: Federung zu weich
Mögliche Ursachen:
- Feder im Federbein ermüdet → *Kapitel* 7
- Federbein undicht (Gas- oder Ölleck) → *Kapitel* 7
- Reifendruck zu niedrig → *Kapitel* 4

Fehler: Federung zu hart
Mögliche Ursachen:
- Kolbenstange des Federbeins verbogen → *Kapitel* 7
- Schwingenlager defekt → *Kapitel* 10
- Reifendruck zu hoch → *Kapitel* 4

Fehler: Geräusche beim Einfedern (Knacken)
Mögliche Ursachen:
- Schwingenlager defekt → *Kapitel* 10
- Verschraubung der Federbeinaufhängung unten/oben lose → *Kapitel* 10
- Trockene/defekte/rostige Lager in der Hinterradschwinge → *Kapitel* 10
- Feder gebrochen, Windungen zueinander verschoben, reibt am Stoßdämpfer → *Kapitel* 10

RÄDER

Fehler: Trommeln oder seitliches Flattern des Rades
Mögliche Ursachen:
- Felge verzogen, starker Seitenschlag (»eiert«) → *Kapitel* 5
- Reifen defekt oder unwuchtig → *Kapitel* 4
- Zu geringer Reifendruck → *Kapitel* 4
- Reifen sitzt nicht richtig in der Felge → *Kapitel* 4
- Radachse (vorne) und/oder Radschrauben (hinten) lose → *Kapitel* 5
- Radlager (vorne) lose, Lager gebrochen → *Kapitel* 5
- Lager im Hinterradantrieb gebrochen, defekt → *Kapitel* 10
- Schwingenlagerung lose, Lager defekt → *Kapitel* 10

Fehler: Rad schwergängig
Mögliche Ursachen:
- Radlager defekt → *Kapitel* 5
- Achse verbogen → *Kapitel* 5
- Bremse schleift → *Kapitel* 6

BREMSEN

Fehler: Schlechte Bremsleistung
Mögliche Ursachen:
- Luft im Hydrauliksystem → *Kapitel* 6
- Hydrauliksystem undicht → *Kapitel* 6
- Bremsbeläge abgenutzt, verschmutzt, verglast → *Kapitel* 6
- Bremsscheiben verschmutzt, riefig, überhitzt (»geschirmt«) → *Kapitel* 6
- Bremsscheiben wegen undichter Radlager-Simmerringe mit Fett verschmiert → *Kapitel* 5 6
- Bremsscheiben wegen undichter Gabelsimmerringe mit Öl verschmiert → *Kapitel* 9
- Kolben in den Bremssätteln schwergängig → *Kapitel* 6
- Bremskolben-Dichtringe in den Bremssätteln gebrochen, gequollen, verschlissen → *Kapitel* 6
- Bremsflüssigkeit überaltert → *Kapitel* 6

Fehler: Bremshebel wippt, pumpt, pulsiert (»Bremse rubbelt«)
Mögliche Ursachen:
- Bremsscheibe hat zu viel Seitenschlag (»eiert«) → *Kapitel* 6
- Bremsscheibe(n) unterschiedlich dick → *Kapitel* 6
- Bremsscheibe(n) gerissen → *Kapitel* 6
- Bremsscheiben-Befestigungsschrauben lose → *Kapitel* 6
- Bremskolben im Bremssattel fest → *Kapitel* 6
- Bremssattel-Gleitstifte fest → *Kapitel* 6

Fehler: Nachlassende Bremswirkung unter starker Belastung (z. B. Passabfahrten), Hebelweg wird länger, Bremse ist »teigig«
Mögliche Ursachen:
- Bremsflüssigkeit überaltert, sie »kocht sich auf« → *Kapitel* 6
- Bremsbeläge schräg/total abgenutzt → *Kapitel* 6
- Bremsbeläge ausgebrochen → *Kapitel* 6

Fehler: Bremshebelweg wird größer
Mögliche Ursachen:
- Luft im Hydrauliksystem → *Kapitel* 6
- Zu wenig Bremsflüssigkeit → *Kapitel* 6
- Falsche Bremsflüssigkeit → *Kapitel* 6
- Stark riefige, eingelaufene Bremsscheiben → *Kapitel* 6

Fehler: Bremse quietscht, hat zu wenig Bremsleistung
Mögliche Ursachen:
- Bremsbeläge verölt, verglast oder abgenutzt → *Kapitel* 6
- Bremsklötze im Bremssattel fest: verschmutzt, falsche Beläge mit zu großer Trägerplatte → *Kapitel* 6
- Bremsbelagplatte zu groß, zu wenig Seitenspiel → *Kapitel* 6
- Bremskolben im Bremssattel festgefressen → *Kapitel* 6
- Bremskolben-Dichtringe in den Bremssätteln gebrochen, gequollen, verschlissen → *Kapitel* 6
- Bremskolben im Bremssattel fest → *Kapitel* 6
- Fremdkörper in Bremsflüssigkeit → *Kapitel* 6
- Bremssattel-Gleitstifte fest → *Kapitel* 6
- Stark riefige, eingelaufene Bremsscheiben → *Kapitel* 6

Fehler: Bremse schleift
Mögliche Ursachen:
- Bremsbelag/Bremsscheibe verschmutzt → *Kapitel* 6
- Bremsschlauch oder Hydrauliksystem verstopft → *Kapitel* 6
- Bremsscheibe verzogen/verformt → *Kapitel* 6
- Bremskolben abgenutzt/hängt im Bremssattel → *Kapitel* 6
- Bremskolben im Bremssattel fest → *Kapitel* 6
- Bremssattel-Gleitstifte fest → *Kapitel* 6
- Stark riefige, eingelaufene Bremsscheiben → *Kapitel* 6

Raum für Notizen

Technische Daten · Verschleißmaße

FAHRLEISTUNGEN

Beschleunigung 0 bis 100 km/h .... 3,5 sec
Höchstgeschwindigkeit .... 225 km/h
Verbrauch bei konstant 90 km/h .... 4,1 Liter auf 100 km
Verbrauch bei konstant 120 km/h .... 5,5 Liter auf 100 km

MOTOR, LEISTUNG, STEUERUNG

Bauart: Fahrtwind-/ölgekühlter Viertakt-Zweizylinder-Boxermotor, quer zur Fahrtrichtung eingebaut. Vier radial angeordnete Ventile pro Zylinder, über zwei obenliegende, kettengetriebene Nockenwellen mit Schlepphebel betätigt. Ventileinstellung durch maßgenaue Halbkugeln in den Schlepphebeln. Zentrale Ausgleichswelle unter der Kurbelwelle.

Bohrung x Hub .... 101 x 73 mm
Hubraum .... 1170 cm^3
Verdichtungsverhältnis .... 12,0 : 1
Leistung mit Superplus .... 110 PS (81 kW) bei 7750/min
maximales Drehmoment .... 119 Nm bei 6000/min
Leistung mit Superbenzin.......... 107 PS (79 kW) bei 7750/min
Leistungsreduzierung (Sonderausstattung) Anschlag am linken Drosselklappenkörper..... 98 PS (72 kW) bei 7750/min
Leerlaufdrehzahl .... 1150 ± 50/min

Zulässige Höchstdrehzahlen
Höchstdrehzahl (Drehzahlbegrenzer)........... maximal 8500/min
Einfahrdrehzahl 0 bis 200 km .... bis maximal 5500/min
Einfahrdrehzahl 200 bis 400 km .... bis maximal 6500/min
Einfahrdrehzahl 400 bis 600 km .... bis maximal 7500/min
Einfahrdrehzahl 600 bis 900 km .... kurzzeitig Höchstdrehzahl

Schmiersystem: Nasssumpfschmierung mit Ölkühler.
Betriebsöldruck bei 80 °C .... 5,5 bis 7,5 bar
Öldruck-Kontrollleuchte leuchtet.................. bei 0,3 bis 0,5 bar
Überdruckventil öffnet Öldruck .... ab 6,5 bar
Differenzdruck zur Öffnung des Umgehungsventils .... 2,2 bis 2,8 bar
Öffnungstemperatur Ölthermostat .... 95 °C

Motorölfüllmenge
bei Öl- und Filterwechsel .... 4,0 Liter

Nachfüllmenge
Differenz zwischen MIN und MAX im Ölschauglas .... 0,5 Liter

Empfohlene Ölsorten:

- BMW Motorrad High Performance Öl SAE 15W-50 der API-Klassifikation SJ/JASO MA2 (BMW Bestell-Nr. 83 21 2 213 684)
- Castrol »Power 1 Racing 4T« SAE 10W-50
- Castrol »Power 1 4T« SAE 15W-50

Kraftstoffsystem: Elektronische Kraftstoffaufbereitung mit Kennfeldsteuerung, Version BMS-K+. Saugrohreinspritzung mit Schubabschaltung. Saugrohr-Ø (Drosselklappenstutzen-Innen-Ø) 50 mm. Papierluftfilter. Vorgeschriebene Benzinsorte Superplus bleifrei, mindestens 98 ROZ. Betrieb auch möglich mit Super bleifrei, mindestens 95 ROZ.

Abgasanlage: 2-in-1-Auspuffanlage aus Edelstahl, geregelter 3-Wege-Katalysator mit je einer Lambdasonde pro Auspuffkrümmer, verchromte Krümmer, Auspufftopf aus Edelstahl, Seilzugspiel 0,8 bis 1,2 mm an beiden Seilzügen der Auspuffklappe.

KRAFTSTOFFAUFBEREITUNG

Kraftstoffbehälter: Tankinhalt 18 Liter, davon ca. 3 Liter Reserve. Kraftstoffpumpe in Tank eingebaut.

Kraftstoffdruck im Einspritzsystem .... 4 bar

Unterdruckdifferenz zwischen den Ansaugstutzen:
bei geschlossenen Drosselklappen (Leerlauf)...... max. 25 mbar
bei leicht geöffneten Drosselklappen (1400 bis 1800 /min) .... max. 15 mbar

ELEKTRISCHE ANLAGE

Zündung: Kontaktlose Transistorzündung, in BMS (**B**MW **M**otor**S**teuerung) integriert.

Zündkerzen: NGK MAR8B-JDS, M10 x 1
Elektrodenabstand .... 0,8 mm

Zündspulen
Hauptzündkerzen mit Kerzenschacht-Zündspulen, Nebenzündkerzen mit Winkelzündspulen.

Bordelektrik: Spannung 12 Volt, elektrische Belastbarkeit der serienmäßigen Bordsteckdose 5 Ampere.

Batterie: Batterie AGM (»Absorbent Glass Mat«) 12 V, 14 Ah.

Lichtmaschine (Drehstromgenerator): Dreiphasen-Wechselstromgenerator mit integriertem vollelektronischem Spannungsregler, Höchstleistung 720 Watt, Leistung 60 Ampere bei 4000/min.

Kupplungsschalter: Leerweg-Einstellung des Kupplungshandhebels, bis der Kupplungsschalter schaltet: 5 bis 17 mm.

Glühlampen
Abblend- und Fernlicht H11-Halogenlampe .... 12 Volt 55 Watt
Standlicht (Glühlampe W5W) .... 12 Volt 5 Watt

Rück-/Bremslicht mit Kennzeichen-
beleuchtung (Glühlampe P21/5W) ...... 12 Volt 5 Watt 21 Watt
Blinkleuchten (Glühlampen RY10W) .... 12 Volt 10 Watt
Blinkleuchten bei Sonderausstattung LED .... LED-12 Volt

Instrumentenbeleuchtung und Kontrollleuchten
für Blinker, Fernlicht, Leerlauf, Tankanzeige, Allgemeine Warnleuchte, ABS-Warnleuchte,
Batterie-Ladestrom .... LED

Diebstahlwarnanlage DWA (Sonderausstattung):
Batterie CR123A Lithium, 3 Volt Nennspannung

KRAFTÜBERTRAGUNG

Primärantrieb: Zahnräder, i_{prim} = 1,737

Kupplung: Einscheiben-Trockenkupplung mit übersetzter Tellerfeder, hydraulisch betätigt.

Kupplungsflüssigkeit: Vitamol V10

Kupplungsflüssigkeitsstand
Motorrad steht dazu gerade, Lenker waagerecht und gerade:
■ bei Reparatur, neuer Kupplungsbelag: Auffüllen bis Unterkante Nut der Behälterdeckelrasterung
■ bei Sichtkontrolle: Flüssigkeitsstand darf nicht unter »MIN«-Markierung absinken.

Durchmesser der Kupplungsscheibe .... 180 mm
Verschleißgrenze Dicke der Reibscheibe .... 4,4 bis 4,6 mm
■ mit Messspitzen der Schieblehre, mit der Hand zusammengedrückt, an den Nieten der Kupplungsscheibe gemessen
maximal zulässiger Verzug:
Mitnehmerscheibe .... 0,1 mm
Druckplatte und Gehäusedeckel .... 0,1 bis 0,2 mm

Getriebe: Klauengeschaltetes Sechsganggetriebe mit integriertem Torsionsdämpfer, über Fußschalthebel und Schaltwalze mit Überschaltsperre und getriebeinterner Richtungsumlenkung betätigt, Getriebenummer links unten seitlich am Gehäuse.

Bild 1

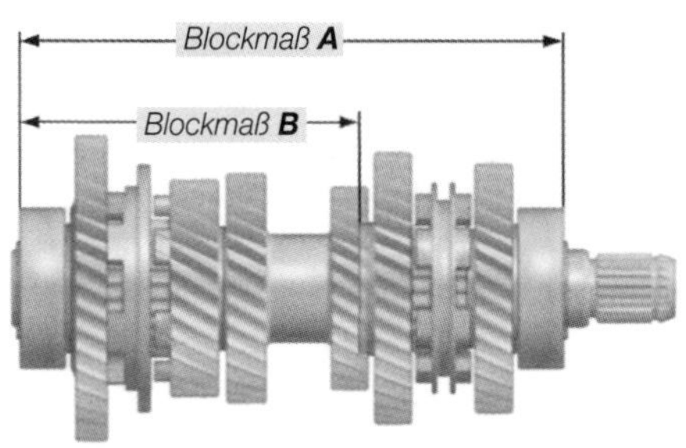

Bild 1: Blockmaße der Getriebe-Abtriebswelle.

Gangabstufungen:
1. Gang 2,375 (Z 38/16) — 2. Gang 1.696 (Z 39/23)
3. Gang 1,296 (Z 35/27) — 4. Gang 1,065 (Z 33/31)
5. Gang 0,939 (Z 31/33) — 6. Gang 0,848 (Z 28/33)

Getriebeöl: Getriebeölsorte (ganzjährig) Marken-Hypoidgetriebeöl der Viskositätsklasse SAE 75W-90 API GL5 (Castrol Syntrax Longlife); Füllmenge: ca. 0,7 Liter bzw. bis Unterkante des Gewindes der Einfüllöffnung auffüllen

Getriebe-Einstellwerte
Vordämpferhub Getriebe-Antriebswelle .... 0,4 bis 0,7 mm
Getriebe-Antriebswelle Dämpferhub gesamt ..... 3,8 bis 5,1 mm
Getriebewellen-Nullabweichung .... 0,00 bis – 0,05 mm
■ nur bei Verwendung des zugehörigen Nullmaßes

Blockmaß Getriebe-Antriebswelle .... 162,00 bis 162,05 mm
Blockmaß Getriebe-Zwischenwelle .... 181,85 bis 181,90 mm
Blockmaß Getriebe-Abtriebswelle (»***A***« in Bild 1)
Gesamtlänge Schaltrad 1. Gang
zu Lager abtriebsseitig .... 184,60 bis 184,65 mm
Blockmaß Getriebe-Abtriebswelle (»***B***« in Bild 1)
Teilmaß Schaltrad 5. zu 1. Gang ...... 117,50 bis 117,55 mm

Axialspiel Getriebe-Abtriebswelle:
Losrad 1. Gang .... 0,15 bis 0,30 mm
Losrad 2. Gang .... 0,15 bis 0,41 mm
Losrad 3. Gang .... 0,15 bis 0,30 mm
Losrad 6. Gang .... 0,15 bis 0,35 mm

Axialspiel Getriebe-Zwischenwelle:
Losrad 4. Gang .... 0,10 bis 0,50 mm
Losrad 5. Gang .... 0,10 bis 0,25 mm

Schaltwelle, Schaltwalze:
Axialspiel der Schaltwellen- .... 0,00 bis 0,26 mm
Blockmaß der Schaltwalze .... 141,4 bis 141,5 mm

Schaltgabeleinstich Schiebemuffe
2./3. Gang .... 5,00 bis 5,10 mm
Schaltgabelanlagefläche Schiebemuffe
2./3. Gang .... 4,825 bis 4,900 mm
Schiebemuffe 2./3. Gang Axialspiel .... 0,100 bis 0,275 mm
Schiebemuffe 4./5. Gang
Schaltgabelstegbreite .... 3,90 bis 4,00 mm
Schaltgabeleinstich 4./5. Gang .... 4,05 bis 4,125 mm
Schiebemuffe 1./6. Gang
Schaltgabelstegbreite .... 3,9 bis 4,00 mm
Schaltgabeleinstich 1./6. Gang .... 4,050 bis 4,125 mm
Schaltgabel 4./5. Gang Axialspiel .... 0,05 bis 0,225 mm
Schaltgabel 1./6. Gang Axialspiel .... 0,05 bis 0,225 mm
Verschleißgrenze für Axialspiel (Schaltgabelbreite, Einstichbreite
bzw. Stegbreite) .... 0,45 mm

Hinterradantrieb: Wellenantrieb mit Winkelgetriebe
Übersetzungsverhältnis .... 2,75 : 1
Zähnezahl 33:12
Zahnflankenspiel .... 0,10 bis 0,22 mm
Kippspiel Hinterrad bei maximal 35 °C .... 0,5 mm

Hinterachsöl (ganzjährig): Marken-Hypoid-Getriebeöl der Viskositätsklasse SAE 75W-90 API GL5 (Castrol Syntrax Longlife)
Füllmenge bei Neubefüllung .... 0,20 Liter
Füllmenge bei Wechsel .... 0,18 Liter

Gelenkwelle: In der Einarmschwinge (BMW Paralever) gekapselte zweiteilige Doppelgelenkwelle mit integriertem Torsionsdämpfer, zwei Kreuzgelenken.

FAHRWERK

Rahmen: Dreiteiliges Rahmenkonzept, Vorder- und Hinterrahmen aus manganlegiertem Stahlrohr, Motor mittragendes Element, Fahrgestellnummer am Rahmen vorne-oben-mitte.

Federwege
vorne .... 120 mm
hinten .... 140 mm
mit Sonderausstattung Tieferlegung vorne .... 100 mm
mit Sonderausstattung Tieferlegung hinten .... 121 mm

Vorderradaufhängung: BMW-Telelever mit kippentkoppelter oberer Gabelbrücke; Gabelbeine mit Tauch- und Standrohren. Standrohrdurchmesser 41 mm, ein Gasdruck-Federbein, unten am Längslenker und oben am Rahmen befestigt.

Standrohre mit hartverchromter Oberfläche
zulässiger Schlag .... 0,1 mm

Gabelöl: Gabelöl SAE 10
Füllmenge bei Ölwechsel je Gabelholm .... 0,64 Liter

Hinterradaufhängung: BMW Paralever, Einarm-Schwinge aus Aluminiumguss, hydraulisch gedämpftes Gasdruck-Federbein. Kippspiel am Hinterrad 0,5 mm bei einer Bauteiltemperatur von maximal 35 °C.

Federvorspannung: Hydraulisch einstellbar. Basiseinstellung »solo« auf Position »STD« (vollgetankt, Fahrer 85 kg). Zur Erhöhung der Federvorspannung Handrad in Richtung »HGH« (= High) drehen, zur Verringerung in Richtung »LOW« drehen.

Zugstufendämpfung: Stufenlos einstellbar. Basiseinstellung »solo«: Einstellschraube in Pfeilrichtung »H« bis zum Anschlag drehen, dann eineinhalb Umdrehungen in Pfeilrichtung »S«.

Electronic Suspension Adjustment ESA (Sonderausstattung): Elektrisch dreifach verstellbare Zugstufendämpfung (vorne und hinten) und elektrohydraulisch dreifach verstellbare Federvorspannung (hinten).

Automatische Stabilitätskontrolle ASC (Sonderausstattung): Anti-Schlupf-Regelung, begrenzt in Abhängigkeit von Straßenbeschaffenheit das Antriebsmoment des Motors.

Anzeigen in Instrumentenkombination (Prüfmaß der Federbasis zwischen Dämpfergehäuse und Federauflage oben in mm):
Fahrer .... ein Helm (0 mm)
Fahrer mit Gepäck .... ein Helm und Koffer (4 bis 6 mm)
Fahrer und Beifahrer .... zwei Helme (9 bis 10 mm)
Komfortable Dämpfung .... COMP
Normale Dämpfung .... NORM
Sportliche Dämpfung .... SPORT

RÄDER und REIFEN

Räder: Serienmäßig gegossene Leichtmetallräder mit fünf Doppelspeichen MT H2, vorne 3,50 x 17, hinten 5,50 x 17. Sonderausstattung mit Speichenrädern mit 40 Speichen, MT H2, vorne 3,50 x 17, hinten 5,50 x 17.

Reifen: vorne 120/70 ZR 17, hinten 180/55 ZR 17

Reifenluftdruck (Messen bei kalten Reifen ca. 20 °C)
Vorderradreifen .... 2,5 bar
Hinterradreifen .... 2,9 bar

Maximal zulässige Unwucht
am Vorderrad 5 Gramm, am Hinterrad 45 Gramm

Maximal zulässige Wuchtgewichte
an Vorder- und Hinterrad .... 80 Gramm
■ Gewichte je zur Hälfte rechts und links an der Felge anbringen

Höhen- und Seitenschlag der Räder .... max. 1,5 mm

Prüfdruck Radventile .... 4 bar

Reifenprofiltiefe: BMW empfiehlt vorne und hinten eine Reifenprofiltiefe von mindestens 1,6 mm.

BREMSEN

Bremsflüssigkeit: DOT 4

Vorderradbremse: Doppelscheibenbremse, Bremsscheiben gelocht, schwimmend gelagert, Vierkolben-Festsättel.
Bremsscheiben: Durchmesser .... 320 mm
Seitenschlag .... max. 0,15 mm
Dicke Neumaß/Verschleißgrenze .... 4,5/4,0 mm

Bremsbeläge aus Sintermetall, Nuten als
Verschleißmarkierungen, Verschleißgrenze .... 1,0 mm
Raddrehzahl-Sensor vorne (ABS)
Abstand zum Sensorring .... 0,2 bis 1,7 mm

Hinterradbremse: Scheibenbremse, Bremsscheibe gelocht. Zweikolben-Schwimmsattel.
Bremsscheibe: Durchmesser .... 265 mm
Seitenschlag .... max. 0,35 mm
Dicke Neumaß/Verschleißgrenze .... 5,0/4,5 mm
Bremsbeläge organisch (bei ABS aus Sintermetall), freie Bohrung als Verschleißmarkierung,
Verschleißgrenze .... 1,0 mm
Bremsbelag-Verschleißanzeige am Führungsstift:
3 Ringe sichtbar: min. 75% Bremsbelagstärke
2 Ringe sichtbar: min. 50% Bremsbelagstärke
1 Ring sichtbar: 50 bis 25% Bremsbelagstärke
kein Ring sichtbar: Bremsbelag erneuern
Leerweg Fußbremshebel zwischen Bremslichtschalter-Betätigung und Anschlag am Rahmen .... 2,5 ±0,5 mm
Leerweg bei ABS zwischen Fußbremshebel
und Anschlag Fußrastenplatte .... 2,5 ±0,5 mm

Modelljahre 2011 und 2012 mit optional erhältlichem ABS (»BMW Motorrad Integral ABS II«): Digital geregeltes Zwei-Kanal-ABS, abschaltbar (BOSCH-Nippon, ABS-8M). **Ab Modelljahr 2013 Motorrad Integral ABS (»Teil-Integral«) serienmäßig.**

ABMESSUNGEN UND GEWICHTE

Radstand .... 1495 mm
Lenkkopfwinkel (zur Waagerechten gemessen) .... 62,9 Grad
Nachlauf .... 119,1 mm
Länge über alles .... 2145 mm
Breite über die Spiegel gemessen .... 906 mm
Höhe über den Lenker gemessen (ohne Spiegel) ...... 1273 mm
Höhe über den Lenker gemessen (mit Spiegel) .... 1317 mm
Sitzhöhe (Maschine abgebockt, ohne Fahrer):
bei Serienausstattung .... 800 mm
mit Komfortsitzbank (Sonderausstattung) .... 830 mm
mit niedriger Doppelsitzbank (Sonderausstattung) .. 760 mm
Leergewicht vollgetankt .... 231 kg
Leergewicht mit 90% Tankinhalt .... 227 kg
zulässiges Gesamtgewicht .... 450 kg
maximale Zuladung .... 223 kg
Tankinhalt .... 18 Liter
davon Reservemenge (Anzeige durch Warnlampe) ... ca. 3 Liter

MOTOR Einstell- und Verschleißmaße

Sitz der Motornummer: am Kurbelgehäuse rechts

Kompression: Neuzustand .... ≥ 14 bar
Normalzustand .... ≥ 12 bar
Verschleißgrenze .... ≤ 10 bar

Ölpumpe: 2 Rotorpumpen
Rotorhöhe der Kühlölpumpe .... 10,965 mm
Rotorhöhe der Schmierölpumpe .... 9,965 mm

Verschleißbeurteilung für Kühl- und Schmierölpumpe:
Axialspiel der Rotoren im Gehäuse
Verschleißgrenze .... 0,25 mm

Ventilspiel bei kaltem Motor maximal 35 °C:
Einlassventil .... 0,13 bis 0,23 mm
Auslassventil .... 0,30 bis 0,40 mm

Ventilführung-Innendurchmesser .... 5,500 bis 5,512 mm

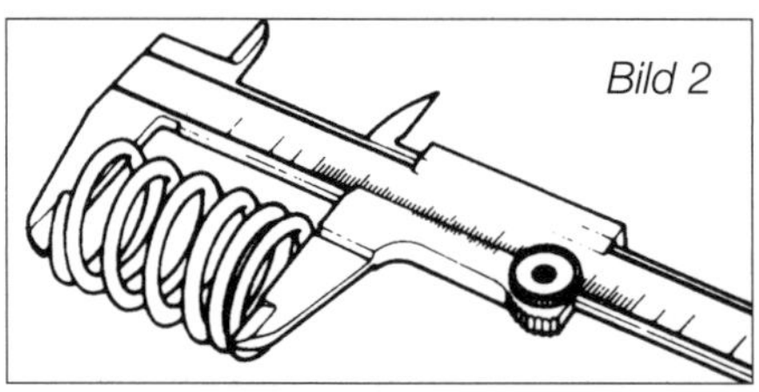

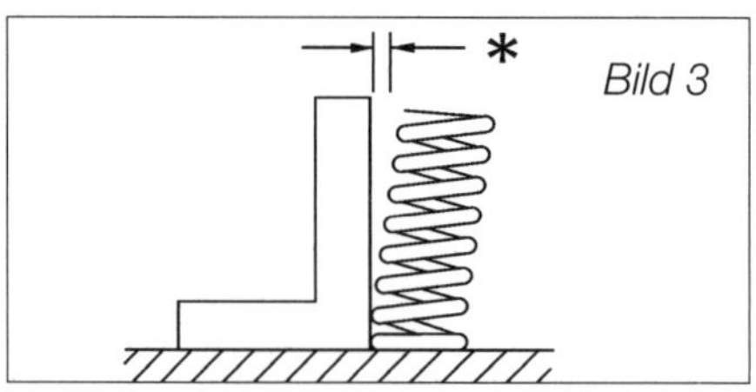

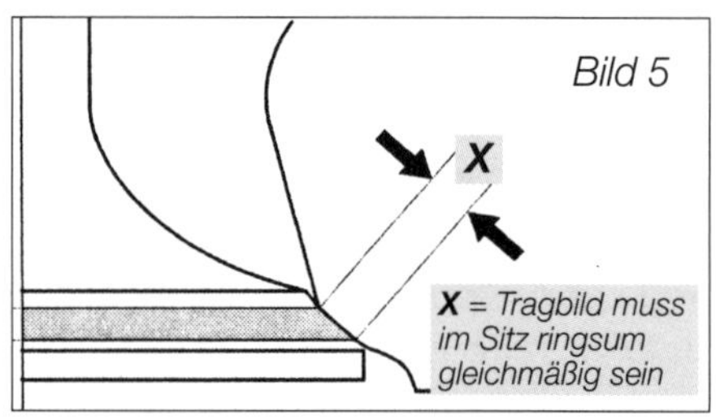

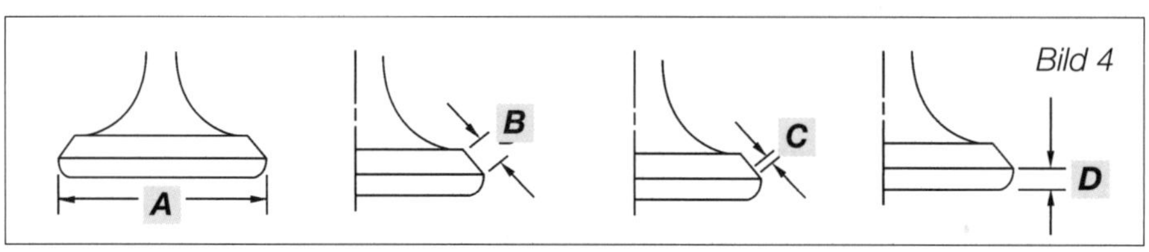

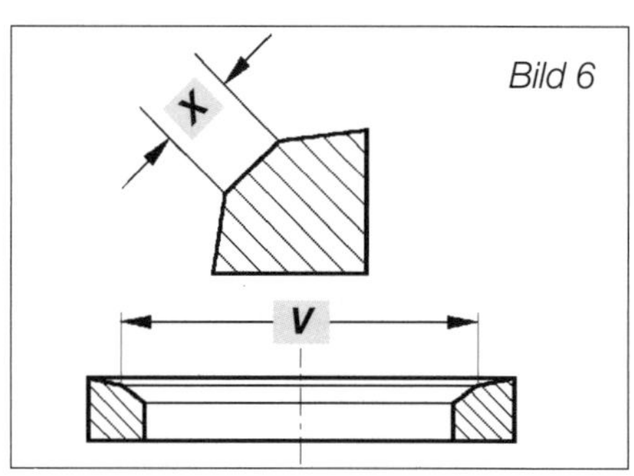

Bild 2: Messen der Ventilfederlänge. Bild 3: Ventilfeder muss senkrecht bzw. darf nur möglichst wenig schräg stehen. Bild 4: ***A*** *= Ventildurchmesser;* ***B*** *= korrekte Sitzbreite;* ***C*** *= zu schmale Sitzbreite;* ***D*** *= Ventilteller Randdicke. Bild 5: Tragbild des Ventilsitzes. Bild 6: Ventilsitzring mit* ***V*** *= Ventildurchmesser und* ***X*** *= Ventilsitzbreite.*

Radialspiel
Einlass ... 0,023 bis 0,043 mm
Verschleißgrenze ... 0,150 mm
Auslass ... 0,040 bis 0,0660 mm
Verschleißgrenze ... 0,170 mm

Nebenwelle
Radialspiel Nebenwelle vorn, Neuzustand ... 0,025 bis 0,075 mm
Radialspiel Nebenwelle hinten,
Neuzustand ... 0,020 bis 0,062 mm
Verschleißgrenze ... 0,170 mm

Kurbelwelle
Bild 7: Kennzeichnung des Kurbelwellenlagers durch Farbmarkierungen an der Außenseite.

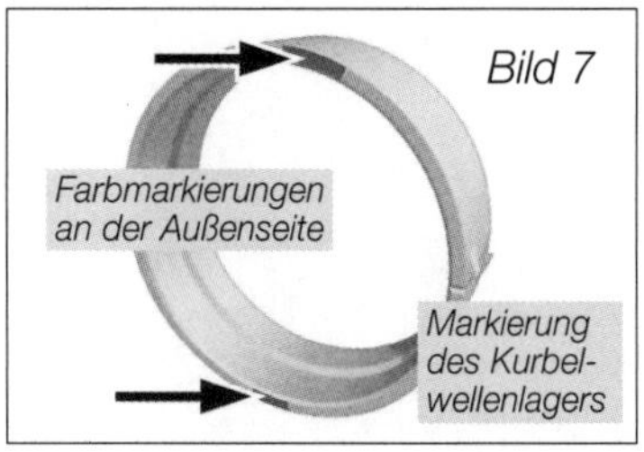

Schleifstufen des Kurbelwellenhaupt- und -Führungslagers
Schleifstufe 0 ... 0,00 mm
Schleifstufe 1 ... –0,25 mm

Hauptlager-Bohrungs-Ø im Gehäuse .... 64,960 bis 64,979 mm

Hauptlager-Bohrungs-Ø (Schleifstufe 0)
GRÜN ... 59,971 bis 60,005 mm
GELB ... 59,968 bis 59,718 mm

Hauptlager-Bohrungs-Ø (Schleifstufe 1)
GRÜN ... 59,721 bis 59,755 mm
GELB ... 60,001 bis 59,751 mm

Lagerzapfen-Ø im Hauptlager (Schleifstufe 0)
GRÜN ... 59,939 bis 59,948 mm
GELB ... 59,949 bis 59,958 mm
Hubzapfenlagerbreite ... 24,665 bis 24,795 mm

Lagerzapfen-Ø im Hauptlager (Schleifstufe 1)
GRÜN ... 59,689 bis 59,698 mm
GELB ... 59,699 bis 59,708 mm

Kennzeichnung von Hauptlager und Hubzapfen an Kurbelwange vorn (Schleifstufe 0): ohne Farbmarkierung
Kennzeichnung von Hauptlager und Hubzapfen an Kurbelwange vorn (Schleifstufe 1): mit Farbmarkierung

Führungslager-Lagerzapfen-Durchmesser (Schleifstufe 0)
GRÜN ... 59,939 bis 59,948 mm
GELB ... 59,949 bis 59,958 mm

Führungslager-Lagerzapfen-Ø (Schleifstufe 1)
GRÜN ... 59,689 bis 59,698 mm
GELB ... 59,699 bis 59,708 mm

Radialspiel Kurbelwellenhauptlager ... 0,023 bis 0,070 mm
Verschleißgrenze (Deckschicht durchgelaufen) ..... 0,095 mm

Führungslager Breite ... 24,890 bis 24,940 mm

Radialspiel Kurbelwellenführungslager ...... 0,020 bis 0,066 mm
Verschleißgrenze (Deckschicht durchgelaufen) ..... 0,095 mm

Hubzapfenschleifstufen
Schleifstufe 0 ... 0,00 mm
Schleifstufe 1 ... –0,25 mm

Lagerzapfen-Lagerbreite Hauptlager ...... 25,020 bis 25,053 mm

Axialspiel Kurbelwelle ... 0,125 bis 0,208 mm
Verschleißgrenze ... 0,240 mm

Hubzapfen-Ø bei Schleifstufe 0 ... 47,975 bis 47,991 mm
Hubzapfen-Ø bei Schleifstufe 1 ... 47,725 bis 47,741 mm

Pleuel
Pleuellager Bohrungs-Ø ... 51,000 bis 51,013 mm
Pleuellager-Ø ... 47,975 bis 47,991 mm
Großes Pleuelauge (unteres Hauptlager, Bilder 12a und 12b)
Radialspiel ... 0,025 bis 0,075 mm
Verschleißgrenze ... 0,130 mm
Axialspiel Pleuel ... 0,130 bis 0,312 mm
Verschleißgrenze ... 0,500 mm
Kleines Pleuelauge-Ø (Kolbenbolzenlagerauge) ... 24,000 bis 24,021 mm
Radialspiel ... 0,015 bis 0,030 mm
Verschleißgrenze ... 0,060 mm
maximale Parallelitätsabweichung der Pleuelbohrungen auf 150 mm Abstand ... 0,02 mm

Gruppeneinteilung/Markierung Pleuelgewichtsklassen
Beschriftung am Pleuelfuß Klassen 0 bis 4 (siehe Bild 8)
Klasse 0 (Farbpunkt 2 x WEISS) ... 559,0 bis 564,9 Gramm
Klasse 1 (Farbpunkt 2 x BLAU) ... 565,0 bis 570,9 Gramm
Klasse 2 (Farbpunkt 3 x WEISS) ... 571,0 bis 576,9 Gramm
Klasse 3 (Farbpunkt 3 x GELB) ... 577,0 bis 582,9 Gramm
Klasse 4 (Farbpunkt 1 x BLAU) ... 583,0 bis 588,9 Gramm

Farbmarkierung Lagerschale für Pleuelstange: blau
Farbmarkierung Lagerschale für Pleueldeckel: rot

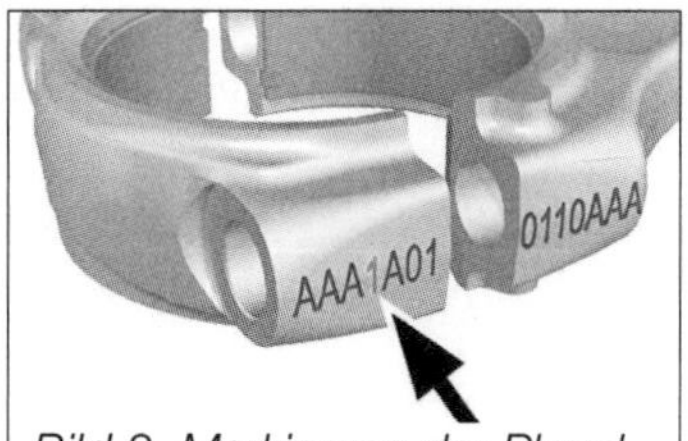

Bild 8: Markierung der Pleuel-Gewichtsklassen am Pleuelfuß

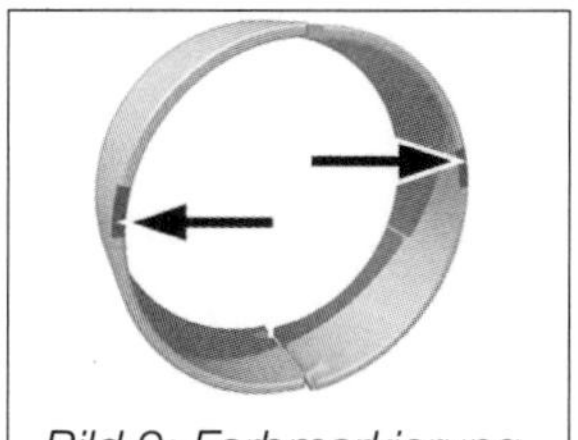
Bild 9: Farbmarkierung auf Pleuellager (Pfeile).

Zylinder (Bilder 10a und 10b)
Maßgenommen wird der Bohrungs-Ø bei 20 mm und 100 mm von der Oberkante des Zylinders

Toleranzgruppe A .... 100,992 bis 101,000 mm
Verschleißgrenze .... 101,050 mm
Toleranzgruppe B .... 101,000 bis 101,008 mm
Verschleißgrenze .... 101,058 mm

Toleranzgruppe A/B .... 100,992 bis 101,008 mm
Verschleißgrenze .... 101,058 mm

zulässige Unrundheit der Zylinderbohrung:
20 mm von der Oberkante gemessen .... 0,010 mm
100 mm von der Oberkante gemessen .... 0,015 mm

Gesamtverschleißspiel Kolben und Zylinder .... 0,12 mm

Gewindeüberstand der Stehbolzen (Zuganker der Zylinder) im Kurbelgehäuse (Bild 11) .... 159,5 bis 161,5 mm

Kolben
Kolbendurchmesser wird quer zur Kolbenbolzenachse 6 mm über der Kolbenunterkante gemessen:
Kolben-Ø in Messebene AB .... 100,953 bis 100,977 mm
Verschleißgrenze .... 100,900 mm

Einbauspiel .... 0,055 bis 0,075 mm
Verschleißgrenze .... 0,120 mm

Einbaurichtung: Pfeil auf Kolbenboden zur Auslassseite

Kolbenringe (Bild 13)
Einbaurichtung Kolbenringe: Bezeichnung »TOP« nach oben

1. Nut Kolbenring B-Ring
Stoßspiel .... 0,100 bis 0,300 mm
Verschleißgrenze .... 0,800 mm
2. Nut M-Ring
Stoßspiel .... 0,100 bis 0,300 mm
Verschleißgrenze .... 0,800 mm
3. Nut GSF-Ring
Stoßspiel .... 0,300 bis 0,600 mm
Verschleißgrenze .... 1,200 mm

Kolbenbolzen
Kolbenbolzendurchmesser .... 21,995 bis 22,000 mm
Verschleißgrenze .... 21,960 mm

Bilder 10a und 10b: Zylinderdurchmesser mit Innentaster vermessen im Abstand 20 und 100 mm von der Oberkante.

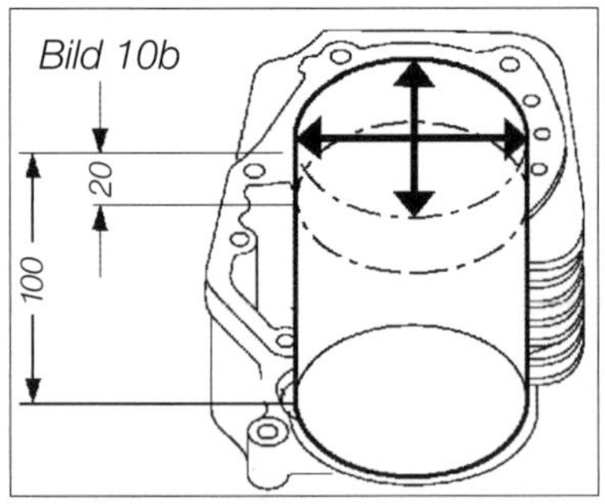

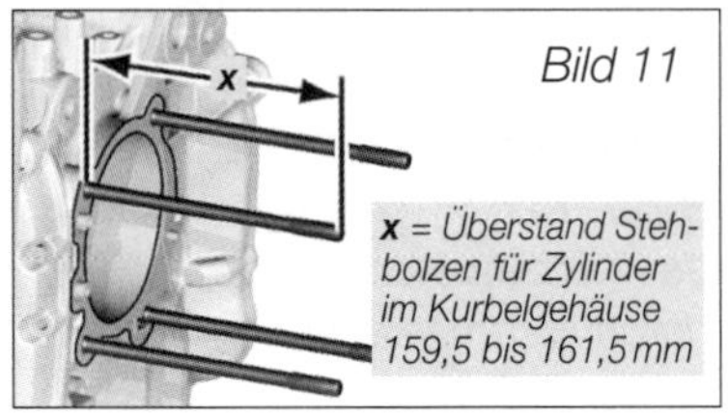

x = Überstand Stehbolzen für Zylinder im Kurbelgehäuse 159,5 bis 161,5 mm

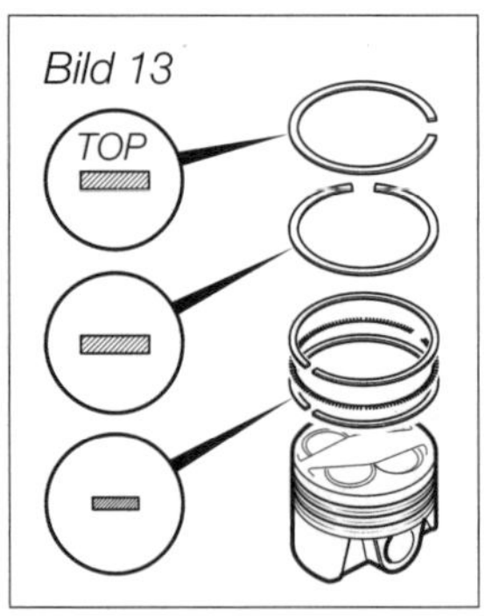

Bild 13: Stoß des Ölabstreifrings oben. Kolbenringstöße um 120 Grad zueinander positionieren. »TOP«-Markierung oben.

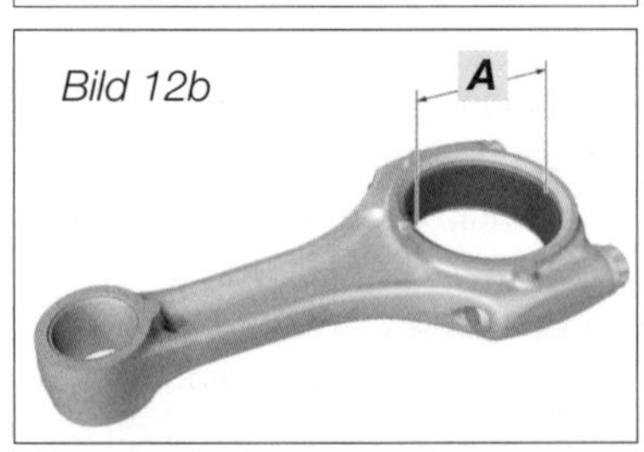

Bilder 12a und 12b: Vermessen des großen Pleuelauges mit einem Innentaster.

Bild 13: Die Maschine, die für dieses Buch »Modell stand«, war mit einigen BMW-Zubehörteilen im Wert von 4126,30 Euro ausgerüstet.

Sonderausstattungen an der Maschine dieses Buchs

Bei einigen Angaben in diesem Kapitel sind auch Sonderausstattungen angeführt, wie z. B. bei Diebstahlwarnanlage, Tieferlegung, Speichenräder, Komfortsitzbank und niedrige Doppelsitzbank. Diese Teile bzw. Baugruppen kann man auch einzeln kaufen, um damit z. B. eine gebrauchte Maschine nachzurüsten. An der von uns für dieses Buch fotografierten Maschine war das nachstehend aufgelistete Sonderzubehör angebracht, welches schon bei der Bestellung des Neufahrzeugs in Auftrag gegegben wurde.

ABS*: »BMW Motorrad Integral ABS II« .... 717,00 Euro

Optisches Zubehör

Auspuff-Endtopf verchromt .... 81,00 Euro
Gepäckbrücke mit Kofferhaltern
und Soziushaltegriffen..................................... 131,00 Euro
Komfortsitzbank hoch (Höhe 830 mm).................. 350,00 Euro
Kunststoff-Zylinderkopfhaubenschutz .... 100,00 Euro
Carbon-Hinterradabdeckung .... 269,90 Euro
Peco-Crash-Pad Kardan....................................... 19,90 Euro
Peco-Crash-Pads Vorderachse............................. 29,00 Euro

* = Ab Modelljahr 2013 ist das Motorrad Integral ABS (»Teil-Integral«) serienmäßig

Safety-Paket... 430,00 Euro
Das Safety-Paket umfasst: ASC (Automatic Stability Control) und RDC (Reifendruckkontrolle). ASC und RDC können auch einzeln bei Bestellung der Maschine geordert werden, sind dann aber teurer als bei Bestellung im Paket. RDC kann auch nachgerüstet werden.

Touring-Paket... 1130,00 Euro
Bei Bestellung einer neuen Maschinen umfasst das Touring-Paket: ESA (Electronic Suspension Adjustement), Bordcomputer mit Außentemperatur-Sensor, Heizgriffe, Windschild »Sport klar« und LED-Blinker weiß. Einzelne Teile können auch nachgerüstet werden.

Navisystem

BMW Motorrad Navigator IV .... 750,00 Euro
Halter für BMW Motorrad Navigator .... 65,00 Euro
Befestigungsschrauben (4 Stück)............................ 24,00 Euro
Montagepaste .... 29,50 Euro

Gesamtpreis dieses Zubehörs........................ 4126,30 Euro

Anziehdrehmomente

In diesem Kapitel werden die von BMW vorgeschriebenen Anziehdrehmomentwerte für alle Schraubverbindungen (bzw. Bauteile) der R 1200 R aufgelistet. Wenn für eine Schraubverbindung kein eigener Wert aufgeführt ist, gelten die Anziehdrehmomente für Schrauben entsprechender Größe, aufgelistet unter »Allgemeine Schrauben und Muttern«.

Allgemeine Hinweise

Warum ein bestimmtes Anziehdrehmoment nötig ist
Schraubverbindungen müssen mit einem festgelegten Drehmomentwert angezogen werden, damit Bauteile sicher miteinander verbunden sind. Die genannten Werte müssen möglichst genau eingehalten werden, sonst besteht die Gefahr, dass sich die Schraubverbindung lockert (wenn zu lose angezogen) oder die Schrauben bzw. ihr Gegengewinde oder Bauteile zu stark belastet werden (wenn zu fest angezogen) und sie dann im Betrieb reißen oder brechen.

Sauberkeit
Eine wichtige Voraussetzung zum korrekten Anziehen aller Schrauben und Muttern ist, dass ihre Gewinde und Anlageflächen unbeschädigt und frei von Schmutz sind.
■ Verschmutzte Schraubgewinde NICHT mit einer Stahlbürste reinigen, denn diese kann das Gewinde beschädigen. Verwenden Sie eine Bürste mit feinen, zu dünnen Büscheln zusammengefassten Messingborsten (»Zündkerzenbürste«).

Wichtig 1: Schrauben und Muttern mit verrostetem oder beschädigtem Gewinde müssen durch Neuteile ersetzt werden.
Wichtig 2: Schrauben, Muttern und Unterlagscheiben vor dem Einbau etwas einölen. Normales Motoröl oder leichtes Fett dazu verwenden.

Flüssige Schraubensicherung
An einigen Schraubverbindungen ist die Verwendung von flüssiger Schraubensicherung **»Loctite«** vorgeschrieben; diese gibt es in den drei verschiedenen Klebequalitäten »leicht« (222), »mittelfest« (243) und »hochfest« (2701). Die am meisten benötigte Qualität ist »mittelfest« (243), sie gewährleistet hohe Festigkeit, und die damit gesicherten Schrauben können ohne Zerstörung des Gewindes wieder gelöst werden.

Die von BMW an bestimmten Schraubverbindungen vorgeschriebenen Loctite-Qualitäten sind in unserer nachstehenden Drehmomentauflistung bei der jeweiligen Schraubverbindung angegeben. Im Internet unter *www.loctite.de* finden Sie weitere Spezifikationen und Qualitätsbeschreibungen.
■ Wenn an den Gewinden ausgedrehter Schrauben noch Reste von Schraubensicherung hängen, zur Reinigung etwas Bremsenreiniger nehmen, er löst den alten Schraubenkleber.

Sehr wichtig ist auch, dass zum Herstellen bestimmter Drehmomentwerte einwandfreies Werkzeug verwendet wird, also hochwertige Nüsse und genau eingestellte Drehmomentschlüssel. Man denke nur an die Vorderachse, Hinterradschrauben oder Schrauben und Muttern in Motor, Getriebe und Antrieb. Wenn Sie keine (sehr guten!) Drehmomentwerkzeuge haben, dann bringen Sie Ihre R 1200 R besser in die BMW-Werkstatt Ihres Vertrauens. Was wir unter »Qualitätswerkzeug« verstehen, können Sie in Kapitel 2 »Werkstatt« nachlesen.

Weiterhin zu beachten:
■ Manche Schrauben müssen vor dem Einbau (und damit Festziehen) entsprechend dem Einsatzzweck speziell vorbehandelt werden. Was jeweils zu tun ist bzw. welche Besonderheit die Schraube aufweist, wird nach der Bezeichnung des Bauteils mit dem Zeichen »■« herausgestellt.
■ Der Zusatz **»mikroverkapselt«** bedeutet, dass auf dem Gewinde der neuen Schraube eine Gewindesicherung aufgebracht ist. Nach Vorschrift von BMW muss eine mikroverkapselte Schraube jedesmal erneuert werden. Wenn Sie dazu keine Möglichkeit haben und die alte Schraube noch technisch einwandfrei in Ordnung ist: Gewinde der alten Schraube reinigen, etwas Loctite »mittelfest« drangeben, eindrehen und mit entsprechendem Anziehdrehmoment festziehen.
■ Der Zusatz **»mechanische Schraubensicherung«** bedeutet, dass diese Schrauben/Muttern mit einer mechanischen Sicherung versehen sind. Auch diese Schrauben/Muttern sollen laut BMW nur einmal verwendet werden. Im Notfall kann man sie ein zweites Mal verwenden, wenn sie technisch einwandfrei sind.
■ **»Optimoly TA«** ist ein Hochtemperatur-Montagefett.
■ **»ISA-Schraube«**. Wenn in verschiedenen Zeichnungen der Kapitel dieses Buchs »ISA-Schraube« auftaucht, handelt es sich um eine Schraube mit **I**nnen-**S**tern-**A**ntrieb (**ISA**). Sie wird mit einem 12-Kant-Schlüssel »Torx« bearbeitet.

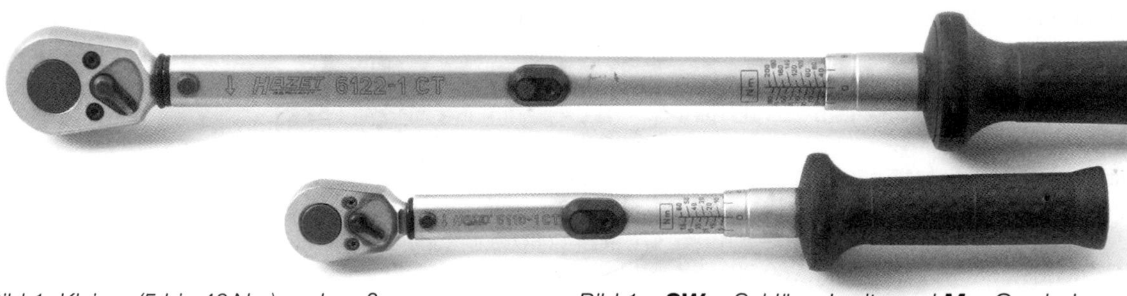

Bild 1: Kleiner (5 bis 40 Nm) und großer Drehmomentschlüssel (40 bis 200 Nm).

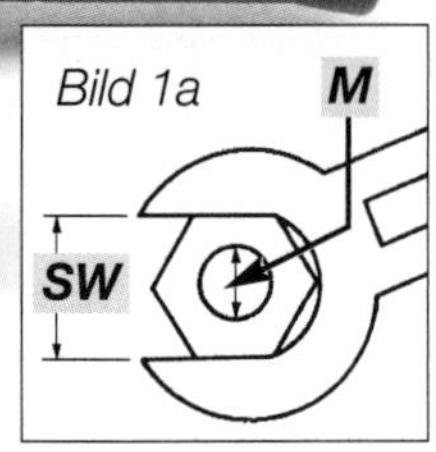

*Bild 1a: **SW** = Schlüsselweite und **M** = Gewindedurchmesser; beides wird in Millimeter angegeben.*

Allgemeine Schrauben und Muttern

Für Schrauben und Muttern, die in der nachfolgenden Baugruppen-Aufstellung nicht bezeichnet sind, gelten nach der internen Norm »BMW GS 90003-2« (Stand November 2009) folgende Anziehdrehmomente der Verschraubungsklasse III mit einer Toleranz beim Anziehen von ± 15%.

In Klammern (...) ist die Festigkeitsklasse genannt.

■ Schraube/Mutter M3 x 0,5 (8.8) .... 1 Nm
Schraube/Mutter M3 x 0,5 (10.9) .... 1,4 Nm
■ Schraube/Mutter M4 x 0,7 (8.8) .... 2,3 Nm
Schraube/Mutter M4 x 0,7 (10.9) .... 3,3 Nm
■ Schraube/Mutter M5 x 0,8 (8.8) .... 4,6 Nm
Schraube/Mutter M5 x 0,8 (10.9) .... 6,8 Nm
Schraube/Mutter M5 x 0,8 (12.9) .... 7,6 Nm
■ Schraube/Mutter M6 x 1 (8.8) .... 8 Nm
Schraube/Mutter M6 x 1 (10.9) .... 11,8 Nm
Schraube/Mutter M6 x 1 (12.9) .... 13 Nm
■ Schraube/Mutter M7 x 1 (8.8) .... 13 Nm
Schraube/Mutter M7 x 1 (10.9) .... 19 Nm
Schraube/Mutter M7 x 1 (12.9) .... 21 Nm
■ Schraube/Mutter M8 x 1,25 (8.8) .... 19 Nm
Schraube/Mutter M8 x 1,25 (10.9) .... 28 Nm
Schraube/Mutter M8 x 1,25 (12.9) .... 31,5 Nm
■ Schraube/Mutter M8 x 1 (8.8) .... 20,5 Nm
Schraube/Mutter M8 x 1 (10.9) .... 30 Nm
Schraube/Mutter M8 x 1 (12.9) .... 33 Nm
■ Schraube/Mutter M10 x 1,5 (8.8) .... 38 Nm
Schraube/Mutter M10 x 1,5 (10.9) .... 56 Nm
Schraube/Mutter M10 x 1,5 (12.9) .... 62 Nm
■ Schraube/Mutter M10 x 1 (8.8) .... 41 Nm
Schraube/Mutter M10 x 1 (10.9) .... 60 Nm
Schraube/Mutter M10 x 1 (12.9) .... 67 Nm
■ Schraube/Mutter M12 x 1,75 (8.8) .... 66 Nm
Schraube/Mutter M12 x 1,75 (12.9) .... 108 Nm
■ Schraube/Mutter M12 x 1,5 (8.8) .... 68 Nm
Schraube/Mutter M12 x 1,5 (10.9) .... 100 Nm
Schraube/Mutter M12 x 1,5 (12.9) .... 110 Nm

Fahrwerk

Vorderrad

Vorderachse M24 x 1,5 .... 50 Nm
Vorderachs-Klemmschraube M8 x 35 .... 19 Nm

Hinterrad

Gussrad an Radträger, Schrauben M10 x 53 x 1,25 .... 60 Nm
■ *kreuzweise anziehen*
Speichenrad an Radträger, Schrauben M10 x 53 x 1,25 ... 60 Nm
■ *kreuzweise anziehen*

Metallventil in Felge, G 1/8 Zoll .... 12 Nm
■ *Loctite »mittelfest« auftragen*
Speichenrad: Nippel M4,5 auf Speiche .... 3,5 Nm
RDC-Sensor (Reifendruck-Control, Sonderausstattung) an Vorderrad-Felge, Mutter M8 .... 9 Nm
■ *Loctite »mittelfest« auftragen*
RDC-Sensor (Reifendruck-Control, Sonderausstattung) an Hinterrad-Felge, Überwurfmutter .... 12 Nm
■ *Voranzug mit 12 Nm, Mutter lösen, Endanzug mit 12 Nm*
■ *mikroverkapselt, Überwurfmutter erneuern*

Lenkung

Lenker in Lenkerklemmbock auf obere Gabelbrücke, Schrauben M8 x 35 .... 24 Nm
■ *vordere Schrauben zuerst, dann hintere Schrauben anziehen*
■ *Spalt in Fahrtrichtung hinten*

Lenkergewicht an Lenker, Schraube M8 x 35 .... 24 Nm
■ *Gewinde mit Paste MP 3 schmieren*
Spiegel an Adapter, Kontermutter M10 x 1,25 .... 22 Nm
Spiegel Adapter M10 an Klemmelement .... 25 Nm
Handarmatur an Lenker, Schrauben M5 x 20 .... 5 Nm
■ *Ab Januar 2012 neue Handbremsarmatur ohne Gittereinsatz:*
Handbremsarmatur an Lenker, Schrauben M6 x 25 .... 8 Nm
Kupplungsarmatur an Lenker, Schrauben M5 x 20 .... 5 Nm

Hebel an Handarmatur, Mutter M5 .... 7 Nm
■ *mechanische Schraubensicherung, Mutter erneuern*
Entlüfterschraube M5 an Handbremsarmatur .... 5 Nm
Bremsflüssigkeitsbehälter an Halter, Kunststoffschraube 3 x 25 .... 1,7 Nm
■ *Mutter erneuern*

Zünd-Lenkschloss an Gabelbrücke, Fächerschraube M8 x 26 .... 20 Nm
■ *mikroverkapselt, Schraube erneuern*
Kombischalter an Lenkergriff, PT-Schraube K30 x 10 .... 0,6 Nm
Lenkergriff an Lenker, Schraube M3,5 x 32 .... 2 Nm
Abdeckung an Kombischalter, PT-Schraube K30 x 10 .... 0,6 Nm

Kupplungsschalter an Handarmatur, Schraube M2 x 12 .... 0,3 Nm
Gasgriffeinheit Schelle an Lenker, Schraube M5 x 20 .... 5 Nm

Vorderradgabel

Längslenker an Motor, Schraube M12 x 20 .... 73 Nm
■ *Voranzug mit 45 Nm, Endanzug mit 73 Nm*
Vorderes Federbein an Vorderrahmen, Sechskantmutter M10 x 1,25 .... 34 Nm
■ *Gewinde reinigen, Loctite »mittelfest« auftragen*
Verschlussschraube M4 x 8 an Gabelstopfen .... 2,4 Nm
■ *O-Ring erneuern*
Vorderes Federbein an Längslenker, Schraube M10 x 50 x 1,25 .... 34 Nm
■ *mikroverkapselt, Schraube erneuern*
■ *Schraube schmieren, Optimoly TA auftragen*

Kugelgelenk an Längslenker, Mutter M14 x 1,5 .... 130 Nm
■ *mikroverkapselt, Mutter erneuern*
Gabelbrücke an Vorderrahmen, Mutter M14 x 1,5 .... 130 Nm
■ *mikroverkapselt, Mutter erneuern*
Kugelgelenk in Gleitrohrbrücke, Mutter M34 x 1,5 .... 230 Nm
■ *mikroverkapselt, Mutter erneuern*
Gabelbrücke oben an Standrohr, Mutter M10 x 1,25....... 40 Nm
■ *mechanische Schraubensicherung, Mutter erneuern*
Gabelbrücke unten an Gleitrohr, Schrauben M8 x 25...... 25 Nm
■ *mikroverkapselt, Schraube erneuern*
Lenkungsdämpfer an Längslenker, Schraube M8 x 30 ... 19 Nm
■ *mikroverkapselt, Schraube erneuern*
Lenkungsdämpfer an untere Gabelbrücke, Mutter M8 ... 19 Nm
■ *mechanische Schraubensicherung, Mutter erneuern*

Hinteres Federbein
Federbein an Hauptrahmen, Mutter
M10 x 1,25 x 65 (10.9) .... 50 Nm
■ *mechanische Schraubensicherung, Mutter erneuern*
■ *Schraubenkopf mit »Optimoly TA« befetten*
Federbein an Schwinge, Schraube M10 x 80 (10.9)........ 58 Nm
■ *im Reparaturfall Loctite »mittelfest« auftragen*
Einstellrad M8 x 20 Federbeineinstellung an Rahmen ..... 19 Nm

Hinterachsgetriebe
Öleinfüllschraube M12 x 1,5 .... 25 Nm
■ *mit Dichtring 12 x 16*
Ölablassschraube M12 x 1 .... 20 Nm
Gewindering M65 x 1,5 .... 180 Nm
Sechskantmutter M24 x 1,5 des Antriebskegelrades .... 200 Nm
■ *Gewinde reinigen, Loctite 2701 »hochfest« auftragen*
Gehäusedeckel an Hinterachsgehäuse,
Schraube M8 x 30 .... 30 Nm
■ *kreuzweise festziehen*

Hinterradschwinge
Hinterachsgetriebe an Schwinge, Schraube M12 x 1,5.... 100 Nm
■ *mikroverkapselt, Schraube erneuern*
Schwinge an Rahmen links, Loslagerzapfen M24 x 1,25... 7 Nm
■ *Voranzug mit 20 Nm, dann lösen, Endanzug mit 7 Nm*
■ *Gewinde und Lagersitz mit »Optimoly TA« befetten*
Schwinge an Rahmen links, Kontermutter M24 x 1,25 ... 145 Nm
Paralever-Strebe an Hinterachsgetriebe,
Schraube M10 x 55 (10.9) .... 42 Nm
■ *mikroverkapselt, Schraube erneuern*
Paralever-Strebe an Rahmen, Schraube M10 x 55 (10.9)... 42 Nm
■ *mikroverkapselt, Schraube erneuern*
Schwinge an Hauptrahmen rechts,
Festlagerzapfen M6 x 16 .... 9 Nm
Abdeckschrauben M6 x 8 in Lagerzapfen rechts .... 9 Nm
Abdeckung, Strebe links/rechts, Schrauben M6 x 16 .... 8 Nm
■ *mikroverkapselt, Schraube erneuern*
Hinterradabdeckung an Heckrahmen,
Schrauben M5 x 12 .... 2,5 Nm
■ *mikroverkapselt, Schraube erneuern*

Bremsen

Vorderradbremse
Bremssattel an Gabeltauchrohr, Schraube M8 (10.9)...... 30 Nm
Entlüfterventil M7 x 1 im Bremssattel .... 8 Nm
Entlüfterventil M5 in Handbremsarmatur .... 5 Nm
Bremsscheibe an Vorderrad, Flachkopf-
schraube M8 x 27 (10.9) .... 19 Nm
■ *mikroverkapselt, Schraube erneuern*
■ *über Kreuz anziehen*
Federblech an Bremssattel, Schrauben M4 .... 3 Nm
Bremsklotz-Haltestift (bei geschraubtem Stift) .... 6 Nm
Hohlschraube M10 x 1 Bremsschlauchanschluss .... 24 Nm
Bremsschlauch mit Überwurfschraube
M10 x 1, M12 x 1 .... 14 Nm
Verteilerstück an Vorderrahmen, Schraube M6 x 16.......... 8 Nm
ABS-Raddrehzahl-Sensor (bei ABS) vorne,
Schraube M5 x 10 (10.9) .... 5 Nm
■ *mikroverkapselt, Schraube erneuern*

Hinterradbremse
Bremssattel an Hinterachsgehäuse,
Schrauben M8 x 25 .... 24 Nm
Entlüfterventil im Bremssattel hinten .... 5 Nm
Bremsscheibe an Radträger, Schrauben M8 x 15,5 .... 30 Nm
■ *über Kreuz anziehen*
■ *Voranzug mit 12 Nm, Endanzug mit 30 Nm*
■ *mikroverkapselt, Schrauben erneuern*
Überwurfschrauben M10 x 1, M12 x 1
der Bremsleitungen .... 14 Nm
Hohlschraube M10 x 1 Bremsschlauchanschluss .... 24 Nm
Verteilerstück M6 x 16 an Hauptrahmen .... 8 Nm
Bremsschlauchabdeckung an Strebe,
Schraube M6 x 16 .... 8 Nm
Bremslichtschalter hinten, Schrauben M5 x 10 .... 5 Nm
Geschwindigkeits-Sensor (Raddrehzahl-Sensor
hinten, ohne ABS), Schraube M5 x 10 (10.9) .... 5 Nm
■ *mikroverkapselt, Schraube erneuern*
ABS-Raddrehzahl-Sensor (bei ABS) hinten,
Schraube M5 x 10 (10.9) .... 5 Nm
■ *mikroverkapselt, Schraube erneuern*

Hauptbremszylinder
Fußbremszylinder an Hauptrahmen, Schraube M6 x 25 ... 8 Nm
■ *mikroverkapselt, Schraube erneuern*
Kontermutter M6 auf Druckstange Fußbremszylinder ...... 8 Nm

Ausstattung mit ABS
ABS-Steuergerät/Druckmodulator
an Halter, Schraube M6 x 12 .... 8 Nm
Schwingungsdämpfer M6 an Halter
ABS-Steuergerät/Druckmodulator .... 8 Nm
Halter ABS-Steuergerät/Druckmodulator
an Motor, Schraube M6 x 20 .... 8 Nm
■ *mikroverkapselt, Schraube erneuern*

ABS-Raddrehzahl-Sensor (bei ABS) vorne,
Schraube M5 x 10 (10.9) .... 5 Nm
■ *mikroverkapselt, Schraube erneuern*
ABS-Raddrehzahl-Sensor (bei ABS) hinten,
Schraube M5 x 10 (10.9) .... 5 Nm
■ *mikroverkapselt, Schraube erneuern*

Tank, Rahmen, Anbauteile

Tank
Tank an Rahmen, Schrauben M8 x 45 .... 22 Nm
Tankdeckel an Tank, Schrauben M5 x 20 .... 2,4 Nm
Tankaufnahme an vorderen Rahmen,
Schrauben M6 x 16 .... 6 Nm
Einfüllstutzen an Tank, Schrauben M5 x 20 .... 2,4 Nm
Überwurfmutter Benzinpumpeneinheit
an Tank (Bild 2) .... 35 Nm

Rahmen
Hauptrahmen an Motor unten, Schraube M12 x 50 .... 55 Nm
■ *Schraube erneuern*
Hauptrahmen an Motor oben, Schraube M10 x 40 .... 38 Nm
Hauptrahmen an Getriebe, Schraube M8 x 55 (10.9) .... 28 Nm
■ *Anziehvorschrift: Alle Schrauben andrehen; zuerst Getriebeschraube, dann restliche Schrauben anziehen.*
Rahmenstreben an Motor, Schraube M10 x 40 .... 38 Nm
■ *mikroverkapselt, Schraube erneuern*
■ *Gewinde mit »Optimoly TA« befetten*
Vorderrahmen an Motor, Mutter M12 x 210 (10.9) .... 110 Nm
■ *im Reparaturfall mit Loctite »mittelfest« einbauen*
Rahmenstreben an Vorderrahmen,
Schraube M10 x 106 (10.9) .... 70 Nm
■ *mikroverkapselt, Schraube erneuern*
Heckträgerteil an Hauptrahmen vorne,
Schrauben M6 x 20 .... 8 Nm

Anbauteile
Verkleidungsschrauben M5 .... 2,5 Nm
Scheinwerferträger an Gabelbrücke,
Schrauben M8 x 30 .... 19 Nm
■ *mikroverkapselt, Schraube erneuern*
Heckverkleidung an Heckrahmen, Schrauben M5 x 12 ... 2,5 Nm
■ *mikroverkapselt, Schraube erneuern*

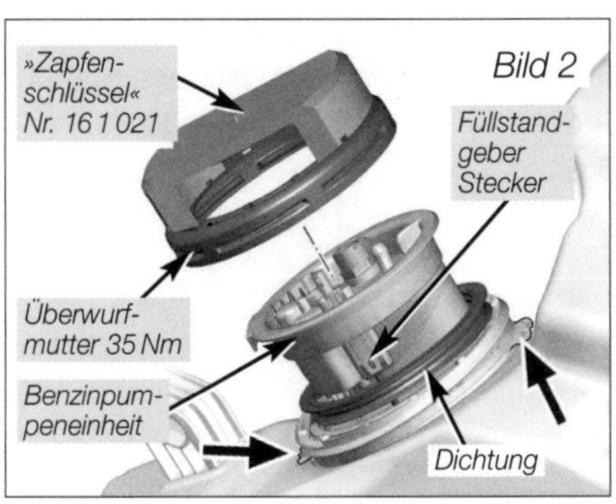

Bild 2: Zum Lösen und Anziehen der Überwurfmutter wird das Spezialwerkzeug »Zapfenschlüssel« benötigt.

Anbauteile
Vorderradabdeckung an Gabel, Schrauben M5 x 16 ..... 2,5 Nm
■ *mikroverkapselt, Schrauben erneuern*
Hinterradabdeckung an Heckrahmen,
Schrauben M5 x 12 .... 2,5 Nm
■ *mikroverkapselt, Schraube erneuern*
Haltegriffe an Heckrahmen, Schrauben M8 x 30 .... 19 Nm
■ *mikroverkapselt, Schrauben erneuern*

Sonderausstattung:
Oberteil Gepäckbrücke an Unterteil,
Schrauben PT50 x 12 .... 2 Nm
Unterteil Gepäckbrücke an Kofferhalter,
Schraube M6 x 16 .... 8 Nm
Kofferhalter an Heckrahmen-Querstrebe,
Schrauben M6 x 16 .... 10 Nm
Kofferhalter an Heckrahmen, Schrauben M6 x 35 .... 10 Nm
■ *mikroverkapselt, Schraube erneuern*
Kofferhalter an Heckrahmen, Schrauben M6 x 45 .... 10 Nm
■ *mikroverkapselt, Schraube erneuern*
Scharniere an Koffer, Schrauben M5 x 16 .... 2,5 Nm
■ *Loctite »mittelfest« auftragen*

Seitenständer und Mittelständer
Mittelständer an Hauptrahmen, Schrauben M10 x 30 ..... 40 Nm
■ *mikroverkapselt, Schraube erneuern*
Seitenständer an Lagerbock, Schraubbolzen M10 x 1 .... 40 Nm
■ *mikroverkapselt, Schraube erneuern*

Fußrasten
Fahrer-Fußrastenhalteplatte an Rahmen,
Schrauben M8 x 25 .... 19 Nm
Sozius-Fußrastenhalteplatte an Rahmen,
Schrauben M8 x 20 .... 19 Nm
Bremshebel an Fußrastenhalteplatte, Schraube M8 x 45 ... 21 Nm
■ *Loctite »mittelfest« auftragen*
Fußrasten-Schleifnippel M6 an Fußraste .... 9 Nm
■ *mikroverkapselt, Schraube erneuern*

Windschild (Sonderausstattung)
Windschild an Halter, Schrauben M5 x 16 .... 2,4 Nm
Windschildhalter an Gabelbrücke,
Schrauben M8 x 30 .... 19 Nm
■ *mikroverkapselt, Schraube erneuern*
Windschildhalter an Instrumententräger,
Schrauben M5 x 16 .... 2,5 Nm

Motor und Anbauteile

Riemendeckel (Generatordeckel) an Motor,
Schrauben M5 x 16 .... 5 Nm
Riemendeckel an Riemenabdeckung,
Schrauben TS5 x 20 .... 3 Nm
Riemenabdeckung hinten an Generator,
Schrauben M5 x 16 .... 5 Nm

Räderkastendeckel an Kurbelgehäuse,
Schrauben M6 x 30 .... 9 Nm
Kupplungsabdeckung an Motor, Schrauben M6 x 16 .... 8 Nm
Motorgehäuse-Entlüftungsstutzen an
Zylinderkopf, Schrauben M6 x 16 .... 8 Nm
■ *mikroverkapselt, Schrauben erneuern*

Kraftstoffaufbereitung und -regelung
Luftfilterkasten an Hauptrahmen, Schrauben M6 x 8 .... 8 Nm
Einspritzleiste an Drosselklappenstutzen,
Schrauben M5 x 16 .... 5 Nm
Ansaugstutzen an Zylinderkopf, Schrauben M6 x 20 .... 8 Nm
Leistungsreduzierung:
Drosselanschlag auf Drosselklappen-
stutzen, Mutter M3 x 15 .... 1,5 Nm
■ *Mutter erneuern*

Auspuffanlage
Auspuffkrümmer an Zylinderkopf, Muttern M8 .... 21 Nm
Auspuffkrümmer Halterung an Getriebe,
Schrauben M6 x 38 .... 9 Nm
Auspufftopf an Soziusfußrastenhalter,
Schraube M8 x 35 mit Scheibe .... 19 Nm
Schellen Auspufftopf und Vorschalldämpfer an
Auspuffklappe, Schrauben M8 x 40 (10.9) .... 28 Nm
Lambdasonden M18 x 1,5 in Auspuffkrümmer .... 45 Nm
■ *Gewinde mit »Optimoly TA« befetten*
Schelle an Auspuffkrümmer hinten, Schrauben M6 x 25 ... 8 Nm
Abdeckung an Auspuffklappe, Schrauben M5 x 10 .... 5 Nm
■ *mikroverkapselt, Schrauben erneuern*
Stellmotor Auspuffklappe an Hauptrahmen,
Schraube M6 x 20 .... 8 Nm
Seilzug an Auspuffklappe, Kontermutter M6 .... 5 Nm

Motorgehäuse
Vormontage Motorgehäuse links
Schrauben M10 x 110 (10.9)
■ *Voranzug 25 Nm, Endanzug um weitere 90 Grad*
Schrauben M8 x 60, verschraubt mit Dichtring .... 19 Nm

Vormontage Motorgehäuse rechts
Schrauben M10 x 130
■ *Voranzug 25 Nm, Endanzug um weitere 90 Grad*
Schrauben M10 x 110
■ *Voranzug 25 Nm, Endanzug um weitere 90 Grad*
Schrauben M8 x 80 .... 19 Nm
Schrauben M8 x 35 .... 19 Nm

Motorgehäuse links
Schrauben M10 x 110 (10.9)
■ *Voranzug 25 Nm, Endanzug um weitere 90 Grad*
Schrauben M8 x 60, verschraubt mit Dichtring .... 19 Nm
Schrauben M6 x 50 .... 8 Nm
Schrauben M6 x 35 .... 8 Nm
Schrauben M6 x 25 .... 8 Nm

Motorgehäuse rechts (Bild 3)
Schrauben M10 x 130
■ *Voranzug 25 Nm, Endanzug um weitere 90 Grad*
Schrauben M10 x 110
■ *Voranzug 25 Nm, Endanzug um weitere 90 Grad*
Schrauben M8 x 80 .... 19 Nm
Schrauben M8 x 35 .... 19 Nm
Schrauben M6 x 50 .... 8 Nm
Schrauben M6 x 35 .... 8 Nm

Zylinder an Kurbelgehäuse, Schrauben M6 x 35 .... 8 Nm

Schmiersystem
Ölablassschraube M16 x 1,5 in Kurbelgehäuse .... 32 Nm
■ *Gewinde, Dichtfläche und Dichtscheibe mit frischem Motoröl bestreichen*
Ölfilter .... 11 Nm
■ *Dichtring mit frischem Motoröl bestreichen*
Öldruckschalter M12 x 1,5 .... 30 Nm
Öltemperatur-Sensor M14 x 1,5 .... 16 Nm

Ölpumpe
Ölpumpe an Motorgehäuse, Schrauben M6 x 40
und Schrauben M6 x 45
■ *Schrauben nur einmal verwenden*
■ *Voranzug 4 Nm, Endanzug um weitere 90 Grad*
Ölsaugschnorchel an Motorgehäuse,
Schraube M6 x 25 .... 8 Nm
Überdruckventil Verschlussschraube M20 x 1,5 .... 42 Nm

Ölkühler
Leitung Kühlöl innerhalb Motor an Motor-
gehäuse rechts, Hohlschraube M14 x 1,5 .... 25 Nm
Leitung Kühlöl innerhalb Motor an
Motorgehäuse links, Schraube M6 x 16 .... 8 Nm
Halter Ölkühler an Riemenabdeckung,
Schraube M5 x 40 .... 5 Nm
Ölkühler an Halter, Schrauben M6 x 25 .... 8 Nm
Ölkühlerzarge (Ölkühlerblende) an Riemenabdeckung .... 2 Nm
Vorlauf Ölkühlerleitung an Motorgehäuse
oben, Schraube M6 x 16 .... 8 Nm
Rücklauf Ölkühlerleitung an Motorgehäuse,
Hohlschraube M16 x 1,5 .... 35 Nm

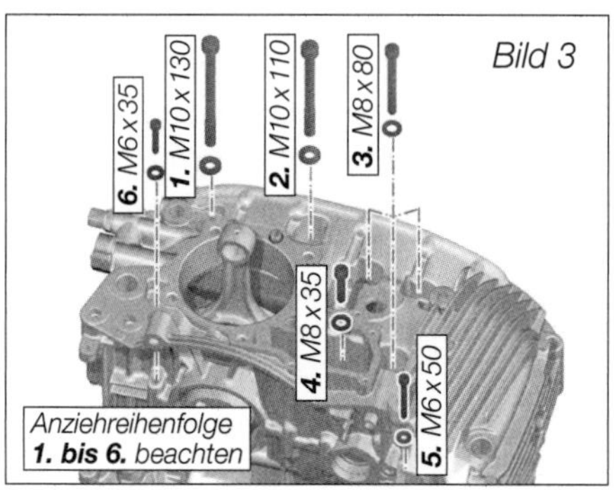

Bild 3: Motorgehäuse rechts: Angegebene Anziehreihenfolge 1. bis 6. einhalten.

Rücklauf Ölkühlerleitung an Motorgehäuse vorne, Schraube M6 x 12 .... 8 Nm
Ölkühlerleitung an Zylinder, Schraube M6 x 35 .... 8 Nm

Kupplung
Kupplungsgehäuse an Kurbelwelle, Schrauben M11 x 1,5 (12.9)
■ *Voranzug 40 Nm, Endanzug um weitere 40 Grad*
■ *Schrauben erneuern, Schrauben leicht einölen*
Kupplungsgehäusedeckel an Kupplungsgehäuse, Schrauben M6 x 20 (10.9) .... 12 Nm
■ *über Kreuz festziehen*
Kupplungsnehmerzylinder an Getriebe, Schrauben M6 x 18 .... 8 Nm
Kupplungsleitung an Kupplungsarmatur, Hohlschraube M10 x 1 .... 18 Nm
Kupplungsleitung an Nehmerzylinder, Hohlschraube M10 x 1 mit Entlüfter .... 18 Nm
Entlüfterschraube an Hohlschraube .... 5 Nm

Schaltung
Klemmschraube in Fußschalthebel, Schraube M6 x 25 .... 8 Nm
Kugelpfanne auf Schaltstange, Kontermutter M6 .... 7,5 Nm
Kugelkopf an Getriebeschalthebel, Schraube M8 .... 19 Nm
Kugelkopf an Schaltwelle, Kontermutter M8 .... 19 Nm
Kugelkopf an Schaltwelle, Schraube M8 .... 19 Nm

Getriebe
Getriebe an Motor, Schrauben M8 x 35, M8 x 50, M8 x 75 .... 19 Nm
Getriebe-Schalthebel an Schaltwelle, Schraube M6 x 25 .... 8 Nm
Getriebedeckel an Getriebegehäuse, Schrauben M6 x 38 .... 10 Nm
Gangpositions-Sensor, Schrauben M5 x 16 an Getriebe .... 5 Nm
Öleinfüllschraube M14 x 1,5 des Getriebes .... 30 Nm
Ölablassschraube M18 x 1,5 des Getriebes .... 30 Nm
Arretierhebel an Getriebedeckel, Flachkopfschraube M6 .... 8 Nm

Zylinderkopf
Zylinderkopfhaube (Ventildeckel) Schrauben M6 .... 10 Nm
Ansaugstutzen am Zylinderkopf, Schrauben M6 x 20 .... 8 Nm

Zylinderkopf links an Zylinder (Bilder 4a und 4b)
Mutter M10 (SW15) auf Zuganker (Stehbolzen)
■ *Fügemoment 20 Nm, kreuzweise anziehen, zunächst Voranzug mit 75 Grad, dann Endanzug mit 75 Grad*
Schraube M8 x 125 .... 20 Nm
Schrauben M6 x 30 .... 9 Nm

Zylinderkopf rechts an Zylinder
Mutter M10 (SW15) auf Zuganker (Stehbolzen)
■ *Fügemoment 20 Nm, kreuzweise anziehen, zunächst Voranzug mit 75 Grad, dann Endanzug mit 75 Grad*
Schraube M8 x 125 .... 20 Nm
Schrauben M6 x 50 .... 9 Nm
Schrauben M6 x 30 .... 9 Nm

Steuerungsträger an Zylinderkopf (Bild 4c), Schrauben M6 x 72 .... 10 Nm
■ *über Kreuz festziehen*
Stützelement an Steuerungsträger, Schrauben M6 x 20 .... 8 Nm
■ *mikroverkapselt, Schrauben erneuern*
Oberteil an Unterteil Steuerungsträger, Schrauben M6 x 40 .... 10 Nm

Nockenwelle
Steuerkettenschiene an Zylinder, Kurbelgehäuse, Schraube M10 mit Dichtring .... 18 Nm
Steuerkettenschiene an Steuerungsträger, Schraube M6 .... 8 Nm
Übersprungschutz an Steuerungsträger:
Schraube M6 x 12 .... 10 Nm
Schraube M6 x 72 .... 10 Nm
Kettenrad an Nebenwelle, Schraube M5 x 16 (10.9) .... 8 Nm
Kettenrad an Kurbelwelle, Schraube M6 x 16 .... 8 Nm
Kettenritzel an Nockenwelle, Schraube M10 x 25 x 1,25 (10.9) .... 65 Nm
Nockenwellenkettenspanner-Gehäuse an Kurbelgehäuse, Schraube M6 x 25 .... 8 Nm
Nockenwellenkettenspanner M18 x 1,5 an Zylinder links und rechts .... 45 Nm
■ *Gewinde ölen*

Pleuel
Pleuellager Schrauben M10 x 1
■ *neue Schrauben verwenden, Gewinde und Kopfauflage geölt einsetzen*
■ *Fügemoment 5 Nm, Voranzug 20 Nm, Endanzug um weitere 105 Grad*

Ausgleichsgewicht an Ausgleichswelle
Dehnschaftschraube M8 x 70 (10.9)
■ *neue Schraube verwenden, geölt einsetzen*
■ *Voranzug 10 Nm, Endanzug um weitere 90 Grad*

Zahnrad an Ausgleichswelle
Mutter M12 x 1,5 .... 75 Nm

Elektrik

Zündkerzen, Zündung
Zündkerzen M10 x 1 NGK MAR8B-JDS in Zylinderkopf, Erst- und Wiederanzug .... 12 Nm
Untere Zündspulen-Abdeckung an Halteblech, Halteblech an Zylinderkopf, Schrauben M6 x 12 .... 8 Nm
Zünd-Lenkschloss an Gabelbrücke, Fächerschrauben M8 x 26 .... 20 Nm
■ *mikroverkapselt, Schrauben erneuern*

Lichtmaschine (Stromgenerator)
Generator an Motorgehäuse, Schrauben M8 x 25 .... 18 Nm
Kabelbaum an Generator, Mutter M6 .... 6 Nm
■ *mechanische Schraubensicherung, Mutter erneuern*
Riemenrad an Kurbelwelle, Mutter M22 x 1,5 .... 140 Nm
■ *Voranzug 40 Nm, Endanzug 140 Nm*

Schalter, Sensoren
Bremslichtschalter hinten, Schrauben M5 x 10 .... 5 Nm
Gangpositions-Sensor an Getriebe, Schrauben M5 x 16 ... 5 Nm
Klopf-Sensor an Zylinder, Schraube M8 x 30 .... 19 Nm
Kurbelwellenpositions-Sensor (Zündgeber),
Schrauben M6 x 16 .... 8 Nm
Motortemperatur-Fühler (Zylinderkopftemperatur-
Sensor) M10 x 1 im Zylinderkopf .... 10 Nm
Nockenwellenpositions-Sensor an
Zylinderkopf, Schraube M6 x 16 .... 8 Nm
Öldruckschalter M12 x 1,5 .... 30 Nm
Öltemperatur-Sensor M14 x 1,5 .... 16 Nm
ABS-Raddrehzahl-Sensor (bei ABS) vorne,
Schraube M5 x 10 (10.9) .... 5 Nm
■ *mikroverkapselt, Schraube erneuern*
ABS-Raddrehzahl-Sensor (bei ABS) hinten,
Schraube M5 x 10 (10.9) .... 5 Nm
■ *mikroverkapselt, Schraube erneuern*
Kupplungsschalter an Handarmatur,
Schraube M2 x 12 .... 0,3 Nm
Kombischalter an Lenkergriff, PT-Schraube K30 x 10 .... 0,6 Nm
Lenkergriff an Lenker, Schraube M3,5 x 32 .... 2 Nm
Abdeckung an Kombischalter, PT-Schraube K30 x 10 ... 0,6 Nm

Anlasser (Elektrostarter)
Anlasser an Motorgehäuse, Schrauben M8 x 30 .... 19 Nm
Plusleitung an Anlasser, Mutter M8 .... 10 Nm

Beleuchtung
Scheinwerfer an Scheinwerferträger,
Schrauben M8 x 30 .... 8 Nm
■ *mikroverkapselt, Schraube erneuern*
Blinker an Scheinwerferträger vorne,
Schrauben M6 x 16 .... 2 Nm
■ *mechanische Schraubensicherung, Schraube erneuern*
Streuscheibe an Blinkergehäuse vorne und hinten .... 0,6 Nm
Blinker hinten an Heckverkleidung,
Schrauben M6 x 22 .... 2 Nm
■ *mechanische Schraubensicherung, Schraube erneuern*
Heckleuchte an Kennzeichenträger,
Schraube M5 x 20 .... 2,5 Nm

Andere elektrische Bauteile
Diebstahlwarnanlage (DWS) an Hinterradabdeckung
(Sonderausstattung), Schrauben ST4 x 12 .... 1 Nm
Batteriehalter/haltebügel an Luftfilter-
gehäuse, Schraube M5 x 16 .... 5 Nm
Kabelanschlüsse +/– an Batterie,
Schrauben M6 x 11 .... 4 Nm
Bordsteckdose, Überwurfmutter M18 x 1 .... 3 Nm
Halter Diagnosestecker .... 1 Nm
Halter Steckverbindung an Radabdeckung .... 1 Nm
Hupe an Tankaufnahme, Schraube M6 x 16 .... 6 Nm
Hupe an Halter Hupe, Mutter M8 .... 10 Nm
Kabelbaum mit Kabelkanal an Hauptrahmen
und Tankhalter, Schrauben M5 x 12 .... 3 Nm
Kabelbaum Masseanschluss an Zylinderkopf,
Schraube M6 x 10 .... 8 Nm
Kabelbaum Masseanschluss an Kurbelgehäuse,
Schraube M6 x 12 .... 8 Nm

Raum für Notizen

Bilder 4a und 4b: Zum Anziehen der Schrauben am linken und rechten Zylinderkopf wird das Spezialwerkzeug »Drehwinkelanzeige« benötigt.

Bild 4c: Bei Montage des Steuerungsträgers das Federblech einbauen, neue Dichtung verwenden.

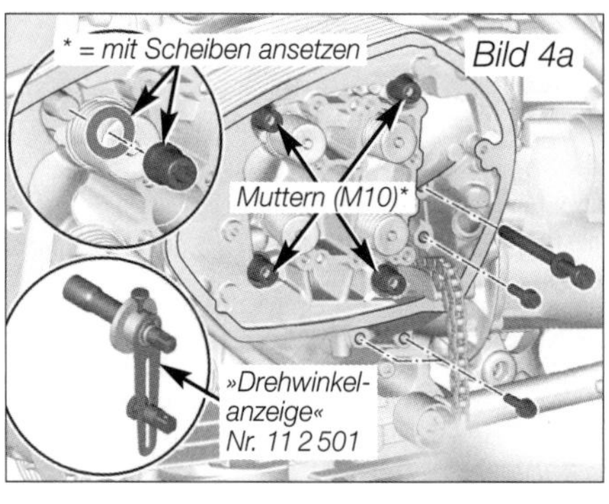

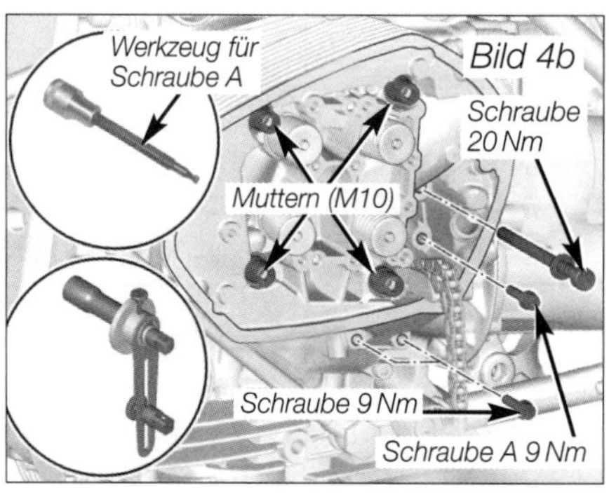

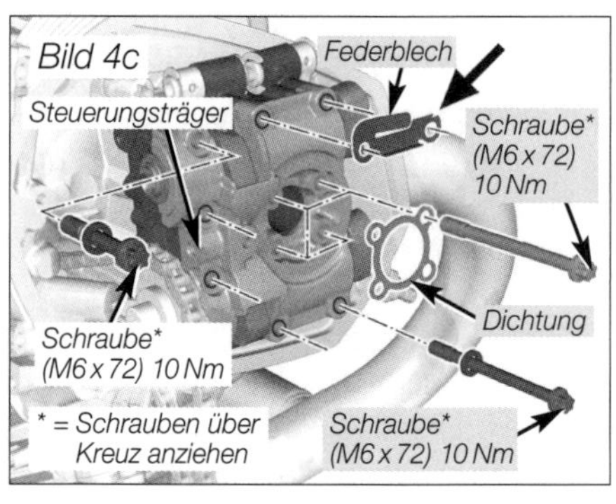

Bild 5 zeigt die für unser Buch fotografierte R 1200 R aus dem Modelljahr 2012 mit verschiedenen Zubehörteilen (siehe dazu auch Kapitel 26 »Technische Daten«).

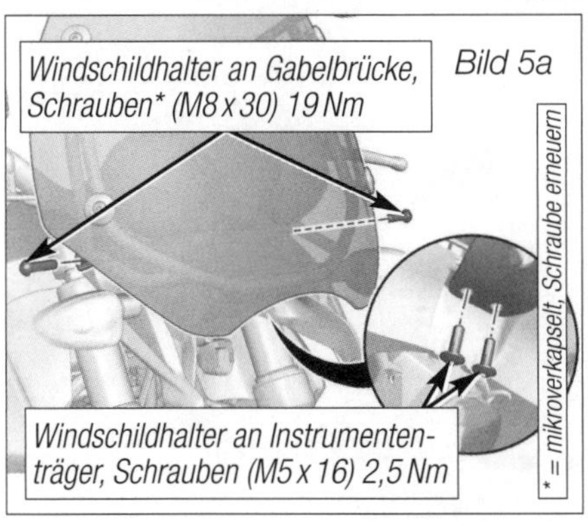

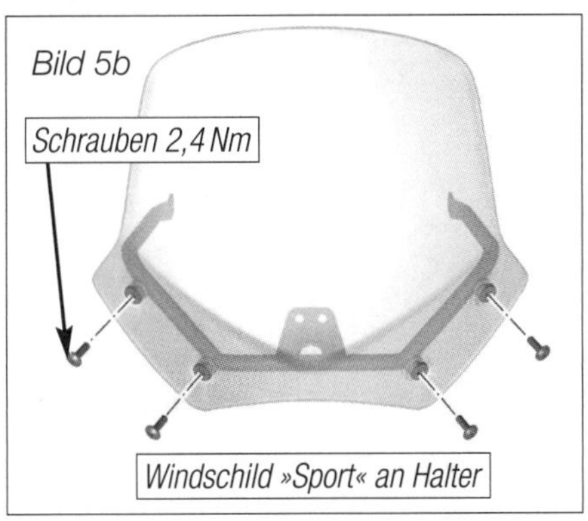

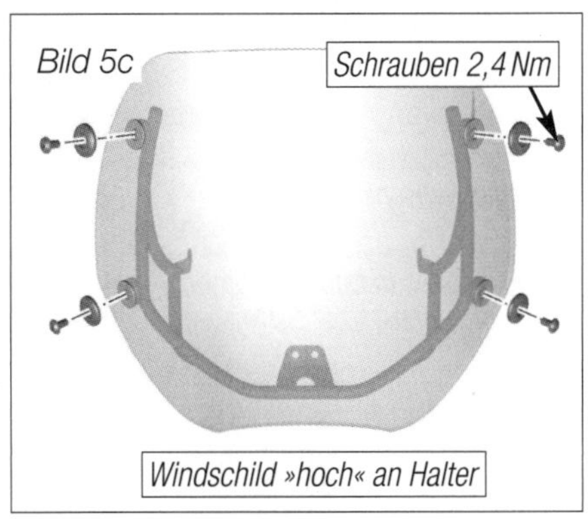

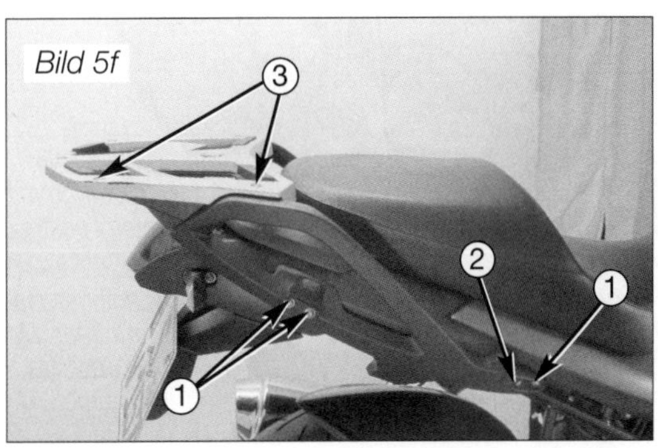

1 = Kofferhalter an Heckrahmen, lange Schrauben (M6 x 45) 10 Nm
■ mikroverkapselt

2 = Kofferhalter an Heckrahmen, kurze Schraube (M6 x 35) 10 Nm
■ mikroverkapselt

3 = Oberteil Gepäckbrücke an Unterteil, Schrauben (PT50 x 12) 2 Nm

Unterteil Gepäckbrücke an Kofferhalter, Schraube (M6 x 16) 8 Nm

Kofferhalter an Heckrahmen-Querstrebe, Schrauben (M6 x 16) 10 Nm

Scharniere an Koffer, Schrauben (M5 x 16) 2,5 Nm
■ Loctite »mittelfest« auftragen

27 Anziehdrehmomente

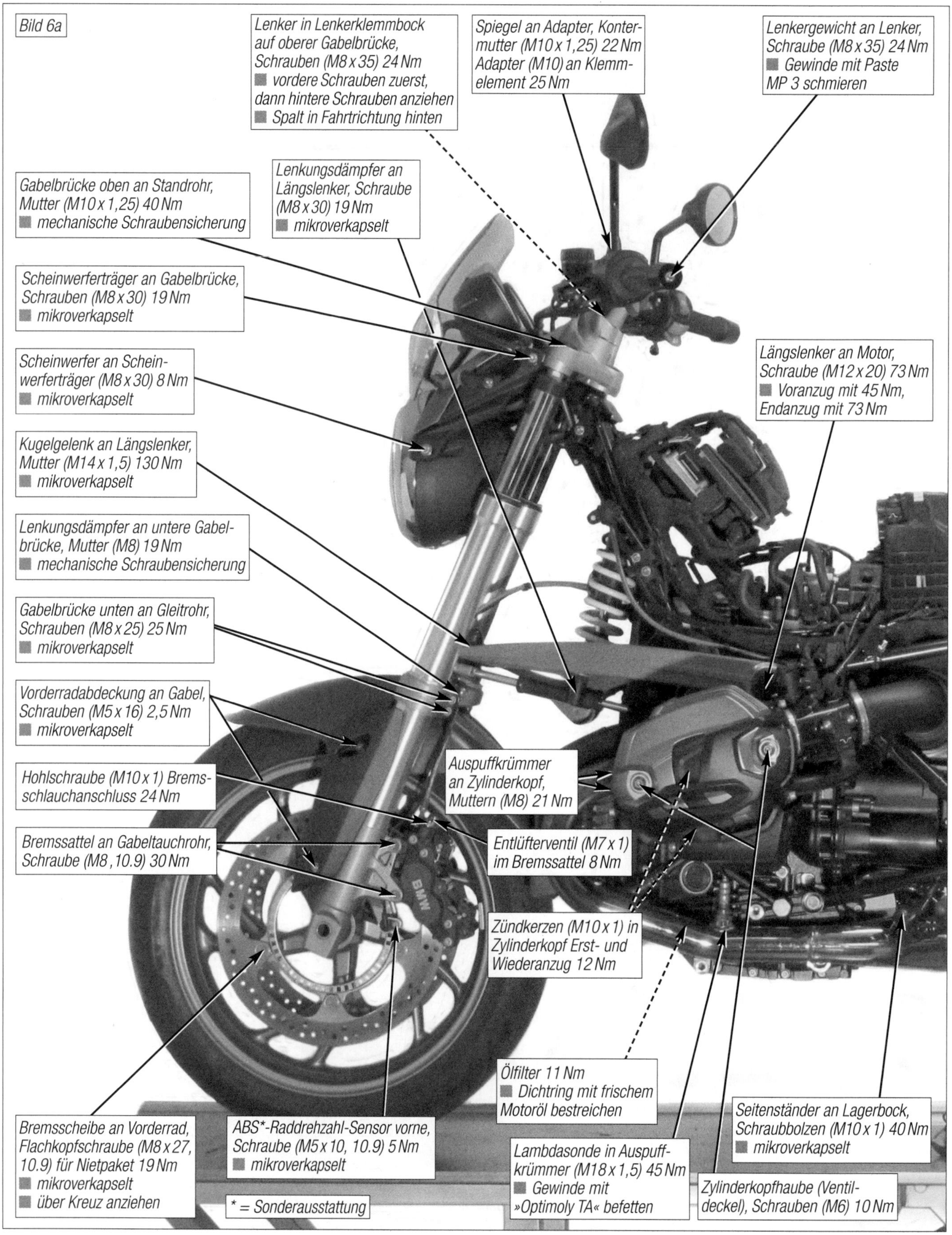

Zu beachten:

1. ***»mikroverkapselt«*** *bedeutet, dass Gewindesicherung auf dem Schraubengewinde aufgebracht ist. Laut BMW-Vorschrift muss eine neue Schraube verwendet werden. Wenn Sie keine Möglichkeit haben, eine neue originale BMW-Schraube/Mutter einzubauen, und die alte Schraube/Mutter noch einwandfrei in Ordnung ist: Gewinde der alten Schraube/Mutter reinigen, etwas Loctite »mittelfest« drangeben, eindrehen und mit entsprechendem Anziehdrehmoment festziehen.*
2. ***»mechanische Schraubensicherung«*** *(selbstsichernd) bedeutet Schrauben/Muttern nur einmal verwenden*
3. ***Optimoly TA*** *(= Hochtemperatur-Montagefett) an das gereinigte Gewinde geben.*

Bild 6b

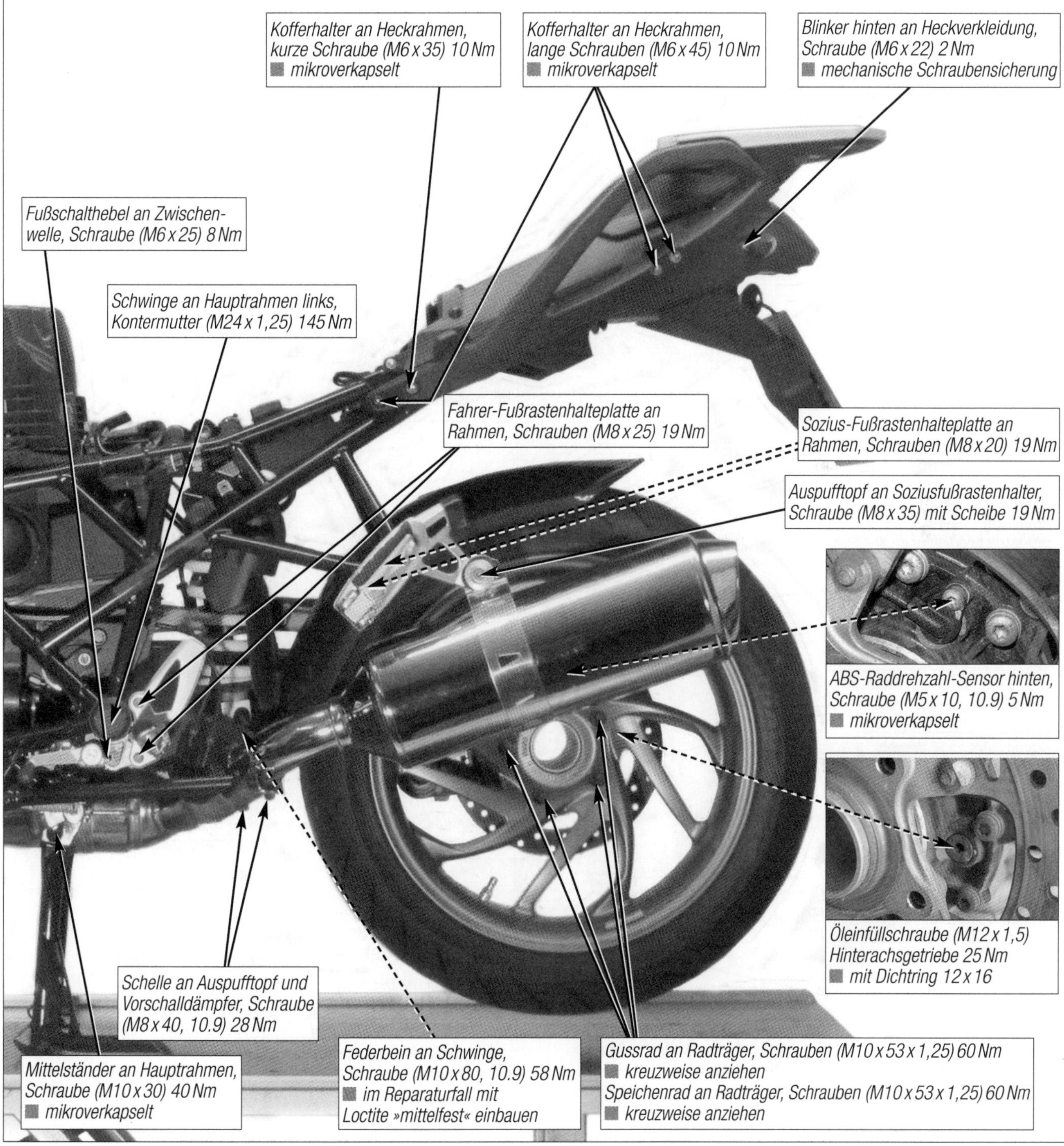

Bild 7a

Zu beachten:

1. **»mikroverkapselt«** bedeutet, dass Gewindesicherung auf dem Schraubengewinde aufgebracht ist. Laut BMW-Vorschrift muss eine neue Schraube verwendet werden. Wenn Sie keine Möglichkeit haben, eine neue originale BMW-Schraube/Mutter einzubauen, und die alte Schraube/Mutter noch einwandfrei in Ordnung ist: Gewinde der alten Schraube/Mutter reinigen, etwas Loctite »mittelfest« drangeben, eindrehen und mit entsprechendem Anziehdrehmoment festziehen.
2. **»mechanische Schraubensicherung«** (selbstsichernd) bedeutet Schrauben/Muttern nur einmal verwenden
3. **Optimoly TA** (= Hochtemperatur-Montagefett) an das gereinigte Gewinde geben.

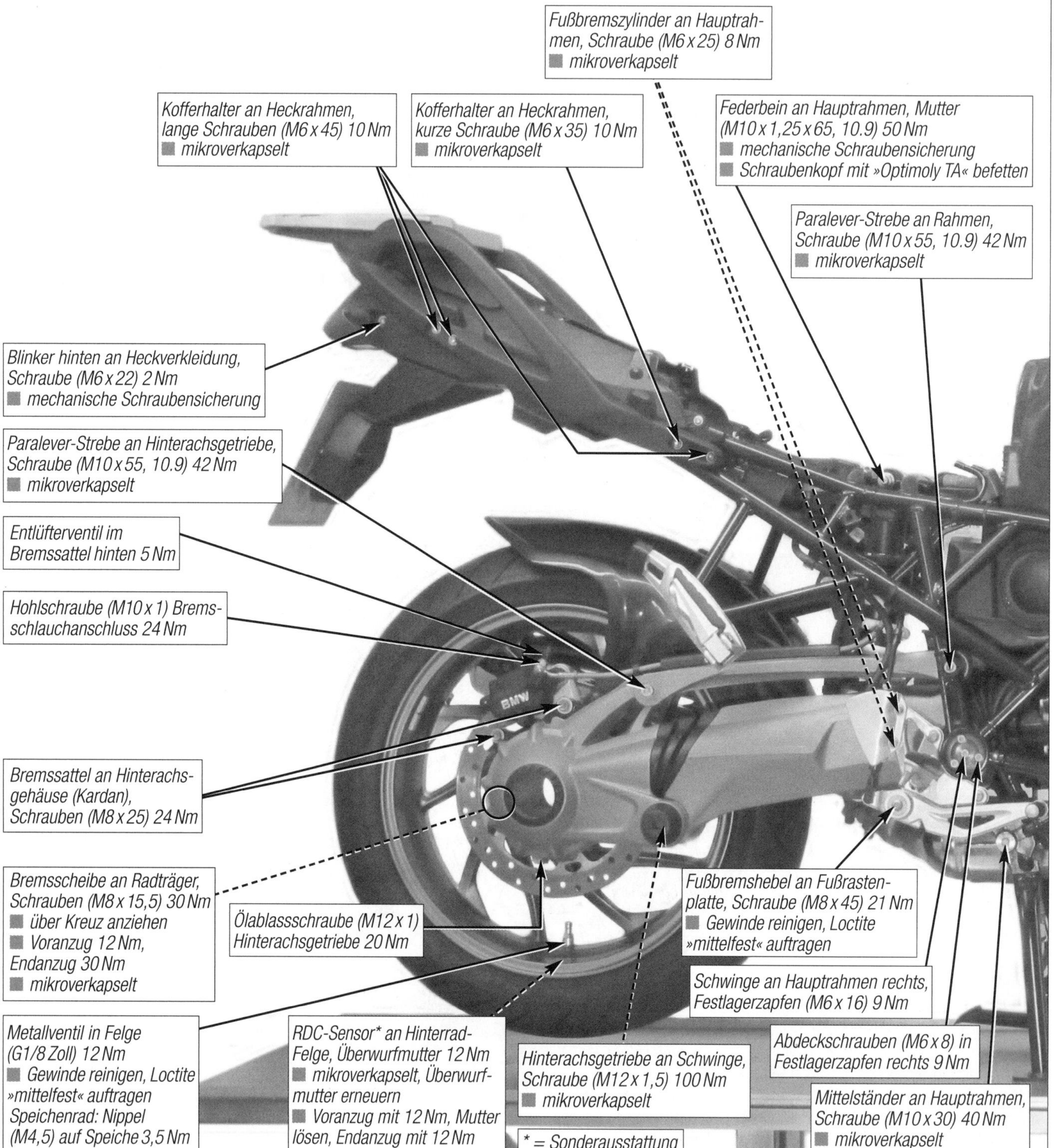

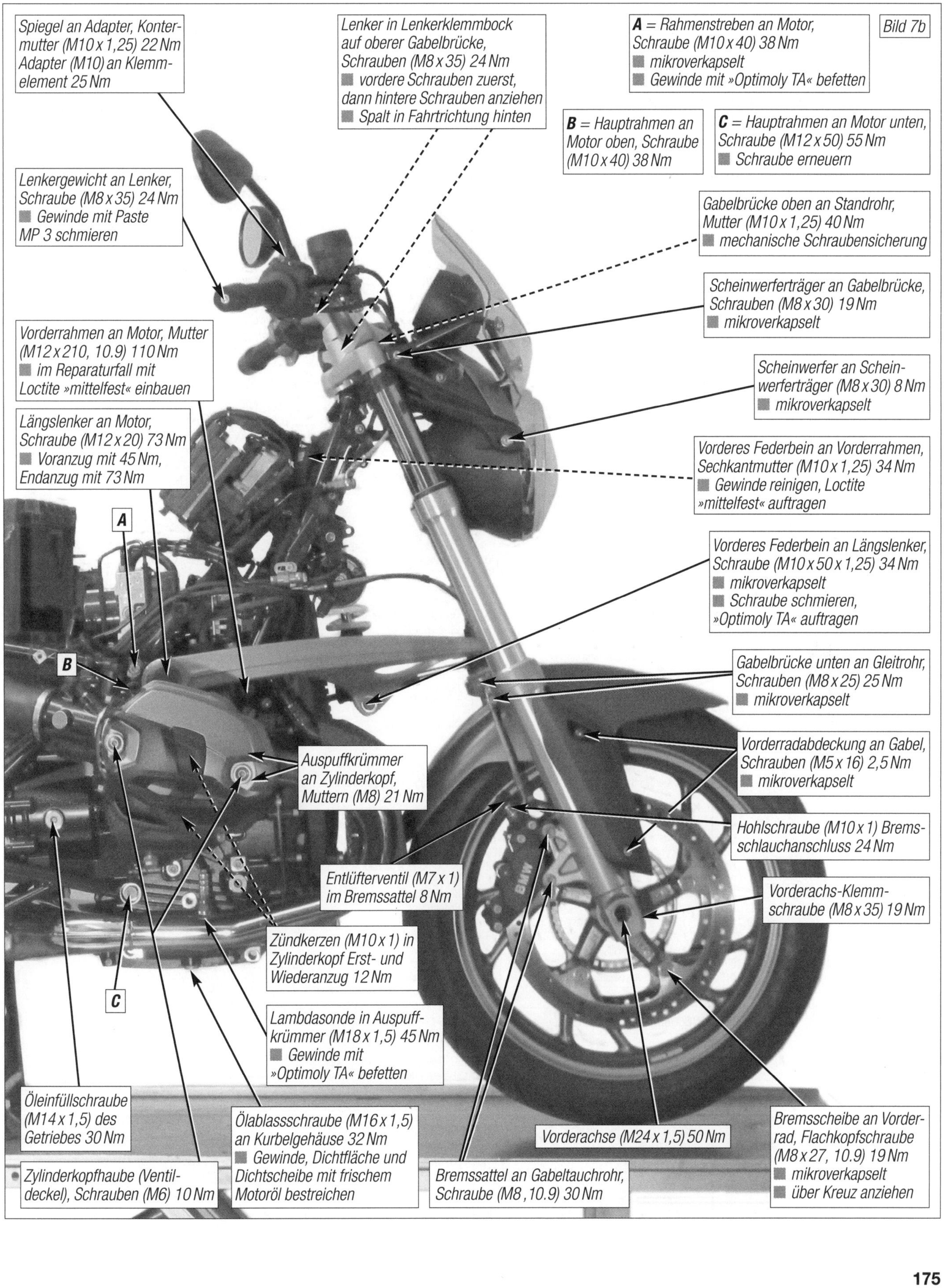
Bild 7b
Spiegel an Adapter, Kontermutter (M10 x 1,25) 22 Nm
Adapter (M10) an Klemmelement 25 Nm
Lenker in Lenkerklemmbock auf oberer Gabelbrücke, Schrauben (M8 x 35) 24 Nm
■ vordere Schrauben zuerst, dann hintere Schrauben anziehen
■ Spalt in Fahrtrichtung hinten
A = Rahmenstreben an Motor, Schraube (M10 x 40) 38 Nm
■ mikroverkapselt
■ Gewinde mit »Optimoly TA« befetten
B = Hauptrahmen an Motor oben, Schraube (M10 x 40) 38 Nm
C = Hauptrahmen an Motor unten, Schraube (M12 x 50) 55 Nm
■ Schraube erneuern
Lenkergewicht an Lenker, Schraube (M8 x 35) 24 Nm
■ Gewinde mit Paste MP 3 schmieren
Gabelbrücke oben an Standrohr, Mutter (M10 x 1,25) 40 Nm
■ mechanische Schraubensicherung
Scheinwerferträger an Gabelbrücke, Schrauben (M8 x 30) 19 Nm
■ mikroverkapselt
Vorderrahmen an Motor, Mutter (M12 x 210, 10.9) 110 Nm
■ im Reparaturfall mit Loctite »mittelfest« einbauen
Scheinwerfer an Scheinwerferträger (M8 x 30) 8 Nm
■ mikroverkapselt
Längslenker an Motor, Schraube (M12 x 20) 73 Nm
■ Voranzug mit 45 Nm, Endanzug mit 73 Nm
Vorderes Federbein an Vorderrahmen, Sechkantmutter (M10 x 1,25) 34 Nm
■ Gewinde reinigen, Loctite »mittelfest« auftragen
A
Vorderes Federbein an Längslenker, Schraube (M10 x 50 x 1,25) 34 Nm
■ mikroverkapselt
■ Schraube schmieren, »Optimoly TA« auftragen
B
Gabelbrücke unten an Gleitrohr, Schrauben (M8 x 25) 25 Nm
■ mikroverkapselt
Auspuffkrümmer an Zylinderkopf, Muttern (M8) 21 Nm
Vorderradabdeckung an Gabel, Schrauben (M5 x 16) 2,5 Nm
■ mikroverkapselt
Hohlschraube (M10 x 1) Bremsschlauchanschluss 24 Nm
Entlüfterventil (M7 x 1) im Bremssattel 8 Nm
Vorderachs-Klemmschraube (M8 x 35) 19 Nm
Zündkerzen (M10 x 1) in Zylinderkopf Erst- und Wiederanzug 12 Nm
C
Lambdasonde in Auspuffkrümmer (M18 x 1,5) 45 Nm
■ Gewinde mit »Optimoly TA« befetten
Öleinfüllschraube (M14 x 1,5) des Getriebes 30 Nm
Ölablassschraube (M16 x 1,5) an Kurbelgehäuse 32 Nm
■ Gewinde, Dichtfläche und Dichtscheibe mit frischem Motoröl bestreichen
Vorderachse (M24 x 1,5) 50 Nm
Bremsscheibe an Vorderrad, Flachkopfschraube (M8 x 27, 10.9) 19 Nm
■ mikroverkapselt
■ über Kreuz anziehen
Zylinderkopfhaube (Ventildeckel), Schrauben (M6) 10 Nm
Bremssattel an Gabeltauchrohr, Schraube (M8 ,10.9) 30 Nm

Stichwortverzeichnis